电工成才步步高

学PLC技术步步高

蔡杏山　主编

机　械　工　业　出　版　社

本书是一本关于 PLC 技术入门与提高的图书，主要内容有快速了解 PLC，三菱 FX 系列 PLC 硬件接线、软元件说明与规格概要，三菱 PLC 编程与仿真软件的使用，基本指令的使用及实例，步进指令的使用及实例，应用指令的使用，模拟量模块的使用，PLC 通信，PLC 与变频器的综合应用。

本书基础起点低、内容由浅入深、语言通俗易懂，读者只要具有初中文化程度，就能通过阅读本书快速掌握 PLC 技术。本书适合作为电工人员学习 PLC 技术的自学图书，也适合作为培训机构和职业院校的 PLC 技术教材。

图书在版编目（CIP）数据

学 PLC 技术步步高/蔡杏山主编. —北京：机械工业出版社，2015.4
（电工成才步步高）
ISBN 978-7-111-49298-6

Ⅰ.①学…　Ⅱ.①蔡…　Ⅲ.①plc 技术　Ⅳ.①TB4

中国版本图书馆 CIP 数据核字（2015）第 025126 号

机械工业出版社（北京市百万庄大街 22 号　邮政编码 100037）
策划编辑：徐明煜　责任编辑：徐明煜　闾洪庆
责任校对：黄兴伟　封面设计：马精明
责任印制：乔　宇
北京机工印刷厂印刷（三河市南杨庄国丰装订厂装订）
2015 年 4 月第 1 版第 1 次印刷
184mm×260mm · 20 印张 · 485 千字
0 001—4 000 册
标准书号：ISBN 978-7-111-49298-6
定价：49.90 元

凡购本书，如有缺页、倒页、脱页，由本社发行部调换

电话服务	网络服务
服务咨询热线：010-88361066	机 工 官 网：www.cmpbook.com
读者购书热线：010-68326294	机 工 官 博：weibo.com/cmp1952
010-88379203	金 书 网：www.golden-book.com
封面无防伪标均为盗版	教育服务网：www.cmpedu.com

前 言

“家有万贯，不如一技在身”，技术会伴随一生，源源不断创造财富。很多人已认识到技术的重要性，也非常想学好一门技术，但苦于重返学校或培训机构学习的成本太高。

电工、电子技术在现代社会中应用极为广泛，小到家庭的照明，大到神舟飞船的控制及通信系统，只要涉及用电的地方，就有电工、电子技术的存在。电工技术属于强电技术，电子技术属于弱电技术，以前电工技术与电子技术的应用区分比较明显，而今越来越多的领域将电工与电子技术融合在一起，实现弱电对强电的控制，正因为如此，社会上对同时掌握电工与电子技术的复合型人才需求越来越多。

为了让读者能轻松、快速和掌握较全面的电工、电子技术，我们推出了这套“电工成才步步高”丛书。**本丛书主要有以下特点：**

◆ **基础起点低**。读者只需具有初中文化程度即可阅读本丛书。

◆ **语言通俗易懂**。书中少用专业化的术语，遇到较难理解的内容用形象比喻说明，尽量避免复杂的理论分析和繁琐的公式推导，图书阅读起来感觉会十分顺畅。

◆ **采用图文并茂的方式表现内容**。书中大多采用读者喜欢的直观形象的图表方式表现内容，使阅读变得非常轻松，不易产生阅读疲劳。

◆ **内容安排符合人的认识规律**。在图书内容顺序安排上，按照循序渐进、由浅入深的原则进行，读者只需从前往后阅读图书，便会水到渠成。

◆ **突出显示书中知识要点**。为了帮助读者掌握书中的知识要点，书中用文字加粗的方法突出显示知识要点，指示学习重点。

◆ **网络免费辅导**。读者在阅读时遇到难理解的问题，可登录易天电学网（www. eTV100. com），观看有关辅导材料或向老师提问进行学习，读者也可以在该网站了解本丛书的新书信息。

本书由蔡杏山担任主编。在编写过程中得到了许多教师的支持，其中蔡玉山、詹春华、黄勇、何慧、黄晓玲、蔡春霞、邓艳姣、刘凌云、刘海峰、刘元能、邵永亮、蔡理峰、朱球辉、王娟、何丽、梁云、唐颖、蔡理刚、何彬、蔡任英和邵永明等参与了部分章节的编写工作，在此一致表示感谢。由于我们水平有限，书中的错误和疏漏在所难免，望广大读者和同仁予以批评指正。

编 者

目　录

第1章 快速了解PLC

1.1 认识PLC

1.1.1 什么是PLC

PLC是英文Programmable Logic Controller的缩写，意为可编程序逻辑控制器，是一种专为工业应用而设计的控制器。世界上第一台PLC于1969年由美国数字设备公司（DEC）研制成功，随着技术的发展，PLC的功能越来越强大，不仅限于逻辑控制，因此美国电气制造协会（NEMA）于1980年对它进行重命名，称为可编程序控制器（Programmable Controller），简称PC，但由于PC容易与个人计算机（Personal Computer，PC）混淆，故人们仍习惯将PLC当作可编程序控制器的缩写。

由于PLC一直在发展中，至今尚未对其下最后的定义。**国际电工委员会（IEC）对PLC最新定义如下：**

PLC是一种数字运算操作电子系统，专为在工业环境下应用而设计，它采用了可编程序的存储器，用来在其内部存储执行逻辑运算、顺序控制、定时、计数和算术运算等操作的指令，并通过数字的、模拟的输入和输出，控制各种类型的机械或生产过程，PLC及其有关的外围设备，都应按易于与工业控制系统形成一个整体、易于扩充其功能的原则设计。

图1-1所示为几种常见的PLC。

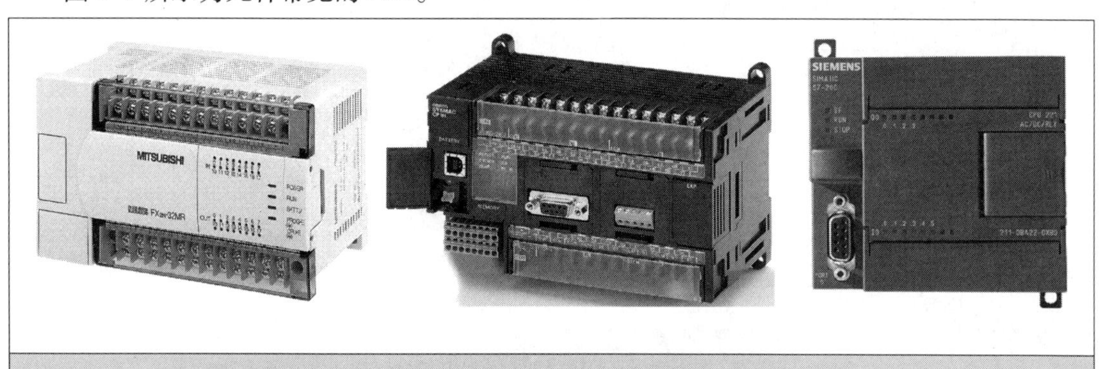

图1-1　几种常见的PLC

1.1.2　PLC 控制与继电器控制的比较

PLC 控制是在继电器控制基础上发展起来的，为了让读者能初步了解 PLC 控制方式，下面以电动机正转控制为例对两种控制系统进行比较。

1. 继电器正转控制

图 1-2 是一种常见的继电器正转控制电路，可以对电动机进行正转和停转控制，图 a 为主电路，图 b 为控制电路。

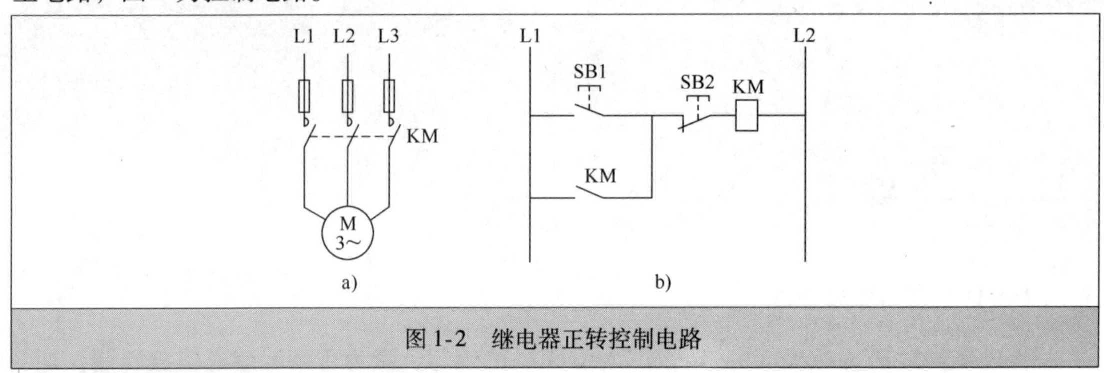

图 1-2　继电器正转控制电路

电路工作原理说明如下：

按下起动按钮 SB1，接触器 KM 线圈得电，主电路中的 KM 主触点闭合，电动机得电运转，与此同时，控制电路中的 KM 常开自锁触点也闭合，锁定 KM 线圈得电（即 SB1 断开后 KM 线圈仍可得电）。

按下停止按钮 SB2，接触器 KM 线圈失电，KM 主触点断开，电动机失电停转，同时 KM 常开自锁触点也断开，解除自锁（即 SB2 闭合后 KM 线圈无法得电）。

2. PLC 正转控制

图 1-3 是 PLC 正转控制电路，它可以实现与图 1-2 所示的继电器正转控制电路相同的功能。PLC 正转控制电路也可分作主电路和控制电路两部分，PLC 与外接的输入、输出部件构成控制电路，主电路与继电器正转控制主电路相同。

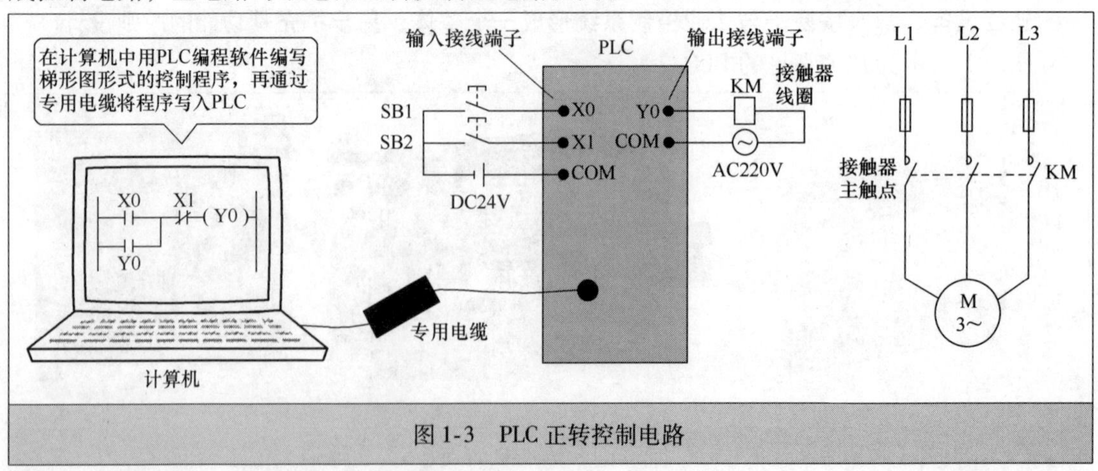

图 1-3　PLC 正转控制电路

在组建 PLC 控制系统时，先要进行硬件连接，再编写控制程序。PLC 正转控制电路的

硬件接线如图1-3所示，PLC输入端子连接SB1（起动）、SB2（停止）和电源，输出端子连接接触器线圈KM和电源。PLC硬件连接完成后，再在计算机中使用专门的PLC编程软件编写图示的梯形图程序，然后通过计算机与PLC之间的连接电缆将程序写入PLC。

PLC软、硬件准备好后就可以操作运行。操作运行过程说明如下：

按下起动按钮SB1，PLC端子X0、COM之间的内部电路与24V电源、SB1构成回路，有电流流过X0、COM端子间的电路，PLC内部程序运行，运行结果使PLC的Y0、COM端子之间的内部电路导通，接触器线圈KM得电，主电路中的KM主触点闭合，电动机运转，松开SB1后，内部程序维持Y0、COM端子之间的内部电路导通，让KM线圈继续得电（自锁）。

按下停止按钮SB2，PLC端子X1、COM之间的内部电路与24V电源、SB2构成回路，有电流流过X1、COM端子间的电路，PLC内部程序运行，运行结果使PLC的Y0、COM端子之间的内部电路断开，接触器线圈KM失电，主电路中的KM主触点断开，电动机停转，松开SB2后，内部程序让Y0、COM端子之间的内部电路维持断开状态。

3. PLC、继电器和单片机控制的比较

PLC控制与继电器控制相比，具有改变程序就能变换控制功能的优点，但在简单控制时成本较高，另外，利用单片机也可以实现控制。PLC、继电器和单片机控制系统的比较见表1-1。

表1-1 PLC、继电器和单片机控制系统的比较

比较内容	PLC控制系统	继电器控制系统	单片机控制系统
功能	用程序可以实现各种复杂控制	用大量继电器布线逻辑实现循序控制	用程序实现各种复杂控制，功能最强
改变控制内容	修改程序较简单容易	改变硬件接线，工作量大	修改程序，技术难度大
可靠性	平均无故障工作时间长	受机械触点寿命限制	一般比PLC差
工作方式	顺序扫描	顺序控制	中断处理，响应最快
接口	直接与生产设备相连	直接与生产设备相连	要设计专门的接口
环境适应性	可适应一般工业生产现场环境	环境差，会降低可靠性和寿命	要求有较好的环境，如机房、实验室、办公室
抗干扰	一般不用专门考虑抗干扰问题	能抗一般电磁干扰	要专门设计抗干扰措施，否则易受干扰影响
维护	现场检查，维修方便	定期更换继电器，维修费时	技术难度较高
系统开发	设计容易、安装简单、调试周期短	图样多，安装接线工作量大，调试周期长	系统设计复杂，调试技术难度大，需要有系统的计算机知识
通用性	较好、适应面广	一般是专用	要进行软、硬件技术改造才能作其他用
硬件成本	比单片机控制系统高	少于30个继电器时成本较低	一般比PLC低

1.2 PLC的分类与特点

1.2.1 PLC的分类

PLC的种类很多，下面按结构形式、控制规模和实现功能对PLC进行分类。

1. 按结构形式分类

按硬件的结构形式不同，PLC可分为整体式和模块式。

整体式PLC又称箱式PLC，图1-1所示的3个PLC均为整体式PLC，其外形像一个方形的箱体，这种PLC的CPU、存储器、I/O接口等都安装在一个箱体内。整体式PLC的结构简单、体积小、价格低。小型PLC一般采用整体式结构。

模块式PLC又称组合式PLC，图1-4所示为两种常见的模块式PLC。模块式PLC有一个总线基板，基板上有很多总线插槽，其中由CPU、存储器和电源构成的一个模块通常固定安装在某个插槽中，其他功能模块可随意安装在其他不同的插槽内。模块式PLC配置灵活，可通过增减模块而组成不同规模的系统，安装维修方便，但价格较贵。大、中型PLC一般采用模块式结构。

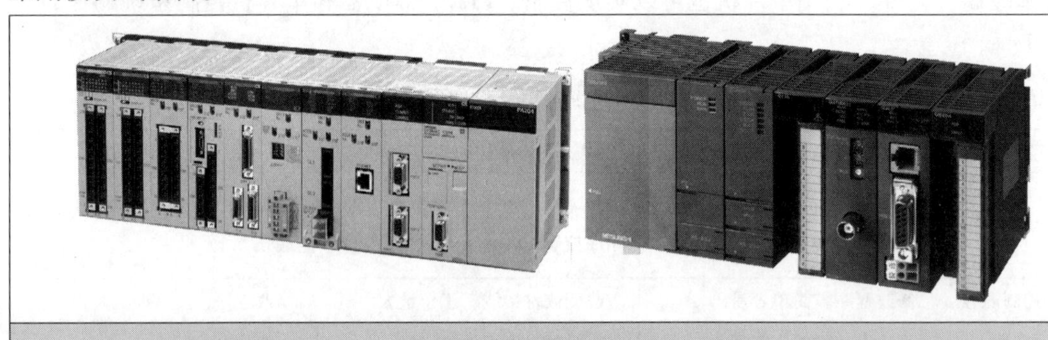

图1-4 模块式PLC

2. 按控制规模分类

I/O点数（输入/输出端子的个数）是衡量PLC控制规模重要参数，根据I/O点数多少，可将PLC分为小型、中型和大型三类。

1）小型PLC。其I/O点数小于256点，采用8位或16位单CPU，用户存储器容量在4KB以下。

2）中型PLC。其I/O点数在256~2048点之间，采用双CPU，用户存储器容量为2~8KB。

3）大型PLC。其I/O点数大于2048点，采用16位、32位多CPU，用户存储器容量为8~16KB。

3. 按功能分类

根据PLC具有的功能不同，可将PLC分为低档、中档、高档三类。

1）低档PLC。它具有逻辑运算、定时、计数、移位以及自诊断、监控等基本功能，有些还有少量模拟量输入/输出、算术运算、数据传送和比较、通信等功能。低档PLC主要用

于逻辑控制、顺序控制或少量模拟量控制的单机控制系统。

2）中档 PLC。它除了具有低档 PLC 的功能外，还具有较强的模拟量输入/输出、算术运算、数据传送和比较、数制转换、远程 I/O、子程序、通信联网等功能，有些还增设有中断控制、PID（比例-积分-微分）控制等功能。中档 PLC 适用于比较复杂的控制系统。

3）高档 PLC。它除了具有中档 PLC 的功能外，还增加了带符号算术运算、矩阵运算、位逻辑运算、平方根运算及其他特殊功能函数的运算、制表及表格传送功能等。高档 PLC 具有很强的通信联网功能，一般用于大规模过程控制或构成分布式网络控制系统，实现工厂控制自动化。

1.2.2　PLC 的特点

PLC 是一种专为工业应用而设计的控制器，它主要有以下特点。

1. 可靠性高，抗干扰能力强

为了适应工业应用要求，PLC 从硬件和软件方面采用了大量的技术措施，以便能在恶劣环境下长时间可靠运行。现在大多数 PLC 的平均无故障运行时间已达到几十万小时，如三菱公司的 F1、F2 系列 PLC 平均无故障运行时间可达 30 万小时。

2. 通用性强，控制程序可变，使用方便

PLC 可利用齐全的各种硬件装置来组成各种控制系统，用户不必自己再设计和制作硬件装置。用户在硬件确定以后，在生产工艺流程改变或生产设备更新的情况下，无需大量改变 PLC 的硬件设备，只需更改程序就可以满足要求。

3. 功能强，适应范围广

现代 PLC 不仅有逻辑运算、计时、计数、顺序控制等功能，还具有数字量和模拟量的输入输出、功率驱动、通信、人机对话、自检、记录显示等功能，既可控制一台生产机械、一条生产线，又可控制一个生产过程。

4. 编程简单，易用易学

目前，大多数 PLC 采用梯形图编程方式，梯形图语言的编程元件符号和表达方式与继电器控制电路原理图相当接近，这样使大多数工厂企业电气技术人员非常容易接受和掌握。

5. 系统设计、调试和维修方便

PLC 用软件来取代继电器控制系统中大量的中间继电器、时间继电器、计数器等器件，使控制柜的设计安装接线工作量大为减少。另外，PLC 的用户程序可以通过计算机在实验室仿真调试，减少了现场的调试工作量。此外，由于 PLC 结构模块化及很强的自我诊断能力，维修也极为方便。

1.3　PLC 的基本组成

1.3.1　PLC 的组成框图

PLC 种类很多，但结构大同小异，典型的 PLC 控制系统组成框图如图 1-5 所示。在组建 PLC 控制系统时，需要给 PLC 的输入端子接有关的输入设备（如按钮、触点和行程开关等），给输出端子接有关的输出设备（如指示灯、电磁线圈和电磁阀等），另外，还需要将

编好的程序通过通信接口输入 PLC 内部存储器，如果希望增强 PLC 的功能，可以将扩展单元通过扩展接口与 PLC 连接。

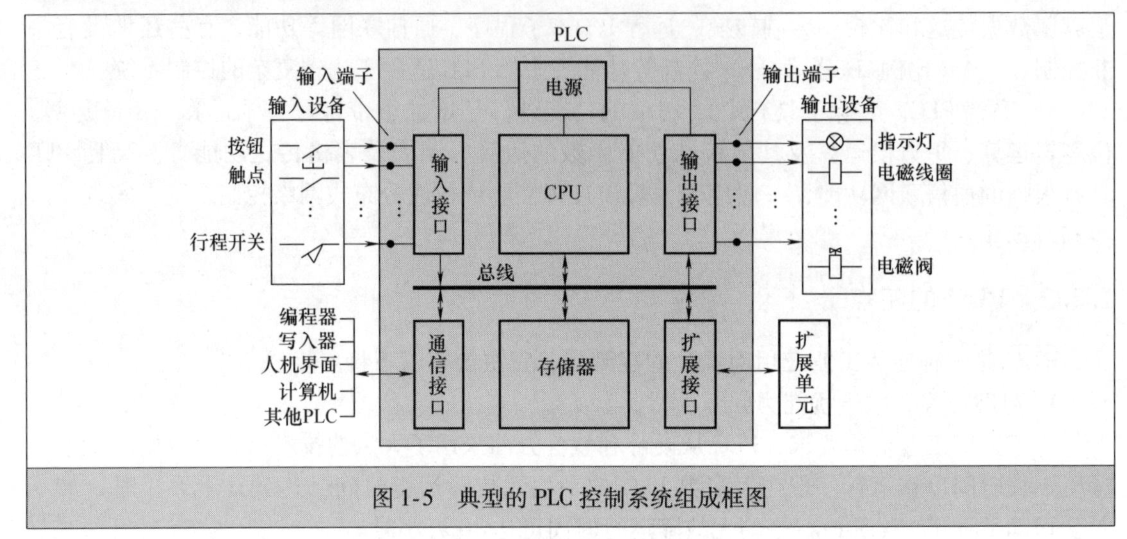

图 1-5　典型的 PLC 控制系统组成框图

1.3.2　PLC 各部分说明

从图 1-5 可以看出，**PLC 内部主要由 CPU、存储器、输入接口、输出接口、通信接口和扩展接口等组成。**

1. CPU

CPU 又称中央处理器，它是 PLC 的控制中心，它通过总线（包括数据总线、地址总线和控制总线）与存储器和各种接口连接，以控制它们有条不紊地工作。CPU 的性能对 PLC 工作速度和效率有较大的影响，故大型 PLC 通常采用高性能的 CPU。

CPU 的主要功能如下：

1）接收通信接口送来的程序和信息，并将它们存入存储器。

2）采用循环检测（即扫描检测）方式不断检测输入接口送来的状态信息，以判断输入设备的状态。

3）逐条运行存储器中的程序，并进行各种运算，再将运算结果存储下来，然后经输出接口对输出设备进行有关的控制。

4）监测和诊断内部各电路的工作状态。

2. 存储器

存储器的功能是存储程序和数据。PLC 通常配有 ROM（只读存储器）和 RAM（随机存储器）两种存储器，ROM 用来存储系统程序，RAM 用来存储用户程序和程序运行时产生的数据。

系统程序由厂家编写并固化在 ROM 中，用户无法访问和修改系统程序。系统程序主要包括系统管理程序和指令解释程序。系统管理程序的功能是管理整个 PLC，让内部各个电路能有条不紊地工作。指令解释程序的功能是将用户编写的程序翻译成 CPU 可以识别和执行的程序。

用户程序是用户通过编程器输入存储器的程序，为了方便调试和修改，用户程序通常存放在 RAM 中，由于断电后 RAM 中的程序会丢失，所以 RAM 专门配有后备电池供电。有些 PLC 采用 EEPROM（电可擦写只读存储器）来存储用户程序，由于 EEPROM 中的内容可用电信号进行擦写，并且掉电后内容不会丢失，因此采用这种存储器后可不要备用电池。

3. 输入/输出接口

输入/输出接口又称 I/O 接口或 I/O 模块，是 PLC 与外围设备之间的连接部件。 PLC 通过输入接口检测输入设备的状态，以此作为对输出设备控制的依据，同时 PLC 又通过输出接口对输出设备进行控制。

PLC 的 I/O 接口能接收的输入和输出信号个数称为 PLC 的 I/O 点数。 I/O 点数是选择 PLC 的重要依据之一。

PLC 外围设备提供或需要的信号电平是多种多样的，而 PLC 内部 CPU 只能处理标准电平信号，所以 I/O 接口要能进行电平转换，另外，为了提高 PLC 的抗干扰能力，I/O 接口一般采用光电隔离和滤波功能，此外，为了便于了解 I/O 接口的工作状态，I/O 接口还带有状态指示灯。

（1）输入接口

PLC 的输入接口分为开关量输入接口和模拟量输入接口，开关量输入接口用于接收开关通断信号，模拟量输入接口用于接收模拟量信号。 模拟量输入接口通常采用 A-D 转换电路，将模拟量信号转换成数字信号。**开关量输入接口采用的电路形式较多，根据使用电源不同，可分为内部直流输入接口、外部交流输入接口和外部直/交流输入接口。** 三种类型开关量输入接口如图 1-6 所示。

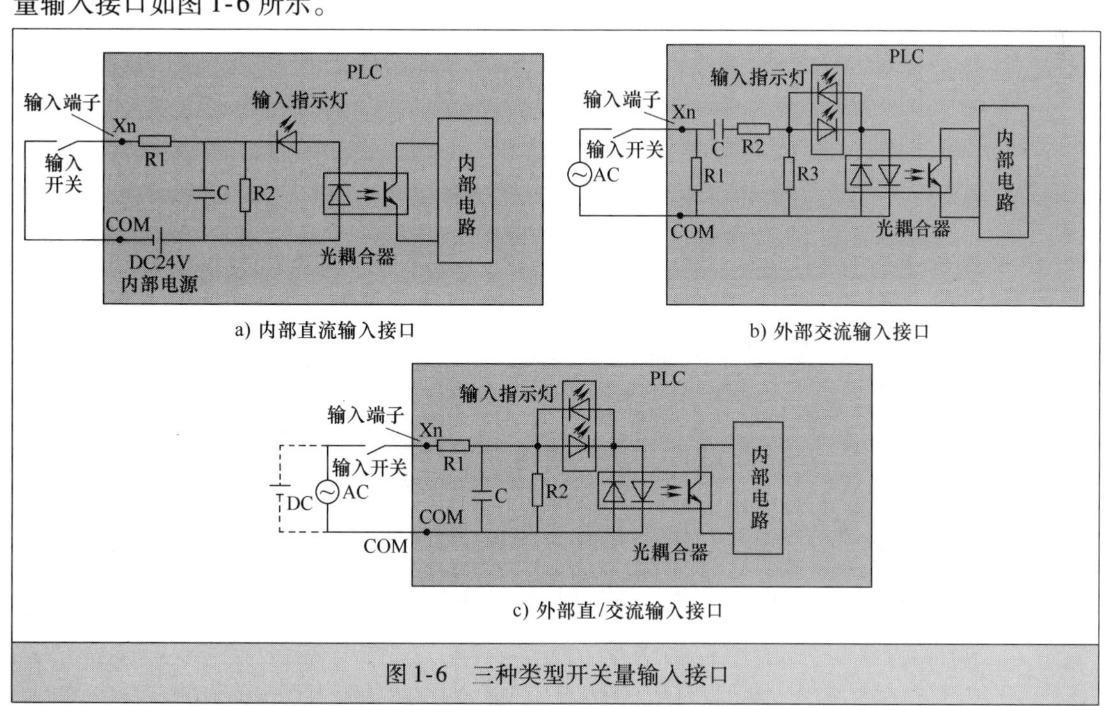

图 1-6 三种类型开关量输入接口

图 1-6a 为内部直流输入接口，输入接口的电源由 PLC 内部直流电源提供。当闭合输入开关后，有电流流过光耦合器和指示灯，光耦合器导通，将输入开关状态送给内部电路，由

于光耦合器内部是通过光线传递，故可以将外部电路与内部电路有效隔离开来，输入指示灯点亮用于指示输入端子有输入。R2、C 为滤波电路，用于滤除输入端子窜入的干扰信号，R1 为限流电阻。

图 1-6b 为外部交流输入接口，输入接口的电源由外部的交流电源提供。为了适应交流电源的正负变化，接口电路采用了发光二极管正负极并联的光耦合器和指示灯。

图 1-6c 为外部直/交流输入接口，输入接口的电源由外部的直流或交流电源提供。

（2）输出接口

PLC 的输出接口也分为开关量输出接口和模拟量输出接口。模拟量输出接口通常采用 D-A 转换电路，将数字量信号转换成模拟量信号，**开关量输出接口采用的电路形式较多，根据使用的输出开关器件不同可分为继电器输出接口、晶体管输出接口和双向晶闸管输出接口**。三种类型开关量输出接口如图 1-7 所示。

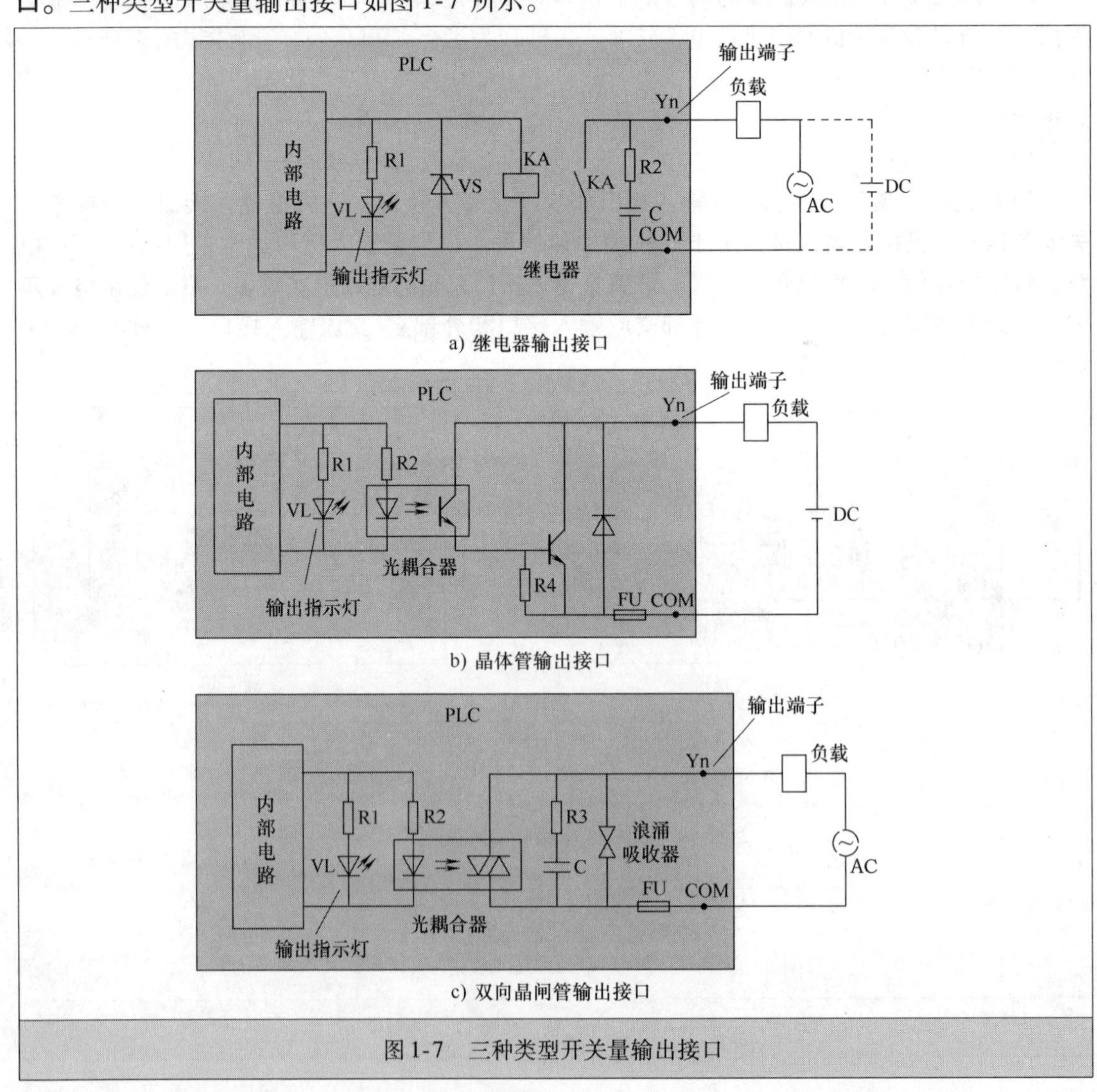

图 1-7　三种类型开关量输出接口

图 1-7a 为继电器输出接口，当 PLC 内部电路产生电流流经继电器 KA 线圈时，继电器

常开触点 KA 闭合，负载有电流通过。继电器输出接口可驱动交流或直流负载，但其响应时间长，动作频率低。

图 1-7b 为晶体管输出接口，它采用光耦合器与晶体管配合使用。晶体管输出接口反应速度快，动作频率高，但只能用于驱动直流负载。

图 1-7c 为双向晶闸管输出接口，它采用双向晶闸管型光耦合器，在受光照射时，光耦合器内部的双向晶闸管可以双向导通。双向晶闸管输出接口的响应速度快，动作频率高，用于驱动交流负载。

4. 通信接口

PLC 配有通信接口，PLC 可通过通信接口与监视器、打印机、其他 PLC、计算机等设备实现通信。 PLC 与编程器或写入器连接，可以接收编程器或写入器输入的程序；PLC 与打印机连接，可将过程信息、系统参数等打印出来；PLC 与人机界面（如触摸屏）连接，可以在人机界面直接操作 PLC 或监视 PLC 工作状态；PLC 与其他 PLC 连接，可组成多机系统或连成网络，实现更大规模控制；与计算机连接，可组成多级分布式控制系统，实现控制与管理相结合。

5. 扩展接口

为了提升 PLC 的性能，增强 PLC 控制功能，可以通过扩展接口给 PLC 增接一些专用功能模块， 如高速计数模块、闭环控制模块、运动控制模块、中断控制模块等。

6. 电源

PLC 一般采用开关电源供电，与普通电源相比，PLC 电源的稳定性好、抗干扰能力强。PLC 的电源对电网提供的电源稳定度要求不高，一般允许电源电压在其额定值 ±15% 的范围内波动。有些 PLC 还可以通过端子往外提供直流 24V 稳压电源。

1.4 PLC 的工作原理

1.4.1 PLC 的工作方式

PLC 是一种由程序控制运行的设备，其工作方式与微型计算机不同，微型计算机运行到结束指令 END 时，程序运行结束。**PLC 运行程序时，会按顺序依次逐条执行存储器中的程序指令，当执行完最后的指令后，并不会马上停止，而是又重新开始再次执行存储器中的程序，如此周而复始，PLC 的这种工作方式称为循环扫描方式。**

PLC 的工作过程如图 1-8 所示。

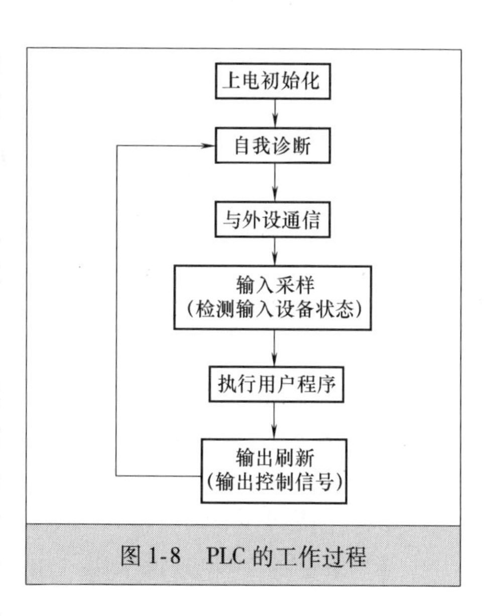

图 1-8 PLC 的工作过程

PLC 通电后，首先进行系统初始化，将内部电路恢复到起始状态，然后进行自我诊断，检测内部电路是否正常，以确保系统能正常运行，诊断结束后对通信接口进行扫描，若接有外设则与其通信。通信接口无外设或通信完成后，系统开始进行输入采样，检测输入设备（开关、按钮等）的状态，然后根据输入采样结果依次执行用户程序，程序运行结束后对输出进行刷新，即输出程序运行时产生的控制信号。以上过程完成后，系统又返回，重新开始自我诊断，以后不断重新上述过程。

PLC有两个工作状态：RUN（运行）状态和STOP（停止）状态。当PLC工作在RUN状态时，系统会完整地执行图1-8过程，当PLC工作在STOP状态时，系统不执行用户程序。PLC正常工作时应处于RUN状态，而在编制和修改程序时，应让PLC处于STOP状态。PLC的两种工作状态可通过开关进行切换。

PLC工作在RUN状态时，完整执行图1-8过程所需的时间称为扫描周期，一般为1～100ms。扫描周期与用户程序的长短、指令的种类和CPU执行指令的速度有很大的关系。

1.4.2 PLC用户程序的执行过程

PLC用户程序的执行过程很复杂，下面以PLC正转控制电路为例进行说明。图1-9是PLC正转控制电路，为了便于说明，图中画出了PLC内部等效图。

图1-9中PLC内部等效图中的X000、X001、X002称为输入继电器，它由线圈和触点两部分组成，由于线圈与触点都是等效而来，故又称为软线圈和软触点，Y000称为输出继电器，它也包括线圈和触点。PLC内部中间部分为用户程序（梯形图程序），程序形式与继电器控制电路相似，两端相当于电源线，中间为触点和线圈。

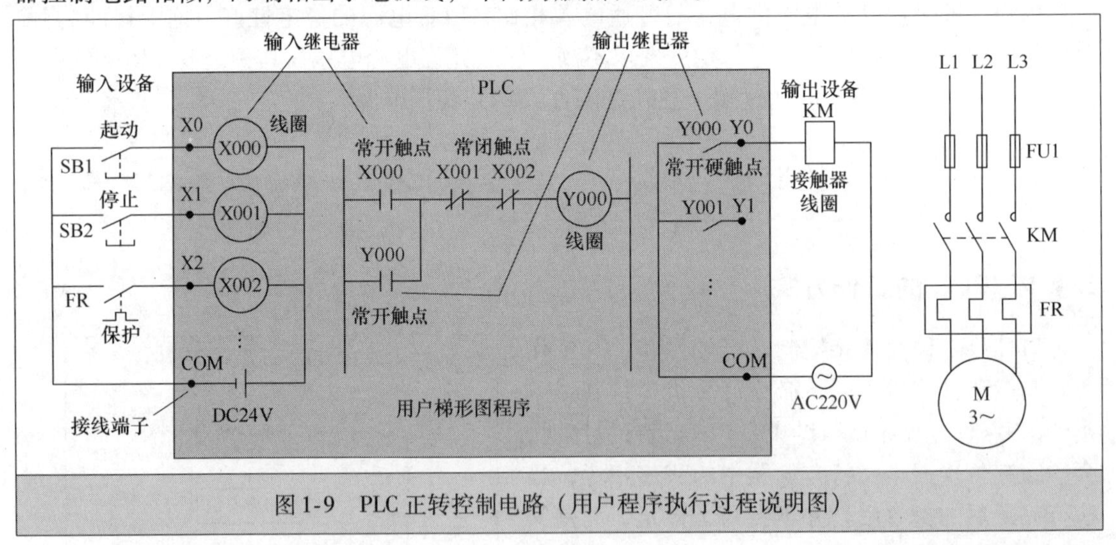

图1-9 PLC正转控制电路（用户程序执行过程说明图）

用户程序执行过程说明如下：

当按下起动按钮SB1时，输入继电器X000线圈得电，它使用户程序中的X000常开触点闭合，输出继电器Y000线圈得电，它一方面使用户程序中的Y000常开触点闭合，对Y000线圈供电锁定外，另一方面使输出端的Y000常开硬触点闭合，接触器KM线圈得电，主电路中的KM主触点闭合，电动机得电运转。

当按下停止按钮SB2时，输入继电器X001线圈得电，它使用户程序中的X001常闭触点断开，输出继电器Y000线圈失电，用户程序中的Y000常开触点断开，解除自锁，另外输出端的Y000常开硬触点断开，接触器KM线圈失电，KM主触点断开，电动机失电停转。

若电动机在运行过程中电流过大，热继电器 FR 动作，FR 触点闭合，输入继电器 X002 线圈得电，它使用户程序中的 X002 常闭触点断开，输出继电器 Y000 线圈失电，输出端的 Y000 常开硬触点断开，接触器 KM 线圈失电，KM 主触点断开，电动机失电停转，从而避免电动机长时间过电流运行。

1.5　PLC 控制系统开发举例

1.5.1　PLC 控制系统开发的一般流程

PLC 控制系统开发的一般流程如图 1-10 所示。

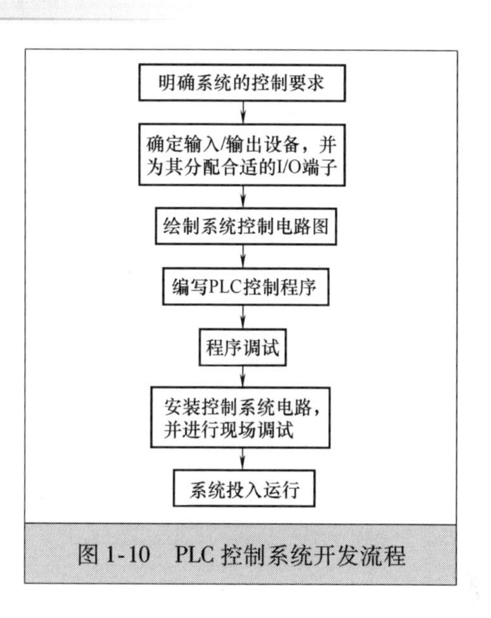

图 1-10　PLC 控制系统开发流程

1.5.2　PLC 控制电动机正反转系统的开发举例

1. 明确系统的控制要求

系统要求通过 3 个按钮分别控制电动机连续正转、反转和停转，还要求采用热继电器对电动机进行过载保护，另外要求正反转控制联锁。

2. 确定输入/输出设备，并为其分配合适的 I/O 端子

表 1-2 列出了系统要用到的输入/输出设备及对应的 PLC 端子。

表 1-2　系统用到的输入/输出设备和对应的 PLC 端子

输　入			输　出		
输入设备	对应 PLC 端子	功能说明	输出设备	对应 PLC 端子	功能说明
SB2	X000	正转控制	KM1 线圈	Y000	驱动电动机正转
SB3	X001	反转控制	KM2 线圈	Y001	驱动电动机反转
SB1	X002	停转控制			
FR 常开触点	X003	过载保护			

3. 绘制系统控制电路图

图 1-11 为 PLC 控制电动机正、反转电路图。

4. 编写 PLC 控制程序

启动三菱 PLC 编程软件，编写图 1-12 所示的梯形图控制程序。

下面对照图 1-11 电路图来说明图 1-12 梯形图程序的工作原理。

（1）正转控制

当按下 PLC 的 X0 端子外接按钮 SB2 时→该端子对应的内部输入继电器 X000 得电→程序中的 X000 常开触点闭合→输出继电器 Y000 线圈得电，一方面使程序中的 Y000 常开自锁

触点闭合，锁定 Y000 线圈供电，另一方面使程序中的 Y000 常闭触点断开，Y001 线圈无法得电，此外还使 Y0 端子内部的硬触点闭合→Y0 端子外接的 KM1 线圈得电，它一方面使 KM1 常闭联锁触点断开，KM2 线圈无法得电，另一方面使 KM1 主触点闭合→电动机得电正向运转。

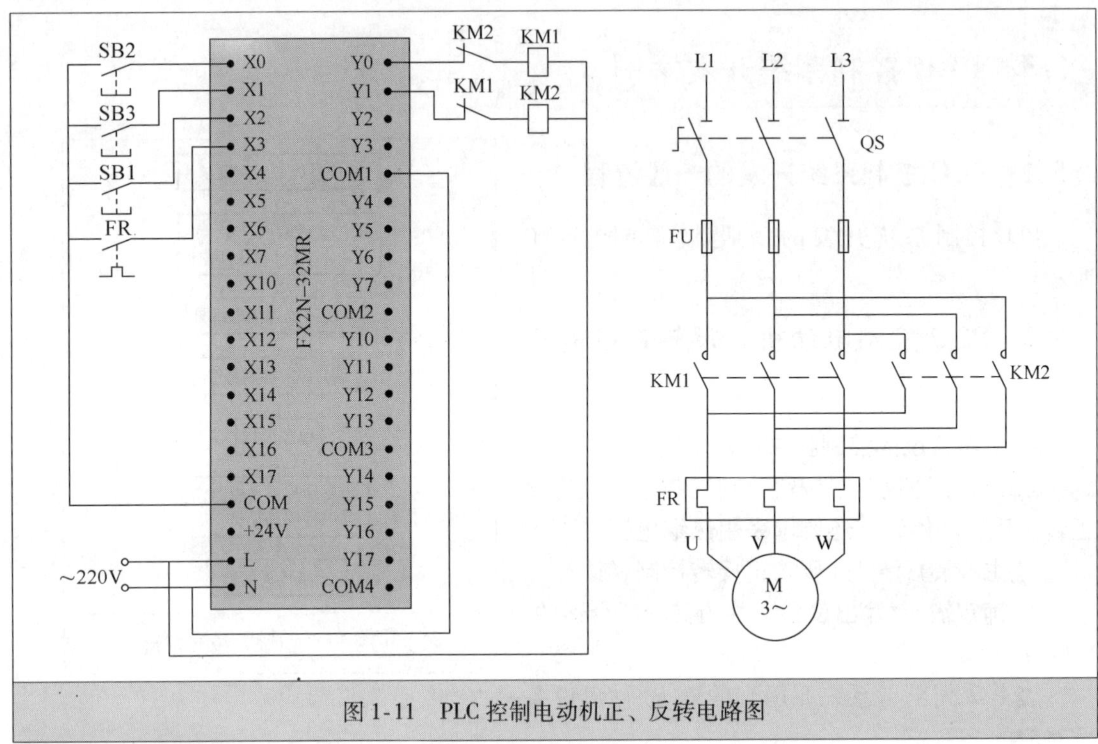

图 1-11　PLC 控制电动机正、反转电路图

（2）反转控制

当按下 X1 端子外接按钮 SB3 时→该端子对应的内部输入继电器 X001 得电→程序中的 X001 常开触点闭合→输出继电器 Y001 线圈得电，一方面使程序中的 Y001 常开自锁触点闭合，锁定 Y001 线圈供电，另一方面使程序中的 Y001 常闭触点断开，Y000 线圈无法得电，还使 Y1 端子内部的硬触点闭合→Y1 端子外接的 KM2 线圈得电，它一方面使 KM2 常闭联锁触点断开，KM1 线圈无法得电，另一方面使 KM2 主触点闭合→电动机两相供电切换，反向运转。

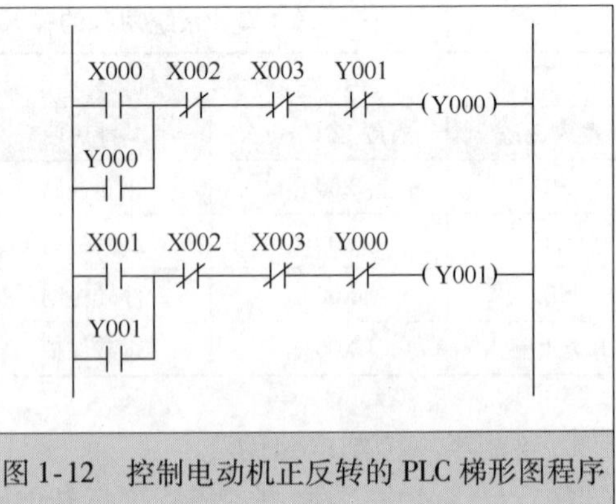

图 1-12　控制电动机正反转的 PLC 梯形图程序

（3）停转控制

当按下 X2 端子外接按钮 SB1 时→该端子对应的内部输入继电器 X002 得电→程序中的两个 X002 常闭触点均断开→Y000、Y001 线圈均无法得电，Y0、Y1 端子内部的硬触点均断开→KM1、KM2 线圈均无法得电→KM1、KM2 主触点均断开→电动机失电停转。

（4）过载保护

当电动机过载运行时，热继电器 FR 发热元件使 X3 端子外接的 FR 常开触点闭合→该端子对应的内部输入继电器 X003 得电→程序中的两个 X003 常闭触点均断开→Y000、Y001 线圈均无法得电，Y0、Y1 端子内部的硬触点均断开→KM1、KM2 线圈均无法得电→KM1、KM2 主触点均断开→电动机失电停转。

5. 将程序写入 PLC

在计算机中用编程软件编好程序后，如果要将程序写入 PLC，必须做以下工作：

1）用专用编程电缆将计算机与 PLC 连接起来，再给 PLC 接好工作电源，如图 1-13 所示。

2）将 PLC 的 RUN/STOP 开关置于“STOP”位置，再在计算机编程软件中执行 PLC 程序写入操作，将写好的程序由计算机通过电缆传送到 PLC 中。

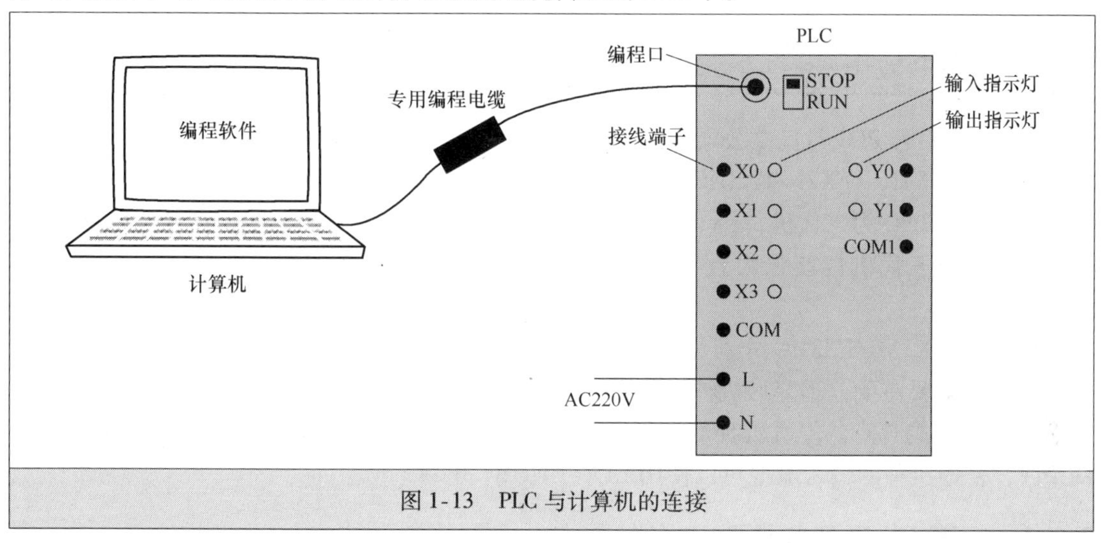

图 1-13 PLC 与计算机的连接

6. 模拟运行

程序写入 PLC 后，将 PLC 的 RUN/STOP 开关置于“RUN”位置，然后用导线将 PLC 的 X0 端子和输入端的 COM 端子短接一下，相当于按下正转按钮，在短接时，PLC 的 X0 端子的对应指示灯正常应该会亮，表示 X0 端子有输入信号，根据梯形图分析，在短接 X0 端子和 COM 端子时，Y0 端子应该有输出，即 Y0 端子的对应指示灯应该会亮，如果 X0 端指示灯亮，而 Y0 端指示灯不亮，可能是程序有问题，也可能是 PLC 不正常。

若 X0 端子模拟控制的运行结果正常，再对 X1、X2、X3 端子进行模拟控制，并查看运行结果是否与控制要求一致。

7. 安装系统控制电路，并进行现场调试

模拟运行正常后，就可以按照绘制的系统控制电路图，将 PLC 及外围设备安装在实际现场，电路安装完成后，还要进行现场调试，观察是否达到控制要求，若达不到要求，需检查是硬件问题还是软件问题，并解决这些问题。

8. 系统投入运行

系统现场调试通过后，可试运行一段时间，若无问题发生可正式投入运行。

第2章 三菱FX系列PLC硬件接线、软元件说明与规格概要

2.1 概述

三菱 FX 系列 PLC 是三菱公司推出的小型整体式 PLC，在我国拥有量非常大，它可分为 FX1S/FX1N/FX1NC/FX2N/FX2NC/FX3U/FX3UC/FX3G 等多个子系列，FX1S/FX1N 为一代机，FX2N/FX2NC 为二代机，FX3U/FX3UC/FX3G 为三代机，目前社会上使用最多的为一、二代机，由于三代机性能强大且价格与二代机相差不大，故越来越多的用户开始选用三代机。

FX1NC/FX2NC/FX3UC 分别是三菱 FX 系列的一、二、三代机变形机种，变形机种与普通机种区别主要在于：①变形机种较普通机种体积小，适合在狭小空间安装；②变形机种的端子采用插入式连接，普通机种的端子采用接线端子连接；③变形机种的输入电源只能是 DC24V，普通机种的输入电源可以使用 DC24V 或 AC 电源。

2.1.1 三菱 FX 系列各类型 PLC 的特点

三菱 FX 系列各类型 PLC 的特点与控制规模说明见表 2-1。

表 2-1 三菱 FX 系列各类型 PLC 的特点与控制规模

类　　型	特点与控制规模	类　　型	特点与控制规模
FX1S	追求低成本和节省安装空间 控制规模：10～30 点，基本单元的点数有 10/14/20/30	FX1N	追求扩展性和低成本 控制规模：14～128 点，基本单元的点数有 14/24/40/60

（续）

类　型	特点与控制规模	类　型	特点与控制规模
 FX1NC	追求省空间和扩展性 控制规模：16～128点，基本单元的点数有16/32	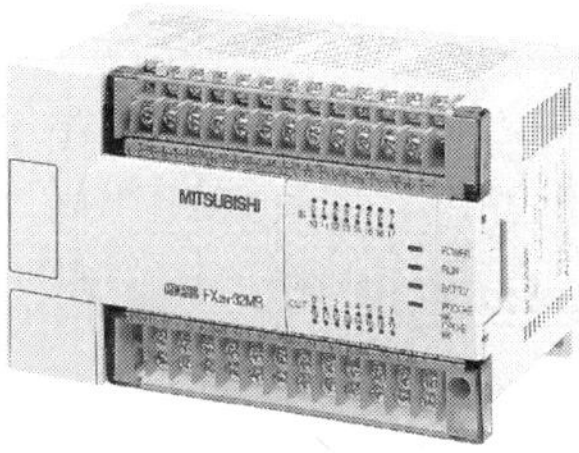 FX2N	追求扩展性和处理速度 控制规模：16～256点，基本单元的点数有16/32/48/64/80/128
 FX2NC	追求省空间和处理速度 控制规模：16～256点，基本单元的点数有16/32/64/96	 FX3U	追求高速性、高性能和扩展性 控制规模：16～384点（包含CC-Link I/O在内），基本单元的点数有16/32/48/64/80/128
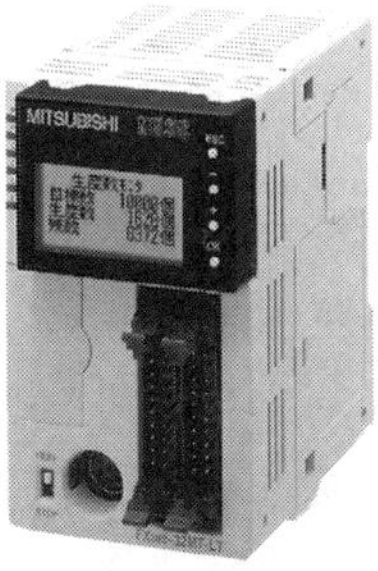 FX3UC	追求高速性、省配线和省空间 控制规模：16～384点（包含CC-Link I/O），基本单元的点数有16/32/64/96	 FX3G	追求高速性、扩展性和低成本 控制规模：14～256点（含CC-Link I/O），基本单元的点数有14/24/40/64

2.1.2　三菱FX系列PLC型号的命名方法

三菱FX系列PLC型号的命名方法如下：

FX2N-16MR-□-UA1/UL
①　②③④⑤　⑥　⑦

FX3U-16MR/ES
①　②③④⑧

	区　分	内　容
①	系列名称	FX1S，FX1N，FX2N，FX3G，FX3U，FX1NC，FX2NC，FX3UC
②	输入输出合计点数	8，16，32，48，64 等
③	单元区分	M：基本单元 E：输入输出混合扩展设备 EX：输入扩展模块 EY：输出扩展模块
④	输出形式	R：继电器 S：双向晶闸管 T：晶体管
⑤	连接形式等	T：FX2NC 的端子排方式 LT（-2）：内置 FX3UC 的 CC-Link/LT 主站功能
⑥	电源、输出方式	无：AC 电源，漏型输出 E：AC 电源，漏型输入，漏型输出 ES：AC 电源，漏型/源型输入，漏型/源型输出 ESS：AC 电源，漏型/源型输入，源型输出（仅晶体管输出） UA1：AC 电源，AC 输入 D：DC 电源，漏型输入，漏型输出 DS：DC 电源，漏型/源型输入，漏型输出 DSS：DC 电源，漏型/源型输入，源型输出（仅晶体管输出）
⑦	UL 规格（电气部件安全性标准）	无：不符合 UL 规格的产品　UL：符号 UL 规格的产品 即使是⑦未标注 UL 的产品，也有符合 UL 规格的机型
⑧	电源、输出方式	ES：AC 电源，漏型/源型输入（晶体管输出型为漏型输出） ESS：AC 电源，漏型/源型输入，源型输出（仅晶体管输出） D：DC 电源，漏型输入，漏型输出 DS：DC 电源，漏型/源型输入（晶体管输出型为漏型输出） DSS：DC 电源，漏型/源型输入，源型输出（仅晶体管输出）

2.1.3　三菱 FX2N 系列 PLC 基本单元面板说明

1. 两种 PLC 形式

PLC 的基本单元又称 CPU 单元或主机单元，对于整体式 PLC，PLC 的基本单元自身带有一定数量的 I/O 端子（输入和输出端子），可以作为一个 PLC 独立使用。在组建 PLC 控制系统时，如果基本单元的 I/O 端子不够用，除了可以选用点数更多的基本单元外，也可以给点数少的基本单元连接其他的 I/O 单元，以增加 I/O 端子，如果希望基本单元具有一些特殊处理功能（如温度处理功能），而基本单元本身不具备该功能，给基本单元连接温度模块就可解决这个问题。

图 2-1a 是一种形式的 PLC，它是一台能独立使用的基本单元，图 2-1b 是另一种形式的 PLC，它是由基本单元连接扩展单元组成。**一个 PLC 既可以是一个能独立使用的基本单元，也可以是基本单元与扩展单元的组合体，由于扩展单元不能单独使用，故单独的扩展单元不能称为 PLC。**

2. 三菱 FX2N 系列 PLC 基本单元面板说明

三菱 FX 系列 PLC 类型很多，其基本单元面板大同小异，这里以三菱 FX2N 基本单元为例说明。三菱 FX2N 基本单元（型号为 FX2N-32MR）外形如图 2-2a 所示，该面板各部分名称如图 2-2b 标注所示。

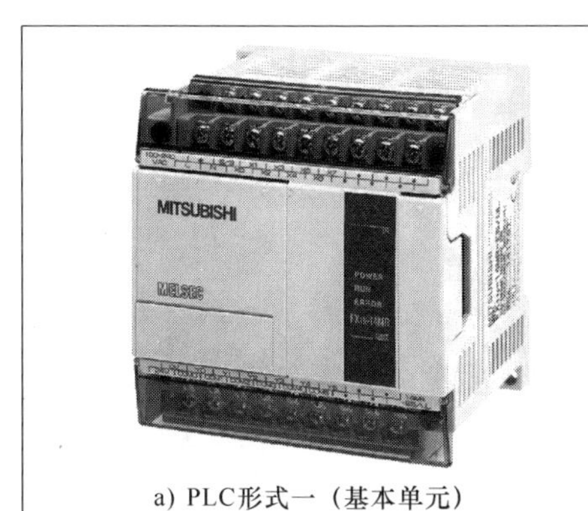

a) PLC形式一（基本单元）

b) PLC形式二（基本单元+扩展单元）

图 2-1　两种形式的 PLC

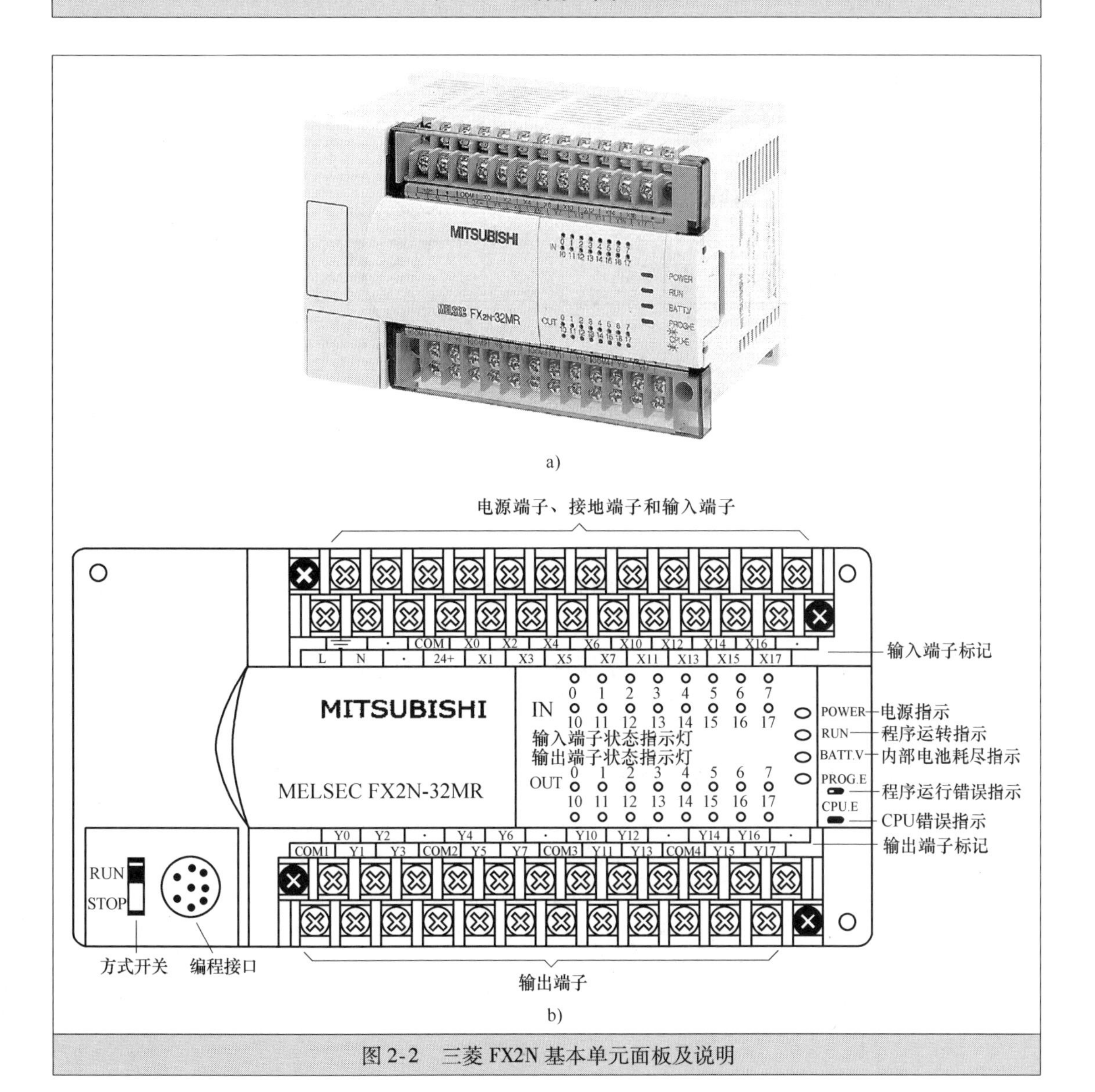

图 2-2　三菱 FX2N 基本单元面板及说明

2.2 三菱 FX 系列 PLC 的硬件接线

2.2.1 电源端子的接线

三菱 FX 系列 PLC 工作时需要提供电源，其供电电源类型有 AC（交流）和 DC（直流）两种。AC 供电型 PLC 有 L、N 两个端子（旁边有一个接地端子），DC 供电型 PLC 有 +、- 两个端子，在型号中还含有“D”字母，如图 2-3 所示。

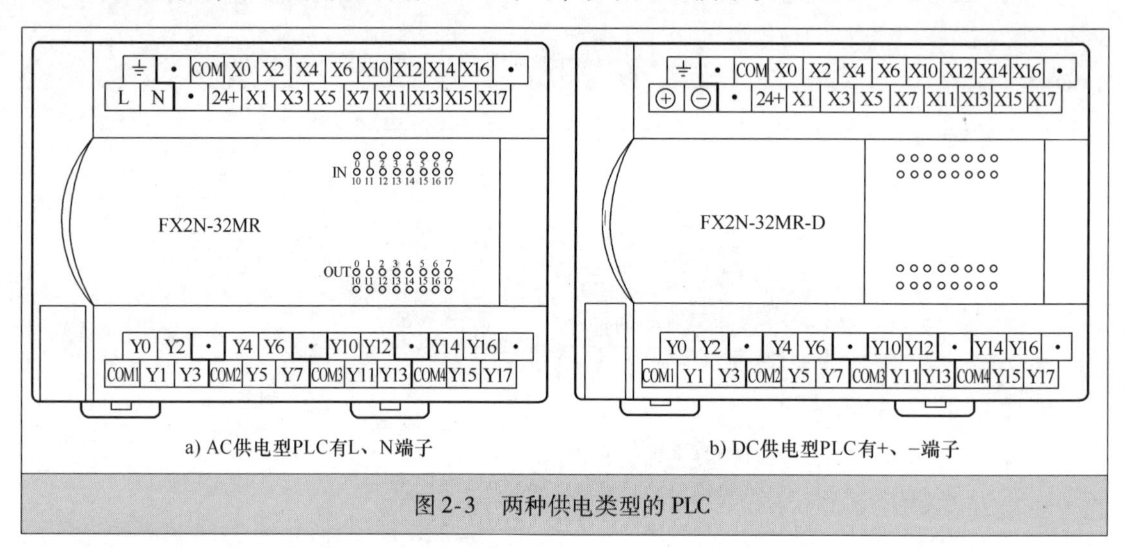

a) AC供电型PLC有L、N端子　　b) DC供电型PLC有+、-端子

图 2-3　两种供电类型的 PLC

1. AC 供电型 PLC 的电源端子接线

AC 供电型 PLC 的电源接线如图 2-4 所示。AC100～240V 交流电源接到 PLC 基本单元和扩展单元的 L、N 端子，交流电压在内部经 AC/DC 电源电路转换得到 DC24V 和 DC5V 直流电压，这两个电压一方面通过扩展电缆提供给扩展模块，另一方面 DC24V 电压还会从24 +、COM 端子往外输出。

扩展单元和扩展模块的区别在于：扩展单元内部有电源电路，可以往外部输出电压，而扩展模块内部无电源电路，只能从外部输入电压。由于基本单元和扩展单元内部的电源电路功率有限，不要用一个单元的输出电压提供给所有扩展模块。

2. DC 供电型 PLC 的电源端子接线

DC 供电型 PLC 的电源接线如图 2-5 所示。DC24V 电源接到 PLC 基本单元和扩展单元的 +、- 端子，该电压在内部经 DC/DC 电源电路转换得 DC5V 和 DC24V，这两个电压一方面通过扩展电缆提供给扩展模块，另一方面 DC24V 电压还会从 24 +、COM 端子往外输出。为了减轻基本单元或扩展单元内部电源电路的负担，扩展模块所需的 DC24V 可以直接由外部 DC24V 电源提供。

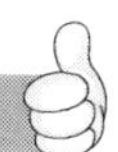

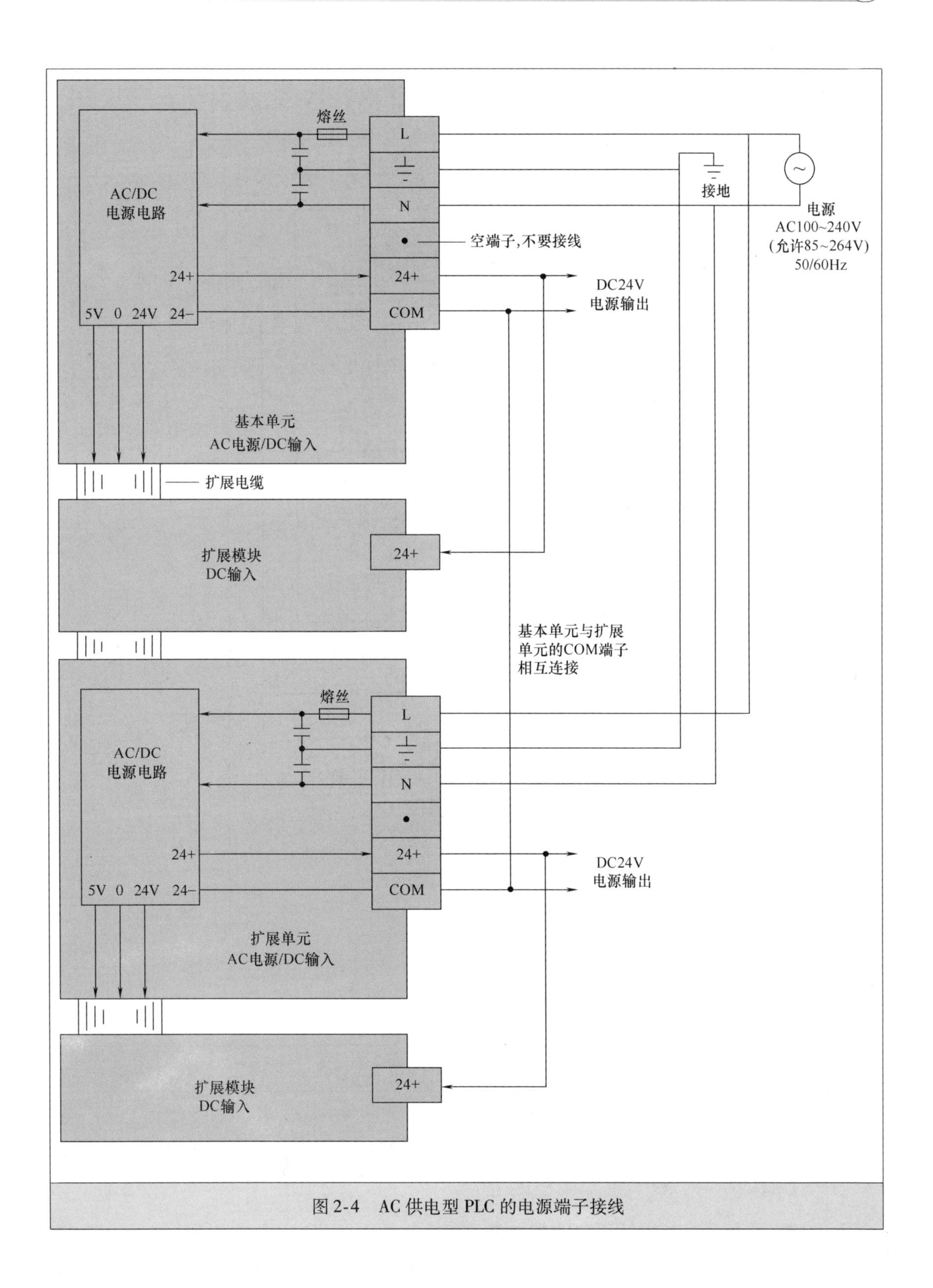

图 2-4　AC 供电型 PLC 的电源端子接线

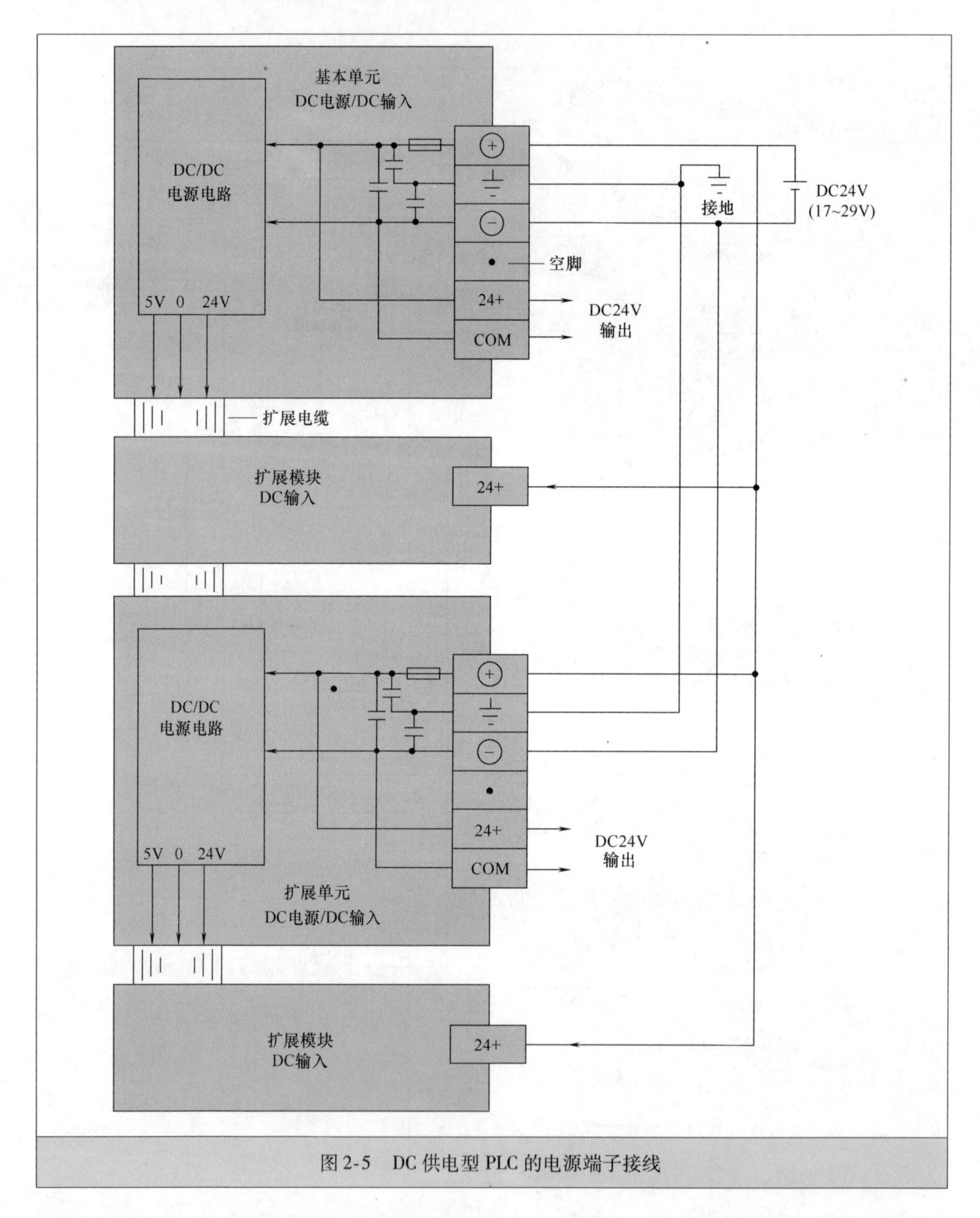

图 2-5　DC 供电型 PLC 的电源端子接线

2.2.2　三菱 FX1S/FX1N/FX1NC/FX2N/FX2NC/FX3UC 系列 PLC 的输入端子接线

PLC 输入端子接线方式与 PLC 的供电类型有关，具体可分为 AC 电源 DC 输入、DC 电源 DC 输入、AC 电源 AC 输入三种方式，在这三种方式中，AC 电源 DC 输入型 PLC 最为常

用，AC 电源 AC 输入型 PLC 使用较少。

三菱 FX1NC/FX2NC/FX3UC PLC 主要用于空间狭小的场合，为了减小体积，其内部未设较占空间的 AC/DC 电源电路，只能从电源端子直接输入 DC 电源，即这些 PLC 只有 DC 电源 DC 输入型。

1. AC 电源 DC 输入型 PLC 的输入接线

AC 电源 DC 输入型 PLC 的输入接线如图 2-6 所示，由于这种类型的 PLC（基本单元和扩展单元）内部有电源电路，它为输入电路提供 DC24V 电压，在输入接线时只需在输入端子与 COM 端子之间接入开关，开关闭合时输入电路就会形成电源回路。

2. DC 电源 DC 输入型 PLC 的输入接线

DC 电源 DC 输入型 PLC 的输入接线如图 2-7 所示，该类型 PLC 的输入电路所需的 DC24V 由电源端子在内部提供，在输入接线时只需在输入端子与 COM 端子之间接入开关。

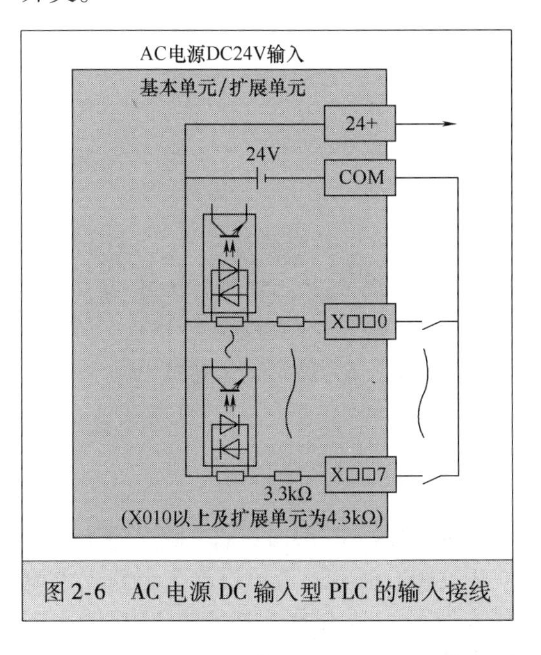

图 2-6　AC 电源 DC 输入型 PLC 的输入接线

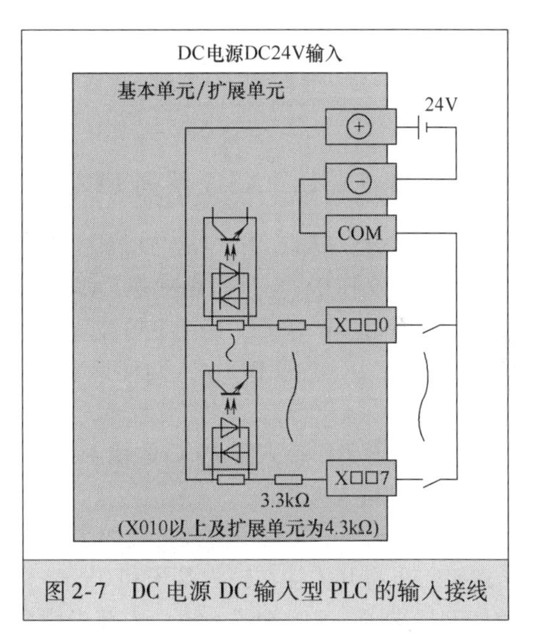

图 2-7　DC 电源 DC 输入型 PLC 的输入接线

3. AC 电源 AC 输入型 PLC 的输入接线

AC 电源 AC 输入型 PLC 的输入接线如图 2-8 所示，这种类型的 PLC（基本单元和扩展单元）采用 AC100～120V 供电，该电压除了供给 PLC 的电源端子外，还要在外部提供给输入电路，在输入接线时将 AC100～120V 接在 COM 端子和开关之间，开关另一端接输入端子。

4. 扩展模块的输入接线

扩展模块的输入接线如图 2-9 所示，由于扩展模块内部没有电源电路，它只能由外部为输入电路提供 DC24V 电压，在输入接线时将 DC24V 正极接扩展模块的 24+端子，DC24V 负极接开关，开关另一端接输入端子。

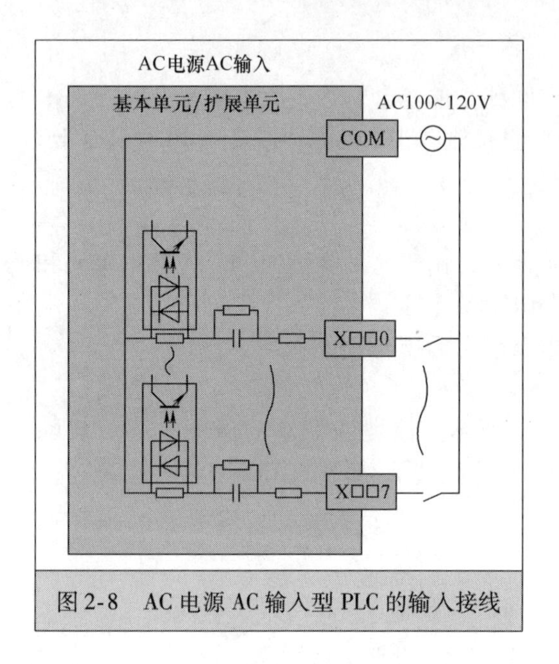

图 2-8　AC 电源 AC 输入型 PLC 的输入接线

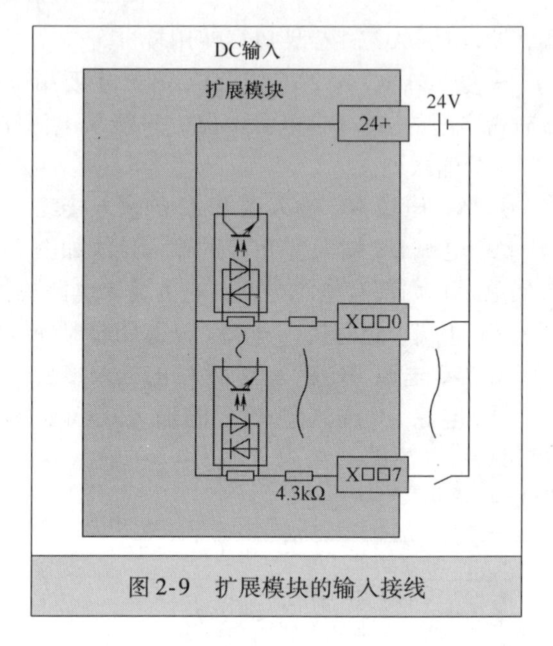

图 2-9　扩展模块的输入接线

2.2.3　三菱 FX3U/FX3G 系列 PLC 的输入端子接线

在三菱 FX1S/FX1N/FX1NC/FX2N/FX2NC/FX3UC 系列 PLC 的输入端子中，COM 端子既作公共端，又作 0V 端，而在三菱 FX3U/FX3G 系列 PLC 的输入端子取消了 COM 端子，增加了 S/S 端子和 0V 端子，其中 S/S 端子用作公共端。三菱 FX3U/FX3G 系列 PLC 只有 AC 电源 DC 输入、DC 电源 DC 输入两种类型，在每种类型中又可分为漏型输入接线和源型输入接线。

1. AC 电源 DC 输入型 PLC 的输入接线

（1）漏型输入接线

AC 电源型 PLC 的漏型输入接线如图 2-10 所示。在漏型输入接线时，将 24V 端子与 S/S 端子连接，再将开关接在输入端子和 0V 端子之间，开关闭合时有电流流过输入电路，电流途径是 24V 端子→S/S 端子→PLC 内部光耦合器→输入端子→0V 端子。**电流由 PLC 输入端的公共端子（S/S 端）输入，将这种输入方式称为漏型输入，为了方便记忆理解，可将公共端子理解为漏极，电流从公共端输入就是漏型输入。**

（2）源型输入接线

AC 电源型 PLC 的源型输入接线如图 2-11 所示。在源型输入接线时，将 0V 端子与 S/S 端子连接，再将开关接在输入端子和 24V 端子之间，开关闭合时有电流流过输入电路，电流途径是 24V 端子→开关→输入端子→PLC 内部光耦合器→S/S 端子→0V 端子。**电流由 PLC 的输入端子输入，将这种输入方式称为源型输入，为了方便记忆理解，可将输入端子理解为源极，电流从输入端子输入就是源型输入。**

2. DC 电源 DC 输入型 PLC 的输入接线

（1）漏型输入接线

DC 电源型 PLC 的漏型输入接线如图 2-12 所示。在漏型输入接线时，将外部 24V 电源正极与 S/S 端子连接，将开关接在输入端子和外部 24V 电源的负极之间，输入电流从

公共端子输入（漏型输入）。也可以将24V端子与S/S端子连接起来，再将开关接在输入端子和0V端子之间，但这样做会使从电源端子进入PLC的电流增大，从而增加PLC出现故障的概率。

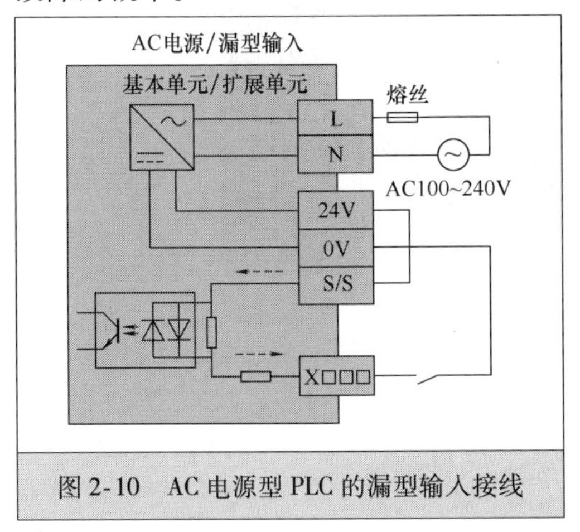

图2-10　AC电源型PLC的漏型输入接线

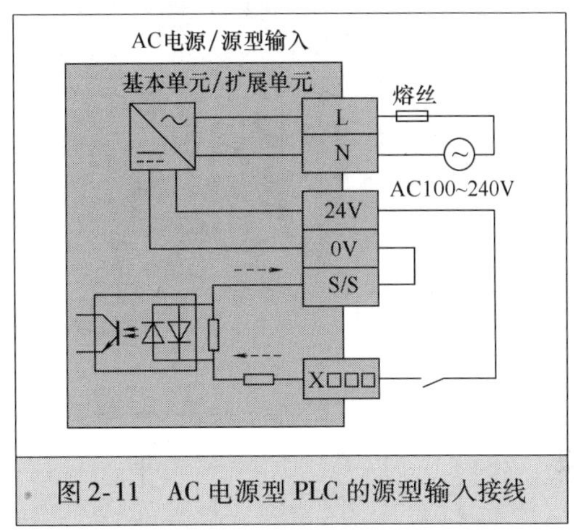

图2-11　AC电源型PLC的源型输入接线

（2）源型输入接线

DC电源型PLC的源型输入接线如图2-13所示。在源型输入接线时，将外部24V电源负极与S/S端子连接，再将开关接在输入端子和外部24V电源正极之间，输入电流从输入端子输入（源型输入）。

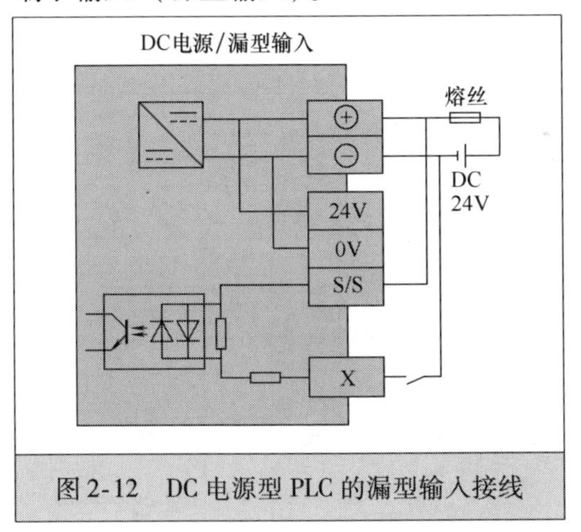

图2-12　DC电源型PLC的漏型输入接线

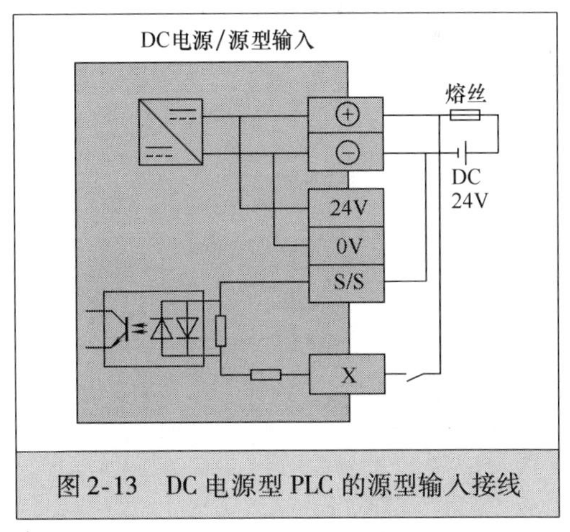

图2-13　DC电源型PLC的源型输入接线

2.2.4　无触点接近开关与PLC输入端子的接线

PLC的输入端子除了可以接普通有触点的开关外，还可以接一些无触点开关，如无触点接近开关，如图2-14a所示，当金属体靠近探测头时，内部的晶体管导通，相当于开关闭合。根据晶体管不同，无触点接近开关可分为NPN型和PNP型，根据引出线数量不同，可分为2线式和3线式，无触点接近开关常用图2-14b和c所示符号表示。

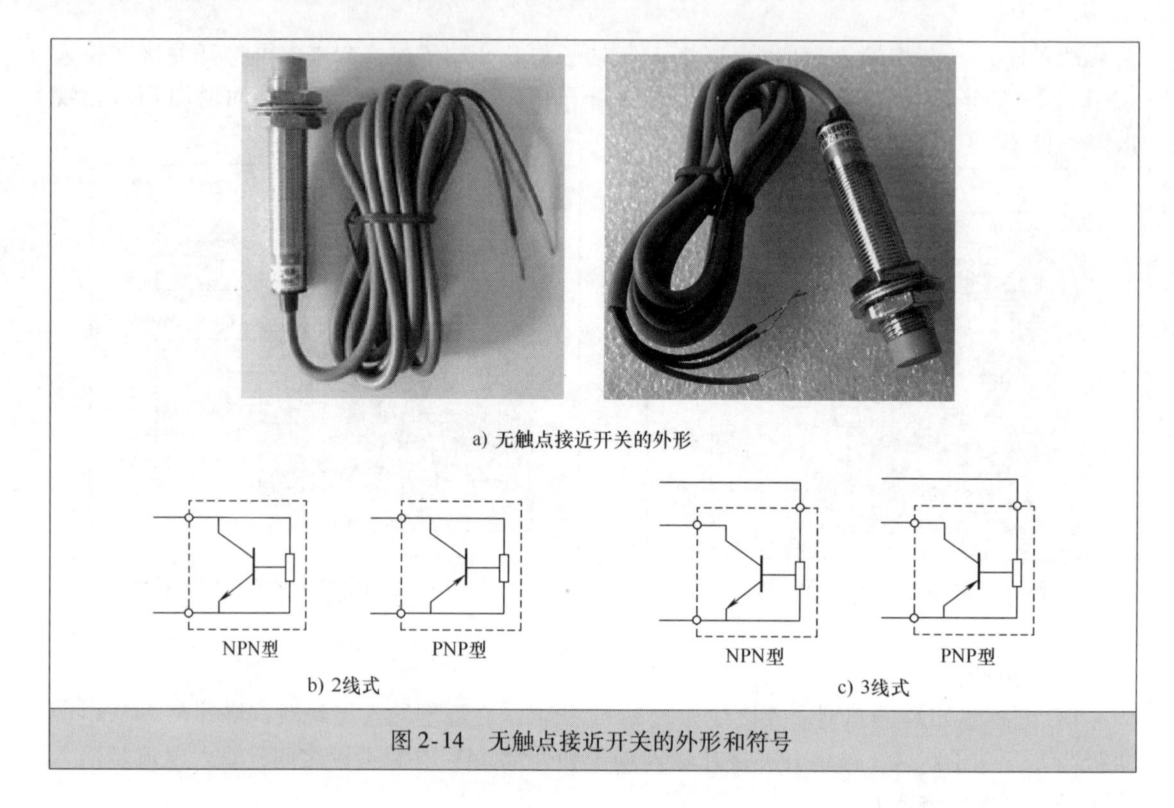

图 2-14　无触点接近开关的外形和符号

1. 3 线式无触点接近开关的接线

3 线式无触点接近开关的接线如图 2-15 所示。

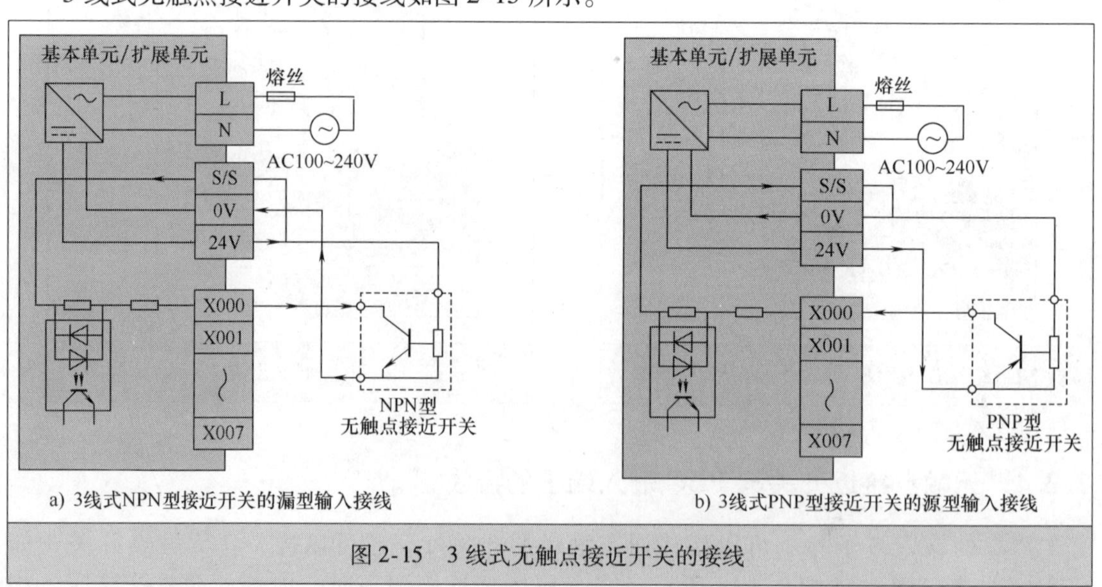

图 2-15　3 线式无触点接近开关的接线

图 2-15a 为 3 线式 NPN 型无触点接近开关的接线，它采用漏型输入接线，在接线时将 S/S 端子与 24V 端子连接，当金属体靠近接近开关时，内部的 NPN 型晶体管导通，X000 输入电路有电流流过，电流途径是 24V 端子→S/S 端子→PLC 内部光耦合器→X000 端子→接近开关→0V 端子，电流由公共端子（S/S 端子）输入，此为漏型输入。

图2-15b为3线式PNP型无触点接近开关的接线，它采用源型输入接线，在接线时将S/S端子与0V端子连接，当金属体靠近接近开关时，内部的PNP型晶体管导通，X000输入电路有电流流过，电流途径是24V端子→接近开关→X000端子→PLC内部光耦合器→S/S端子→0V端子，电流由输入端子（X000端子）输入，此为源型输入。

2. 2线式无触点接近开关的接线

2线式无触点接近开关的接线如图2-16所示。

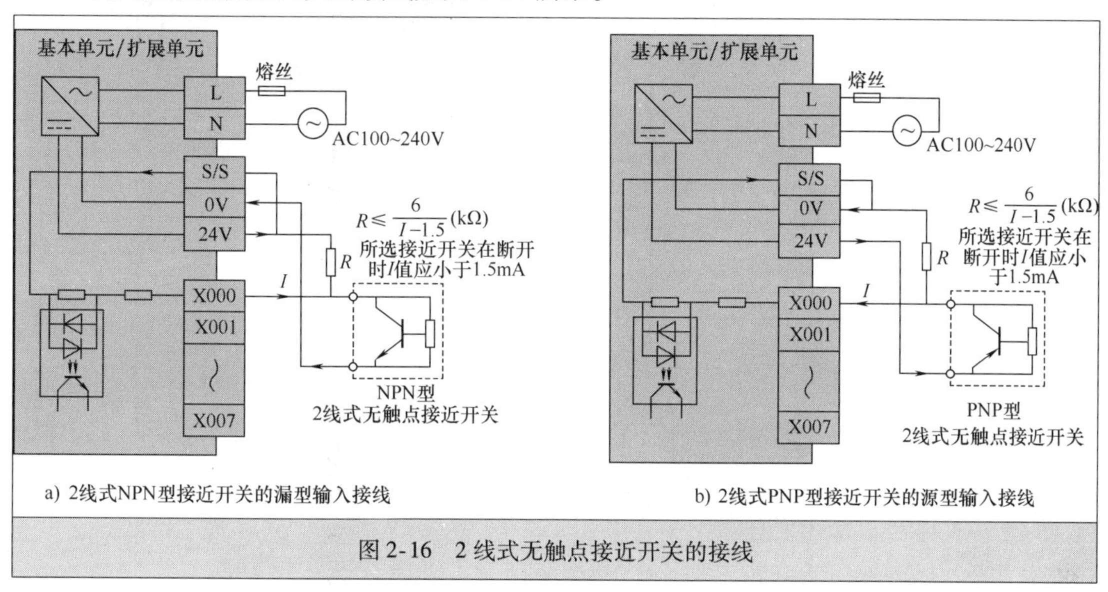

图2-16　2线式无触点接近开关的接线

图2-16a为2线式NPN型无触点接近开关的接线，它采用漏型输入接线，在接线时将S/S端子与24V端子连接，再在接近开关的一根线（内部接NPN型晶体管集电极）与24V端子间接入一个电阻R，R值的选取如图所示。当金属体靠近接近开关时，内部的NPN型晶体管导通，X000输入电路有电流流过，电流途径是24V端子→S/S端子→PLC内部光耦合器→X000端子→接近开关→0V端子，电流由公共端子（S/S端子）输入，此为漏型输入。

图2-16b为2线式PNP型无触点接近开关的接线，它采用源型输入接线，在接线时将S/S端子与0V端子连接，再在接近开关的一根线（内部接PNP型晶体管集电极）与0V端子间接入一个电阻R，R值的选取如图所示。当金属体靠近接近开关时，内部的PNP型晶体管导通，X000输入电路有电流流过，电流途径是24V端子→接近开关→X000端子→PLC内部光耦合器→S/S端子→0V端子，电流由输入端子（X000端子）输入，此为源型输入。

2.2.5　三菱FX系列PLC的输出端子接线

PLC的输出类型有继电器输出、晶体管输出和晶闸管输出，对于不同输出类型的PLC，其输出端子接线应按照相应的接线方式。

1. 继电器输出型PLC的输出端子接线

继电器输出型是指PLC输出端子内部采用继电器触点开关，当触点闭合时表示输出为ON，触点断开时表示输出为OFF。继电器输出型PLC的输出端子接线如图2-17所示。

由于继电器的触点无极性，故输出端使用的负载电源既可使用交流电源（AC100～240V），也可使用直流电源（DC30V以下）。在接线时，将电源与负载串接起来，再接在输出端子和公共端子之间，当PLC输出端内部的继电器触点闭合时，输出电路形成回路，有电流流过负载（如线圈、灯泡等）。

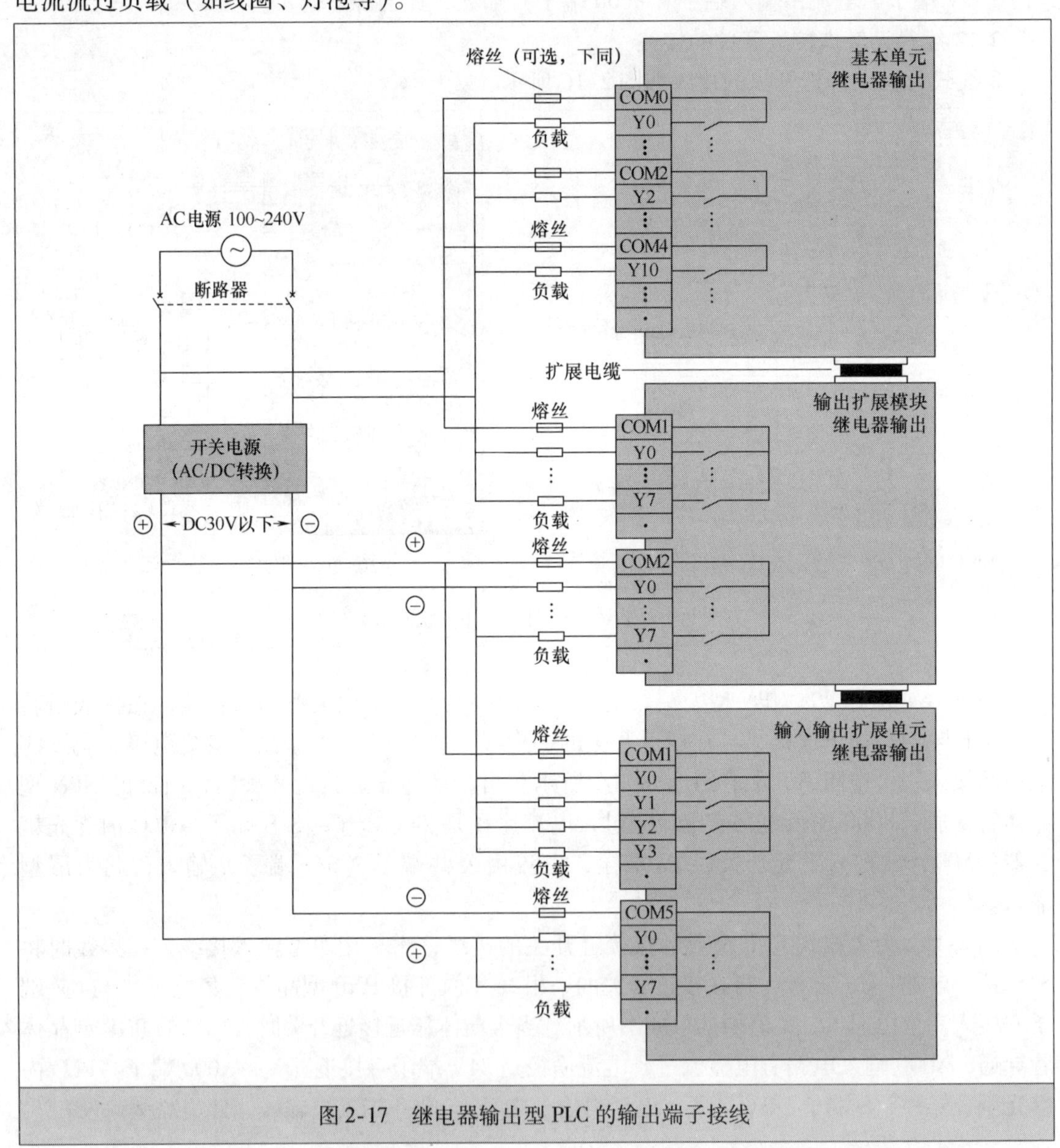

图2-17 继电器输出型PLC的输出端子接线

2. 晶体管输出型PLC的输出端子接线

晶体管输出型是指PLC输出端子内部采用晶体管，当晶体管导通时表示输出为ON，晶体管截止时表示输出为OFF。由于晶体管是有极性的，输出端使用的负载电源必须是直流电源（DC5～30V），晶体管输出型具体又可分为漏型输出和源型输出。

漏型输出型PLC输出端子接线如图2-18a所示。在接线时，漏型输出型PLC的公共端接电源负极，电源正极串接负载后接输出端子，当输出为ON时，晶体管导通，有电流流过

负载，电流途径是电源正极→负载→输出端子→PLC 内部晶体管→COM 端→电源负极。**电流从 PLC 输出端的公共端子输出，称之为漏型输出。**

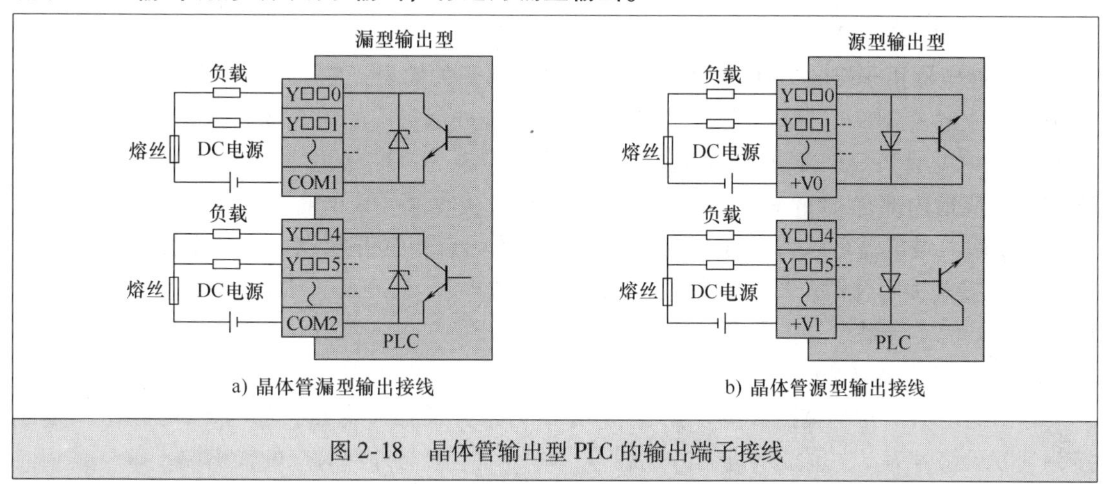

图 2-18　晶体管输出型 PLC 的输出端子接线

源型输出型 PLC 输出端子接线如图 2-18b 所示，三菱 FX3U/FX3UC/FX3G 的晶体管输出型 PLC 的输出公共端不用 COM 表示，而是用 +V＊ 表示。在接线时，源型输出型 PLC 的公共端（+V＊）接电源正极，电源负极串接负载后接输出端子，当输出为 ON 时，晶体管导通，有电流流过负载，电流途径是电源正极→+V＊端子→PLC 内部晶体管→输出端子→负载→电源负极。**电流从 PLC 的输出端子输出，称之为源型输出。**

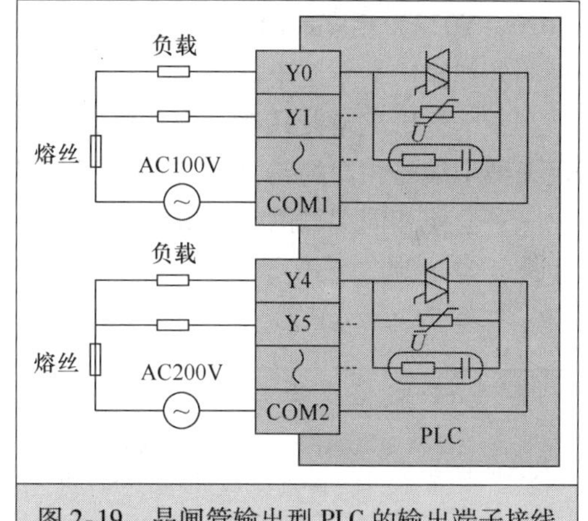

图 2-19　晶闸管输出型 PLC 的输出端子接线

3. 晶闸管输出型 PLC 的输出端子接线

晶闸管输出型是指 PLC 输出端子内部采用双向晶闸管（曾称双向可控硅），当晶闸管导通时表示输出为 ON，晶闸管截止时表示输出为 OFF。晶闸管是无极性的，输出端使用的负载电源必须是交流电源（AC100～240V）。晶闸管输出型 PLC 的输出端子接线如图 2-19 所示。

2.3　三菱 FX 系列 PLC 的软元件说明

PLC 是在继电器控制电路基础上发展起来的，继电器控制电路有时间继电器、中间继电器等，而 PLC 内部也有类似的器件，由于这些器件以软件形式存在，故称为软元件。**PLC 程序由指令和软元件组成，指令的功能是发出命令，软元件是指令的执行对象，**比如，SET 为置 1 指令，Y000 是 PLC 的一种软元件（输出继电器），“SET Y000”就是命令 PLC 的输出继电器 Y000 的状态变为 1。**由此可见，编写 PLC 程序必须要了解 PLC 的指令及软元件。**

PLC 的软元件很多，主要有输入继电器、输出继电器、辅助继电器、定时器、计数器、数据寄存器和常数等。三菱 FX 系列 PLC 分很多子系列，越高档的子系列，其支持指令和软元件数量越多。

2.3.1 输入继电器（X）和输出继电器（Y）

1. 输入继电器（X）

输入继电器用于接收PLC输入端子送入的外部开关信号，它与PLC的输入端子连接，其表示符号为X，按八进制方式编号，输入继电器与外部对应的输入端子编号是相同的。三菱FX2N-48M型PLC外部有24个输入端子，其编号为X000～X007、X010～X017、X020～X027，相应地内部有24个相同编号的输入继电器来接收这些端子输入的开关信号。

一个输入继电器可以有无数个编号相同的常闭触点和常开触点，当某个输入端子（如X000）外接开关闭合时，PLC内部相同编号输入继电器（X000）状态变为ON，那么程序中相同编号的常开触点处于闭合，常闭触点处于断开。

2. 输出继电器（Y）

输出继电器（常称输出线圈）用于将PLC内部开关信号送出，它与PLC输出端子连接，其表示符号为Y，也按八进制方式编号，输出继电器与外部对应的输出端子编号是相同的。三菱FX2N-48M型PLC外部有24个输出端子，其编号为Y000～Y007、Y010～Y017、Y020～Y027，相应地内部有24个相同编号的输出继电器，这些输出继电器的状态由相同编号的外部输出端子送出。

一个输出继电器只有一个与输出端子连接的常开触点（又称硬触点），但在编程时可使用无数个编号相同的常开触点和常闭触点。当某个输出继电器（如Y000）状态为ON时，它除了会使相同编号的输出端子内部的硬触点闭合外，还会使程序中的相同编号的常开触点闭合，常闭触点断开。

三菱FX系列PLC支持的输入继电器、输出继电器如下：

型　号	FX1S	FX1N、FX1NC	FX2N、FX2NC	FX3G	FX3U、FX3UC
输入继电器	X000～X017 （16点）	X000～X177 （128点）	X000～X267 （184点）	X000～X177 （128点）	X000～X367 （248点）
输出继电器	Y000～Y015 （14点）	Y000～Y177 （128点）	Y000～Y267 （184点）	Y000～Y177 （128点）	Y000～Y367 （248点）

2.3.2 辅助继电器（M）

辅助继电器是PLC内部继电器，它与输入、输出继电器不同，不能接收输入端子送来的信号，也不能驱动输出端子。辅助继电器表示符号为M，按十进制方式编号，如M0～M499、M500～M1023等。**一个辅助继电器可以有无数个编号相同的常闭触点和常开触点。**

辅助继电器分为四类：一般型、停电保持型、停电保持专用型和特殊用途型。三菱FX系列PLC支持的辅助继电器如下：

1. 一般型辅助继电器

一般型（又称通用型）辅助继电器在PLC运行时，如果电源突然停电，则全部线圈状态均变为OFF。当电源再次接通时，除了因其他信号而变为ON的以外，其余的仍将保持OFF状态，它们没有停电保持功能。

型　号	FX1S	FX1N、FX1NC	FX2N、FX2NC	FX3G	FX3U、FX3UC
一般型	M0 ~ M383（384 点）	M0 ~ M383（384 点）	M0 ~ M499（500 点）	M0 ~ M383（384 点）	M0 ~ M499（500 点）
停电保持型（可设成一般型）	无	无	M500 ~ M1023（524 点）	无	M500 ~ M1023（524 点）
停电保持专用型	M384 ~ M511（128 点）	M384 ~ M511（128 点，EEPROM 长久保持）M512 ~ M1535（1024 点，电容 10 天保持）	M1024 ~ M3071（2048 点）	M384 ~ M1535（1152 点）	M1024 ~ M7679（6656 点）
特殊用途型	M8000 ~ M8255（256 点）	M8000 ~ M8255（256 点）	M8000 ~ M8255（256 点）	M8000 ~ M8511（512 点）	M8000 ~ M8511（512 点）

三菱 FX2N 系列 PLC 的一般型辅助继电器点数默认为 M0 ~ M499，也可以用编程软件将一般型设为停电保持型，设置方法如图 2-20 所示，在 GX Developer 软件的工程列表区双击参数项中的“PLC 参数”，弹出参数设置对话框，切换到“软元件”选项卡，从辅助继电器一栏可以看出，系统默认 M500（起始）~ M1023（结束）范围内的辅助继电器具有锁存（停电保持）功能，如果将起始值改为 550，结束值仍为 1023，那么 M0 ~ M550 范围内的都是一般型辅助继电器。

从图 2-20 所示对话框不难看出，不但可以设置辅助继电器停电保持点数，还可以设置状态继电器、定时器、计数器和数据寄存器的停电保持点数，编程时选择的 PLC 类型不同，该对话框的内容有所不同。

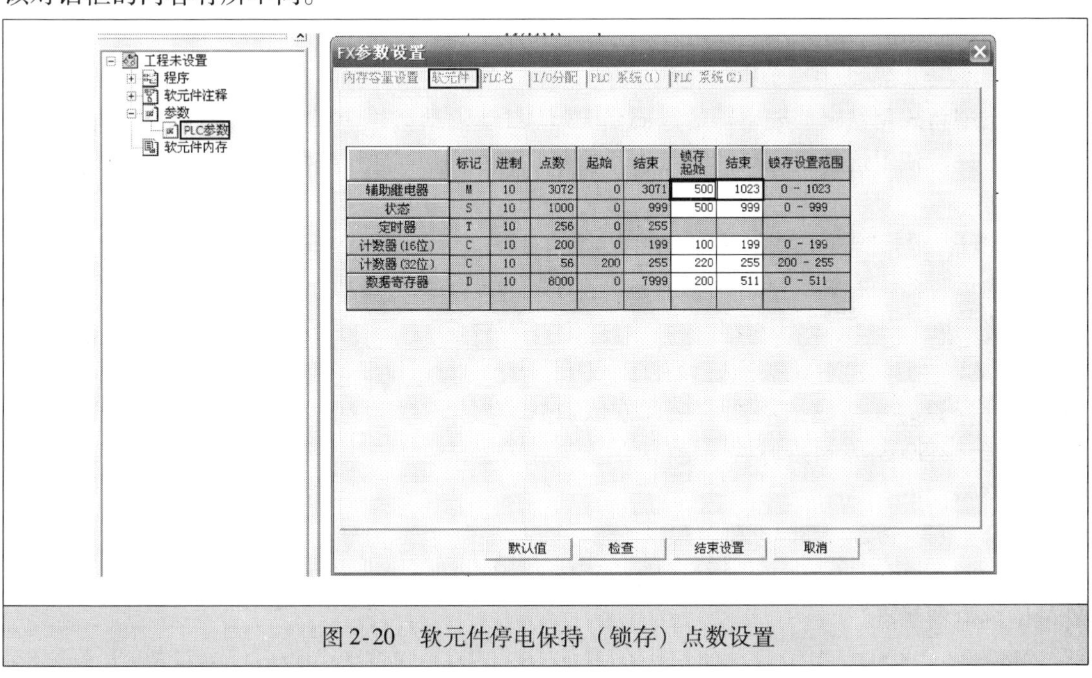

图 2-20　软元件停电保持（锁存）点数设置

2. 停电保持型辅助继电器

停电保持型辅助继电器与一般型辅助继电器的区别主要在于，前者具有停电保持功能，即能记忆停电前的状态，并在重新通电后保持停电前的状态。FX2N 系列 PLC 的停电保持型辅助继电器可分为停电保持型（M500 ~ M1023）和停电保持专用型（M1024 ~ M3071），**停电保持专用型辅助继电器无法设成一般型。**

下面以图 2-21 来说明一般型和停电保持型辅助继电器的区别。

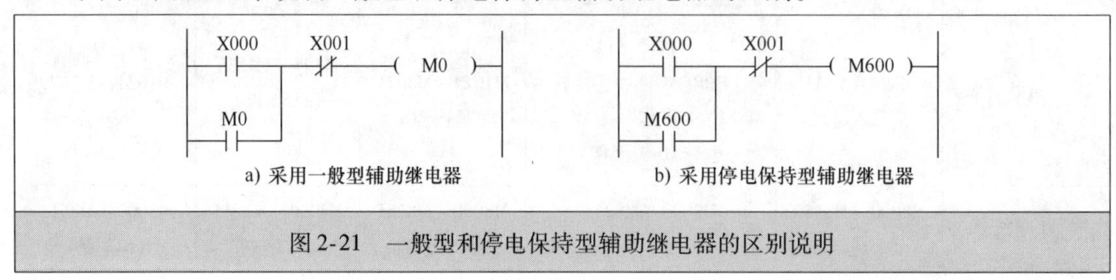

图 2-21　一般型和停电保持型辅助继电器的区别说明

图 2-21a 程序采用了一般型辅助继电器，在通电时，如果 X000 常开触点闭合，辅助继电器 M0 状态变为 ON（或称 M0 线圈得电），M0 常开触点闭合，在 X000 触点断开后锁住 M0 继电器的状态值，如果 PLC 出现停电，M0 继电器状态值变为 OFF，在 PLC 重新恢复供电时，M0 继电器状态仍为 OFF，M0 常开触点处于断开。

图 2-21b 程序采用了停电保持型辅助继电器，在通电时，如果 X000 常开触点闭合，辅助继电器 M600 状态变为 ON，M600 常开触点闭合，如果 PLC 出现停电，M600 继电器状态值保持为 ON，在 PLC 重新恢复供电时，M600 继电器状态仍为 ON，M600 常开触点处于闭合。若重新供电时 X001 触点处于开路，则 M600 继电器状态为 OFF。

3. 特殊用途型辅助继电器

FX2N 系列中有 256 个特殊辅助继电器，可分成触点型和线圈型两大类。

（1）触点型特殊用途辅助继电器

触点型特殊用途辅助继电器的线圈由 PLC 自动驱动，用户只可使用其触点，即在编写程序时，只能使用这种继电器的触点，不能使用其线圈。常用的触点型特殊用途辅助继电器如下：

M8000：运行监视 a 触点（常开触点），在 PLC 运行中，M8000 触点始终处于接通状态，M8001 为运行监视 b 触点（常闭触点），它与 M8000 触点逻辑相反，在 PLC 运行时，M8001 触点始终断开。

M8002：初始脉冲 a 触点，该触点仅在 PLC 运行开始的一个扫描周期内接通，以后周期断开，M8003 为初始脉冲 b 触点，它与 M8002 逻辑相反。

M8011、M8012、M8013 和 M8014 分别是产生 10ms、100ms、1s 和 1min 时钟脉冲的特殊辅助继电器触点。

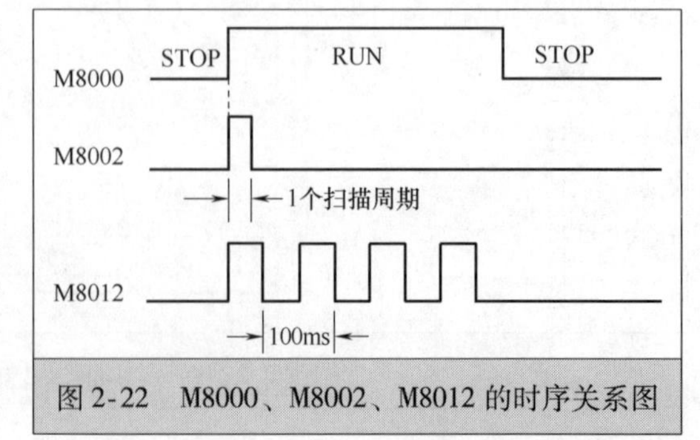

图 2-22　M8000、M8002、M8012 的时序关系图

M8000、M8002、M8012 的时序关系如图 2-22所示。从图中可以看出，在 PLC 运行

（RUN）时，M8000 触点始终是闭合的（图中用高电平表示），而 M8002 触点仅闭合一个扫描周期，M8012 闭合 50ms、接通 50ms，并且不断重复。

（2）线圈型特殊用途辅助继电器

线圈型特殊用途辅助继电器由用户程序驱动其线圈，使 PLC 执行特定的动作。常用的线圈型特殊用途辅助继电器如下：

M8030：电池 LED 熄灯。当 M8030 线圈得电（M8030 继电器状态为 ON）时，电池电压降低，发光二极管熄灭。

M8033：存储器保持停止。若 M8033 线圈得电（M8033 继电器状态值为 ON），PLC 停止时保持输出映象存储器和数据寄存器的内容。

M8034：所有输出禁止。若 M8034 线圈得电（即 M8034 继电器状态为 ON），PLC 的输出全部禁止。以图 2-23 所示的程序为例，当 X000 常开触点处于断开时，M8034 辅助继电器状态为 OFF，X001 ~ X003 常闭触点处于闭合使 Y000 ~ Y002 线圈均得电，如果 X000 常开触点闭合，M8034 辅助继电器状态变为 ON，PLC 马上让所有的输出线圈失电，故 Y000 ~ Y002 线圈都失电，即使 X001 ~ X003 常闭触点仍处于闭合。

M8039：恒定扫描模式。若 M8039 线圈得电（即 M8039 继电器状态为 ON），PLC 按数据寄存器 D8039 中指定的扫描时间工作。

更多特殊用途型辅助继电器的功能请参见附录 A。

2.3.3　状态继电器（S）

状态继电器是编制步进程序的重要软元件，与辅助继电器一样，可以有无数个常开触点和常闭触点，其表示符号为 S，按十进制方式编号，如 S0 ~ S9、S10 ~ S19、S20 ~ S499 等。

状态继电器可分为初始状态型、一般型和报警用途型。对于未在步进程序中使用的状态继电器，可以当成辅助继电器一样使用，如图 2-24 所示，当 X001 触点闭合时，S10 线圈得电（即 S10 继电器状态为 ON），S10 常开触点闭合。状态继电器主要用在步进顺序程序中，其详细用法见第 5 章。

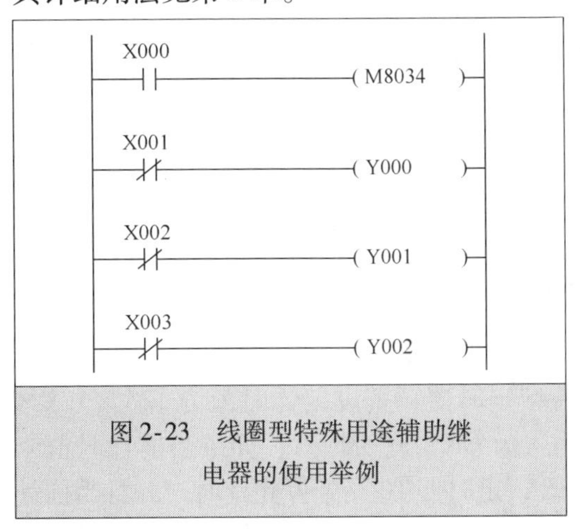

图 2-23　线圈型特殊用途辅助继电器的使用举例

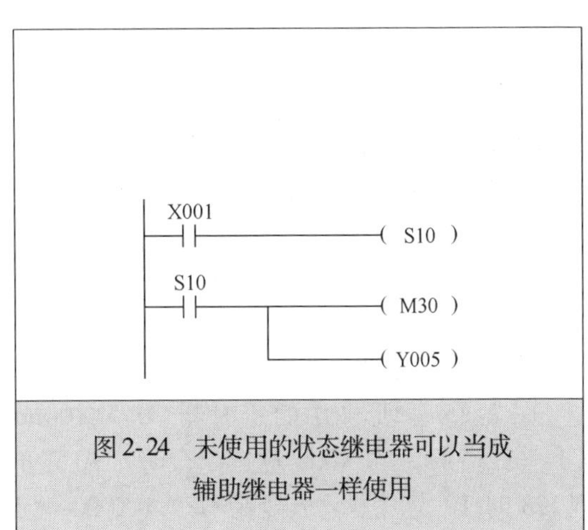

图 2-24　未使用的状态继电器可以当成辅助继电器一样使用

三菱 FX 系列 PLC 支持的状态继电器如下：

型　号	FX1S	FX1N、FX1NC	FX2N、FX2NC	FX3G	FX3U、FX3UC
初始状态用	S0～S9 （停电保持专用）	S0～S9 （停电保持专用）	S0～S9	S0～S9 （停电保持专用）	S0～S9
一般用	S10～S127 （停电保持专用）	S10～S127 （停电保持专用） S128～S999 （停电保持专用， 电容10天保持）	S10～S499 S500～S899 （停电保持）	S10～S999 （停电保持专用） S1000～S4095	S10～S499 S500～S899 （停电保持） S1000～S4095 （停电保持专用）
信号报警用	无		S900～S999 （停电保持）	无	S900～S999 （停电保持）
说明	停电保持型可以设成非停电保持型，非停电保持型也可设成停电保持型（FX3G型需安装选配电池，才能将非停电保持型设成停电保持型）；停电保持专用型采用EEPROM或电容供电保存，不可设成非停电保持型				

2.3.4　定时器（T）

定时器是用于计算时间的继电器，它可以有无数个常开触点和常闭触点，其定时单位有1ms、10ms、100ms三种。定时器表示符号为T，编号按十进制方式，**定时器分为普通型定时器（又称一般型）和停电保持型定时器（又称累计型或积算型定时器）**。

三菱FX系列PLC支持的定时器如下：

PLC系列	FX1S	FX1N，FX1NC，FX2N，FX2NC	FX3G	FX3U，FX3UC
1ms普通型定时器 （0.001～32.767s）	T31，1点	—	T256～T319，64点	T256～T511， 256点
100ms普通型定时器 （0.1～3276.7s）	T0～62，63点	T0～199，200点		
10ms普通型定时器 （0.01～327.67s）	T32～C62，31点	T200～T245，46点		
1ms停电保持型定时器 （0.001～32.767s）	—	T246～T249，4点		
100ms停电保持型定时器 （0.1～3276.7s）	—	T250～T255，6点		

普通型定时器和停电保持型定时器的区别说明如图2-25所示。

图2-25a梯形图中的定时器T0为100ms普通型定时器，其设定计时值为123（123×0.1s=12.3s）。当X000触点闭合时，T0定时器输入为ON，开始计时，如果当前计时值未到123时T0定时器输入变为OFF（X000触点断开），定时器T0马上停止计时，并且当前计时值复位为0，当X000触点再闭合时，T0定时器重新开始计时，当计时值到达123时，定时器T0的状态值变为ON，T0常开触点闭合，Y000线圈得电。普通型定时器的计时值到达设定值时，如果其输入仍为ON，定时器的计时值保持设定值不变，当输入变为OFF时，其

状态值变为 OFF，同时当前计时变为 0。

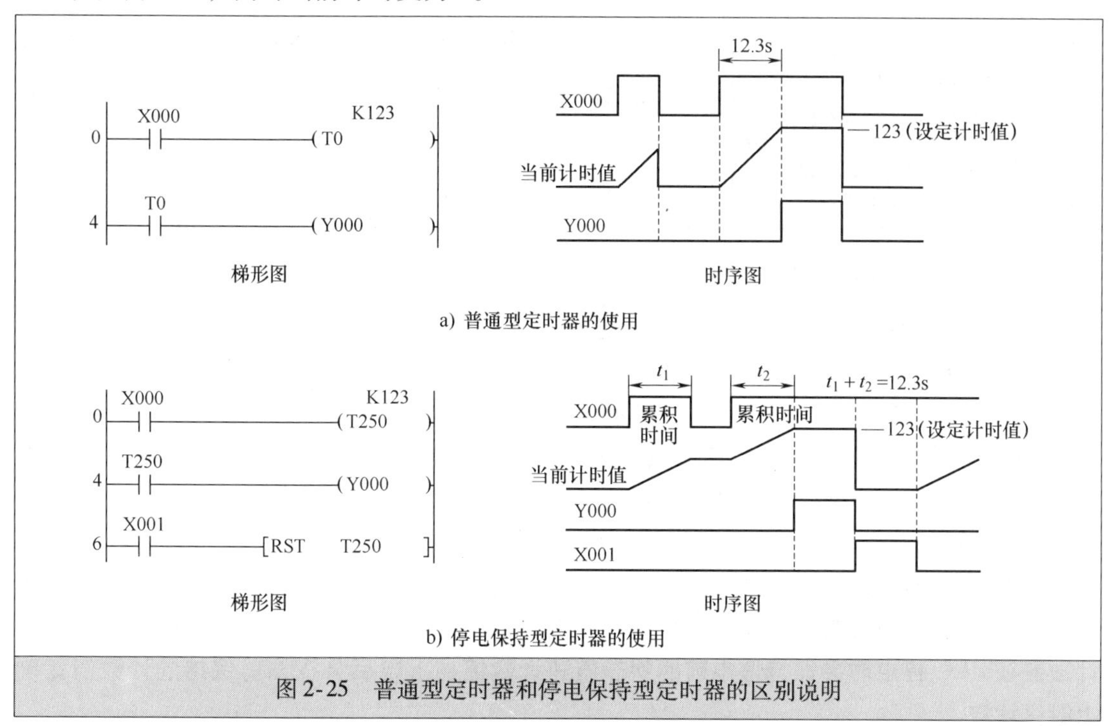

图 2-25　普通型定时器和停电保持型定时器的区别说明

图 2-25b 梯形图中的定时器 T250 为 100ms 停电保持型定时器，其设定计时值为 123（123 ×0. 1s = 12. 3s）。当 X000 触点闭合时，T250 定时器开始计时，如果当前计时值未到 123 时出现 X000 触点断开或 PLC 断电，定时器 T250 停止计时，但当前计时值保持，当 X000 触点再闭合或 PLC 恢复供电时，定时器 T250 在先前保持的计时值基础上继续计时，直到累积计时值到达 123 时，定时器 T250 的状态值变为 ON，T250 常开触点闭合，Y000 线圈得电。停电保持型定时器的计时值到达设定值时，不管其输入是否为 ON，其状态值仍保持为 ON，当前计时值也保持设定值不变，直到用 RST 指令对其进行复位，状态值才变为 OFF，当前计时值才复位为 0。

2.3.5　计数器（C）

计数器是一种具有计数功能的继电器，它可以有无数个常开触点和常闭触点。计数器可分为加计数器和加/减双向计数器。计数器表示符号为 C，编号按十进制方式，**计数器可分为普通型计数器和停电保持型计数器。**

三菱 FX 系列 PLC 支持的计数器如下：

PLC 系列	FX1S	FX1N，FX1NC，FX3G	FX2N，FX2NC，FX3U，FX3UC
普通型 16 位加计数器（0 ~ 32767）	C0 ~ C15，16 点	C0 ~ C15，16 点	C0 ~ C99，100 点
停电保持型 16 位加计数器（0 ~ 32767）	C16 ~ C31，16 点	C16 ~ C199，184 点	C100 ~ C199，100 点

（续）

PLC 系列	FX1S	FX1N，FX1NC，FX3G	FX2N，FX2NC，FX3U，FX3UC
普通型 32 位加减计数器（-2147483648 ~ +2147483647）	—	C200 ~ C219，20 点	
停电保持型 32 位加减计数器（-2147483648 ~ +2147483647）	—	C220 ~ C234，15 点	

1. 加计数器的使用

加计数器的使用如图 2-26 所示，C0 是一个普通型的 16 位加计数器。当 X010 触点闭合时，RST 指令将 C0 计数器复位（状态值变为 OFF，当前计数值变为 0），X010 触点断开后，X011 触点每闭合断开一次（产生一个脉冲），计数器 C0 的当前计数值就递增 1，X011 触点第 10 次闭合时，C0 计数器的当前计数值达到设定计数值 10，其状态值马上变为 ON，C0 常开触点闭合，Y000 线圈得电。当计数器的计数值达到设定值后，即使再输入脉冲，其状态值和当前计数值都保持不变，直到用 RST 指令将计数器复位。

停电保持型计数器的使用方法与普通型计数器基本相似，两者的区别主要在于：普通型计数器在 PLC 停电时状态值和当前计数值会被复位，上电后重新开始计数，而停电保持型计数器在 PLC 停电时会保持停电前的状态值和计数值，上电后会在先前保持的计数值基础上继续计数。

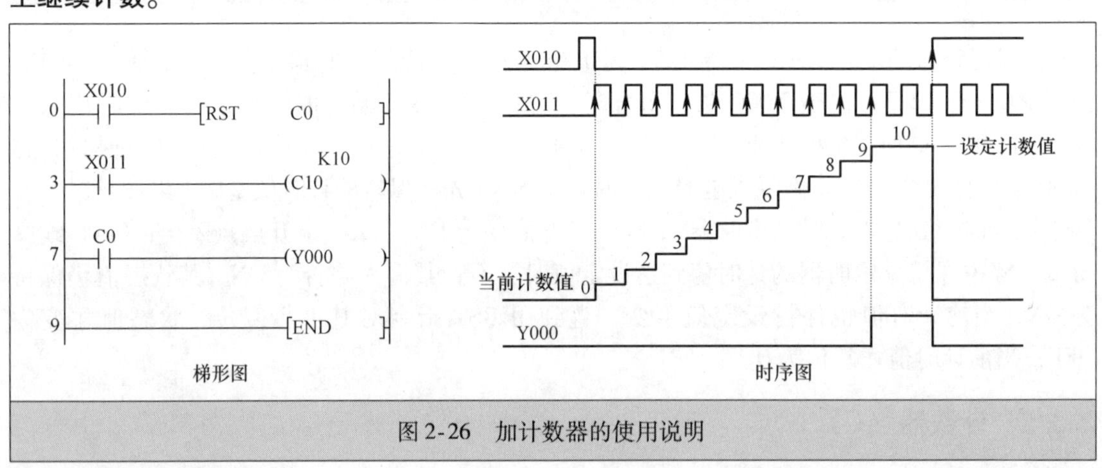

图 2-26　加计数器的使用说明

2. 加/减计数器的使用

三菱 FX 系列 PLC 的 C200 ~ C234 为加/减计数器，这些计数器既可以加计数，也可以减计数，进行何种计数方式分别受特殊辅助继电器 M8200 ~ M8234 控制，即 C200 计数器的计数方式受 M8200 辅助继电器控制，M8200 = 1（M8200 状态为 ON）时，C200 计数器进行减计数，M8200 = 0 时，C200 计数器进行加计数。

加/减计数器在计数值达到设定值后，如果仍有脉冲输入，其计数值会继续增加或减少，在加计数达到最大值 2147483647 时，再来一个脉冲，计数值会变为最小值 -2147483648，在减计数达到最小值 -2147483648 时，再来一个脉冲，计数值会变为最大值 2147483647，所以加/减计数器是环形计数器。**在计数时，不管加/减计数器进行的是加计数或是减计数，**

只要其当前计数值小于设定计数值，计数器的状态就为 OFF，若当前计数值大于或等于设定计数值，计数器的状态为 ON。

加/减计数器的使用如图 2-27 所示。

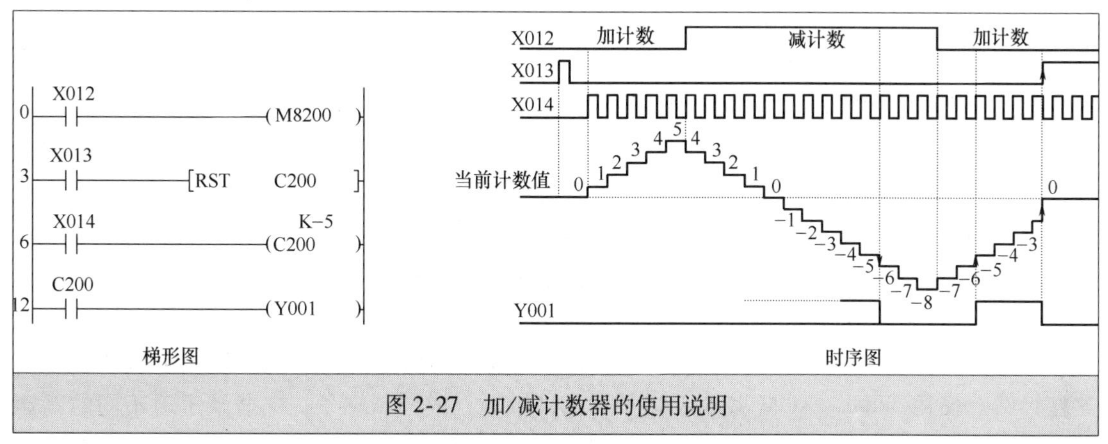

图 2-27　加/减计数器的使用说明

当 X012 触点闭合时，M8200 继电器状态为 ON，C200 计数器工作方式为减计数，X012 触点断开时，M8200 继电器状态为 OFF，C200 计数器工作方式为加计数。当 X013 触点闭合时，RST 指令对 C200 计数器进行复位，其状态变为 OFF，当前计数值也变为 0。

C200 计数器复位后，将 X013 触点断开，X014 触点每闭合断开一次（产生一个脉冲），C200 计数器的计数值就加 1 或减 1。在进行加计数时，当 C200 计数器的当前计数值达到设定值（图中-6 增到-5）时，其状态变为 ON；在进行减计数时，当 C200 计数器的当前计数值减到小于设定值（图中-5 减到-6）时，其状态变为 OFF。

3. 计数值的设定方式

计数器的计数值可以直接用常数设定（直接设定），也可以将数据寄存器中的数值设为计数值（间接设定）。计数器的计数值设定如图 2-28 所示。

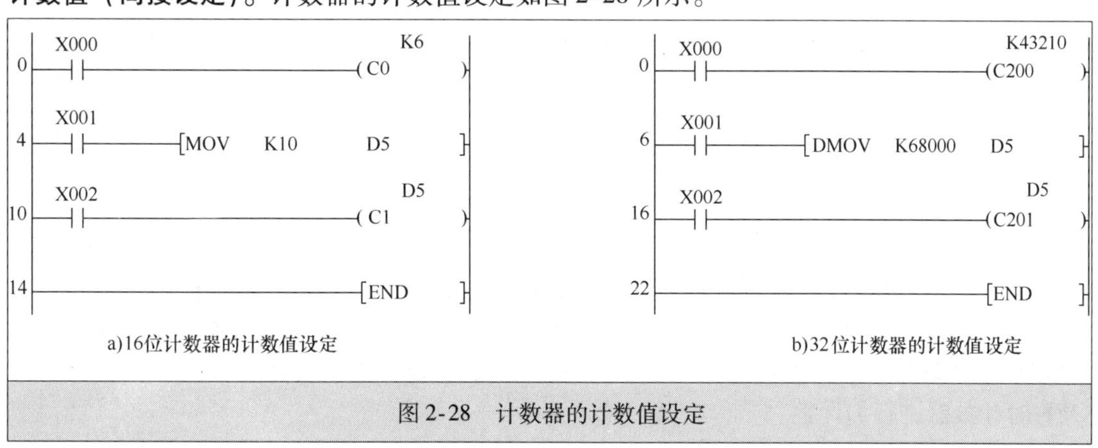

图 2-28　计数器的计数值设定

16 位计数器的计数值设定如图 2-28a 所示，C0 计数器的计数值采用直接设定方式，直接将常数 6 设为计数值，C1 计数器的计数值采用间接设定方式，先用 MOV 指令将常数 10 传送到数据寄存器 D5 中，然后将 D5 中的值指定为计数值。

32 位计数器的计数值设定如图 2-28b 所示，C200 计数器的计数值采用直接设定方式，直接将常数43210设为计数值，C201计数器的计数值采用间接设定方式，由于计数值为32位，故需要先用DMOV指令（32位数据传送指令）将常数68000传送到2个16位数据寄存器D6、D5中，然后将D6、D5中的值指定为计数值，在编程时只需输入低编号数据寄存器，相邻高编号数据寄存器会自动占用。

2.3.6 高速计数器

前面介绍的普通计数器的计数速度较慢，它与PLC的扫描周期有关，一个扫描周期内最多只能增1或减1，如果一个扫描周期内有多个脉冲输入，也只能计1，这样会出现计数不准确，为此PLC内部专门设置了与扫描周期无关的高速计数器（HSC），用于对高速脉冲进行计数。三菱FX3U/3UC型PLC最高可对100kHz高速脉冲进行计数，其他型号PLC最高计数频率也可达60kHz。

三菱FX系列PLC有C235～C255共21个高速计数器（均为32位加/减环形计数器），这些计数器使用X000～X007共8个端子作为计数输入或控制端子，这些端子对不同的高速计数器有不同的功能定义，一个端子不能被多个计数器同时使用。三菱FX系列PLC的高速计数器及使用端子的功能定义见表2-2。

表2-2 三菱FX系列PLC的高速计数器及使用端子的功能定义

高速计数器及使用端子	单相单输入计数器											单相双输入计数器					双相双输入计数器				
	无起动/复位控制功能						有起动/复位控制功能														
	C235	C236	C237	C238	C239	C240	C241	C242	C243	C244	C245	C246	C247	C248	C249	C250	C251	C252	C253	C254	C255
X000	U/D						U/D			U/D		U	U		U		A	A		A	
X001		U/D					R			R		D	D		D		B	B		B	
X002			U/D					U/D			U/D		R		R			R		R	
X003				U/D				R			R			U		U			A		A
X004					U/D				U/D					D		D			B		B
X005						U/D			R					R		R			R		R
X006										S					S					S	
X007											S					S					S

注：U/D—加计数输入/减计数输入；R—复位输入；S—起动输入；A—A相输入；B—B相输入。

1. 单相单输入高速计数器（C235～C245）

单相单输入高速计数器可分为无起动/复位控制功能的计数器（C235～C240）和有起动/复位控制功能的计数器（C241～C245）。**C235～C245计数器的加、减计数方式分别由M8235～M8245特殊辅助继电器的状态决定，状态为ON时计数器进行减计数，状态为OFF时计数器进行加计数。**

单相单输入高速计数器的使用举例如图2-29所示。

在计数器C235输入为ON（X012触点处于闭合）期间，C235对X000端子（程序中不出现）输入的脉冲进行计数；如果辅助继电器M8235状态为OFF（X010触点处于断开），C235进行加计数，若M8235状态为ON（X010触点处于闭合），C235进行减计数；在计数时，不管C235进行加计数还是减计数，如果当前计数值小于设定计数值－5，C235的状态

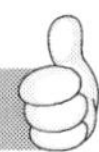

值就为OFF，如果当前计数值大于或等于－5，C235的状态值就为ON；如果X011触点闭合，RST指令会将C235复位，C235当前值变为0，状态值变为OFF。

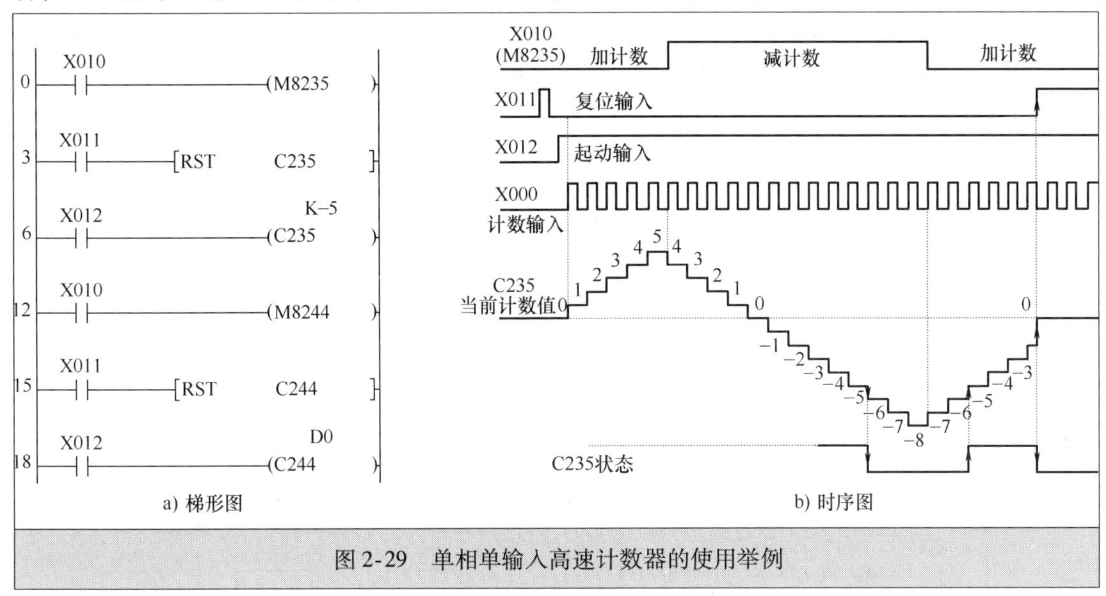

图2-29　单相单输入高速计数器的使用举例

从图2-29a程序可以看出，计数器C244采用与C235相同的触点控制，但C244属于有专门起动/复位控制的计数器，当X012触点闭合时，C235计数器输入为ON马上开始计数，而同时C244计数器输入也为ON但不会开始计数，只有X006端子（C244的起动控制端）输入为ON时，C244才开始计数，数据寄存器D1D0中的值被指定为C244的设定计数值，高速计数器是32位计数器，其设定值占用两个数据寄存器，编程时只要输入低位寄存器。对C244计数器复位有两种方法，一是执行RST指令（让X011触点闭合），二是让X001端子（C244的复位控制端）输入为ON。

2. 单相双输入高速计数器（C246～C250）

单相双输入高速计数器有两个计数输入端，一个为加计数输入端，一个为减计数输入端，当加计数端输入上升沿时进行加计数，当减计数端输入上升沿时进行减计数。C246～C250高速计数器当前的计数方式可通过分别查看M8246～M8250的状态来了解，状态为ON表示正在进行减计数，状态为OFF表示正在进行加计数。

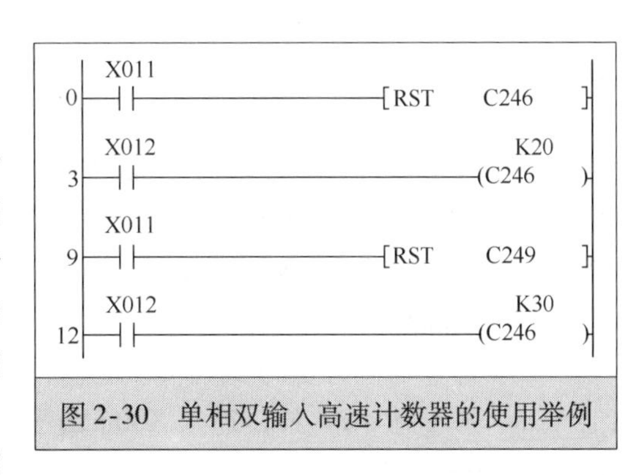

图2-30　单相双输入高速计数器的使用举例

单相双输入高速计数器的使用举例如图2-30所示。当X012触点闭合时，C246计数器起动计数，若X000端子输入脉冲，C246进行加计数，若X001端子输入脉冲，C246进行减计数。只有在X012触点闭合并且X006端子（C249的起动控制端）输入为ON时，C249才开始计数，X000端子输入脉冲时C249进行加计数，X001端子输入脉冲时C249进行减计数。C246计数器可使用RST指令复位，C249既可使用RST指令复位，也可以让X002端子（C249的复位控制端）输入为ON来复位。

3. 双相双输入高速计数器（C251 ~ C255）

双相双输入高速计数器有两个计数输入端，一个为 A 相输入端，一个为 B 相输入端，在 A 相输入为 ON 时，B 相输入上升沿进行加计数，B 相输入下降沿进行减计数。

双相双输入高速计数器的使用举例如图 2-31 所示。

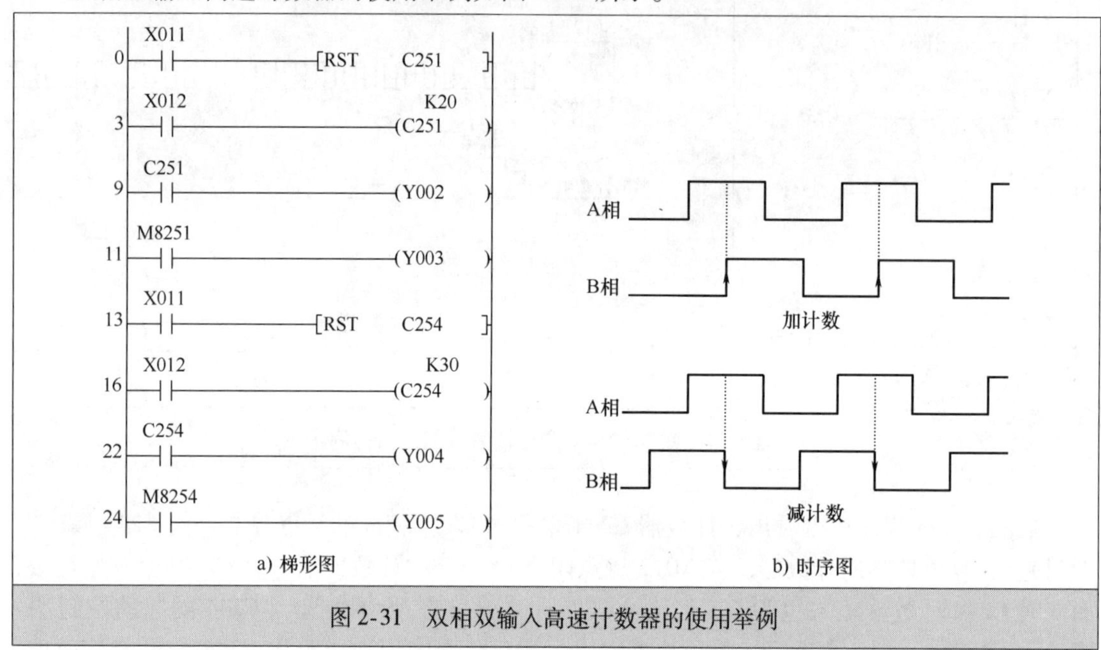

图 2-31　双相双输入高速计数器的使用举例

当 C251 计数器输入为 ON（X012 触点闭合）时，起动计数，在 A 相脉冲（由 X000 端子输入）为 ON 时对 B 相脉冲（由 X001 端子输入）进行计数，B 相脉冲上升沿来时进行加计数，B 相脉冲下降沿来时进行减计数。如果 A、B 相脉冲由两相旋转编码器提供，编码器正转时产生的 A 相脉冲相位超前 B 相脉冲，在 A 相脉冲为 ON 时 B 相脉冲只会出现上升沿，如图 2-31b 所示，即编码器正转时进行加计数，在编码器反转时产生的 A 相脉冲相位落后 B 相脉冲，在 A 相脉冲为 ON 时 B 相脉冲只会出现下降沿，即编码器反转时进行减计数。

C251 计数器进行减计数时，M8251 继电器状态为 ON，M8251 常开触点闭合，Y003 线圈得电。在计数时，若 C251 计数器的当前计数值大于或等于设定计数值，C251 状态为 ON，C251 常开触点闭合，Y002 线圈得电。C251 计数器可用 RST 指令复位，让状态变为 OFF，将当前计数值清 0。

C254 计数器的计数方式与 C251 基本类似，但起动 C254 计数除了要求 X012 触点闭合（让 C254 输入为 ON）外，还须 X006 端子（C254 的起动控制端）输入为 ON。C254 计数器既可使用 RST 指令复位，也可以让 X002 端子（C254 的复位控制端）输入为 ON 来复位。

2.3.7　数据寄存器（D）

数据寄存器是用来存放数据的软元件，其表示符号为 D，按十进制编号。一个数据寄存器可以存放 16 位二进制数，其最高位为符号位（符号位为 0：正数；符号位为 1：负数），一个数据寄存器可存放-32768 ~ +32767 范围的数据。16 位数据寄存器的结构如下：

高位 D0(16位) 低位

b15 0 1 0 1 0 1 0 1 0 1 0 1 0 1 0 1 b0

16 384 8 192 4 096 2 048 1 024 512 256 128 64 32 16 8 4 2 1

符号
0：正数
1：负数

两个相邻的数据寄存器组合起来可以构成一个32位数据寄存器，能存放32位二进制数，其最高位为符号位（0：正数；1：负数），两个数据寄存器组合构成的32位数据寄存器可存放-2147483648～+2147483647范围的数据。32位数据寄存器的结构如下：

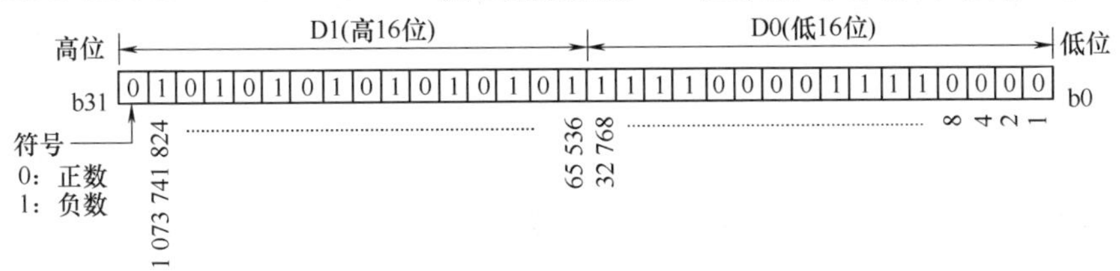

三菱FX系列PLC的数据寄存器可分为一般型、停电保持型、文件型和特殊型数据寄存器。三菱FX系列PLC支持的数据寄存器点数如下：

PLC系列	FX1S	FX1N，FX1NC，FX3G	FX2N，FX2NC，FX3U，FX3UC
一般型数据寄存器	D0～D127，128点	D0～D127，128点	D0～D199，200点
停电保持型数据寄存器	D128～D255，128点	D128～D7999，7872点	D200～D7999，7800点
文件型数据寄存器	D1000～D2499，1500点	D1000～D7999，7000点	
特殊型数据寄存器	D8000～D8255，256点（FX1S/FX1N/FX1NC/FX2N/FX2NC） D8000～D8511，512点（FX3G/FX3U/FX3UC）		

1. 一般型数据寄存器

当PLC从RUN模式进入STOP模式时，所有一般型数据寄存器的数据全部清0，如果特殊辅助继电器M8033为ON，则PLC从RUN模式进入STOP模式时，一般型数据寄存器的值保持不变。程序中未用的定时器和计数器可以作为数据寄存器使用。

2. 停电保持型数据寄存器

停电保持型数据寄存器具有停电保持功能，当PLC从RUN模式进入STOP模式时，停电保持型寄存器的值保持不变。在编程软件中可以设置停电保持型数据寄存器的范围。

3. 文件型数据寄存器

文件型数据寄存器用来设置具有相同软元件编号的数据寄存器的初始值。PLC上电时和由STOP模式转换至RUN模式时，文件型数据寄存器中的数据被传送到系统的RAM的数据寄存器区。在GX Developer软件的“FX参数设置”对话框中，切换到“内存容量设置”选项卡，从中可以设置文件型数据寄存器容量（以块为单位，每块500点）。

4. 特殊型数据寄存器

特殊型数据寄存器的作用是用来控制和监视PLC内部的各种工作方式和软元件，如扫描时间、电池电压等。在PLC上电和由STOP模式转换至RUN模式时，这些数据寄存器会被写入默认值。特殊数据寄存器功能可参见附录A。

2.3.8 变址寄存器（V、Z）

三菱 FX 系列 PLC 有 V0～V7 和 Z0～Z7 共16个变址寄存器，它们都是16位寄存器。**变址寄存器 V、Z 实际上是一种特殊用途的数据寄存器，其作用是改变元件的编号（变址），**例如 V0=5，若执行 D20V0，则实际被执行的元件为 D25（D20+5）。变址寄存器可以像其他数据寄存器一样进行读写，需要进行32位操作时，可将 V、Z 串联使用（Z 为低位，V 为高位）。变址寄存器（V、Z）的详细使用见第6章。

2.3.9 常数（K、H）

常数有两种表示方式，一种是用十进制数表示，其表示符号为 K，如“K234”表示十进制数234，另一种是用十六进制数表示，其表示符号为 H，如“H1B”表示十六进制数1B，相当于十进制数27。

在用十进制数表示常数时，数值范围为－32768～＋32767（16位），－2147483648～＋2147483647（32位）。在用十六进制数表示常数时，数值范围为0～FFFF（16位），0～FFFFFFFF（32位）。

2.4 三菱 FX 系列 PLC 规格概要

三菱 FX 系列 PLC 又可分为 FX1S/FX1N/FX1NC/FX2N/FX2NC/FX3U/FX3UC/FX3G 等多个子系列，其中 FX1□系列为一代机，FX2□系列为二代机，FX3□系列为三代机，一代机已停产，二代机在社会上有较广泛的使用，三代机在几年前推出，由于其具有比二代机更好的性能和更快的运行速度，而价格与二代机相差不大，故已慢慢被更多的用户接受。在目前的三代机中，FX3U 系列 PLC 功能最为强大，FX3G 系列 PLC 为 FX 最新系列，但其功能不如 FX3U，但价格略低于 FX3U。

PLC 是靠程序指令驱动运行的，三菱 FX 一代机、二代机和三代机有很多相同的指令，高代机可使用的指令数量更多，这使得高代机功能更为强大，可以做一些低代机不能做的事情。对于已掌握一代机指令编程的用户，只需再学习二、三代机新增的指令，就可以使用二、三代机。

本节对三菱 FX1S/FX1N/FX1NC/FX2N/FX2NC/FX3U/FX3UC/FX3G 系列 PLC 的规格进行简单说明，以便读者能大致了解各系列的异同，初学者如果暂时看不懂这些规格，可跳过本节内容直接学习后续章节，待以后理解能力提高，在需要时再阅读这些内容。

2.4.1 三菱 FX1S/FX1N/FX1NC 系列 PLC 规格概要

三菱 FX1S 系列 PLC 规格概要见表2-3。三菱 FX1N 系列 PLC 规格概要见表2-4。三菱 FX1NC 系列 PLC 规格概要见表2-5。

表 2-3　三菱 FX1S 系列 PLC 规格概要

	项　目	规格概要
电源、输入输出	电源规格	AC 电源型：AC100～240V　DC 电源型：DC24V
	耗电量[①]	AC 电源型：19W（10M，14M），20W（20M），21W（30M）　DC 电源型；6W（10M），6.5W（14M），7W（20M），8W（30M）
	冲击电流	AC 电源型：最大 15A　5ms 以下/AC100V，最大 25A　5ms 以下/AC200V　DC 电源型：最大 10A　100μs/DC24V
	24V 供电电源	AC 电源型：DC24V/400mA
	输入规格	DC24V 7mA/5mA 无电压触点，或者 NPN 开集电极晶体管输入
	输出规格	继电器输出型：2A/1 点、8A/4 点 COM AC250V，DC30V 以下 晶体管输出型：0.5A/1 点、0.8A/4 点 COM DC5～30V
	输入输出扩展、特殊扩展	通过安装功能扩展板，可以扩展少量点数的输入输出或者扩展模拟量输入输出
性能	程序内存	内置 2000 步（无需电池支持的 EEPROM）、注释输入、可 RUN 中写入 可安装带程序传送功能的存储盒（最大 2000 步）
	时钟功能	内置实时时钟（有时间设定指令、时间比较指令）
	指令	基本指令 27 个、步进梯形图指令 2 个、应用指令 85 种
	运算处理速度	基本指令：0.55～0.7μs/指令，应用指令；3.7～数百 μs/指令
	高速处理	有输入输出刷新指令、输入滤波调整指令、输入中断功能、脉冲捕捉功能
	最大输入输出点数	30 点（可通过功能扩展板扩展少量点数）
	辅助继电器、定时器	辅助继电器：512 点、定时器：64 点
	计数器	一般用 16 位增计数器：32 点 高速用 32 位增/减计数器：［1 相］60kHz/2 点、10kHz/4 点［2 相］30kHz/1 点、5kHz/1 点
	数据寄存器	一般用 256 点、变址用 16 点、文件用最多可设定到 1500 点
其他	模拟电位器	内置 2 点、通过 FX1N-8AV-BD 型的功能扩展板可以扩展 8 点
	功能扩展板	可以安装 FX1N-□□□-BD 型功能扩展板
	特殊适配器	可以通过 FX1N-CNV-BD 连接
	显示模块	可内置 FX1N-5DM。可外装 FX-10DM（也可以直接连接 GOT，ET 系列人机界面）
	对应数据通信 对应数据链接	RS-232C、RS-485、RS-422、N:N 网络、并联链接、计算机链接
	外围设备的机型选择	选择 FX1S，或者 FX2(C)，但是选择 FX2(C) 时使用有限制

① 包含输入电流量（1 点 7mA 或者 5mA）。

表 2-4　三菱 FX1N 系列 PLC 规格概要

	项　目	规格概要
电源、输入输出	电源规格	AC 电源型：AC100～240V　DC 电源型：DC24V
	耗电量	AC 电源型：30W（24M），32W（40M），35W（60M）　DC 电源型:15W（24M），18W（40M），20W（60M）
	冲击电流	AC 电源型：最大 30A　5ms 以下/AC100V，最大 50A　5ms 以下/AC200V DC 电源型：最大 25A　1ms 以下/DC24V，最大 22A　0.3ms 以下/DC12V
	24V 供电电源	AC 电源型：DC24V/400mA
	输入规格	DC24V 7mA/5mA 无电压触点，或者 NPN 开集电极晶体管输入
	输出规格	继电器输出型：2A/1 点、8A/4 点 COM　AC250V，DC30V 以下 晶体管输出型：0.5A/1 点、0.8A/4 点 COM DC5～30V
	输入输出扩展	可连接 FX0N，FX2N 系列用的输入输出扩展设备。通过安装功能扩展板，可以扩展少量点数的输入输出或者扩展模拟量输入输出
性能	程序内存	内置 8000 步（无需电池支持的 EEPROM）、注释输入、可 RUN 中写入可安装带程序传送功能的存储盒（最大 8000 步）
	时钟功能	内置实时时钟（有时间设定指令、时间比较指令，具有闰年校正功能）
	指令	基本指令 27 个、步进梯形图指令 2 个、应用指令 89 种
	运算处理速度	基本指令：0.55～0.7μs/指令，应用指令：3.7～数百 μs/指令
	高速处理	有输入输出刷新指令、输入滤波调整指令、输入中断功能、脉冲捕捉功能
	最大输入输出点数	128 点
	辅助继电器、定时器	辅助继电器：1536 点、定时器：256 点
	计数器	一般用 16 位增计数器：200 点，一般用 32 位增减计数器：35 点 高速用 32 位增/减计数器：[1 相] 60kHz/2 点、10kHz/4 点 [2 相] 30kHz/1 点、5kHz/1 点
	数据寄存器	一般用 8000 点、变址用 16 点、文件用在程序区域中最多可设定到 7000 点
其他	模拟电位器	内置 2 点、通过 FX1N-8AV-BD 型的功能扩展板可以扩展 8 点
	功能扩展板	可以安装 FX1N-□□□-BD 型功能扩展板
	特殊适配器	可以通过 FX1N-CNV-BD 连接
	特殊扩展	6 种（FX0N-3A，FX2N-16CCL-M，FX2N-32CCL，FX2N-64CL-M，FX2N-16LNK-M，FX2N-32ASI-M）
	显示模块	可内置 FX1N-5DM。可外装 FX-10DM（也可以直接连接 GOT，ET 系列人机界面）
	对应数据通信 对应数据链接	RS-232C、RS-485、RS-422、N:N 网络、并联链接、计算机链接 CC-Link、CC-Link/LT、MELSEC-I/O 链接
	外围设备的机型选择	选择 FX1N（C）或 FX2N（C），FX2（C），但是选择 FX2N（C），FX2（C）时使用有限制

表 2-5　三菱 FX1NC 系列 PLC 规格概要

	项　目	规 格 概 要
电源、输入输出	电源规格	DC24V
	耗电量①	6W（16M），8W（32M）
	冲击电流	最大 30A　0.5ms 以下/DC24V
	24V 供电电源	无
	输入规格	DC24V 7mA/5mA（无电压触点，或者 NPN 开集电极晶体管输入）
	输出规格	晶体管输出型：0.1A/1 点、0.8A/8 点 COM　DC5～30V
	输入输出扩展	可连接 FX2NC，FX2N②系列用扩展模块
性能	程序内存	内置 8000 步（无需电池支持的 EEPROM）、注释输入、可 RUN 中写入
	时钟功能	内置实时时钟（有时间设定指、令时间比较指令、具有闰年修正功能）
	命令	基本指令 27 个、步进梯形图指令 2 个、应用指令 89 种
	运算处理速度	基本指令：0.55～0.7μs/指令，应用指令：3.7～数百 μs/指令
	高速处理	有输入输出刷新指令、输入滤波调整指令、输入中断功能、脉冲捕捉功能
	最大输入输出点数	128 点
	辅助继电器、定时器	辅助继电器：1536 点、定时器：256 点
	计数器	一般用 16 位增计数器：200 点，一般用 32 位增减计数器：35 点 高速用 32 位增/减计数器：［1 相］60kHz/2 点、10kHz/点［2 相］30kHz/1 点、5kHz/1 点
	数据寄存器	一般用 8000 点、变址用 16 点、文件用在程序区域中最多可设定到 7000 点
其他	特殊适配器	可连接
	特殊扩展	可连接 FX0N，FX2N②系列的特殊模块
	显示模块	可外装 FX-10DM（也可以直接连接 GOT，ET 系列人机界面）
	对应数据通信	RS-232C、RS-485、RS-422、N:N 网络、并联链接、计算机链接
	对应数据链接	CC-Link、CC-Link/LT、MELSEC-I/O 链接
	外围设备的机型选择	选择 FX1N（C）或 FX2N（C），FX2（C），但是选择 FX2N（C），FX2（C）时使用有限制

① 包含输入电流量（1 点 7mA 或者 5mA）。

② 需要转换适配器。

2.4.2　三菱 FX2N/2NC 系列 PLC 规格概要

三菱 FX2N 系列 PLC 规格概要见表 2-6。三菱 FX2NC 系列 PLC 规格概要见表 2-7。

表 2-6　三菱 FX2N 系列 PLC 规格概要

	项　目	规 格 概 要
电源、输入输出	电源规格	AC 电源型：AC100～240V　DC 电源型：DC24V
	耗电量	AC 电源型：3VA（16M），40VA（32M），50VA（48M），60VA（64M），70VA（80M），100VA（128M） DC 电源型：25W（32M），30W（48M），35W（64M），40W（80M）
	冲击电流	AC 电源型：最大 40A　5ms 以下/AC100V，最大 60A　5ms 以下/AC200V
	24V 供电电源	AC 电源型：250mA 以下（16M，32M）460mA 以下（48M，64M，80M，128M）
	输入规格	DC 输入型：DC24V 7mA/5mA 无电压触点，或者 NPN 开集电极晶体管输入 AC 输入型：AC100～120V 电压输入
	输出规格	继电器输出型：2A/1 点、8A/4 点 COM 8A/8 点 COM AC250V，DC30V 以下 晶体管输出型：0.5A/1 点（Y000、Y001 为 0.3A/1 点）、0.8A/4 点 COM DC5～30V 晶闸管输出：0.3A/1 点，0.8A/4 点公共，AC85～242V
	输入输出扩展	可连接 FX2N 系列用的扩展模块以及 FX2N 系列用的扩展单元。

（续）

	项　目	规格概要
性能	程序内存	内置8000步RAM（电池支持）、注释输入、可RUN中写入；安装有存储盒时最大可扩展到16000步
	时钟功能	内置实时时钟（有时间设定指令、时间比较指令，具有闰年修正功能）
	指令	基本指令27个、步进梯形图指令2个、应用指令132种
	运算处理速度	基本指令：0.08μs/指令，应用指令：1.52～数百μs
	高速处理	有输入输出刷新指令、输入滤波调整指令、输入中断功能、定时中断功能、计数中断功能、脉冲捕捉功能
	最大输入输出点数	256点
	辅助继电器、定时器	辅助继电器：3072点、定时器：256点
	计数器	一般用16位增计数器：200点，一般用32位增减计数器：35点 高速用32位增/减计数器：［1相］60kHz/2点、10kHz/4点［2相］30kHz/1点、5kHz/1点
	数据寄存器	一般用8000点、变址用16点、文件用在程序区域中最多可设定到7000点
其他	模拟电位器	通过FX2N-8AV-BD型的功能扩展板，可扩展8点
	功能扩展板	可以安装FX2N-□□□-BD型功能扩展板
	特殊适配器	可以通过FX2N-CNV-BD连接
	特殊扩展	要连接FX0N、FX2N系列的特殊单元以及特殊模块
	显示模块	可外装FX-10DM（也可以直接连接GOT，ET系列人机界面）
	对应数据通信 对应数据链接	RS-232C、RS-485、RS-422、N:N网络、并联链接、计算机链接 CC-Link、CC-Link/LT、MELSEC-I/O链接
	外围设备的机型选择	选择FX2N（C）或FX2（C），但是选择FX2（C）时使用有限制

表2-7　三菱FX2NC系列PLC规格概要

	项　目	规格概要
电源、输入输出	电源规格	DC24V
	耗电量①	6W（16M），8W（32M），11W（64M），14W（96M）
	冲击电流	最大30A　0.5ms以下/DC24V
	24V供电电源	无
	输入规格	DC24V 7mA/5mA（无电压触点，或者NPN开集电极晶体管输入）
	输出规格	继电器输出型：2A/1点、4A/1点COM AC5V、DC30V以下 晶体管输出型：0.1A/1点、0.8A/8点COM（Y000～Y003为0.3A/1点）DC5～30V
	输入输出扩展	可连接FX2NC，FX2N②系列用扩展模块

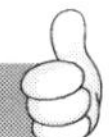

（续）

	项　目	规格概要
性能	程序内存	内置8000步RAM（电池支持）、注释输入、可RUN中写入；发装有序储板时最大可扩展到16000步
	时钟功能	可安装具有实时时钟的选件卡（有时间设定指、时间比较指令）
	指令	基本指令27个、步进梯形图指令2个、应用指令132种
	运算处理速度	基本指令：0.08μs/指令，应用指令：1.52～数百μs
	高速处理	有输入输出刷新指令、输入滤波调整指令、输入中断功能、计数中断功能、脉冲捕捉功能
	最大输入输出点数	256点
	辅助继电器、定时器	辅助继电器：3072点、定时器：256点
	计数器	一般用16位增计数器：200点，一般用32位增减计数器：35点 高速用32位增/减计数器：［1相］60kHz/2点、10kHz/4点［2相］30kHz/1点、5kHz/1点
	数据寄存器	一般用8000点、变址用16点、文件用在程序区域中最多可设定到7000点
其他	特殊适配器	可连接
	特殊扩展	可连接FX2NC，FX0N②、FX2N②系列的特殊单元以及特殊模块
	显示模块	可外装FX-10DM（也可以直接连接GOT，ET系列人机界面）
	对应数据通信 对应数据链接	RS-232C、RS-485、RS-422、N:N网络、并联链接、计算机链接 CC-Link、CC-Link/LT、MELSEC-I/O链接
	外围设备的机型选择	选择FX2N（C）或FX2（C），但是选择FX2（C）时使用有限制

① 包含输入电流（1点7mA或者5mA）。

② 需要转换适配器。

2.4.3　三菱FX3U/3UC/3G系列PLC规格概要

三菱FX3U系列PLC规格概要见表2-8。三菱FX3UC系列PLC规格概要见表2-9。三菱FX3G系列PLC规格概要见表2-10。

表2-8　三菱FX3U系列PLC规格概要

	项　目	规格概要
电源、输入输出	电源规格	AC电源型：AC100～240V　50/60Hz　DC电源型：DC24V
	耗电量	AC电源型：30W（16M），35W（32M），40W（48M），45W（64M），50W（80M），65W（128M） DC电源型：25W（16M），30W（32M），35W（48M），40W（64M），45W（80M）
	冲击电流	AC电源型：最大30A　5ms以下/AC100V，最大45A　5ms以下/AC200V
	24V供电电源	DC电源型：400mA以下（16M，32M）600mA以下（48M，64M，80M，128M）
	输入规格	DC24V，5～7mA（无电压触点或者漏型输入时：NPN开集电极晶体管输入，源型输入时：PNP开集电极输入）

（续）

	项　　目	规格概要
电源、输入输出	输出规格	继电器输出型：2A/1 点、8A/4 点 COM、8A/8 点 COM AC250V（对应 CE、UL/cUL 规格时为 240V）DC30V 以下 晶体管输出型：0.5A/1 点、0.8A/4 点、1.6A/8 点 COM DC5～30V
	输入输出扩展	可连接 FX2N 系列用的扩展设备
性能	程序存储器	内置 64000 步 RAM（电池支持） 选件：64000 步闪存存储盒（带程序传送功能/没有程序传送功能），16000 步闪存存储盒
	时钟功能	内置实时时钟（有闰年修正功能），月差 ±45s/25℃
	指令	基本指令 29 个、步进梯形图指令 2 个、应用指令 209 种
	运算处理速度	基本指令：0.065s/指令，应用指令：0.642～数百 s/指令
	高速处理	有输入输出刷新指令、输入滤波调整指令、输入中断功能、定时中断功能、高速计数中断功能、脉冲捕捉功能
	最大输入输出点数	384 点（基本单元、扩展设备的 I/O 点数以及远程 I/O 点数的总和）
	辅助继电器、定时器	辅助继电器：7680 点、定时器：512 点
	计数器	16 位计数器：200 点，32 位计数器：35 点　高速用 32 位计数器：[1 相] 100kHz/6 点、10kHz/2 点 [2 相] 50kHz/2 点（可设定 4 倍）使用高速输入适配器时为 1 相 200kHz、2 相 100kHz
	数据寄存器	一般用 8000 点、扩展寄存器 32768 点、扩展文件寄存器（要安装存储盒）32768 点、变址用 16 点
其他	功能扩展板	可以安装 FX3U-□□□-BD 型功能扩展板
	特殊适配器	·模拟量用（最多 4 台）、通信用（包括通信用板最多 2 台）[都需要功能扩展板] ·高速输入输出用（输入用：最多 2 台、输出用：最多 2 台）[同时使用模拟量或者通信特殊适配器时，需要功能扩展板]
	特殊扩展	可连接 FX0N、FX2N、FX3U 系列的特殊单元以及特殊模块
	显示模块	可内置 FX3U-7DM：STN 单色液晶、带背光灯、全角 8 个字符/半角 16 个字符 ×4 行、JIS 第 1/第 2 级字符
	支持数据通信 支持数据链路	RS-232C、RS-485、RS-422、N: N 网络、并联链接、计算机链接 CC-Link、CC-Link/LT、MELSEC-I/O 链接
	外围设备的机型选择	选择 FX3U（C），FX2N（C），FX2（C），但是，选择 FX2N（C），FX2（C）时有使用限制

表 2-9　三菱 FX3UC 系列 PLC 规格概要

	项　　目	规格概要
电源、输入输出	电源规格	DC24V
	耗电量①	6W（16 点机型），8W（32 点机型），11W（64 点机型），14W（96 点机型）
	冲击电流	最大 30A　0.5ms 以下/DC24V

（续）

	项　目	规格概要
电源、输入输出	输入规格	DC24V，5～7mA（无电压触点或者NPN开集电极晶体管输入）
	输出规格	晶体管输出型：0.1A/1点（Y000～Y003为0.3A/1点）DC5～30V
	输入输出扩展	可连接FX2NC、FX2N系列用的扩展设备。
性能	程序存储器	内置64000步RAM（电池支持）、 选件：64000步闪存存储盒〈带程序传送功能/没有程序传送功能〉， 16000步闪存存储盒〈带程序传送功能〉，
	时钟功能	内置实时时钟（时钟设定命令，时钟比较命令，有闰年修正功能），月差±45s/25℃
	指令	基本指令29个、步进梯形图指令2个、应用指令209种
	运算处理速度	基本指令：0.065s/指令，应用指令：0.642～数百s/指令
	高速处理	有输入输出刷新指令、输入滤波调整指令、输入中断功能、定时中断功能、高速计数中断功能、脉冲捕捉功能
	最大输入输出点数	384点（基本单元、扩展设备的I/O点数：256点以下和CC-Link远程I/O点数：224点以下的总和）
	辅助继电器/定时器	辅助继电器：7680点、定时器：512点
	计数器	16位计数器：200点，32位计数器；35点高速用32位计数器：[1相] 100kHz/6点、10kHz/2点 [2相] 50kHz/2点（可设定4倍计数模式）
	数据寄存器	一般用8000点、扩展寄存器32768点、扩展文件寄存器（要安装存储盒）32768点、变址用16点
其他	特殊适配器	可连接模拟量用（最多4台）、通信用（包括通信用板最多2台）
	特殊扩展	可连接FX2NC、FX3UC、FX0N②、FX2N②、FX3U②系列的特殊单元以及特殊模块
	支持数据通信 支持数据链路	RS-232C、RS-485、RS-422、N:N网络、并联链接、计算机链接、CC-Link、CC-Link/LT、MELSEC-I/O链接
	外围设备的机型选择	选择FX3U（C），FX2N（C），FX2（C），但是选择FX2N（C），FX2（C）时使用有限制

① FX3Uc-□□MT/D机型为NPN集电极开路晶体管输入，FX3Uc-□□MT/DSS机型为PNP集电极开路晶体管输入。
② 需要转换适配器和扩展电源单元。

表2-10　三菱FX3G系列PLC规格概要

	项　目	规格概要
电源、输入输出	电源规格	AC100～240V 50/60Hz
	耗电量	31W（14点机型），32W（24点机型），37W（40点机型），40W（64点机型）
	冲击电流	最大30A 5ms以下/AC100V　最大50A 5ms以下/AC200V
	输入规格	DC24V，5～7mA（无电压接点或漏型输入时：NPN开路集电极晶体管输入，源型输入时：PNP开路集电极晶体管输入）

（续）

	项　　目	规格概要
电源、输入输出	输出规格	晶体管输出：0.5A/1点，0.8A/4点公共端DC5～30V
	输入输出扩展	可连接FX2N系列用扩展设备
性能	程序存储器	内置32000步EEPROM 选配：32000步EEPROM存储器组件〈带程序传送功能〉
	时钟功能	内置实时时钟（有时钟设定命令、时钟比较命令、闰年补偿功能），每月误差±45s/25℃ 时钟数据由内置电容器保存10天（使用选配电池可保存超过10天）
	内置端口	USB：1ch（Mini-B，12Mbit/s光耦合器绝缘） RS-422：1ch（Mini-DN 8Pin最大115.2kbit/s）
	指令	基本指令29个，步进梯形图指令2个，应用指令112种
	运算处理速度	基本指令：0.21μs（标准模式），0.42μs（扩展模式），应用指令：0.5～数百μs/指令
	高速处理	有输入输出刷新指令、输入滤波器调整、输入中断功能、定时中断功能、脉冲捕捉功能
	最大输入输出点数	256点（基本单元、扩展设备的I/O点数128点与CC-Link远程I/O点数128点合计）
	辅助继电器/定时器	辅助继电器：7680点/定时器：320点
	计数器	16位计数器：200点，32位计数器：35点 高速用32位计数器：［单相］60kHz/4点，10kHz/2点，［2相］30kHz/2点，5kHz/1点…最大6点
	数控寄存器	一般用8000点，扩展寄存器24000点，扩展文件寄存器24000点，索引用16点
其他	模拟电位器	内置2点，通过电位器操作用功能扩展板可增加8点
	功能扩展卡	◎14/24点基本单元：单插槽，#40/60点基本单元：2插槽
	特殊适配器	◎14/24点基本单元：模拟量用、通信用各可连接1台#40/60点基本单元：模拟量用、通信用各可连接2台 但是，与功能扩展板组合使用时，有连接数量限制
	特殊扩展	4种
	支持数据通信 支持数据链路	RS-232C、RS-485、RS-422周边设备连接、简易PC间链接、并联链接、计算机链接、CC-Link、CC-Link/LT、无程序通信
	支持编程软件	GX Developer Ver. 8.72A以后（内置USB驱动程序）
	外围设备的机型选择	选择FX3G或FX1N（C）、FX2N（C）、FX2（C），但是，选择FX1N（C）、FX2N（C）、FX2（C）时有使用限制

第3章 三菱PLC编程与仿真软件的使用

要让PLC完成预定的控制功能，就必须为它编写相应的程序。PLC编程语言主要有梯形图语言、指令表语言和SFC（顺序功能图）语言。

3.1 编程基础

3.1.1 编程语言

PLC是一种由软件驱动的控制设备，PLC软件由系统程序和用户程序组成。系统程序由PLC制造厂商设计编制的，并写入PLC内部的ROM中，用户无法修改。用户程序是由用户根据控制需要编制的程序，再写入PLC存储器中。

写一篇相同内容的文章，既可以采用中文，也可以采用英文，还可以使用法文。同样地，编制PLC用户程序也可以使用多种语言。**PLC常用的编程语言主要有梯形图语言和指令表语言，其中梯形图语言最为常用。**

1. 梯形图语言

梯形图语言采用类似传统继电器控制电路的符号，用梯形图语言编制的梯形图程序具有形象、直观、实用的特点，因此这种编程语言成为电气工程人员应用最广泛的PLC编程语言。

下面对相同功能的继电器控制电路与梯形图程序进行比较，具体如图3-1所示。

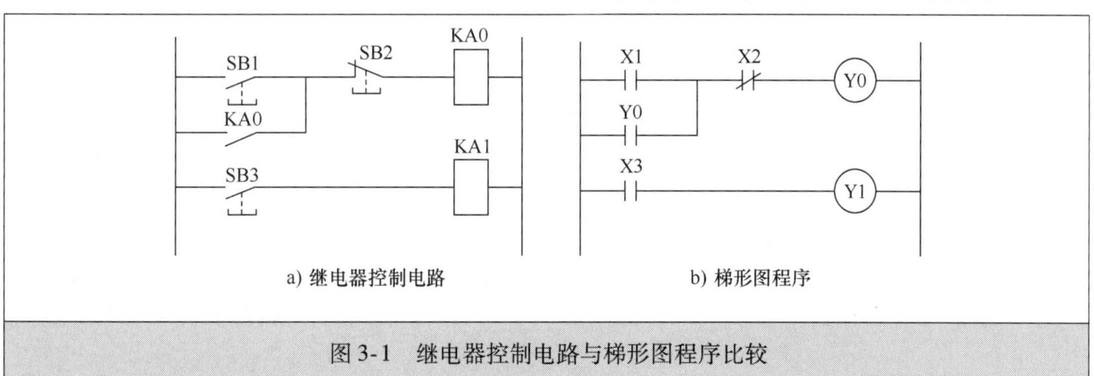

图3-1　继电器控制电路与梯形图程序比较

图3-1a为继电器控制电路，当SB1闭合时，继电器KA0线圈得电，KA0自锁触点闭

合，锁定KA0线圈得电，当SB2断开时，KA0线圈失电，KA0自锁触点断开，解除锁定，当SB3闭合时，继电器KA1线圈得电。

图3-1b为梯形图程序，当常开触点X1闭合（其闭合受输入继电器线圈控制，图中未画出）时，输出继电器Y0线圈得电，Y0自锁触点闭合，锁定Y0线圈得电，当常闭触点X2断开时，Y0线圈失电，Y0自锁触点断开，解除锁定，当常开触点X3闭合时，继电器Y1线圈得电。

不难看出，两种图的表达方式很相似，不过梯形图使用的继电器是由软件来实现的，使用和修改灵活方便，而继电器控制电路硬接线修改比较麻烦。

2. 指令表语言

指令表语言与微型计算机采用的汇编语言类似，也采用助记符形式编程。在使用简易编程器对PLC进行编程时，一般采用指令表语言，这主要是因为简易编程器显示屏很小，难以采用梯形图语言编程。下面是采用指令表语言编写的程序（针对三菱FX系列PLC），其功能与图3-1b梯形图程序完全相同。

步　号	指　令	操 作 数	说　明
0	LD	X1	逻辑段开始，将常开触点X1与左母线连接
1	OR	Y0	将Y0自锁触点与X1触点并联
2	ANI	X2	将X2常闭触点与X1触点串联
3	OUT	Y0	连接Y0线圈
4	LD	X3	逻辑段开始，将常开触点X3与左母线连接
5	OUT	Y1	连接Y1线圈

从上面的程序可以看出，指令表程序就像是描述绘制梯形图的文字。**语句表程序由步号、指令、操作数和说明四部分组成，**其中说明部分不是必需的，而是为了便于程序的阅读而增加的注释文字，程序运行时不执行说明部分。

3.1.2 梯形图的编程规则与技巧

1. 梯形图编程的规则

梯形图编程时主要有以下规则：

1）梯形图每一行都应从左母线开始，到右母线结束。

2）输出线圈右端要接右母线，左端不能直接与左母线连接。

3）在同一程序中，一般应避免同一编号的线圈使用两次（即重复使用），若出现这种情况，则后面的输出线圈状态有输出，而前面的输出线圈状态无效。

4）梯形图中的输入/输出继电器、内部继电器、定时器、计数器等元件触点可多次重复使用。

5）梯形图中串联或并联的触点个数没有限制，可以是无数个。

6）多个输出线圈可以并联输出，但不可以串联输出。

7）在运行梯形图程序时，其执行顺序是从左到右，从上到下，编写程序时也应按照这个顺序。

2. 梯形图编程技巧

在编写梯形图程序时，除了要遵循基本规则外，还要掌握一些技巧，以减少指令条数，

节省内存和提高运行速度。**梯形图编程技巧主要如下：**

1）串联触点多的电路应编在上方。图3-2a所示是不合适的编制方式，应将它改为图b形式。

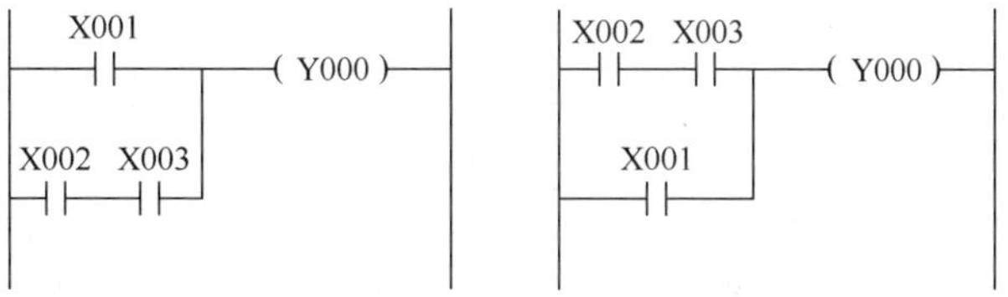

a) 不合适方式　　b) 合适方式

图3-2　串联触点多的电路应放在上方

2）并联触点多的电路放在左边，如图3-3b所示。

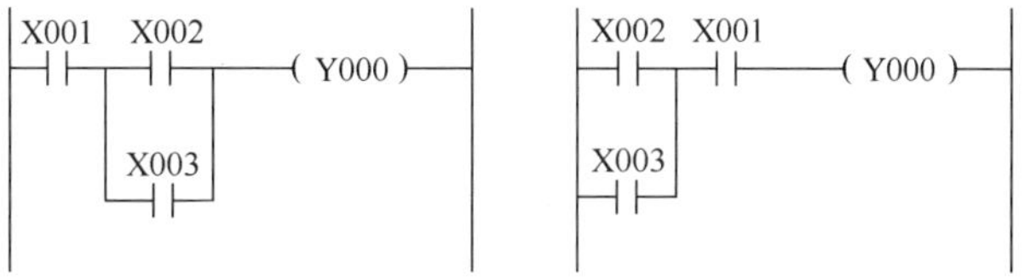

a) 不合适方式　　b) 合适方式

图3-3　并联触点多的电路放在左边

3）对于多重输出电路，应将串有触点或串联触点多的电路放在下边，如图3-4b所示。

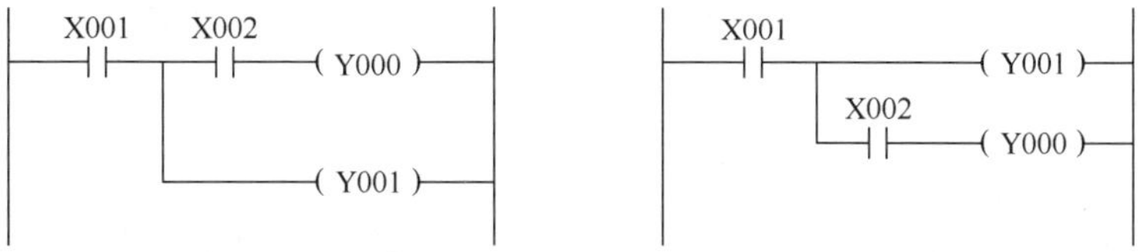

a) 不合适方式　　b) 合适方式

图3-4　对于多重输出电路应将串有触点或串联触点多的电路放在下边

4）如果电路复杂，可以重复使用一些触点改成等效电路，再进行编程，如将图3-5a改成图3-5b形式。

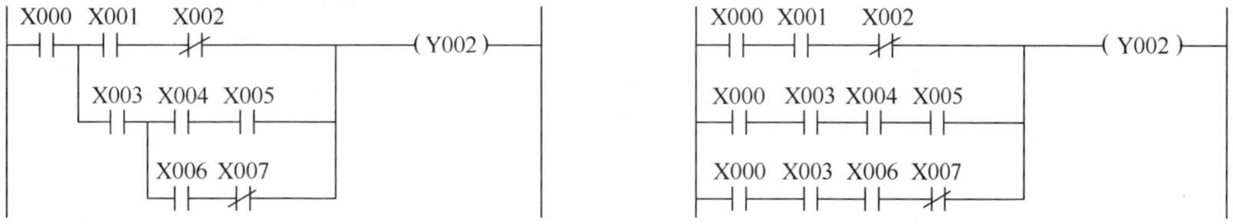

a) 不合适方式　　b) 合适方式

图3-5　对于复杂电路可重复使用一些触点改成等效电路来进行编程

3.2 三菱 GX Developer 编程软件的使用

三菱 FX 系列 PLC 的编程软件有 FXGP_WIN-C、GX Developer 和 GX Work2 三种。FXGP_WIN-C 软件体积小巧、操作简单，但只能对 FX2N 及以下档次的 PLC 编程，无法对 FX3U/FX3UC/FX3G PLC 编程，建议初级用户使用。GX Developer 软件体积大、功能全，不但可对 FX 全系列 PLC 进行编程，还可对中大型 PLC（早期的 A 系列和现在的 Q 系列）编程，建议初、中级用户使用。GX Work2 软件可对 FX 系列、L 系列和 Q 系列 PLC 进行编程，与 GX Developer 软件相比，除了外观和一些小细节上的区别外，最大的区别是 GX Work2 支持结构化编程（类似于西门子中大型 S7-300/400 PLC 的 STEP7 编程软件），建议中、高级用户使用。

本章先介绍三菱 GX Developer 编程软件的使用，在后面对 FXGP_WIN-C 编程软件的使用也进行简单说明。GX Developer 软件的版本很多，这里选择较新的 GX Developer8.86 版本。

3.2.1 软件的安装

为了使软件安装能顺利进行，在安装 GX Developer 软件前，建议暂时先关掉计算机的安全防护软件。软件安装时先安装软件环境，再安装 GX Developer 编程软件。

1. 安装软件环境

在安装时，先将 GX Developer 安装文件夹（如果是一个 GX Developer 压缩文件，则先要解压）复制到某盘符的根目录下（如 D 盘的根目录下），再打开 GX Developer 文件夹，文件夹中包含有三个文件夹，如图 3-6 所示，打开其中的 SW8D5C-GPPW-C 文件夹，再打开该文件夹中的 EnvMEL 文件夹，找到“SETUP. EXE”文件，如图 3-7 所示，并双击它，就开始安装 MELSOFT 环境软件。

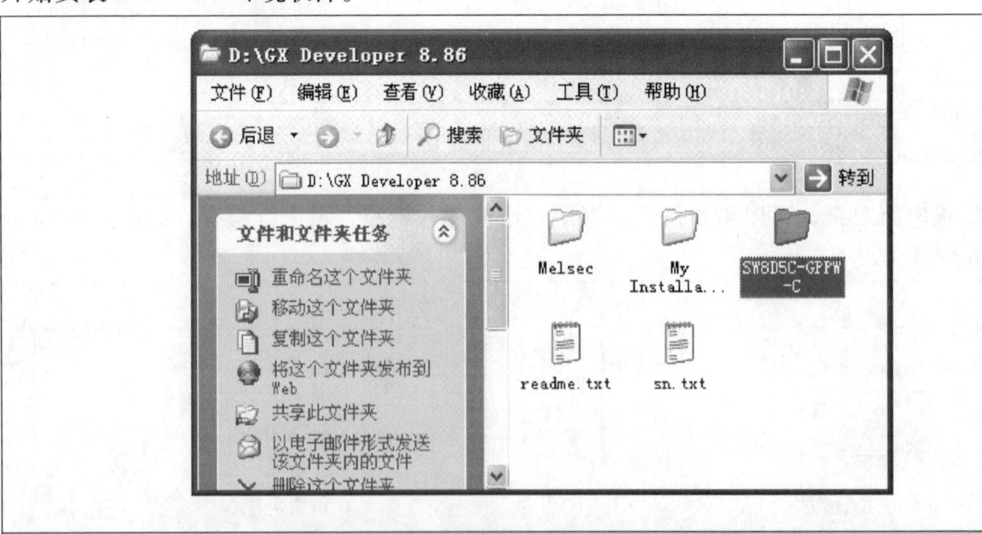

图 3-6 GX Developer 安装文件夹中包含有三个文件夹

图 3-7　在 SW8D5C-GPPW-C 文件夹的 EnvMEL 文件夹中找到并执行 SETUP. EXE

2. 安装 GX Developer 编程软件

软件环境安装完成后，就可以开始安装 GX Developer 软件了。GX Developer 软件的安装过程见表 3-1。

表 3-1　GX Developer 软件的安装过程说明

序号	操 作 说 明	操　作　图
1	打开 SW8D5C-GPPW-C 文件夹，在该文件夹中找到 SETUP. EXE 文件，如右图所示，双击该文件即开始 GX Developer 软件的安装	

（续）

序号	操作说明	操作图
2	在出现右图所示的对话框中，输入姓名和公司名，单击“下一个”按钮	
3	在出现的右图所示对话框中，输入右图所示的产品系列号，单击“下一个”按钮	
4	在出现的右图所示的对话框中，勾选“结构化文本（ST）语言编程功能”，单击“下一个”按钮	

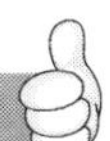

（续）

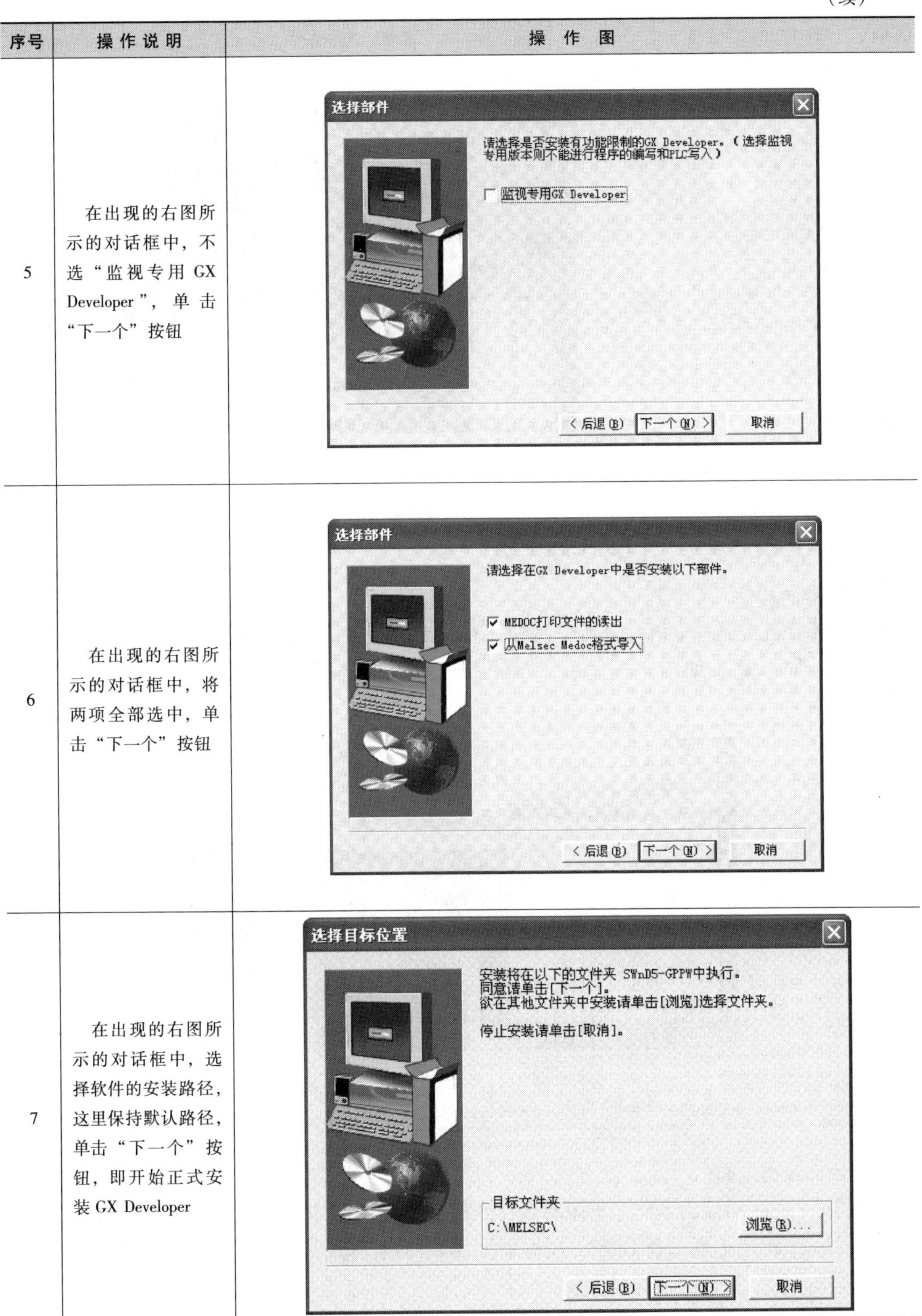

序号	操作说明	操作图
5	在出现的右图所示的对话框中，不选“监视专用 GX Developer”，单击“下一个”按钮	
6	在出现的右图所示的对话框中，将两项全部选中，单击“下一个”按钮	
7	在出现的右图所示的对话框中，选择软件的安装路径，这里保持默认路径，单击“下一个”按钮，即开始正式安装 GX Developer	

（续）

序号	操作说明	操作图
8	软件安装完成后，会出现右图所示的安装完成提示，单击“确定”按钮即完成软件的安装	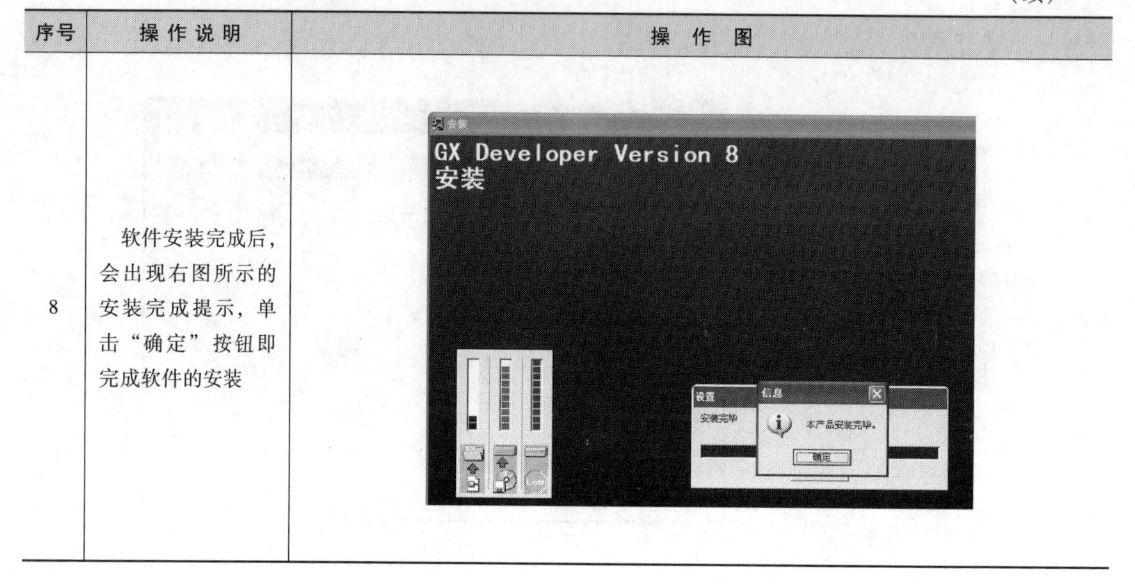

3.2.2 软件的启动与窗口及工具说明

1. 软件的启动

单击计算机桌面左下角“开始”按钮，在弹出的菜单中执行“程序→MELSOFT应用程序→GX Developer”，如图3-8所示，即可启动GX Developer软件，启动后的软件窗口如图3-9所示。

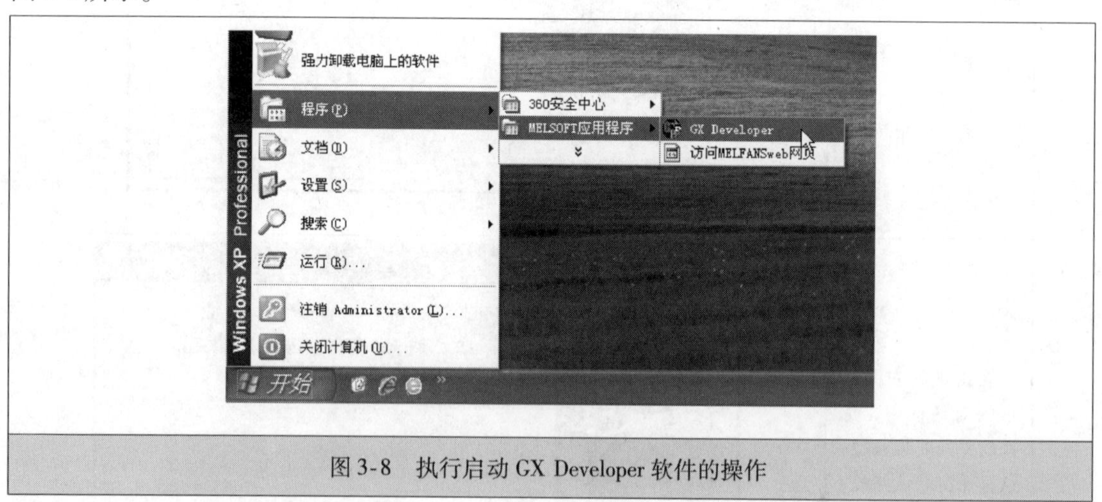

图3-8 执行启动GX Developer软件的操作

2. 软件窗口说明

GX Developer启动后不能马上编写程序，还需要新建一个工程，再在工程中编写程序。新建工程后（新建工程的操作方法在后面介绍），GX Developer窗口会发生一些变化，如图3-10所示。

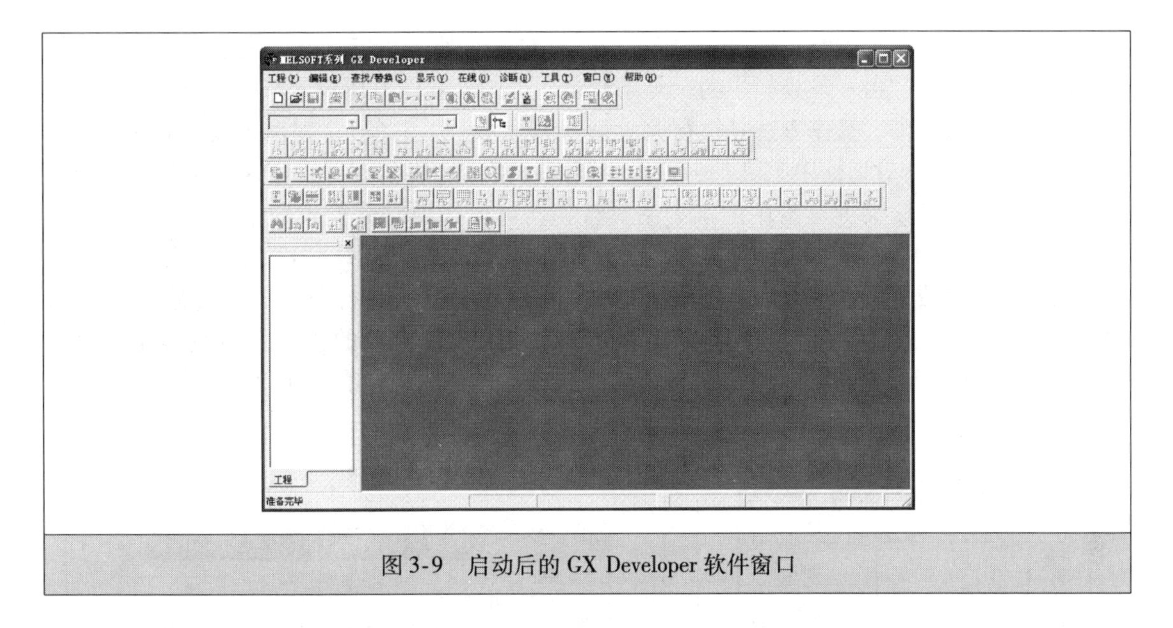

图 3-9　启动后的 GX Developer 软件窗口

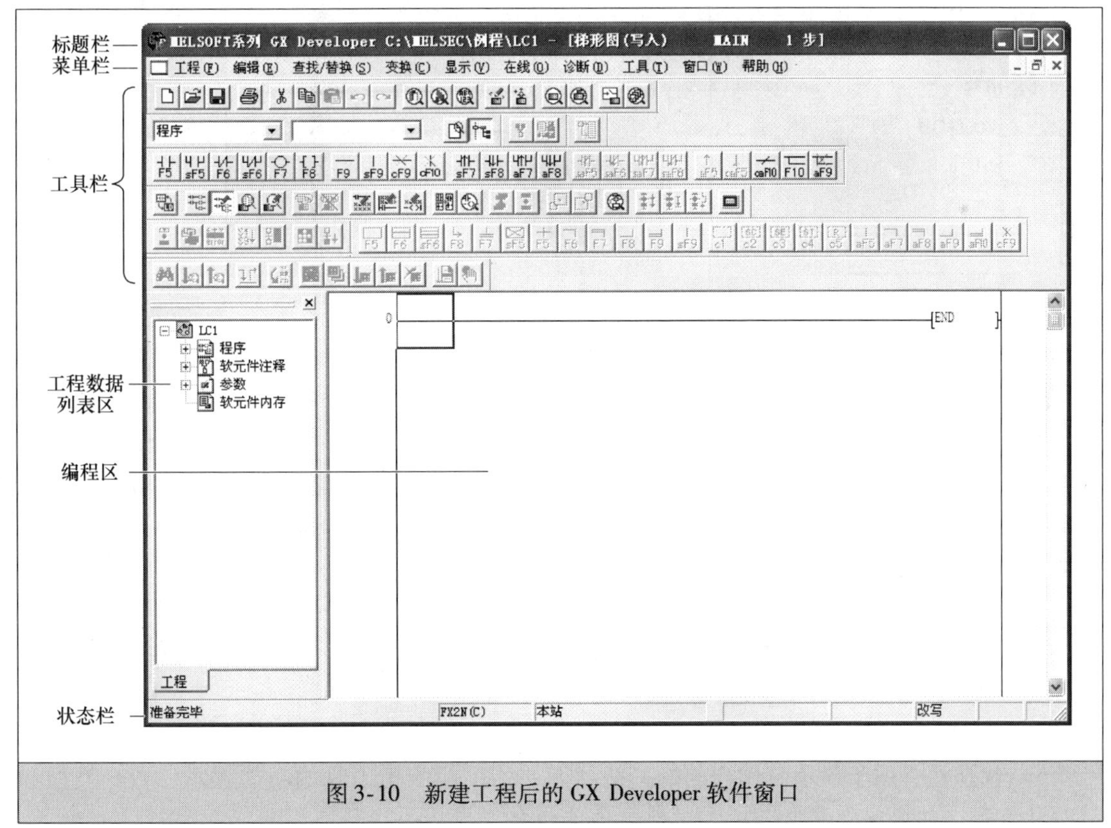

图 3-10　新建工程后的 GX Developer 软件窗口

GX Developer 软件窗口有以下内容：

1）标题栏：主要显示工程名称及保存位置。

2）菜单栏：有 10 个菜单项，通过执行这些菜单项下的菜单命令，可完成软件绝大部分功能。

3）工具栏：提供了软件操作的快捷按钮，有些按钮处于灰色状态，表示它们在当前操作环境下不可使用。由于工具栏中的工具条较多，占用了软件窗口较大范围，可将一些不常用的工具条隐藏起来，操作方法是执行菜单命令“显示→工具条”，弹出工具条对话框，如图3-11所示，点击对话框中工具条名称前的圆圈，使之变成空心圆，则这些工具条将隐藏起来，如果仅想隐藏某工具条中的某个工具按钮，可先选中对话框中的某工具条，如选中“标准”工具条，再点击“定制”按钮，又弹出一个对话框，如图3-12所示，显示该工具条中所有的工具按钮，在该对话框中取消某工具按钮，如取消“打印”工具按钮，确定后，软件窗口的标准工具条中将不会显示打印按钮，如果软件窗口的工具条排列混乱，可在图3-11所示的工具条对话框中点击“初始化”按钮，软件窗口所有的工具条将会重新排列，恢复到初始位置。

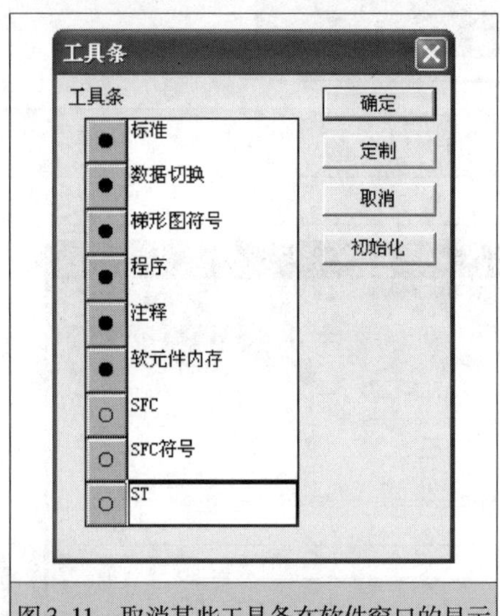

图3-11　取消某些工具条在软件窗口的显示

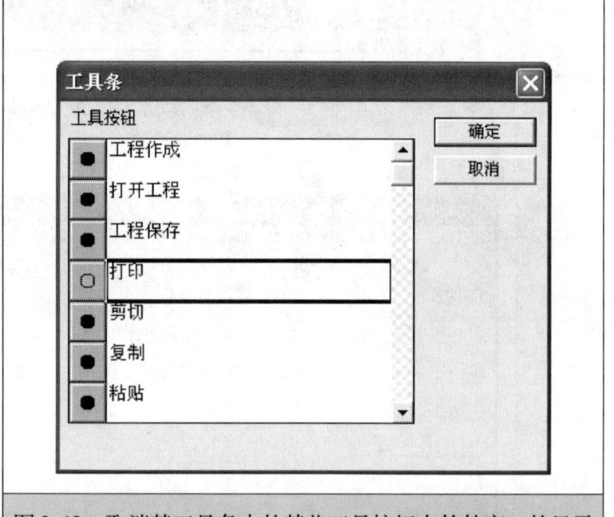

图3-12　取消某工具条中的某些工具按钮在软件窗口的显示

4）工程数据列表区：以树状结构显示工程的各项内容（如程序、软元件注释、参数等）。当双击列表区的某项内容时，右方的编程区将切换到该内容编辑状态。如果要隐藏工程数据列表区，可点击该区域右上角的×，或者执行菜单命令“显示→工程数据列表”。

5）编程区：用于编写程序，可以用梯形图或指令表编写程序，当前处于梯形图编程状态，如果要切换到指令表编程状态，可执行菜单命令“显示→列表显示”。如果编程区的梯形图符号和文字偏大或偏小，可执行菜单命令“显示→放大/缩小”，弹出图3-13所示的对话框，在其中选择显示倍率。

6）状态栏：用于显示软件当前的一些状态，如鼠标所指工具的功能提示、PLC类型和读写状态等。如果要隐藏状态栏，可执行菜单命令“显示→状态条”。

3. 梯形图工具说明

工具栏中的工具很多，将鼠标移到某工具按钮上，鼠标下方会出现该按钮功能说明，如图3-14所示。

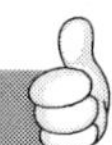

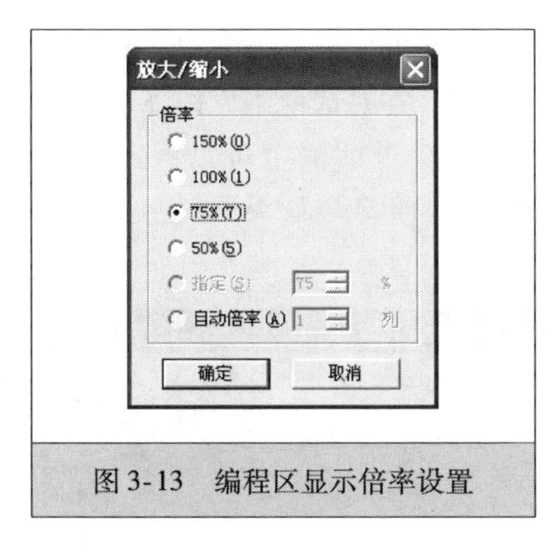

图3-13 编程区显示倍率设置

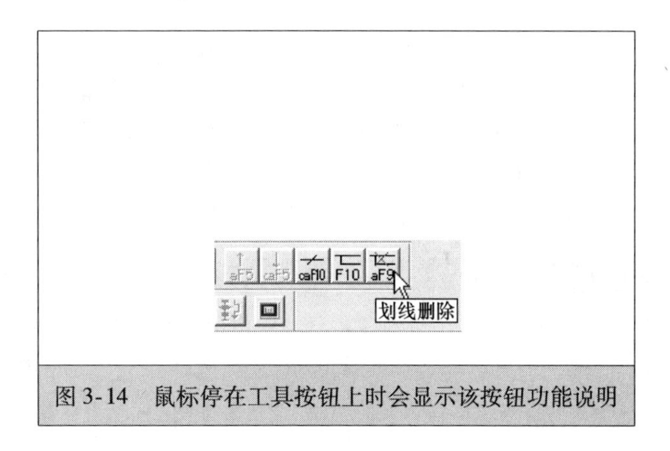

图3-14 鼠标停在工具按钮上时会显示该按钮功能说明

下面介绍最常用的梯形图工具，其他工具在后面用到时再进行说明。梯形图工具条的各工具按钮说明如图3-15所示。

工具按钮下部的字符表示该工具的快捷操作方式，常开触点工具按钮下部标有F5，表示按下键盘上的F5键可以在编程区插入一个常开触点，sF5表示Shift键+F5键（即同时按下Shift键和F5键，也可先按下Shift键后再按F5键），cF10表示Ctrl键+F10键，aF7表示Alt键+F7键，saF7表示Shift键+Alt键+F7键。

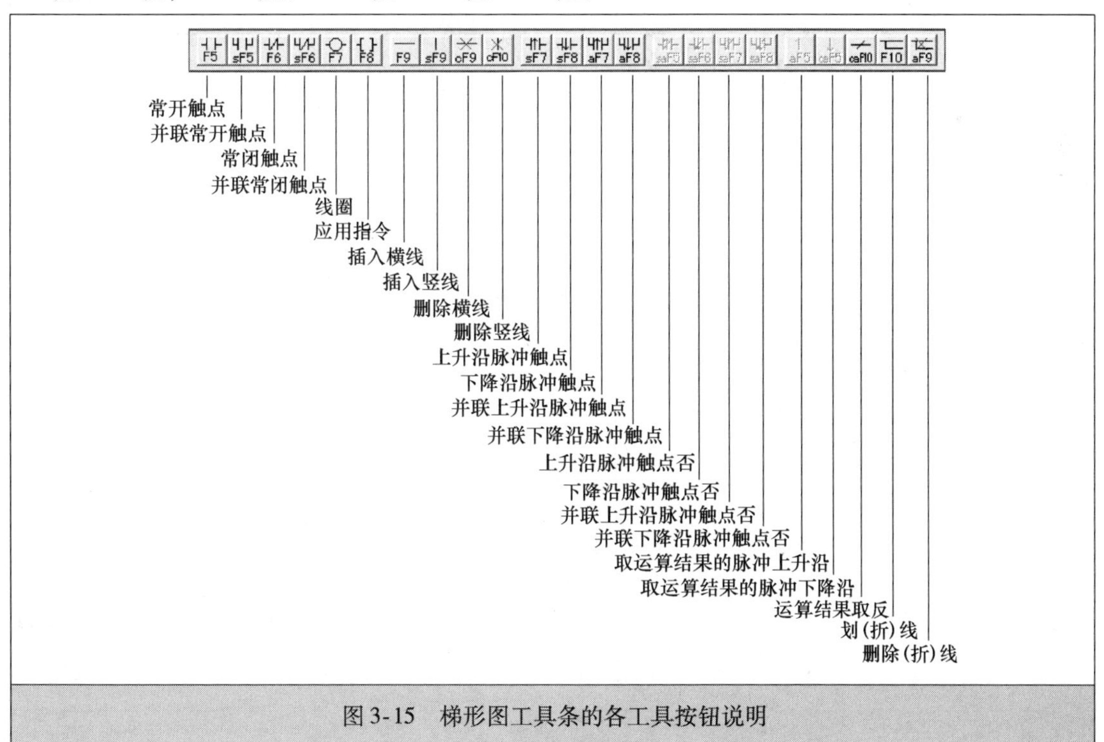

图3-15 梯形图工具条的各工具按钮说明

3.2.3 创建新工程

GX Developer软件启动后不能马上编写程序，还需要创建新工程，再在创建的工程中编写程序。

创建新工程有三种方法，一是单击工具栏中的▢按钮，二是执行菜单命令“工程→创建新工程”，三是按 Ctrl 键 + N 键，均会弹出创建新工程对话框，在对话框中先选择 PLC 系列，如图 3-16a 所示，再选择 PLC 类型，如图 3-16b 所示，从对话框中可以看出，GX Developer软件可以对所有的 FX PLC 进行编程，创建新工程时选择的 PLC 类型要与实际的 PLC 一致，否则程序编写后无法写入 PLC 或写入出错。

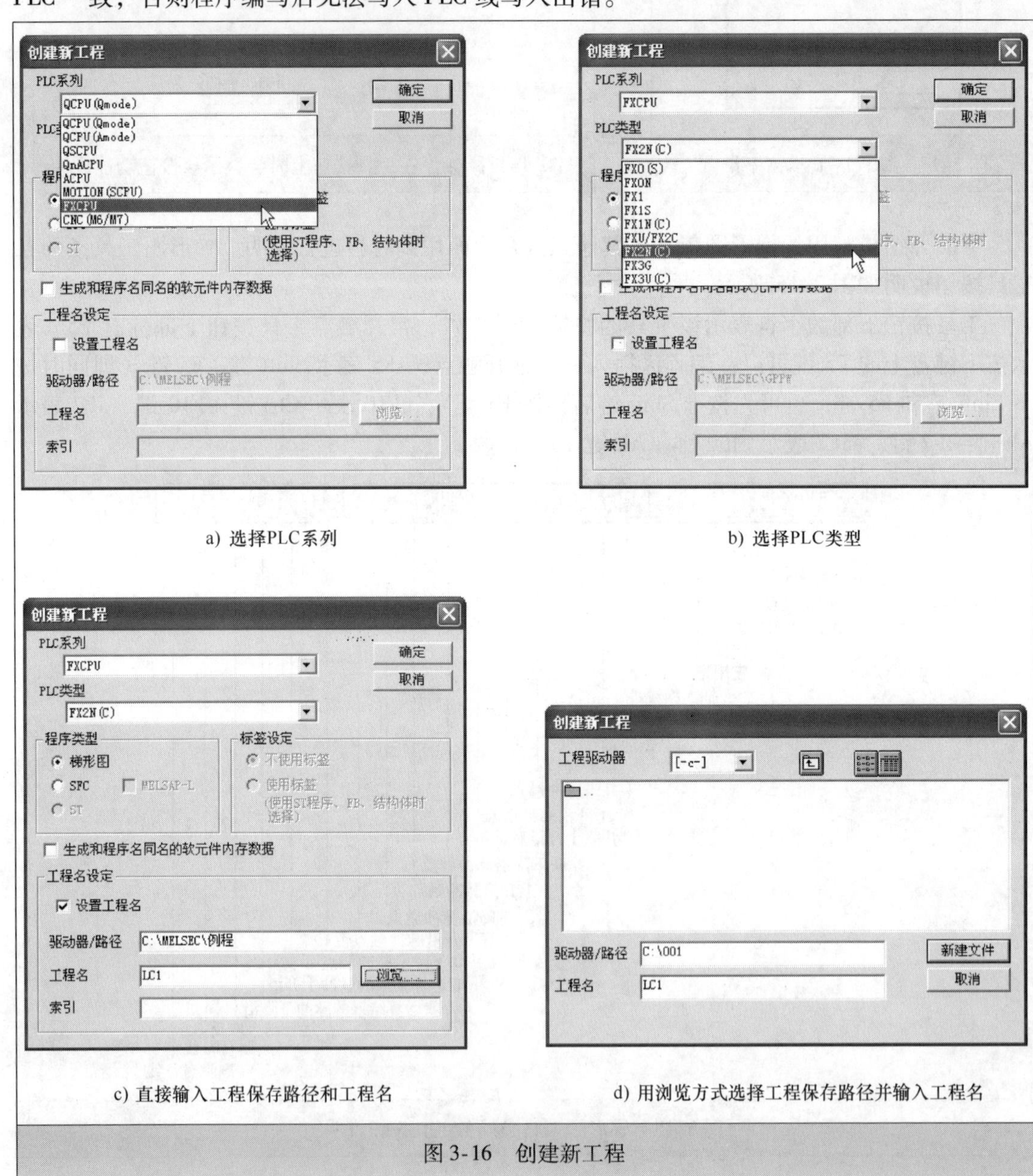

a) 选择PLC系列

b) 选择PLC类型

c) 直接输入工程保存路径和工程名

d) 用浏览方式选择工程保存路径并输入工程名

图 3-16 创建新工程

PLC 系列和 PLC 类型选好后，点击“确定”按钮即可创建一个未命名的新工程，工程名可在保存时再填写。如果希望在创建工程时就设定工程名，可在创建新工程对话框中选中“设置工程名”，如图 3-16c 所示，再在下方输入工程保存路径和工程名，

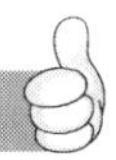

也可以点击“浏览”按钮，弹出图3-16d所示的对话框，在该对话框中直接选择工程的保存路径并输入新工程名称，这样就可以创建一个新工程。新建工程后的软件窗口如图3-10所示。

3.2.4　编写梯形图程序

在编写程序时，在工程数据列表区展开“程序”项，并双击其中的“MAIN（主程序）”，将右方编程区切换到主程序编程（编程区默认处于主程序编程状态），再点击工具栏中的（写入模式）按钮，或执行菜单命令“编辑→写入模式”，也可按键盘上的F2键，让编程区处于写入状态，如图3-17所示，如果（监视模式）按钮或（读出模式）按钮被按下，在编程区将无法编写和修改程序，只能查看程序。

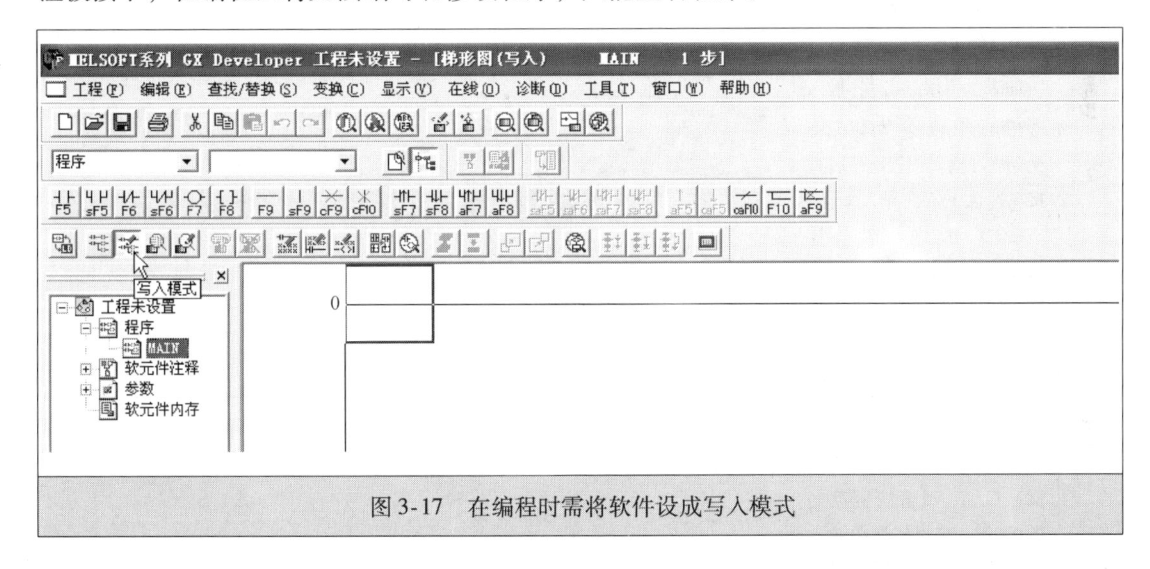

图3-17　在编程时需将软件设成写入模式

下面以编写图3-18所示的程序为例来说明如何在GX Developer软件中编写梯形图程序。梯形图程序的编写过程见表3-2。

图3-18　待编写的梯形图程序

表 3-2　图 3-18 所示梯形图程序的编写过程说明

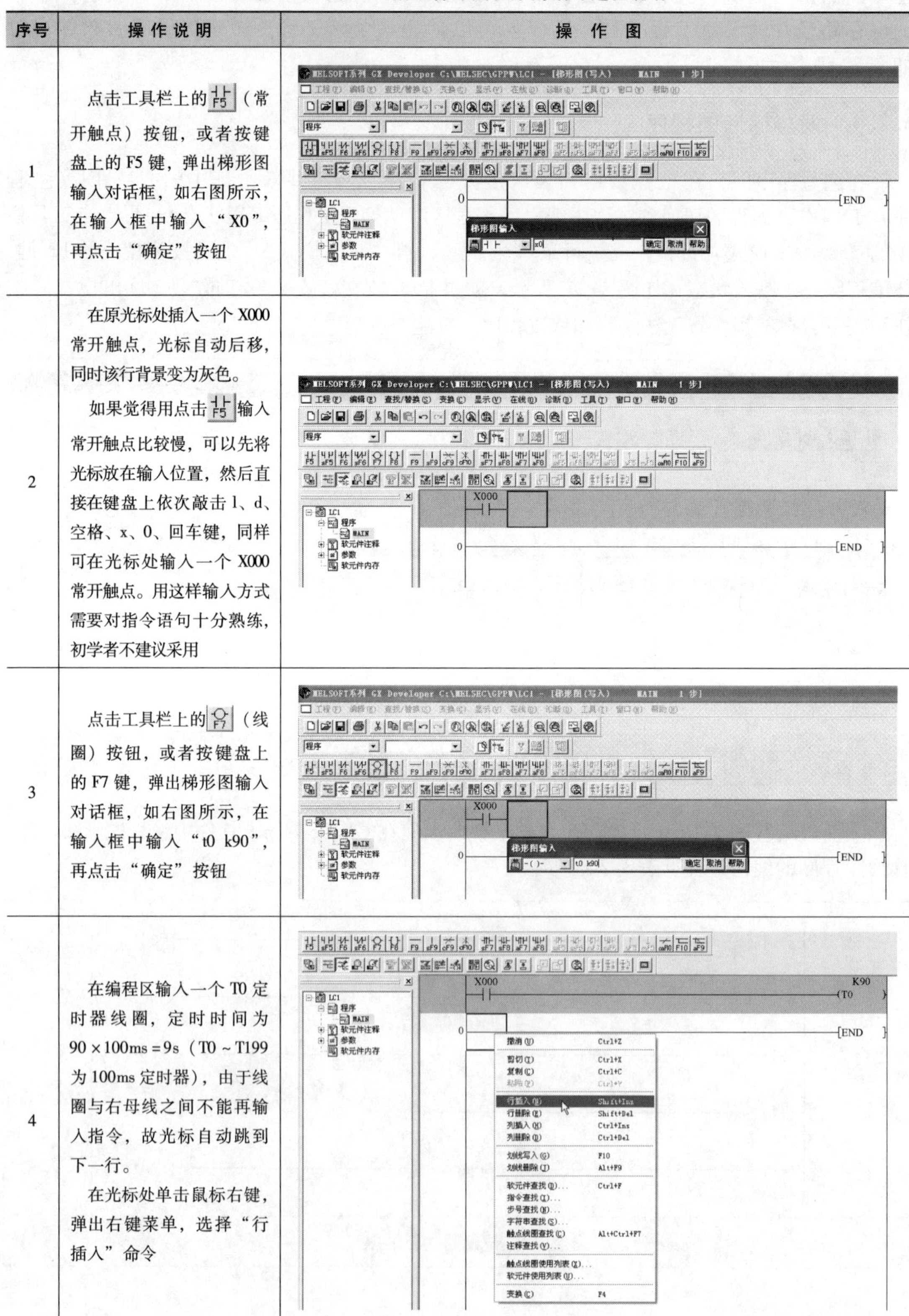

序号	操作说明	操作图
1	点击工具栏上的 F5（常开触点）按钮，或者按键盘上的 F5 键，弹出梯形图输入对话框，如右图所示，在输入框中输入“X0”，再点击“确定”按钮	
2	在原光标处插入一个 X000 常开触点，光标自动后移，同时该行背景变为灰色。 如果觉得用点击 F5 输入常开触点比较慢，可以先将光标放在输入位置，然后直接在键盘上依次敲击 l、d、空格、x、0、回车键，同样可在光标处输入一个 X000 常开触点。用这样输入方式需要对指令语句十分熟练，初学者不建议采用	
3	点击工具栏上的 F7（线圈）按钮，或者按键盘上的 F7 键，弹出梯形图输入对话框，如右图所示，在输入框中输入“t0 k90”，再点击“确定”按钮	
4	在编程区输入一个 T0 定时器线圈，定时时间为 90×100ms=9s（T0～T199 为 100ms 定时器），由于线圈与右母线之间不能再输入指令，故光标自动跳到下一行。 在光标处单击鼠标右键，弹出右键菜单，选择“行插入”命令	

（续）

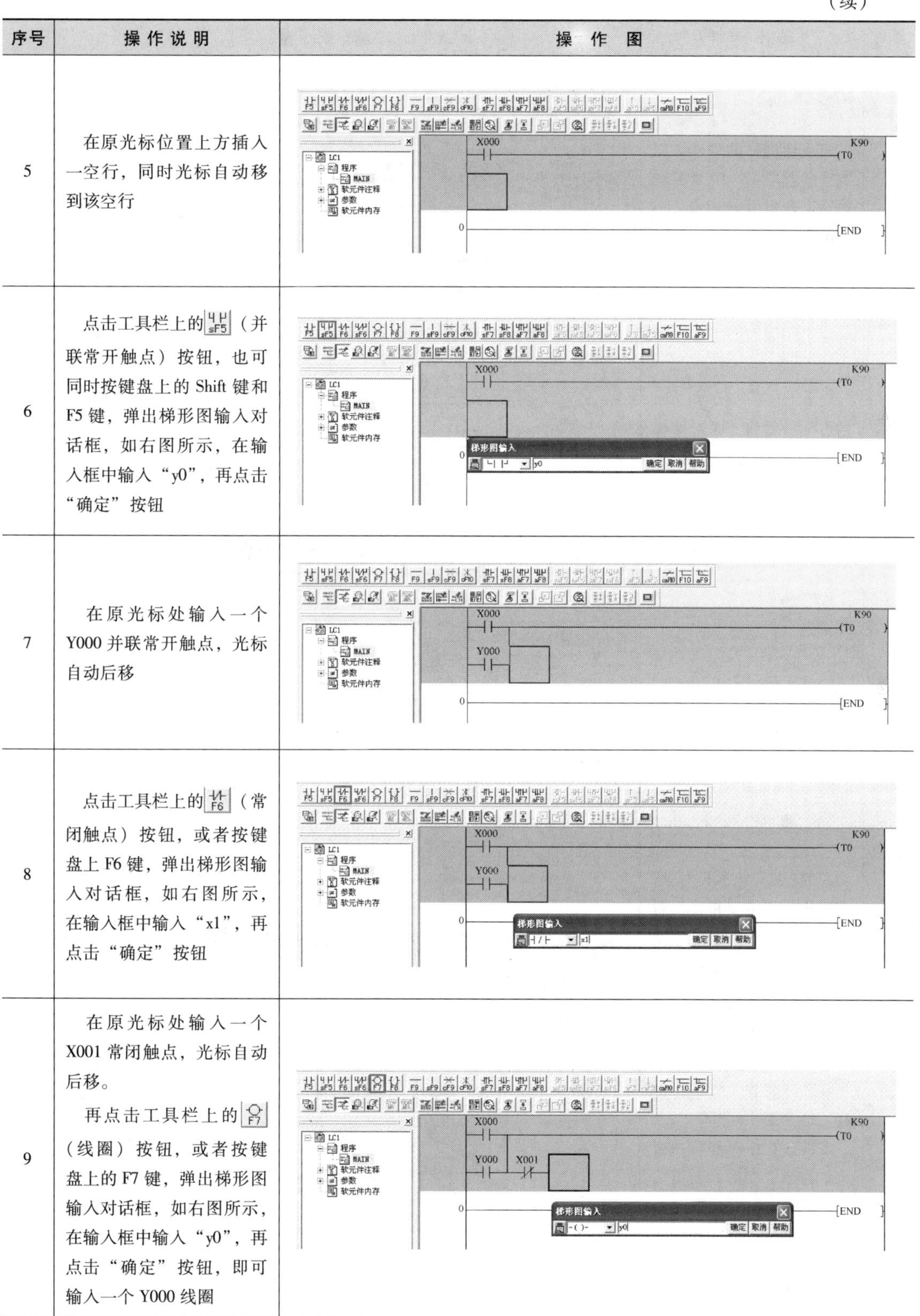

序号	操作说明	操作图
5	在原光标位置上方插入一空行，同时光标自动移到该空行	
6	点击工具栏上的（并联常开触点）按钮，也可同时按键盘上的 Shift 键和 F5 键，弹出梯形图输入对话框，如右图所示，在输入框中输入“y0”，再点击“确定”按钮	
7	在原光标处输入一个 Y000 并联常开触点，光标自动后移	
8	点击工具栏上的（常闭触点）按钮，或者按键盘上 F6 键，弹出梯形图输入对话框，如右图所示，在输入框中输入“x1”，再点击“确定”按钮	
9	在原光标处输入一个 X001 常闭触点，光标自动后移。 再点击工具栏上的（线圈）按钮，或者按键盘上的 F7 键，弹出梯形图输入对话框，如右图所示，在输入框中输入“y0”，再点击“确定”按钮，即可输入一个 Y000 线圈	

（续）

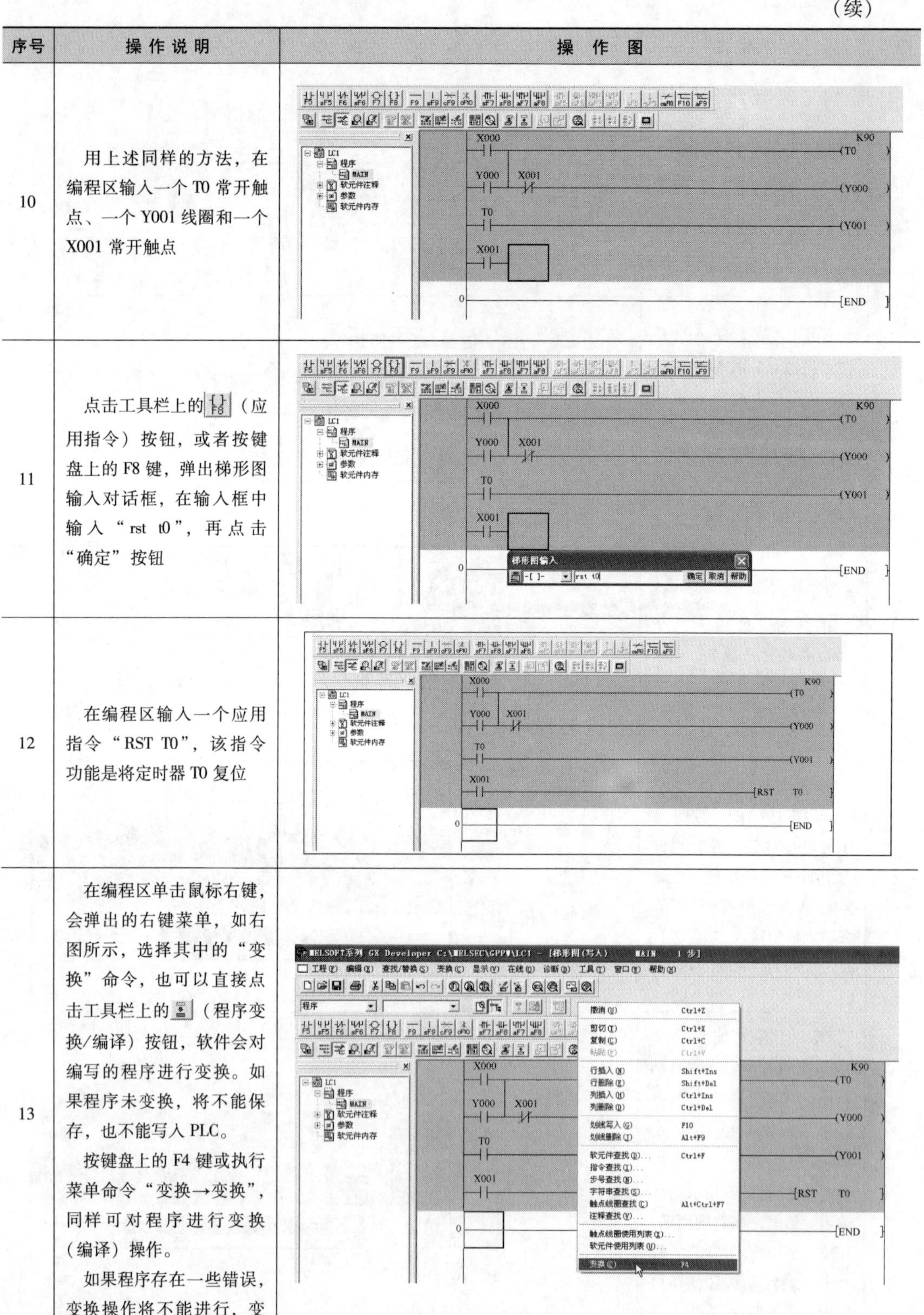

序号	操作说明	操作图
10	用上述同样的方法，在编程区输入一个T0常开触点、一个Y001线圈和一个X001常开触点	
11	点击工具栏上的F8（应用指令）按钮，或者按键盘上的F8键，弹出梯形图输入对话框，在输入框中输入“rst t0”，再点击“确定”按钮	
12	在编程区输入一个应用指令“RST T0”，该指令功能是将定时器T0复位	
13	在编程区单击鼠标右键，会弹出的右键菜单，如右图所示，选择其中的“变换”命令，也可以直接点击工具栏上的（程序变换/编译）按钮，软件会对编写的程序进行变换。如果程序未变换，将不能保存，也不能写入PLC。 按键盘上的F4键或执行菜单命令“变换→变换”，同样可对程序进行变换（编译）操作。 如果程序存在一些错误，变换操作将不能进行，变换时光标将停在出错位置	

（续）

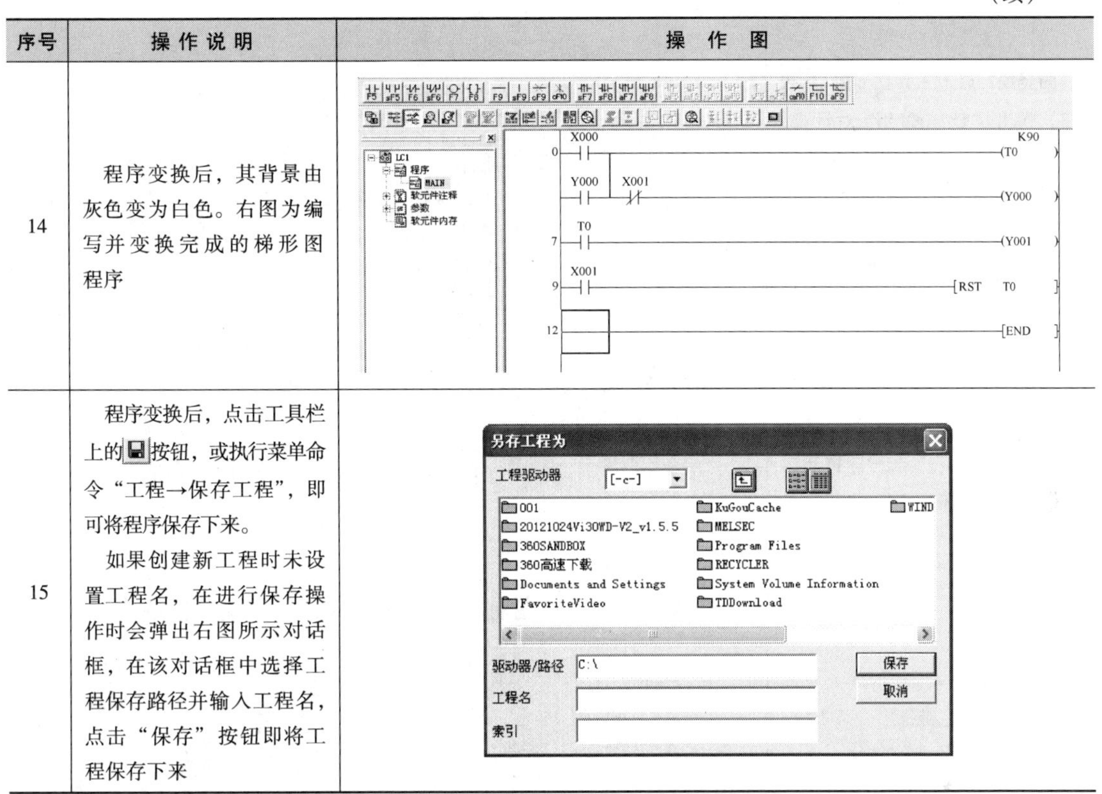

序号	操作说明	操作图
14	程序变换后，其背景由灰色变为白色。右图为编写并变换完成的梯形图程序	
15	程序变换后，点击工具栏上的按钮，或执行菜单命令“工程→保存工程”，即可将程序保存下来。 如果创建新工程时未设置工程名，在进行保存操作时会弹出右图所示对话框，在该对话框中选择工程保存路径并输入工程名，点击“保存”按钮即将工程保存下来	

3.2.5　梯形图的编辑

1. 画线和删除线的操作

在梯形图中可以画直线和折线，不能画斜线。画线和删除线的操作说明见表3-3。

表3-3　画线和删除线的操作说明

操作说明	操作图
画横线：点击工具栏上的 F9 按钮，弹出“横线输入”对话框，点击“确定”按钮即在光标处画了一条横线，不断点击“确定”按钮，则不断往右方画横线，点击“取消”按钮，退出画横线	
删除横线：点击工具栏上的 cF9 按钮，弹出“横线删除”对话框，点击“确定”按钮即将光标处的横线删除，也可直接按键盘上的 Delete 键将光标处的横线删除	

（续）

操作说明	操作图
画竖线：点击工具栏上的 sF9 按钮，弹出“竖线输入”对话框，点击“确定”按钮即在光标处左方往下画了一条竖线，不断点击“确定”按钮，则不断往下方画竖线，点击“取消”按钮，退出画竖线	
删除竖线：点击工具栏上的 cF10 按钮，弹出“竖线删除”对话框，点击“确定”按钮即将光标左方的竖线删除	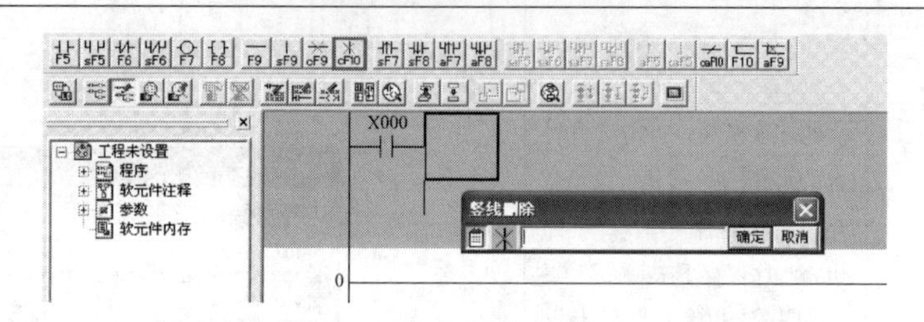
画折线：点击工具栏上的 F10 按钮，将光标移到待画折线的起点处，按下鼠标左键拖出一条折线，松开左键即画出一条折线	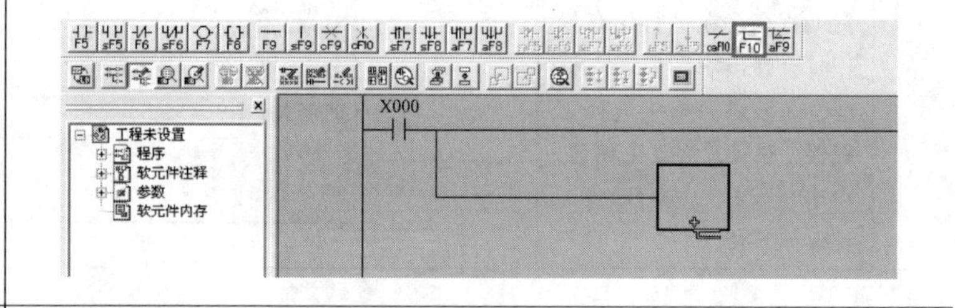
删除折线：点击工具栏上的 aF9 按钮，将光标移到折线的起点处，按下鼠标左键拖出一条空白折线，松开左键即将一段折线删除	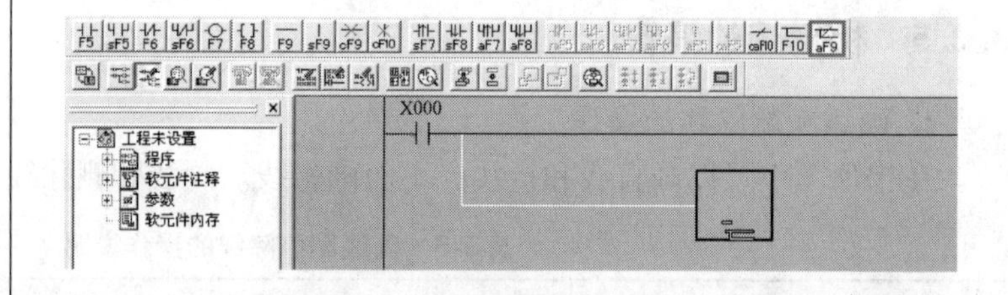

2. 删除操作

一些常用的删除操作说明见表3-4。

表3-4　一些常用的删除操作说明

操作说明	操作图
删除某个对象：用光标选中某个对象，按键盘上的Delete键即可删除该对象	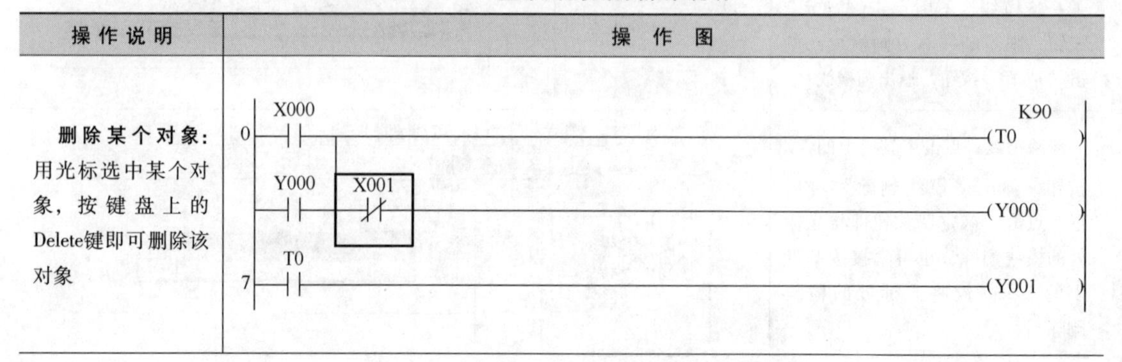

（续）

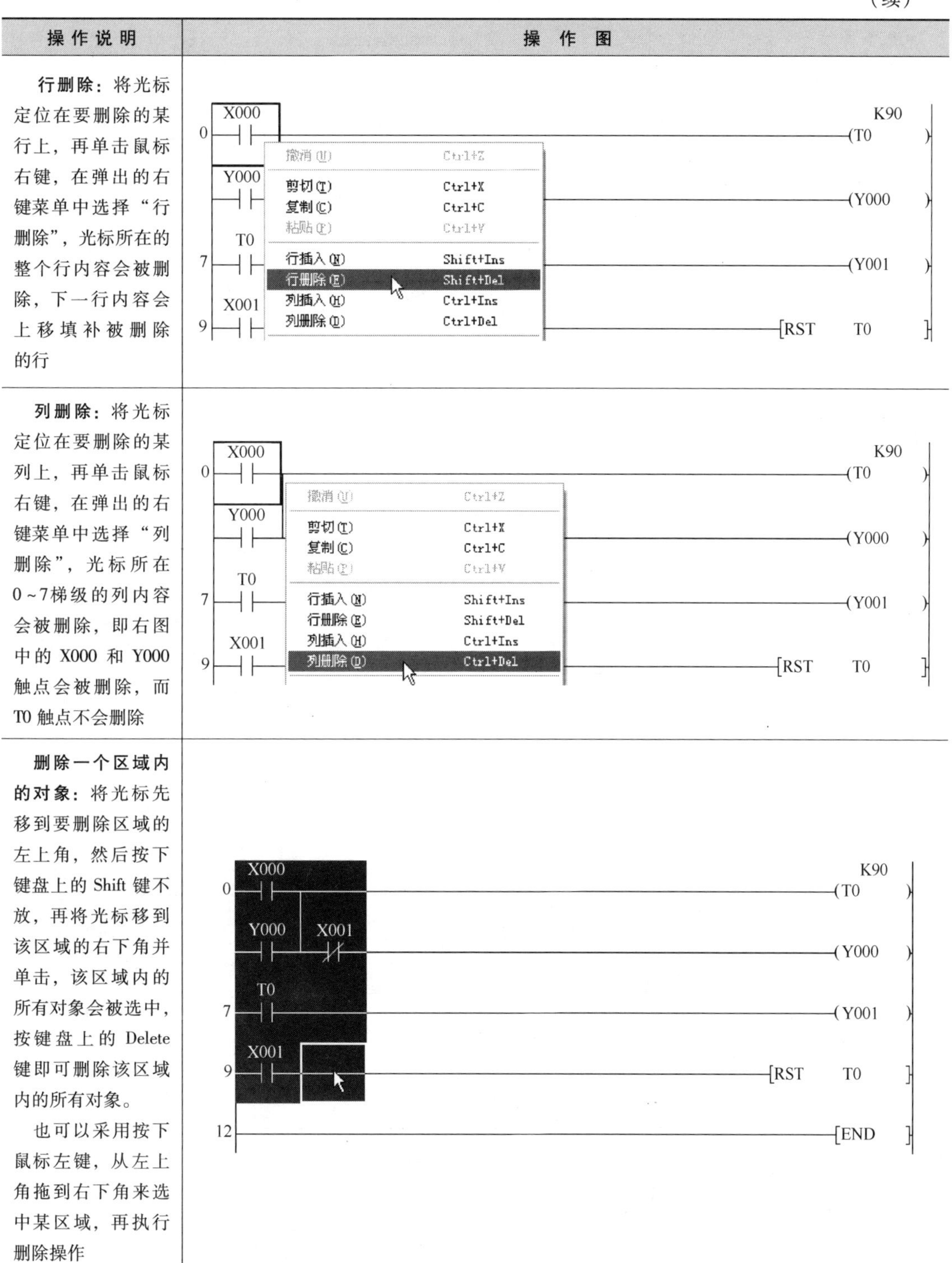

操作说明	操作图
行删除：将光标定位在要删除的某行上，再单击鼠标右键，在弹出的右键菜单中选择“行删除”，光标所在的整个行内容会被删除，下一行内容会上移填补被删除的行	
列删除：将光标定位在要删除的某列上，再单击鼠标右键，在弹出的右键菜单中选择“列删除”，光标所在0～7梯级的列内容会被删除，即右图中的X000和Y000触点会被删除，而T0触点不会删除	
删除一个区域内的对象：将光标先移到要删除区域的左上角，然后按下键盘上的Shift键不放，再将光标移到该区域的右下角并单击，该区域内的所有对象会被选中，按键盘上的Delete键即可删除该区域内的所有对象。 也可以采用按下鼠标左键，从左上角拖到右下角来选中某区域，再执行删除操作	

3. 插入操作

一些常用的插入操作说明见表3-5。

表3-5　一些常用的插入操作说明

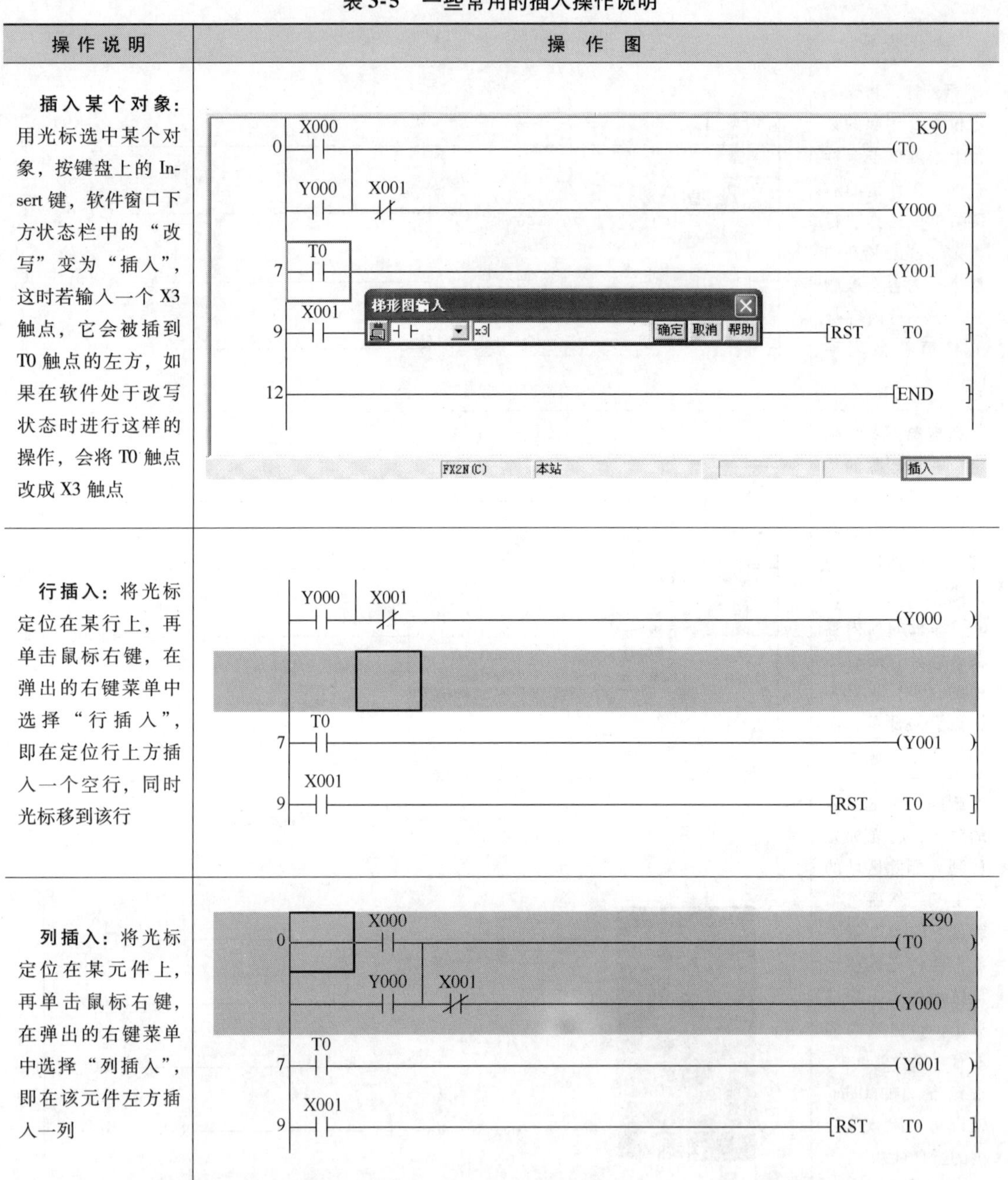

操作说明	操作图
插入某个对象： 用光标选中某个对象，按键盘上的 Insert 键，软件窗口下方状态栏中的“改写”变为“插入”，这时若输入一个 X3 触点，它会被插到 T0 触点的左方，如果在软件处于改写状态时进行这样的操作，会将 T0 触点改成 X3 触点	
行插入： 将光标定位在某行上，再单击鼠标右键，在弹出的右键菜单中选择“行插入”，即在定位行上方插入一个空行，同时光标移到该行	
列插入： 将光标定位在某元件上，再单击鼠标右键，在弹出的右键菜单中选择“列插入”，即在该元件左方插入一列	

3.2.6　查找与替换功能的使用

GX Developer 软件具有查找和替换功能，使用该功能的方法是单击软件窗口上方的“查找/替换”菜单项，弹出图 3-19 所示的菜单，选择其中的菜单命令即可执行相应的查找/替换操作。

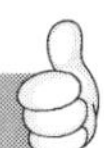

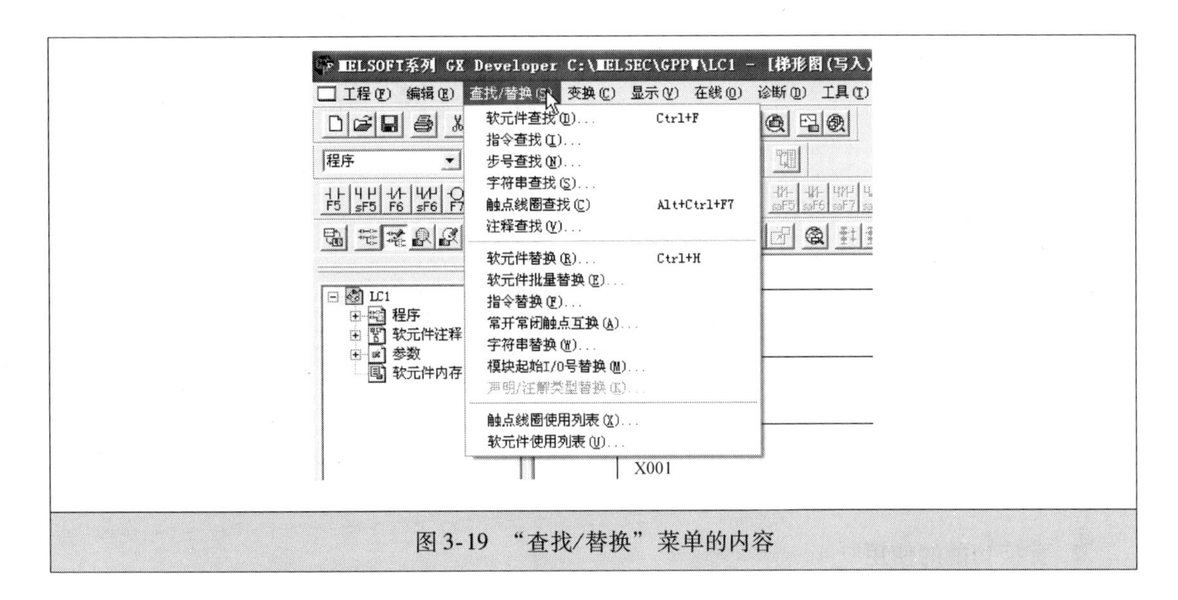

图3-19 “查找/替换”菜单的内容

1. 查找功能的使用

查找功能的使用说明见表3-6。

表3-6 查找功能的使用说明

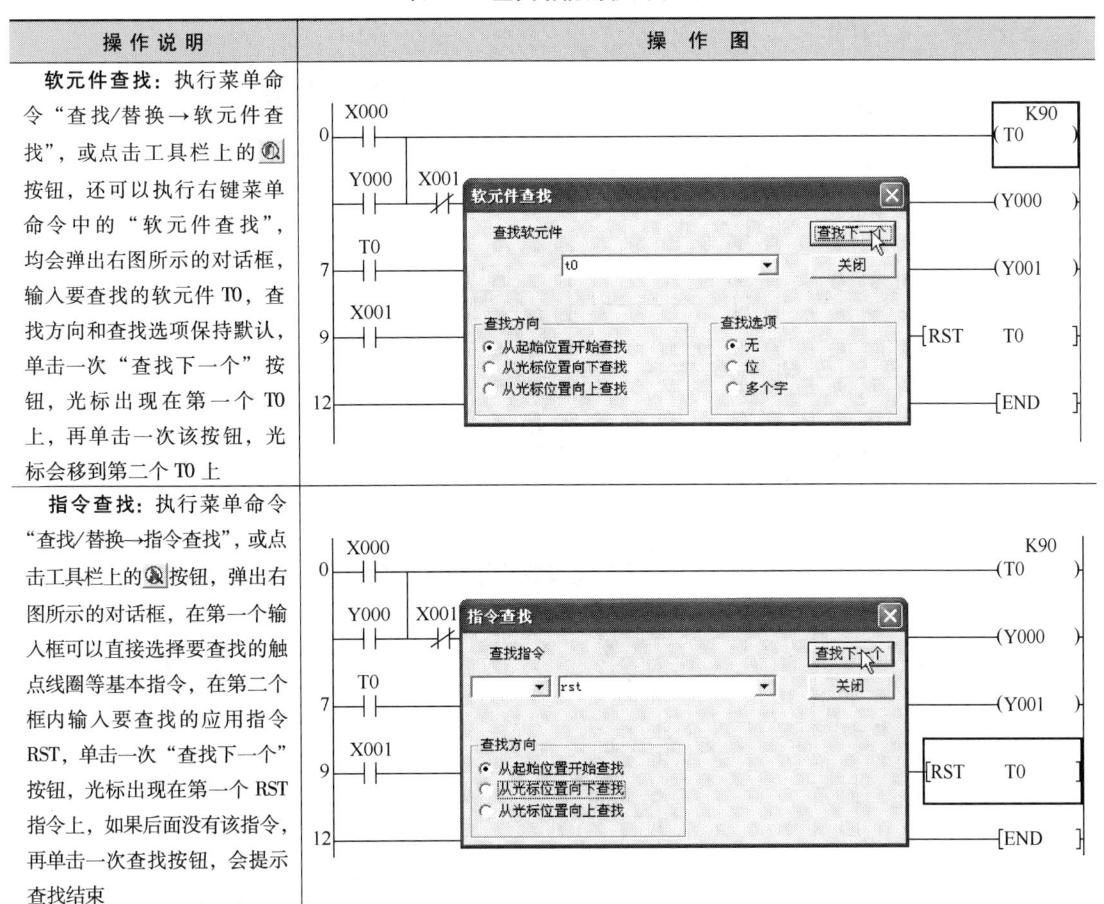

操作说明	操作图
软元件查找：执行菜单命令“查找/替换→软元件查找”，或点击工具栏上的按钮，还可以执行右键菜单命令中的“软元件查找”，均会弹出右图所示的对话框，输入要查找的软元件T0，查找方向和查找选项保持默认，单击一次“查找下一个”按钮，光标出现在第一个T0上，再单击一次该按钮，光标会移到第二个T0上	
指令查找：执行菜单命令“查找/替换→指令查找”，或点击工具栏上的按钮，弹出右图所示的对话框，在第一个输入框可以直接选择要查找的触点线圈等基本指令，在第二个框内输入要查找的应用指令RST，单击一次“查找下一个”按钮，光标出现在第一个RST指令上，如果后面没有该指令，再单击一次查找按钮，会提示查找结束	

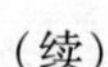
（续）

<table>
<tr><th>操作说明</th><th>操作图</th></tr>
<tr><td>步号查找：执行菜单命令“查找/替换→步号查找”，弹出右图所示的对话框，输入要查找的步号5，确定后光标会停在第5步元件或指令上，图中停在X001触点上</td><td>X000 K90
0 (T0)
Y000 X001
(Y000)
T0
7 步号查找 5 确定 取消 (Y001)
X001
9 [RST T0]
12 [END]</td></tr>
</table>

2. 替换功能的使用

替换功能的使用说明见表3-7。

表3-7　替换功能的使用说明

<table>
<tr><th>操作说明</th><th>操作图</th></tr>
<tr><td>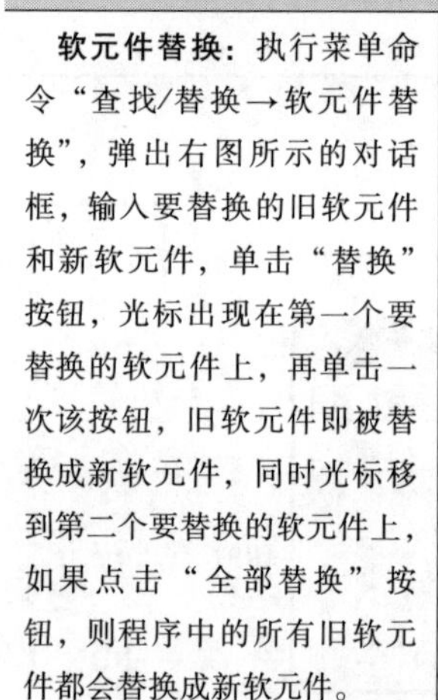软元件替换：执行菜单命令“查找/替换→软元件替换”，弹出右图所示的对话框，输入要替换的旧软元件和新软元件，单击“替换”按钮，光标出现在第一个要替换的软元件上，再单击一次该按钮，旧软元件即被替换成新软元件，同时光标移到第二个要替换的软元件上，如果点击“全部替换”按钮，则程序中的所有旧软元件都会替换成新软元件。
如果希望将X001、X002分别替换成X011、X012，可将对话框中的替换点数设为2</td><td>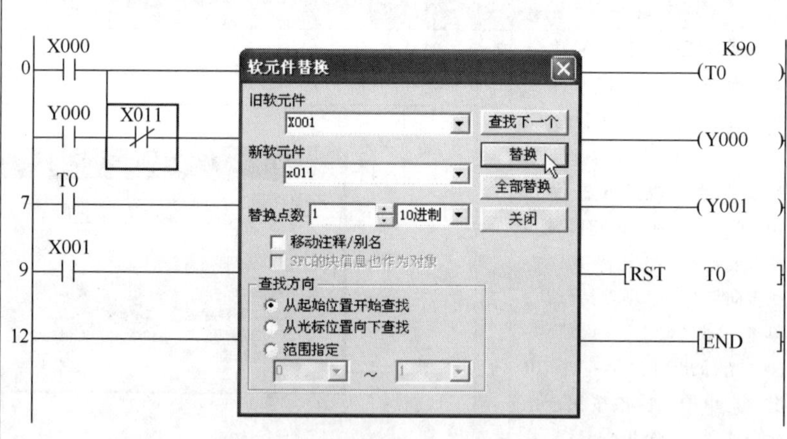
</td></tr>
<tr><td>软元件批量替换：执行菜单命令“查找/替换→软元件批量替换”，弹出右图所示的对话框，在对话框中输入要批量替换的旧软元件和对应的新软元件，并设好点数，再点击“执行”按钮，即将多个不同软元件一次性替换成新软元件</td><td>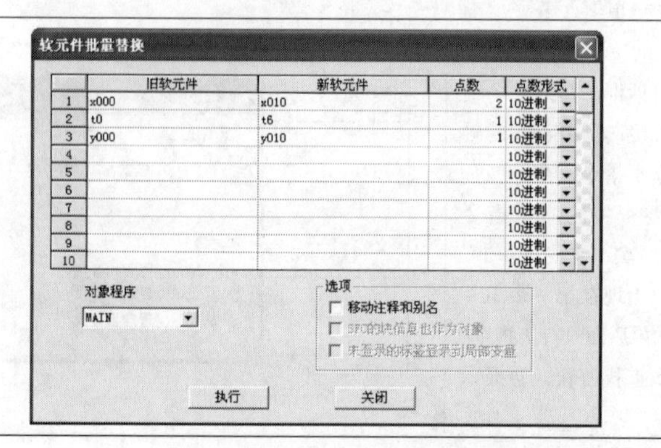
</td></tr>
</table>

（续）

操 作 说 明	操 作 图
常开常闭触点互相替换： 执行菜单命令“查找/替换→常开常闭触点互换”，弹出右图所示的对话框，输入要替换元件X001，点击“全部替换”按钮，程序中X001所有常开和常闭触点会相互转换，即常开变成常闭，常闭变成常开	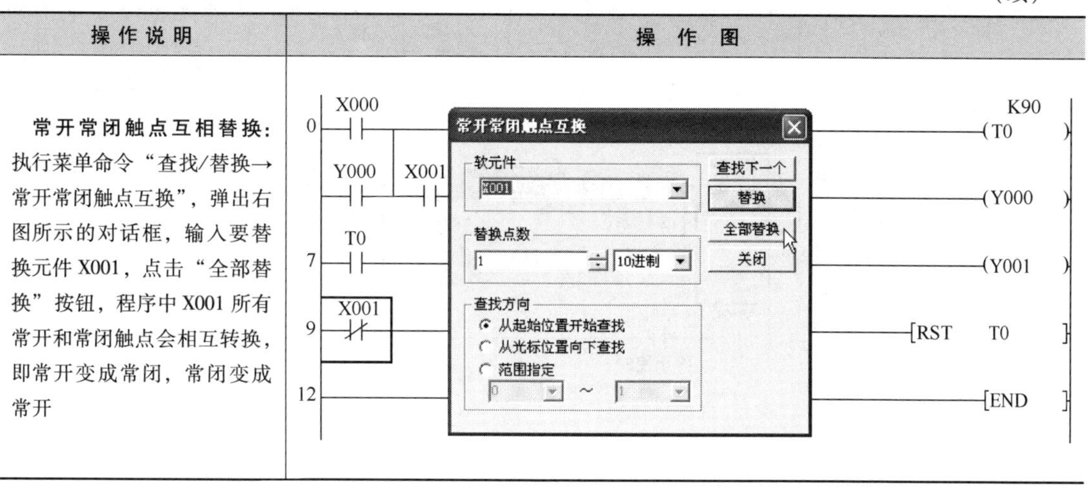

3.2.7　注释、声明和注解的添加与显示

在GX Developer软件中，可以对梯形图添加注释、声明和注解，图3-20是添加了注释、声明和注解的梯形图程序。声明用于一个程序段的说明，最多允许64字符×n行；注解用于对与右母线连接的线圈或指令的说明，最多允许32字符×1行；注释相当于一个元件的说明，最多允许8字符×4行，一个汉字占2个字符。

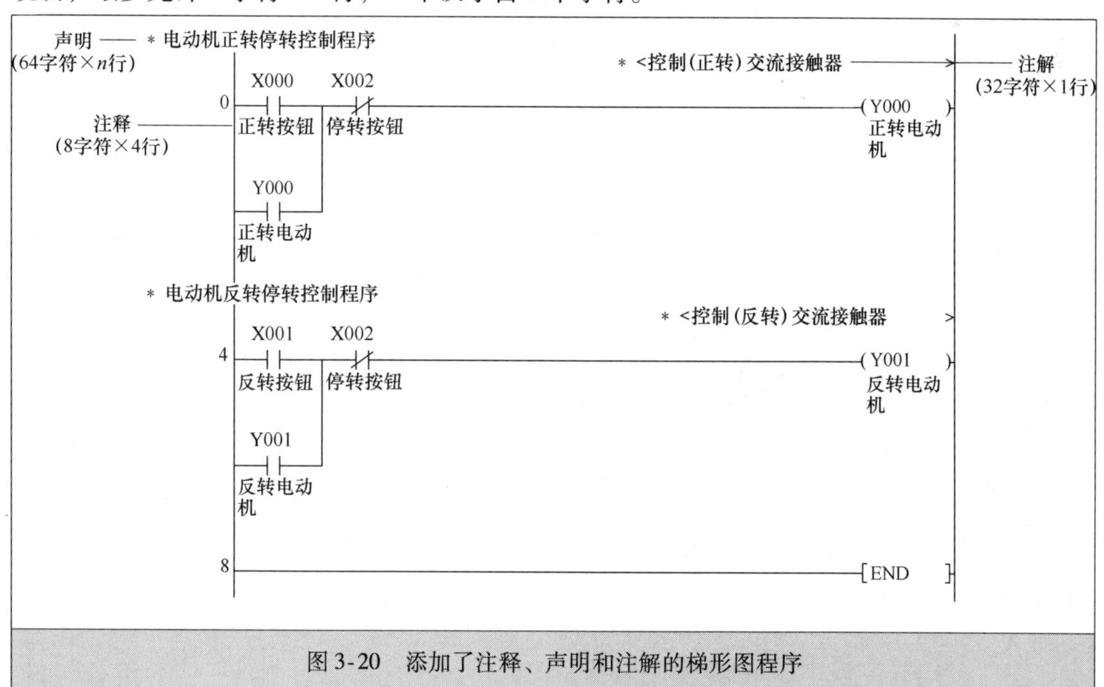

图3-20　添加了注释、声明和注解的梯形图程序

1. 注释的添加与显示

注释的添加与显示操作说明见表3-8。

表 3-8 注释的添加与显示操作说明

操作说明	操作图
单个添加注释：按下工具栏上的（注释编辑）按钮，或执行菜单命令“编辑→文档生成→注释编辑”，梯形图程序处于注释编辑状态，双击 X000 触点，弹出右图所示对话框，在输入框中输入注释文字，点击“确定”按钮即给 X000 触点添加了注释	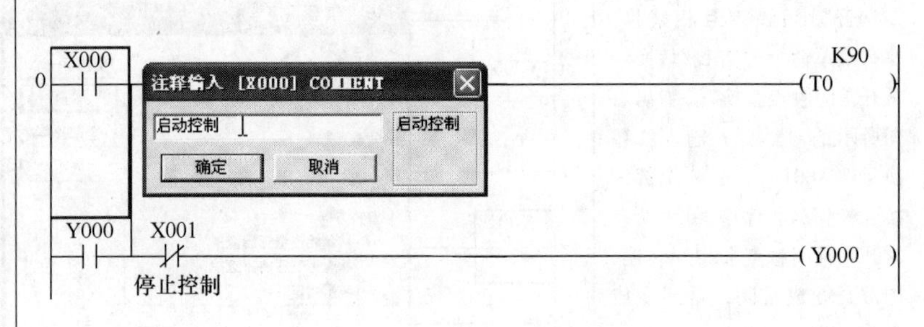
批量添加注释：在工程数据列表区展开“软元件注释”，双击“COMMENT”，编程区变成添加注释列表，在软元件名框内输入 X000，单击“显示”按钮，下方列表区出现 X000 为首的 X 元件，梯形图中使用了 X000、X001、X002 三个元件，给这三个元件都添加注释，如右图所示。再在软元件名框内输入 Y000，在下方列表区给 Y000、Y001 进行注释	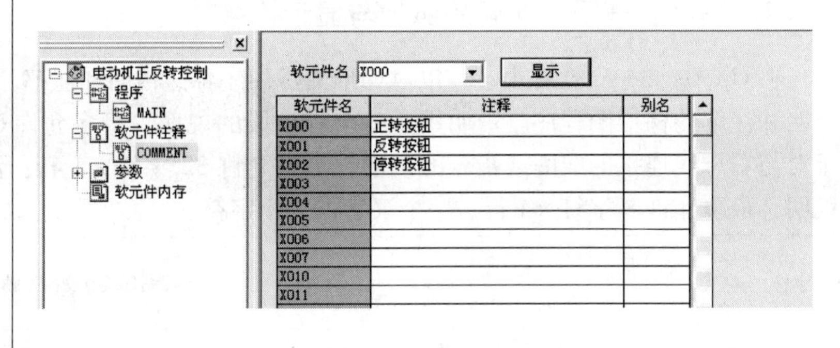
显示注释：在工程数据列表区双击程序下的“MAIN”，编程区出现梯形图，但未显示注释。执行菜单命令“显示→注释显示”，梯形图的元件下方显示出注释内容	0 X000 正转按钮 X002 停转按钮 (Y000) 正转电动机 Y000 正转电动机 4 X001 反转按钮 X002 停转按钮 (Y001) 反转电动机 Y001 反转电动机 8 [END]

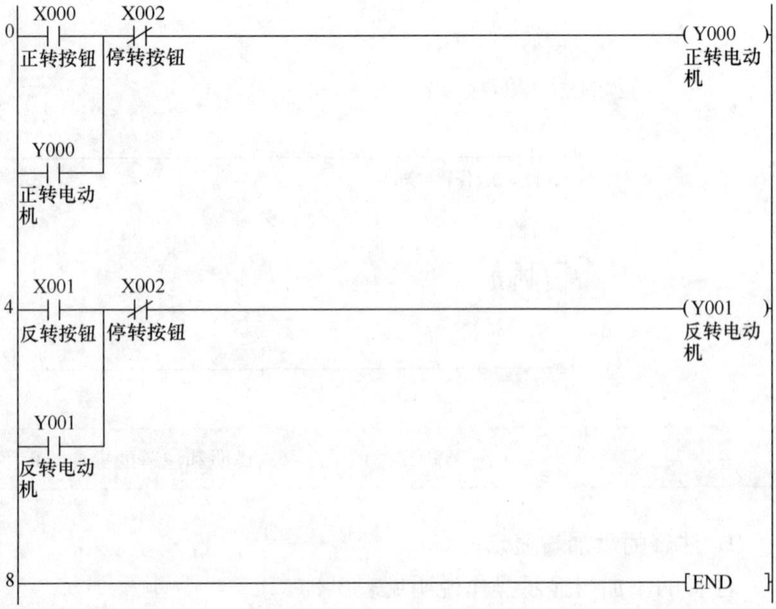

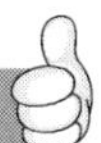

（续）

操作说明	操作图
注释显示方式设置：梯形图注释默认以4行×8字符显示，如果希望同时改变显示的字符数和行数，可执行菜单命令“显示→注释显示形式→3×5字符”，如果仅希望改变显示的行数，可执行菜单命令“显示→软元件注释行数”，可选择1～4行显示，右图为2行显示	0 X000 正转按钮　X002 停转按钮　Y000 正转电动机　(Y000) 正转电动机 4 X001 反转按钮　X002 停转按钮　Y001 反转电动机　(Y001) 反转电动机 8 [END]

2. 声明的添加与显示

声明的添加与显示操作说明见表3-9。

表3-9　声明的添加与显示操作说明

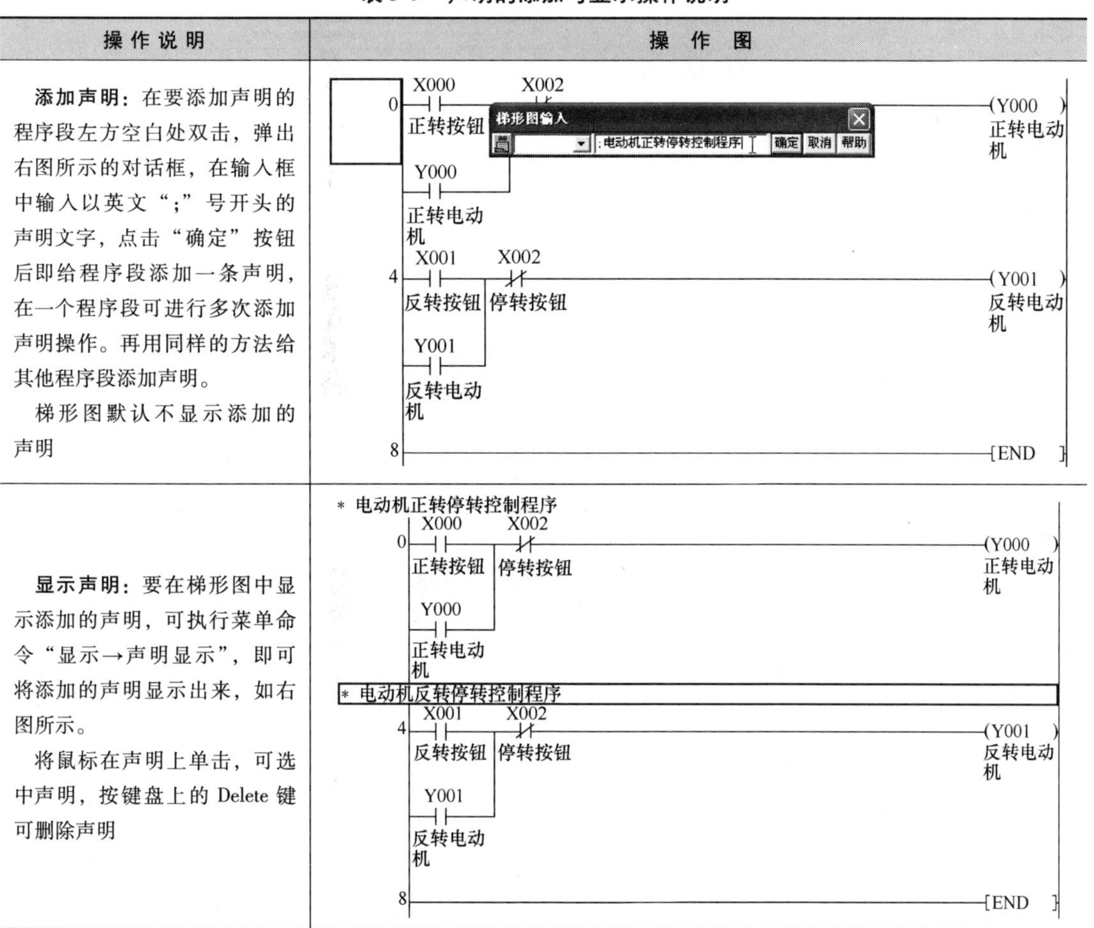

操作说明	操作图
添加声明：在要添加声明的程序段左方空白处双击，弹出右图所示的对话框，在输入框中输入以英文“;”号开头的声明文字，点击“确定”按钮后即给程序段添加一条声明，在一个程序段可进行多次添加声明操作。再用同样的方法给其他程序段添加声明。 梯形图默认不显示添加的声明	梯形图输入　;电动机正转停转控制程序　确定　取消　帮助 0 X000 正转按钮　X002　Y000 正转电动机　(Y000) 正转电动机 4 X001 反转按钮　X002 停转按钮　Y001 反转电动机　(Y001) 反转电动机 8 [END]
显示声明：要在梯形图中显示添加的声明，可执行菜单命令“显示→声明显示”，即可将添加的声明显示出来，如右图所示。 将鼠标在声明上单击，可选中声明，按键盘上的Delete键可删除声明	* 电动机正转停转控制程序 0 X000 正转按钮　X002 停转按钮　Y000 正转电动机　(Y000) 正转电动机 * 电动机反转停转控制程序 4 X001 反转按钮　X002 停转按钮　Y001 反转电动机　(Y001) 反转电动机 8 [END]

3. 注解的添加与显示

注解的添加与显示操作说明见表3-10。

表3-10　注解的添加与显示操作说明

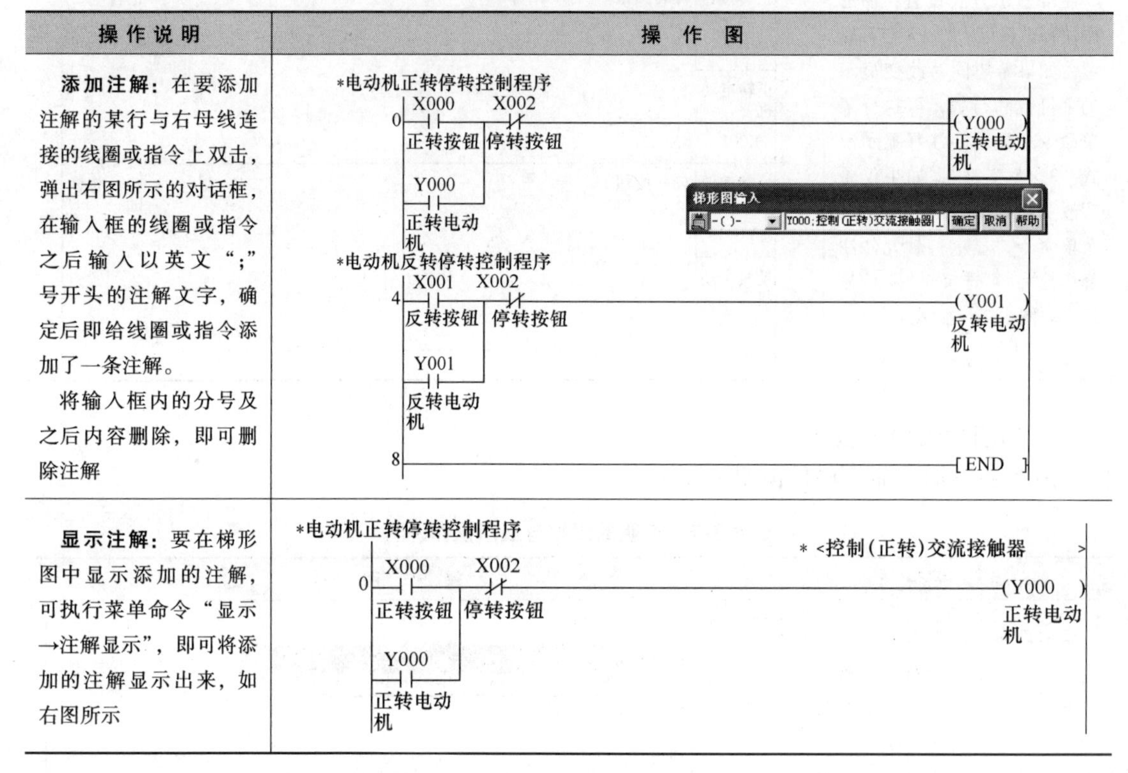

操 作 说 明	操　作　图
添加注解：在要添加注解的某行与右母线连接的线圈或指令上双击，弹出右图所示的对话框，在输入框的线圈或指令之后输入以英文“;”号开头的注解文字，确定后即给线圈或指令添加了一条注解。 将输入框内的分号及之后内容删除，即可删除注解	*电动机正转停转控制程序 0 X000 正转按钮 X002 停转按钮 (Y000) 正转电动机 Y000 正转电动机 梯形图输入 -( )- Y000;控制(正转)交流接触器 确定 取消 帮助 *电动机反转停转控制程序 4 X001 反转按钮 X002 停转按钮 (Y001) 反转电动机 Y001 反转电动机 8 [END]
显示注解：要在梯形图中显示添加的注解，可执行菜单命令“显示→注解显示”，即可将添加的注解显示出来，如右图所示	*电动机正转停转控制程序 * <控制(正转)交流接触器 > 0 X000 正转按钮 X002 停转按钮 (Y000) 正转电动机 Y000 正转电动机

3.2.8　读取并转换FXGP/WIN格式文件

在GX Developer软件出来之前，三菱FX PLC使用FXGP/WIN软件来编写程序，GX Developer软件具有读取并转换FXGP/WIN格式文件的功能。读取并转换FXGP/WIN格式文件的操作说明见表3-11。

表3-11　读取并转换FXGP/WIN格式文件的操作说明

序号	操 作 说 明	操　作　图
1	启动GX Developer软件，然后执行菜单命令“工程→读取其他格式的文件→读取FXGP(WIN)格式文件”，会弹出右图所示的读取对话框	读取FXGP(WIN)格式文件 驱动器/路径 C:\ 浏览... 系统名 执行 机器名 关闭 PLC类型 文件选择 程序共用 参数+程序 选择所有 取消选择所有 软元件内存数据名 MAIN

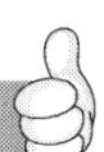

（续）

序号	操作说明	操作图
2	在读取对话框中点击“浏览”按钮，会弹出右图所示的对话框，在该对话框中选择要读取的FXGP/WIN格式文件，如果某文件夹中含有这种格式的文件，该文件夹是深色图标。 在该对话框中选择要读取的FXGP/WIN格式文件，点击“确认”按钮返回到读取对话框	
3	在右图所示的读取对话框中出现要读取的文件，将下方区域内的三项都选中，点击“执行”按钮，即开始读取已选择的FXGP/WIN格式文件，点击“关闭”按钮，将读取对话框关闭，同时读取的文件被转换，并出现在GX Developer软件的编程区，再执行保存操作，将转换来的文件保存下来	

3.2.9　PLC与计算机的连接及程序的写入与读出

1. PLC与计算机的硬件连接

PLC与计算机连接需要用到通信电缆，常用电缆有两种：一种是FX-232AWC-H（简称SC09）电缆，如图3-21a所示，该电缆含有RS-232C/RS-422转换器；另一种是FX-USB-AW（又称USB-SC09-FX）电缆，如图3-21b所示，该电缆含有USB/RS-422转换器。

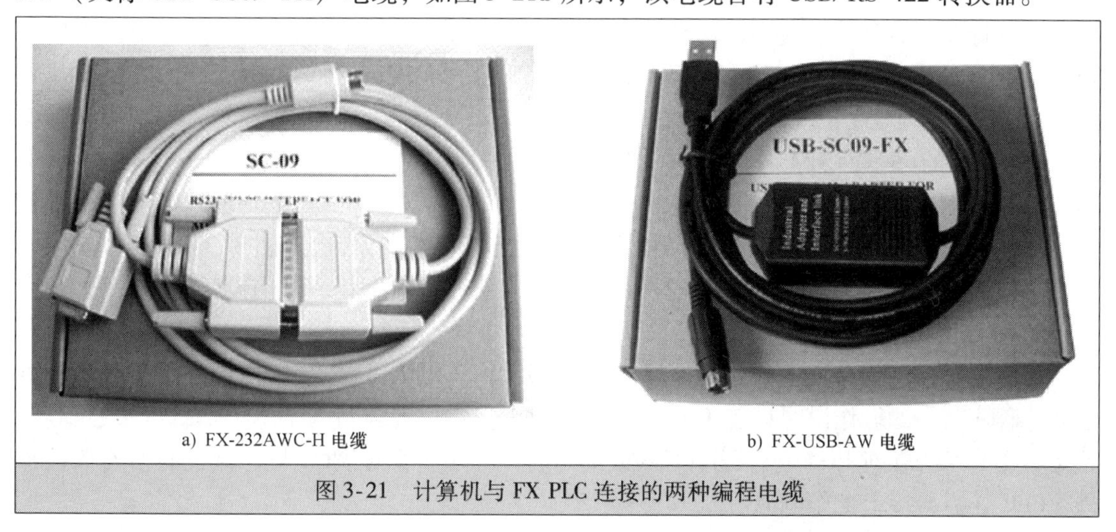

a）FX-232AWC-H电缆　　b）FX-USB-AW电缆

图3-21　计算机与FX PLC连接的两种编程电缆

在选用 PLC 编程电缆时，先查看计算机是否具有 COM 接口（又称 RS-232C 接口），因为现在很多计算机已经取消了这种接口，**如果计算机有 COM 接口，可选用 FX-232AWC-H 电缆连接 PLC 和计算机**。在连接时，将电缆的 COM 头插入计算机的 COM 接口，电缆另一端圆形插头插入 PLC 的编程口内。

如果计算机没有 COM 接口，可选用 FX-USB-AW 电缆将计算机与 PLC 连接起来。在连接时，将电缆的 USB 头插入计算机的 USB 接口，电缆另一端圆形插头插入 PLC 的编程口内。当将 FX-USB-AW 电缆插到计算机 USB 接口时，还需要在计算机中安装这条电缆配带的驱动程序。驱动程序安装完成后，在计算机桌面上右击“我的计算机”，在弹出的菜单中选择“设备管理器”，弹出设备管理器窗口，如图 3-22 所示，展开其中的“端口（COM 和 LPT）”，从中可看到一个虚拟的 COM 端口，图中为 COM3，记住该编号，在 GX Developer 软件进行通信参数设置时要用到。

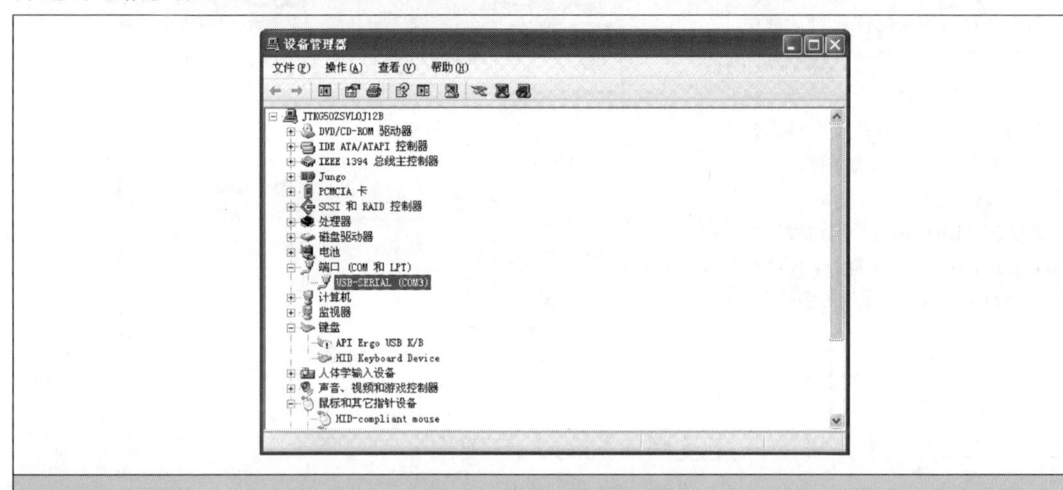

图 3-22 安装 USB 编程电缆驱动程序后在设备管理器会出现一个虚拟的 COM 端口

2. 通信设置

用编程电缆将 PLC 与计算机连接好后，再启动 GX Developer 软件，打开或新建一个工程，再执行菜单命令“在线→传输设置”，弹出“传输设置”对话框，双击左上角的“串行 USB”图标，出现详细的设置对话框，如图 3-23 所示，在该对话框中选中“RS-232C”项，COM 端口一项中选择与 PLC 连接的端口号，使用 FX-USB-AW 电缆连接时，端口号应与设备管理器中的虚拟 COM 端口号一致，在“传输速度”项中选择某个速度（如选“19.2Kbps”），单击“确认”按钮返回“传输设置”对话框。如果想知道 PLC 与计算机是否连接成功，可在“传输设置”对话框中点击“通信测试”，若出现图 3-24 所示的连接成功提示，表明 PLC 与计算机已成功连接，单击“确认”按钮即完成通信设置。

3. 程序的写入与读出

程序的写入是指将程序由编程计算机送入 PLC，读出则是将 PLC 内的程序传送到计算机中。程序写入的操作说明见表 3-12，程序的读出操作过程与写入基本类似，可参照学习，这里不作介绍。在对 PLC 进行程序写入或读出时，除了要保证 PLC 与计算机通信连接正常外，PLC 还需要接上工作电源。

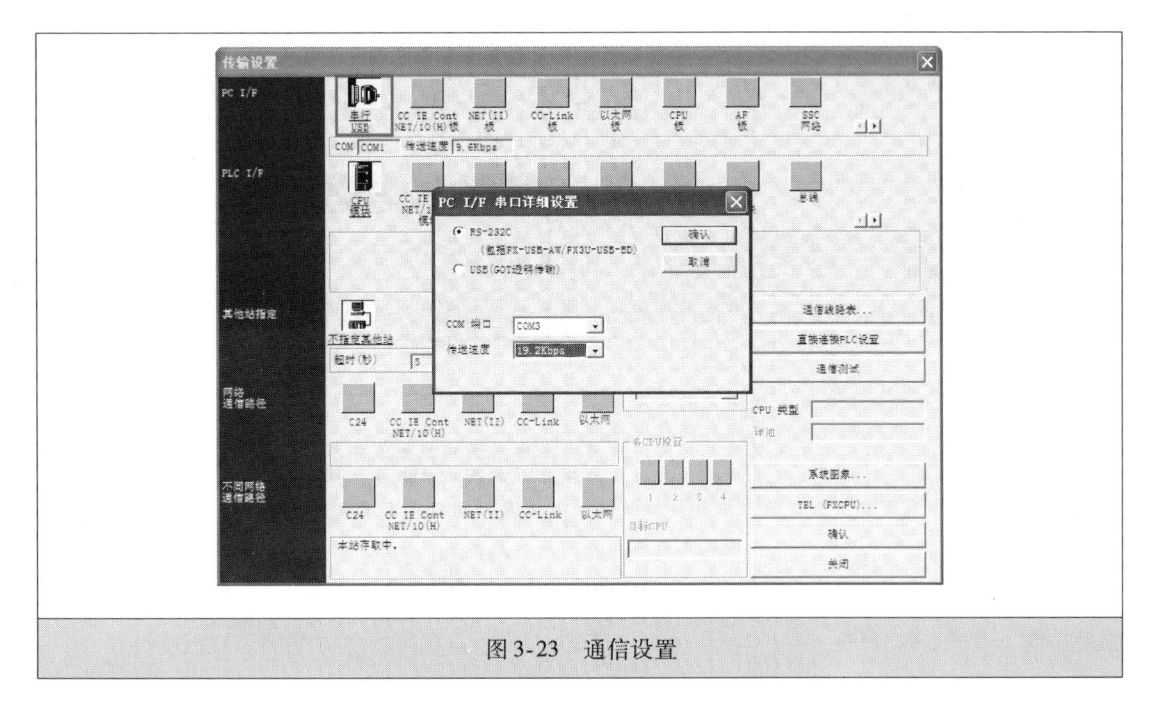

图 3-23　通信设置

图 3-24　PLC 与计算机连接成功提示

表 3-12　程序写入的操作说明

序号	操 作 说 明	操　作　图
1	在 GX Developer 软件中编写好程序并变换后，执行菜单命令“在线→PLC 写入”，也可以点击工具栏上的 （PLC 写入）按钮，均会弹出右图所示的“PLC 写入”对话框，在下方选中要写入 PLC 的内容，一般选“MAIN”项和“PLC 参数”项，其他项根据实际情况选择，再单击“执行”按钮	

（续）

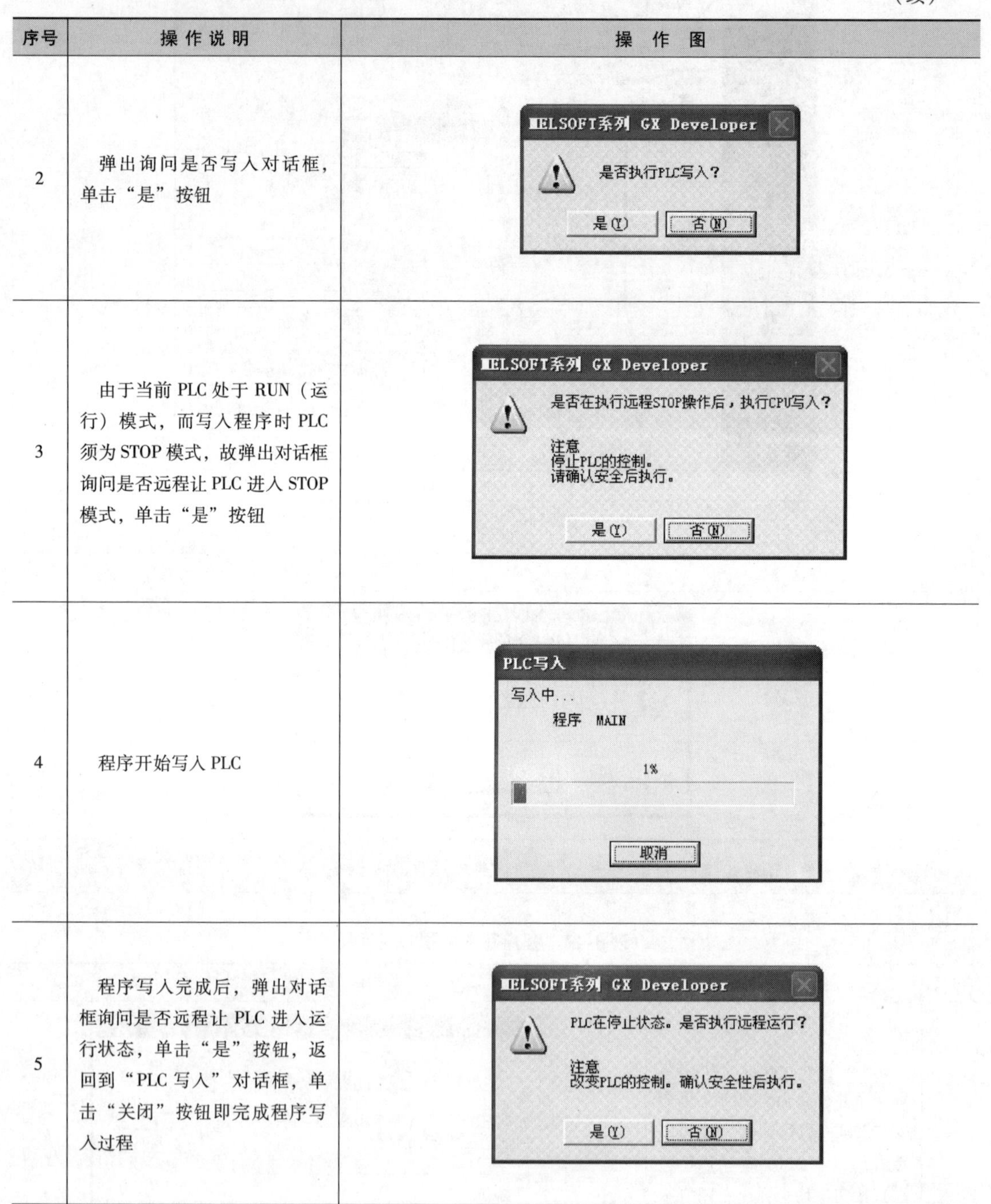

序号	操作说明	操作图
2	弹出询问是否写入对话框，单击“是”按钮	MELSOFT系列 GX Developer 是否执行PLC写入？ 是(Y) 否(N)
3	由于当前PLC处于RUN（运行）模式，而写入程序时PLC须为STOP模式，故弹出对话框询问是否远程让PLC进入STOP模式，单击“是”按钮	MELSOFT系列 GX Developer 是否在执行远程STOP操作后，执行CPU写入？ 注意 停止PLC的控制。 请确认安全后执行。 是(Y) 否(N)
4	程序开始写入PLC	PLC写入 写入中... 程序 MAIN 1% 取消
5	程序写入完成后，弹出对话框询问是否远程让PLC进入运行状态，单击“是”按钮，返回到“PLC写入”对话框，单击“关闭”按钮即完成程序写入过程	MELSOFT系列 GX Developer PLC在停止状态。是否执行远程运行？ 注意 改变PLC的控制。确认安全性后执行。 是(Y) 否(N)

3.2.10 在线监视PLC程序的运行

在GX Developer软件中将程序写入PLC后，如果希望看见程序在实际PLC中的运行情况，可使用软件的在线监视功能，在使用该功能时，应确保PLC与计算机间通信电缆连接正常，PLC供电正常。在线监视PLC程序运行的操作说明见表3-13。

表 3-13　在线监视 PLC 程序运行的操作说明

序号	操 作 说 明	操 作 图
1	在 GX Developer 软件中先将编写好的程序写入PLC，然后执行菜单命令“在线→监视→监视模式”，或者点击工具栏上的（监视模式）按钮，也可以直接按 F3 键，即进入在线监视模式，如右图所示，软件编程区内梯形图的 X001 常闭触点上有深色方块，表示 PLC 程序中的该触点处于闭合状态	0 X000 (T0 K90) 0 Y000 X001 (Y000) 7 T0 (Y001) 9 X001 [RST T0] 12 [END]
2	用导线将 PLC 的 X000 端子与 COM 端子短接，梯形图中的 X000 常开触点出现深色方块，表示已闭合，定时器线圈 T0 出现方块，已开始计时，Y000 线圈出现方块，表示得电，Y000 常开自锁触点出现方块，表示已闭合	0 X000 (T0 K90) 5 Y000 X001 (Y000) 7 T0 (Y001) 9 X001 [RST T0] 12 [END]
3	将 PLC 的 X000、COM 端子间的导线断开，程序中的 X000 常开触点上的方块消失，表示该触点断开，但由于 Y000 常开自锁触点仍闭合（该触点上有方块），故定时器线圈 T0 仍得电计时。当计时到达设定值 90（9s）时，T0 常开触点上出现方块（触点闭合），Y001 线圈出现方块（线圈得电）	0 X000 (T0 K90) 90 Y000 X001 (Y000) 7 T0 (Y001) 9 X001 [RST T0] 12 [END]

（续）

序号	操作说明	操作图
4	用导线将PLC的X001端子与COM端子短接，梯形图中的X001常闭触点上方块的方块消失，表示已断开，Y000线圈上的方块马上消失，表示失电，Y000常开自锁触点上的方块消失，表示断开，定时器线圈T0上的方块消失，停止计时并将当前计时值清0，T0常开触点上的方块消失，表示触点断开，X001常开触点上有方块，表示该触点处于闭合	0 X000 —(T0 K90) 0 Y000 X001 —(Y000) 7 T0 —(Y001) 9 X001 —[RST T0] 12 —[END]
5	在监视模式时不能修改程序，如果监视过程中发现程序存在错误需要修改，可点击工具栏上的（写入模式）按钮，切换到写入模式，程序修改并变换后，再将修改的程序重新写入PLC，然后又切换到监视模式来监视修改后的程序运行情况。 使用“监视（写入模式）”功能，可以避免上述麻烦的操作。点击工具栏上的（监视（写入模式））按钮，或执行菜单命令“在线→监视→监视（写入模式）”，如右图所示，在进入监视（写入模式）时，软件先将当前程序自动写入PLC，再监视PLC程序的运行，如果对程序进行了修改并交换后，修改后的新程序又自动写入PLC，开始新程序的监视运行	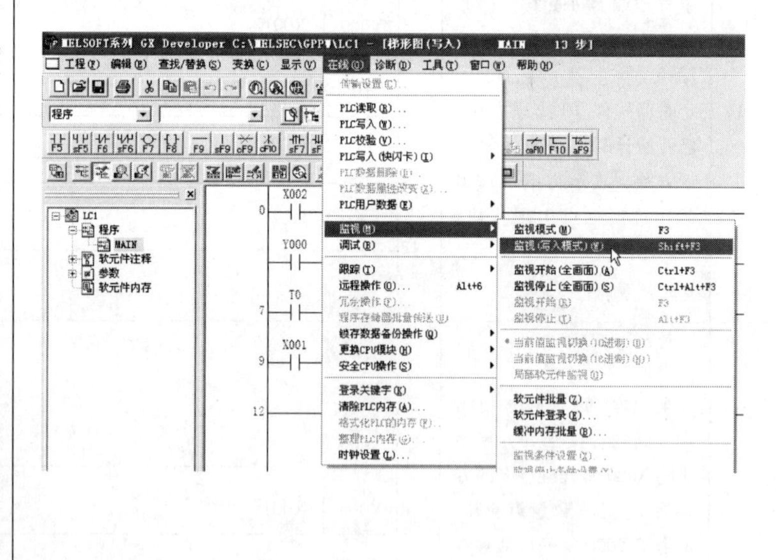

3.3 三菱GX Simulator仿真软件的使用

给编程计算机连接实际的PLC可以在线监视PLC程序运行情况，但由于受条件限制，很多学习者并没有PLC，对于这些人，可以安装三菱GX Simulator仿真软件，安装该软件

后，就相当于给编程计算机连接了一台模拟的 PLC，再将程序写入这台模拟 PLC 来进行在线监视 PLC 程序运行。

GX Simulator 软件具有以下特点：①具有硬件 PLC 没有的单步执行、跳步执行和部分程序执行调试功能；②调试速度快；③不支持输入/输出模块和网络，仅支持特殊功能模块的缓冲区；④扫描周期被固定为 100ms，可以设置为 100ms 的整数倍。

GX Simulator 软件支持 FX1S、FX1N、FX1NC、FX2N 和 FX2NC 绝大部分的指令，但不支持中断指令、PID 指令、位置控制指令、与硬件和通信有关的指令。GX Simulator 软件从 RUN 模式切换到 STOP 模式时，停电保持软元件的值被保留，非停电保持软元件的值被清除，软件退出时，所有软元件的值被清除。

3.3.1　安装 GX Simulator 仿真软件

GX Simulator 仿真软件是 GX Developer 软件的一个可选安装包，如果未安装该软件包，GX Developer 可正常编程，但无法使用 PLC 仿真功能。

GX Simulator 仿真软件的安装说明见表 3-14。

表 3-14　GX Simulator 仿真软件的安装说明

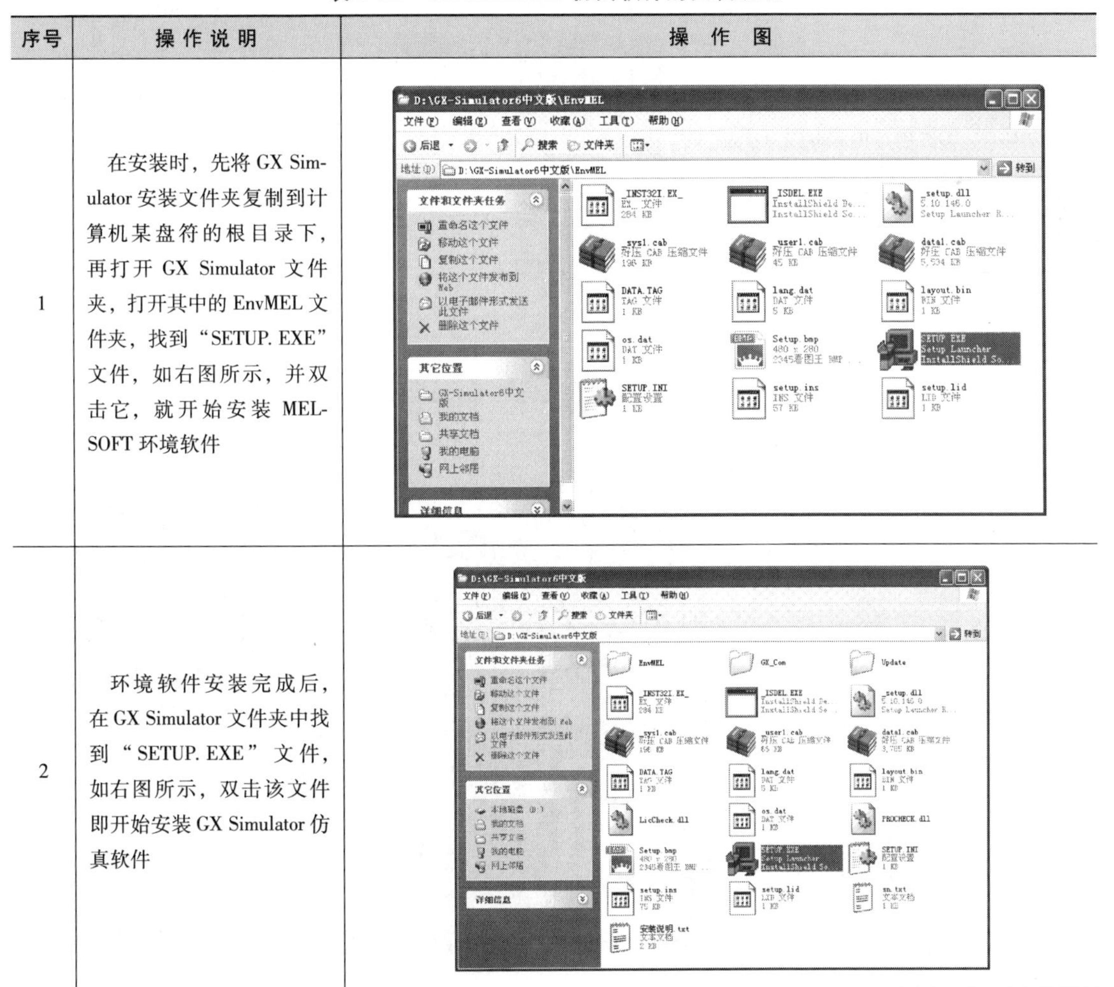

序号	操作说明	操作图
1	在安装时，先将 GX Simulator 安装文件夹复制到计算机某盘符的根目录下，再打开 GX Simulator 文件夹，打开其中的 EnvMEL 文件夹，找到“SETUP. EXE”文件，如右图所示，并双击它，就开始安装 MELSOFT 环境软件	
2	环境软件安装完成后，在 GX Simulator 文件夹中找到“SETUP. EXE”文件，如右图所示，双击该文件即开始安装 GX Simulator 仿真软件	

（续）

<table>
<tr><th>序号</th><th>操作说明</th><th>操作图</th></tr>
<tr><td>3</td><td>在出现的右图所示对话框中，输入产品 ID 号，单击“下一个”按钮</td><td>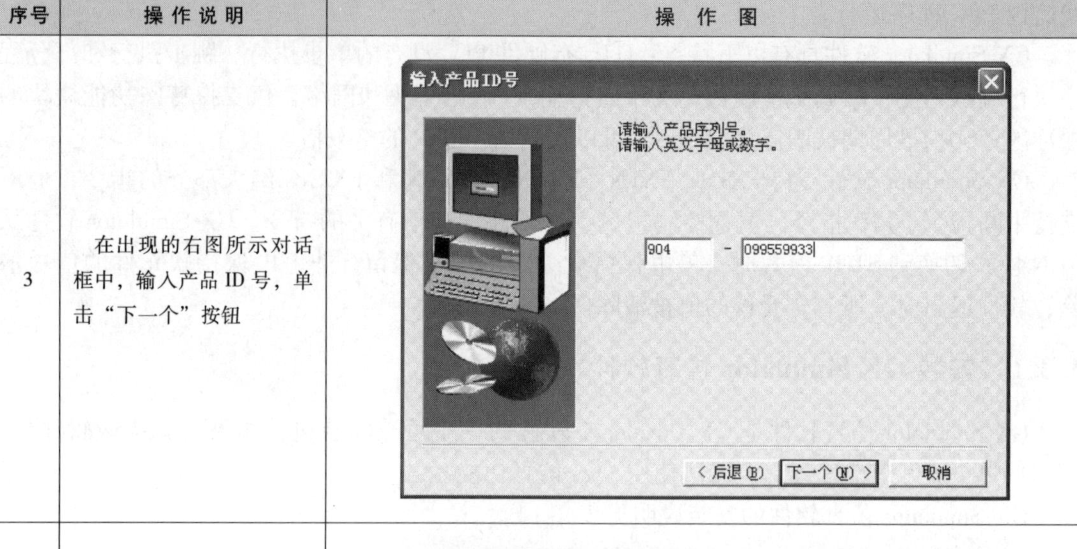
</td></tr>
<tr><td>4</td><td>在出现的右图所示对话框中，选择软件的安装路径，这里保持默认路径，单击“下一个”按钮，即开始正式安装 GX Simulator 软件</td><td>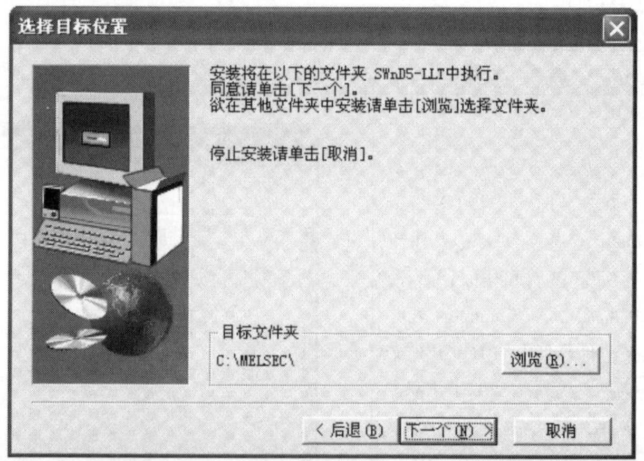
</td></tr>
<tr><td>5</td><td>软件安装完成后，会出现右图所示的安装完成提示，单击“确定”按钮即完成软件的安装</td><td>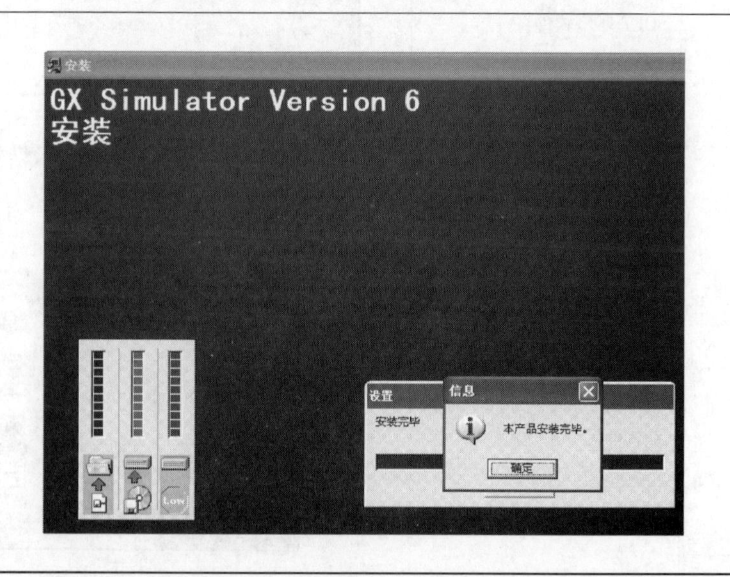
</td></tr>
</table>

3.3.2 仿真操作

仿真操作内容包括将程序写入模拟 PLC 中，再对程序中的元件进行强制 ON 或 OFF 操作，然后在 GX Developer 软件中查看程序在模拟 PLC 中的运行情况。仿真操作说明见表 3-15。

表 3-15　仿真操作说明

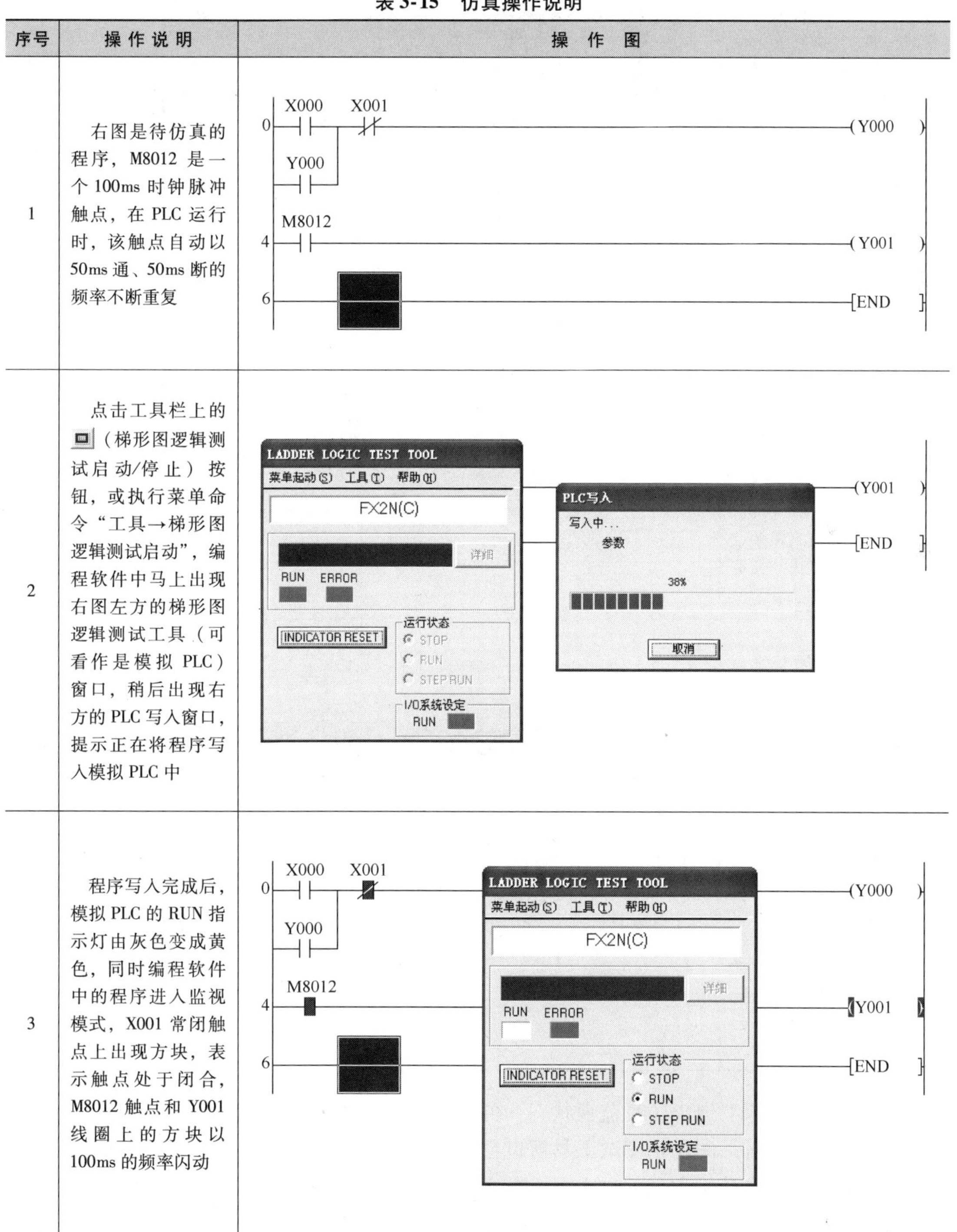

序号	操作说明	操作图
1	右图是待仿真的程序，M8012 是一个 100ms 时钟脉冲触点，在 PLC 运行时，该触点自动以 50ms 通、50ms 断的频率不断重复	
2	点击工具栏上的 (梯形图逻辑测试启动/停止）按钮，或执行菜单命令“工具→梯形图逻辑测试启动”，编程软件中马上出现右图左方的梯形图逻辑测试工具（可看作是模拟 PLC）窗口，稍后出现右方的 PLC 写入窗口，提示正在将程序写入模拟 PLC 中	
3	程序写入完成后，模拟 PLC 的 RUN 指示灯由灰色变成黄色，同时编程软件中的程序进入监视模式，X001 常闭触点上出现方块，表示触点处于闭合，M8012 触点和 Y001 线圈上的方块以 100ms 的频率闪动	

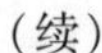
（续）

序号	操作说明	操作图
4	选中程序中的X000常开触点，点击工具栏上的（软元件测试）按钮，或执行菜单命令“在线→调试→软元件测试”，还可以执行右键菜单中的“软元件测试”，弹出右图所示的软元件测试对话框，软元件输入框中出现选择的软元件X000，点击下方的“强制ON”按钮，即让程序中的X000常开触点为ON（闭合），程序中的X000常开触点上马上出现方块，Y000线圈也出现方块，表示线圈得电，Y000常开自锁触点上出现方块，表示闭合	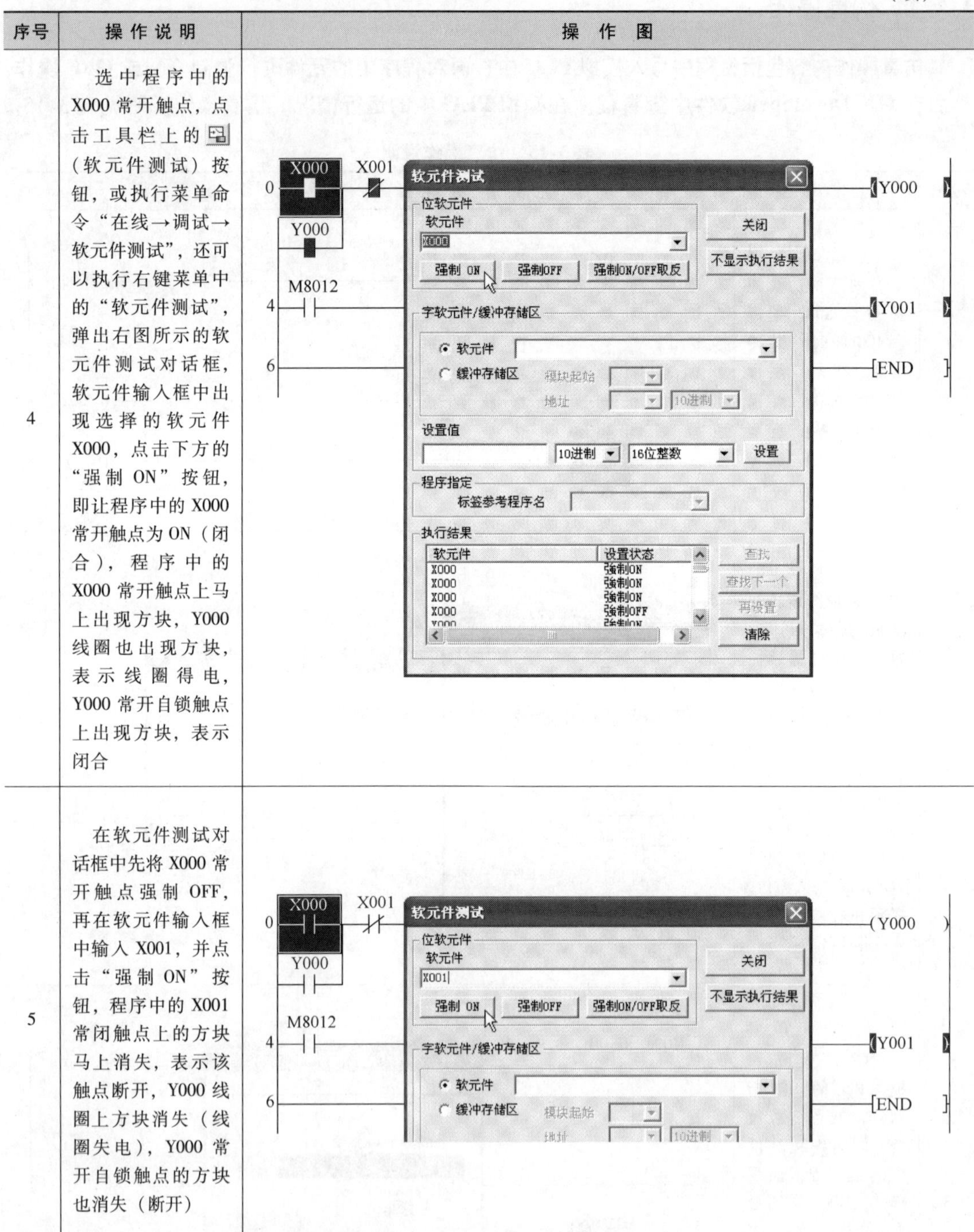
5	在软元件测试对话框中先将X000常开触点强制OFF，再在软元件输入框中输入X001，并点击“强制ON”按钮，程序中的X001常闭触点上的方块马上消失，表示该触点断开，Y000线圈上方块消失（线圈失电），Y000常开自锁触点的方块也消失（断开）	

在仿真时，如果要退出仿真监视状态，可点击编程软件工具栏上的按钮，使该按钮处于弹起状态即可，梯形图逻辑测试工具窗口会自动消失。在仿真时，如果需要修改程序，可先退出仿真状态，在让编程软件进入写入模式（按下工具栏中的按钮），就可以对程序进行修改，修改并变换后再按下工具栏上的按钮，重新进行仿真。

3.3.3 软元件监视

在仿真时，除了可以在编程软件中查看程序在模拟 PLC 中的运行情况，也可以通过仿真工具了解一些软元件状态。

在梯形图逻辑测试工具窗口中执行菜单命令“菜单起动→继电器内存监视”，弹出图3-25a所示的设备内存监视（DEVICE MEMORY MONITOR）窗口，在该窗口执行菜单命令“软元件→位软元件窗口→X”，下方马上出现 X 继电器状态监视窗口，再用同样的方法调出 Y 线圈的状态监视窗口，如图3-25b 所示，从图中可以看出，X000 继电器有黄色背景，表示 X000 继电器状态为 ON，即 X000 常开触点处于闭合状态、常闭触点处于断开状态，Y000、Y001 线圈也有黄色背景，表示这两个线圈状态都为 ON。点击窗口上部的黑三角，可以在窗口显示前、后编号的软元件。

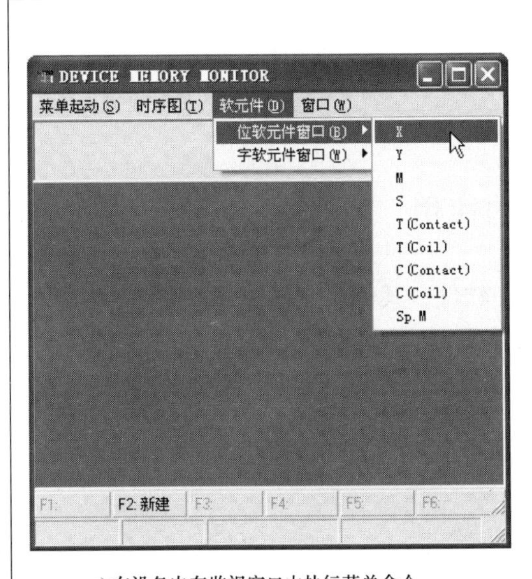

a) 在设备内存监视窗口中执行菜单命令

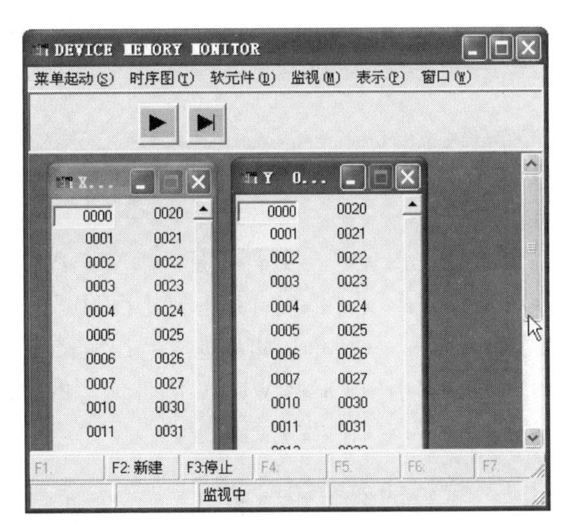

b) 调出X继电器和Y线圈监视窗口

图3-25 在设备内存监视窗口中监视软元件状态

3.3.4 时序图监视

在设备内存监视窗口也可以监视软元件的工作时序图（波形图）。在图3-25a 所示的窗口中执行菜单命令“时序图→起动”，弹出图3-26a 所示的时序图监视窗口，窗口中的“监控停止”按钮指示灯为红色，表示处于监视停止状态，点击该按钮，窗口中马上出现程序中软元件的时序图，如图3-26b 所示，X000 元件右边的时序图是一条蓝线，表示 X000 继电器一直处于 ON，即 X000 常开触点处于闭合，M8012 元件的时序图为一系列脉冲，表示 M8012 触点闭合、断开交替反复进行，脉冲高电平表示触点闭合，脉冲低电平表示触点断开。

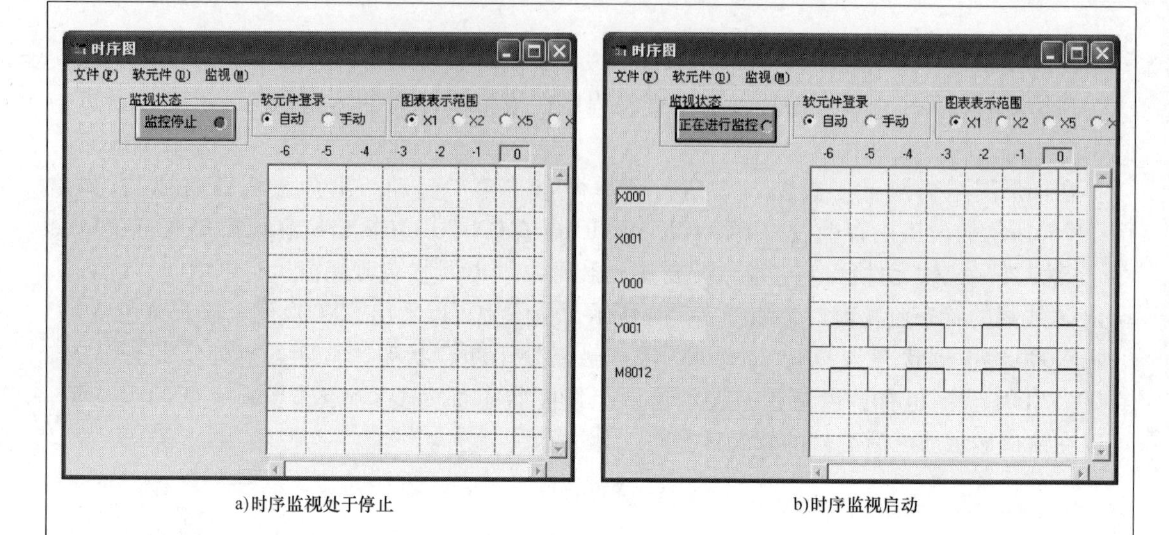

a)时序监视处于停止　　b)时序监视启动

图3-26　软元件的工作时序监视

3.4　三菱FXGP/WIN-C编程软件的使用

三菱FXGP/WIN-C软件也是一款三菱PLC编程软件，其安装文件体积不到3MB，而三菱GX Developer文件体积有几十到几百MB（因版本而异）。两款软件编写程序的方法基本相同，但在用一些指令（如步进指令）编写程序时也存在不同，另外很多三菱PLC教程手册中的实例多引用FXGP/WIN-C软件编写的程序，因此即使用GX Developer软件编程，也应对FXGP/WIN-C软件有所了解。

3.4.1　软件的安装和启动

1. 软件的安装

三菱FXGP/WIN-C软件推出时间较早，新购买三菱FX系列PLC时一般不配带该软件，读者可以在互联网上搜索查找，也可到易天电学网（www.eTV100.com）免费下载该软件。

打开FXGPWINC安装文件夹，找到安装文件SETUP32.EXE，双击该文件即开始安装FXGP/WIN-C软件，如图3-27所示。

2. 软件的启动

FXGP/WIN-C软件安装完成后，从开始菜单的“程序”项中找到“FXGP_ WIN-C”图标，如图3-28所示，单击该图标即开始启动FXGP/WIN-C软件。启动完成的软件界面如图3-29所示。

3.4.2　程序的编写

1. 新建程序文件

要编写程序，须先新建程序文件。新建程序文件的过程如下：

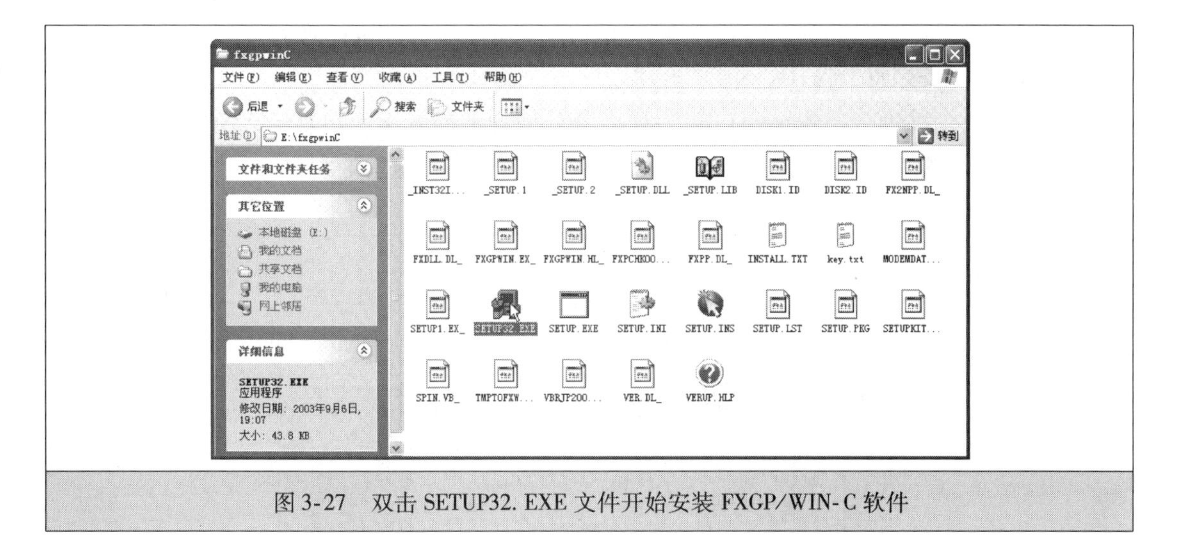

图 3-27　双击 SETUP32. EXE 文件开始安装 FXGP/WIN-C 软件

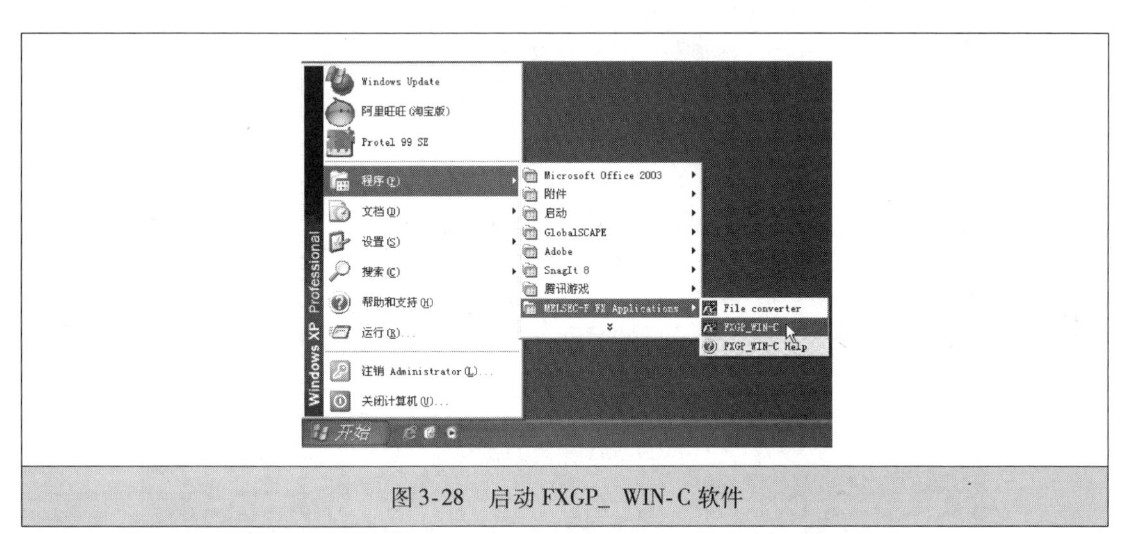

图 3-28　启动 FXGP_ WIN-C 软件

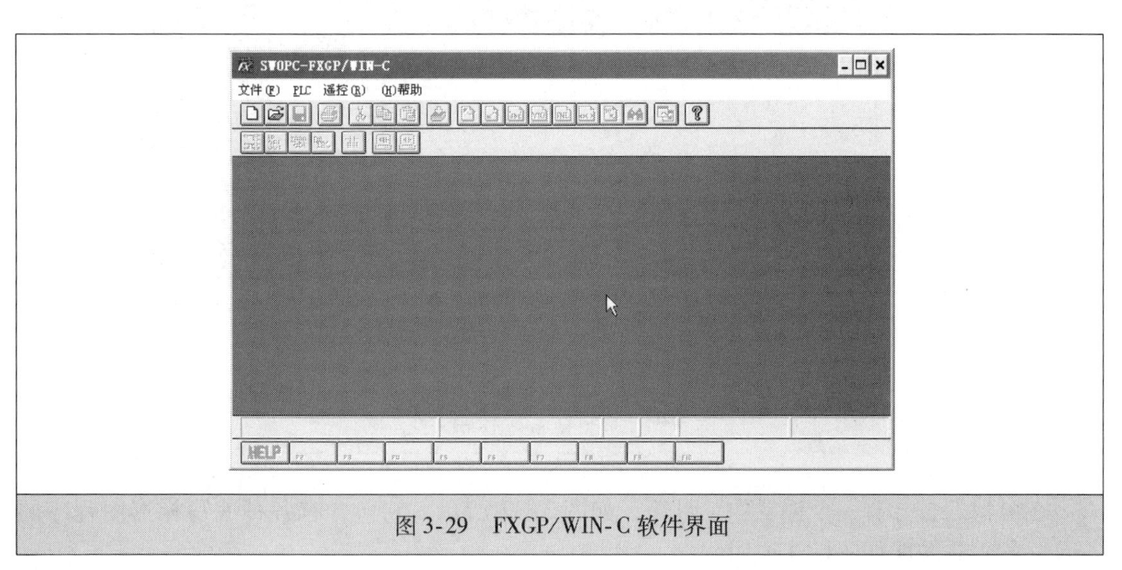

图 3-29　FXGP/WIN-C 软件界面

执行菜单命令“文件→新文件”，也可点击□按钮，弹出“PLC 类型设置”对话框，如图 3-30 所示，选择“FX2N/FX2NC”类型，单击“确认”按钮，即新建一个程序文件，如图 3-31 所示，它提供了“指令表”和“梯形图”两种编程方式，若要编写梯形图程序，可单击“梯形图”编辑窗口右上方的“最大化”按钮，可将该窗口最大化。

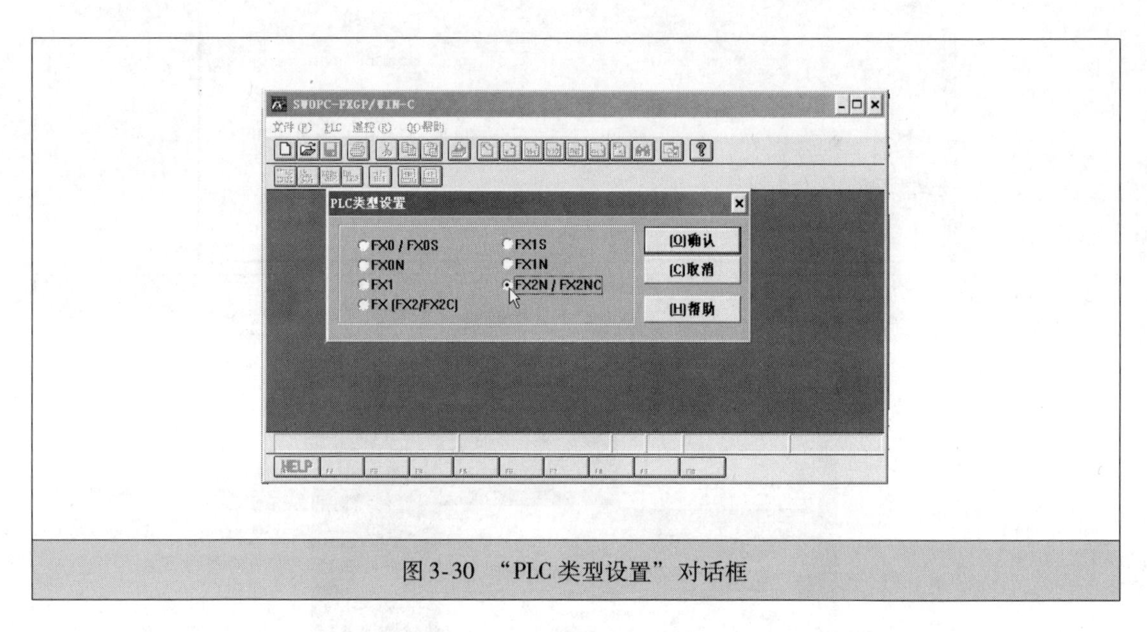

图 3-30 “PLC 类型设置”对话框

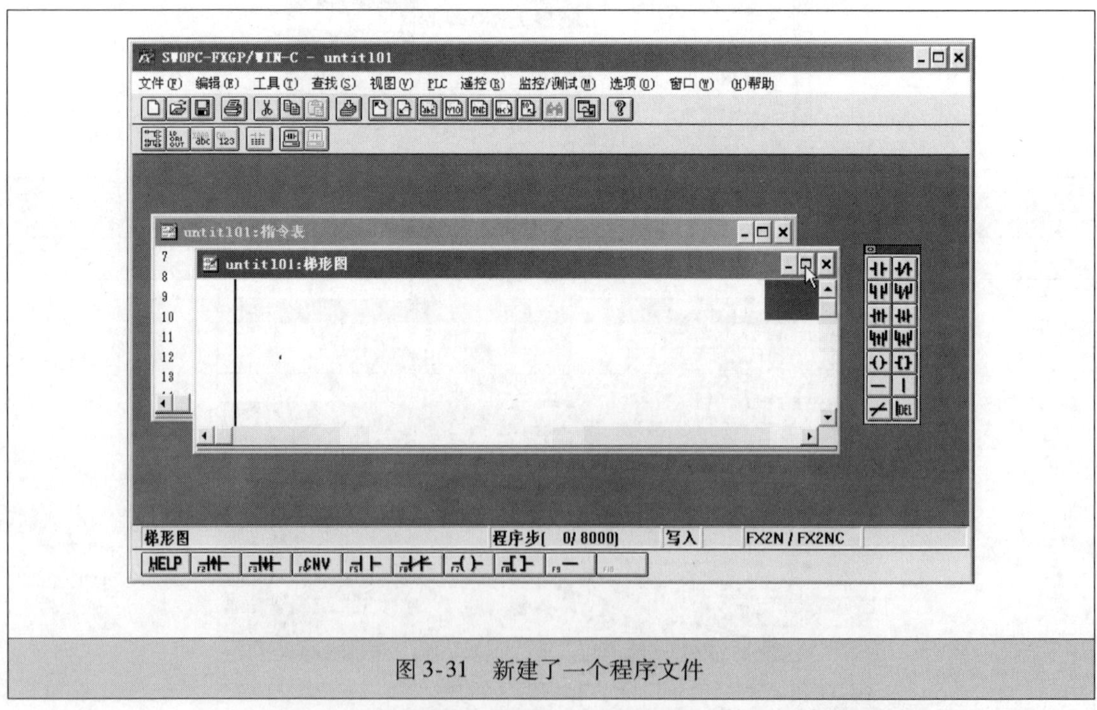

图 3-31 新建了一个程序文件

在窗口的右方有一个浮置的工具箱，如图 3-32 所示，它包含有各种编写梯形图程序的工具，各工具功能如图标注说明。

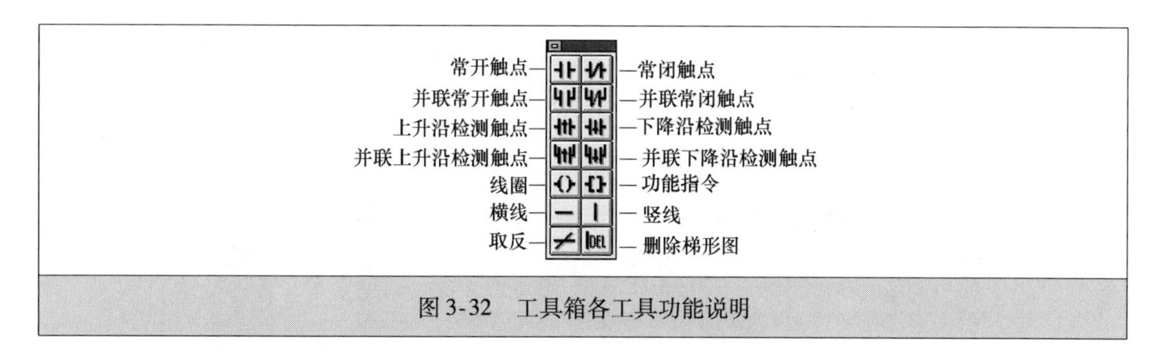

图 3-32　工具箱各工具功能说明

2. 程序的编写过程

编写程序过程如下：

1）单击浮置的工具箱上的![]工具，弹出“输入元件”对话框，如图 3-33 所示，在该框中输入“X000”，确认后，在程序编写区出现 X000 常开触点，高亮光标自动后移。

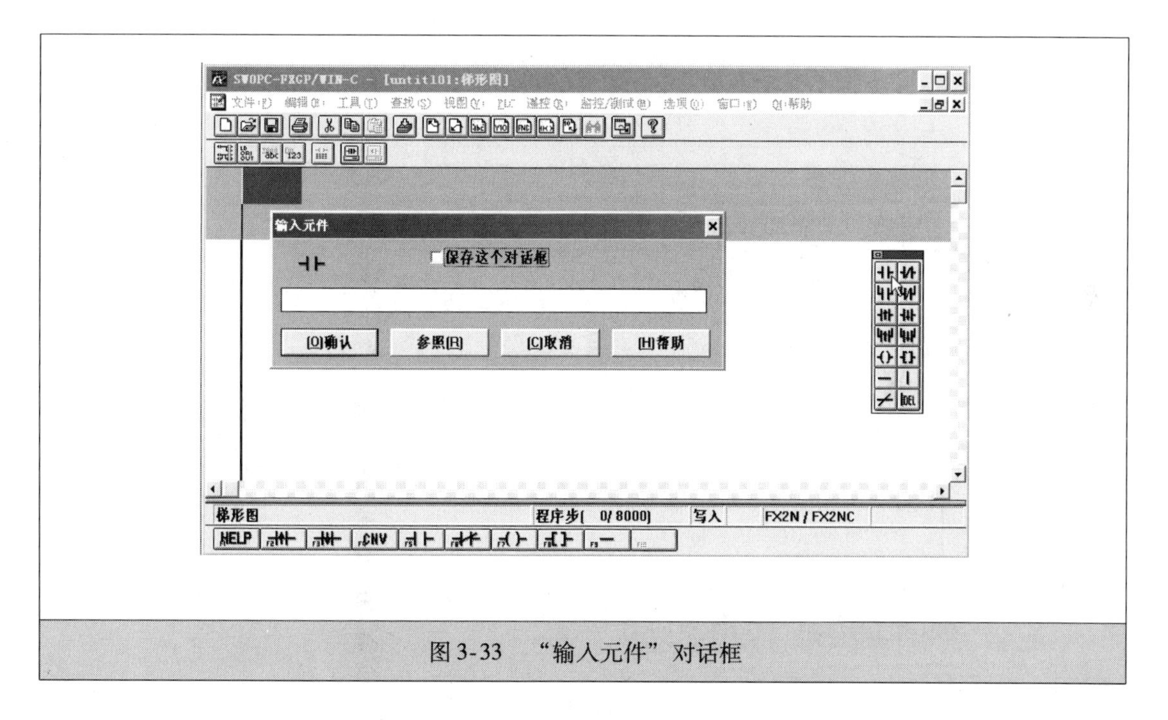

图 3-33　“输入元件”对话框

2）单击工具箱上的![]工具，弹出“输入元件”对话框，如图 3-34 所示，在该框中输入“T2 K200”，确认后，在程序编写区出现定时器线圈，线圈内的“T2 K200”表示 T2 线圈是一个延时动作线圈，延迟时间为 0.1s×200＝20s。

3）再依次使用工具箱上的![]工具输入“X001”，用![]工具输入“RST T2”，用![]工具输入“T2”，用![]工具输入“Y000”。

编写完成的梯形图程序如图 3-35 所示。

若需要对程序内容进行编辑时，可用鼠标选中要操作的对象，再执行“编辑”菜单下的各种命令，就可以对程序进行复制、粘贴、删除、插入等操作。

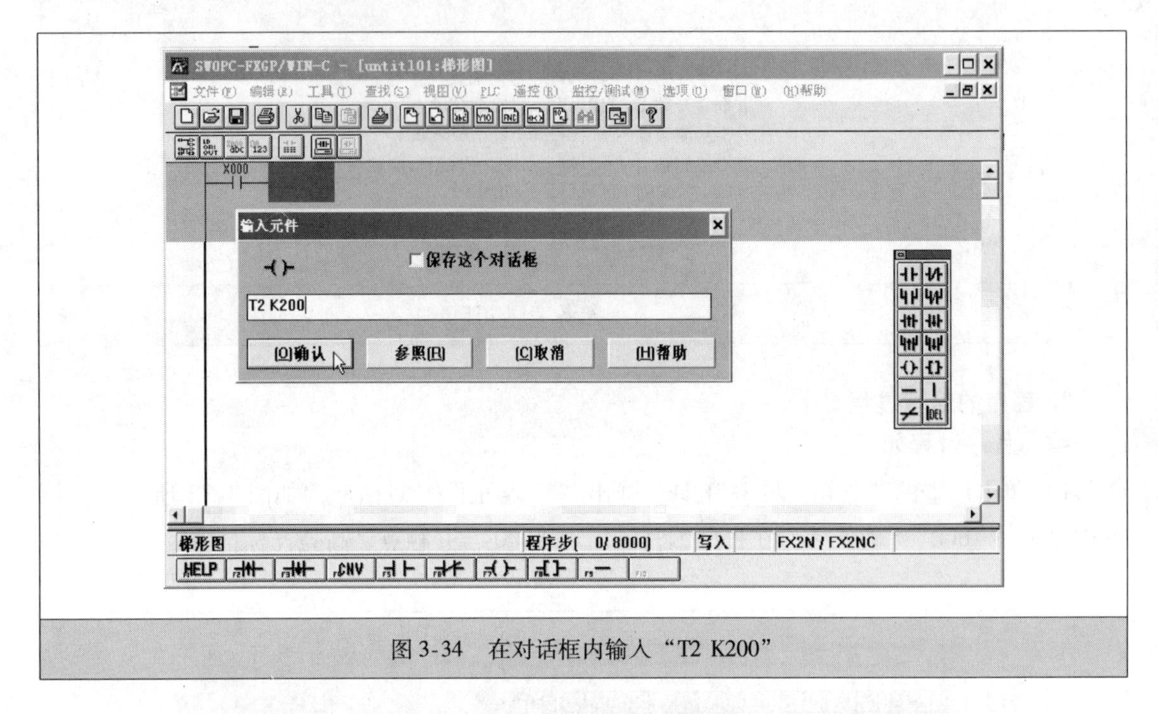

图3-34　在对话框内输入“T2 K200”

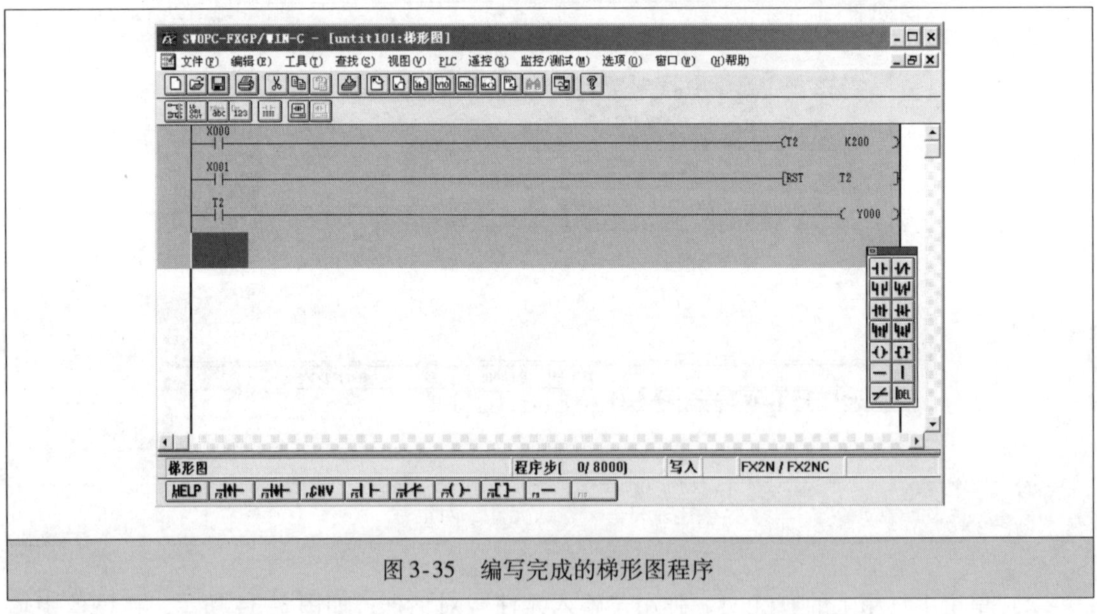

图3-35　编写完成的梯形图程序

3.4.3　程序的转换与写入PLC

梯形图程序编写完成后，需要先转换成指令表程序，然后将计算机与PLC连接好，再将程序传送到PLC中。

1. 程序的转换

单击工具栏中的按钮，也可执行菜单命令“工具→转换”，软件自动将梯形图程序转换成指令表程序。执行菜单命令“视图→指令表”，程序编程区就切换到指令表形式，如图

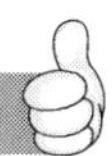

3-36 所示。

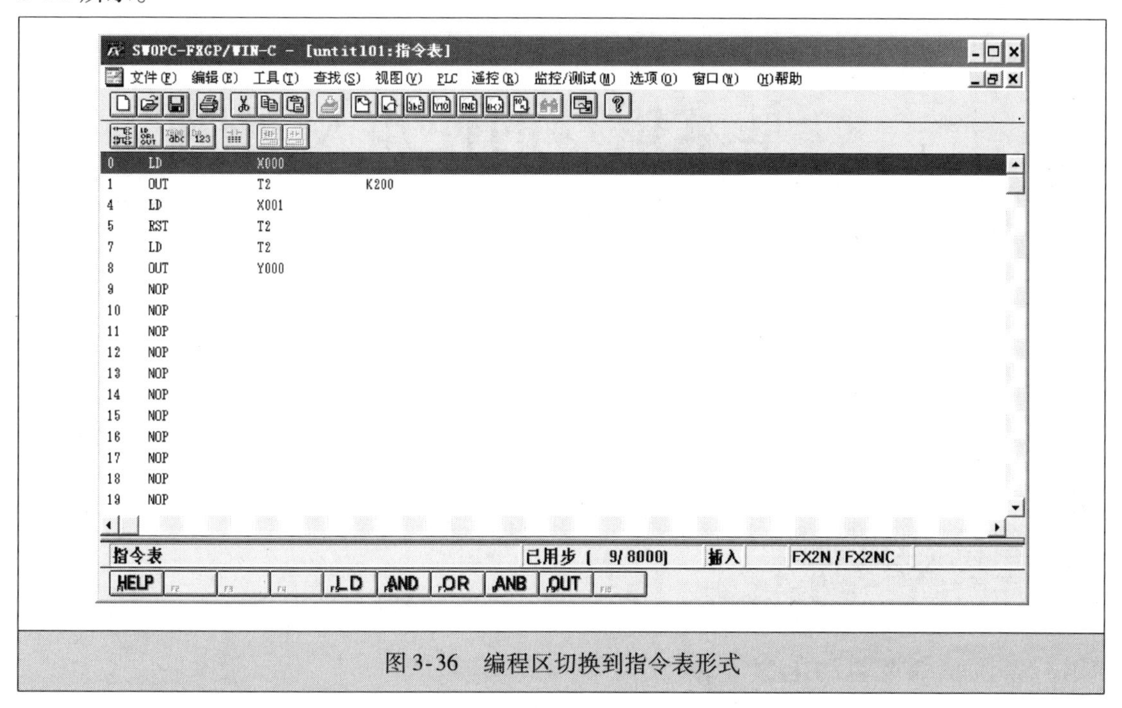

图 3-36　编程区切换到指令表形式

2. 将程序传送 PLC

要将编写好的程序传送到 PLC 中，先将计算机与 PLC 连接好，再执行菜单命令“PLC→传送→写出”，出现“PC 程序写入”对话框，如图 3-37 所示，选择“所有范围”，确认后，编写的程序就会全部送入 PLC。

如果要修改 PLC 中的程序，可执行菜单命令“PLC→传送→读入”，PLC 中的程序就会读入计算机编程软件中，然后就可以对程序进行修改。

图 3-37　“PC 程序写入”对话框

第4章 基本指令的使用及实例

基本指令是PLC最常用的指令，也是PLC编程时必须掌握的指令。三菱FX系列PLC的一、二代机（FX1S/FX1N/FX1NC/FX2N/FX2NC）有27条基本指令，三代机（FX3U/FX3UC/FX3G）有29条基本指令（增加了MEP、MEF指令）。

4.1 基本指令说明

4.1.1 逻辑取及驱动指令

1. 指令名称及说明

逻辑取及驱动指令名称及功能如下：

指令名称（助记符）	功　　能	对象软元件
LD	取指令，其功能是将常开触点与左母线连接	X、Y、M、S、T、C、D□. b
LDI	取反指令，其功能是将常闭触点与左母线连接	X、Y、M、S、T、C、D□. b
OUT	线圈驱动指令，其功能是将输出继电器、辅助继电器、定时器或计数器线圈与右母线连接	Y、M、S、T、C、D□. b

2. 使用举例

LD、LDI、OUT使用如图4-1所示，其中图a为梯形图，图b为对应的指令表语句。

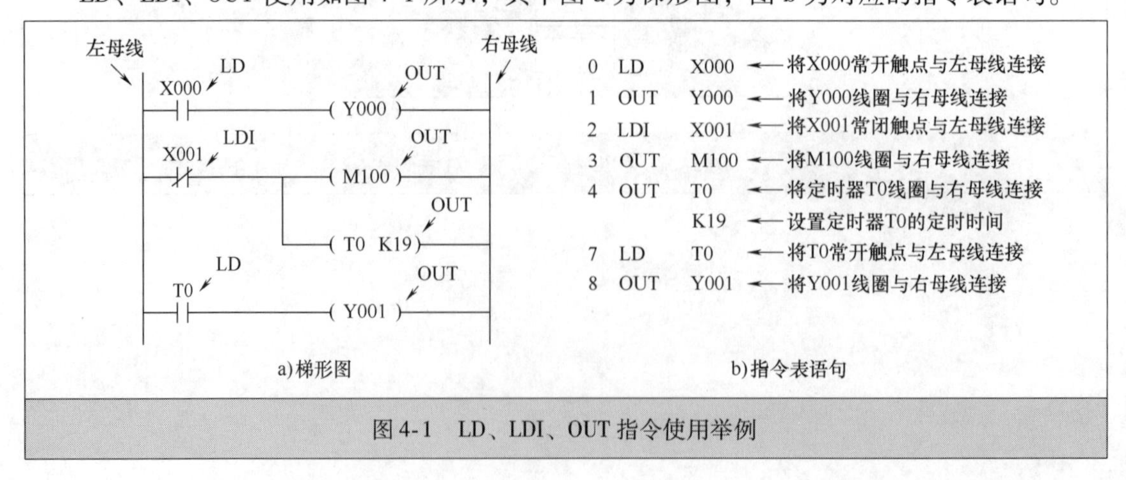

图4-1　LD、LDI、OUT指令使用举例

4.1.2　触点串联指令

1. 指令名称及说明

触点串联指令名称及功能如下：

指令名称（助记符）	功　　能	对象软元件
AND	常开触点串联指令（又称与指令），其功能是将常开触点与上一个触点串联（注：该指令不能让常开触点与左母线串接）	X、Y、M、S、T、C、D□.b
ANI	常闭触点串联指令（又称与非指令），其功能是将常闭触点与上一个触点串联（注：该指令不能让常闭触点与左母线串接）	X、Y、M、S、T、C、D□.b

2. 使用举例

AND、ANI 说明如图 4-2 所示。

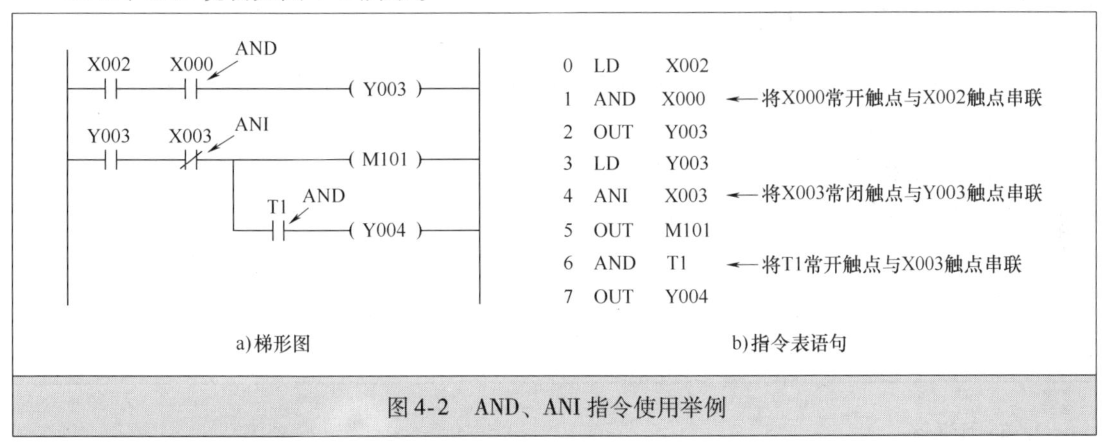

图 4-2　AND、ANI 指令使用举例

4.1.3　触点并联指令

1. 指令名称及说明

触点并联指令名称及功能如下：

指令名称（助记符）	功　　能	对象软元件
OR	常开触点并联指令（又称或指令），其功能是将常开触点与上一个触点并联	X、Y、M、S、T、C、D□.b
ORI	常闭触点并联指令（又称或非指令），其功能是将常闭触点与上一个触点并联	X、Y、M、S、T、C、D□.b

2. 使用举例

OR、ORI 说明如图 4-3 所示。

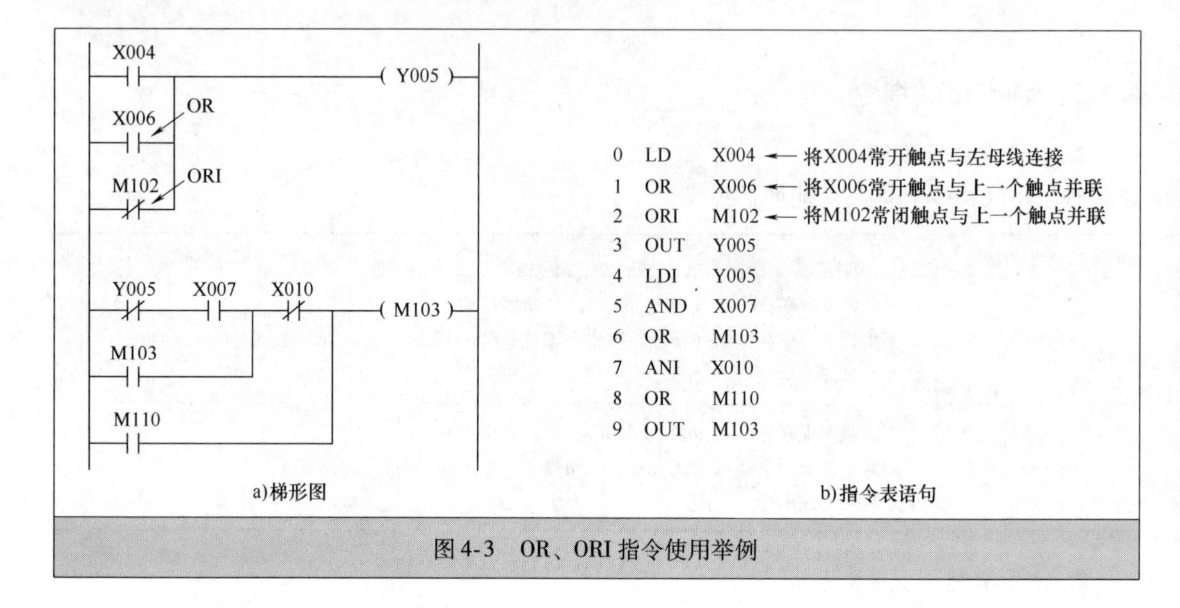

图4-3 OR、ORI指令使用举例

4.1.4 串联电路块的并联指令

两个或两个以上触点串联组成的电路称为串联电路块。将多个串联电路块并联起来时要用到ORB指令。

1. 指令名称及说明

电路块并联指令名称及功能如下：

指令名称（助记符）	功能	对象软元件
ORB	串联电路块的并联指令，其功能是将多个串联电路块并联起来	无

2. 使用举例

ORB使用如图4-4所示。

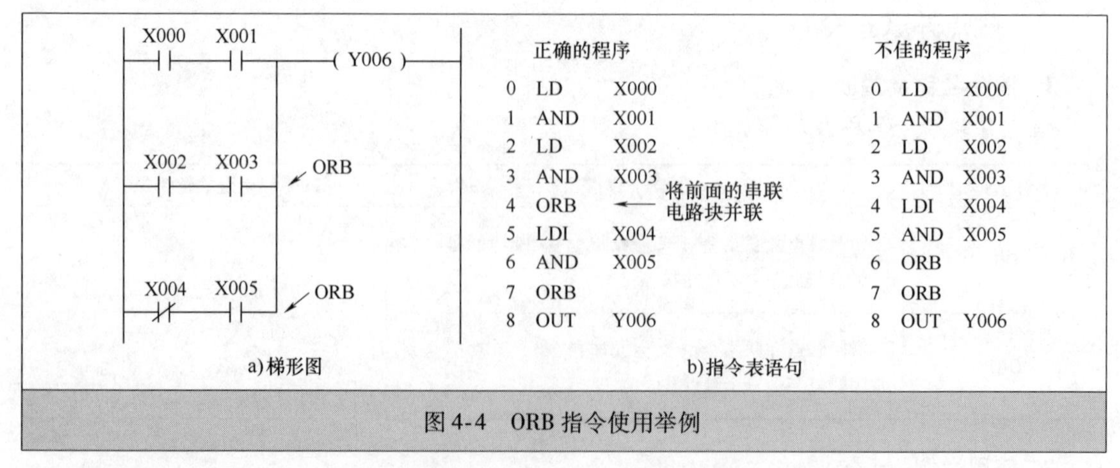

图4-4 ORB指令使用举例

ORB指令使用时要注意以下几个要点：

1）每个电路块开始要用 LD 或 LDI 指令，结束用 ORB 指令。

2）ORB 是不带操作数的指令。

3）电路中有多少个电路块就可以使用多少次 ORB 指令，ORB 指令使用次数不受限制。

4）ORB 指令可以成批使用，但由于 LD、LDI 重复使用次数不能超过 8 次，编程时要注意这一点。

4.1.5　并联电路块的串联指令

两个或两个以上触点并联组成的电路称为并联电路块。将多个并联电路块串联起来时要用到 ANB 指令。

1. 指令名称及说明

并联电路块串联指令名称及功能如下：

指令名称（助记符）	功　　能	对象软元件
ANB	并联电路块的串联指令，其功能是将多个并联电路块串联起来	无

2. 使用举例

ANB 使用如图 4-5 所示。

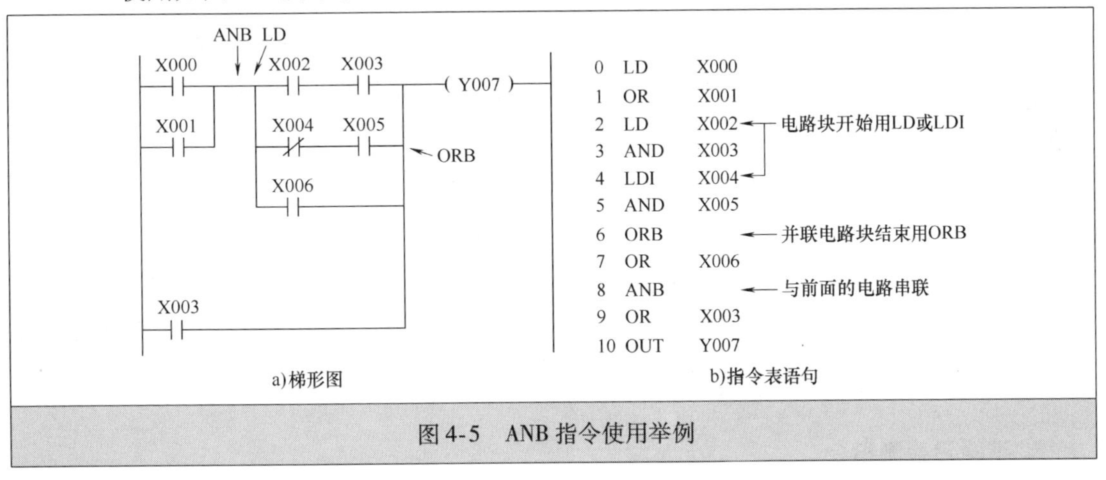

图 4-5　ANB 指令使用举例

4.1.6　边沿检测指令

边沿检测指令的功能是在上升沿或下降沿时接通一个扫描周期。它分为上升沿检测指令（LDP、ANDP、ORP）和下降沿检测指令（LDF、ANDF、ORF）。

1. 上升沿检测指令

LDP、ANDP、ORP 为上升沿检测指令，当有关元件进行 OFF→ON 变化时（上升沿），这些指令可以为目标元件接通一个扫描周期时间，目标元件可以是输入继电器 X、输出继电器 Y、辅助继电器 M、状态继电器 S、定时器 T 和计数器。

（1）指令名称及说明

上升沿检测指令名称及功能如下：

指令名称（助记符）	功　　能	对象软元件
LDP	上升沿取指令，其功能是将上升沿检测触点与左母线连接	X、Y、M、S、T、C、D□. b
ANDP	上升沿触点串联指令，其功能是将上升沿检测触点与上一个元件串联	X、Y、M、S、T、C、D□. b
ORP	上升沿触点并联指令，其功能是将上升沿检测触点与上一个元件并联	X、Y、M、S、T、C、D□. b

（2）使用举例

LDP、ANDP、ORP 指令使用如图 4-6 所示。

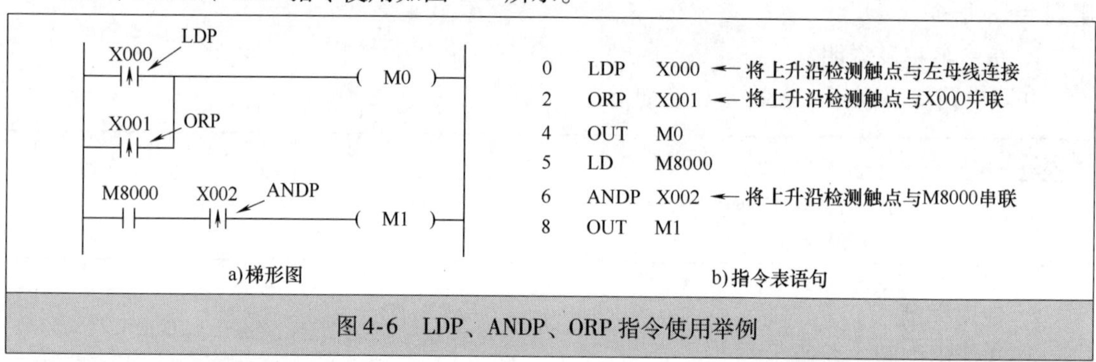

图 4-6　LDP、ANDP、ORP 指令使用举例

上升沿检测指令在上升沿到来时可以为目标元件接通一个扫描周期时间，如图 4-7 所示，当触点 X010 的状态由 OFF 转为 ON，触点接通一个扫描周期，即继电器线圈 M6 会通电一个扫描周期时间，然后 M6 失电，直到下一次 X010 由 OFF 变为 ON。

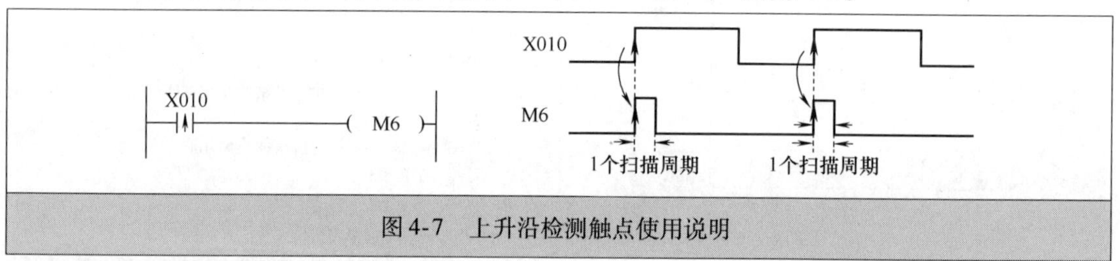

图 4-7　上升沿检测触点使用说明

2. 下降沿检测指令

LDF、ANDF、ORF 为下降沿检测指令，当有关元件进行 ON→OFF 变化时（下降沿），这些指令可以为目标元件接通一个扫描周期时间。

（1）指令名称及说明

下降沿检测指令名称及功能如下：

指令名称（助记符）	功　　能	对象软元件
LDF	下降沿取指令，其功能是将下降沿检测触点与左母线连接	X、Y、M、S、T、C、D□. b
ANDF	下降沿触点串联指令，其功能是将下降沿触点与上一个元件串联	X、Y、M、S、T、C、D□. b
ORF	下降沿触点并联指令，其功能是将下降沿触点与上一个元件并联	X、Y、M、S、T、C、D□. b

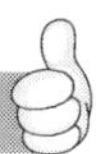

（2）使用举例

LDF、ANDF、ORF 指令使用如图 4-8 所示。

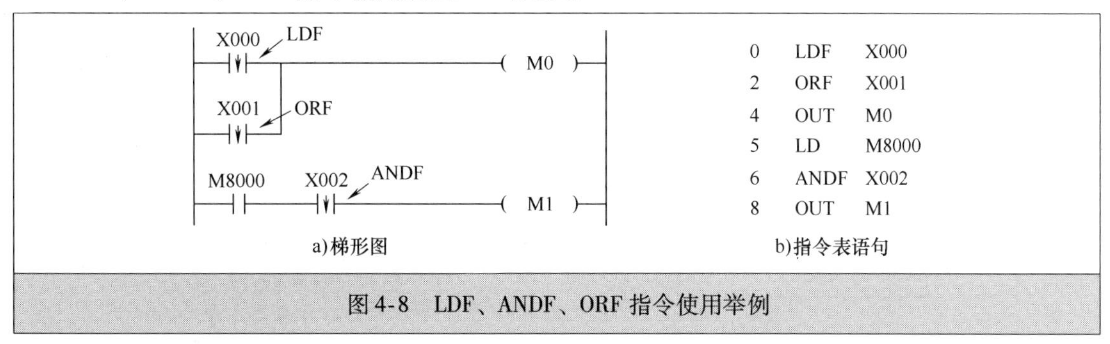

图 4-8　LDF、ANDF、ORF 指令使用举例

4.1.7　多重输出指令

三菱 FX2N 系列 PLC 有 11 个存储单元用来存储运算中间结果，它们组成栈存储器，用来存储触点运算结果。**栈存储器就像 11 个由下往上堆起来的箱子，自上往下依次为第 1、2、…、11 单元，**栈存储器的结构如图 4-9 所示。**多重输出指令的功能是对栈存储器中的数据进行操作。**

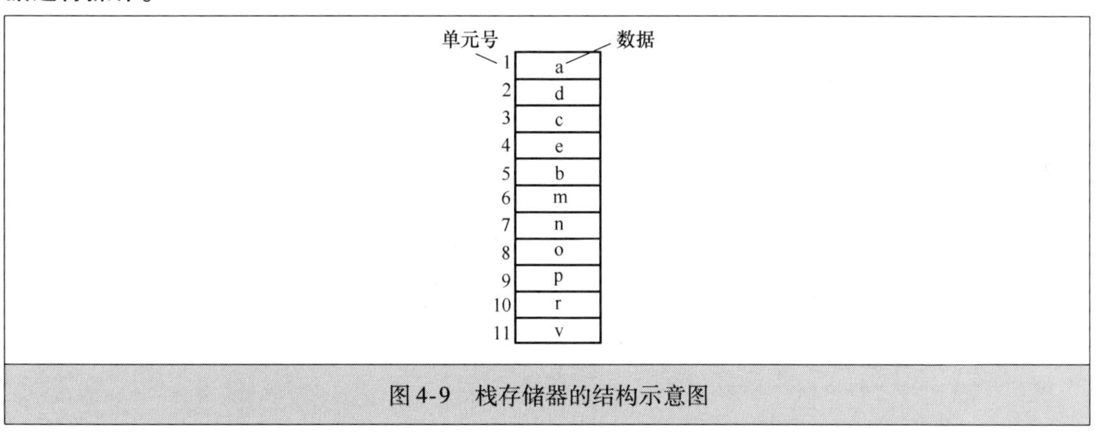

图 4-9　栈存储器的结构示意图

1. 指令名称及说明

多重输出指令名称及功能如下：

指令名称（助记符）	功　　能	对象软元件
MPS	进栈指令，其功能是将触点运算结果（1 或 0）存入栈存储器第 1 单元，存储器每个单元的数据都依次下移，即原第 1 单元数据移入第 2 单元，原第 10 单元数据移入第 11 单元	无
MRD	读栈指令，其功能是将栈存储器第 1 单元数据读出，存储器中每个单元的数据都不会变化	无
MPP	出栈指令，其功能是将栈存储器第 1 单元数据取出，存储器中每个单元的数据都依次上推，即原第 2 单元数据移入第 1 单元。 MPS 指令用于将栈存储器的数据都下压，而 MPP 指令用于将栈存储器的数据均上推。MPP 在多重输出最后一个分支使用，以便恢复栈存储器	无

2. 使用举例

MPS、MRD、MPP 指令使用如图 4-10 ~ 图 4-12 所示。

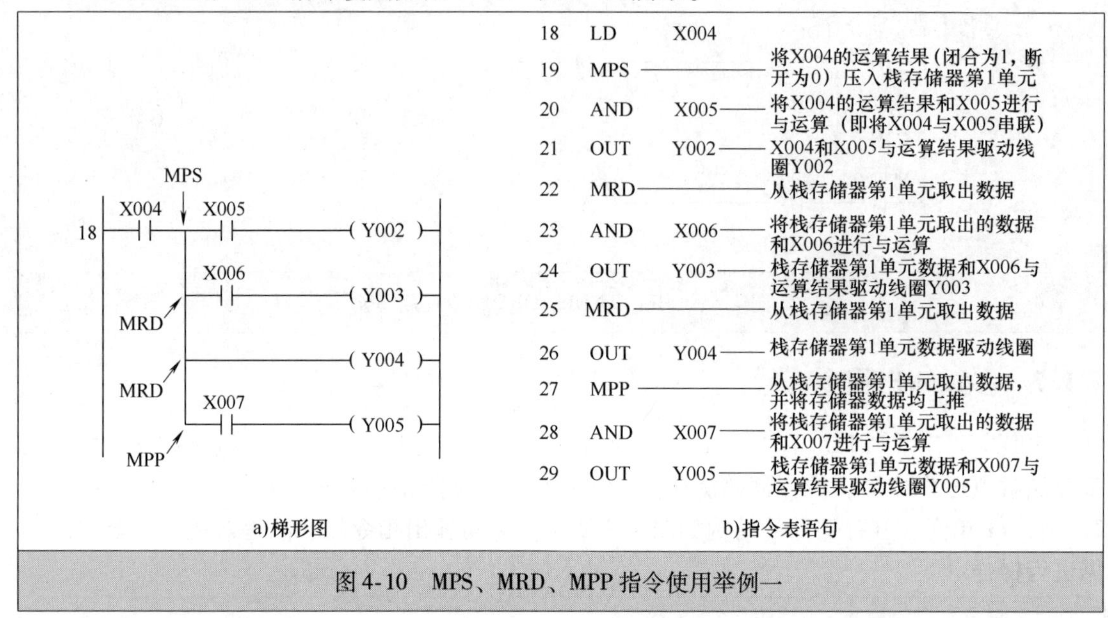

图 4-10 MPS、MRD、MPP 指令使用举例一

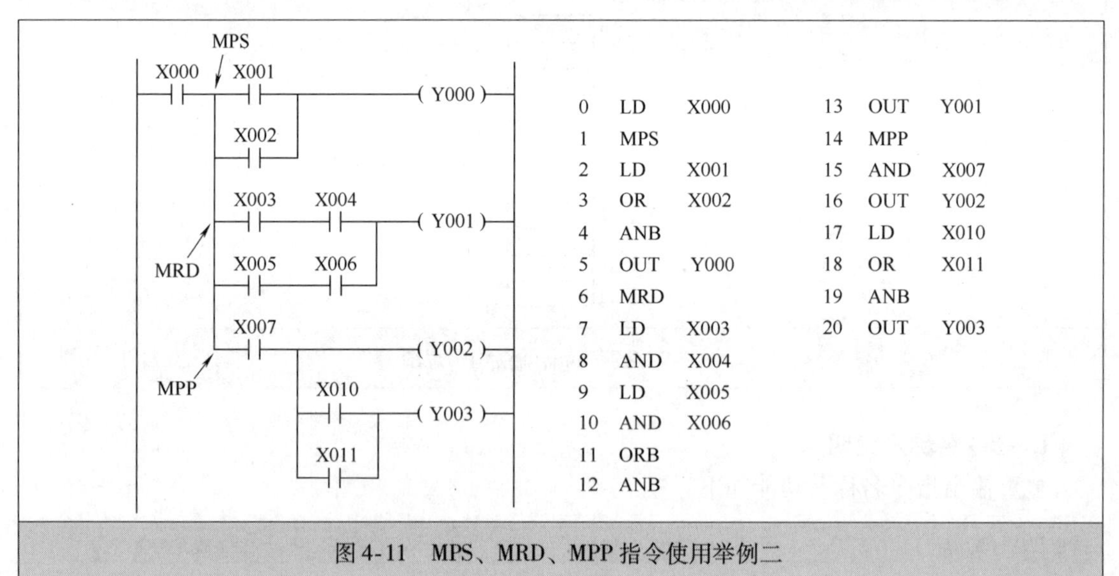

图 4-11 MPS、MRD、MPP 指令使用举例二

多重输出指令使用要点说明如下：

1）MPS 和 MPP 指令必须成对使用，缺一不可，MRD 指令有时根据情况可不用。

2）若 MPS、MRD、MPP 指令后有单个常开或常闭触点串联，要使用 AND 或 ANI 指令，如图 4-10 指令表语句中的第 23、28 步。

3）若电路中有电路块串联或并联，要使用 ANB 或 ORB 指令，如图 4-11 指令语句表中的第 4、11、12、19 步。

4）MPS、MPP 连续使用次数最多不能超过 11 次，这是因为栈存储器只有 11 个存储单元，在图 4-12 中，MPS、MPP 连续使用 4 次。

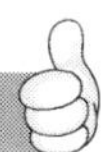

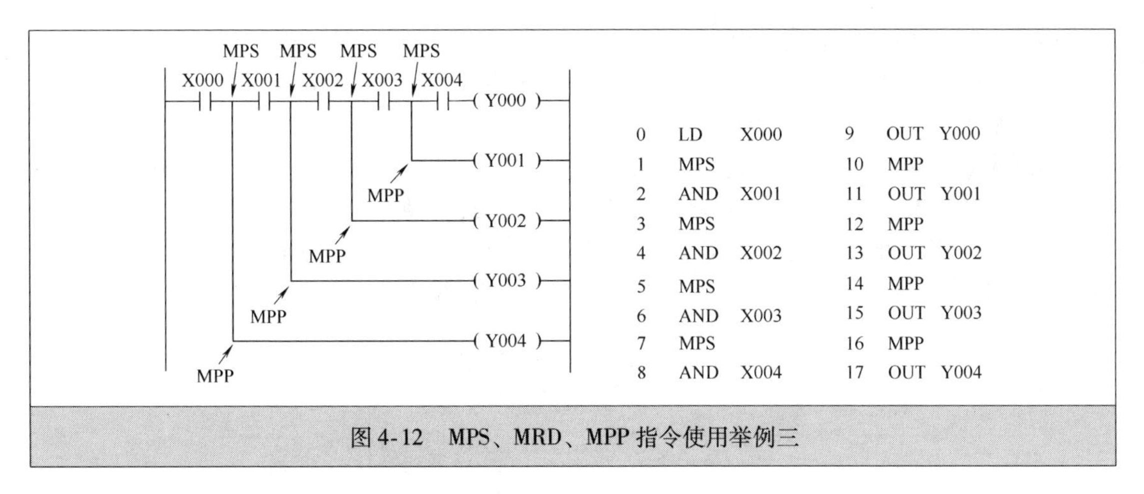

图 4-12　MPS、MRD、MPP 指令使用举例三

5）若 MPS、MRD、MPP 指令后无触点串联，直接驱动线圈，要使用 OUT 指令，如图 4-10指令语句表中的第 26 步。

4.1.8　主控和主控复位指令

1. 指令名称及说明

主控和主控复位指令名称及功能如下：

指令名称（助记符）	功　能	对象软元件
MC	主控指令，其功能是启动一个主控电路块工作	Y、M
MCR	主控复位指令，其功能是结束一个主控电路块的运行	无

2. 使用举例

MC、MCR 指令使用如图 4-13 所示。如果 X001 常开触点处于断开，MC 指令不执行，MC 到 MCR 之间的程序不会执行，即 0 梯级程序执行后会执行 12 梯级程序，如果 X001 触点闭合，MC 指令执行，MC 到 MCR 之间的程序会从上往下执行。

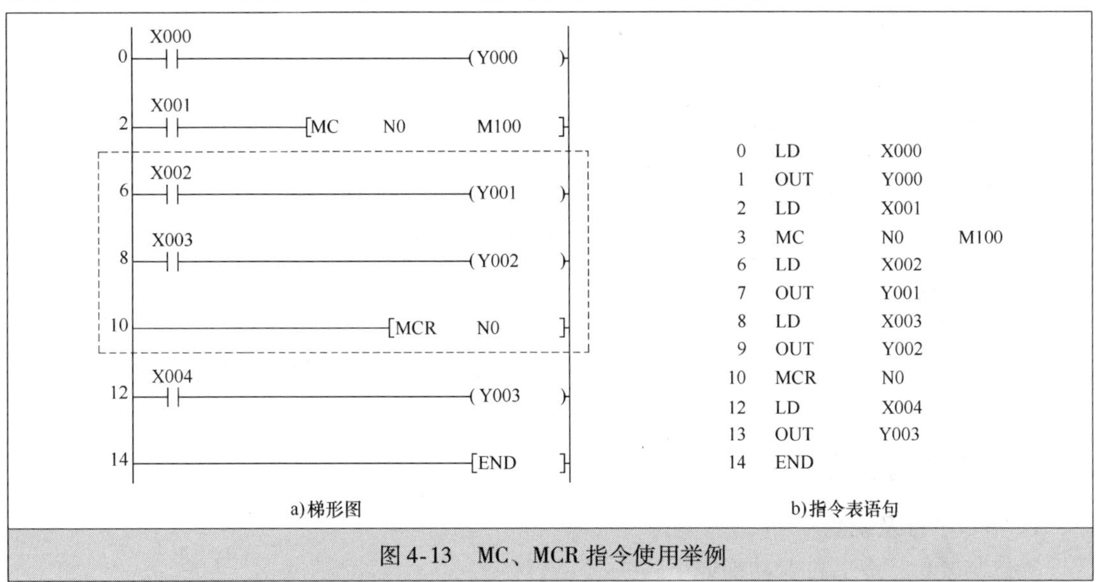

图 4-13　MC、MCR 指令使用举例

MC、MCR 指令可以嵌套使用，如图 4-14 所示，当 X001 触点闭合、X003 触点断开时，X001 触点闭合使“MC N0 M100”指令执行，N0 级电路块被启动，由于 X003 触点断开使嵌在 N0 级内的“MC N1 M101”指令无法执行，故 N1 级电路块不会执行。

如果 MC 主控指令嵌套使用，其嵌套层数允许最多 8 层（N0 ~ N7），通常按顺序从小到大使用，MC 指令的操作元件通常为输出继电器 Y 或辅助继电器 M，但不能是特殊继电器。MCR 主控复位指令的使用次数（N0 ~ N7）必须与 MC 的次数相同，在按由小到大顺序多次使用 MC 指令时，必须按由大到小相反的次数使用 MCR 返回。

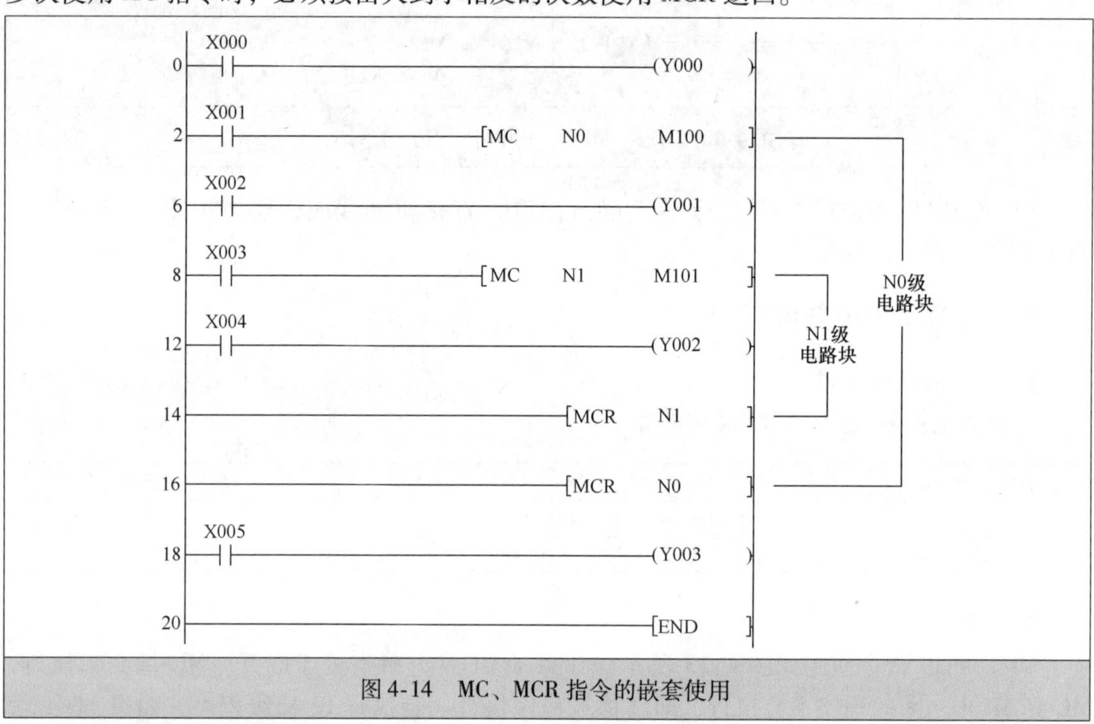

图 4-14　MC、MCR 指令的嵌套使用

4.1.9　取反指令

1. 指令名称及说明

取反指令名称及功能如下：

指令名称（助记符）	功　能	对象软元件
INV	取反指令，其功能是将该指令前的运算结果取反	无

2. 使用举例

INV 指令使用如图 4-15 所示。在绘制梯形图时，取反指令用斜线表示，如图 4-15 所示，当 X000 断开时，相当于 X000 = OFF，取反变为 ON（相当于 X000 闭合），继电器线圈 Y000 得电。

4.1.10　置位与复位指令

1. 指令名称及说明

置位与复位指令名称及功能如下：

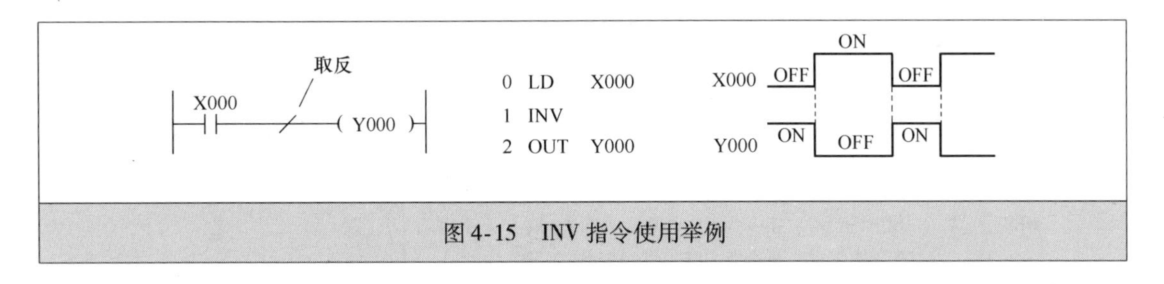

图 4-15　INV 指令使用举例

指令名称（助记符）	功　　能	对象软元件
SET	置位指令，其功能是对操作元件进行置位，使其动作保持	Y、M、S、D□. b
RST	复位指令，其功能是对操作元件进行复位，取消动作保持	Y、M、S、T、C、D、R、V、Z、D□. b

2. 使用举例

SET、RST 指令的使用如图 4-16 所示。

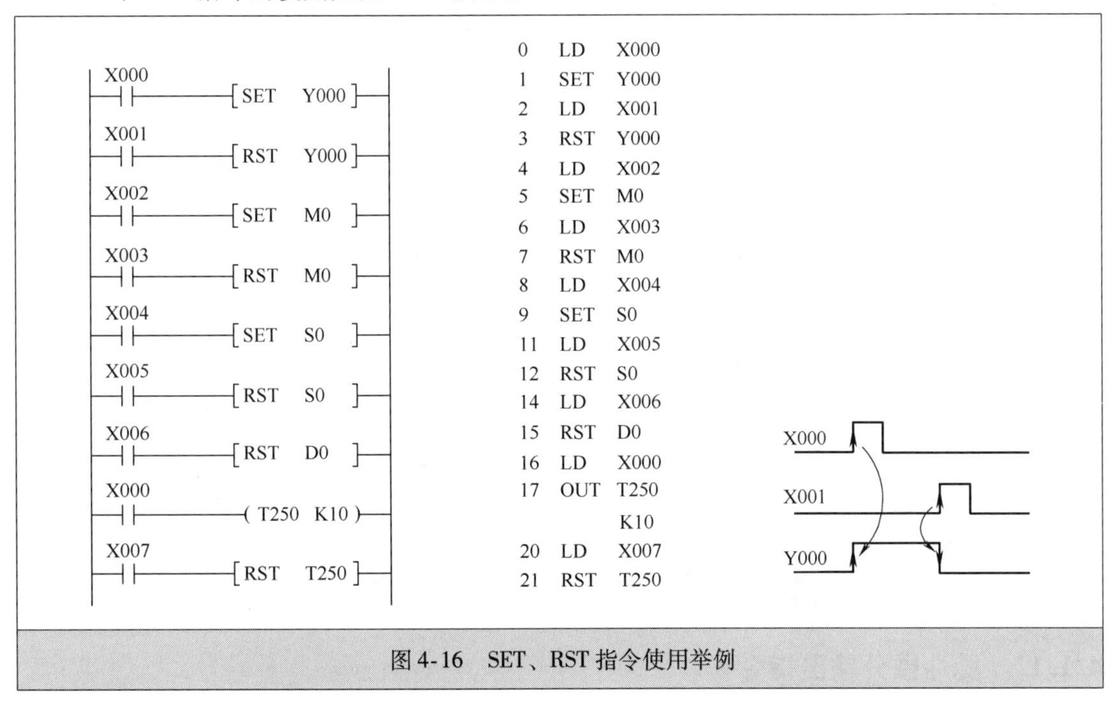

图 4-16　SET、RST 指令使用举例

在图 4-16 中，当常开触点 X000 闭合后，Y000 线圈被置位，开始动作，X000 断开后，Y000 线圈仍维持动作（通电）状态，当常开触点 X001 闭合后，Y000 线圈被复位，动作取消，X001 断开后，Y000 线圈维持动作取消（失电）状态。

对于同一元件，SET、RST 指令可反复使用，顺序也可随意，但最后执行者有效。

4.1.11　结果边沿检测指令

MEP、MEF 指令是三菱 FX PLC 三代机（FX3U/FX3UC/FX3G）增加的指令。

1. 指令名称及说明

结果边沿检测指令名称及功能如下：

指令名称（助记符）	功　能	对象软元件
MEP	结果上升沿检测指令，当该指令之前的运算结果出现上升沿时，指令为ON（导通状态），前方运算结果无上升沿时，指令为OFF（非导通状态）	无
MEF	结果下降沿检测指令，当该指令之前的运算结果出现下降沿时，指令为ON（导通状成），前方运算结果无下降沿时，指令为OFF（非导通状态）	无

2. 使用举例

MEP指令使用如图4-17所示。当X000触点处于闭合、X001触点由断开转为闭合时，MEP指令前方送来一个上升沿，指令导通，“SET M0”执行，将辅助继电器M0置1。

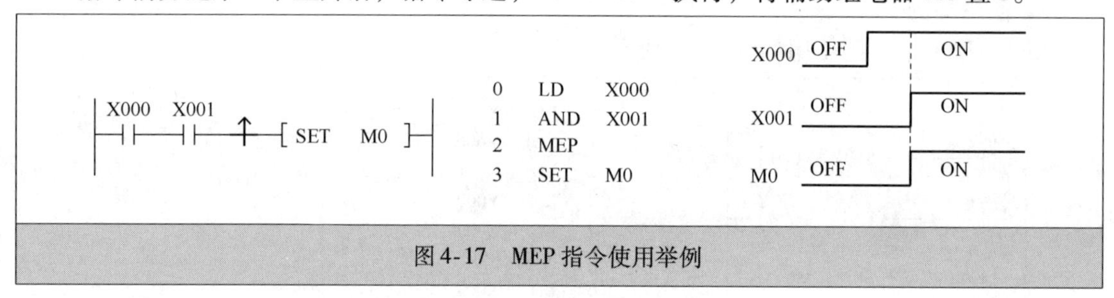

图4-17　MEP指令使用举例

MEF指令使用如图4-18所示。当X001触点处于闭合、X000触点由闭合转为断开时，MEF指令前方送来一个下降沿，指令导通，“SET M0”执行，将辅助继电器M0置1。

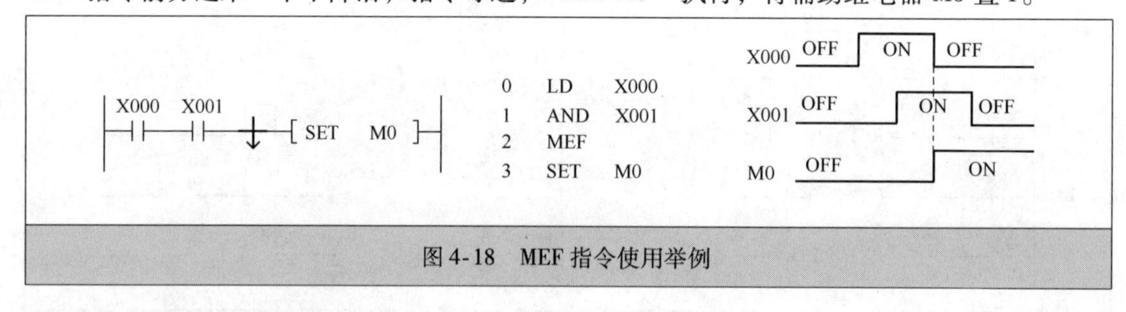

图4-18　MEF指令使用举例

4.1.12　脉冲微分输出指令

1. 指令名称及说明

脉冲微分输出指令名称及功能如下：

指令名称（助记符）	功　能	对象软元件
PLS	上升沿脉冲微分输出指令，其功能是当检测到输入脉冲上升沿来时，使操作元件得电一个扫描周期	Y、M
PLF	下降沿脉冲微分输出指令，其功能是当检测到输入脉冲下降沿来时，使操作元件得电一个扫描周期	Y、M

2. 使用举例

PLS、PLF 指令使用如图 4-19 所示。

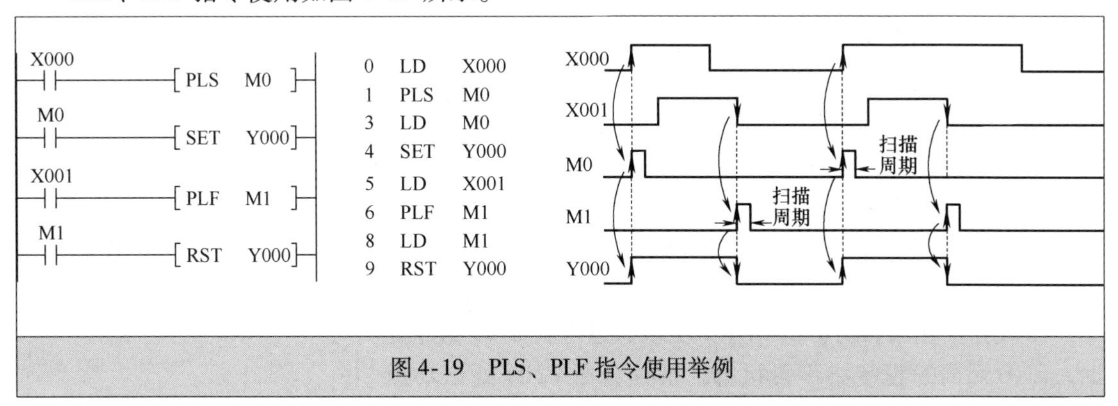

图 4-19 PLS、PLF 指令使用举例

在图 4-19 中，当常开触点 X000 闭合时，一个上升沿脉冲加到［PLS M0］，指令执行，M0 线圈得电一个扫描周期，M0 常开触点闭合，［SET Y000］指令执行，将 Y000 线圈置位（即让 Y000 线圈得电）；当常开触点 X001 由闭合转为断开时，一个脉冲下降沿加给［PLF M1］，指令执行，M1 线圈得电一个扫描周期，M1 常开触点闭合，［RST Y000］指令执行，将 Y000 线圈复位（即让 Y000 线圈失电）。

4.1.13 空操作指令

1. 指令名称及说明

空操作指令名称及功能如下：

指令名称（助记符）	功 能	对象软元件
NOP	空操作指令，其功能是不执行任何操作	无

2. 使用举例

NOP 指令使用如图 4-20 所示。**当使用 NOP 指令取代其他指令时，其他指令会被删除，**在图 4-20 中使用 NOP 指令取代 AND 和 ANI 指令，梯形图相应的触点会被删除。如果在普通指令之间插入 NOP 指令，对程序运行结果没有影响。

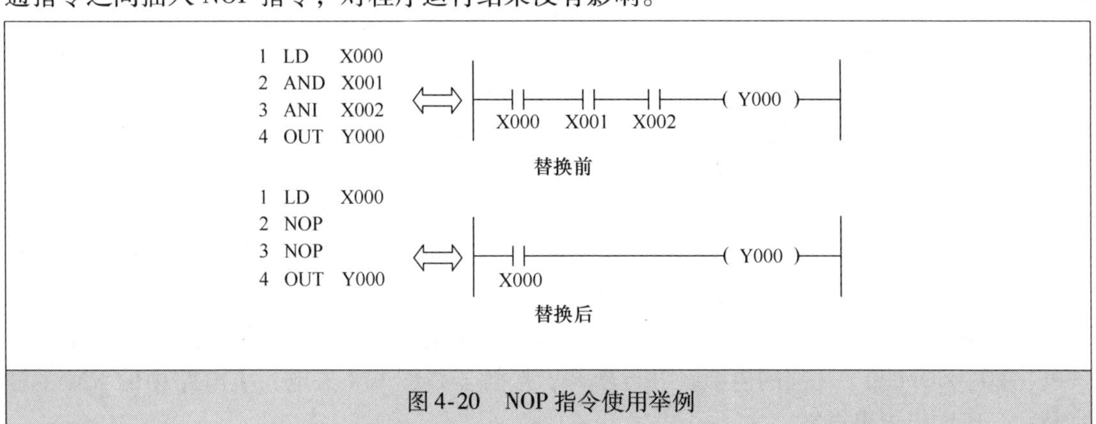

图 4-20 NOP 指令使用举例

4.1.14 程序结束指令

1. 指令名称及说明

程序结束指令名称及功能如下：

指令名称（助记符）	功　能	对象软元件
END	程序结束指令，当一个程序结束后，需要在结束位置用END指令	无

2. 使用举例

END指令使用如图4-21所示。**当系统运行到END指令处时，END后面的程序将不会执行，系统会由END处自动返回，开始下一个扫描周期，如果不在程序结束处使用END指令，系统会一直运行到最后的程序步，延长程序的执行周期。**

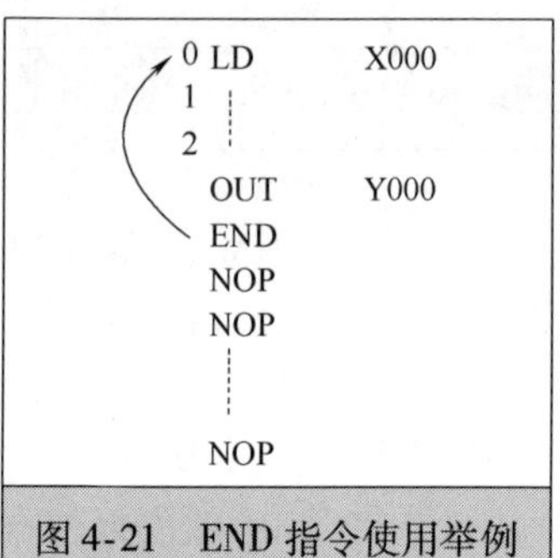

图4-21　END指令使用举例

另外，**使用END指令也方便调试程序**。当编写很长的程序时，如果调试时发现程序出错，为了发现程序出错位置，可以从前往后每隔一段程序插入一个END指令，再进行调试，系统执行到第一个END指令会返回，如果发现程序出错，表明出错位置应在第一个END指令之前，若第一段程序正常，可删除一个END指令，再用同样的方法调试后面的程序。

4.2　PLC基本控制电路与梯形图

4.2.1　起动、自锁和停止控制的PLC电路与梯形图

起动、自锁和停止控制是PLC最基本的控制功能。起动、自锁和停止控制可采用驱动指令（OUT），也可以采用置位指令（SET、RST）来实现。

1. 采用线圈驱动指令实现起动、自锁和停止控制

线圈驱动指令（OUT）的功能是将输出线圈与右母线连接，它是一种很常用的指令。用线圈驱动指令实现起动、自锁和停止控制的PLC电路和梯形图如图4-22所示。

电路与梯形图说明如下：

当按下起动按钮SB1时，PLC内部梯形图程序中的起动触点X000闭合，输出线圈Y000得电，输出端子Y0内部硬触点闭合，Y0端子与COM端子之间内部接通，接触器线圈KM得电，主电路中的KM主触点闭合，电动机得电起动。

输出线圈Y000得电后，除了会使Y000、COM端子之间的硬触点闭合外，还会使自锁触点Y000闭合，在起动触点X000断开后，依靠自锁触点闭合可使线圈Y000继续得电，电动机就会继续运转，从而实现自锁控制功能。

当按下停止按钮SB2时，PLC内部梯形图程序中的停止触点X001断开，输出线圈Y000失电，Y0、COM端子之间的内部硬触点断开，接触器线圈KM失电，主电路中的KM主触点断开，电动机失电停转。

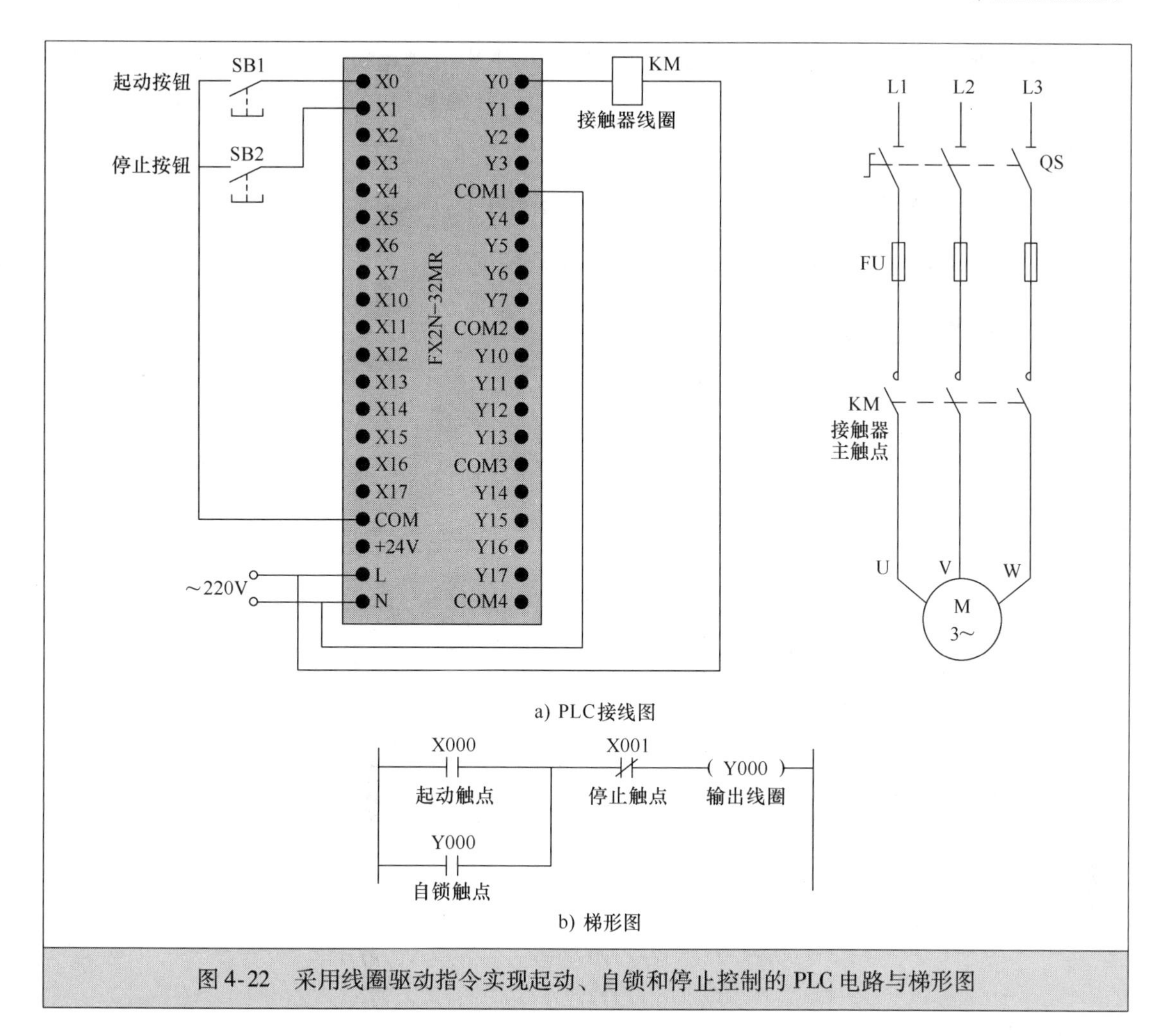

图4-22　采用线圈驱动指令实现起动、自锁和停止控制的PLC电路与梯形图

2. 采用置位复位指令实现起动、自锁和停止控制

采用置位复位指令SET、RST实现起动、自锁和停止控制的梯形图如图4-23所示，其PLC接线图与图4-22a所示电路是一样的。

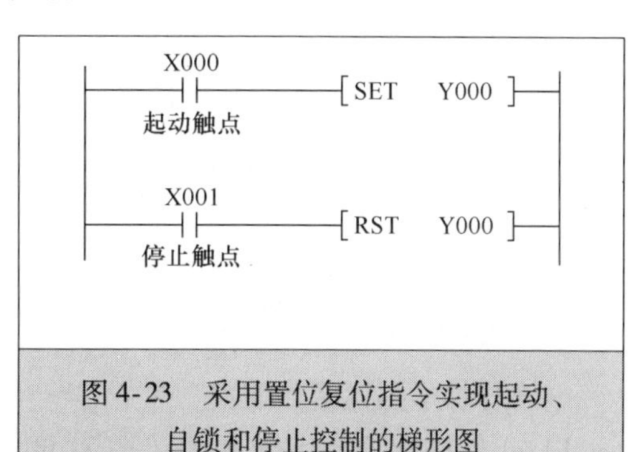

图4-23　采用置位复位指令实现起动、自锁和停止控制的梯形图

电路与梯形图说明如下：

当按下起动按钮SB1时，梯形图中的起动触点X000闭合，［SET Y000］指令执行，指令执行结果将输出继电器线圈Y000置1，相当于线圈Y000得电，使Y0、COM端子之间的内部硬触点接通，接触器线圈KM得电，主电路中的KM主触点闭合，电动机得电起动。

线圈Y000置位后，松开起动按钮SB1、起动触点X000断开，但线圈Y000仍保持“1”态，即仍维持得电状态，电动机就会继续运转，从而实现自锁控制功能。

当按下停止按钮SB2时，梯形图程序中的停止触点X001闭合，［RST　Y000］指令被执行，指令执行结果将输出线圈Y000复位，相当于线圈Y000失电，Y0、COM端子之间的内部触触点断开，接触器线圈 KM 失电，主电路中的 KM 主触点断开，电动机失电停转。

采用置位复位指令与线圈驱动都可以实现起动、自锁和停止控制，两者的 PLC 接线都相同，仅给 PLC 编写输入的梯形图程序不同。

4.2.2 正、反转联锁控制的 PLC 电路与梯形图

正、反转联锁控制的 PLC 电路与梯形图如图 4-24 所示。

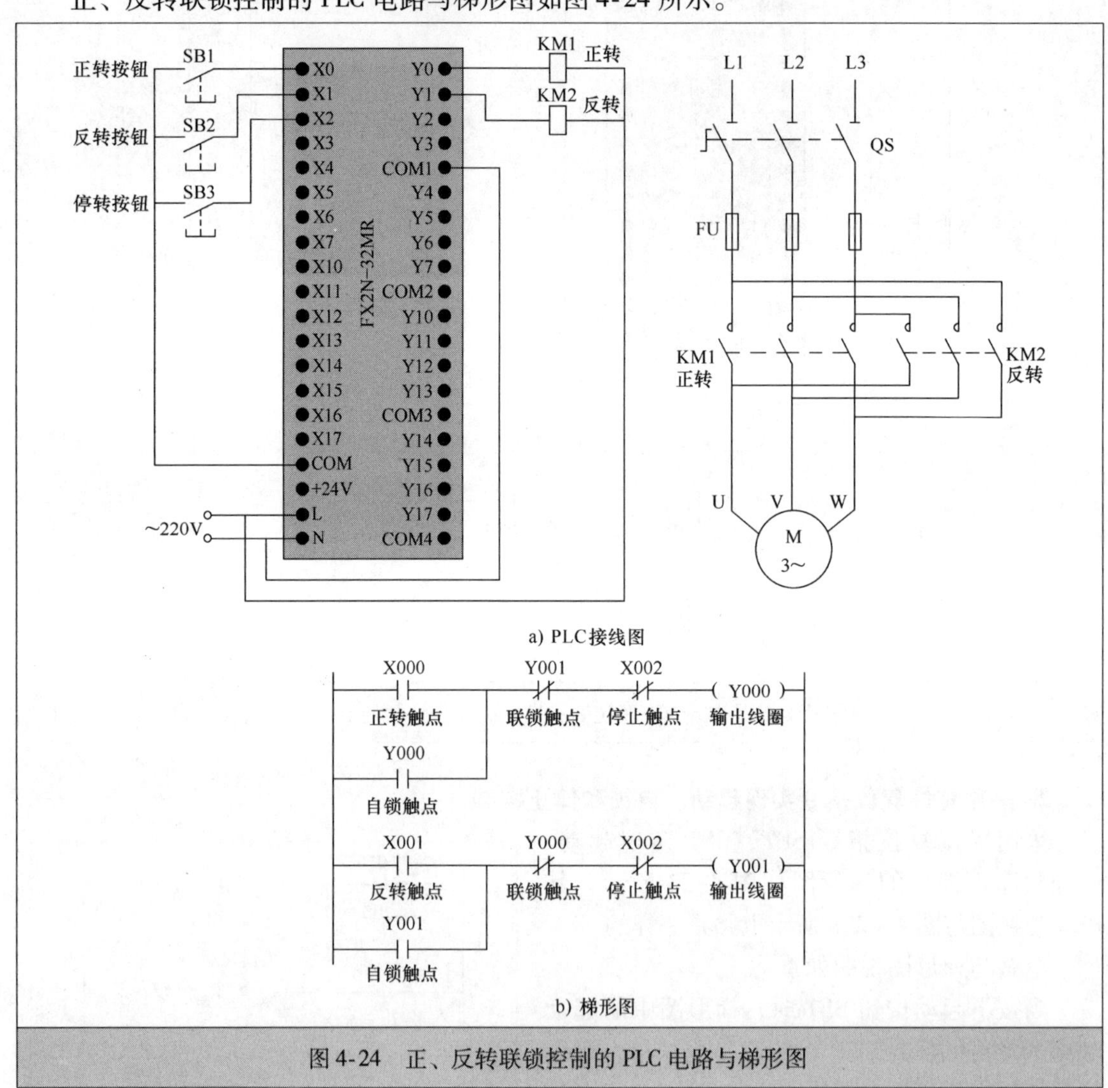

图 4-24　正、反转联锁控制的 PLC 电路与梯形图

电路与梯形图说明如下：

1）正转联锁控制。按下正转按钮 SB1→梯形图程序中的正转触点 X000 闭合→线圈 Y000 得电→Y000 自锁触点闭合，Y000 联锁触点断开，Y0 端子与 COM 端子间的内部硬触点闭合→Y000 自锁触点闭合，使线圈 Y000 在 X000 触点断开后仍可得电；Y000 联锁触点断开，使线圈 Y001 即使在 X001 触点闭合（误操作 SB2 引起）时也无法得电，实现联锁控制；Y0 端子与 COM 端子间的内部硬触点闭合，接触器 KM1 线圈得电，主电路中的 KM1 主触点闭合，电动机得电正转。

2）反转联锁控制。按下反转按钮 SB2→梯形图程序中的反转触点 X001 闭合→线圈 Y001 得电→Y001 自锁触点闭合，Y001 联锁触点断开，Y1 端子与 COM 端子间的内部硬触点闭合→Y001 自锁触点闭合，使线圈 Y001 在 X001 触点断开后继续得电；Y001 联锁触点断开，使线圈 Y000 即使在 X000 触点闭合（误操作 SB1 引起）时也无法得电，实现联锁控制；Y1 端子与 COM 端子间的内部硬触点闭合，接触器 KM2 线圈得电，主电路中的 KM2 主触点闭合，电动机得电反转。

3）停转控制。按下停止按钮 SB3→梯形图程序中的两个停止触点 X002 均断开→线圈 Y000、Y001 均失电→接触器 KM1、KM2 线圈均失电→主电路中的 KM1、KM2 主触点均断开，电动机失电停转。

4.2.3　多地控制的 PLC 电路与梯形图

多地控制的 PLC 电路与梯形图如图 4-25 所示，其中图 b 为单人多地控制梯形图，图 c 为多人多地控制梯形图。

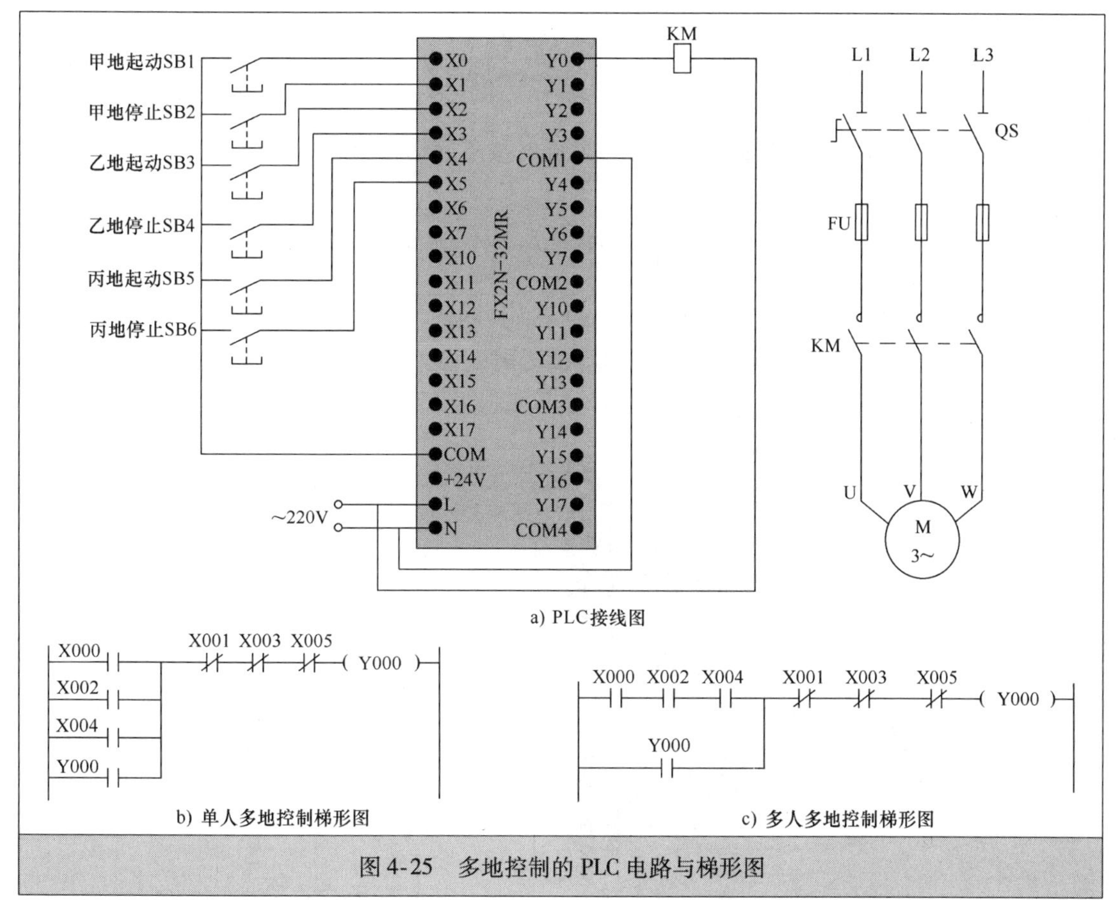

图 4-25　多地控制的 PLC 电路与梯形图

1. 单人多地控制

单人多地控制的 PLC 电路和梯形图如图 4-25a、b 所示。

甲地起动控制。在甲地按下起动按钮 SB1 时→X000 常开触点闭合→线圈 Y000 得电→Y000 常开自锁触点闭合，Y0 端子内部硬触点闭合→Y000 常开自锁触点闭合锁定 Y000 线圈

供电，Y0 端子内部硬触点闭合使接触器线圈 KM 得电→主电路中的 KM 主触点闭合，电动机得电运转。

甲地停止控制。在甲地按下停止按钮 SB2 时→X001 常闭触点断开→线圈 Y000 失电→Y000 常开自锁触点断开，Y0 端子内部硬触点断开→接触器线圈 KM 失电→主电路中的 KM 主触点断开，电动机失电停转。

乙地和丙地的起/停控制与甲地控制相同，利用图 4-25b 所示梯形图可以实现在任何一地进行起/停控制，也可以在一地进行起动，在另一地控制停止。

2. 多人多地控制

多人多地的 PLC 控制电路和梯形图如图 4-25a、c 所示。

起动控制。在甲、乙、丙三地同时按下按钮 SB1、SB3、SB5→线圈 Y000 得电→Y000 常开自锁触点闭合，Y0 端子的内部硬触点闭合→Y000 线圈供电锁定，接触器线圈 KM 得电→主电路中的 KM 主触点闭合，电动机得电运转。

停止控制。在甲、乙、丙三地按下 SB2、SB4、SB6 中的某个停止按钮时→线圈 Y000 失电→Y000 常开自锁触点断开，Y0 端子内部硬触点断开→Y000 常开自锁触点断开使 Y000 线圈供电切断，Y0 端子的内部硬触点断开使接触器线圈 KM 失电→主电路中的 KM 主触点断开，电动机失电停转。

图 4-25c 所示梯形图可以实现多人在多地同时按下起动按钮才能起动功能，在任意一地都可以进行停止控制。

4.2.4 定时控制的 PLC 电路与梯形图

定时控制方式很多，下面介绍两种典型的定时控制的 PLC 电路与梯形图。

1. 延时起动定时运行控制的 PLC 电路与梯形图

延时起动定时运行控制的 PLC 电路与梯形图如图 4-26 所示，它可以实现的功能是，按

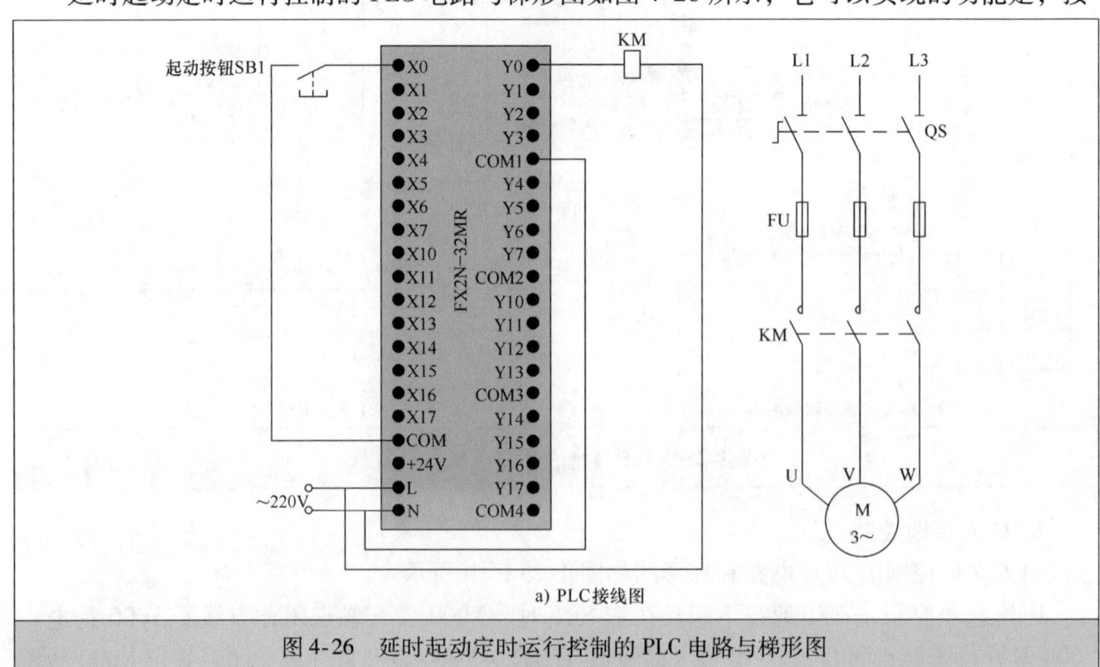

a) PLC接线图

图 4-26　延时起动定时运行控制的 PLC 电路与梯形图

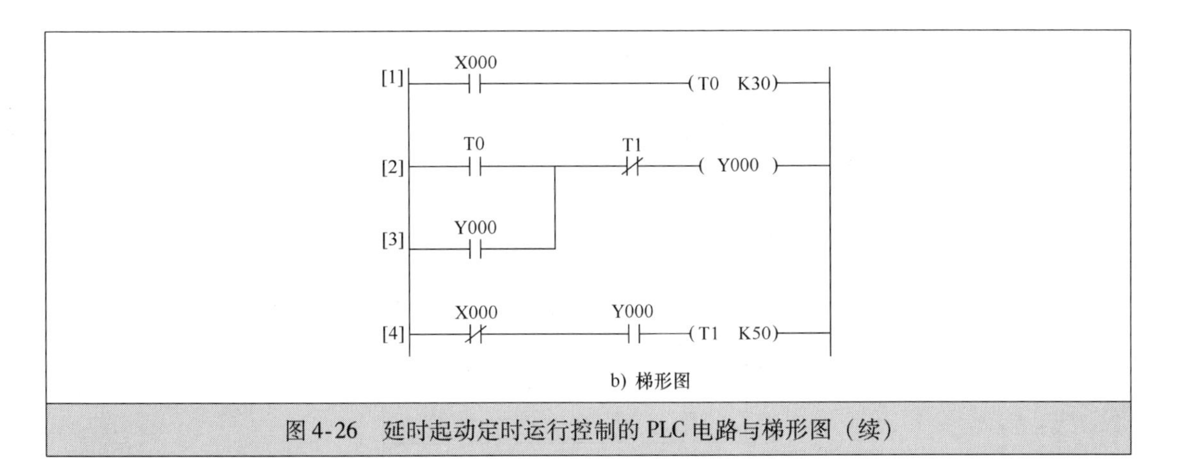

图 4-26　延时起动定时运行控制的 PLC 电路与梯形图（续）

下起动按钮 3s 后，电动机起动运行，运行 5s 后自动停止。

PLC 电路与梯形图说明如下：

按下起动按钮SB1→
- [4] X000常闭触点断开
- [1] X000常开触点闭合→定时器T0开始3s计时→3s后，[2]T0常开触点闭合

→[2]Y000线圈得电→
- [3] Y000自锁触点闭合，锁定Y000线圈得电
- Y0端子内硬触点闭合→接触器KM线圈得电→电动机运转
- [4] Y000常开触点闭合→由于SB1已断开，故[4] X000触点闭合→定时器T1开始5s计时

→ 5s后，[2] T1常闭触点断开→[2] Y000线圈失电→Y0端子内硬触点断开→KM线圈失电→电动机停转

2. 多定时器组合控制的 PLC 电路与梯形图

图 4-27 是一种典型的多定时器组合控制的 PLC 电路与梯形图，它可以实现的功能是，

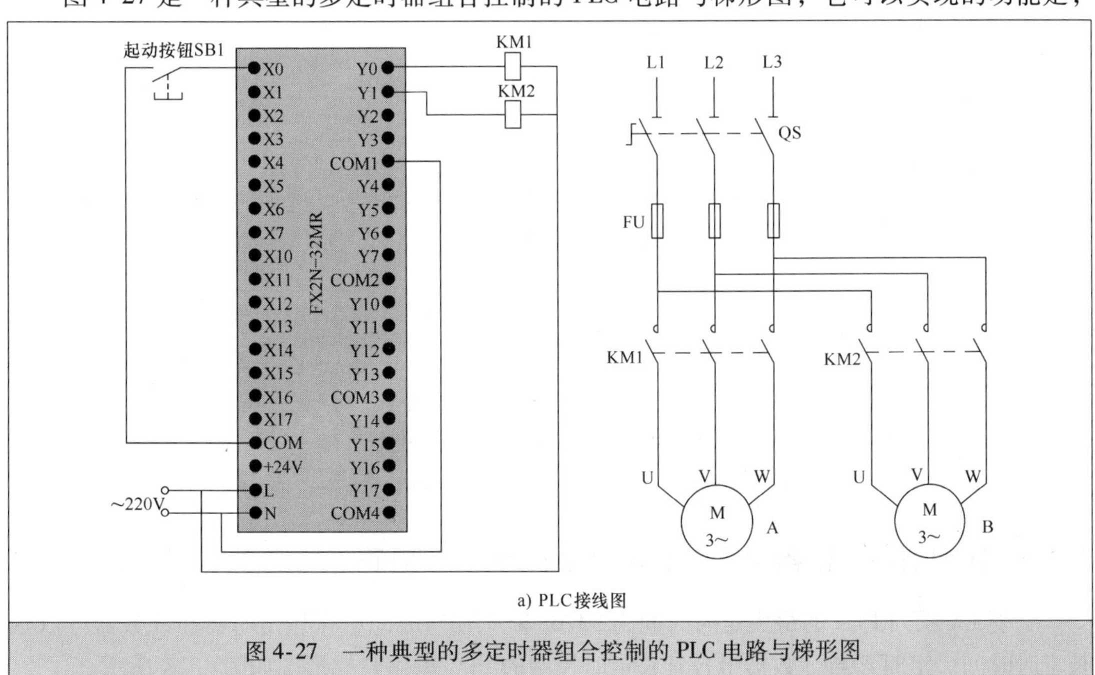

图 4-27　一种典型的多定时器组合控制的 PLC 电路与梯形图

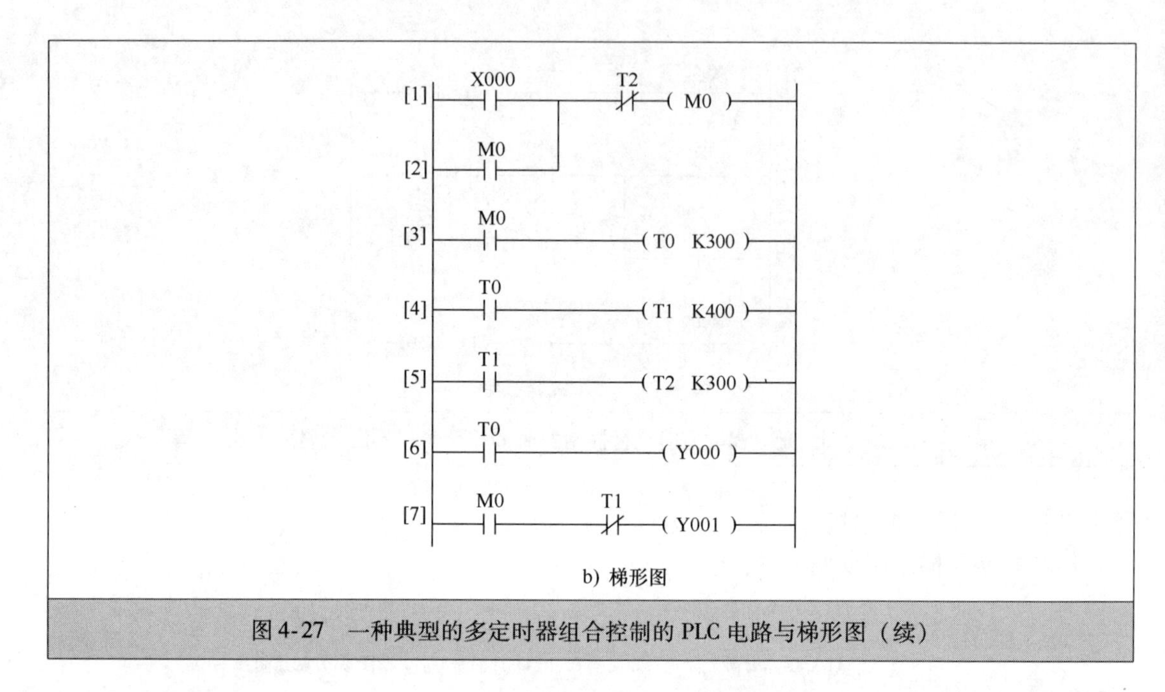

b) 梯形图

图4-27　一种典型的多定时器组合控制的PLC电路与梯形图（续）

按下起动按钮后电动机B马上运行，30s后电动机A开始运行，70s后电动机B停转，100s后电动机A停转。

PLC电路与梯形图说明如下：

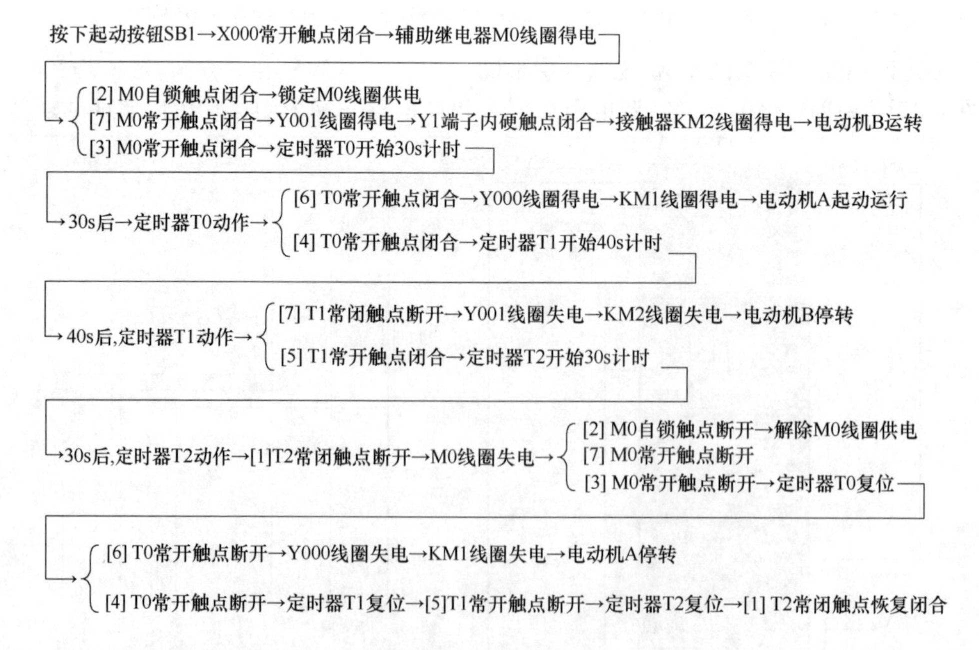

4.2.5　定时器与计数器组合延长定时控制的PLC电路与梯形图

三菱FX系列PLC的最大定时时间为3276.7s（约54min），采用定时器和计数器可以延长定时时间。定时器与计数器组合延长定时控制的PLC电路与梯形图如图4-28所示。

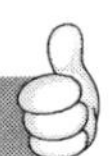

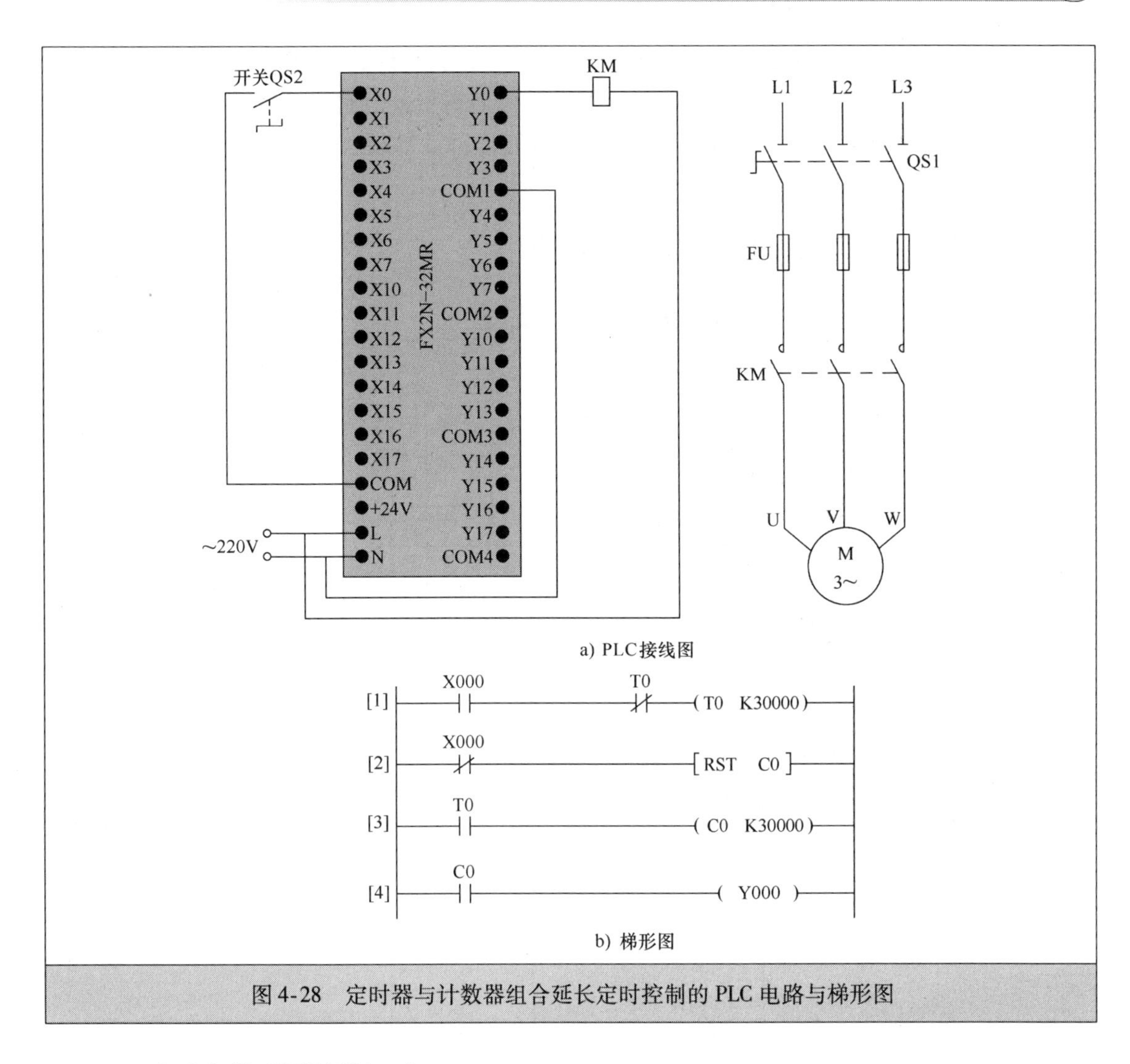

a) PLC接线图

b) 梯形图

图 4-28　定时器与计数器组合延长定时控制的 PLC 电路与梯形图

PLC 电路与梯形图说明如下：

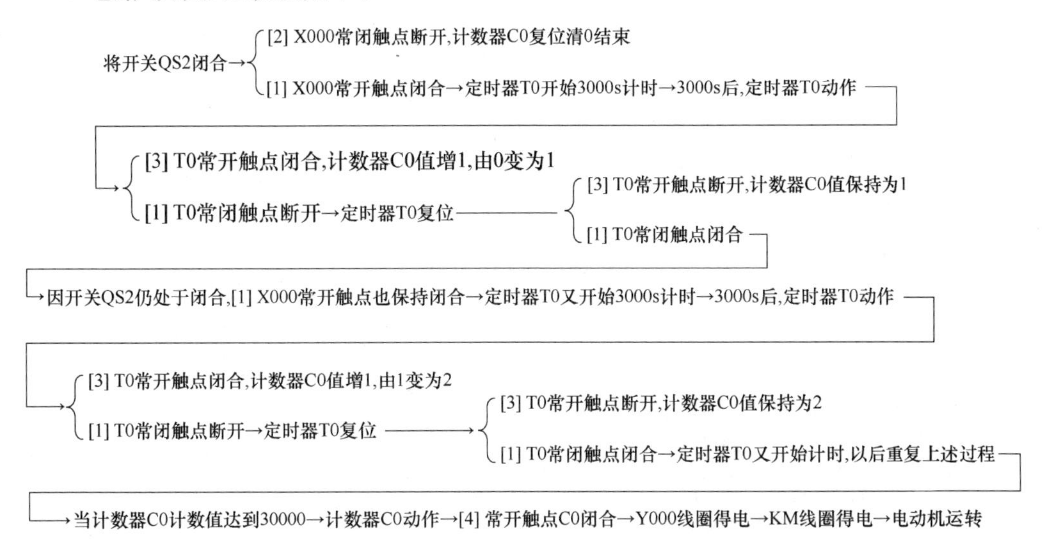

图4-28中的定时器T0定时单位为0.1s（100ms），它与计数器C0组合使用后，其定时时间 $T=30000\times0.1\text{s}\times30000=90000000\text{s}=25000\text{h}$。若需重新定时，可将开关QS2断开，让［2］X000常闭触点闭合，让“RST C0”指令执行，对计数器C0进行复位，然后再闭合QS2，则会重新开始250000h定时。

4.2.6 多重输出控制的PLC电路与梯形图

多重输出控制的PLC电路与梯形图如图4-29所示。

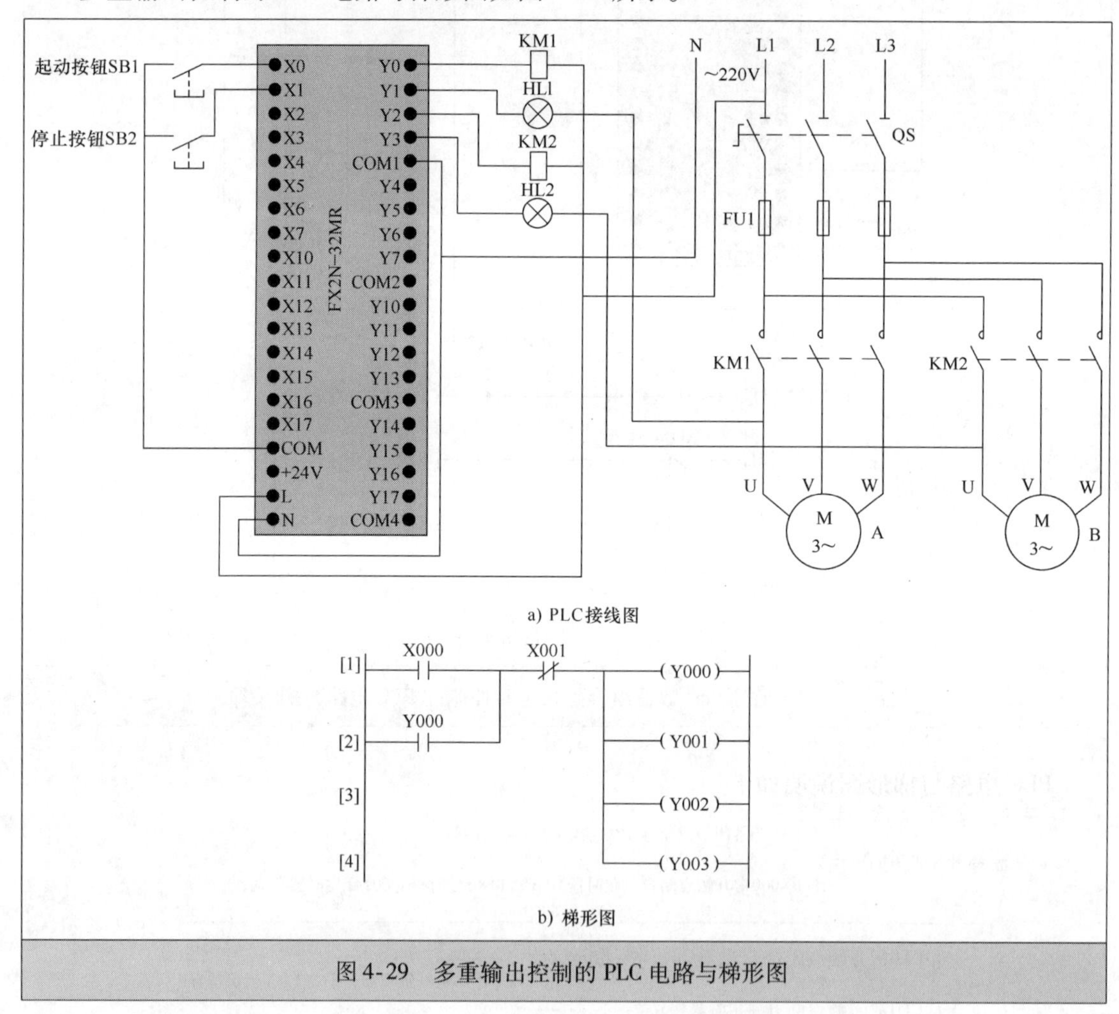

图4-29　多重输出控制的PLC电路与梯形图

PLC电路与梯形图说明如下：

1. 起动控制

按下起动按钮SB1→X000常开触点闭合
- Y000自锁触点闭合，锁定输出线圈Y000~Y003供电
- Y000线圈得电→Y0端子内硬触点闭合→KM1线圈得电→KM1主触点闭合
- Y001线圈得电→Y1端子内硬触点闭合

→HL1灯得电点亮，指示电动机A得电

- Y002线圈得电→Y2端子内硬触点闭合→KM2线圈得电→KM2主触点闭合
- Y003线圈得电→Y3端子内硬触点闭合

→HL2灯得电点亮，指示电动机B得电

2. 停止控制

按下停止按钮SB2→X001常闭触点断开

- Y000自锁触点断开，解除输出线圈Y000~Y003供电
- Y000线圈失电→Y0端子内硬触点断开→KM1线圈失电→KM1主触点断开
- Y001线圈失电→Y1端子内硬触点断开

→HL1灯失电熄亮，指示电动机A失电

- Y002线圈失电→Y2端子内硬触点断开→KM2线圈失电→KM2主触点断开
- Y003线圈失电→Y3端子内硬触点断开

→HL2灯失电熄灭，指示电动机B失电

4.2.7　过载报警控制的 PLC 电路与梯形图

过载报警控制的 PLC 电路与梯形图如图 4-30 所示。

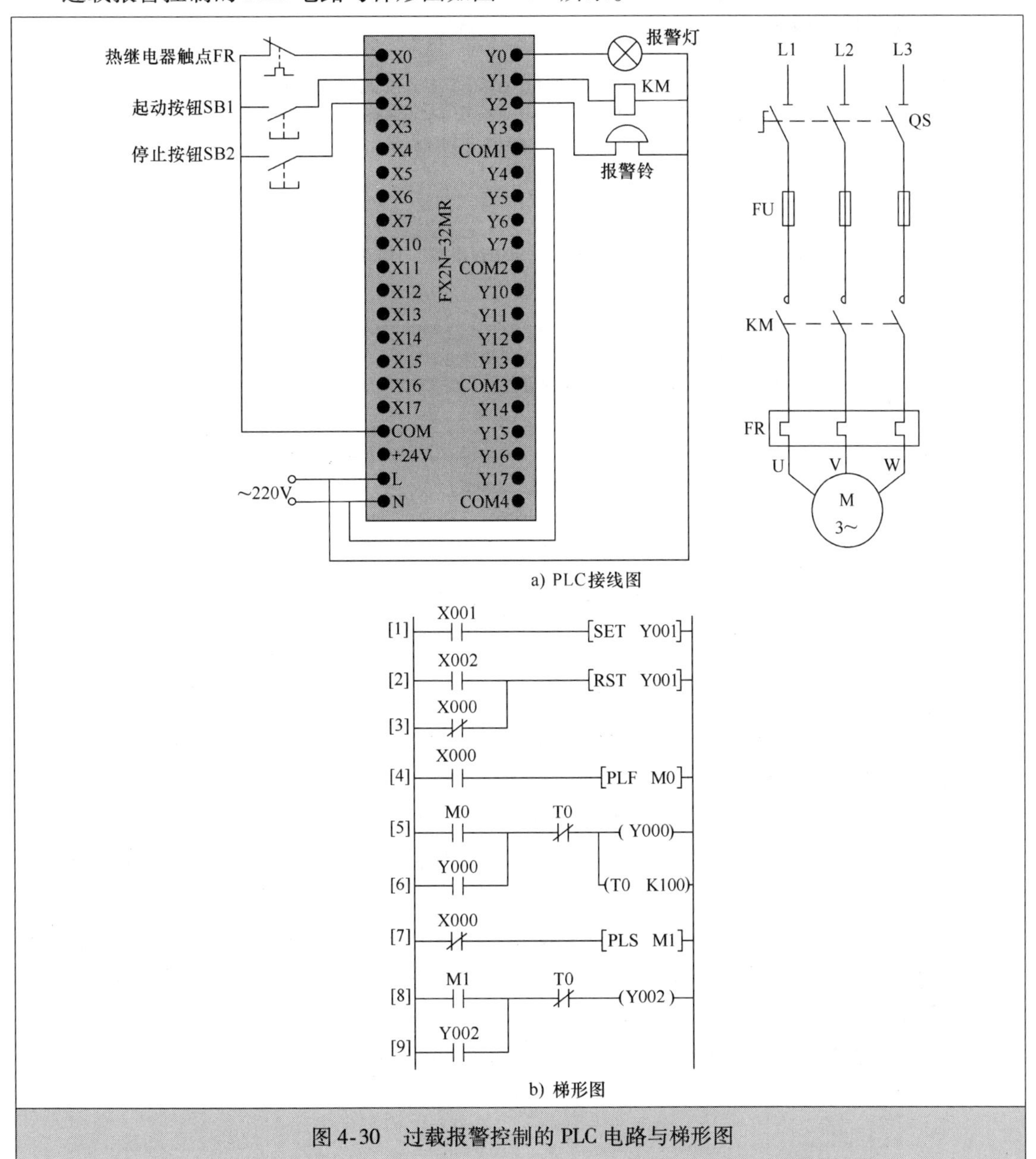

图 4-30　过载报警控制的 PLC 电路与梯形图

PLC 电路与梯形图说明如下：

1. 起动控制

按下起动按钮 SB1→［1］ X001 常开触点闭合→［SET Y001］ 指令执行→Y001 线圈被置位，即 Y001 线圈得电→Y1 端子内部硬触点闭合→接触器 KM 线圈得电→KM 主触点闭合→电动机得电运转。

2. 停止控制

按下停止按钮 SB2→［2］ X002 常开触点闭合→［RST Y001］ 指令执行→Y001 线圈被复位，即 Y001 线圈失电→Y1 端子内部硬触点断开→接触器 KM 线圈失电→KM 主触点断开→电动机失电停转。

3. 过载保护及报警控制

在正常工作时，FR过载保护触点闭合→
- [3] X000常闭触点断开，指令[RST Y001]无法执行
- [4] X000常开触点闭合，指令[PLF M0]无法执行
- [7] X000常闭触点断开，指令[PLS M1]无法执行

当电动机过载运行时，热继电器FR发热元件动作，其常闭触点FR断开→
- [3] X000常闭触点闭合→执行指令[RST Y001→Y001线圈失电→Y1端子内硬触点断开→KM线圈失电→KM主触点断开→电动机失电停转
- [4] X000常开触点由闭合转为断开，产生一个脉冲下降沿→指令[PLF M0]执行，M0线圈得电一个扫描周期→[5] M0常开触点闭合→Y000线圈得电，定时器T0开始10s计时→Y000线圈得电一方面使[6] Y000自锁触点闭合来锁定供电，另一方面使报警灯通电点亮
- [7] X000常闭触点由断开转为闭合，产生一个脉冲上升沿→指令[PLS M1]执行，M1线圈得电一个扫描周期→[8] M1常开触点闭合→Y002线圈得电→Y002线圈得电一方面使[9] Y002自锁触点闭合来锁定供电，另一面使报警铃通电发声

→10s后，定时器T0动作→
- [8] T0常闭触点断开→Y002线圈失电→报警铃失电，停止报警声
- [5] T0常闭触点断开→定时器T0复位，同时Y000线圈失电→报警灯失电熄灭

4.2.8 闪烁控制的 PLC 电路与梯形图

闪烁控制的 PLC 电路与梯形图如图 4-31 所示。

电路与梯形图说明如下：

将开关 QS 闭合→X000 常开触点闭合→定时器 T0 开始 3s 计时→3s 后，定时器 T0 动作，T0 常开触点闭合→定时器 T1 开始 3s 计时，同时 Y000 得电，Y0 端子内部硬触点闭合，灯 HL 点亮→3s 后，定时器 T1 动作，T1 常闭触点断开→定时器 T0 复位，T0 常开触点断开→Y000 线圈失电，同时定时器 T1 复位→Y000 线圈失电使灯 HL 熄灭；定时器 T1 复位使 T1 闭合，由于开关 QS 仍处于闭合，X000 常开触点也处于闭合，定时器 T0 又重新开始 3s 计时。

以后重复上述过程，灯 HL 保持 3s 亮、3s 灭的频率闪烁发光。

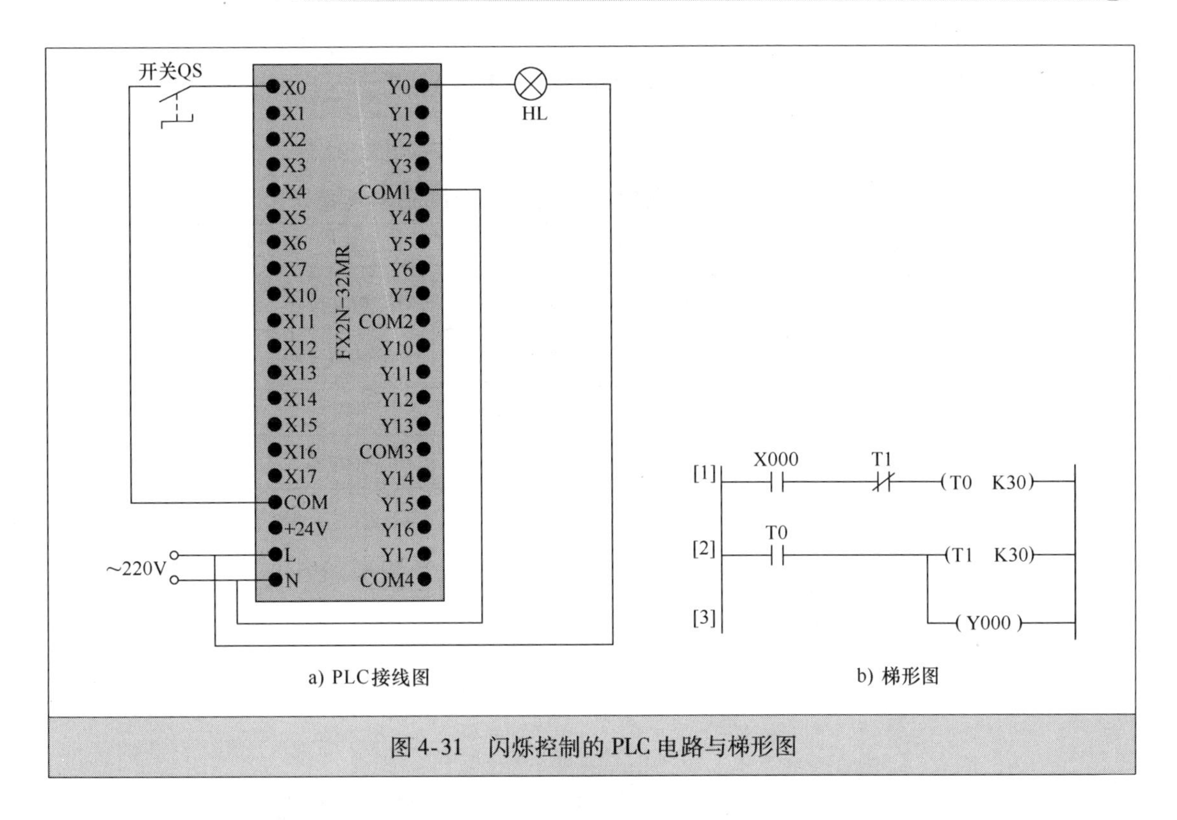

图 4-31　闪烁控制的 PLC 电路与梯形图

4.3　喷泉的 PLC 控制系统开发实例

4.3.1　明确系统控制要求

系统要求用两个按钮来控制 A、B、C 三组喷头工作（通过控制三组喷头的电动机来实现），三组喷头排列如图 4-32 所示。系统控制要求具体如下：

当按下起动按钮后，A 组喷头先喷 5s 后停止，然后 B、C 组喷头同时喷，5s 后，B 组喷头停止、C 组喷头继续喷 5s 再停止，而后 A、B 组喷头喷 7s，C 组喷头在这 7s 的前 2s 内停止，后 5s 内喷水，接着 A、B、C 三组喷头同时停止 3s，以后重复前述过程。按下停止按钮后，三组喷头同时停止喷水。图 4-33 为 A、B、C 三组喷头工作时序图。

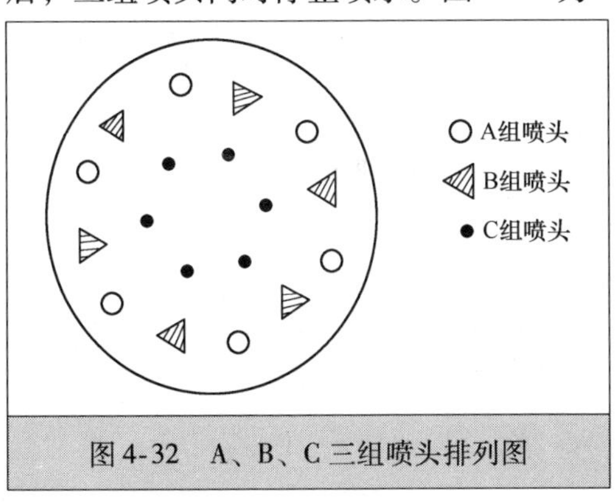

图 4-32　A、B、C 三组喷头排列图

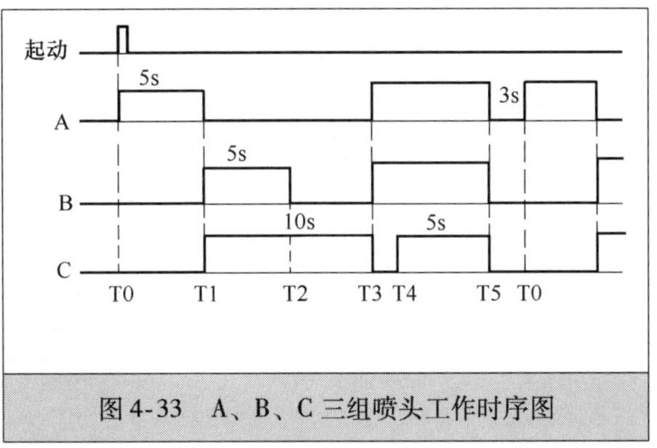

图 4-33　A、B、C 三组喷头工作时序图

4.3.2 确定输入/输出设备，并为其分配合适的I/O端子

喷泉控制需用到的输入/输出设备和对应的PLC端子见表4-1。

表4-1 喷泉控制采用的输入/输出设备和对应的PLC端子

输　入			输　出		
输入设备	对应PLC端子	功能说明	输出设备	对应PLC端子	功能说明
SB1	X000	起动控制	KM1线圈	Y000	驱动A组电动机工作
SB2	X001	停止控制	KM2线圈	Y001	驱动B组电动机工作
			KM3线圈	Y002	驱动C组电动机工作

4.3.3 绘制喷泉的PLC控制电路图

图4-34为喷泉的PLC控制电路图。

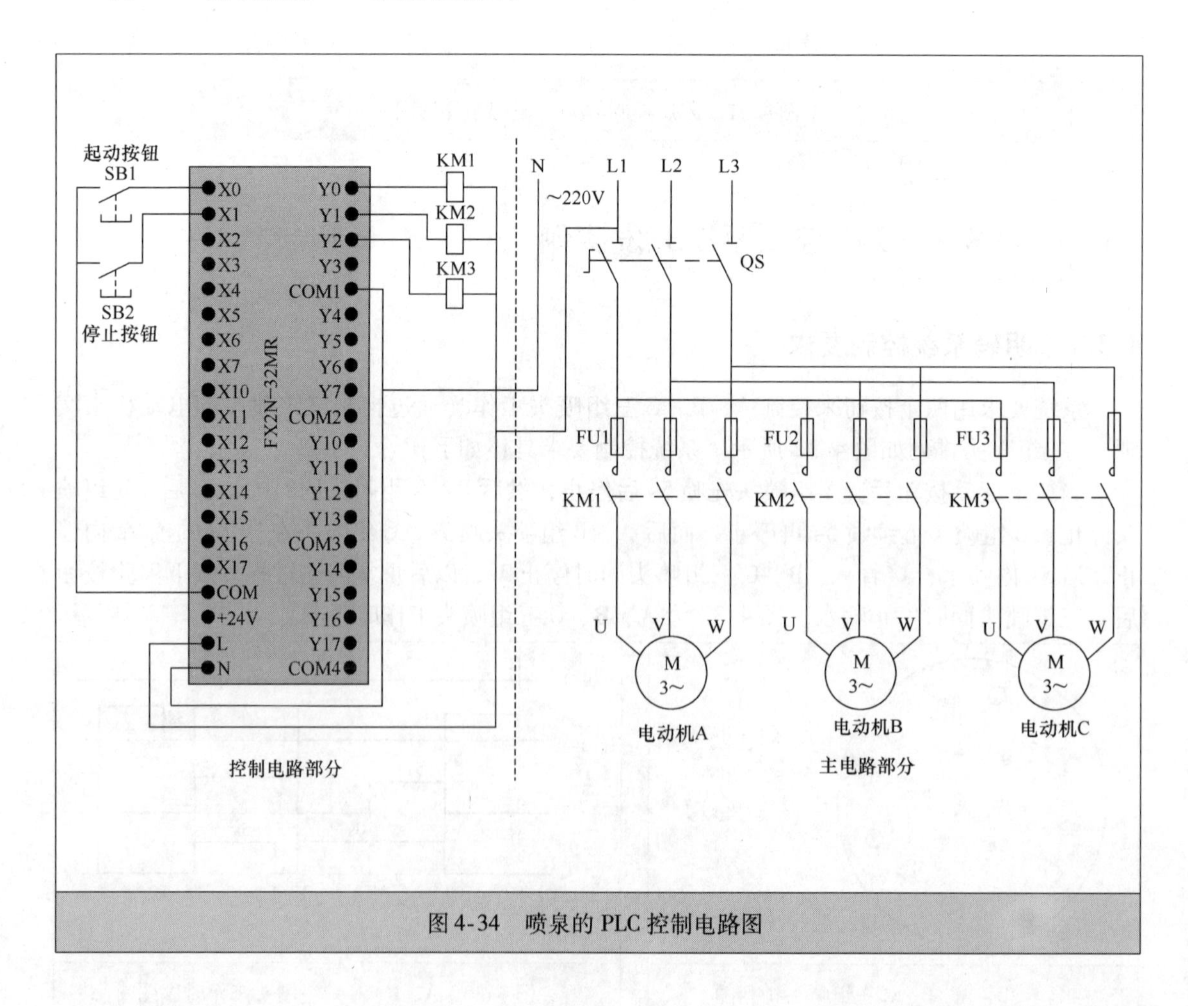

图4-34 喷泉的PLC控制电路图

4.3.4　编写 PLC 控制程序

启动三菱 GX Developer 编程软件，编写满足控制要求的梯形图程序，编写完成的梯形图如图 4-35a 所示，可以将它转换成图 b 所示的指令表语句。

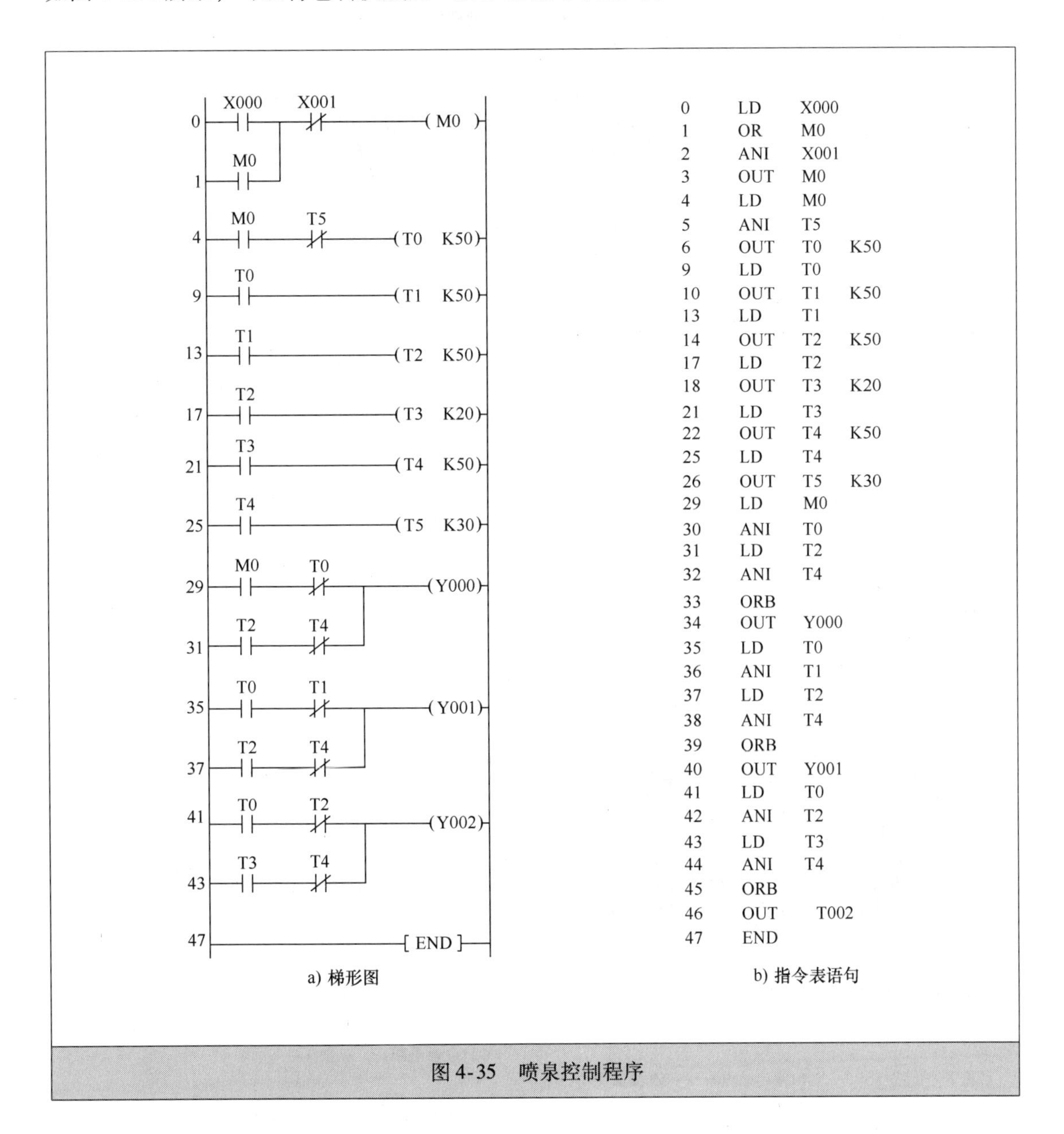

a) 梯形图

```
0	LD	X000
1	OR	M0
2	ANI	X001
3	OUT	M0
4	LD	M0
5	ANI	T5
6	OUT	T0	K50
9	LD	T0
10	OUT	T1	K50
13	LD	T1
14	OUT	T2	K50
17	LD	T2
18	OUT	T3	K20
21	LD	T3
22	OUT	T4	K50
25	LD	T4
26	OUT	T5	K30
29	LD	M0
30	ANI	T0
31	LD	T2
32	ANI	T4
33	ORB
34	OUT	Y000
35	LD	T0
36	ANI	T1
37	LD	T2
38	ANI	T4
39	ORB
40	OUT	Y001
41	LD	T0
42	ANI	T2
43	LD	T3
44	ANI	T4
45	ORB
46	OUT	T002
47	END
```

b) 指令表语句

图 4-35　喷泉控制程序

4.3.5　详解硬件电路和梯形图的工作原理

下面结合图 4-34 所示控制电路和图 4-35 所示梯形图来说明喷泉控制系统的工作原理。

1. 起动控制

按下起动按钮SB1→X000常开触点闭合→辅助继电器M0线圈得电→
- [1] M0自锁触点闭合，锁定M0线圈供电
- [29] M0常开触点闭合，Y000线圈得电→KM1线圈得电→电动机A运转→A组喷头工作
- [4] M0常开触点闭合，定时器T0开始5s计时→

5s后，定时器T0动作→
- [29] T0常闭触点断开→Y000线圈失电→电动机A停转→A组喷头停止工作
- [35] T0常开触点闭合→Y001线圈得电→电动机B运转→B组喷头工作
- [41] T0常开触点闭合→Y002线圈得电→电动机C运转→C组喷头工作
- [9] T0常开触点闭合，定时器T1开始5s计时→

5s后，定时器T1动作→
- [35] T1常闭触点断开→Y001线圈失电→电动机B停转→B组喷头停止工作
- [13] T1常开触点闭合，定时器T2开始5s计时→

5s后，定时器T2动作→
- [31] T2常开触点闭合→Y000线圈得电→电动机A运转→A组喷头开始工作
- [37] T2常开触点断开→Y001线圈得电→电动机B运转→B组喷头开始工作
- [41] T2常闭触点断开→Y002线圈失电→电动机C停转→C组喷头停止工作
- [17] T2常开触点闭合，定时器T3开始2s计时→

2s后，定时器T3动作→
- [43] T3常开触点闭合→Y002线圈得电→电动机C运转→C组喷头开始工作
- [21] T3常开触点闭合，定时器T4开始5s计时→

5s后，定时器T4动作→
- [31] T4常闭触点断开→Y000线圈失电→电动机A停转→A组喷头停止工作
- [37] T4常闭触点断开→Y001线圈失电→电动机B停转→B组喷头停止工作
- [43] T4常闭触点断开→Y002线圈失电→电动机C停转→C组喷头停止工作
- [25] T4常开触点闭合，定时器T5开始3s计时→

3s后，定时器T5动作→[4] T5常闭触点断开→定时器T0复位→
- [29] T0常闭触点闭合→Y000线圈得电→电动机A运转
- [35] T0常开触点断开
- [41] T0常开触点断开
- [9] T0常开触点断开→定时器T1复位，T1所有触点复位，其中[13]T1常开触点断开使定时器T2复位→T2所有触点复位，其中[17]T2常开触点断开使定时器T3复位→T3所有触点复位，其中[21]T3常开触点断开使定时器T4复位→T4所有触点复位，其中[25]T4常开触点断开使定时器T5复位→[4] T5常闭触点闭合，定时器T0开始5s计时，以后会重复前面的工作过程

2. 停止控制

按下停止按钮SB2→X001常闭触点断开→M0线圈失电→
- [1] M0自锁触点断开，解除自锁
- [4] M0常开触点断开→定时器T0复位→

→T0所有触点复位，其中[9]T0常开触点断开→定时器T1复位→T1所有触点复位，其中[13]T1常开触点断开使定时器T2复位→T2所有触点复位，其中[17]T2常开触点断开使定时器T3复位→T3所有触点复位，其中[21]T3常开触点断开使定时器T4复位→T4所有触点复位，其中[25]T4常开触点断开使定时器T5复位→T5所有触点复位[4]T5常闭触点闭合→由于定时器T0~T5所有触点复位，Y000~Y002线圈均无法得电→KM1~KM3线圈失电→电动机A、B、C均停转

4.4　交通信号灯的PLC控制系统开发实例

4.4.1　明确系统控制要求

系统要求用两个按钮来控制交通信号灯工作，交通信号灯排列如图4-36所示。系统控制要求具体如下：

当按下起动按钮后，南北红灯亮25s，在南北红灯亮25s的时间里，东西绿灯先亮20s再以1次/s的频率闪烁3次，接着东西黄灯亮2s，25s后南北红灯熄灭，熄灭时间维持30s，在这30s时间里，东西红灯一直亮，南北绿灯先亮25s，然后以1次/s频率闪烁3次，接着南北黄灯亮2s。以后重复该过程。按下停止按钮后，所有的灯都熄灭。交通信号灯的工作时序如图4-37所示。

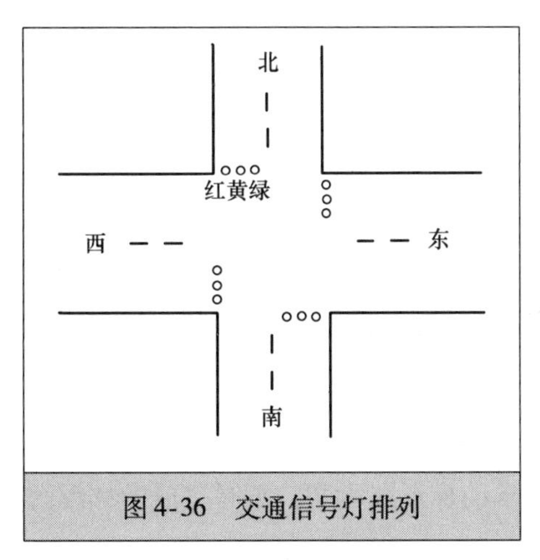

图4-36　交通信号灯排列

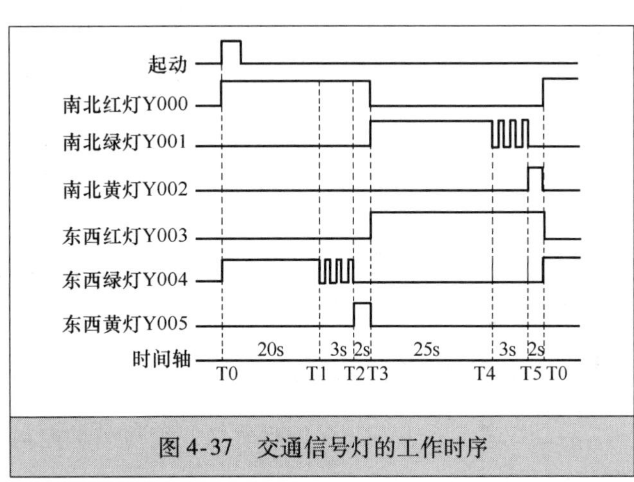

图4-37　交通信号灯的工作时序

4.4.2　确定输入/输出设备并为其分配合适的I/O端子

交通信号灯控制需用到的输入/输出设备和对应的PLC端子见表4-2。

表4-2　交通信号灯控制采用的输入/输出设备和对应的PLC端子

输　入			输　出		
输入设备	对应PLC端子	功能说明	输出设备	对应PLC端子	功能说明
SB1	X000	起动控制	南北红灯	Y000	驱动南北红灯亮
SB2	X001	停止控制	南北绿灯	Y001	驱动南北绿灯亮
			南北黄灯	Y002	驱动南北黄灯亮
			东西红灯	Y003	驱动东西红灯亮
			东西绿灯	Y004	驱动东西绿灯亮
			东西黄灯	Y005	驱动东西黄灯亮

4.4.3 绘制交通信号灯的PLC控制电路图

图4-38为交通信号灯的PLC控制电路图。

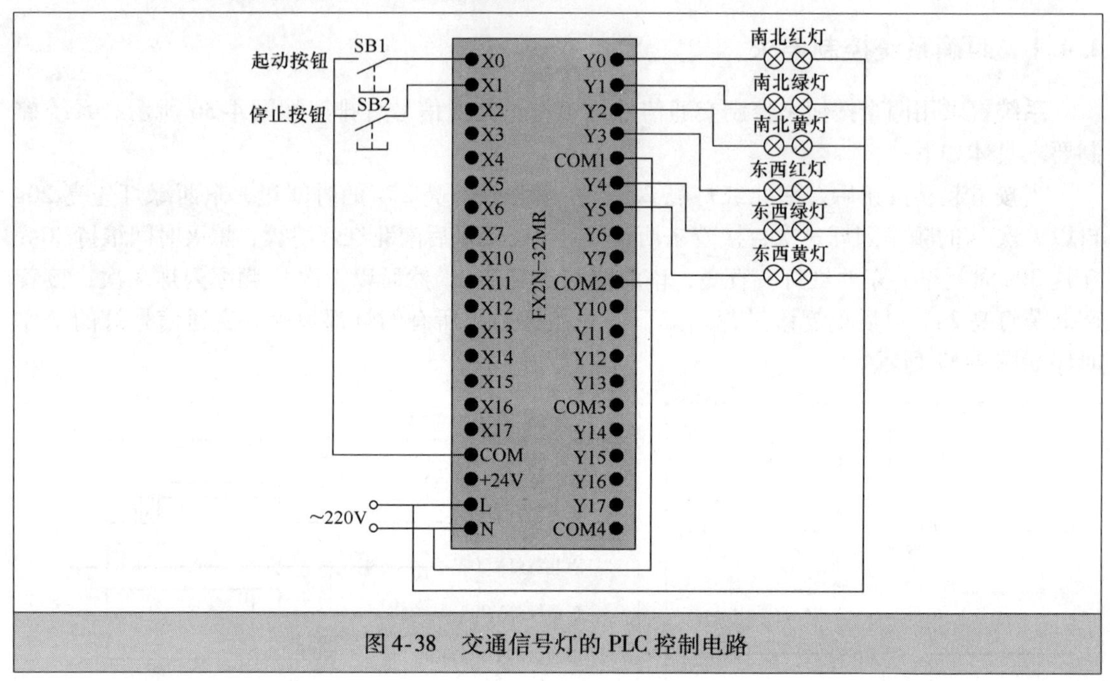

图4-38　交通信号灯的PLC控制电路

4.4.4 编写PLC控制程序

启动三菱GX Developer编程软件，编写满足控制要求的梯形图程序，编写完成的梯形图如图4-39所示。

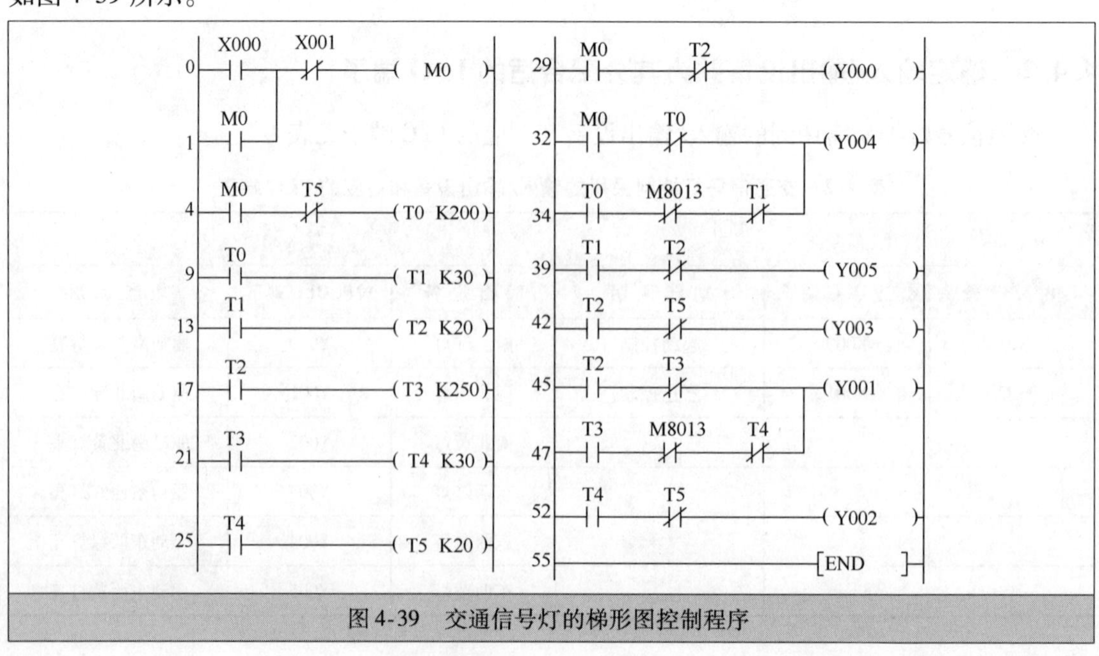

图4-39　交通信号灯的梯形图控制程序

4.4.5　详解硬件电路和梯形图的工作原理

下面对照图4-38控制电路、图4-37时序图和图4-39梯形图控制程序来说明交通信号灯的控制原理。

在图4-39的梯形图中，采用了一个特殊的辅助继电器M8013，称作触点利用型特殊继电器，它利用PLC自动驱动线圈，用户只能利用它的触点，即画梯形图里只能画它的触点。M8013是一个产生1s时钟脉冲的辅助继电器，其高低电平持续时间各为0.5s，以图4-39梯形图［34］步为例，当T0常开触点闭合，M8013常闭触点接通、断开时间分别为0.5s，Y004线圈得电、失电时间也都为0.5s。

1. 起动控制

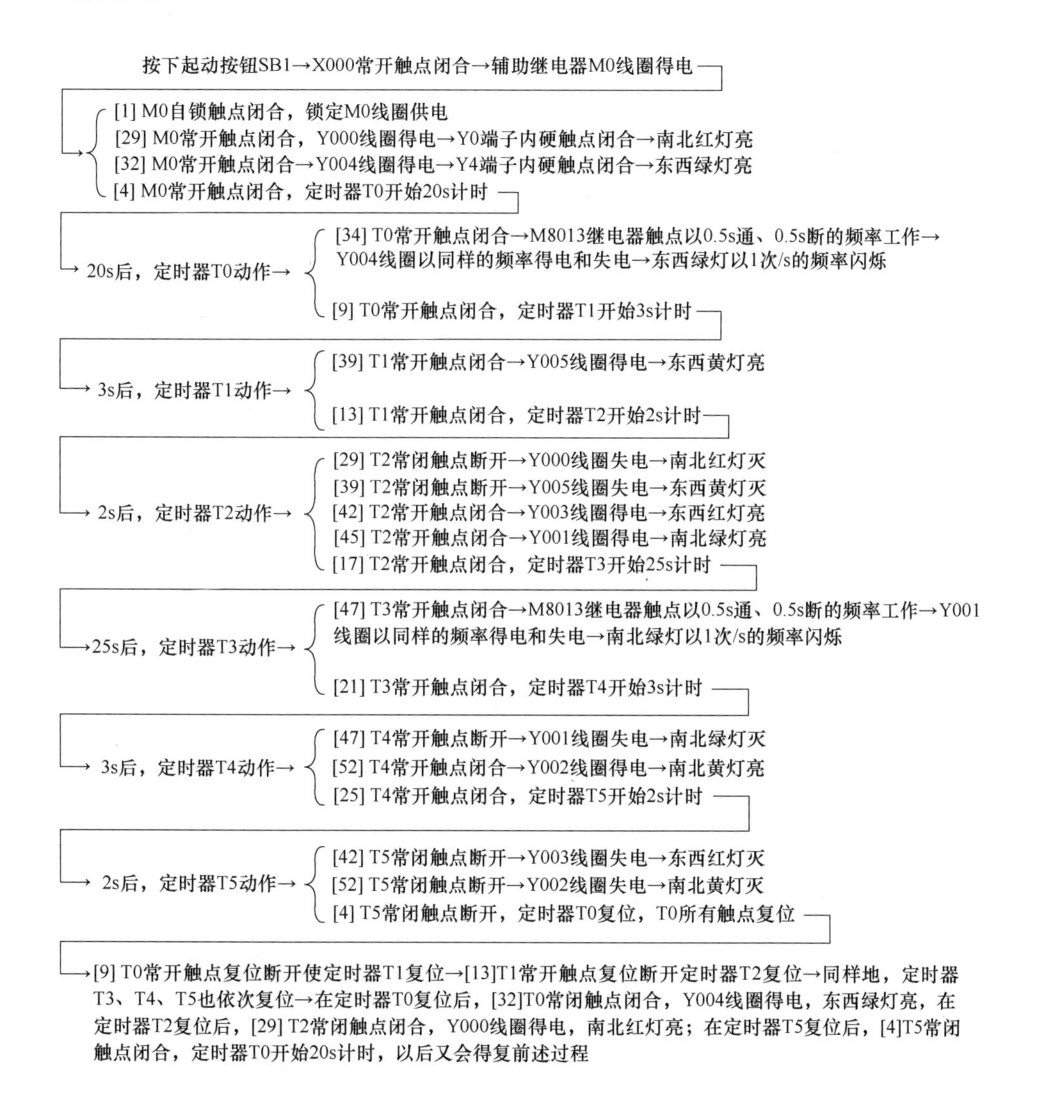

2. 停止控制

按下停止按钮SB2→X001常闭触点断开→辅助继电器M0线圈失电→

- [1] M0自锁触点断开，解除M0线圈供电
- [29] M0常开触点断开，Y000线圈无法得电
- [32] M0常开触点断开，Y004线圈无法得电
- [4] M0常开触点断开，定时器T0复位，T0所有触点复位→

→[9] T0常开触点复位断开使定时器T1复位，T1所有触点均复位→其中[13]T1常开触点复位断开使定时器T2复位→同样地，定时T3、T4、T5也依次复位→在定时器T1复位后，[39]T1常开触点断开，Y005线圈无法得电；在定时器T2复位后，[42]T2常开触点断开，Y003线圈无法得电；在定时器T3复位后，[47]T3常开触点断开，Y001线圈无法得电；在定时器T4复位后，[52]T4常开触点断开，Y002线圈无法得电→Y000~Y005线圈均无法得电，所有交通信号灯都熄灭

第5章 步进指令的使用及实例

步进指令主要用于顺序控制编程，三菱 FX PLC 有 2 条步进指令：STL 和 RET。在顺序控制编程时，通常先绘制状态转移图（SFC），然后按照 SFC 编写相应梯形图程序。状态转移图有单分支、选择性分支和并行分支三种方式。

5.1 状态转移图与步进指令

5.1.1 顺序控制与状态转移图

一个复杂的任务往往可以分成若干个小任务，当按一定的顺序完成这些小任务后，整个大任务也就完成了。**在生产实践中，顺序控制是指按照一定的顺序逐步控制来完成各个工序的控制方式。**在采用顺序控制时，为了直观表示出控制过程，可以绘制顺序控制图。

图 5-1 是一种三台电动机顺序控制图，由于每一个步骤称作一个工艺，所以又称工序图。**在 PLC 编程时，绘制的顺序控制图称为状态转移图，**图 5-1b 为图 5-1a 对应的状态转移图。

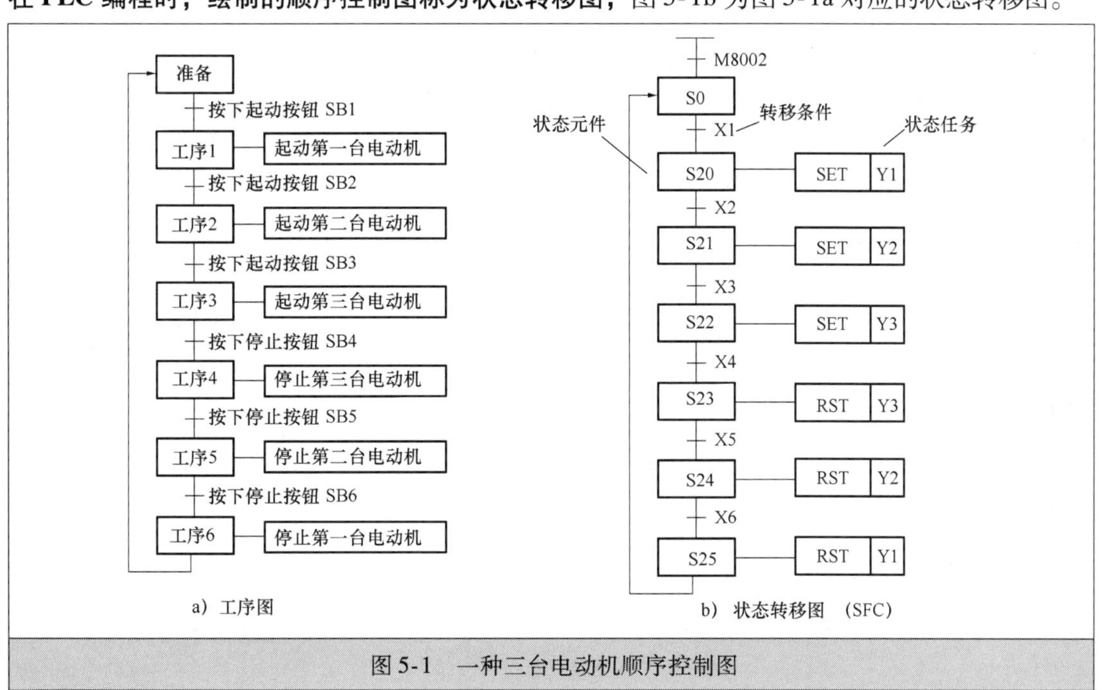

图 5-1　一种三台电动机顺序控制图

顺序控制有三个要素：转移条件、转移目标和工作任务。在图5-1a中，当上一个工序需要转到下一个工序时必须满足一定的转移条件，如工序1要转到下一个工序2时，须按下起动按钮SB2，若不按下SB2，即不满足转移条件，就无法进行下一个工序2。当转移条件满足后，需要确定转移目标，如工序1转移目标是工序2。每个工序都有具体的工作任务，如工序1的工作任务是“起动第一台电动机”。

PLC编程时绘制的状态转移图与顺序控制图相似，图5-1b中的状态元件（状态继电器）S20相当于工序1，“SET Y1”相当于工作任务，S20的转移目标是S21，S25的转移目标是S0，M8002和S0用来完成准备工作，其中M8002为触点利用型辅助继电器，它只有触点，没有线圈，PLC运行时触点会自动接通一个扫描周期，S0为初始状态继电器，要在S0～S9中选择，其他的状态继电器通常在S20～S499中选择（三菱FX2N系列）。

5.1.2 步进指令说明

PLC顺序控制需要用到步进指令，三菱FX2N系列PLC有2条步进指令：STL和RET。

1. 指令名称与功能

指令名称及功能如下：

指令名称（助记符）	功　能
STL	步进开始指令，其功能是将步进接点接到左母线，该指令的操作元件为状态继电器S
RET	步进结束指令，其功能是将子母线返回到左母线位置，该指令无操作元件

2. 使用举例

（1）STL指令使用

STL指令使用如图5-2所示，其中图a梯形图，图b为其对应的指令表语句。状态继电器S只有常开触点，没有常闭触点，在绘制梯形图时，输入指令“［STL S20］”即能生成S20常开触点，S常开触点闭合后，其右端相当于子母线，与子母线直接连接的线圈可以直接用OUT指令，相连的其他元件可用基本指令写出指令表语句，如触点用LD或LDI指令。

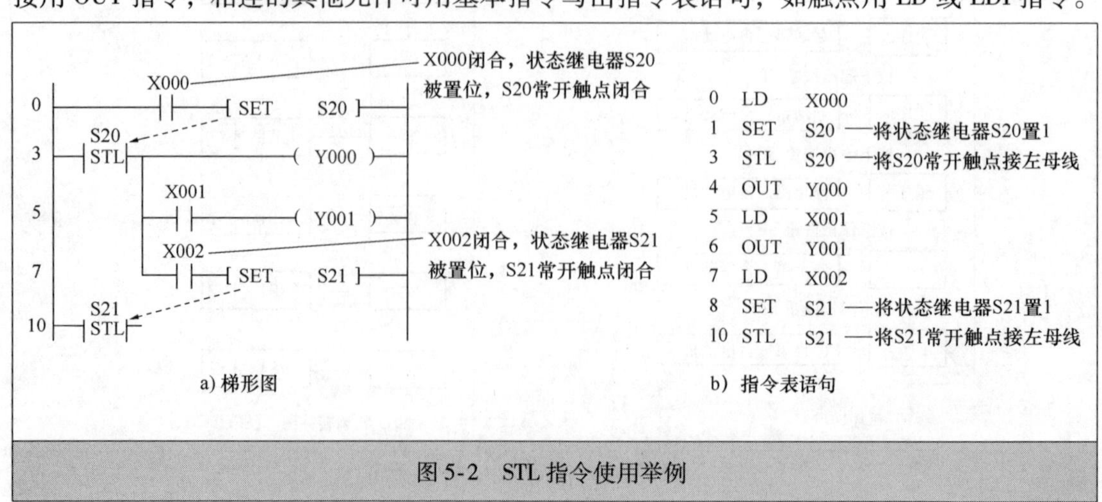

图5-2 STL指令使用举例

梯形图说明如下：

当 X000 常开触点闭合时→[SET S20] 指令执行→状态继电器 S20 被置 1（置位）→S20 常开触点闭合→Y000 线圈得电；若 X001 常开触点闭合，Y001 线圈也得电；若 X002 常开触点闭合，[SET S21] 指令执行，状态继电器 S21 被置 1→S21 常开触点闭合。

（2）RET 指令使用

RET 指令使用如图 5-3 所示，其中图 a 梯形图，图 b 为对应的指令表语句。RET 指令通常用在一系列步进指令的最后，表示状态流程的结束并返回主母线。

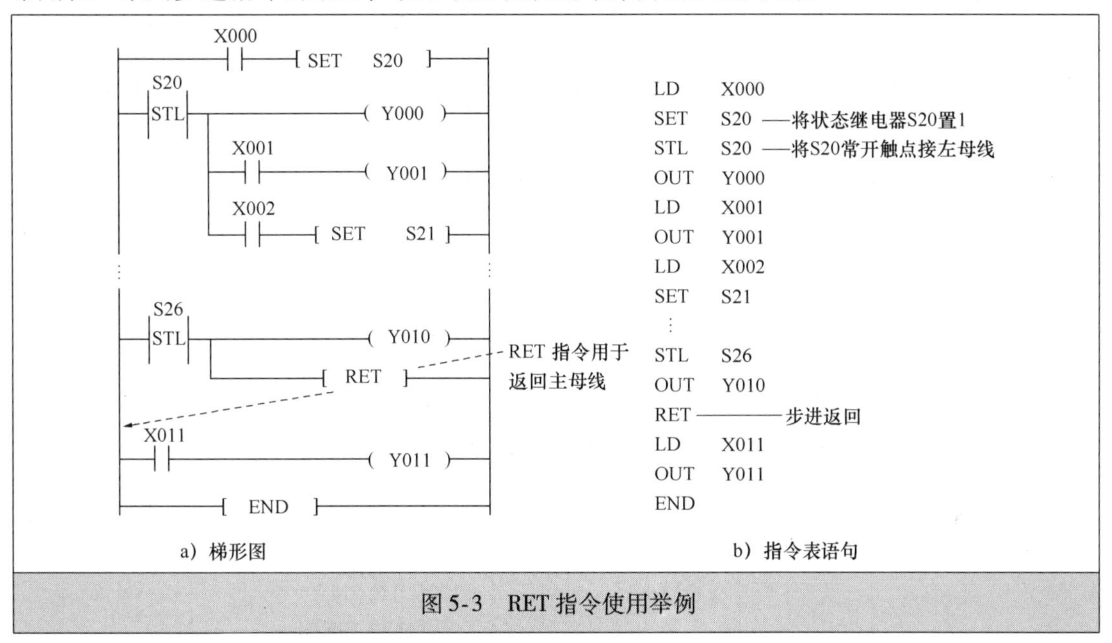

图 5-3　RET 指令使用举例

5.1.3　步进指令在两种编程软件中的编写形式

在三菱 FXGP/WIN-C 和 GX Developer 编程软件中都可以使用步进指令编写顺序控制程序，但两者的编写方式有所不同。

图 5-4 为 FXGP/WIN-C 和 GX Developer 软件编写的功能完全相同梯形图，虽然两者的指令表程序完全相同，但梯形图却有区别，FXGP/WIN-C 软件编写的步进程序段开始有一个 STL 触点（编程时输入“[STL S0]”即能生成 STL 触点），而 GX Developer 软件编写的步进程序段无 STL 触点，取而代之的程序段开始是一个独占一行的“[STL S0]”指令。

5.1.4　状态转移图分支方式

状态转移图的分支方式主要有：单分支方式、选择性分支方式和并行分支方式。图 5-1b的状态转移图为单分支，程序由前往后依次执行，中间没有分支，不复杂的顺序控制常采用这种单分支方式。较复杂的顺序控制可采用选择性分支方式或并行分支方式。

1. 选择性分支方式

选择性分支状态转移图如图 5-5a 所示，在状态器 S21 后有两个可选择的分支，当 X1 闭合时执行 S22 分支，当 X4 闭合时执行 S24 分支，如果 X1 较 X4 先闭合，则只执行 X1 所在的分支，X4 所在的分支不执行。图 5-5b 是依据图 a 画出的梯形图，图 c 则为对应的指令表语句。

三菱 FX 系列 PLC 最多允许有 8 个可选择的分支。

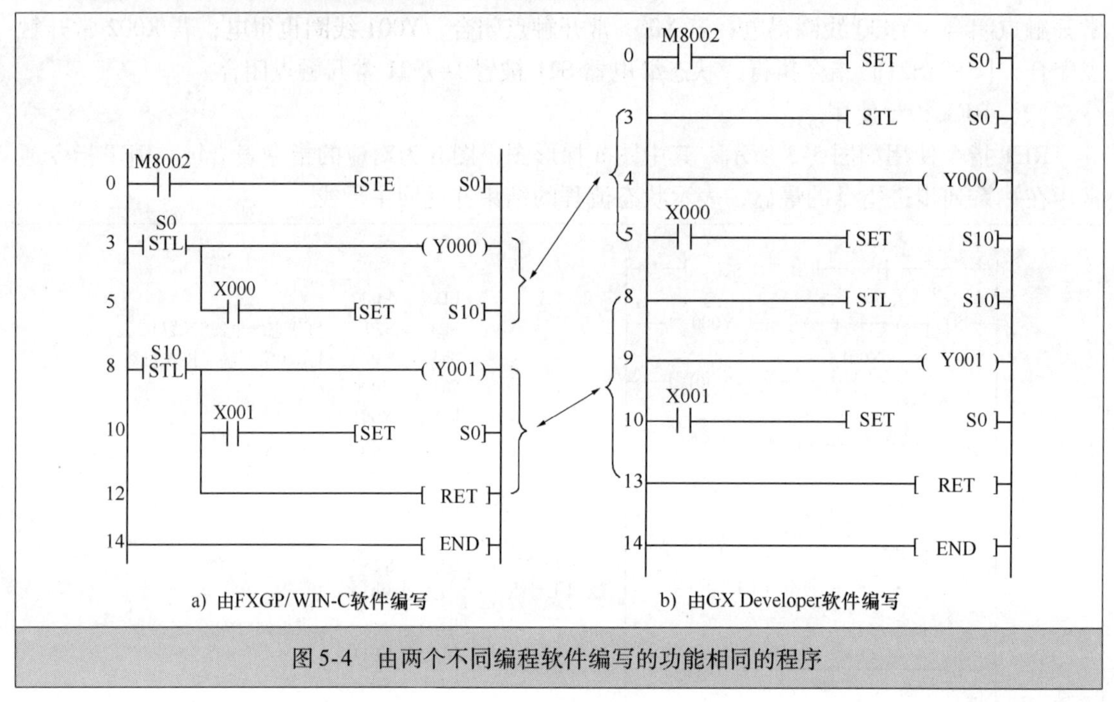

图 5-4　由两个不同编程软件编写的功能相同的程序

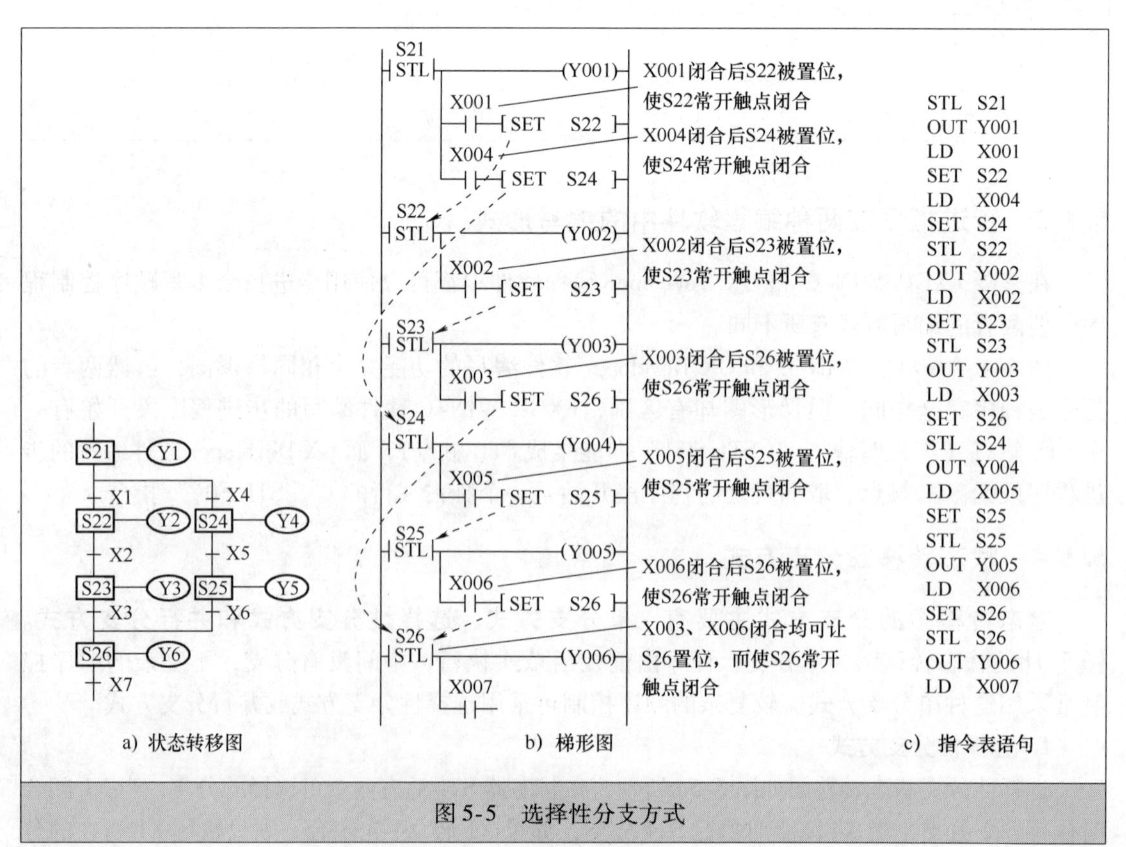

图 5-5　选择性分支方式

2. 并行分支方式

并行分支方式状态转移图如图 5-6a 所示，在状态器 S21 后有两个并行的分支，并行分支用双线表示，当 X1 闭合时 S22 和 S24 两个分支同时执行，当两个分支都执行完成并且 X4 闭合时才能往下执行，若 S23 或 S25 任一条分支未执行完，即使 X4 闭合，也不会执行到 S26。图 5-6b 是依据图 a 画出的梯形图，图 c 则为对应的指令表语句。

三菱 FX 系列 PLC 最多允许有 8 个并行的分支。

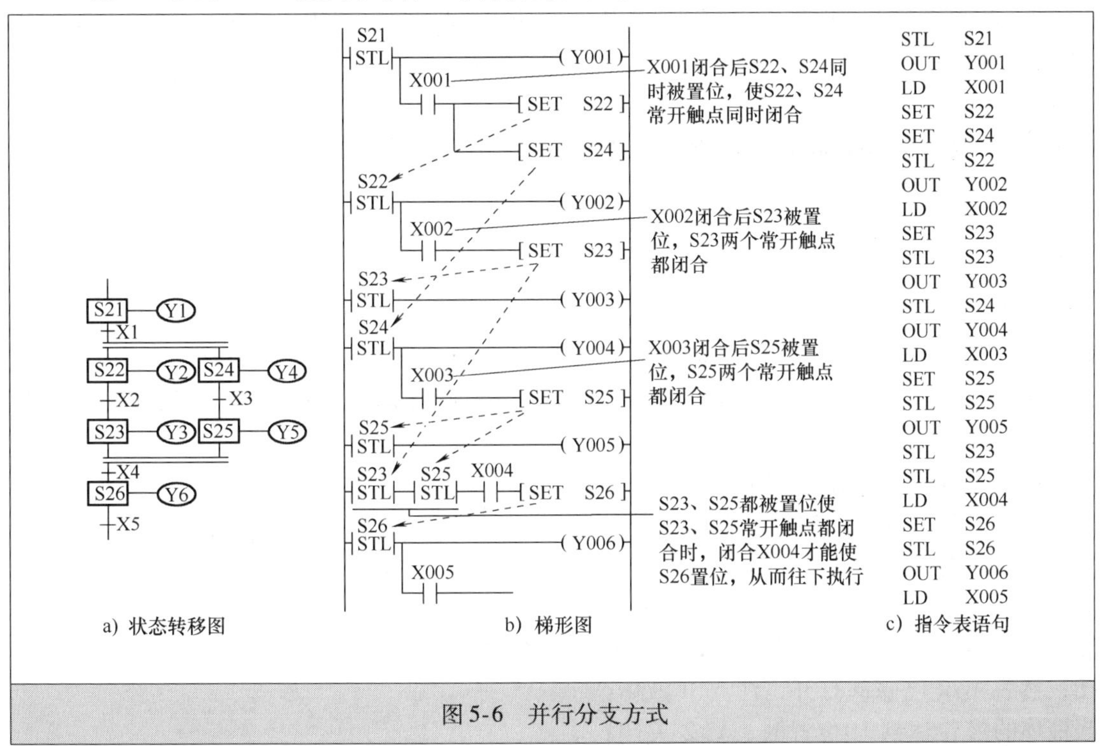

图 5-6　并行分支方式

5.1.5　用步进指令编程的注意事项

在使用步进指令编写顺序控制程序时，要注意以下事项：

1）初始状态（S0）应预先驱动，否则程序不能向下执行，驱动初始状态通常用控制系统的初始条件，若无初始条件，可用 M8002 或 M8000 触点进行驱动。

2）不同步进程序的状态继电器编号不要重复。

3）当上一个步进程序结束，转移到下一个步进程序时，上一个步进程序中的元件会自动复位（SET、RST 指令作用的元件除外）。

4）在步进顺序控制梯形图中可使用双线圈功能，即在不同步进程序中可以使用同一个输出线圈，这是因为 CPU 只执行当前处于活动步的步进程序。

5）同一编号的定时器不要在相邻的步进程序中使用，不是相邻的步进程序中则可以使用。

6）不能同时动作的输出线圈尽量不要设在相邻的步进程序中，因为可能出现下一步程序开始执行时上一步程序未完全复位，这样会出现不能同时动作的两个输出线圈同时动作，如果必须要这样做，可以在相邻的步进程序中采用软联锁保护，即给一个线圈串联另一个线圈的常闭触点。

7）在步进程序中可以使用跳转指令。在中断程序和子程序中也不能存在步进程序。在步进程序中最多可以有4级FOR/NEXT指令嵌套。

8）在选择分支和并行分支程序中，分支数最多不能超过8条，总的支路数不能超过16条。

9）如果希望在停电恢复后继续维持停电前的运行状态时，可使用S500～S899停电保持型状态继电器。

5.2 液体混合装置的PLC控制系统开发实例

5.2.1 明确系统控制要求

两种液体混合装置如图5-7所示，YV1、YV2分别为A、B液体注入控制电磁阀，电磁阀线圈通电时打开，液体可以流入，YV3为C液体流出控制电磁阀，H、M、L分别为高、中、低液位传感器，M为搅拌电动机，通过驱动搅拌部件旋转使A、B液体充分混合均匀。

液体混合装置控制要求如下：

1）装置的容器初始状态应为空的，三个电磁阀都关闭，电动机M停转。按下起动按钮，YV1电磁阀打开，注入A液体，当液体的液位达到M位置时，YV1关闭；然后YV2电磁阀打开，注入B液体，当液体的液位达到H位置时，YV2关闭；接着电动机M开始运转搅20s，而后YV3电磁阀打开，C液体（A、B混合液）流出，当液体的液位下降到L位置时，开始20s计时，在此期间液体全部流出，20s后YV3关闭，一个完整的周期完成。以后自动重复上述过程。

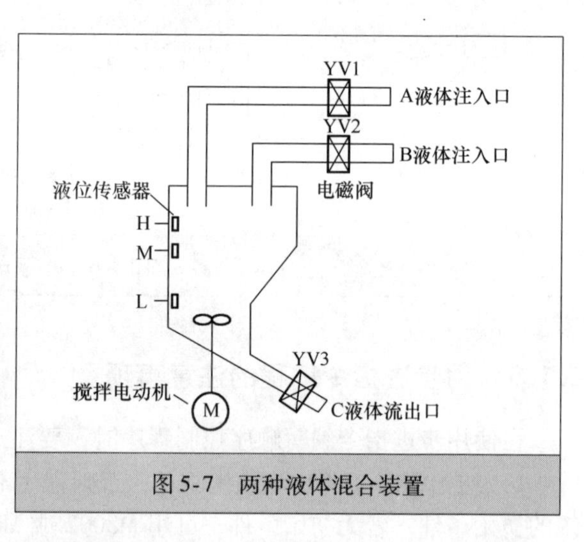

图5-7 两种液体混合装置

2）当按下停止按钮后，装置要完成一个周期才停止。

3）可以用手动方式控制A、B液体的注入和C液体的流出，也可以手动控制搅拌电动机的运转。

5.2.2 确定输入/输出设备并为其分配合适的I/O端子

液体混合装置控制需用到的输入/输出设备和对应的PLC端子见表5-1。

5.2.3 绘制PLC控制电路图

图5-8为液体混合装置的PLC控制电路图。

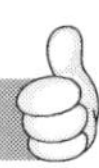

表 5-1　液体混合装置控制采用的输入/输出设备和对应的 PLC 端子

输　入			输　出		
输入设备	对应端子	功能说明	输出设备	对应端子	功能说明
SB1	X0	起动控制	KM1 线圈	Y1	控制 A 液体电磁阀
SB2	X1	停止控制	KM2 线圈	Y2	控制 B 液体电磁阀
SQ1	X2	检测低液位 L	KM3 线圈	Y3	控制 C 液体电磁阀
SQ2	X3	检测中液位 M	KM4 线圈	Y4	驱动搅拌电动机工作
SQ3	X4	检测高液位 H			
QS	X10	手动/自动控制切换 （ON：自动；OFF：手动）			
SB3	X11	手动控制 A 液体流入			
SB4	X12	手动控制 B 液体流入			
SB5	X13	手动控制 C 液体流出			
SB6	X14	手动控制搅拌电动机			

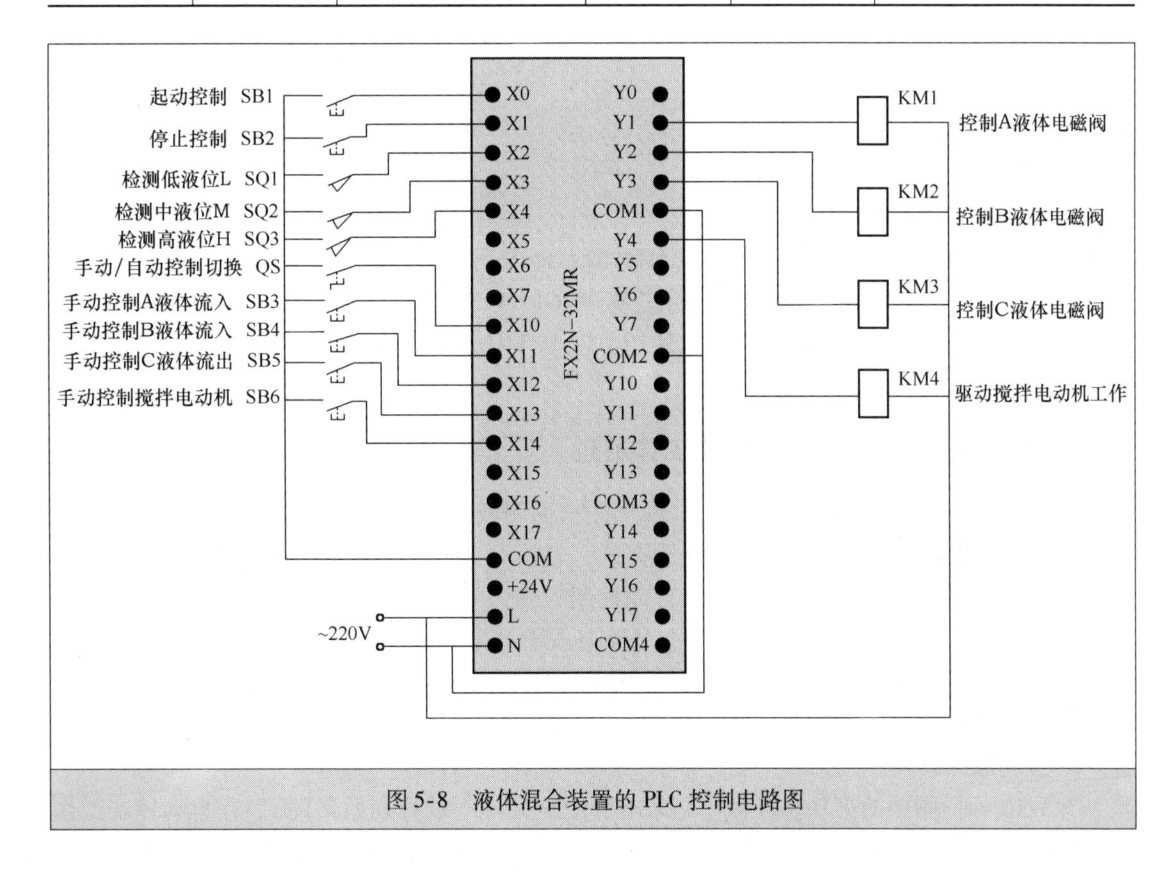

图 5-8　液体混合装置的 PLC 控制电路图

5.2.4　编写 PLC 控制程序

1. 绘制状态转移图

在编写较复杂的步进程序时，建议先绘制状态转移图，再对照状态转移图的框架绘制梯

形图。图 5-9 为液体混合装置控制的状态转移图。

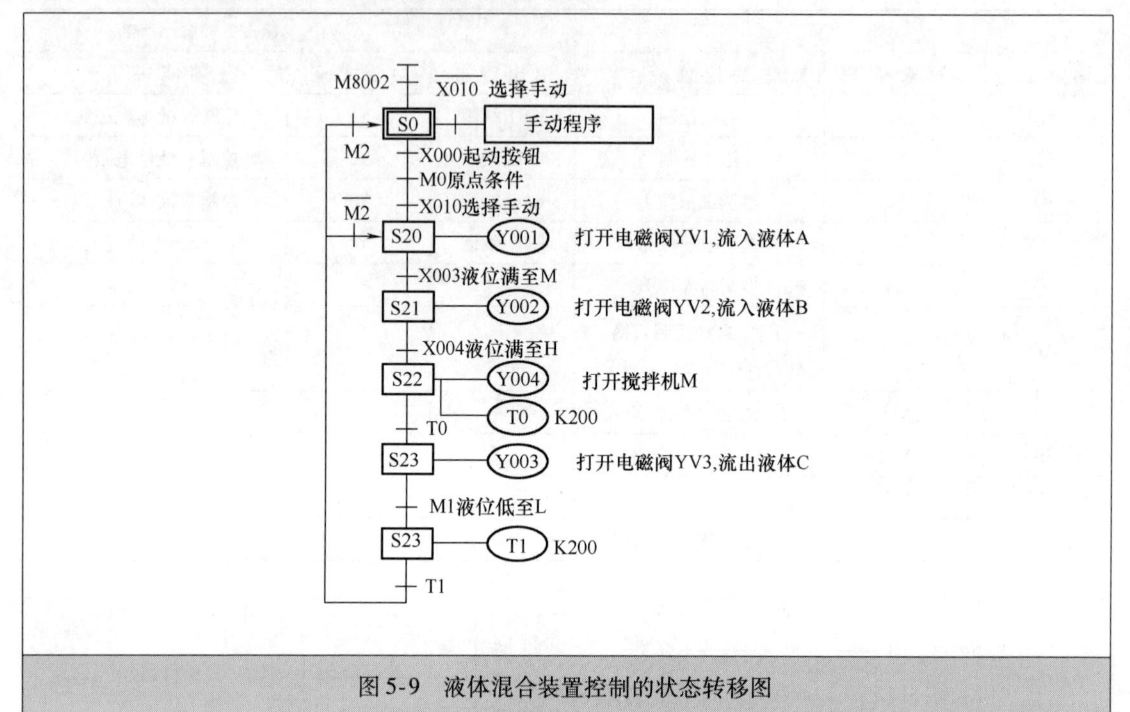

图 5-9　液体混合装置控制的状态转移图

2. 编写梯形图程序

启动三菱 PLC 编程软件，按状态转移图编写梯形图程序，编写完成的液体混合装置控制梯形图如图 5-10 所示，该程序使用三菱 FXGP/WIN-C 软件编写，也可以用三菱 GX Developer软件编写，但要注意步进指令使用方法与 FXGP/WIN-C 软件有所不同，具体区别可见图 5-4。

5.2.5　详解硬件电路和梯形图的工作原理

下面结合图 5-8 控制电路和图 5-10 梯形图来说明液体混合装置的工作原理。

液体混合装置有自动和手动两种控制方式，它由开关 QS 来决定（QS 闭合：自动控制；QS 断开：手动控制）。要让装置工作在自动控制方式，除了开关 QS 应闭合外，装置还须满足自动控制的初始条件（又称原点条件），否则系统将无法进入自动控制方式。装置的原点条件是 L、M、H 液位传感器的开关 SQ1、SQ2、SQ3 均断开，电磁阀 YV1、YV2、YV3 均关闭，电动机 M 停转。

1. 检测原点条件

图 5-10 梯形图中的第 0 梯级程序用来检测原点条件（或称初始条件）。在自动控制工作前，若装置中的 C 液体位置高于传感器 L→SQ1 闭合→X002 常闭触点断开，或 Y001 ~ Y004 常闭触点断开（由 Y000 ~ Y003 线圈得电引起，电磁阀 YV1、YV2、YV3 和电动机 M 会因此得电工作），均会使辅助继电器 M0 线圈无法得电，第 16 梯级中的 M0 常开触点断开，无法对状态继电器 S20 置位，第 35 梯级 S20 常开触点断开，S21 无法置位，这样会依次使 S21、S22、S23、S24 常开触点无法闭合，装置无法进入自动控制状态。

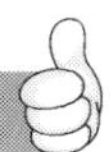

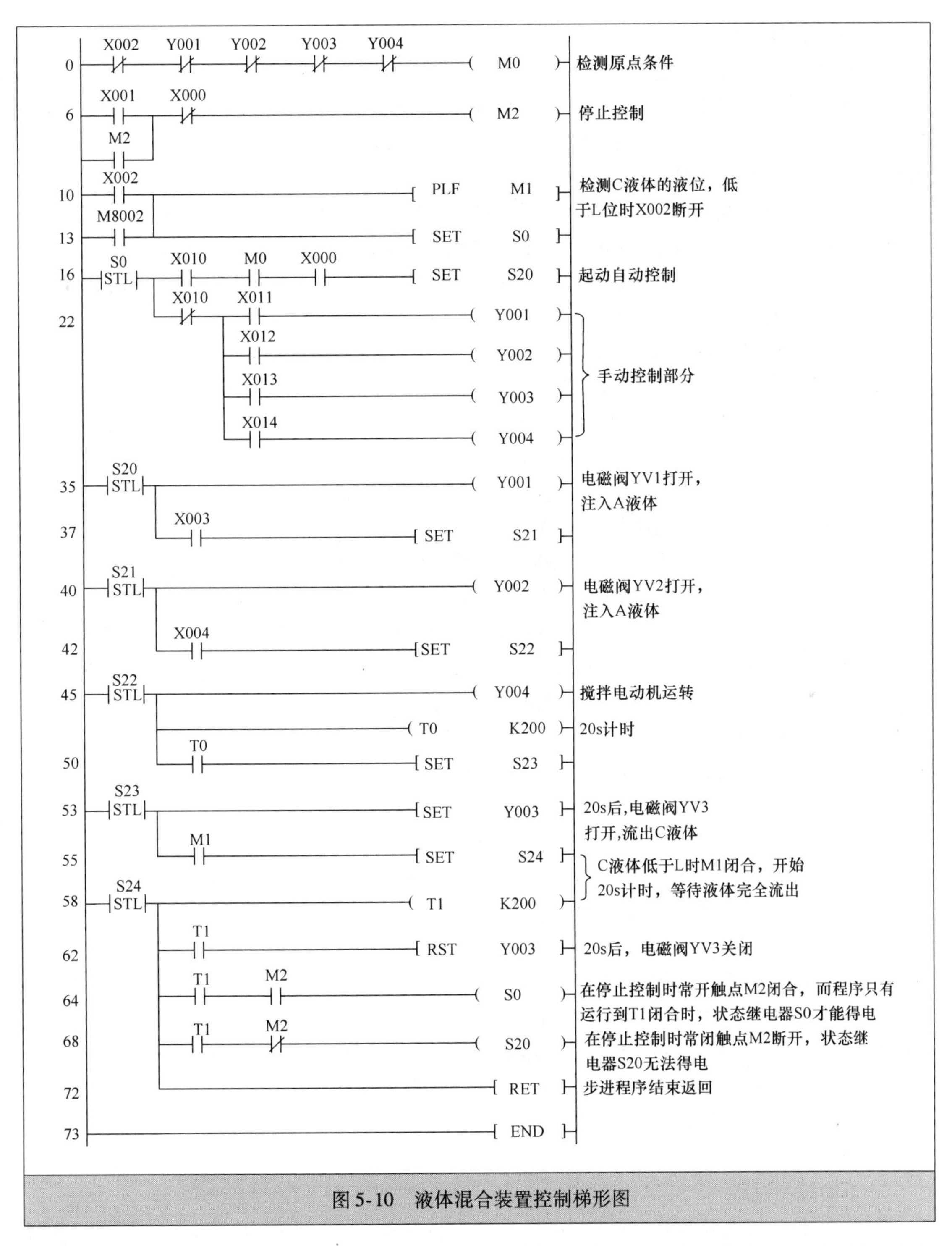

图5-10　液体混合装置控制梯形图

如果是因为C液体未排完而使装置不满足自动控制的原点条件，可手动操作按钮SB5，使X013常开触点闭合，Y003线圈得电，接触器KM3线圈得电，KM3触点闭合接通电磁阀YV3线圈电源，YV3打开，将C液体从装置容器中放完，液位传感器L的SQ1断开，X002常闭触点闭合，M0线圈得电，从而满足自动控制所需的原点条件。

2. 自动控制过程

在起动自动控制前，需要做一些准备工作，包括操作准备和程序准备。

1）操作准备：将手动/自动切换开关QS闭合，选择自动控制方式，图5-10中第16梯级中的X010常开触点闭合，为接通自动控制程序段做准备，第22梯级中的X010常闭触点断开，切断手动控制程序段。

2）程序准备：在起动自动控制前，第0梯级程序会检测原点条件，若满足原点条件，则辅助继电器线圈M0得电，第16梯级中的M0常开触点闭合，为接通自动控制程序段做准备。另外，当程序运行到M8002（触点利用型辅助继电器，只有触点没有线圈）时，M8002自动接通一个扫描周期，“SET S0”指令执行，将状态继电器S0置位，第16梯级中的S0常开触点闭合，也为接通自动控制程序段做准备。

3）起动自动控制：按下起动按钮SB1→[16] X000常开触点闭合→状态继电器S20置位→[35] S20常开触点闭合→Y001线圈得电→Y1端子内部硬触点闭合→KM1线圈得电→主电路中KM1主触点闭合（图5-8中未画出主电路部分）→电磁阀YV1线圈通电，阀门打开，注入A液体→当液体高度到达液位传感器M位置时，传感器开关SQ2闭合→[37] X003常开触点闭合→状态继电器S21置位→[40] S21常开触点闭合，同时S20自动复位，[35] S20触点断开→Y002线圈得电，Y001线圈失电→电磁阀YV2阀门打开，注入B液体→当液体高度到达液位传感器H位置时，传感器开关SQ3闭合→[42] X004常开触点闭合→状态继电器S22置位→[45] S22常开触点闭合，同时S21自动复位，[40] S21触点断开→Y004线圈得电，Y002线圈失电→搅拌电动机M运转，同时定时器T0开始20s计时→20s后，定时器T0动作→[50] T0常开触点闭合→状态继电器S23置位→[53] S23常开触点闭合→Y003线圈被置位→电磁阀YV3打开，C液体流出→当液体下降到液位传感器L位置时，传感器开关SQ1断开→[10] X002常开触点断开（在液体高于L位置时SQ1处于闭合状态）→下降沿脉冲会为继电器M1线圈接通一个扫描周期→[55] M1常开触点闭合→状态继电器S24置位→[58] S24常开触点闭合，同时[53] S23触点断开，由于Y003线圈是置位得电，故不会失电→[58] S24常开触点闭合后，定时器T1开始20s计时→20s后，[62] T1常开触点闭合，Y003线圈被复位→电磁阀YV3关闭，与此同时，S20线圈得电，[35] S20常开触点闭合，开始下一次自动控制。

4）停止控制：在自动控制过程中，若按下停止按钮SB2→[6] X001常开触点闭合→[6] 辅助继电器M2得电→[7] M2自锁触点闭合，锁定供电；[68] M2常闭触点断开，状态继电器S20无法得电，[35] S20常开触点断开；[64] M2常开触点闭合，当程序运行到[64]时，T1闭合，状态继电器S0得电，[16] S0常开触点闭合，但由于常开触点X000处于断开（SB1断开），状态继电器S20无法置位，[35] S20常开触点处于断开，自动控制程序段无法运行。

3. 手动控制过程

将手动/自动切换开关QS断开，选择手动控制方式→[16] X010常开触点断开，状态继电器S20无法置位，[35] S20常开触点断开，无法进入自动控制；[22] X010常闭触点闭合，接通手动控制程序→按下SB3，X011常开触点闭合，Y001线圈得电，电磁阀YV1打开，注入A液体→松开SB3，X011常闭触点断开，Y001线圈失电，电磁阀YV1关闭，停止注入A液体→按下SB4注入B液体，松开SB4停止注入B液体→按下SB6搅拌液体，松开

SB6 停止搅拌液体→按下 SB5 排出 C 液体，松开 SB5 停止排出 C 液体。

5.3　简易机械手的 PLC 控制系统开发实例

5.3.1　明确系统控制要求

简易机械手结构如图 5-11 所示。M1 为控制机械手左右移动的电动机，M2 为控制机械手上下升降的电动机，YV 线圈用来控制机械手夹紧放松，SQ1 为左到位检测开关，SQ2 为右到位检测开关，SQ3 为上到位检测开关，SQ4 为下到位检测开关，SQ5 为工件检测开关。

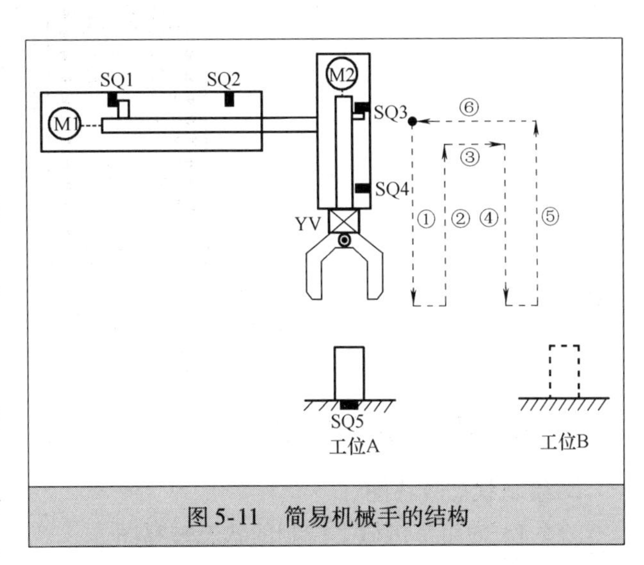

图 5-11　简易机械手的结构

简易机械手控制要求如下：

1）机械手要将工件从工位 A 移到工位 B 处。

2）机械手的初始状态（原点条件）是机械手应停在工位 A 的上方，SQ1、SQ3 均闭合。

3）若原点条件满足且 SQ5 闭合（工件 A 处有工件），按下起动按钮，机械按“原点→下降→夹紧→上升→右移→下降→放松→上升→左移→原点停止”步骤工作。

5.3.2　确定输入/输出设备并为其分配合适的 I/O 端子

简易机械手控制需用到的输入/输出设备和对应的 PLC 端子见表 5-2。

表 5-2　简易机械手控制采用的输入/输出设备和对应的 PLC 端子

输入			输出		
输入设备	对应端子	功能说明	输出设备	对应端子	功能说明
SB1	X0	起动控制	KM1 线圈	Y0	控制机械手右移
SB2	X1	停止控制	KM2 线圈	Y1	控制机械手左移
SQ1	X2	左到位检测	KM3 线圈	Y2	控制机械手下降
SQ2	X3	右到位检测	KM4 线圈	Y3	控制机械手上升
SQ3	X4	上到位检测	KM5 线圈	Y4	控制机械手夹紧
SQ4	X5	下到位检测			
SQ5	X6	工件检测			

5.3.3　绘制 PLC 控制电路图

图 5-12 为简易机械手的 PLC 控制电路图。

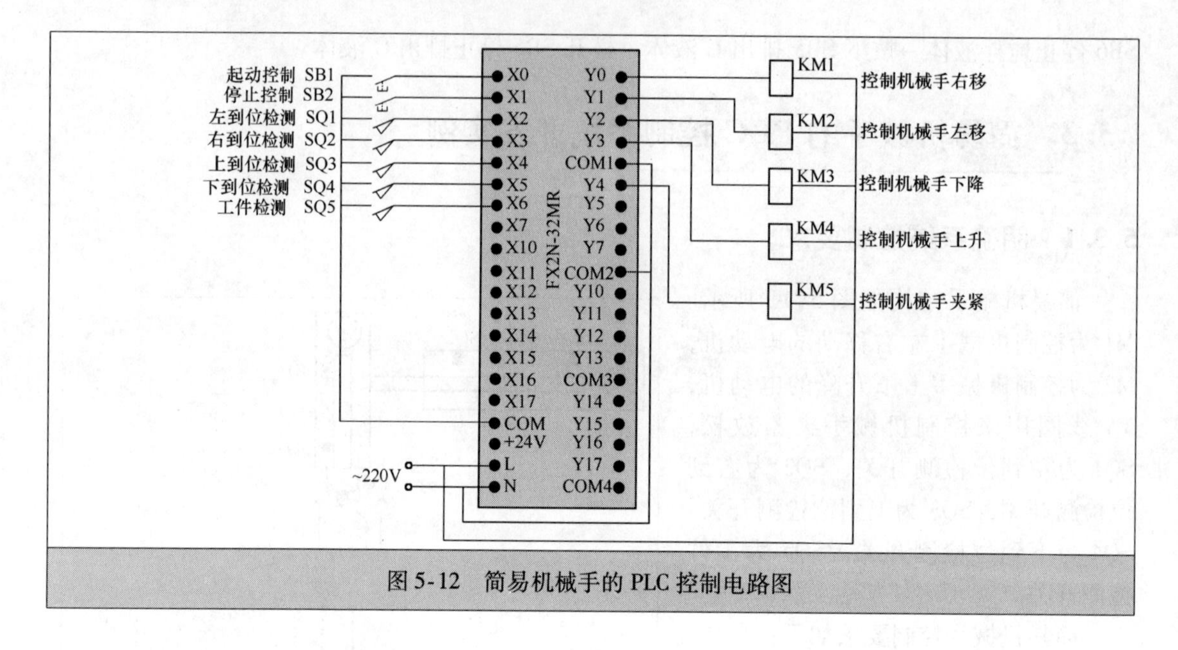

图 5-12　简易机械手的 PLC 控制电路图

5.3.4　编写 PLC 控制程序

1. 绘制状态转移图

图 5-13 为简易机械手控制的状态转移图。

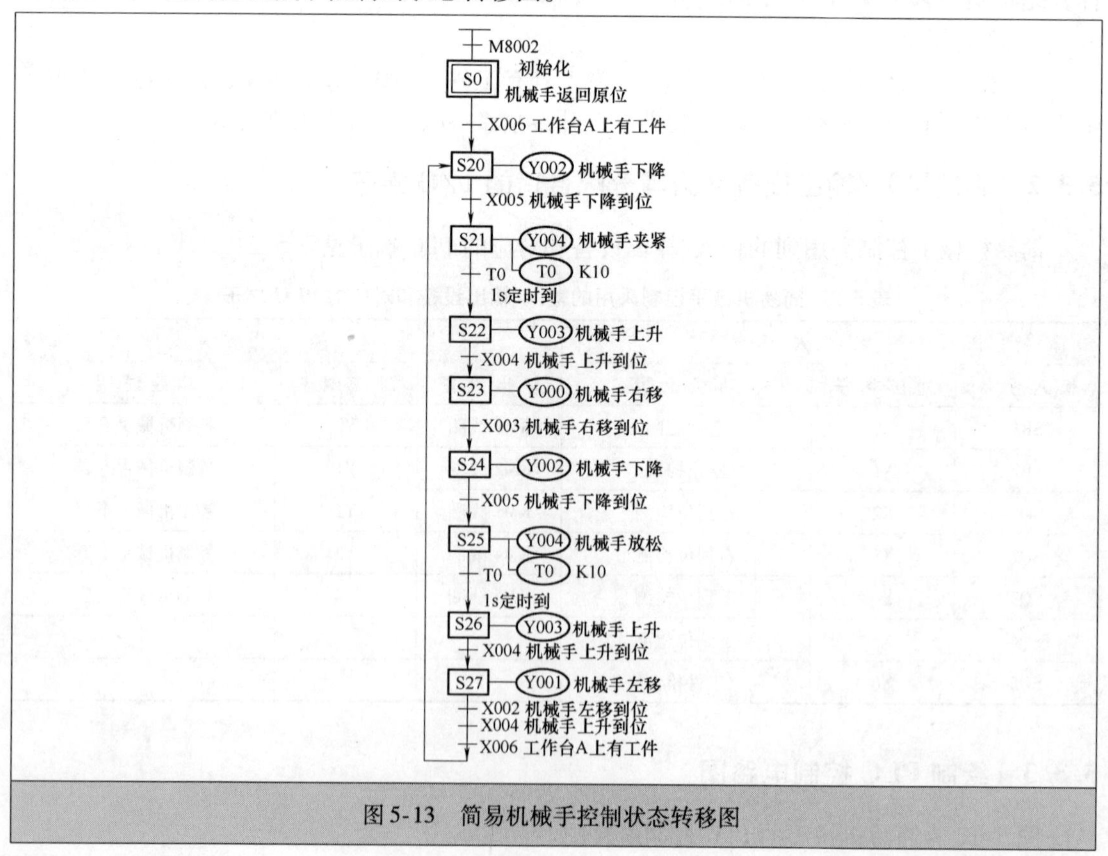

图 5-13　简易机械手控制状态转移图

2. 编写梯形图程序

启动三菱编程软件，按照图 5-13 所示的状态转移图编写梯形图，编写完成的梯形图如图 5-14 所示。

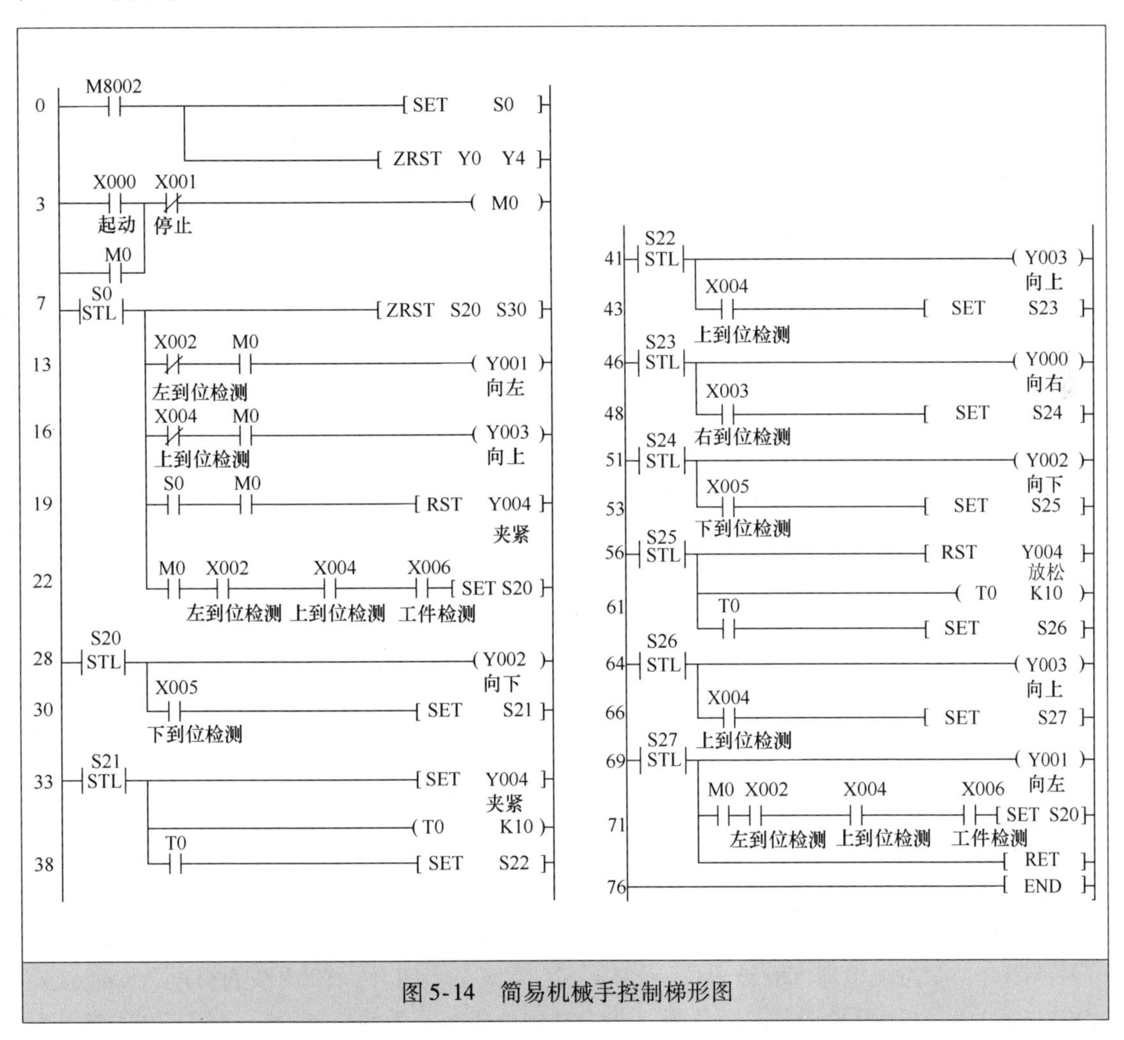

图 5-14　简易机械手控制梯形图

5.3.5　详解硬件电路和梯形图的工作原理

下面结合图 5-12 控制电路图和图 5-14 梯形图来说明简易机械手的工作原理。

武术运动员在表演武术时，通常会在表演场地某位置站立好，然后开始进行各种武术套路表演，表演结束后会收势成表演前的站立状态。同样地，大多数机电设备在工作前先要回到初始位置（相当于运动员表演前的站立位置），然后在程序的控制下，机电设备开始各种操作，操作结束又会回到初始位置，机电设备的初始位置也称原点。

1. 初始化操作

当 PLC 通电并处于“RUN”状态时，程序会先进行初始化操作。程序运行时，M8002 会接通一个扫描周期，线圈 Y0 ~ Y4 先被 ZRST 指令（该指令的用法见第 6 章）批量复位，同时状态继电器S0被置位，[7] S0常开触点闭合，状态继电器S20~S30被ZRST指令批量复位。

2. 起动控制

1）原点条件检测。[13]~[28] 之间为原点检测程序。按下起动按钮SB1→[3] X000常开触点闭合，辅助继电器M0线圈得电，M0自锁触点闭合，锁定供电，同时 [19] M0常开触点闭合，Y004线圈复位，接触器KM5线圈失电，机械手夹紧线圈失电而放松，另外 [13] {16} [22] M0常开触点也均闭合。若机械手未左到位，开关SQ1断开，[13] X002常闭触点闭合，Y001线圈得电，接触器KM1线圈得电，通过电动机M1驱动机械手左移，左移到位后SQ1闭合，[13] X002常闭触点断开；若机械手未上到位，开关SQ3断开，[16] X004常闭触点闭合，Y003线圈得电，接触器KM4线圈得电，通过电动机M2驱动机械手上升，上升到位后SQ3闭合，[13] X004常闭触点断开。如果机械手左到位、上到位且工位A有工件（开关SQ5闭合），则 [22] X002、X004、X006常开触点均闭合，状态继电器S20被置位，[28] S20常开触点闭合，开始控制机械手搬运工件。

2）机械手搬运工件控制。[28] S20常开触点闭合→Y002线圈得电，KM3线圈得电，通过电动机M2驱动机械手下移，当下移到位后，下到位开关SQ4闭合，[30] X005常开触点闭合，状态继电器S21被置位→[33] S21常开触点闭合→Y004线圈被置位，接触器KM5线圈得电，夹紧线圈得电将工件夹紧，与此同时，定时器T0开始1s计时→1s后，[38] T0常开触点闭合，状态继电器S22被置位→[41] S22常开触点闭合→Y003线圈得电，KM4线圈得电，通过电动机M2驱动机械手上移，当上移到位后，开关SQ3闭合，[43] X004常开触点闭合，状态继电器S23被置位→[46] S23常开触点闭合→Y000线圈得电，KM1线圈得电，通过电动机M1驱动机械手右移，当右移到位后，开关SQ2闭合，[48] X003常开触点闭合，状态继电器S24被置位→[51] S24常开触点闭合→Y002线圈得电，KM3线圈得电，通过电动机M2驱动机械手下降，当下降到位后，开关SQ4闭合，[53] X005常开触点闭合，状态继电器S25被置位→[56] S25常开触点闭合→Y004线圈被复位，接触器KM5线圈失电，夹紧线圈失电将工件放下，与此同时，定时器T0开始1s计时→1s后，[61] T0常开触点闭合，状态继电器S26被置位→[64] S26常开触点闭合→Y003线圈得电，KM4线圈得电，通过电动机M2驱动机械手上升，当上升到位后，开关SQ3闭合，[66] X004常开触点闭合，状态继电器S27被置位→[69] S27常开触点闭合→Y001线圈得电，KM2线圈得电，通过电动机M1驱动机械手左移，当左移到位后，开关SQ1闭合，[71] X002常开触点闭合，如果上到位开关SQ3和工件检测开关SQ5均闭合，则状态继电器S20被置位→[28] S20常开触点闭合，开始下一次工件搬运。若工位A无工件，SQ5断开，机械手会停在原点位置。

3. 停止控制

当按下停止按钮SB2→[3] X001常闭触点断开→辅助继电器M0线圈失电→[6]、[13]、[16]、[19]、[22]、[71] M0常开触点均断开，其中 [6] M0常开触点断开解除M0线圈供电，其他M0常开触点断开使状态继电器S20无法置位，[28] S20步进触点无法闭合，[28]~[76] 之间的程序无法运行，机械手不工作。

5.4　大小铁球分拣机的PLC控制系统开发实例

5.4.1　明确系统控制要求

大小铁球分拣机结构如图5-15所示。M1为传送带电动机，通过传送带驱动机械手臂左向或右向移动；M2为电磁铁升降电动机，用于驱动电磁铁YA上移或下移；SQ1、SQ4、SQ5分别为混装球箱、小球箱、大球箱的定位开关，当机械手臂移到某球箱上方时，相应的定位开关闭合；SQ6为接近开关，当铁球靠近时开关闭合，表示电磁铁下方有球存在。

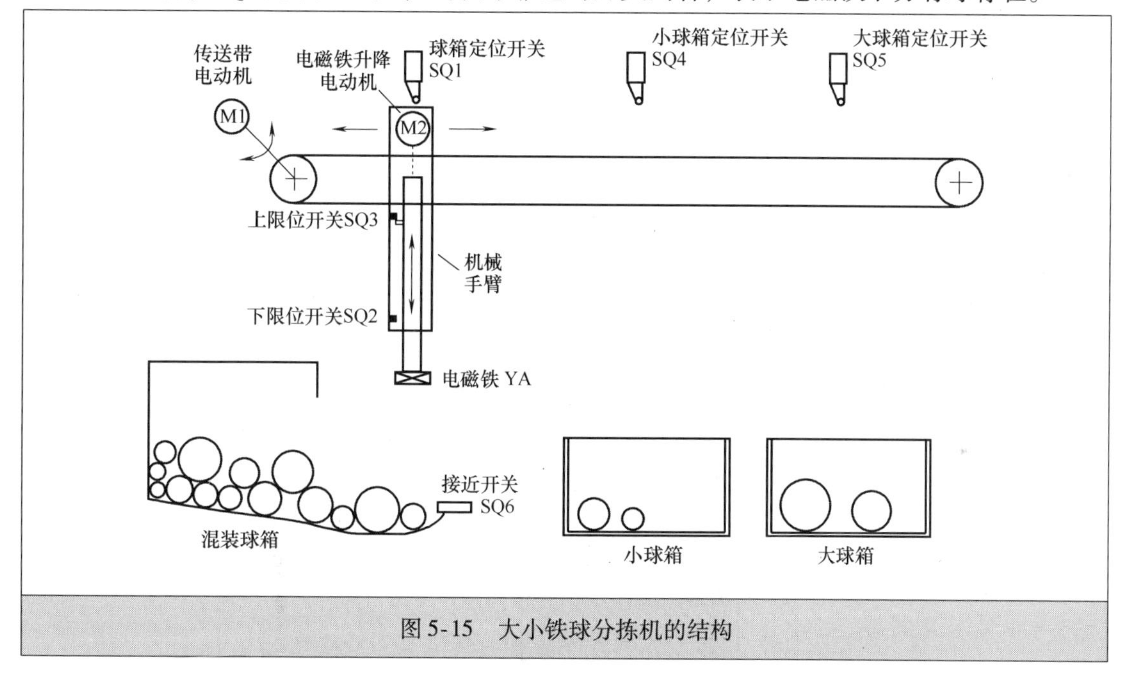

图5-15　大小铁球分拣机的结构

大小铁球分拣机控制要求及工作过程如下：

1）分拣机要从混装球箱中将大小球分拣出来，并将小球放入小球箱内，大球放入大球箱内。

2）分拣机的初始状态（原点条件）是机械手臂应停在混装球箱上方，SQ1、SQ3均闭合。

3）在工作时，若SQ6闭合，则电动机M2驱动电磁铁下移，2s后，给电磁铁通电从混装球箱中吸引铁球，若此时SQ2处于断开，表示吸引的是大球，若SQ2处于闭合，则吸引的是小球，然后电磁铁上移，SQ3闭合后，电动机M1带动机械手臂右移，如果电磁铁吸引的为小球，机械手臂移至SQ4处停止，电磁铁下移，将小球放入小球箱（让电磁铁失电），而后电磁铁上移，机械手臂回归原位，如果电磁铁吸引的是大球，机械手臂移至SQ5处停止，电磁铁下移，将大球放入大球箱，而后电磁铁上移，机械手臂回归原位。

5.4.2　确定输入/输出设备并为其分配合适的I/O端子

大小铁球分拣机控制系统用到的输入/输出设备和对应的PLC端子见表5-3。

表 5-3　大小铁球分拣机控制采用的输入/输出设备和对应的 PLC 端子

输　入			输　出		
输入设备	对应端子	功能说明	输出设备	对应端子	功能说明
SB1	X000	起动控制	HL	Y000	工作指示
SQ1	X001	混装球箱定位	KM1 线圈	Y001	电磁铁上升控制
SQ2	X002	电磁铁下限位	KM2 线圈	Y002	电磁铁下降控制
SQ3	X003	电磁铁上限位	KM3 线圈	Y003	机械手臂左移控制
SQ4	X004	小球球箱定位	KM4 线圈	Y004	机械手臂右移控制
SQ5	X005	大球球箱定位	KM5 线圈	Y005	电磁铁吸合控制
SQ6	X006	铁球检测			

5.4.3　绘制 PLC 控制电路图

图 5-16 为大小铁球分拣机的 PLC 控制电路图。

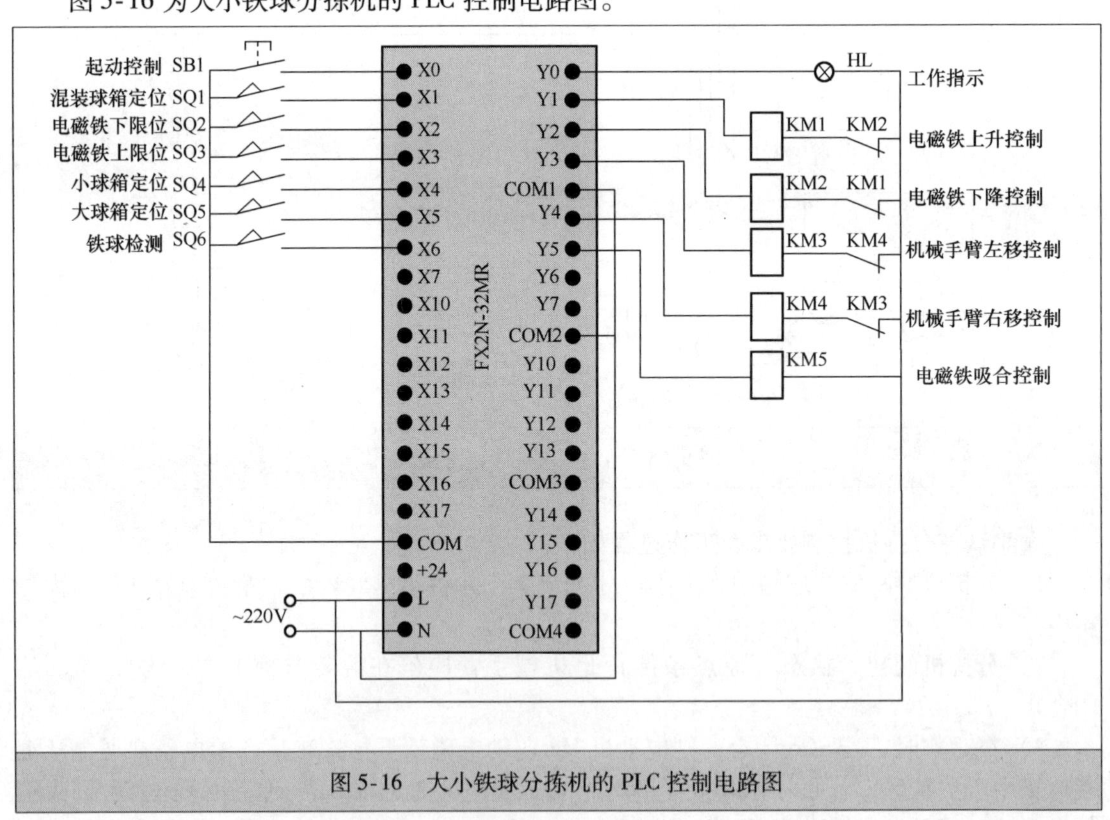

图 5-16　大小铁球分拣机的 PLC 控制电路图

5.4.4　编写 PLC 控制程序

1. 绘制状态转移图

分拣机检球时抓的可能为大球，也可能抓的为小球，若抓的为大球时则执行抓取大球控制，若抓的为小球则执行抓取小球控制，这是一种选择性控制，编程时应采用选择性分支方式。图 5-17 为大小铁球分拣机控制的状态转移图。

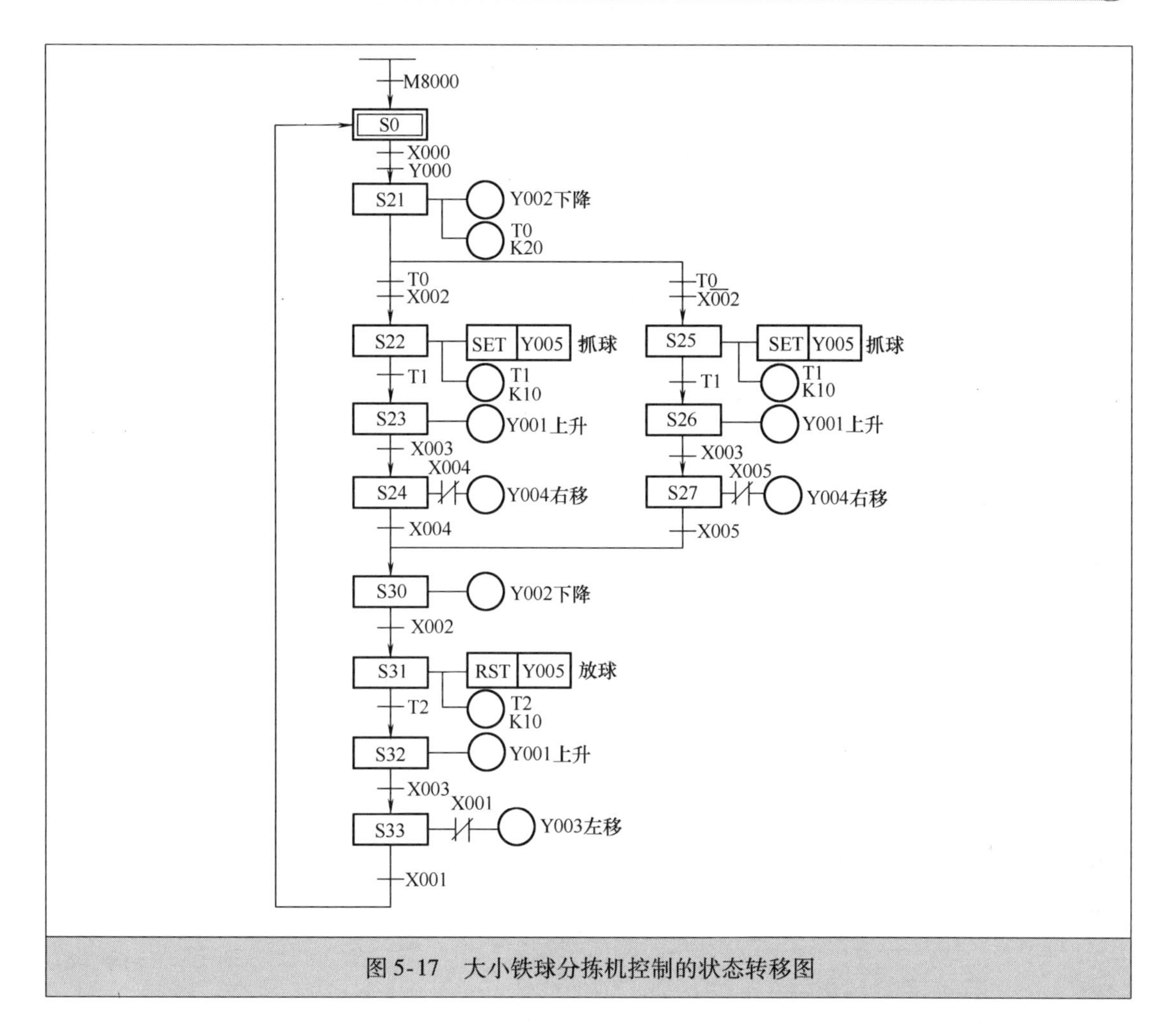

图 5-17　大小铁球分拣机控制的状态转移图

2. 编写梯形图程序

启动三菱编程软件，根据图 5-17 所示的状态转移图编写梯形图，编写完成的梯形图如图 5-18 所示。

5.4.5　详解硬件电路和梯形图的工作原理

下面结合图 5-15 分拣机结构图、图 5-16 控制电路图和图 5-18 梯形图来说明分拣机的工作原理。

1. 检测原点条件

图 5-17 梯形图中的第 0 梯级程序用来检测分拣机是否满足原点条件。分拣机的原点条件有：①机械手臂停止混装球箱上方（会使定位开关 SQ1 闭合，[0] X001 常开触点闭合）；②电磁铁处于上限位位置（会使上限位开关 SQ3 闭合，[0] X003 常开触点闭合）；③电磁铁未通电（Y005 线圈无电，电磁铁也无供电，[0] Y005 常闭触点闭合）；④有铁球处于电磁铁正下方（会使铁球检测开关 SQ6 闭合，[0] X006 常开触点闭合）。这四点都满足后，[0] Y000 线圈得电，[8] Y000 常开触点闭合，同时 Y0 端子的内部硬触点接通，指示灯 HL 亮，HL 不亮，说明原点条件不满足。

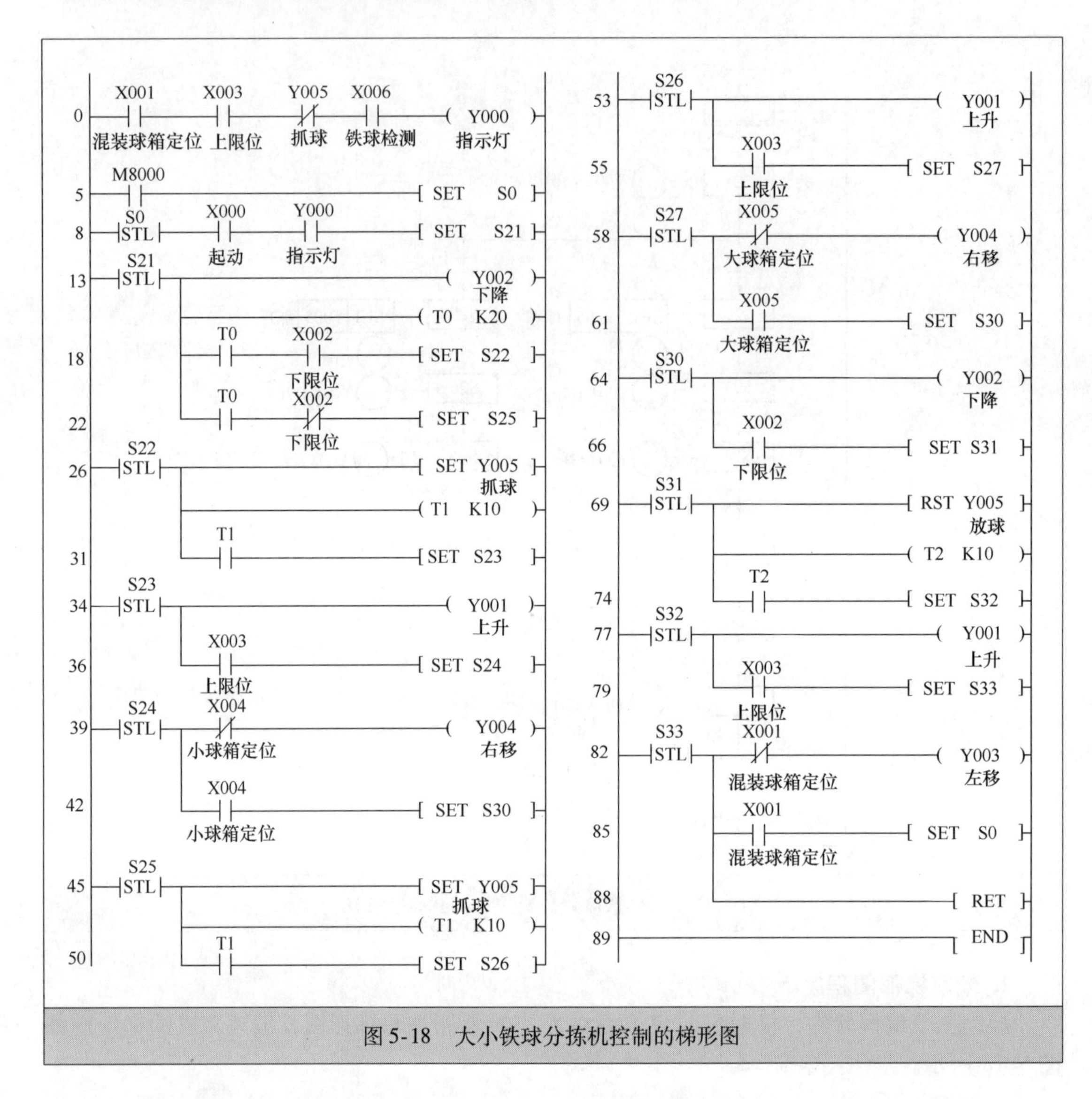

图 5-18　大小铁球分拣机控制的梯形图

2. 工作过程

M8000 为运行监控辅助继电器，只有触点无线圈，在程序运行时触点一直处于闭合状态，M8000 闭合后，初始状态继电器 S0 被置位，[8] S0 常开触点闭合。

按下起动按钮 SB1→[8] X000 常开触点闭合→状态继电器 S21 被置位→[13] S21 常开触点闭合→[13] Y002 线圈得电，通过接触器 KM2 使电动机 M2 驱动电磁铁下移，与此同时，定时器 T0 开始 2s 计时→2s 后，[18] 和 [22] T0 常开触点均闭合，若下限位开关 SQ2 处于闭合，表明电磁铁接触为小球，[18] X002 常开触点闭合，[22] X002 常闭触点断开，状态继电器 S22 被置位，[26] S22 常开触点闭合，开始抓小球控制程序，若下限位开关 SQ2 处于断开，表明电磁铁接触为大球，[18] X002 常开触点断开，[22] X002 常闭触点闭合，状态继电器 S25 被置位，[45] S25 常开触点闭合，开始抓大球控制程序。

1）小球抓取过程。[26] S22 常开触点闭合后，Y005 线圈被置位，通过 KM5 使电磁铁通电抓取小球，同时定时器 T1 开始 1s 计时→1s 后，[31] T1 常开触点闭合，状态继电器

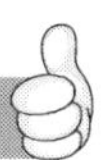

S23 被置位→[34] S23 常开触点闭合，Y001 线圈得电，通过 KM1 使电动机 M2 驱动电磁铁上升→当电磁铁上升到位后，上限位开关 SQ3 闭合，[36] X003 常开触点闭合，状态继电器 S24 被置位→[39] S24 常开触点闭合，Y004 线圈得电，通过 KM4 使电动机 M1 驱动机械手臂右移→当机械手臂移到小球箱上方时，小球箱定位开关 SQ4 闭合→[39] X004 常闭触点断开，Y004 线圈失电，机械手臂停止移动，同时 [42] X004 常开触点闭合，状态继电器 S30 被置位，[64] S30 常开触点闭合，开始放球过程。

2）放球并返回过程。[64] S30 常开触点闭合后，Y002 线圈得电，通过 KM2 使电动机 M2 驱动电磁铁下降，当下降到位后，下限位开关 SQ2 闭合→[66] X002 常开触点闭合，状态继电器 S31 被置位→[69] S31 常开触点闭合→Y005 线圈被复位，电磁铁失电，将球放入球箱，与此同时，定时器 T2 开始 1s 计时→1s 后，[74] T2 常开触点闭合，状态继电器 S32 被置位→[77] S32 常开触点闭合→Y001 线圈得电，通过 KM1 使电动机 M2 驱动电磁铁上升→当电磁铁上升到位后，上限位开关 SQ3 闭合，[79] X003 常开触点闭合，状态继电器 S33 被置位→[82] S33 常开触点闭合→Y003 线圈得电，通过 KM3 使电动机 M1 驱动机械手臂左移→当机械手臂移到混装球箱上方时，混装球箱定位开关 SQ1 闭合→[82] X001 常闭触点断开，Y003 线圈失电，电动机 M1 停转，机械手臂停止移动，与此同时，[85] X001 常开触点闭合，状态继电器 S0 被置位，[8] S0 常开触点闭合，若按下起动按钮 SB1，则开始下一次抓球过程。

3）大球抓取过程。[45] S25 常开触点闭合后，Y005 线圈被置位，通过 KM5 使电磁铁通电抓取大球，同时定时器 T1 开始 1s 计时→1s 后，[50] T1 常开触点闭合，状态继电器 S26 被置位→[53] S26 常开触点闭合，Y001 线圈得电，通过 KM1 使电动机 M2 驱动电磁铁上升→当电磁铁上升到位后，上限位开关 SQ3 闭合，[55] X003 常开触点闭合，状态继电器 S27 被置位→[58] S27 常开触点闭合，Y004 线圈得电，通过 KM4 使电动机 M1 驱动机械手臂右移→当机械手臂移到大球箱上方时，大球箱定位开关 SQ5 闭合→[58] X005 常闭触点断开，Y004 线圈失电，机械手臂停止移动，同时 [61] X005 常开触点闭合，状态继电器 S30 被置位，[64] S30 常开触点闭合，开始放球过程。大球的放球与返回过程与小球完全一样，不再叙述。

第6章 应用指令的使用

PLC 的指令分为基本应用指令、步进指令和应用指令（又称功能指令）。基本应用指令和步进指令的操作对象主要是继电器、定时器和计数器类的软元件，用于替代继电器控制电路进行顺序逻辑控制。为了适应现代工业自动控制需要，现在的 PLC 都增加一些应用指令，应用指令使 PLC 具有很强大的数据运算和特殊处理功能，从而大大扩展了 PLC 的使用范围。

6.1 应用指令的格式与规则

6.1.1 应用指令的格式

应用指令由功能助记符、功能号和操作数等组成。应用指令的格式如下（以平均值指令为例）：

指令名称	助记符	功能号	操作数		
			源操作数（S）	目标操作数（D）	其他操作数（n）
平均值指令	MEAN	FNC45	KnX KnY KnS KnM T、C、D	KnX KnY KnS KnM T、C、D、V、Z	Kn、Hn n = 1 ~ 64

应用指令格式说明：

1）助记符：用来规定指令的操作功能，一般由字母（英文单词或单词缩写）组成。上面的“MEAN”为助记符，其含义是对操作数取平均值。

2）功能号：它是应用指令的代码号，每个应用指令都有自己的功能号，如 MEAN 指令的功能号为 FNC45，在编写梯形图程序时，如果要使用某应用指令，须输入该指令的助记符，而采用手持编程器编写应用指令时，要输入该指令的功能号。

3）操作数：又称操作元件，通常由源操作数［S］、目标操作数［D］和其他操作数［n］组成。

操作数中的 K 表示十进制数，H 表示十六制数，n 为常数，X 为输入继电器，Y 为输出继电器，S 为状态继电器，M 为辅助继电器，T 为定时器，C 为计数器，D 为数据寄存器，V、Z 为变址寄存器。

如果源操作数和目标操作数不止一个，可分别用［S1］、［S2］、［S3］和［D1］、［D2］、［D3］表示。

举例：在图6-1中，指令的功能是在常开触点X000闭合时，将十进制数100送入数据寄存器D10中。

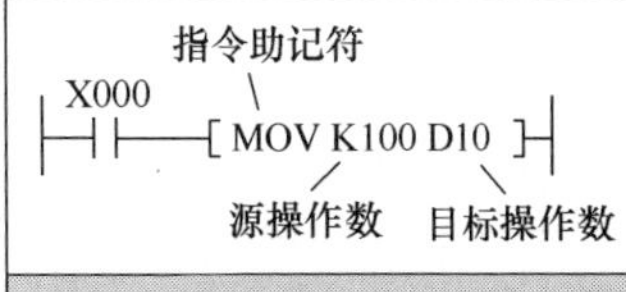

图6-1　应用指令格式说明

6.1.2　应用指令的规则

1. 指令执行形式

三菱FX系列PLC的应用指令有连续执行型和脉冲执行型两种形式。图6-2a中的MOV为连续执行型应用指令，当常开触点X000闭合后，[MOV　D10　D12]指令在每个扫描周期都被重复执行。图6-2b中的MOVP为脉冲执行型应用指令（在MOV指令后加P表示脉冲执行），[MOVP　D10　D12]指令仅在X000由断开转为闭合瞬间执行（闭合后不执行）。

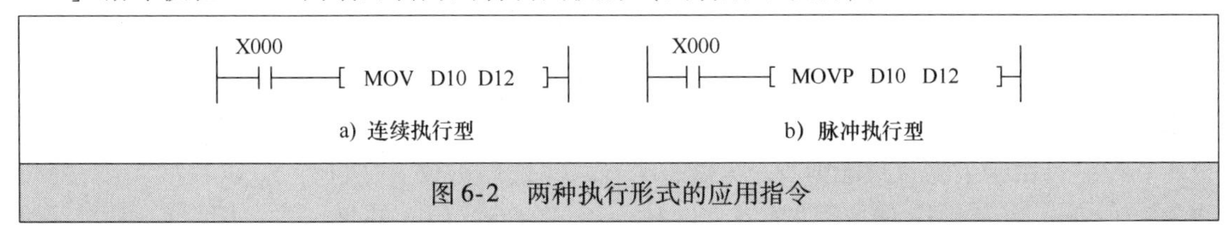

图6-2　两种执行形式的应用指令

2. 数据长度

应用指令可处理16位和32位数据。

（1）16位数据

数据寄存器D和计数器C0～C199存储的为16位数据，16位数据结构如图6-3所示，其中最高位为符号位，其余为数据位，符号位的功能是指示数据位的正负，符号位为0表示数据位的数据为正数，符号位为1表示数据为负数。

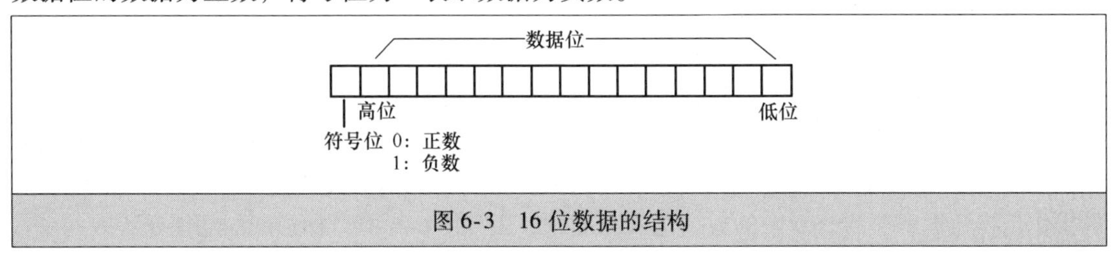

图6-3　16位数据的结构

（2）32位数据

一个数据寄存器可存储16位数据，相邻的两个数据寄存器组合起来可以存储32位数据。32位数据结构如图6-4所示。

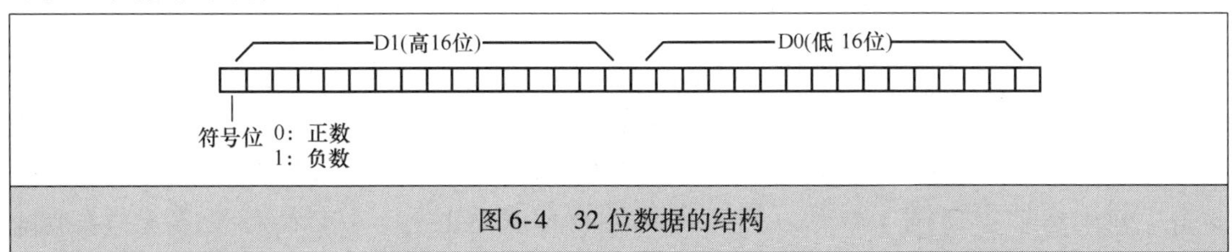

图6-4　32位数据的结构

在应用指令前加D表示其处理数据为32位，在图6-5中，当常开触点X000闭合时，MOV指令执行，将数据寄存器D10中的16位数据送入数据寄存器D12，当常开触点X001闭合时，

DMOV 指令执行，将数据寄存器 D20 和 D21 中的 16 位数据拼成 32 位送入数据寄存器 D22 和 D23，其中 D20→D22，D21→D23。脉冲执行符号 P 和 32 位数据处理符号 D 可同时使用。

（3）字元件和位元件

字元件是指处理数据的元件，如数据寄存器、定时器、计数器都为字元件。位元件是指只有断开和闭合两种状态的元件，如输入继电器 X、输出继电器 Y、辅助继电器 M 和状态继电器 S 都为位元件。

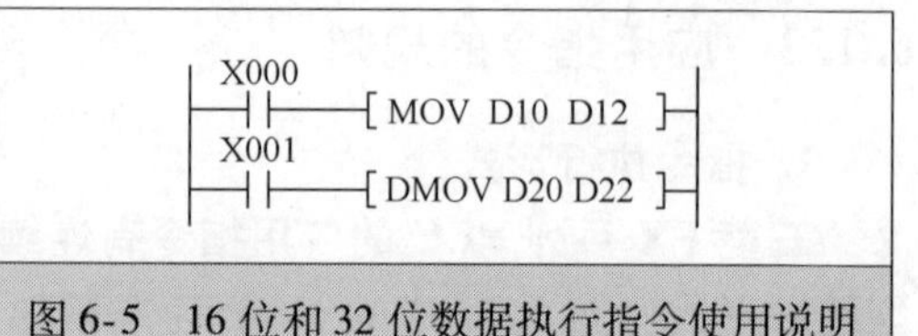

图 6-5　16 位和 32 位数据执行指令使用说明

多个位元件组合可以构成字元件，位元件在组合时通常 4 个元件组成一个单元，位元件组合可用 Kn 加首元件来表示，n 为单元数，例如 K1M0 表示 M0 ~ M3 四个位元件组合，K4M0 表示位元件 M0 ~ M15 组合成 16 位字元件（M15 为最高位，M0 为最低位），K8M0 表示位元件 M0 ~ M31 组合成 32 位字元件。其他的位元件组成字元件如 K4X0、K2Y10、K1S10 等。

在进行 16 位数据操作时，n 在 1 ~ 3 之间，参与操作的位元件只有 4 ~ 12 位，不足的部分用 0 补足，由于最高位只能为 0，所以意味着只能处理正数。在进行 32 位数据操作时，n 在 1 ~ 7 之间，参与操作的位元件有 4 ~ 28 位，不足的部分用 0 补足。在采用“Kn + 首元件编号”方式组合成字元件时，首元件可以任选，但为了避免混乱，通常选尾数为 0 的元件作首元件，如 M0、M10、M20 等。

不同长度的字元件在进行数据传递时，一般按以下规则：

1）长字元件→短字元件传递数据，长字元件低位数据传送给短字元件。

2）短字元件→长字元件传递数据，短字元件数据传送给长字元件低位，长字元件高位全部变为 0。

3. 变址寄存器

三菱 FX 系列 PLC 有 V、Z 两种 16 位变址寄存器，它可以像数据寄存器一样进行读写操作。变址寄存器 V、Z 编号分别为 V0 ~ V7、Z0 ~ Z7，常用在传送、比较指令中，用来修改操作对象的元件号，例如在图 6-6 左梯形图中，如果 V0 = 18（即变址寄存器 V 中存储的数据为 18）、Z0 = 20，那么 D2V0 表示 D（2 + V0）= D20，D10Z0 表示 D（10 + Z0）= D30，指令执行的操作是将数据寄存器 D20 中的数据送入 D30 中，因此图 6-6 两个梯形图的功能是等效的。

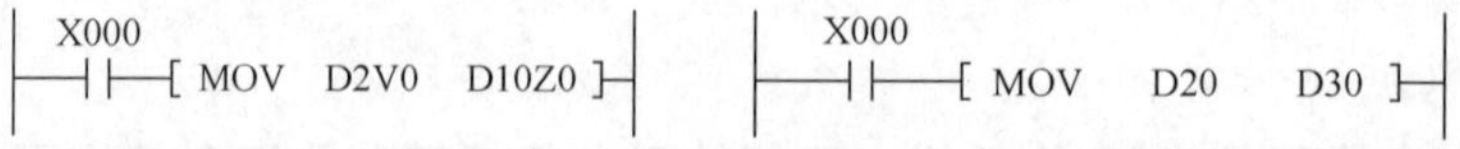

X000　[MOV　D2V0　D10Z0]　　X000　[MOV　D20　D30]

图 6-6　变址寄存器的使用说明一

变址寄存器可操作的元件有输入继电器 X、输出继电器 Y、辅助继电器 M、状态继电器 S、指针 P 和由位元件组成的字元件的首元件，如 KnM0Z，但变址寄存器不能改变 n 的值，如 K2ZM0 是错误的。利用变址寄存器在某些方面可以使编程简化。图 6-7 中的程序采用了变址寄存器，在常开触点 X000 闭合时，先分别将数据 6 送入变址寄存器 V0 和 Z0，然后将数据寄存器 D6 中的数据送入 D16。

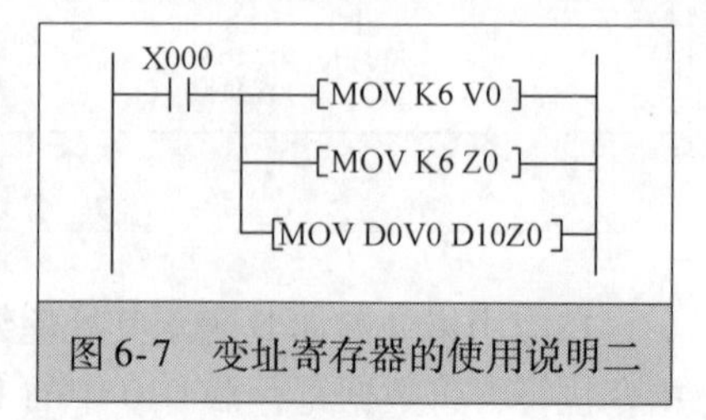

图 6-7　变址寄存器的使用说明二

6.2　应用指令使用详解

三菱 FX 系列 PLC 可分为一代机（FX1S、FX1N、FX1NC）、二代机（FX2N、FX2NC）和三代机（FX3G、FX3U、FX3UC），由于二、三代机是在一代机基础上发展起来的，故其指令也较一代机增加了很多。目前市面上使用最多的为二代机，一代机正慢慢淘汰，三代机数量还比较少，因此本书主要介绍三菱 FX 系列二代机的指令系统，学好了二代机指令不但可以对一、二代机进行编程，还可以对三代机编程，不过如果要充分利用三代机的全部功能，还需要学习三代机独有的指令。

本书附录 B 列出了三菱 FX 系列 PLC 的指令系统表，利用该表不但可以了解 FX1S、FX1N、FX1NC、FX2N、FX2NC、FX3G、FX3U 和 FX3UC PLC 支持的指令，还可以通过指令表中功能号在本节快速找到某指令的使用说明。

6.2.1　程序流程控制指令

程序流程控制指令的功能是改变程序执行的顺序，主要包括条件跳转、中断、子程序调用、子程序返回、主程序结束、刷新监视定时器和循环等指令。

1. 条件跳转指令（CJ）

（1）指令格式

条件跳转指令格式如下：

指令名称	助记符	功能号	操作数	程序步
			D	
条件跳转指令	CJ	FNC00	P0～P63（FX1S） P0～P127（FX1N/FX1NC/FX2N/FX2NC） P0～P2047（FX3G） P0～P4095（FX3U/FX3UC）	CJ 或 CJP：3 步 标号 P：1 步

（2）使用说明

CJ 指令的使用如图 6-8 所示。在图 a 中，当常开触点 X020 闭合时，“CJ　P9”指令执行，程序会跳转到 CJ 指令指定的标号（指针）P9 处，并从该处开始执行程序，跳转指令与标记之间的程序将不会执行，如果 X020 处于断开状态，程序则不会跳转，而是往下执行，当执行到常开触点 X021 所在行时，若 X021 处于闭合，CJ 指令执行会使程序跳转到 P9 处。在图 b 中，当常开触点 X022 闭合时，CJ 指令执行会使程序跳转到 P10 处，并从 P10 处往下执行程序。

在 FXGP/WIN-C 编程软件输入标记 P＊的操作如图 6-9a 所示，将光标移到某程序左母线步标号处，然后敲击键盘上的“P”键，在弹出的对话框中输入数字，点击“确定”按钮即输入标记。在 GX Developer 编程软件输入标记 P＊的操作如图 6-9b 所示，在程序左母线步标号处双击，弹出“梯形图输入”对话框，输入标记号，单击“确定”按钮即可。

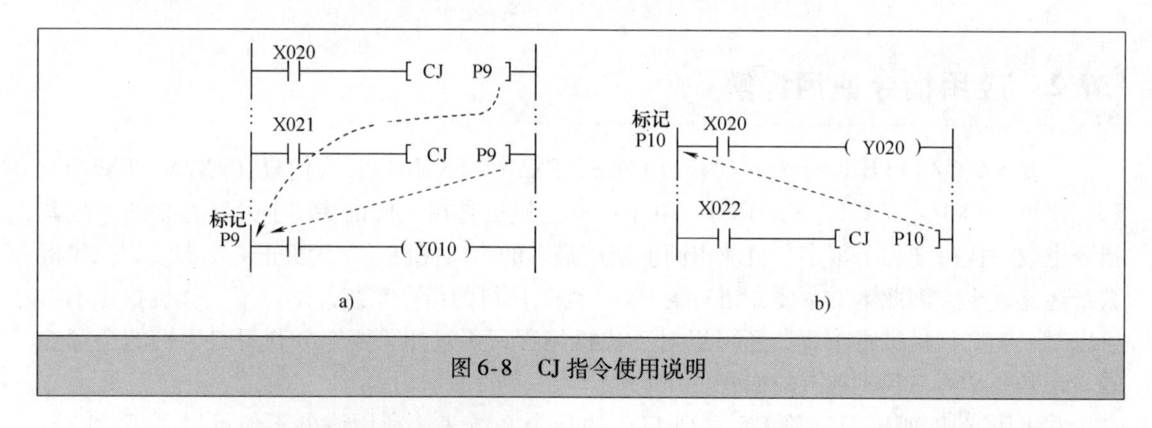

图 6-8　CJ 指令使用说明

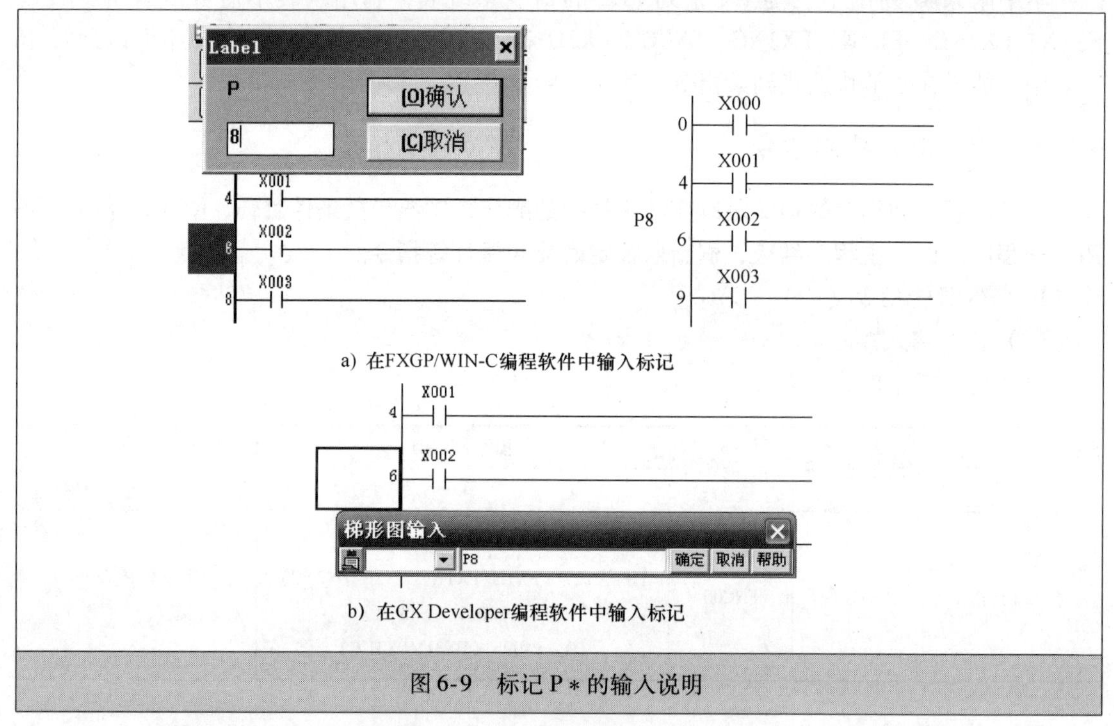

图 6-9　标记 P＊的输入说明

2. 子程序调用（CALL）和返回（SRET）指令

（1）指令格式

子程序调用和返回指令格式如下：

指令名称	助记符	功能号	操作数	程序步
			D	
子程序调用指令	CALL	FNC01	P0～P63（FX1S） P0～P127（FX1N/FX1NC/FX2N/FX2NC） P0～P2047（FX3G） P0～P4095（FX3U/FX3UC） （嵌套5级）	CALL：3 步 标号 P：1 步
子程序返回指令	SRET	FNC02	无	1 步

（2）使用说明

子程序调用和返回指令的使用如图 6-10 所示。当常开触点 X001 闭合，“CALL　P11”指令执行，程序会跳转并执行标记 P11 处的子程序 1，如果常开触点 X002 闭合，“CALL P12”指令执行，程序会跳转并执行标记 P12 处的子程序 2，子程序 2 执行到返回指令“SRET”时，会跳转到子程序 1，而子程序 1 通过其“SRET”指令返回主程序。从图 6-9 中可以看出，子程序 1 中包含有跳转到子程序 2 的指令，这种方式称为嵌套。

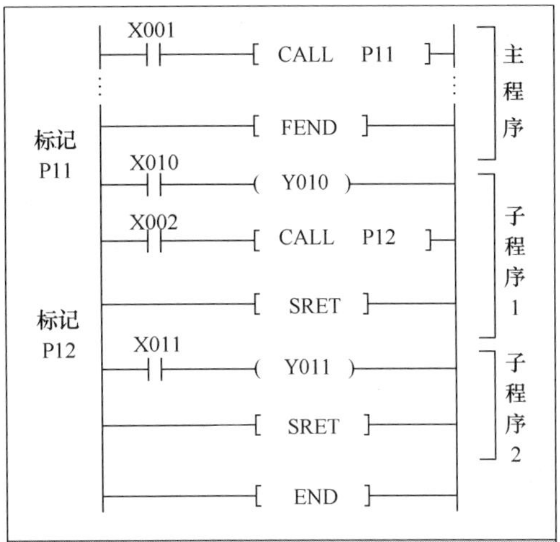

图 6-10　子程序调用和返回指令的使用

在使用子程序调用和返回指令时要注意以下几点：

1）一些常用或多次使用的程序可以写成子程序，然后进行调用。

2）子程序要求写在主程序结束指令“FEND”之后。

3）子程序中可做嵌套，嵌套最多可做 5 级。

4）CALL 指令和 CJ 指令的操作数不能为同一标记，但不同嵌套的 CALL 指令可调用同一标记处的子程序。

5）在子程序中，要求使用定时器 T192 ~ T199 和 T246 ~ T249。

3. 中断指令

在生活中，人们经常会遇到这样的情况：当你正在书房看书时，突然客厅的电话响了，你就会停止看书，转而去接电话，接完电话后又接着去看书。这种停止当前工作，转而去做其他工作，做完后又返回来做先前工作的现象称为中断。

PLC 也有类似的中断现象，当 PLC 正在执行某程序时，如果突然出现意外事情（中断输入），它就需要停止当前正在执行的程序，转而去处理意外事情（即去执行中断程序），处理完后又接着执行原来的程序。

（1）指令格式

中断指令有三条，其格式如下：

指令名称	助记符	功能号	操作数	程序步
			D	
中断返回指令	IRET	FNC03	无	1 步
允许中断指令	EI	FNC04	无	1 步
禁止中断指令	DI	FNC05	无	1 步

（2）指令说明及使用说明

中断指令的使用如图 6-11 所示，下面对照该图来说明中断指令的使用要点。

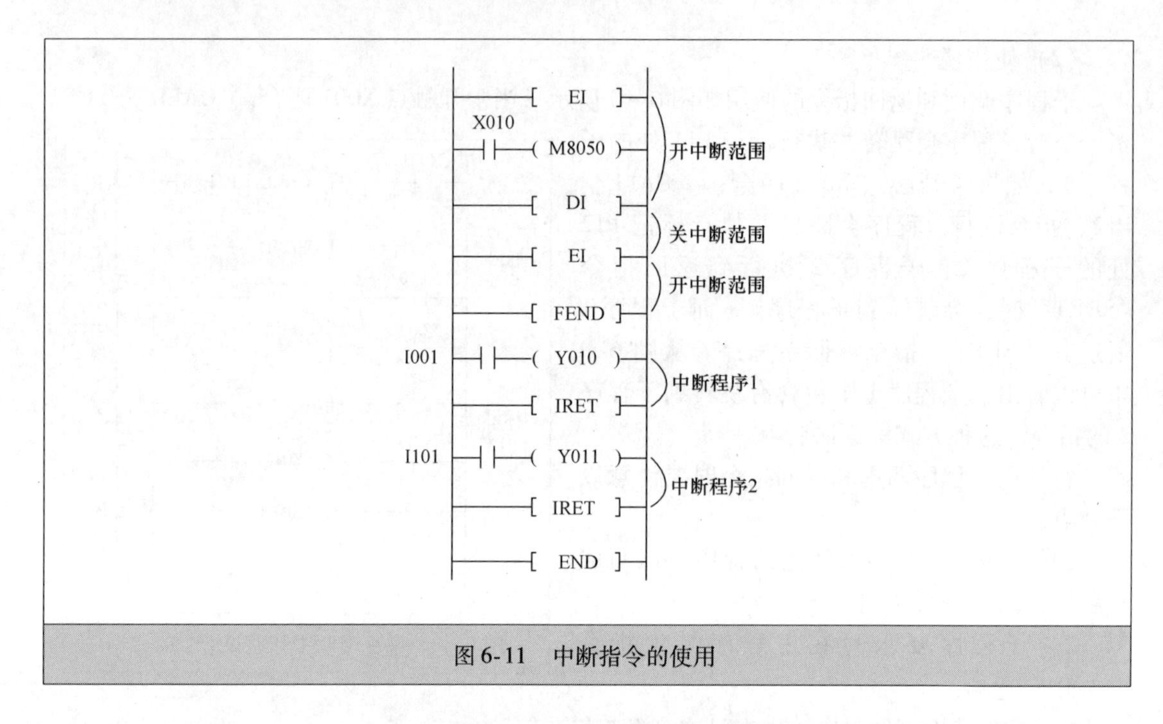

图6-11　中断指令的使用

1）中断允许。EI至DI指令之间或EI至FEND指令之间为中断允许范围，即程序运行到它们之间时，如果有中断输入，程序马上跳转执行相应的中断程序。

2）中断禁止。DI至EI指令之间为中断禁止范围，当程序在此范围内运行时出现中断输入，不会马上跳转执行中断程序，而是将中断输入保存下来，等到程序运行完EI指令时才跳转执行中断程序。

3）输入中断指针。图中标号处的I001和I101为中断指针，其含义如下：

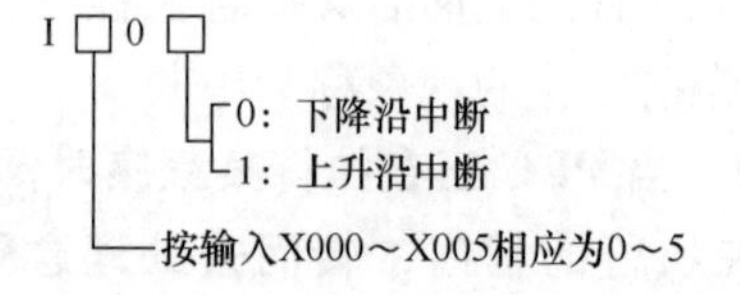

三菱FX系列PLC可使用6个输入中断指针，表6-1列出了这些输入中断指针编号和相关内容。

表6-1　三菱FX系列PLC的中断指针编号和相关内容

中断输入	指针编号		禁止中断
	上升沿中断	下降沿中断	
X000	I001	I000	M8050
X001	I101	I100	M8051
X002	I201	I200	M8052
X003	I301	I300	M8053
X004	I401	I400	M8054
X005	I501	I500	M8055

对照表6-1不难理解图6-11梯形图工作原理：当程序运行在中断允许范围内时，若X000触点由断开转为闭合OFF→ON（如X000端子外接按钮闭合），程序马上跳转执行中断指针I001处的中断程序，执行到“IRET”指令时，程序又返回主程序；当程序从EI指令往DI指令运行时，若X010触点闭合，特殊辅助继电器M8050得电，则将中断输入X000设为无效，这时如果X000触点由断开转为闭合，程序不会执行中断指针I001处的中断程序。

4）定时中断。当需要每隔一定时间就反复执行某段程序时，可采用定时中断。三菱FX1S/FX1N/FX1NC PLC无定时中断功能，三菱FX2N/FX2NC/FX3G/FX3U/FX3UC PLC可使用3个定时中断指针。定时中断指针含义如下：

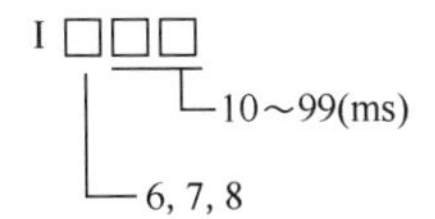

定时中断指针I6□□、I7□□、I8□□可分别用M8056、M8057、M8058禁止。

4. 主程序结束指令（FEND）

主程序结束指令格式如下：

指令名称	助记符	功能号	操作数	程序步
			D	
主程序结束指令	FEND	FNC06	无	1步

主程序结束指令使用要点如下：

1）FEND表示一个主程序结束，执行该指令后，程序返回到第0步。

2）多次使用FEND指令时，子程序或中断程序要写在最后的FEND指令与END指令之间，且必须以RET指令（针对子程序）或IRET指令（针对中断程序）结束。

5. 刷新监视定时器指令（WDT）

（1）指令格式

刷新监视定时器指令格式如下：

指令名称	助记符	功能号	操作数	程序步
			D	
刷新监视定时器指令	WDT	FNC07	无	1步

（2）使用说明

PLC在运行时，若一个运行周期（从0步运行到END或FEND）超过200ms时，内部运行监视定时器会让PLC的CPU出错指示灯变亮，同时PLC停止工作。为了解决这个问题，可使用WDT指令对监视定时器进行刷新。WDT指令的使用如图6-12a所示，若一个程序运行需240ms，可在120ms程序处插入一个WDT指令，将监视定时器进行刷新，使定时器重新计时。

为了使PLC扫描周期超过200ms，还可以使用MOV指令将希望运行的时间写入特殊数据寄存器D8000中，如图6-12b所示，该程序将PLC扫描周期设为300ms。

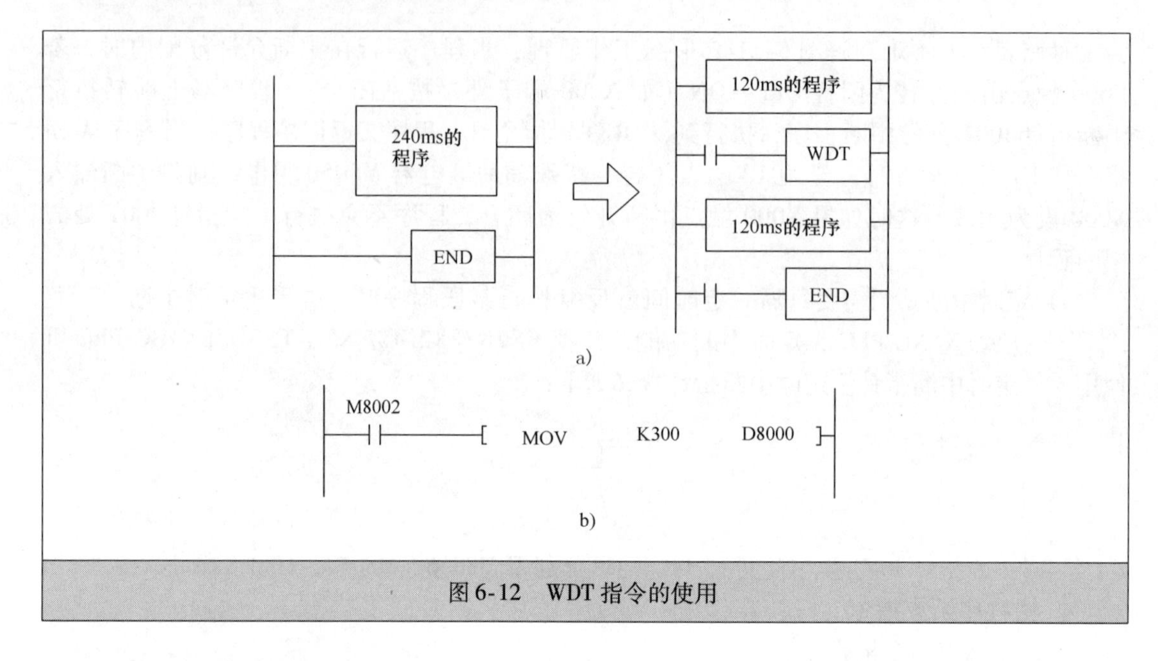

图 6-12　WDT 指令的使用

6. 循环开始与结束指令

（1）指令格式

循环开始与结束指令格式如下：

指 令 名 称	助记符	功能号	操 作 数	程 序 步
			S	
循环开始指令	FOR	FNC08	K、H、KnX、KnY、KnS、KnM、T、C、D、V、Z	3 步（嵌套 5 层）
循环结束指令	NEXT	FNC09	无	1 步

（2）使用说明

循环开始与结束指令的使用如图 6-13所示，“FOR K4”指令设定 A 段程序（FOR ~ NEXT 之间的程序）循环执行 4 次，“FOR　D0”指令设定 B 段程序循环执行 D0（数据寄存器 D0 中的数值）次，若 D0 = 2，则 A 段程序反复执行 4 次，而 B 段程序会执行 4 × 2 = 8 次，这是因为运行到 B 段程序时，B 段程序需要反复运行 2 次，然后往下执行，当执行到 A 段程序 NEXT 指令时，又返回到 A 段程序头部重新开始运行，直至 A 段程序从头到尾执行 4 次。

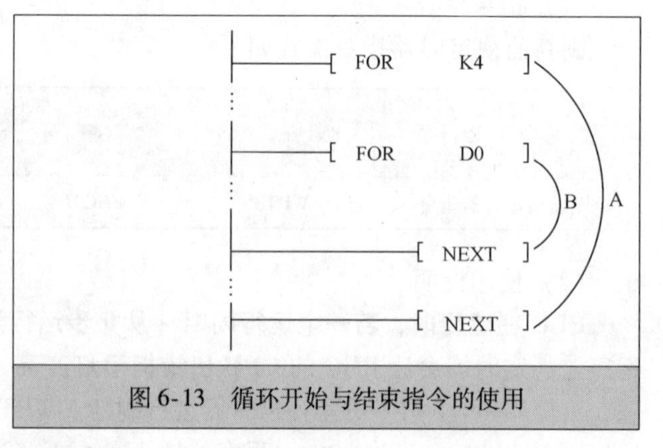

图 6-13　循环开始与结束指令的使用

FOR 与 NEXT 指令使用要点：

1）FOR 与 NEXT 之间的程序可重复执行 n 次，n 由编程设定，n = 1 ~ 32767。

2）循环程序执行完设定的次数后，紧接着执行 NEXT 指令后面的程序步。

3）在 FOR～NEXT 程序之间最多可嵌套 5 层其他的 FOR～NEXT 程序，嵌套时应避免出现以下情况：

① 缺少 NEXT 指令；

② NEXT 指令写在 FOR 指令前；

③ NEXT 指令写在 FEND 或 END 之后；

④ NEXT 指令个数与 FOR 不一致。

6.2.2　传送与比较指令

传送与比较指令包括数据比较、传送、交换和变换指令，共 10 条，这些指令属于基本的应用指令，使用较为广泛。

1. 比较指令

（1）指令格式

比较指令格式如下：

指令名称	助记符	功能号	操作数			程序步
			S1	S2	D	
比较指令	CMP	FNC10	K、H、 KnX、KnY、KnS、KnM、 T、C、D、V、Z		Y、M、S	CMP、CMPP：7 步 DCMP、DCMPP：13 步

（2）使用说明

比较指令的使用如图 6-14 所示。CMP 指令有两个源操作数 K100、C10 和一个目标操作数 M0（位元件），当常开触点 X000 闭合时，CMP 指令执行，将源操作数 K100 和计数器 C10 当前值进行比较，根据比较结果来驱动目标操作数指定的三个连号位元件，若 K100 > C10，M0 常开触点闭合，若 K100 = C10，M1 常开触点闭合，若 K100 < C10，M2 常开触点闭合。

在指定 M0 为 CMP 的目标操作数时，M0、M1、M2 三个连号元件会被自动占用，在 CMP 指令执行后，这三个元件必定有一个处于 ON，当常开触点 X000 断开后，这三个元件的状态仍会保存，要恢复它们的原状态，可采用复位指令。

2. 区间比较指令

（1）指令格式

区间比较指令格式如下：

指令名称	助记符	功能号	操作数				程序步
			S1	S2	S3	D	
区间比较指令	ZCP	FNC11	K、H、 KnX、KnY、KnS、KnM、 T、C、D、V、Z			Y、M、S	ZCP、ZCPP：9 步 DZCP、DZCPP：17 步

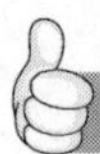

（2）使用说明

区间比较指令的使用如图6-15所示。ZCP指令有三个源操作数和一个目标操作数，前两个源操作数用于将数据分为三个区间，再将第三个源操作数在这三个区间进行比较，根据比较结果来驱动目标操作数指定的三个连号位元件，若C30＜K100，M3常开触点闭合，若K100≤C30≤K120，M4常开触点闭合，若C30＞K120，M5常开触点闭合。

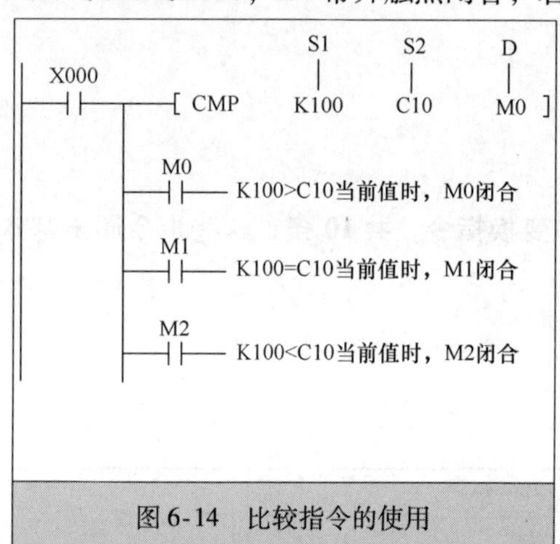

图6-14　比较指令的使用

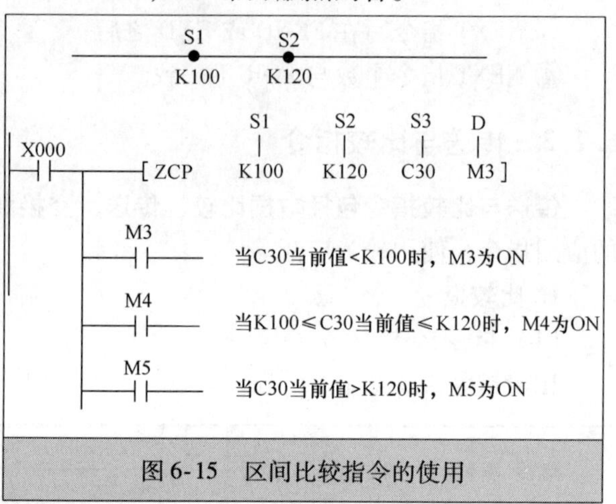

图6-15　区间比较指令的使用

使用区间比较指令时，要求第一源操作数S1小于第二源操作数S2。

3. 传送指令

（1）指令格式

传送指令格式如下：

指令名称	助记符	功能号	操作数		程序步
			S	D	
传送指令	MOV	FNC12	K、H、 KnX、KnY、KnS、KnM、 T、C、D、V、Z	KnY、KnS、KnM、 T、C、D、V、Z	MOV、MOVP：5步 DMOV、DMOVP：9步

（2）使用说明

传送指令的使用如图6-16所示。当常开触点X000闭合时，MOV指令执行，将K100（十进制数100）送入数据寄存器D10中，由于PLC寄存器只能存储二进制数，因此将梯形图写入PLC前，编程软件会自动将十进制数转换成二进制数。

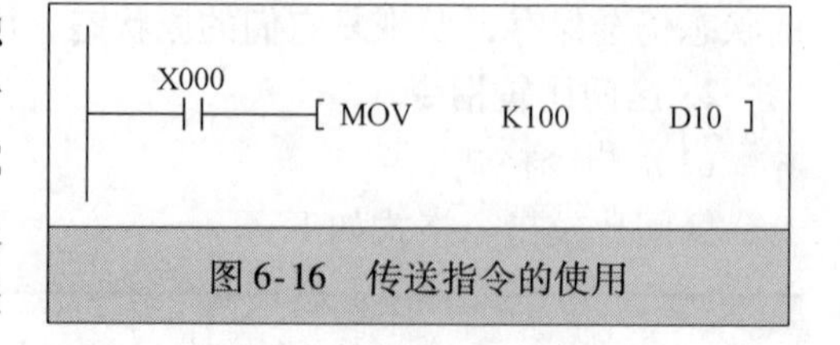

图6-16　传送指令的使用

4. 移位传送指令

（1）指令格式

移位传送指令格式如下：

指令名称	助记符	功能号	操作数					程序步
			m1	m2	n	S	D	
移位传送指令	SMOV	FNC13	K、H			KnX、KnY、KnS、KnM、T、C、D、V、Z	KnY、KnS、KnM、T、C、D、V、Z	SMOV、SMOVP：11 步

（2）使用说明

移位传送指令的使用如图 6-17 所示。当常开触点 X000 闭合，SMOV 指令执行，首先将源数据寄存器 D1 中的 16 位二进制数据转换成四组 BCD 码，然后将这四组 BCD 码中的第 4 组（m1 = K4）起的低 2 组（m2 = K2）移入目标寄存器 D2 第 3 组（n = K3）起的低 2 组中，D2 中的第 4、1 组数据保持不变，再将形成的新四组 BCD 码还原成 16 位数据。例如初始 D1 中的数据为 4567，D2 中的数据为 1234，执行 SMOV 指令后，D1 中的数据不变，仍为 4567，而 D2 中的数据将变成 1454。

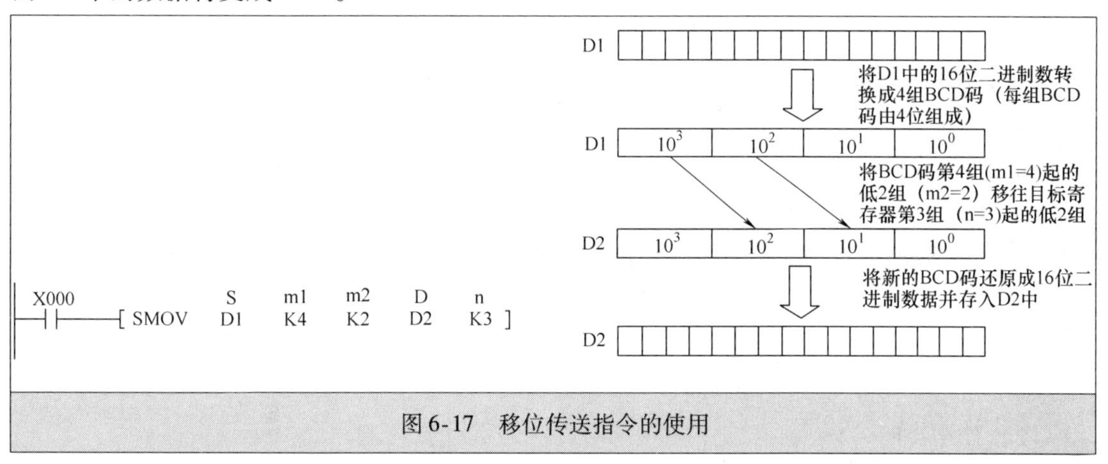

图 6-17 移位传送指令的使用

5. 取反传送指令

（1）指令格式

取反传送指令格式如下：

指令名称	助记符	功能号	操作数		程序步
			S	D	
取反传送指令	CML	FNC14	K、H、KnX、KnY、KnS、KnM、T、C、D、V、Z	KnY、KnS、KnM T、C、D、V、Z	CML、CMLP：5 步 DCML、DCMLP：9 步

（2）使用说明

取反传送指令的使用如图 6-18a 所示，当常开触点 X000 闭合时，CML 指令执行，将数据寄存器 D0 中的低 4 位数据取反，再将取反的数据按低位到高位分别送入四个输出继电器 Y000 ~ Y003 中，数据传送如图 6-18b 所示。

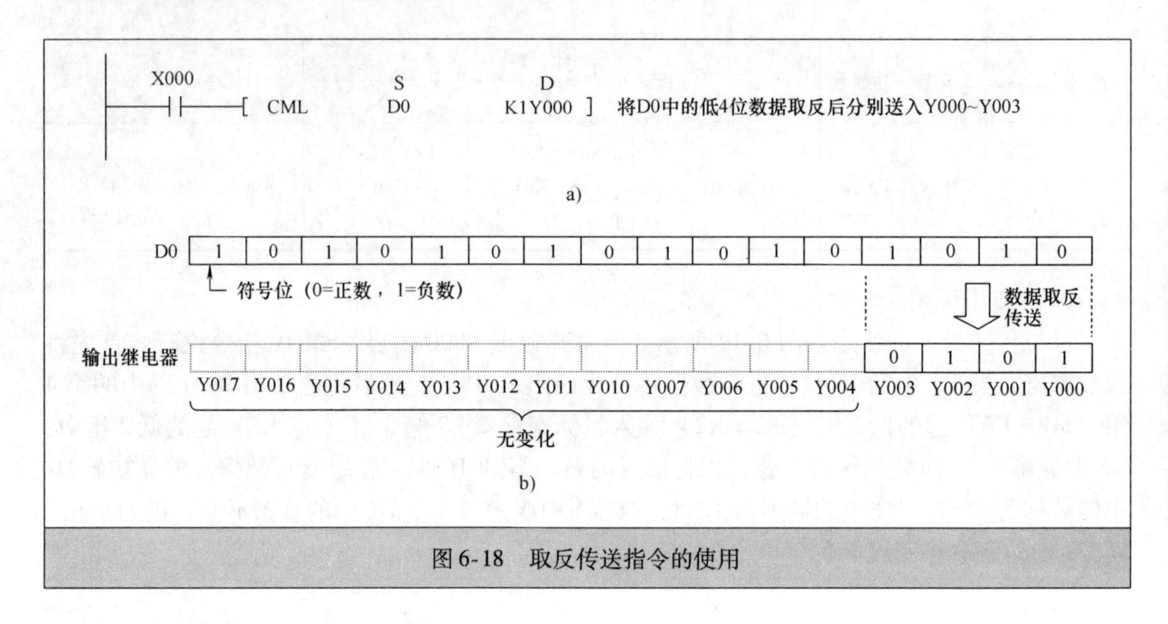

图6-18　取反传送指令的使用

6. 成批传送指令

（1）指令格式

成批传送指令格式如下：

指令名称	助记符	功能号	操作数			程序步
			S	D	n	
成批传送指令	BMOV	FNC15	KnX、KnY、KnS、KnM、T、C、D	KnY、KnS、KnM、T、C、D	K、H	BMOV、BMOVP：7步

（2）使用说明

成批传送指令的使用如图6-19所示。当常开触点X000闭合时，BMOV指令执行，将源操作元件D5开头的n（n=3）个连号元件中的数据批量传送到目标操作元件D10开头的n个连号元件中，即将D5、D6、D7三个数据寄存器中的数据分别同时传送到D10、D11、D12中。

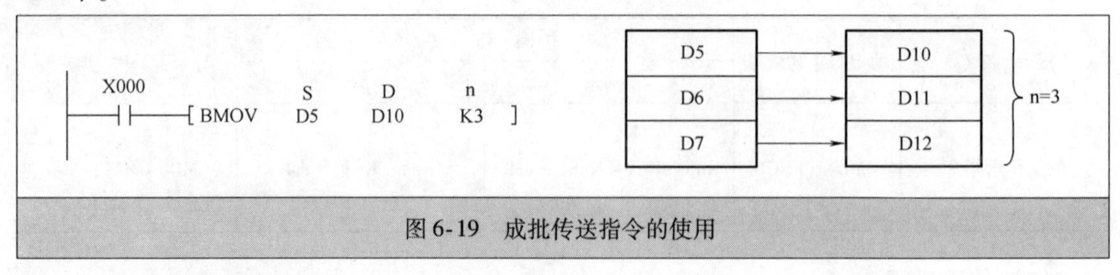

图6-19　成批传送指令的使用

7. 多点传送指令

（1）指令格式

多点传送指令格式如下：

指令名称	助记符	功能号	操作数			程序步
			S	D	n	
多点传送指令	FMOV	FNC16	K、H、KnX、KnY、KnS、KnM、T、C、D、V、Z	KnY、KnS、KnM、T、C、D	K、H	FMOV、FMOVP：7步 DFMOV、DFMOVP：13步

（2）使用说明

多点传送指令的使用如图6-20所示。当常开触点X000闭合时，FMOV指令执行，将源操作数0（K0）同时送入以D0开头的10（n = K10）个连号数据寄存器中。

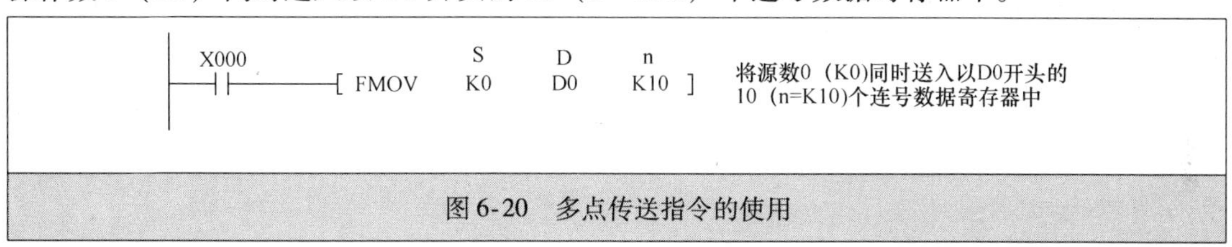

图6-20　多点传送指令的使用

8. 数据交换指令

（1）指令格式

数据交换指令格式如下：

指令名称	助记符	功能号	操作数		程序步
			D1	D2	
数据交换指令	XCH	FNC17	KnY、KnS、KnM、T、C、D、V、Z	KnY、KnS、KnM、T、C、D、V、Z	XCH、XCHP：5步 DXCH、DXCHP：9步

（2）使用说明

数据交换指令的使用如图6-21所示。当常开触点X000闭合时，XCHP指令执行，两目标操作数D10、D11中的数据相互交换，若指令执行前D10 = 100、D11 = 101，指令执行后，D10 = 101、D11 = 100，如果使用连续执行指令XCH，则每个扫描周期数据都要交换，很难预知执行结果，所以一般采用脉冲执行指令XCHP进行数据交换。

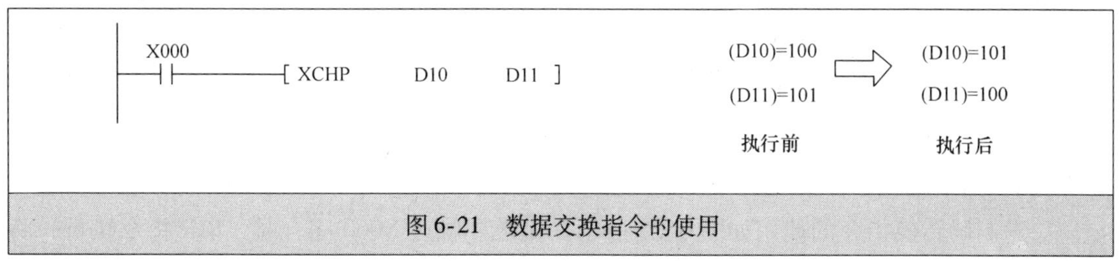

图6-21　数据交换指令的使用

9. BCD码转换指令

（1）指令格式

BCD码转换指令格式如下：

指令名称	助记符	功能号	操作数		程序步
			S	D	
BCD码转换指令	BCD	FNC18	KnX、KnY、KnS、KnM、T、C、D、V、Z	KnY、KnS、KnM、T、C、D、V、Z	BCD、BCDP：5步 DBCD、DBCDP：9步

（2）使用说明

BCD码转换指令的使用如图6-22所示。当常开触点X000闭合时，BCD指令执行，将源操作元件D10中的二进制数转换成BCD码，再存入目标操作元件D12中。

三菱FX系列PLC内部在四则运算和增量、减量运算时，都是以二进制方式进行的。

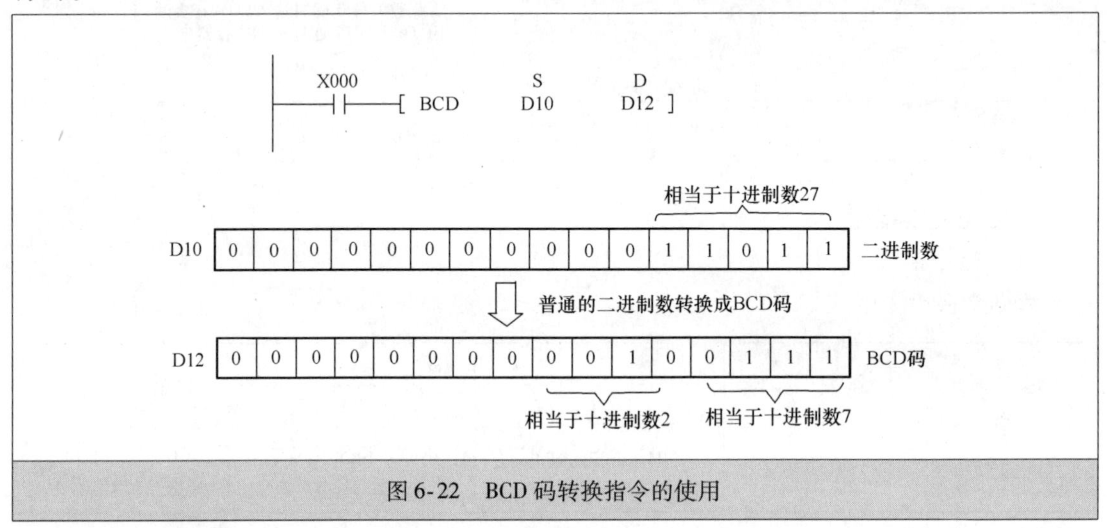

图6-22 BCD码转换指令的使用

10. 二进制码转换指令

（1）指令格式

二进制码转换指令格式如下：

指令名称	助记符	功能号	操作数		程序步
			S	D	
二进制码转换指令	BIN	FNC19	KnX、KnY、KnS、KnM、T、C、D、V、Z	KnY、KnS、KnM、T、C、D、V、Z	BIN、BINP：5步 DBIN、DBINP：9步

（2）使用说明

二进制码转换指令的使用如图6-23所示。当常开触点X000闭合时，BIN指令执行，将源操作元件X000～X007构成的两组BCD码转换成二进制数码（BIN码），再存入目标操作元件D13中。若BIN指令的源操作数不是BCD码，则会发生运算错误，如X007～X000的数据为10110100，该数据的前4位1011转换成十进制数为11，它不是BCD码，因为单组BCD码不能大于9，单组BCD码只能在0000～1001范围内。

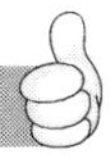

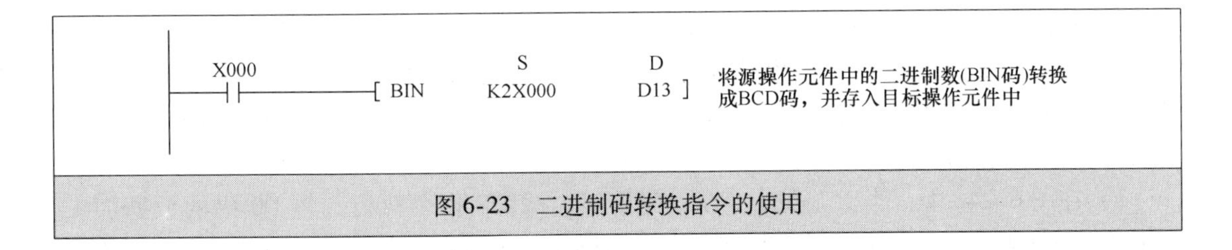

图 6-23 二进制码转换指令的使用

6.2.3 四则运算与逻辑运算指令

四则运算与逻辑运算指令属于比较常用的应用指令，共有 10 条。

1. 二进制加法运算指令

（1）指令格式

二进制加法运算指令格式如下：

指令名称	助记符	功能号	操作数			程序步
			S1	S2	D	
二进制加法运算指令	ADD	FNC20	K、H、KnX、KnY、KnS、KnM、T、C、D、V、Z		KnY、KnS、KnM、T、C、D、V、Z	ADD、ADDP：7 步 DADD、DADDP：13 步

（2）使用说明

二进制加指令的使用如图 6-24 所示。

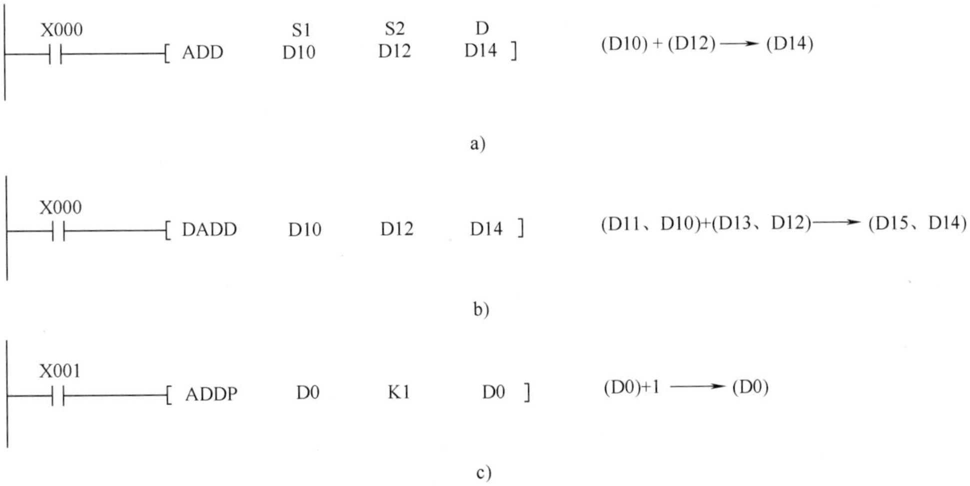

X000 [ADD S1 D10 S2 D12 D D14]　(D10)+(D12)→(D14)

a)

X000 [DADD D10 D12 D14]　(D11、D10)+(D13、D12)→(D15、D14)

b)

X001 [ADDP D0 K1 D0]　(D0)+1→(D0)

c)

图 6-24 二进制加指令的使用

1）在图 6-24a 中，当常开触点 X000 闭合时，ADD 指令执行，将两个源操作元件 D10 和 D12 中的数据进行相加，结果存入目标操作元件 D14 中。源操作数可正可负，它们是以代数形式进行相加，如 5 +（−7）= −2。

2）在图6-24b中，当常开触点X000闭合时，DADD指令执行，将源操作元件D11、D10和D13、D12分别组成32位数据再进行相加，结果存入目标操作元件D15、D14中。当进行32位数据运算时，要求每个操作数是两个连号的数据寄存器，为了确保不重复，指定的元件最好为偶数编号。

3）在图6-24c中，当常开触点X001闭合时，ADDP指令执行，将D0中的数据加1，结果仍存入D0中。当一个源操作数和一个目标操作数为同一元件时，最好采用脉冲执行型加指令ADDP，因为若是连续型加指令，每个扫描周期指令都要执行一次，所得结果很难确定。

4）在进行加法运算时，若运算结果为0，0标志继电器M8020会动作，若运算结果超出－32768～＋32767（16位数相加）或－2147483648～＋2147483647（32位数相加）范围，借位标志继电器M8022会动作。

2. 二进制减法运算指令

（1）指令格式

二进制减法运算指令格式如下：

指令名称	助记符	功能号	操作数			程序步
			S1	S2	D	
二进制减法运算指令	SUB	FNC21	K、H、KnX、KnY、KnS、KnM、T、C、D、V、Z		KnY、KnS、KnM、T、C、D、V、Z	SUB、SUBP：7步 DSUB、DSUBP：13步

（2）使用说明

二进制减指令的使用如图6-25所示。

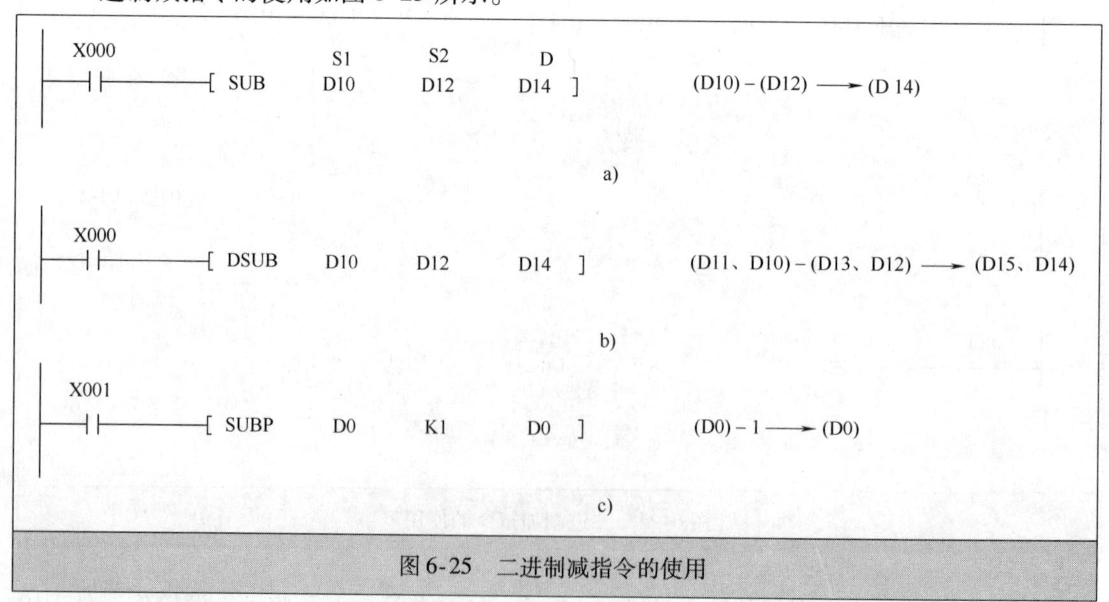

图6-25　二进制减指令的使用

1）在图6-25a中，当常开触点X000闭合时，SUB指令执行，将D10和D12中的数据进行相减，结果存入目标操作元件D14中。源操作数可正可负，它们是以代数形式进行相

减，如5－（－7）=12。

2）在图6-25b中，当常开触点X000闭合时，DSUB指令执行，将源操作元件D11、D10和D13、D12分别组成32位数据再进行相减，结果存入目标操作元件D15、D14中。当进行32位数据运算时，要求每个操作数是两个连号的数据寄存器，为了确保不重复，指定的元件最好为偶数编号。

3）在图6-25c中，当常开触点X001闭合时，SUBP指令执行，将D0中的数据减1，结果仍存入D0中。当一个源操作数和一个目标操作数为同一元件时，最好采用脉冲执行型减指令SUBP，若是连续型减指令，每个扫描周期指令都要执行一次，所得结果很难确定。

4）在进行减法运算时，若运算结果为0，0标志继电器M8020会动作，若运算结果超出－32768～＋32767（16位数相减）或－2147483648～＋2147483647（32位数相减）范围，借位标志继电器M8022会动作。

3. 二进制乘法运算指令

（1）指令格式

二进制乘法运算指令格式如下：

指令名称	助记符	功能号	操作数			程序步
			S1	S2	D	
二进制乘法运算指令	MUL	FNC22	K、H、KnX、KnY、KnS、KnM、T、C、D、V、Z		KnY、KnS、KnM、T、C、D、V、Z（V、Z不能用于32位）	MUL、MULP：7步 DMUL、DMULP：13步

（2）使用说明

二进制乘法指令的使用如图6-26所示。在进行16位数乘积运算时，结果为32位，如图6-26a所示；在进行32位数乘积运算时，乘积结果为64位，如图6-26b所示；运算结果的最高位为符号位（0：正；1：负）。

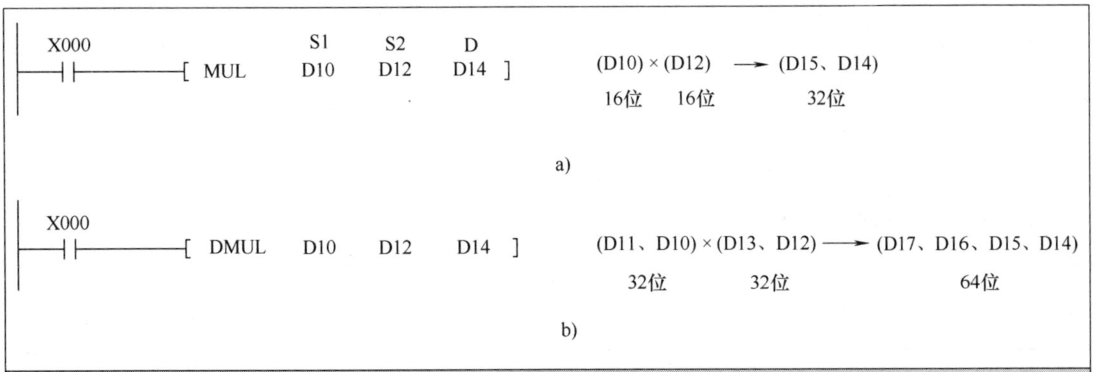

图6-26　二进制乘法指令的使用

4. 二进制除法运算指令

（1）指令格式

二进制除法运算指令格式如下：

指令名称	助记符	功能号	操作数			程序步
			S1	S2	D	
二进制除法运算指令	DIV	FNC23	K、H、KnX、KnY、KnS、KnM、T、C、D、V、Z		KnY、KnS、KnM、T、C、D、V、Z（V、Z不能用于32位）	DIV、DIVP：7步 DDIV、DDIVP：13步

（2）使用说明

二进制除法指令的使用如图6-27所示。在进行16位数除法运算时，商为16位，余数也为16位，如图6-27a所示；在进行32位数除法运算时，商为32位，余数也为32位，如图6-27b所示；商和余的最高位为用1、0表示正、负。

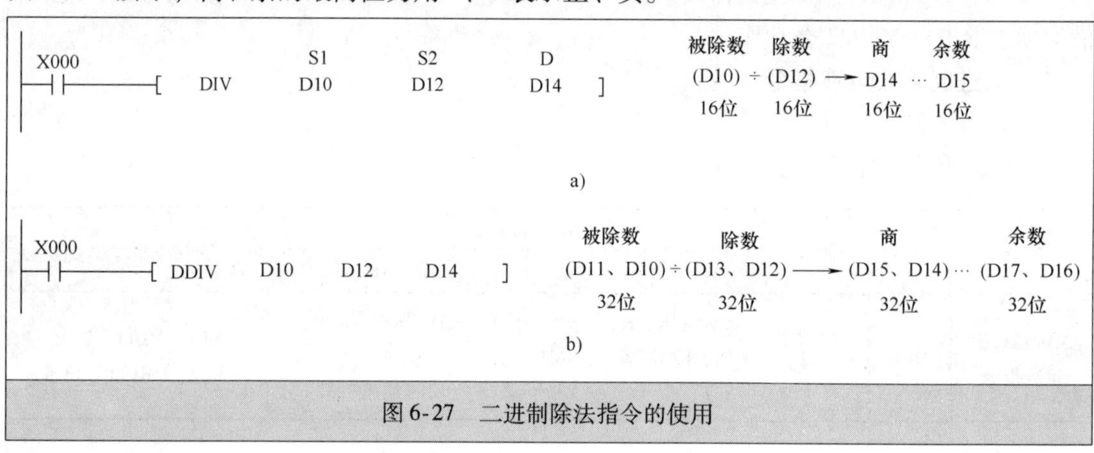

图6-27　二进制除法指令的使用

在使用二进制除法指令时要注意：

1）当除数为0时，运算会发生错误，不能执行指令。

2）若将位元件作为目标操作数，无法得到余数。

3）当被除数或除数中有一方为负数时，商则为负，当被除数为负时，余数则为负。

5. 二进制加1运算指令

（1）指令格式

二进制加1运算指令格式如下：

指令名称	助记符	功能号	操作数	程序步
			D	
二进制加1运算指令	INC	FNC24	KnY、KnS、KnM、T、C、D、V、Z	INC、INCP：3步 DINC、DINCP：5步

（2）使用说明

二进制加1指令的使用如图6-28所示。当常开触点X000闭合时，INCP指令执行，数据寄存器D12中的数据自动加1。若采用连续执行型指令INC，则每个扫描周期数据都要增加1，在X000闭合时可能会经过多个扫描周期，因此增加结果很难确定，故常采用脉冲执行型指令进行加1运算。

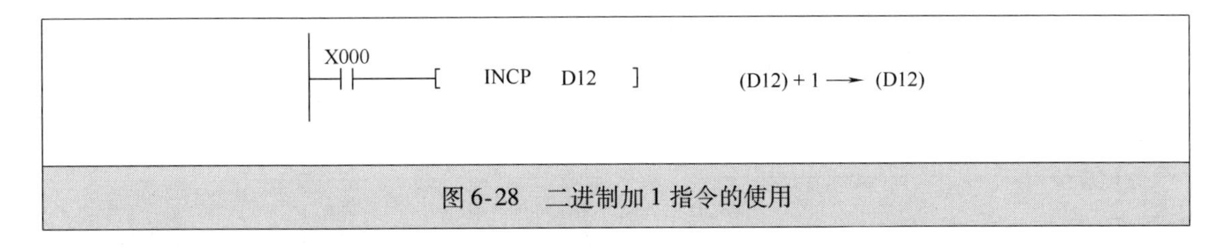

图 6-28　二进制加 1 指令的使用

6. 二进制减 1 运算指令

（1）指令格式

二进制减 1 运算指令格式如下：

指令名称	助记符	功能号	操作数	程序步
			D	
二进制减 1 运算指令	DEC	FNC25	KnY、KnS、KnM、 T、C、D、V、Z	DEC、DECP：3 步 DDEC、DDECP：5 步

（2）使用说明

二进制减 1 指令的使用如图 6-29 所示。当常开触点 X000 闭合时，DECP 指令执行，数据寄存器 D12 中的数据自动减 1。为保证 X000 每闭合一次数据减 1 一次，常采用脉冲执行型指令进行减 1 运算。

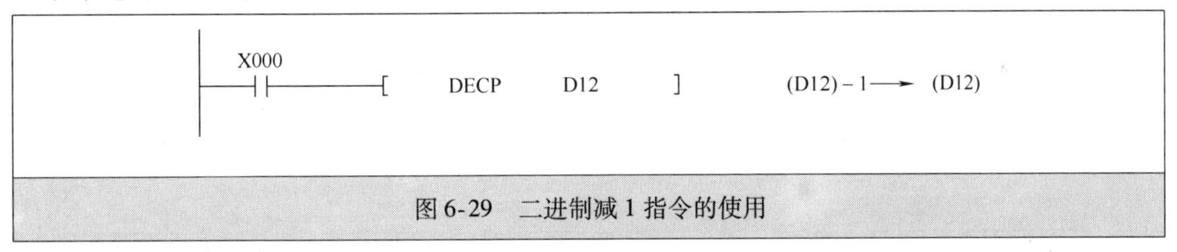

图 6-29　二进制减 1 指令的使用

7. 逻辑与指令

（1）指令格式

逻辑与指令格式如下：

指令名称	助记符	功能号	操作数			程序步
			S1	S2	D	
逻辑与指令	WAND	FNC26	K、H、 KnX、KnY、KnS、KnM、 T、C、D、V、Z		KnY、KnS、KnM、 T、C、D、V、Z	WAND、WANDP：7 步 DWAND、DWANDP：13 步

（2）使用说明

逻辑与指令的使用如图 6-30 所示。当常开触点 X000 闭合时，WAND 指令执行，将 D10 与 D12 中的数据“逐位进行与运算”，结果保存在 D14 中。

与运算规律是“有 0 得 0，全 1 得 1”，具体为 0・0 =0，0・1 =0，1・0 =0，1・1 =1。

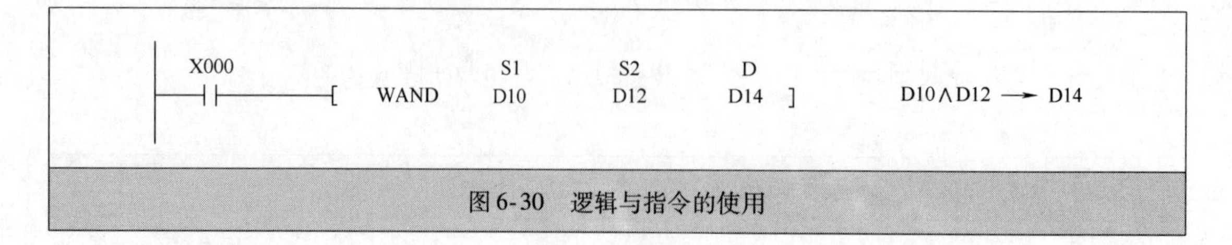

图6-30　逻辑与指令的使用

8. 逻辑或指令

（1）指令格式

逻辑或指令格式如下：

指令名称	助记符	功能号	操作数			程序步
			S1	S2	D	
逻辑或指令	WOR	FNC27	K、H、 KnX、KnY、KnS、KnM、 T、C、D、V、Z		KnY、KnS、KnM、 T、C、D、V、Z	WOR、WORP：7步 DWOR、DWORP：13步

（2）使用说明

逻辑或指令的使用如图6-31所示。当常开触点X000闭合时，WOR指令执行，将D10与D12中的数据“逐位进行或运算”，结果保存在D14中。

或运算规律是“有1得1，全0得0”，具体为0+0=0，0+1=1，1+0=1，1+1=1。

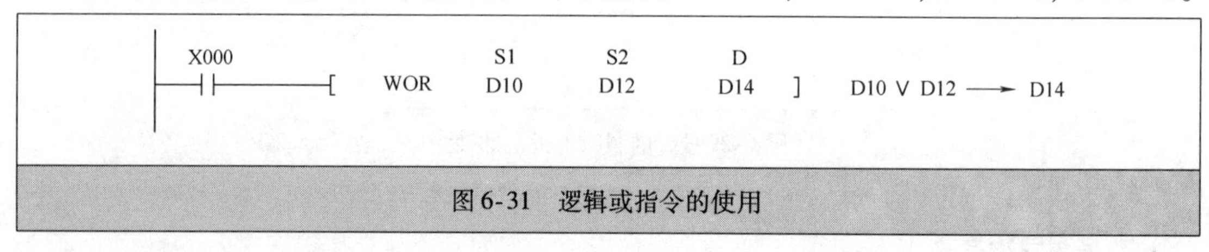

图6-31　逻辑或指令的使用

9. 异或指令

（1）指令格式

逻辑异或指令格式如下：

指令名称	助记符	功能号	操作数			程序步
			S1	S2	D	
异或指令	WXOR	FNC28	K、H、 KnX、KnY、KnS、KnM、 T、C、D、V、Z		KnY、KnS、KnM、 T、C、D、V、Z	WXOR、WXORP：7步 DWXOR、DWXORP：13步

（2）使用说明

异或指令的使用如图6-32所示。当常开触点X000闭合时，WXOR指令执行，将D10与D12中的数据“逐位进行异或运算”，结果保存在D14中。

异或运算规律是“相同得0，相异得1”，具体为0⊕0=0，0⊕1=1，1⊕0=1，1⊕1=0。

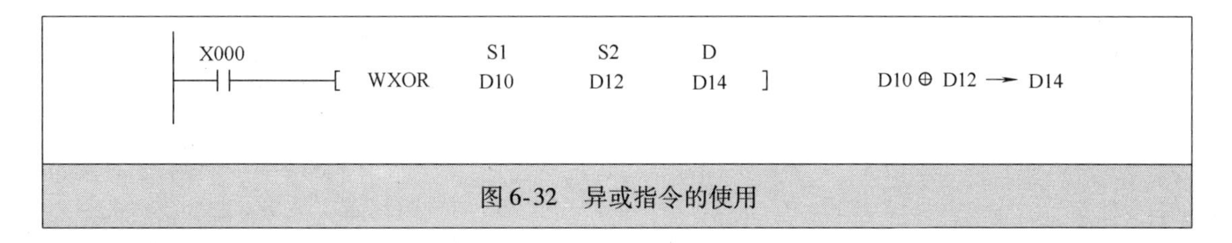

图 6-32 异或指令的使用

10. 求补指令

(1) 指令格式

逻辑异或指令格式如下：

指令名称	助记符	功能号	操作数	程序步
			D	
求补指令	NEG	FNC29	KnY、KnS、KnM、 T、C、D、V、Z	NEG、NEGP：3 步 DNEG、DNEGP：5 步

(2) 使用说明

求补指令的使用如图 6-33 所示。当常开触点 X000 闭合时，NEGP 指令执行，将 D10 中的数据“逐位取反再加 1”。求补的功能是对数据进行变号（绝对值不变），如求补前 D10 = +8，求补后 D10 = -8。为了避免每个扫描周期都进行求补运算，通常采用脉冲执行型求补指令 NEGP。

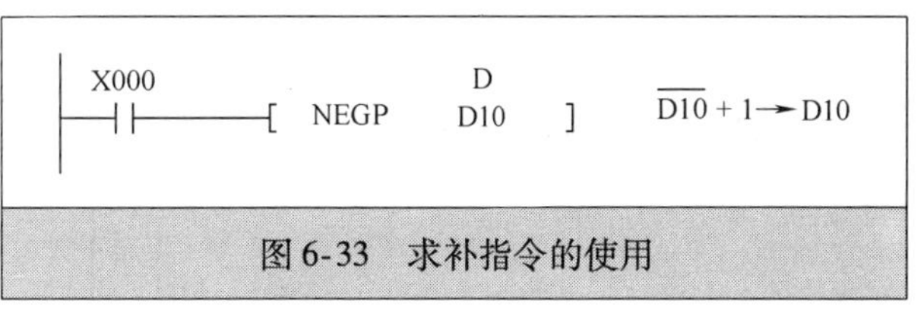

图 6-33 求补指令的使用

6.2.4 循环与移位指令

循环与移位指令有 10 条，功能号是 FNC30 ~ FNC39。

1. 循环右移指令

(1) 指令格式

循环右移指令格式如下：

指令名称	助记符	功能号	操作数		程序步
			D	n（移位量）	
循环右移指令	ROR	FNC30	K、H、 KnY、KnS、KnM、 T、C、D、V、Z	K、H n≤16（16 位） n≤32（32 位）	ROR、RORP：5 步 DROR、DRORP：9 步

(2) 使用说明

循环右移指令的使用如图 6-34 所示。当常开触点 X000 闭合时，RORP 指令执行，将 D0 中的数据右移（从高位往低位移）4 位，其中低 4 位移至高 4 位，最后移出的一位（即图中标有 * 号的位）除了移到 D0 的最高位外，还会移入进位标记继电器 M8022 中。为了避免每个扫描周期都进行右移，通常采用脉冲执行型指令 RORP。

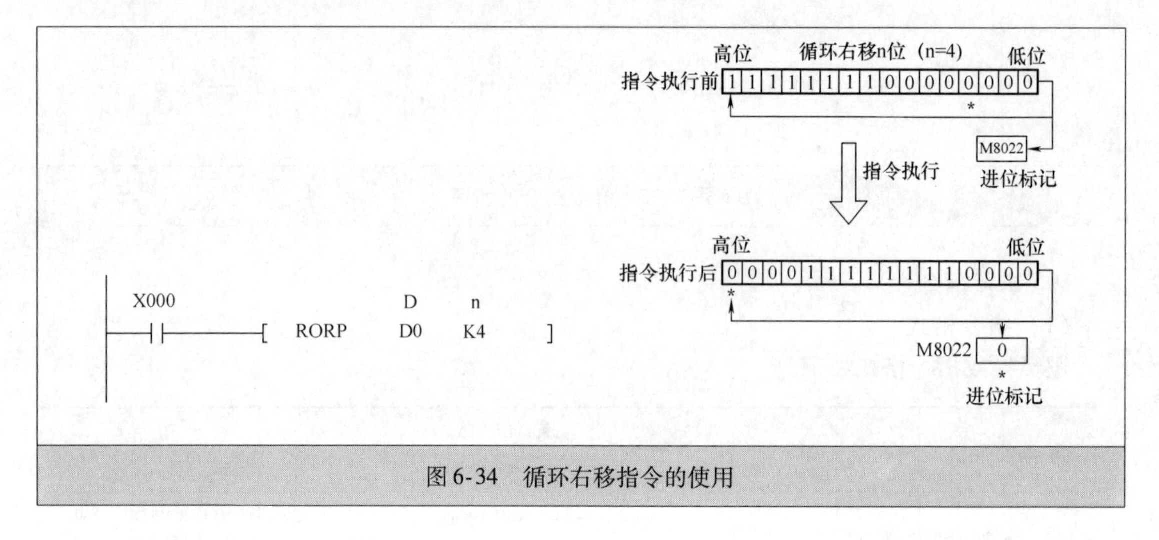

图6-34　循环右移指令的使用

2. 循环左移指令

（1）指令格式

循环左移指令格式如下：

指令名称	助记符	功能号	操作数		程序步
			D	n（移位量）	
循环左移指令	ROL	FNC31	K、H、 KnY、KnS、KnM、 T、C、D、V、Z	K、H n≤16（16位） n≤32（32位）	ROL、ROLP：5步 DROL、DROLP：9步

（2）使用说明

循环左移指令的使用如图6-35所示。当常开触点X000闭合时，ROLP指令执行，将D0中的数据左移（从低位往高位移）4位，其中高4位移至低4位，最后移出的一位（即图中标有*号的位）除了移到D0的最低位外，还会移入进位标记继电器M8022中。为了避免每个扫描周期都进行左移，通常采用脉冲执行型指令ROLP。

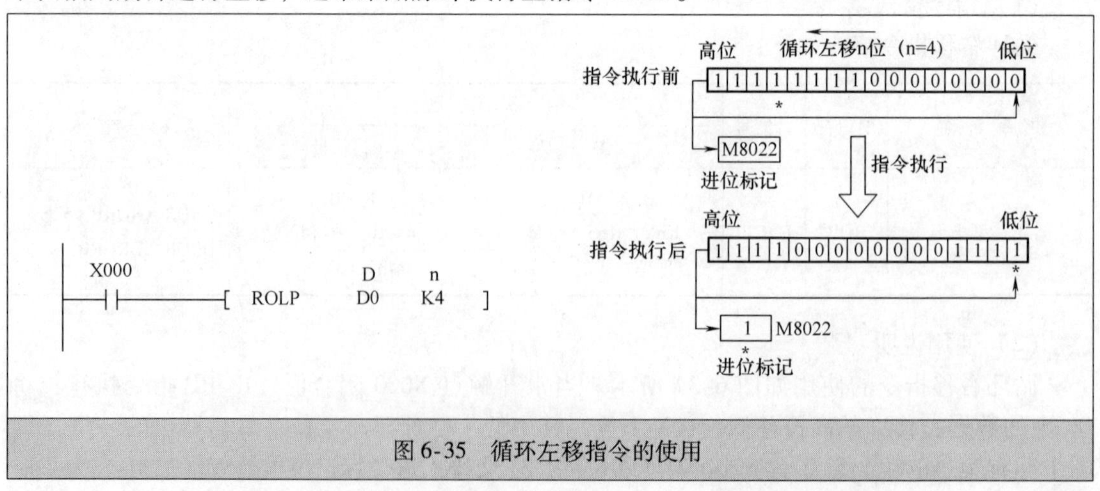

图6-35　循环左移指令的使用

3. 带进位循环右移指令

（1）指令格式

带进位循环右移指令格式如下：

指令名称	助记符	功能号	操作数		程序步
			D	n（移位量）	
带进位循环右移指令	RCR	FNC32	K、H、 KnY、KnS、KnM、 T、C、D、V、Z	K、H n≤16（16位） n≤32（32位）	RCR、RCRP：5步 DRCR、DRCRP：9步

（2）使用说明

带进位循环右移指令的使用如图6-36所示。当常开触点X000闭合时，RCRP指令执行，将D0中的数据右移4位，D0中的低4位与继电器M8022的进位标记位（图中为1）一起往高4位移，D0最后移出的一位（即图中标有＊号的位）移入M8022。为了避免每个扫描周期都进行右移，通常采用脉冲执行型指令RCRP。

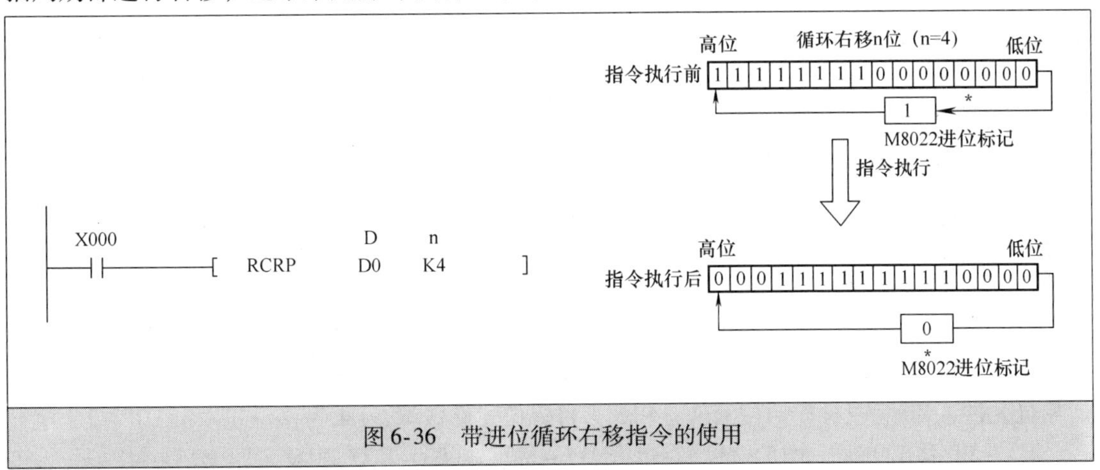

图6-36 带进位循环右移指令的使用

4. 带进位循环左移指令

（1）指令格式

带进位循环左移指令格式如下：

指令名称	助记符	功能号	操作数		程序步
			D	n（移位量）	
带进位循环左移指令	RCL	FNC33	K、H、 KnY、KnS、KnM、 T、C、D、V、Z	K、H n≤16（16位） n≤32（32位）	RCL、RCLP：5步 DRCL、DRCLP：9步

（2）使用说明

带进位循环左移指令的使用如图6-37所示。当常开触点X000闭合时，RCLP指令执行，将D0中的数据左移4位，D0中的高4位与继电器M8022的进位标记位（图中为0）一起往低4位移，D0最后移出的一位（即图中标有＊号的位）移入M8022。为了避免每个扫描周期都进行左移，通常采用脉冲执行型指令 RCLP。

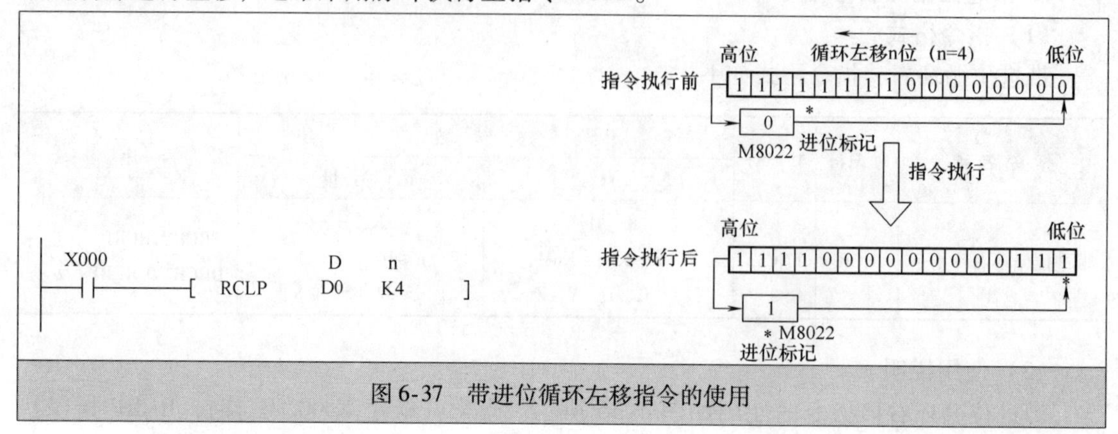

图 6-37　带进位循环左移指令的使用

5. 位右移指令

（1）指令格式

位右移指令格式如下：

指令名称	助记符	功能号	操作数				程序步
			S	D	n1（目标位元件的个数）	n2（移位量）	
位右移指令	SFTR	FNC34	X、Y、M、S	Y、M、S	K、H $n2 \leqslant n1 \leqslant 1024$		SFTR、SFTRP：9 步

（2）使用说明

位右移指令的使用如图 6-38 所示。在图 a 中，当常开触点 X010 闭合时，SFTRP 指令执行，将 X003 ~ X000 四个元件的位状态（1 或 0）右移入 M15 ~ M0 中，如图 b 所示，X000 为源起始位元件，M0 为目标起始位元件，K16 为目标位元件数量，K4 为移位量。SFTRP 指令执行后，M3 ~ M0 移出丢失，M15 ~ M4 移到原 M11 ~ M0，X003 ~ X000 则移入原 M15 ~ M12。

为了避免每个扫描周期都移动，通常采用脉冲执行型指令 SFTRP。

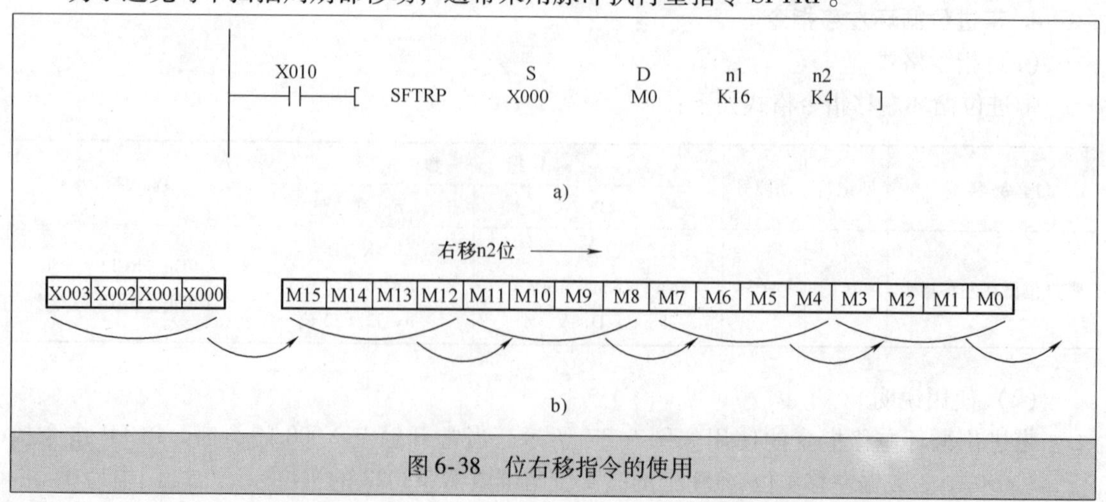

图 6-38　位右移指令的使用

6. 位左移指令

（1）指令格式

位左移指令格式如下：

指令名称	助记符	功能号	操作数				程序步
			S	D	n1（目标位元件的个数）	n2（移位量）	
位左移指令	SFTL	FNC35	X、Y、M、S	Y、M、S	K、H n2≤n1≤1024		SFTL、SFTLP：9步

（2）使用说明

位左移指令的使用如图6-39所示。在图a中，当常开触点X010闭合时，SFTLP指令执行，将X003～X000四个元件的位状态（1或0）左移入M15～M0中，如图b所示，X000为源起始位元件，M0为目标起始位元件，K16为目标位元件数量，K4为移位量。SFTLP指令执行后，M15～M12移出丢失，M11～M0移到原M15～M4，X003～X000则移入原M3～M0。

为了避免每个扫描周期都移动，通常采用脉冲执行型指令SFTLP。

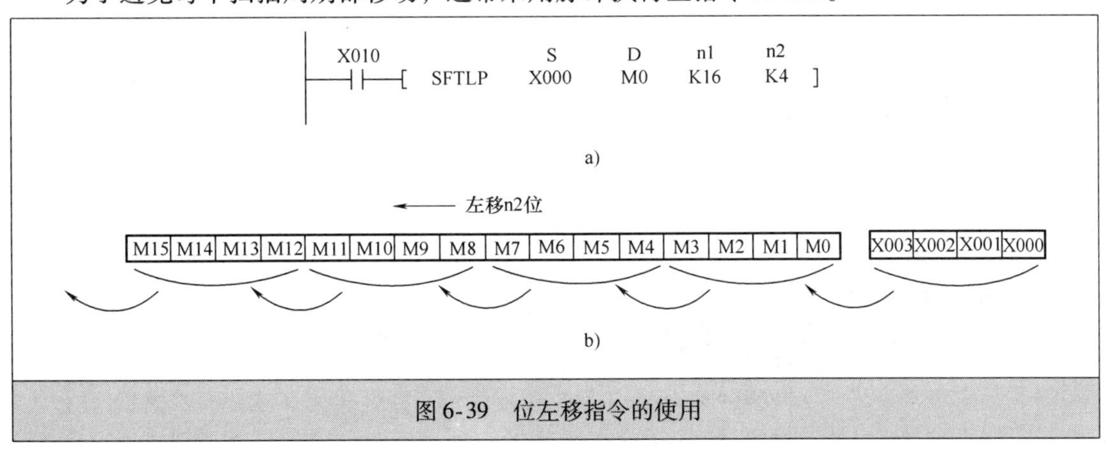

图6-39　位左移指令的使用

7. 字右移指令

（1）指令格式

字右移指令格式如下：

指令名称	助记符	功能号	操作数				程序步
			S	D	n1（目标位元件的个数）	n2（移位量）	
字右移指令	WSFR	FNC36	KnX、KnY、KnS、KnM、T、C、D	KnY、KnS、KnM、T、C、D	K、H n2≤n1≤1024		WSFR、WSFRP：9步

（2）使用说明

字右移指令的使用如图6-40所示。在图a中，当常开触点X000闭合时，WSFRP指令执行，将D3～D0四个字元件的数据右移入D25～D10中，如图b所示，D0为源起始字元件，D10为目标起始字元件，K16为目标字元件数量，K4为移位量。WSFRP指令执行后，D13～D10的数据移出丢失，D25～D14的数据移入原D21～D10，D3～D0则移入原D25～D22。

为了避免每个扫描周期都移动，通常采用脉冲执行型指令WSFRP。

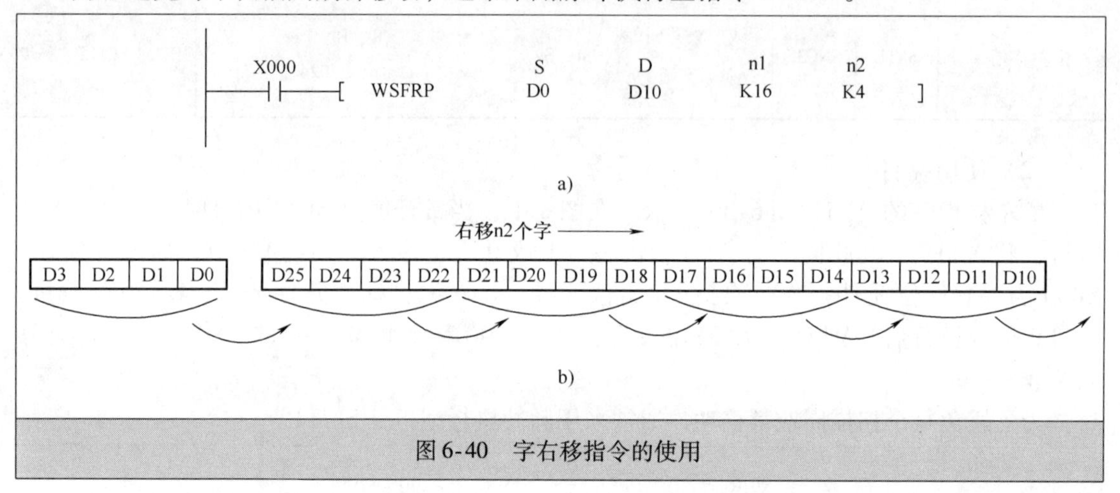

图6-40 字右移指令的使用

8. 字左移指令

（1）指令格式

字左移指令格式如下：

指令名称	助记符	功能号	操作数				程序步
			S	D	n1（目标位元件的个数）	n2（移位量）	
字左移指令	WSFL	FNC37	KnX、KnY、KnS、KnM、T、C、D	KnY、KnS、KnM、T、C、D	K、H n2≤n1≤1024		WSFL、WSFLP：9步

（2）使用说明

字左移指令的使用如图6-41所示。在图a中，当常开触点X000闭合时，WSFLP指令执行，将D3～D0四个字元件的数据左移入D25～D10中，如图b所示，D0为源起始字元件，D10为目标起始字元件，K16为目标字元件数量，K4为移位量。WSFLP指令执行后，D25～D22的数据移出丢失，D21～D10的数据移入原D25～D14，D3～D0则移入原D13～D10。

为了避免每个扫描周期都移动，通常采用脉冲执行型指令WSFLP。

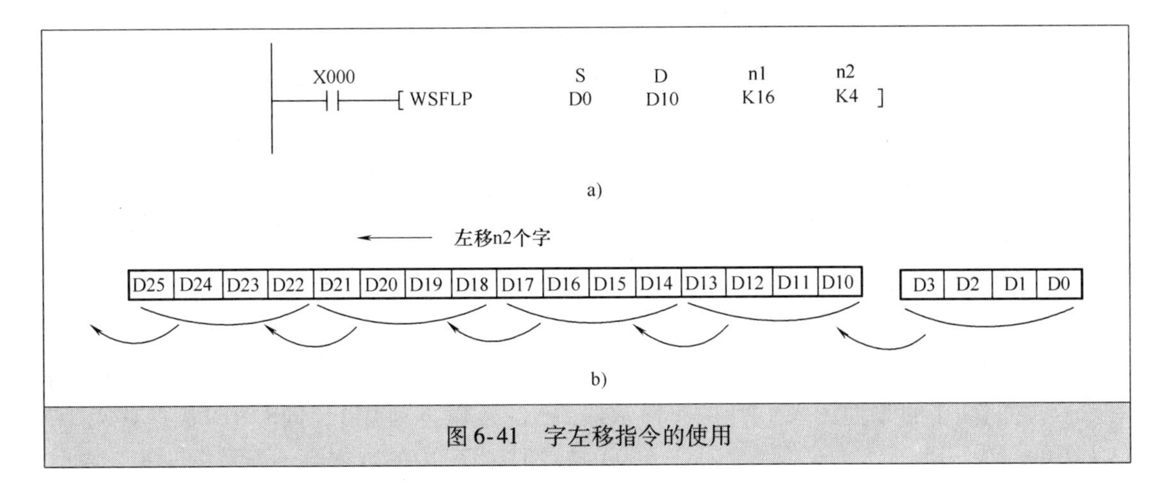

图6-41 字左移指令的使用

9. 先进先出（FIFO）写指令

（1）指令格式

先进先出（FIFO）写指令格式如下：

指令名称	助记符	功能号	操作数			程序步
			S	D	n	
先进先出（FIFO）写指令	SFWR	FNC38	K、H、KnX、KnY、KnS、KnM、T、C、D、V、Z	KnY、KnS、KnM、T、C、D	K、H 2≤n≤512	SFWR、SFWRP：7步

（2）使用说明

先进先出（FIFO）写指令的使用如图6-42所示。当常开触点X000闭合时，SFWRP指令执行，将D0中的数据写入D2中，同时作为指示器（或称指针）的D1的数据自动为1，当X000触点第二次闭合时，D0中的数据被写入D3中，D1中的数据自动变为2，连续闭合X000触点时，D0中的数据将依次写入D4、D5…中，D1中的数据也会自动递增1，当D1超过n－1时，所有寄存器被存满，进位标志继电器M8022会被置1。

D0为源操作元件，D1为目标起始元件，K10为目标存储元件数量。为了避免每个扫描周期都移动，通常采用脉冲执行型指令SFWRP。

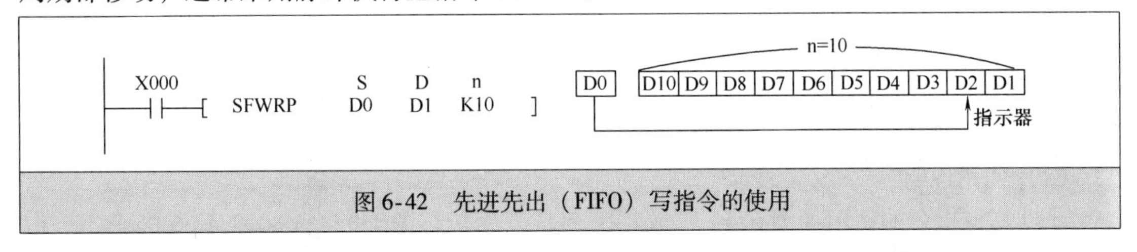

图6-42 先进先出（FIFO）写指令的使用

10. 先进先出（FIFO）读指令

（1）指令格式

先进先出（FIFO）读指令格式如下：

指令名称	助记符	功能号	操作数			程序步
			S	D	n（源操作元件数量）	
先进先出（FIFO）读指令	SFRD	FNC39	K、H、KnY、KnS、KnM、T、C、D	KnY、KnS、KnM、T、C、D、V、Z	K、H 2≤n≤512	SFRD、SFRDP：7步

（2）使用说明

先进先出（FIFO）读指令的使用如图6-43所示。当常开触点X000闭合时，SFRDP指令执行，将D2中的数据读入D20中，指示器D1的数据自动减1，同时D3数据移入D2（即D10～D3→D9～D2）。当连续闭合X000触点时，D2中的数据会不断读入D20，同时D10～D3中的数据也会由左往右不断逐字移入D2中，D1中的数据会随之递减1，同时当D1减到0时，所有寄存器的数据都被读出，0标志继电器M8020会被置1。

D1为源起始操作元件，D20为目标元件，K10为源操作元件数量。为了避免每个扫描周期都移动，通常采用脉冲执行型指令SFRDP。

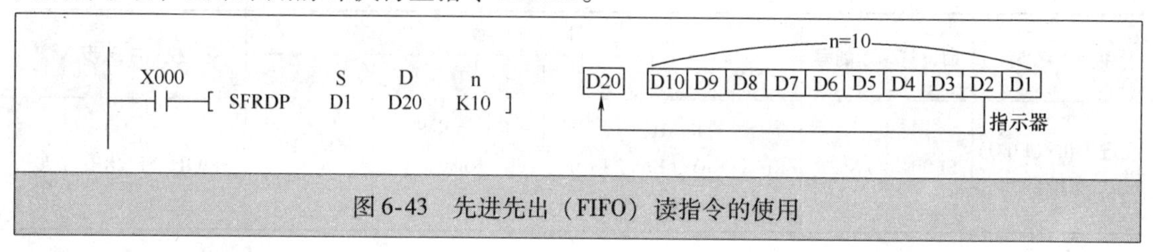

图6-43　先进先出（FIFO）读指令的使用

6.2.5　数据处理指令

数据处理指令有10条，功能号为FNC40～FNC49。

1. 成批复位指令

（1）指令格式

成批复位指令格式如下：

指令名称	助记符	功能号	操作数		程序步
			D1	D2	
成批复位指令	ZRST	FNC40	Y、M、T、C、S、D（D1≤D2，且为同一系列元件）		ZRST、ZRSTP：5步

（2）使用说明

成批复位指令的使用如图6-44所示。在PLC开始运行的瞬间，M8002触点接通一个扫描周期，ZRST指令执行，将辅助继电器M500～M599、计数器C235～C255和状态继电器S0～S127全部复位清0。

在使用ZRST指令时要注意，目标操作数D2序号应大于D1，并且为同一系列元件。

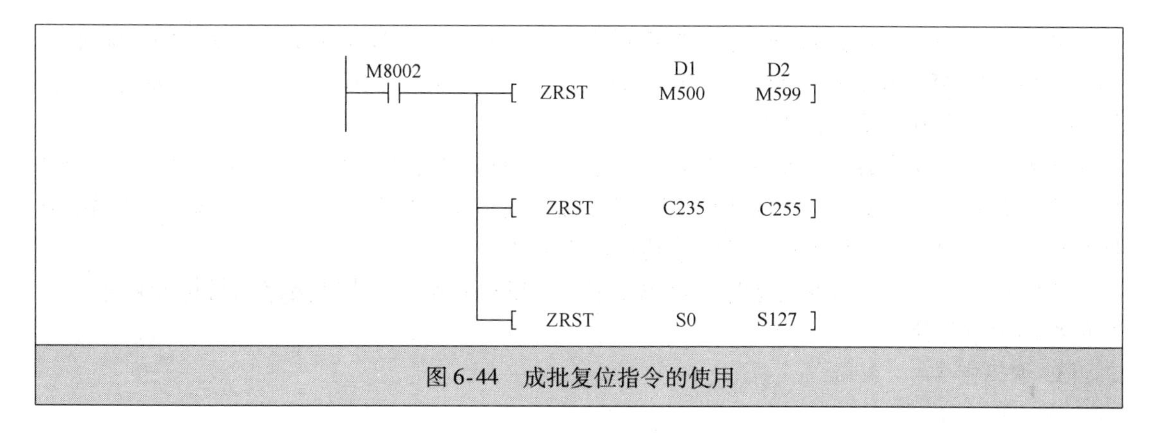

图 6-44　成批复位指令的使用

2. 解码指令

（1）指令格式

解码指令格式如下：

指令名称	助记符	功能号	操作数			程序步
			S	D	n	
解码指令	DECO	FNC41	K、H、X、Y、M、S、T、C、D、V、Z	Y、M、S、T、C、D	K、H n = 1 ~ 8	DECO、DECOP：7 步

（2）使用说明

解码指令的使用如图 6-45 所示，该指令的操作数为位元件，在图 6-45a 中，当常开触点 X004 闭合时，DECO 指令执行，将 X000 为起始编号的 3 个连号位元件（由 n = K3 指定）

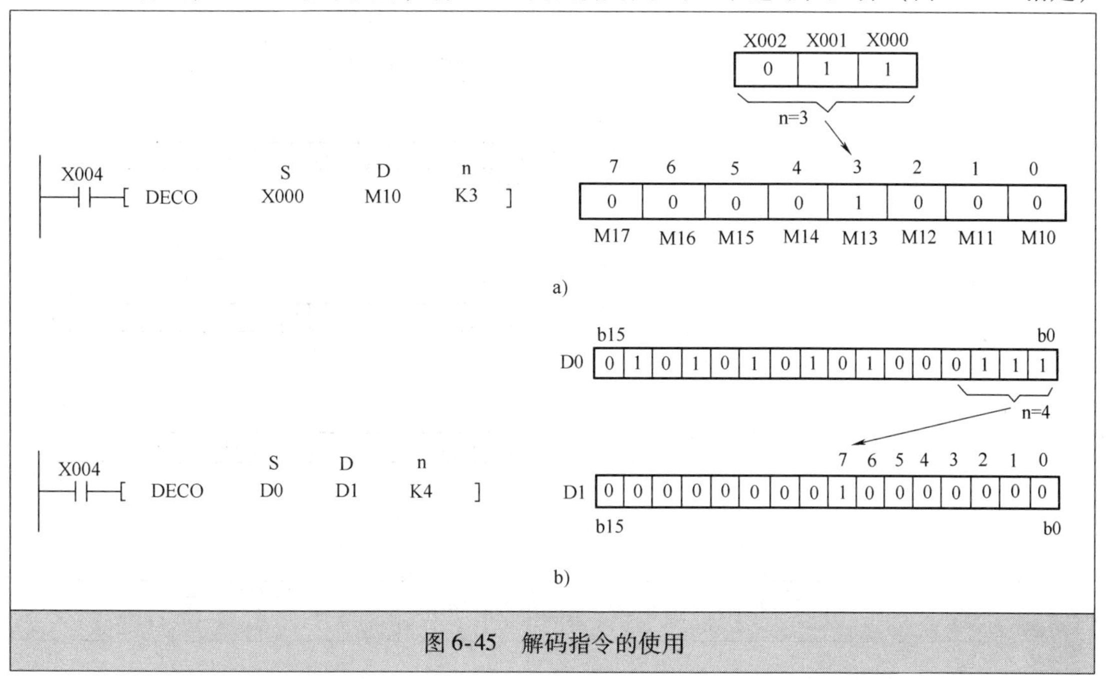

图 6-45　解码指令的使用

组合状态进行解码，3位数解码有8种结果，解码结果存入在M17～M10（以M10为起始目标位元件）的M13中，因X002、X001、X000分别为0、1、1，而$(011)_2=3$，即指令执行结果使M17～M10的第3位M13=1。

图6-45b的操作数为字元件，当常开触点X004闭合时，DECO指令执行，对D0的低4位数进行解码，4位数解码有16种结果，而D0的低4位数为0111，$(0111)_2=7$，解码结果使目标字元件D1的第7位为1，D1的其他位均为0。

当n在K1～K8范围内变化时，解码则有2～255种结果，结果保存的目标元件不要在其他控制中重复使用。

3. 编码指令

（1）指令格式

编码指令格式如下：

指令名称	助记符	功能号	操作数			程序步
			S	D	n	
编码指令	ENCO	FNC42	X、Y、M、S、T、C、D、V、Z	T、C、D、V、Z	K、H n=1～8	ENCO、ENCOP：7步

（2）使用说明

编码指令的使用如图6-46所示。图6-46a的源操作数为位元件，当常开触点X004闭合时，ENCO指令执行，对M17～M10中的1进行编码（第5位M15=1），编码采用3位（由n=3确定），编码结果101（即5）存入D10低3位中。M10为源操作起始位元件，D10为目标操作元件，n为编码位数。

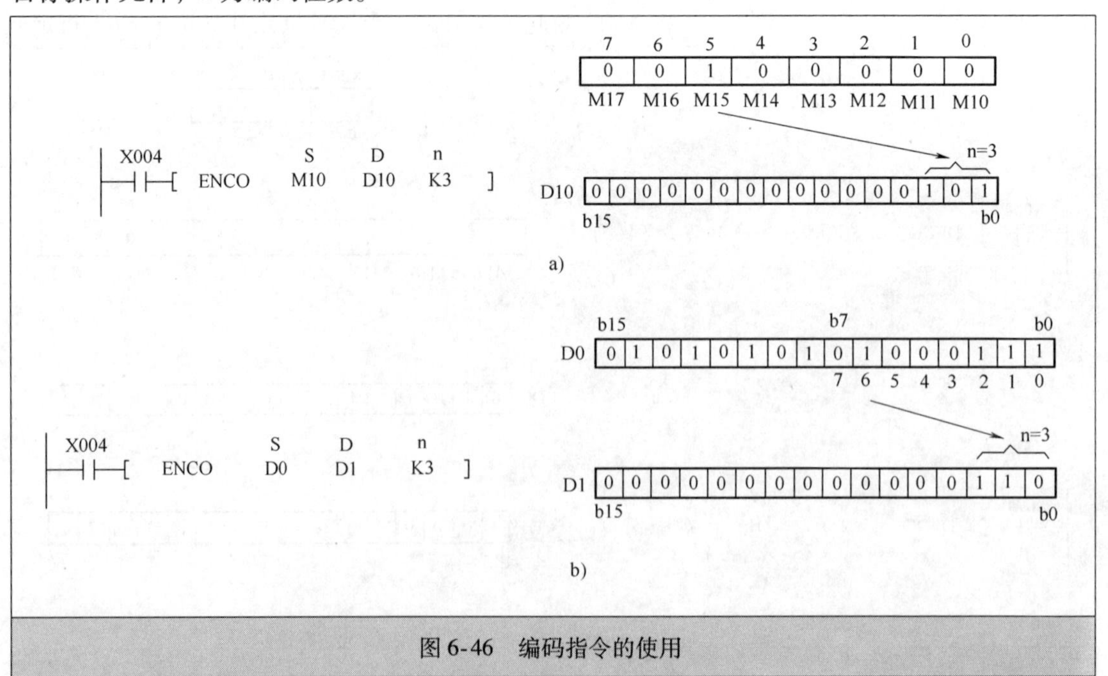

图6-46　编码指令的使用

图6-46b的源操作数为字元件，当常开触点X004闭合时，ENCO指令执行，对D0低8

位中的1（b6 =1）进行编码，编码采用3位（由n =3确定），编码结果110（即6）存入D1低3位中。

当源操作元件中有多个1时，只对高位1进行编码，低位1忽略。

4. 1总数和指令

（1）指令格式

1总数和指令格式如下：

指令名称	助记符	功能号	操作数		程序步
			S	D	
1总数和指令	SUM	FNC43	K、H、 KnX、KnY、KnM、KnS、 T、C、D、V、Z	KnY、KnM、KnS、 T、C、D、V、Z	SUM、SUMP：5步 DSUM、DSUMP：9步

（2）使用说明

1总数和指令的使用如图6-47所示。当常开触点X000闭合，SUM指令执行，计算源操作元件D0中1的总数，并将总数值存入目标操作元件D2中，图中D0中总共有9个1，那么存入D2的数值为9（即1001）。

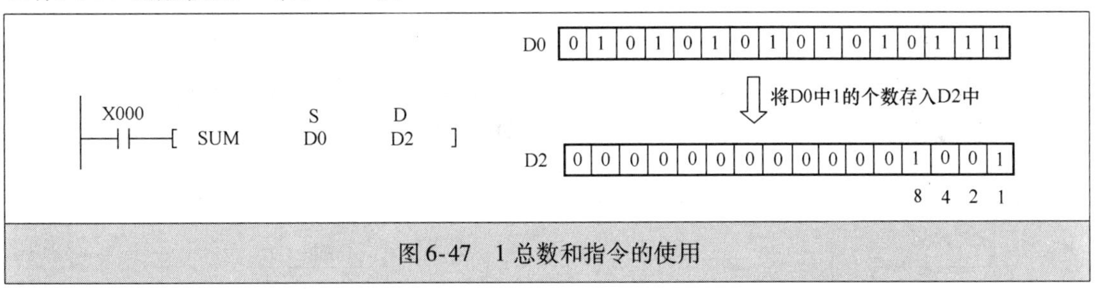

图6-47 1总数和指令的使用

若D0中无1，0标志继电器M8020会动作，M8020 =1。

5. 1位判别指令

（1）指令格式

1位判别指令格式如下：

指令名称	助记符	功能号	操作数			程序步
			S	D	n	
1位判别指令	BON	FNC44	K、H、 KnX、KnY、KnM、KnS、 T、C、D、V、Z	Y、S、M	K、H n =0 ~15（16位操作） n =0 ~31（32位操作）	BON、BONP：5步 DBON、DBONP：9步

（2）使用说明

1位判别指令的使用如图6-48所示。当常开触点X000闭合，BON指令执行，判别源操作元件D10的第15位（n =15）是否为1，若为1，则让目标操作位元件M0 =1，若为0，M0 =0。

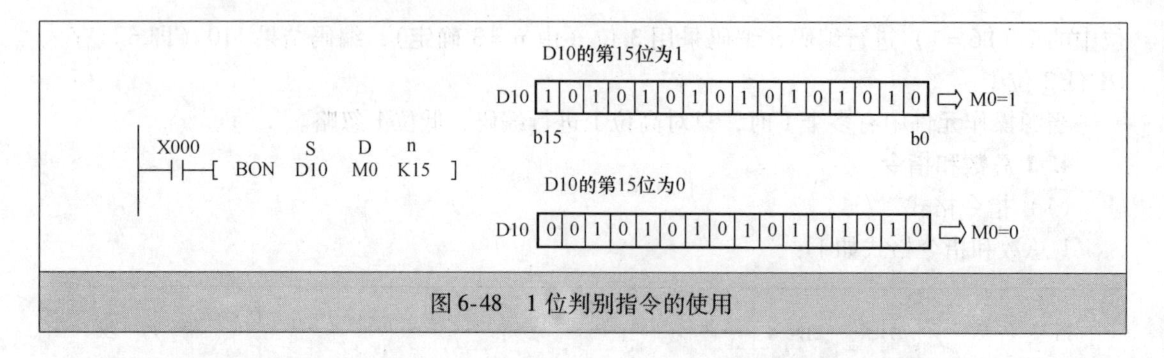

图6-48　1位判别指令的使用

6. 平均值指令

（1）指令格式

平均值指令格式如下：

指令名称	助记符	功能号	操作数			程序步
			S	D	n	
平均值指令	MEAN	FNC45	KnX、KnY、KnM、KnS、T、C、D	KnY、KnM、KnS、T、C、D	K、H n = 1 ~ 64	MEAN、MEANP：7步 DMEAN、DMEANP：13步

（2）使用说明

平均值指令的使用如图6-49所示。当常开触点X000闭合时，MEAN指令执行，计算D0～D2中数据的平均值，平均值存入目标元件D10中。D0为源起始元件，D10为目标元件，n=3为源元件的个数。

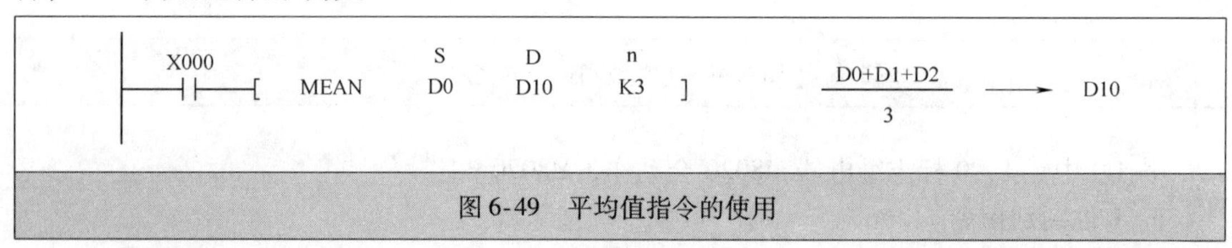

图6-49　平均值指令的使用

7. 报警置位指令

（1）指令格式

报警置位指令格式如下：

指令名称	助记符	功能号	操作数			程序步
			S	D	m	
报警置位指令	ANS	FNC46	T（T0～T199）	S（S900～S999）	K n = 1～32767（100ms单位）	ANS：7步

（2）使用说明

报警置位指令的使用如图6-50所示。当常开触点X000、X001同时闭合时，定时器T0开始1s计时（m = 10），若两触点同时闭合时间超过1s，ANS指令会将报警状态继电器

S900 置位，若两触点同时闭合时间不到 1s，定时器 T0 未计完 1s 即复位，ANS 指令不会对 S900 置位。

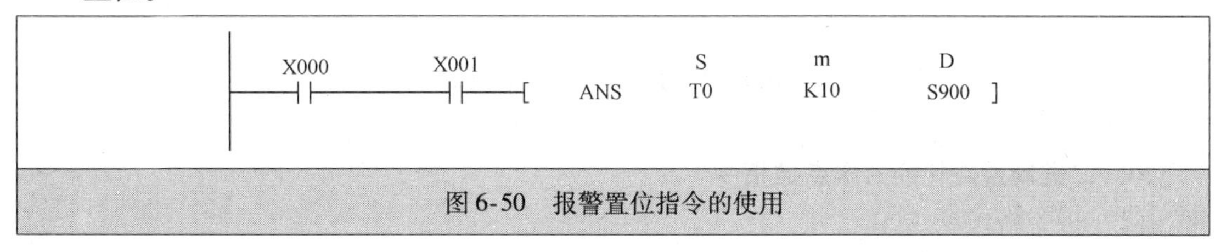

图 6-50　报警置位指令的使用

8. 报警复位指令

（1）指令格式

报警复位指令格式如下：

指令名称	助记符	功能号	操作数	程序步
报警复位指令	ANR	FNC47	无	ANR、ANRP：1 步

（2）使用说明

报警复位指令的使用如图 6-51 所示。当常开触点 X003 闭合时，ANRP 指令执行，将信号报警继电器 S900～S999 中正在动作（即处于置位状态）的报警继电器复位，若这些报警器有多个处于置位状态，在 X003 闭合时小编号的报警器复位，当 X003 再一次闭合时，则对下一个编号的报警器复位。

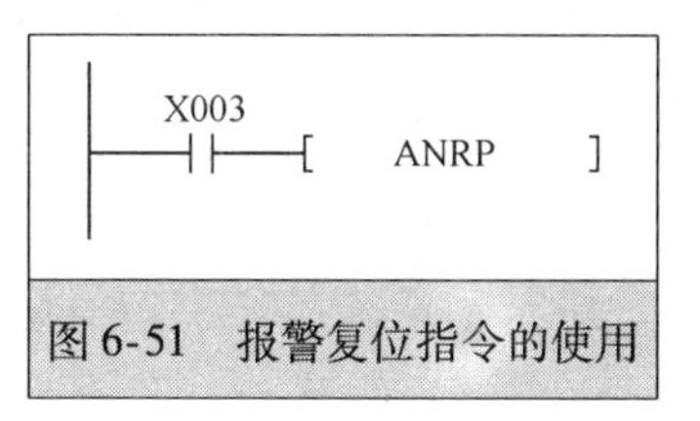

图 6-51　报警复位指令的使用

如果采用连续执行型 ANR 指令，在 X003 闭合期间，每经过一个扫描周期，ANR 指令就会依次对编号由小到大的报警器进行复位。

9. 求平方根指令

（1）指令格式

求平方根指令格式如下：

指令名称	助记符	功能号	操作数		程序步
			S	D	
求平方根指令	SQR	FNC48	K、H、D	D	SQR、SQRP：5 步 DSQR、DSQRP：9 步

（2）使用说明

求平方根指令的使用如图 6-52 所示。当常开触点 X000 闭合时，SQR 指令执行，对源操作元件 D10 中的数进行求平方根运算，运算结果的整数部分存入目标操作元件 D12 中，若存在小数部分，小数部分舍去，同时进位标志继电器 M8021 置位，若运算结果为 0，零标志继电器 M8020 置位。

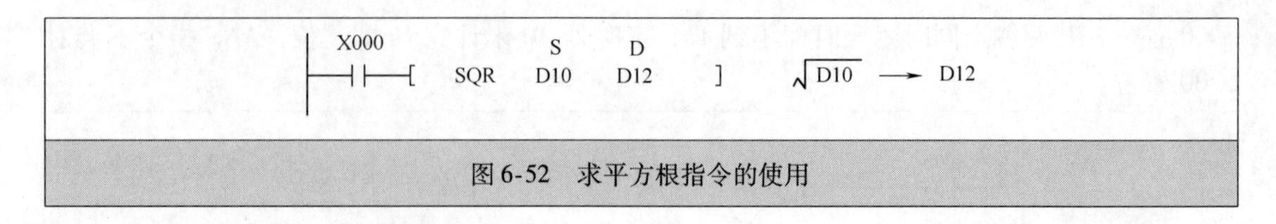

图6-52　求平方根指令的使用

10. 二进制整数转换为浮点数指令

(1) 指令格式

二进制整数转换成浮点数指令格式如下：

指令名称	助记符	功能号	操作数		程序步
			S	D	
二进制整数转换为浮点数指令	FLT	FNC49	K、H、D	D	FLT、FLTP：5 步 DFLT、DFLTP：9 步

(2) 使用说明

二进制整数转换为浮点数指令的使用如图6-53所示。当常开触点X000闭合时，FLT指令执行，将源操作元件D10中的二进制整数转换成浮点数，再将浮点数存入目标操作元件D13、D12中。

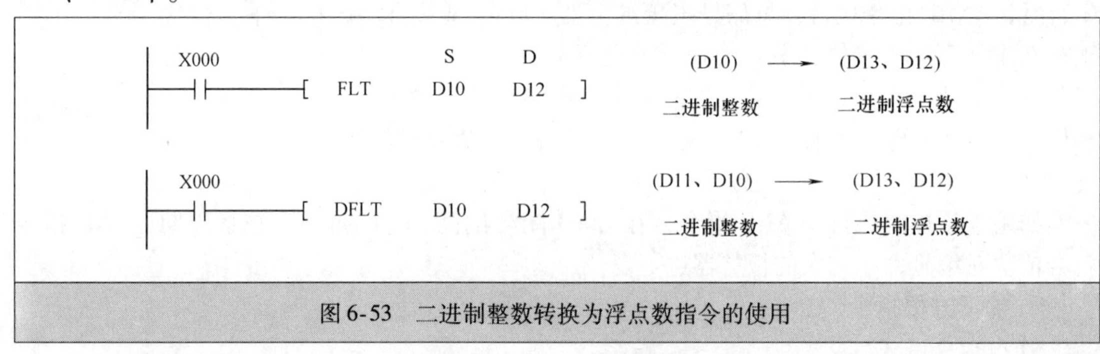

图6-53　二进制整数转换为浮点数指令的使用

由于PLC编程很少用到浮点数运算，读者若对浮点数及运算感兴趣，可查阅有关资料，这里不作介绍。

6.2.6　高速处理指令

高速处理指令共有10条，功能号为FNC50～FNC59。

1. 输入/输出刷新指令

(1) 指令格式

输入/输出刷新指令格式如下：

指令名称	助记符	功能号	操作数		程序步
			D	n	
输入/输出刷新指令	REF	FNC50	X、Y	K、H	REF、REFP：5 步

（2）使用说明

在 PLC 运行程序时，若通过输入端子输入信号，PLC 通常不会马上处理输入信号，要等到下一个扫描周期才处理输入信号，这样从输入到处理有一段时间差，另外，PLC 在运行程序产生输出信号时，也不是马上从输出端子输出，而是等程序运行到 END 时，才将输出信号从输出端子输出，这样从产生输出信号到信号从输出端子输出也有一段时间差。如果希望 PLC 在运行时能即刻接收输入信号，或能即刻输出信号，可采用输入/输出刷新指令。

输入/输出刷新指令的使用如图6-54 所示。图 a 为输入刷新，当常开触点 X000 闭合时，REF 指令执行，将以 X010 为起始元件的 8 个（n = 8）输入继电器 X010 ~ X017 刷新，即让 X010 ~ X017 端子输入的信号能马上被这些端子对应的输入继电器接收。图 b 为输出刷新，当常开触点 X001 闭合时，REF 指令执行，将以 Y000 为起始元件的 24 个（n = 24）输出继电器 Y000 ~ Y007、Y010 ~ Y017、Y020 ~ Y027 刷新，让这些输出继电器能即刻往相应的输出端子输出信号。

REF 指令指定的首元件编号应为 X000、X010、X020…，Y000、Y010、Y020…，刷新的点数 n 就应是 8 的整数倍，如 8、16、24 等。

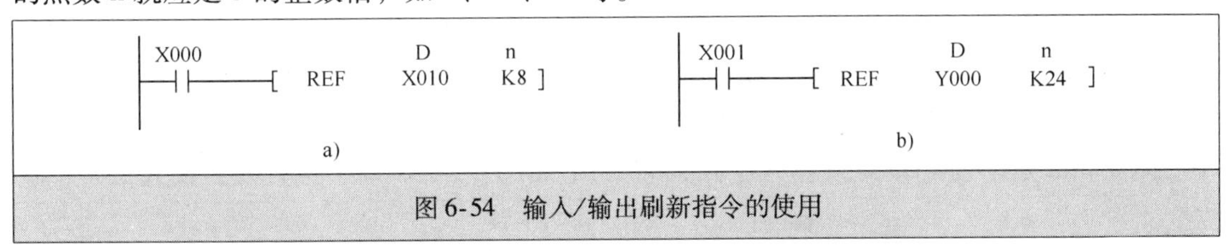

图 6-54　输入/输出刷新指令的使用

2. 输入滤波常数调整指令

（1）指令格式

输入滤波常数调整指令格式如下：

指令名称	助记符	功能号	操作数	程序步
			n	
输入滤波常数调整指令	REFF	FNC51	K、H	REFF、REFFP：3 步

（2）使用说明

为了提高 PLC 输入端子的抗干扰性，在输入端子内部都设有滤波器，滤波时间常数在 10ms 左右，可以有效吸收短暂的输入干扰信号，但对于正常的高速短暂输入信号也有抑制作用，为此 PLC 将一些输入端子的电子滤波器时间常数设为可调。三菱 FX2N 系列 PLC 将 X000 ~ X017 端子内的电子滤波器时间常数设为可调，调节采用 REFF 指令，时间常数调节范围为 0 ~ 60ms。

输入滤波常数调整指令的使用如图 6-55 所示。当常开触点 X010 闭合时，REFF 指令执行，将 X000 ~ X017 端子的滤波常数设为 1ms（n = 1），该指令执行前这些端子的滤波常数为 10ms，该指令执

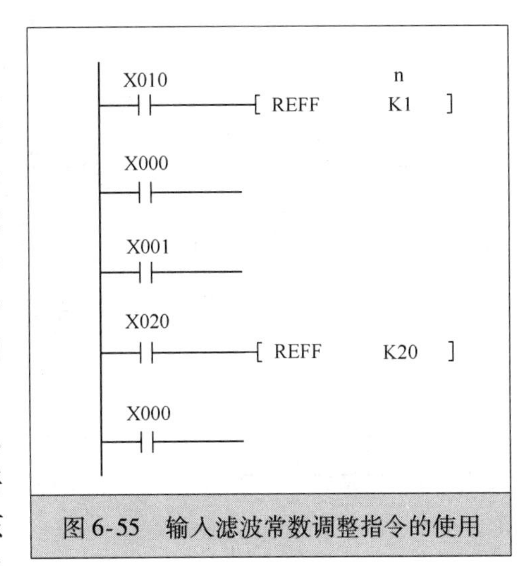

图 6-55　输入滤波常数调整指令的使用

行后这些端子时间常数为1ms，当常开触点X020闭合时，REFF指令执行，将X000～X017端子的滤波常数设为20ms（n=20），此后至END或FEND处，这些端子的滤波常数为20ms。

当X000～X007端子用作高速计数输入、速度检测或中断输入时，它们的输入滤波常数自动设为50μs。

3. 矩阵输入指令

（1）指令格式

矩阵输入指令格式如下：

指令名称	助记符	功能号	操作数				程序步
			S	D1	D2	n	
矩阵输入指令	MTR	FNC52	X	Y	Y、M、S	K、H n=2～8	MTR：9步

（2）矩阵输入电路

PLC通过输入端子来接收外界输入信号，由于输入端子数量有限，若采用一个端子接收一路信号的普通输入方式，很难实现大量多路信号输入，给PLC加设矩阵输入电路可以有效解决这个问题。

图6-56a是一种PLC矩阵输入电路，它采用X020～X027端子接收外界输入信号，这

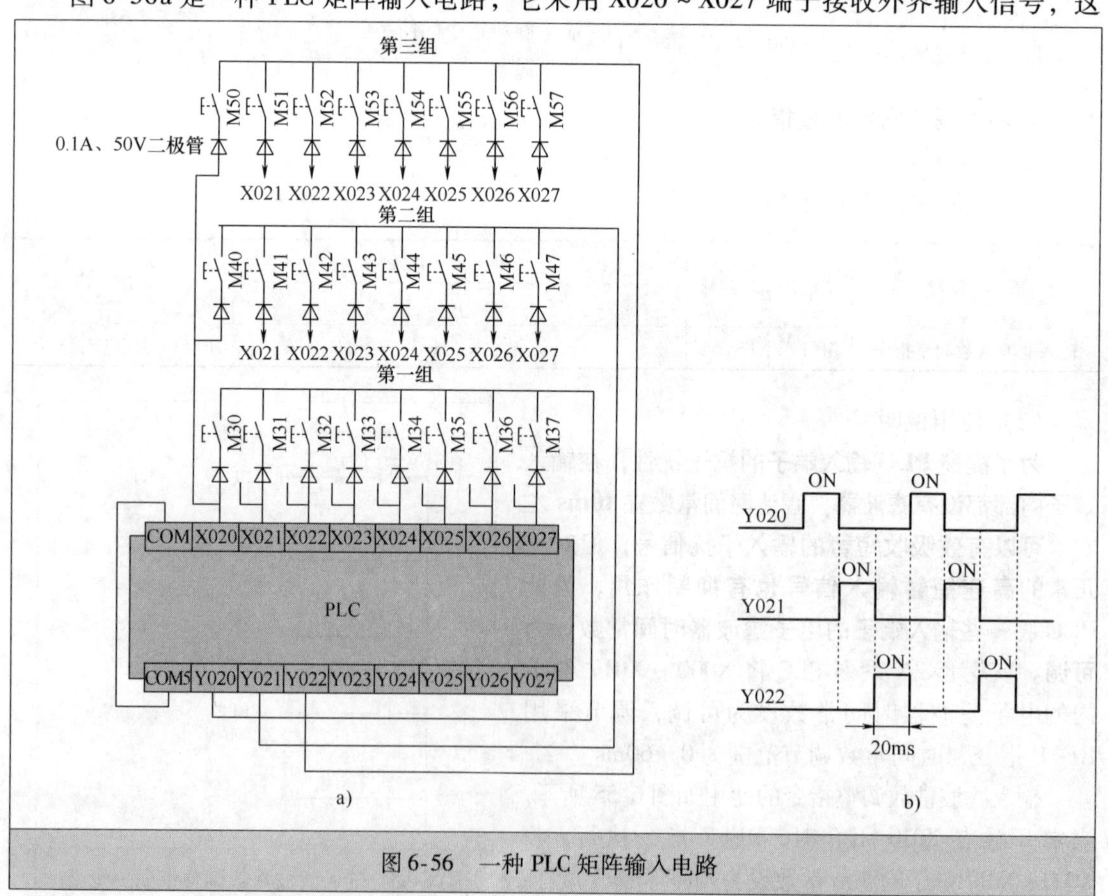

图6-56 一种PLC矩阵输入电路

些端子外接3组由二极管和按键组成的矩阵输入电路，这三组矩阵电路一端都接到X020～X027端子，另一端则分别接PLC的Y020、Y021、Y022端子。在工作时，Y020、Y021、Y022端子内硬触点轮流接通，如图6-56b所示，当Y020接通（ON）时，Y021、Y022断开，当Y021接通时，Y020、Y022断开，当Y022接通时，Y020、Y021断开，然后重复这个过程，一个周期内每个端子接通时间为20ms。

在Y020端子接通期间，若第一组输入电路中的某个按键按下，如M37按键按下，X027端子输出的电流经二极管、按键流入Y020端子，并经Y020端子内部闭合的硬触点流到COM端，X027端子有电流输出，相当于该端子有输入信号，该输入信号在PLC内部被转存到辅助继电器M37中。在Y020端子接通期间，若按第二组或第三组中某个按键，由于此时Y021、Y022端子均断开，故操作这两组按键均无效。在Y021端子接通期间，X020～X027端子接收第二组按键输入，在Y022端子接通期间，X020～X027端子接收第三组按键输入。

在采用图6-56a形式的矩阵输入电路时，如果将输出端子Y020～Y027和输入端子X020～X027全部利用起来，则可以实现8×8=64个开关信号输入，由于Y020～Y027每个端子接通时间为20ms，故矩阵电路的扫描周期为8×20ms=160ms。对于扫描周期长的矩阵输入电路，若输入信号时间小于扫描周期，可能会出现输入无效的情况，例如在图6-56a中，若在Y020端子刚开始接通时按下按键M52，按下时间为30ms再松开，由于此时Y022端子还未开始导通（从Y020到Y022导通时间间隔为40ms），故操作按键M52无效，因此矩阵输入电路不适用于要求快速输入的场合。

（3）矩阵输入指令的使用

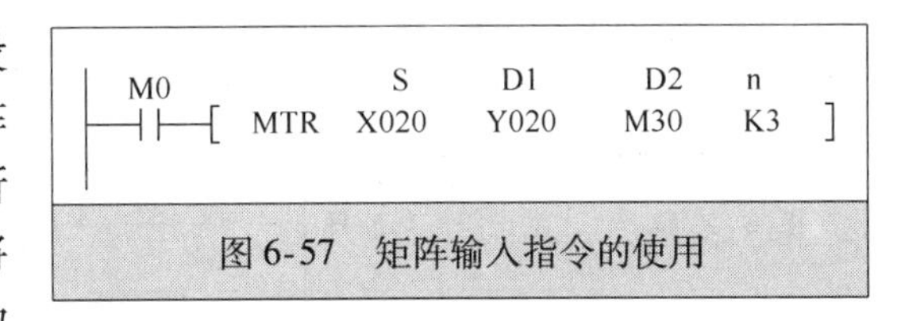

图6-57　矩阵输入指令的使用

若PLC采用矩阵输入方式，除了要加设矩阵输入电路外，还须用MTR指令进行矩阵输入设置。矩阵输入指令的使用如图6-57所示。当触点M0闭合时，MTR指令执行，将[S] X020为起始编号的8个连号元件作为矩阵输入，将[D1] Y020为起始编号的3个（n=3）连号元件作为矩阵输出，将矩阵输入信号保存在以M30为起始编号的三组8个连号元件（M30～M37、M40～M47、M50～M57）中。

4. 高速计数器置位指令

（1）指令格式

高速计数器置位指令格式如下：

指令名称	助记符	功能号	操作数			程序步
			S1	S2	D	
高速计数器置位指令	HSCS	FNC53	K、H、 KnX、KnY、KnM、KnS、 T、C、D、V、Z	C （C235～C255）	Y、M、S	DHSCS：13步

（2）使用说明

高速计数器置位指令的使用如图6-58所示。当常开触点X010闭合时，若高速计数器C255的当前值变为100（99→100或101→100），DHSCS指令执行，将Y010置位。

5. 高速计数器复位指令

（1）指令格式

高速计数器复位指令格式如下：

指令名称	助记符	功能号	操作数			程序步
			S1	S2	D	
高速计数器复位指令	HSCR	FNC54	K、H、 KnX、KnY、KnM、KnS、 T、C、D、V、Z	C （C235～C255）	Y、M、S	DHSCR：13 步

（2）使用说明

高速计数器复位指令的使用如图 6-59 所示。当常开触点 X010 闭合时，若高速计数器 C255 的当前值变为 100（99→100 或 101→100），DHSCR 指令执行，将 Y010 复位。

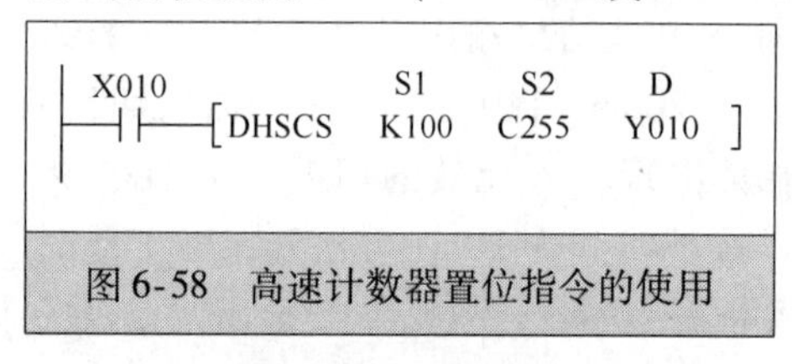

图 6-58　高速计数器置位指令的使用

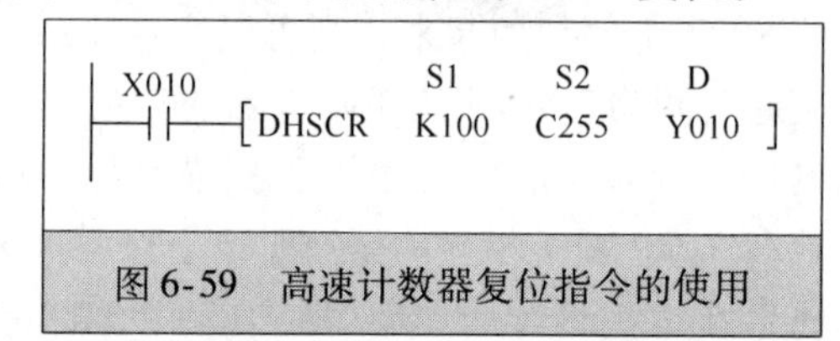

图 6-59　高速计数器复位指令的使用

6. 高速计数器区间比较指令

（1）指令格式

高速计数器区间比较指令格式如下：

指令名称	助记符	功能号	操作数				程序步
			S1	S2	S3	D	
高速计数器区间比较指令	HSZ	FNC55	K、H、 KnX、KnY、KnM、KnS、 T、C、D、V、Z		C （C235～C255）	Y、M、S （3 个连号元件）	DHSZ：13 步

（2）使用说明

高速计数器区间比较指令的使用如图 6-60 所示。在 PLC 运行期间，M8000 触点始终闭合，高速计数器 C251 开始计数，同时 DHSZ 指令执行，当 C251 当前计数值＜1000 时，让输出继电器 Y000 为 ON，当 1000≤C251 当前计数值≤2000 时，让输出继电器 Y001 为 ON，当 C251 当前计数值＞2000 时，让输出继电器 Y003 为 ON。

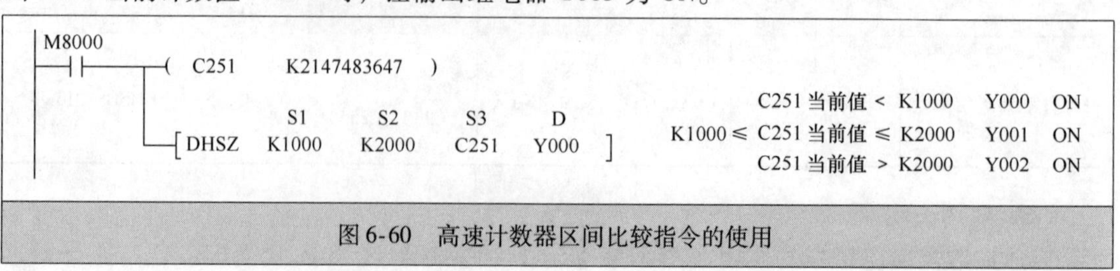

图 6-60　高速计数器区间比较指令的使用

7. 速度检测指令

（1）指令格式

速度检测指令格式如下：

指令名称	助记符	功能号	操作数			程序步
			S1	S2	D	
速度检测指令	SPD	FNC56	X0 ~ X5	K、H、KnX、KnY、KnM、KnS、T、C、D、V、Z	T、C、D、V、Z	SPD：7 步

（2）使用说明

速度检测指令的使用如图 6-61 所示。当常开触点 X010 闭合时，SPD 指令执行，计算 X000 输入端子在 100ms 输入脉冲的个数，并将个数值存入 D0 中，指令还使用 D1、D2，其中 D1 用来存放当前时刻的脉冲数值（会随时变化），到 100ms 时复位，D2 用来存放计数的剩余时间，到 100ms 时复位。

```
 X010            S1      S2     D
─┤├──[SPD      X000    K100    D0  ]
```

图 6-61　速度检测指令的使用

采用旋转编码器配合 SPD 指令可以检测电动机的转速。旋转编码器结构如图 6-62所示，旋转编码器盘片与电动机转轴连动，在盘片旁安装有接近开关，盘片凸起部分靠近接近开关时，开关会产生脉冲输出，n 为编码器旋转一周输出的脉冲数。在测速时，先将测速用的旋转编码器与电动机转轴连接，编码器的输出线接 PLC 的 X0 输入端子，再根据电动机的转速计算公式$N=\left(\frac{60\times[\mathrm{D}]}{n\times[\mathrm{S2}]}\times 10^3\right)\mathrm{r/min}$ 编写梯形图程序。

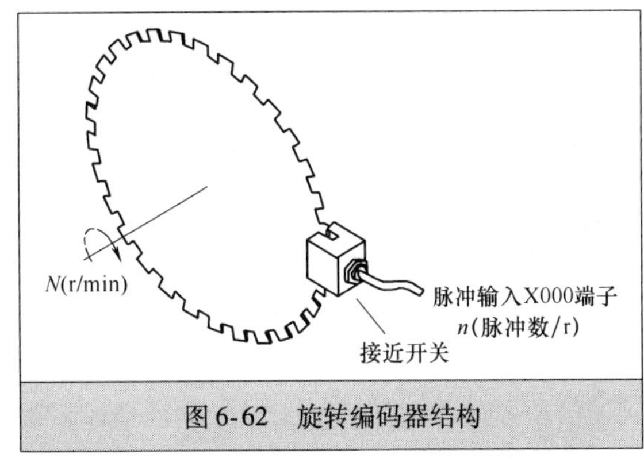

图 6-62　旋转编码器结构

设旋转编码器的 $n=360$，计时时间 S2 = 100ms，则 $N=\left(\frac{60\times[\mathrm{D}]}{n\times[\mathrm{S2}]}\times 10^3\right)\mathrm{r/min}=\left(\frac{60\times[\mathrm{D}]}{360\times 100}\times 10^3\right)\mathrm{r/min}=\left(\frac{5\times[\mathrm{D}]}{3}\right)\mathrm{r/min}$。电动机转速检测程序如图 6-63 所示。

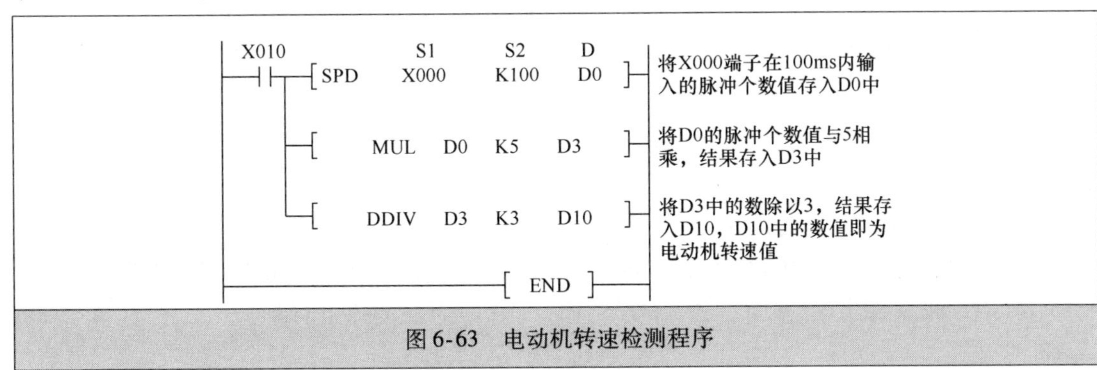

图 6-63　电动机转速检测程序

8. 脉冲输出指令

（1）指令格式

脉冲输出指令格式如下：

指令名称	助记符	功能号	操作数			程序步
			S1	S2	D	
脉冲输出指令	PLSY	FNC57	K、H、 KnX、KnY、KnM、KnS、 T、C、D、V、Z		Y0 或 Y1	PLSY：7 步 DPLSY：13 步

（2）使用说明

脉冲输出指令的使用如图 6-64 所示。当常开触点 X010 闭合时，PLSY 指令执行，让 Y000 端子输出占空比为 50% 的 1000Hz 脉冲信号，产生脉冲个数由 D0 指定。

脉冲输出指令使用要点如下：

1）［S1］为输出脉冲的频率，对于 FX2N 系列 PLC，频率范围为 10 ~ 20kHz；［S2］为要求输出脉冲的个数，对于 16 位操作元件，可指定的个数为 1 ~ 32767，对于 32 位操作元件，可指定的个数为 1 ~ 2147483647，如指定个数为 0，则持续输出脉冲；［D］为脉冲输出端子，要求输出端子为晶体管输出型，只能选择 Y000 或 Y001。

2）脉冲输出结束后，完成标记继电器 M8029 置 1，输出脉冲总数保存在 D8037（高位）和 D8036（低位）。

3）若选择产生连续脉冲，在 X010 断开后 Y000 停止脉冲输出，X010 再闭合时重新开始。

4）［S1］中的内容在该指令执行过程中可以改变，［S2］在指令执行时不能改变。

9. 脉冲调制指令

（1）指令格式

脉冲调制指令格式如下：

指令名称	助记符	功能号	操作数			程序步
			S1	S2	D	
脉冲调制指令	PWM	FNC58	K、H、 KnX、KnY、KnM、KnS、 T、C、D、V、Z		Y0 或 Y1	PWM：7 步

（2）使用说明

脉冲调制指令的使用如图 6-65 所示。当常开触点 X010 闭合时，PWM 指令执行，让 Y000 端子输出脉冲宽度为［S1］D10、周期为［S2］50 的脉冲信号。

脉冲调制指令使用要点如下：

1）［S1］为输出脉冲的宽度 t，$t=0 \sim 32767$ms；［S2］为输出脉冲的周期 T，$T=1 \sim 32767$ms，要求［S2］>［S1］，否则会出错；［D］为脉冲输出端子，只能选择 Y000 或 Y001。

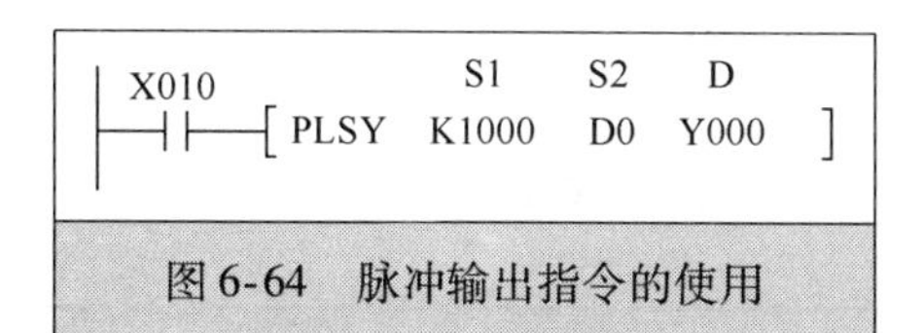

图 6-64 脉冲输出指令的使用

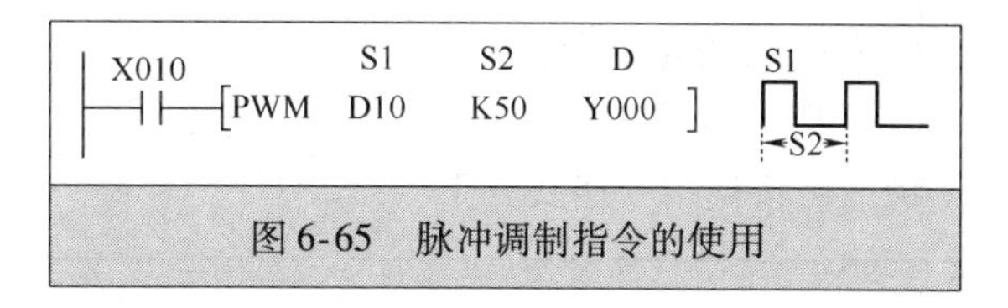

图 6-65 脉冲调制指令的使用

2）当 X010 断开后，Y000 端子停止脉冲输出。

10. 可调速脉冲输出指令

（1）指令格式

可调速脉冲输出指令格式如下：

指令名称	助记符	功能号	操作数				程序步
			S1	S2	S3	D	
可调速脉冲输出指令	PLSR	FNC59	K、H、 KnX、KnY、KnM、KnS、 T、C、D、V、Z			Y0 或 Y1	PLSR：9 步 DPLSR：17 步

（2）使用说明

可调速脉冲输出指令的使用如图 6-66 所示。当常开触点 X010 闭合时，PLSR 指令执行，让 Y000 端子输出脉冲信号，要求输出脉冲频率由 0 开始，在 3600ms 内升到最高频率 500Hz，在最高频率时产生 D0 个脉冲，再在 3600ms 内从最高频率降到 0。

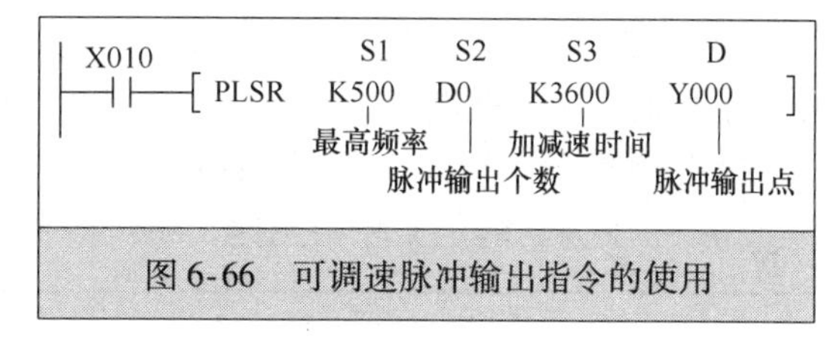

图 6-66 可调速脉冲输出指令的使用

可调速脉冲输出指令使用要点如下：

1）［S1］为输出脉冲的最高频率，最高频率要设成 10 的倍数，设置范围为 10～20kHz。

2）［S2］为最高频率时输出脉冲数，该数值不能小于 110，否则不能正常输出，［S2］的范围是 110～32767（16 位操作数）或 110～2147483647（32 位操作数）。

3）［S3］为加减速时间，它是指脉冲由 0 升到最高频率（或最高频率降到 0）所需的时间。输出脉冲的一次变化为最高频率的 1/10。加减速时间设置有一定的范围，具体可采用以下式子计算：

$$\frac{90000}{[S1]}\times 5 \leqslant [S3] \leqslant \frac{[S2]}{[S1]}\times 818$$

4）［D］为脉冲输出点，只能为 Y000 或 Y001，且要求是晶体管输出型。

5）若 X010 由 ON 变为 OFF，停止输出脉冲，X010 再 ON 时，从初始重新动作。

6）PLSR 和 PLSY 两条指令在程序中只能使用一条，并且只能使用一次。这两条指令中的某一条与 PWM 指令同时使用时，脉冲输出点不能重复。

6.2.7 方便指令

方便指令共有 10 条，功能号是 FNC60～FNC69。

1. 状态初始化指令

（1）指令格式

状态初始化指令格式如下：

指令名称	助记符	功能号	操作数			程序步
			S	D1	D2	
状态初始化指令	IST	FNC60	X、Y、M、S（8个连号元件）	S（S20～S899）		IST：7步

（2）使用说明

状态初始化指令主要用于步进控制，且在需要进行多种控制时采用，使用这条指令可以使控制程序大大简化，如在机械手控制中，有5种控制方式：手动、回原点、单步运行、单周期运行（即运行一次）和自动控制。在程序中采用该指令后，只需编写手动、回原点和自动控制3种控制方式程序即可实现5种控制。

状态初始化指令的使用如图6-67所示。当M8000由OFF→ON时，IST指令执行，将X020为起始编号的8个连号元件进行功能定义（具体见后述），将S20、S40分别设为自动操作时的编号最小和最大状态继电器。

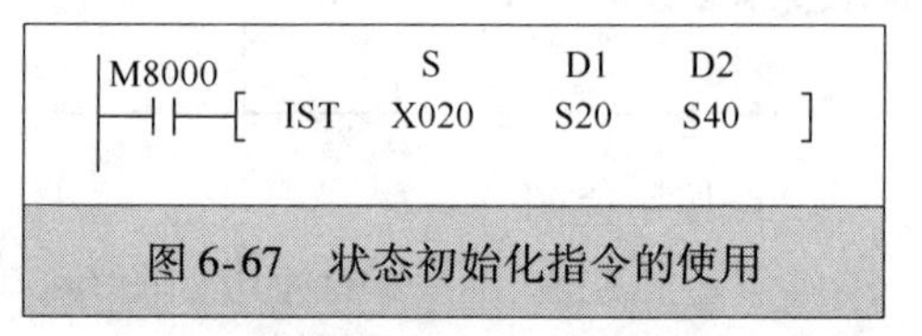

图6-67　状态初始化指令的使用

状态初始化指令的使用要点如下：

1）［S］为功能定义起始元件，它包括8个连号元件，这8个元件的功能定义如下：

X020：手动控制	X024：全自动运行控制
X021：回原点控制	X025：回原点启动
X022：单步运行控制	X026：自动运行启动
X023：单周期运行控制	X027：停止控制

其中X020～X024是工作方式选择，不能同时接通，通常选用图6-68所示的旋转开关。

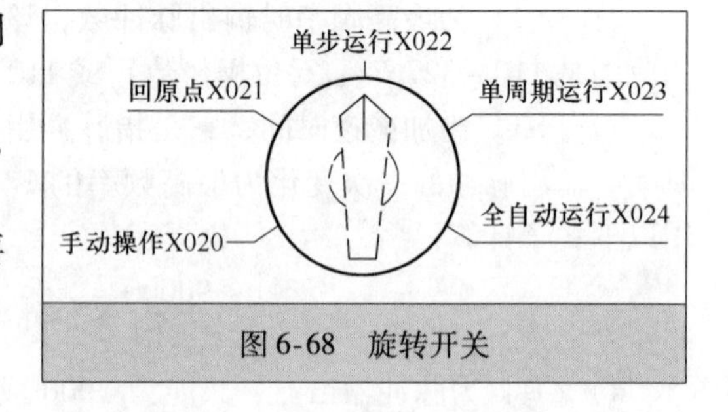

图6-68　旋转开关

2）［D1］、［D2］分别为自动操作控制时，实际用到的最小编号和最大编号状态继电器。

3）IST指令在程序中只能用一次，并且要放在步进顺序控制指令STL之前。

2. 数据查找指令

（1）指令格式

数据查找指令格式如下：

指令名称	助记符	功能号	操作数				程序步
			S1	S2	D	n	
数据查找指令	SER	FNC61	KnX、KnY、KnM、KnS、T、C、D	K、H、KnX、KnY、KnM、KnS、T、C、D、V、Z	KnY、KnM、KnS、T、C、D	K、H、D	SER、SERP：9步 DSER、DSERP：17步

（2）使用说明

数据查找指令的使用如图 6-69 所示。当常开触点 X010 闭合时，SER 指令执行，从［S1］D100 为首编号的［n］10 个连号元件（D100 ~ D109）中查找与［S2］D0 相等的数据，查找结果存放在［D］D10 为首编号的 5 个连号元件 D10 ~ D14 中。

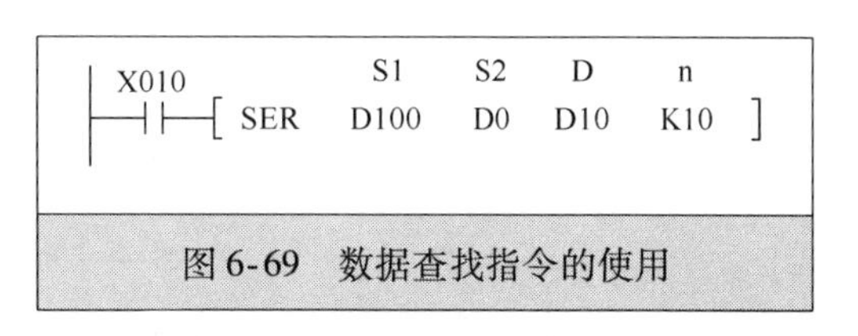

图 6-69　数据查找指令的使用

在 D10 ~ D14 中，D10 存放数据相同的元件个数，D11、D12 分别存放数据相同的第一个和最后一个元件位置，D13 存放最小数据的元件位置，D14 存放最大数据的元件位置。例如在 D100 ~ D109 中，D100、D102、D106 中的数据都与 D0 相同，D105 中的数据最小，D108 中数据最大，那么 D10 = 3、D11 = 0、D12 = 6、D13 = 5、D14 = 8。

3. 绝对值式凸轮顺序控制指令

（1）指令格式

绝对值式凸轮顺序控制指令格式如下：

指令名称	助记符	功能号	操作数				程序步
			S1	S2	D	n	
绝对值式凸轮顺序控制指令	ABSD	FNC62	KnX、KnY、KnM、KnS、T、C、D	C	Y、M、S	K、H（1≤n≤64）	ABSD：9 步 DABSD：17 步

（2）使用说明

ABSD 指令用于产生与计数器当前值对应的多个波形，其使用如图 6-70 所示。在图 a 中，当常开触点 X000 闭合时，ABSD 指令执行，将［D］M0 为首编号的［n］4 个连号元件 M0 ~ M3 作为波形输出元件，并将［S2］C0 计数器当前计数值与［S1］D300 为首编号的 8 个连号元件 D300 ~ D307 中的数据进行比较，然后让 M0 ~ M3 输出与 D300 ~ D307 数据相关的波形。

M0 ~ M3 输出波形与 D300 ~ D307 数据的关系如图 6-70b 所示。D300 ~ D307 中的数据可采用 MOV 指令来传送，D300 ~ D307 的偶数编号元件用来存储上升数据点（角度值），奇数编号元件存储下降数据点。下面对照图 6-70b 来说明图 6-70a 梯形图工作过程：

在常开触点 X000 闭合期间，X001 端子外接平台每旋转 1°，该端子就输入一个脉冲，X001 常开触点就闭合一次（X001 常闭触点则断开一次），计数器 C0 的计数值就增 1。当平台旋转到 40°时，C0 的计数值为 40，C0 的计数值与 D300 中的数据相等，ABSD 指令则让 M0 元件由 OFF 变为 ON；当 C0 的计数值为 60 时，C0 的计数值与 D305 中的数据相等，ABSD 指令则让 M2 元件由 ON 变为 OFF。C0 计数值由 60 变化到 360 之间的工作过程请对照图 6-70b 自行分析。当 C0 的计数值达到 360 时，C0 常开触点闭合，“RST C0”指令执行，将计数器 C0 复位，然后又重新上述工作过程。

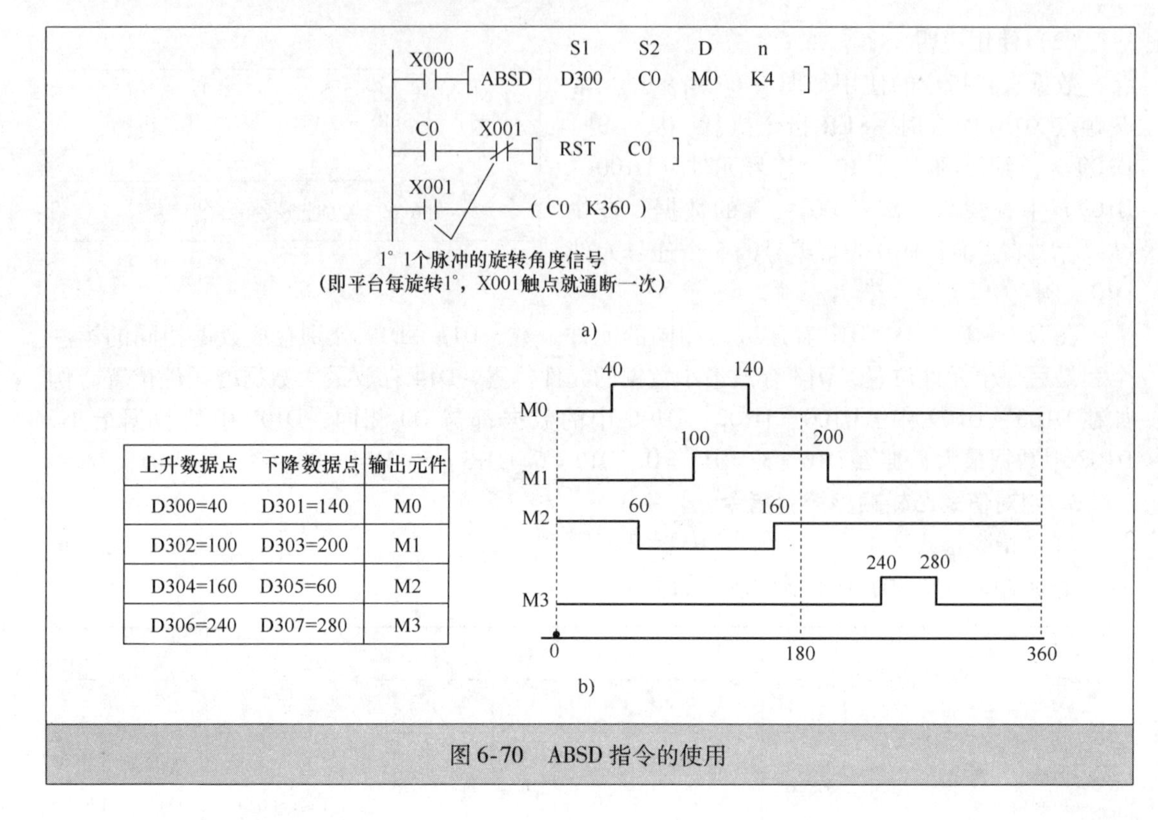

图 6-70 ABSD 指令的使用

4. 增量式凸轮顺序控制指令

（1）指令格式

增量式凸轮顺序控制指令格式如下：

指令名称	助记符	功能号	操作数				程序步
			S1	S2	D	n	
增量式凸轮顺序控制指令	INCD	FNC63	KnX、KnY、KnM、KnS、T、C、D	C（两个连号元件）	Y、M、S	K、H（1≤n≤64）	INCD：9 步 DINCD：17 步

（2）使用说明

INCD 指令的使用如图 6-71 所示。INCD 指令的功能是将［D］M0 为首编号的［n］4 个连号元件 M0 ~ M3 作为波形输出元件，并将［S2］C0 当前计数值与［S1］D300 为首编号的 4 个连号元件 D300 ~ D303 中的数据进行比较，让 M0 ~ M3 输出与 D300 ~ D304 数据相关的波形。

首先用 MOV 指令往 D300 ~ D303 中传送数据，让 D300 = 20、D301 = 30、D302 = 10、D303 = 40。在常开触点 X000 闭合期间，1s 时钟辅助继电器 M8013 触点每隔 1s 就通断一次（通断各 0.5s），计数器 C0 的计数值就计 1，随着 M8013 不断动作，C0 计数值不断增大。在 X000 触点刚闭合时，M0 由 OFF 变为 ON，当 C0 计数值与 D300 中的数据 20 相等，C0 自动复位清 0，同时 M0 元件也复位（由 ON 变为 OFF），然后 M1 由 OFF 变为 ON，当 C0 计数值与 D301 中的数据 30 相等时，C0 又自动复位，M1 元件随之复位，当 C0 计数值与最后寄

存器 D303 中的数据 40 相等时，M3 元件复位，完成标记辅助继电器 M8029 置 ON，表示完成一个周期，接着开始下一个周期。

在 C0 计数的同时，C1 也计数，C1 用来计 C0 的复位次数，完成一个周期后，C1 自动复位。当触点 X000 断开时，C1、C0 均复位，M0 ~ M3 也由 ON 转为 OFF。

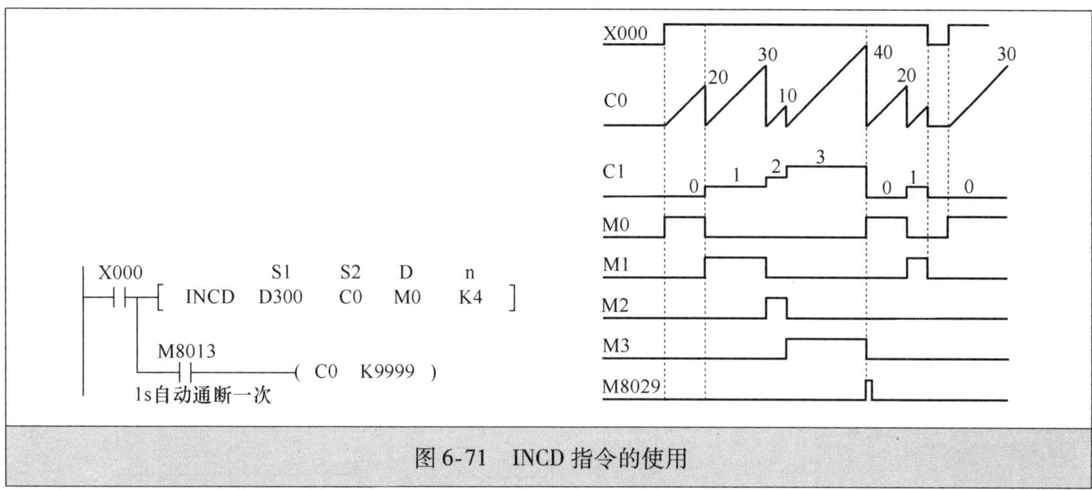

图 6-71 INCD 指令的使用

5. 示教定时器指令

(1) 指令格式

示教定时器指令格式如下：

指令名称	助记符	功能号	操作数		程序步
			D	n	
示教定时器指令	TTMR	FNC64	D	K、H (n = 0 ~ 2)	TTMR：5 步

(2) 使用说明

TTMR 指令的使用如图 6-72 所示。TTMR 指令的功能是测定 X010 触点的接通时间。当常开触点 X010 闭合时，TTMR 指令执行，用 D301 存储 X010 触点当前接通时间 t_0（D301 中的数据随 X010 闭合时间变化），再将 D301 中的时间 t_0 乘以 10^n，乘积结果存入 D300 中。当触点 X010 断开时，D301 复位，D300 中的数据不变。

利用 TTMR 指令可以将按钮闭合时间延长 10 倍或 100 倍。

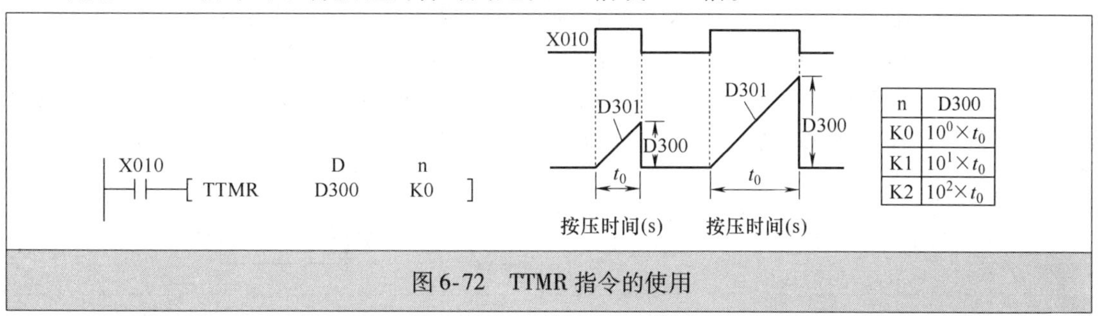

图 6-72 TTMR 指令的使用

6. 特殊定时器指令

（1）指令格式

特殊定时器指令格式如下：

指令名称	助记符	功能号	操作数			程序步
			S	n	D	
特殊定时器指令	STMR	FNC65	T（T0～T199）	K、H n=1～32767	Y、M、S（4个连号）	STMR：7步

（2）使用说明

STMR指令的使用如图6-73所示。STMR指令的功能是产生延时断开定时、单脉冲定时和闪动定时。当常开触点X000闭合时，STMR指令执行，让［D］M0为首编号的4个连号元件M0～M3产生［n］10s的各种定时脉冲，其中M0产生10s延时断开定时脉冲，M1产生10s单定时脉冲，M2、M3产生闪动定时脉冲（即互补脉冲）。

当触点X010断开时，M0～M3经过设定的值后变为OFF，同时定时器T10复位。

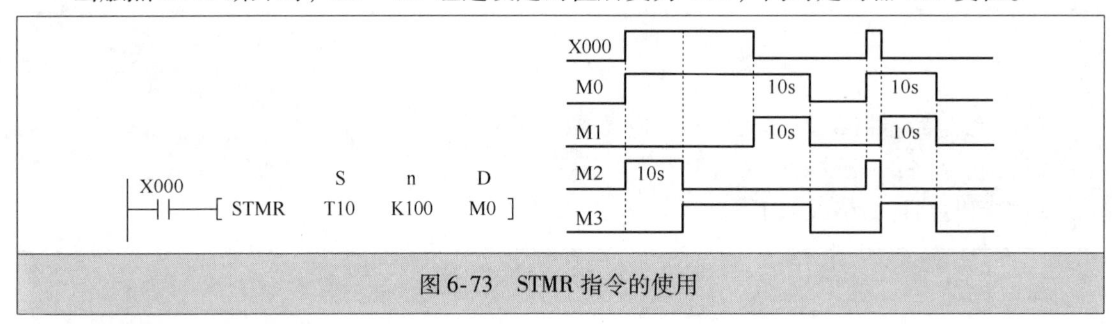

图6-73　STMR指令的使用

7. 交替输出指令

（1）指令格式

交替输出指令格式如下：

指令名称	助记符	功能号	操作数	程序步
			D	
交替输出指令	ALT	FNC66	Y、M、S	ALT、ALTP：3步

（2）使用说明

ALT指令的使用如图6-74所示。ALT指令的功能是产生交替输出脉冲。当常开触点X000由OFF→ON时，ALTP指令执行，让［D］M0由OFF→ON，在X000由ON→OFF时，M0状态不变，当X000再一次由OFF→ON时，M0由ON→OFF。若采用连续执行型指令ALT，在每个扫描周期M0状态就会改变一次，因此通常采用脉冲执行型ALTP指令。

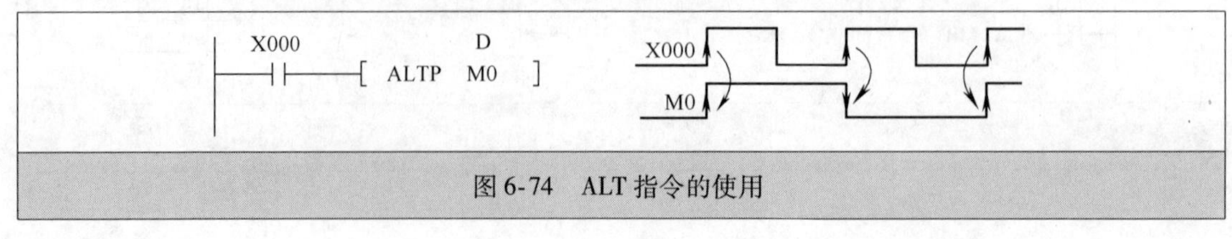

图6-74　ALT指令的使用

利用 ALT 指令可以实现分频输出，如图 6-75 所示，当 X000 按图示频率通断时，M0 产生的脉冲频率降低一半，而 M1 产生的脉冲频率较 M0 再降低一半，每使用一次 ALT 指令可进行一次 2 分频。

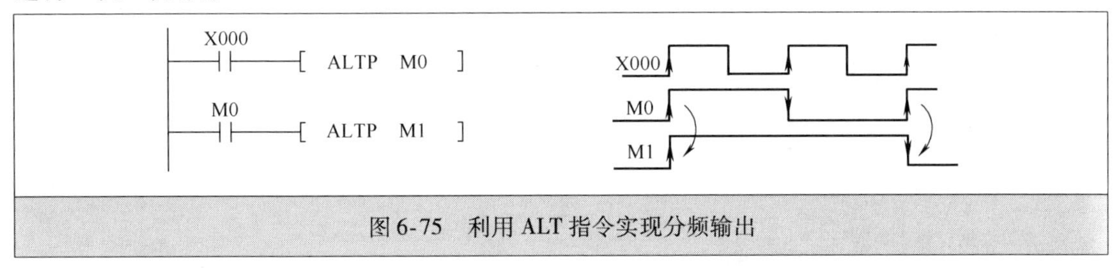

图 6-75　利用 ALT 指令实现分频输出

利用 ALT 指令还可以实现一个按钮控制多个负载起动/停止。如图 6-76 所示，当常开触点 X000 闭合时，辅助继电器 M0 由 OFF→ON，M0 常闭触点断开，Y000 对应的负载停止，M0 常开触点闭合，Y001 对应的负载起动，X000 断开后，辅助继电器 M0 状态不变；当 X000 第二次闭合时，M0 由 ON→OFF，M0 常闭触点闭合，Y000 对应的负载起动，M0 常开触点断开，Y001 对应的负载停止。

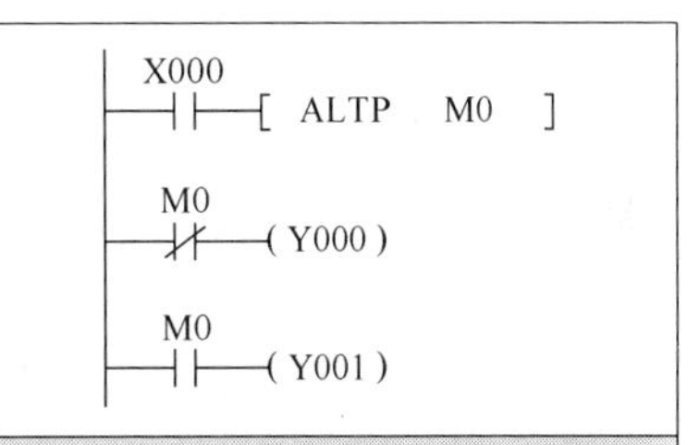

图 6-76　利用 ALT 指令实现一个按钮控制多个负载起动/停止

8. 斜波信号输出指令

（1）指令格式

斜波信号输出指令格式如下：

指令名称	助记符	功能号	操作数				程序步
			S1	S2	D	n	
斜波信号输出指令	RAMP	FNC67	D			K、H n = 1 ~ 32767	RAMP：9 步

（2）使用说明

RAMP 指令的使用如图 6-77 所示。RAMP 指令的功能是产生斜波信号。当常开触点 X000 闭合时，RAMP 指令执行，让［D］D3 的内容从［S1］D1 的值变化到［S2］D2 的值，变化时间为［n］1000 个扫描周期，扫描次数存放在 D4 中。

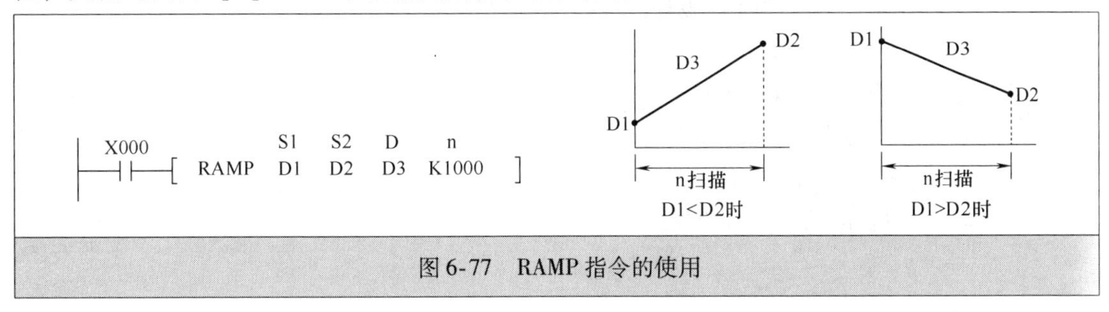

图 6-77　RAMP 指令的使用

设置 PLC 的扫描周期可确定 D3（值）从 D1 变化到 D2 的时间。先往 D8039（恒定扫描时间寄存器）写入设定扫描周期时间（ms），设定的扫描周期应大于程序运行扫描时间，再将M8039（定时扫描继电器）置位，PLC就进入恒扫描周期运行方式。如果设定的扫描周期为20ms，那么图6-77的D3（值）从D1变化到D2所需的时间应为20ms×1000＝20s。

9. 旋转工作台控制指令

（1）指令格式

旋转工作台控制指令格式如下：

指令名称	助记符	功能号	操作数				程序步
			S	m1	m2	D	
旋转工作台控制指令	ROTC	FNC68	D（3个连号元件）	K、H m1＝2～32767	K、H m2＝0～32767	Y、M、S（8个连号元件）	ROTC：9步
				m1≥m2			

（2）使用说明

ROTC指令的功能是对旋转工作台的方向和位置进行控制，使工作台上指定的工件能以最短的路径转到要求的位置。图6-78是一种旋转工作台的结构示意图，它由转台和工作手臂两大部分组成，转台被均分成10个区，每个区放置一个工件，转台旋转时会使检测开关X000、X001产生两相脉冲，利用这两相脉冲不但可以判断转台正转/反转外，还可以检测转台当前旋转位置，检测开关X002用来检测转台的0位置。

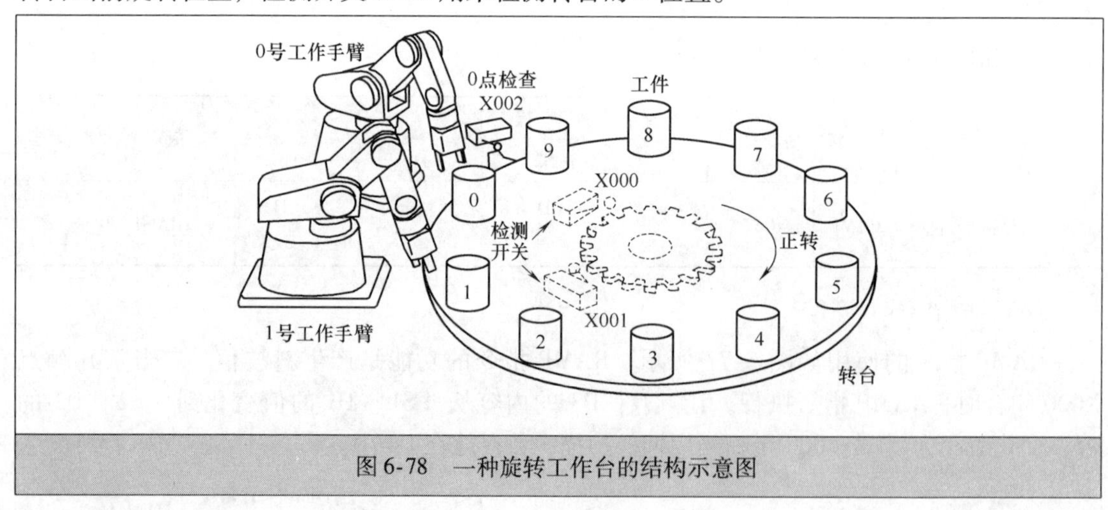

图6-78　一种旋转工作台的结构示意图

ROTC指令的使用如图6-79所示。

在图6-79中，当常开触点X010闭合时，ROTC指令执行，将操作数［S］、［m1］、［m2］、［D］的功能作如下定义：

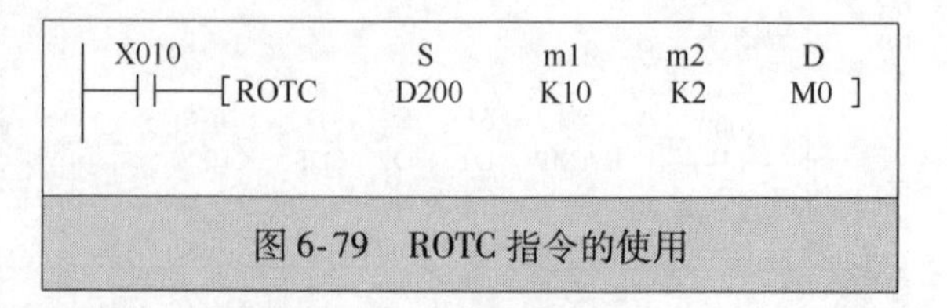

图6-79　ROTC指令的使用

[S] {D200：作为计数寄存器使用
D201：调用工作手臂号
D202：调用工件号} 用传送指令 MOV 设定（D201、D202）

[m1]：工作台每转一周旋转编码器产生的脉冲数

[m2]：低速运行区域，取值一般为 1.5 ~2 个工件间距

[D] {
M0：A 相信号
M1：B 相信号
M2：0 点检测信号
（M0～M2：用输入 X（旋转编码器）来驱动，X000→M0、X001→M1、X002→M2）
M3：高速正转
M4：低速正转
M5：停止
M6：低速反转
M7：高速反转
（M3～M7：当 X010 置 ON 时，ROTC 指令执行，可以自动得到 M3 ~ M7 的功能，当 X010 置 OFF 时，M3 ~ M7 为 OFF）}

（3）ROTC 指令应用实例

有一个图 6-78 所示的旋转工作台，转台均分 10 个区，编号为 0 ~9，每区可放 1 个工件，转台每转一周两相旋转编码器能产生 360 个脉冲，低速运行区为工件间距的 1.5 倍，采用数字开关输入要加工的工件号，加工采用默认 1 号工作手臂。要求使用 ROTC 指令并将有关硬件进行合适的连接，让工作台能以最高的效率调任意一个工件进行加工。

1）硬件连接。旋转工作台的硬件连接如图 6-80 所示。4 位拨码开关用于输入待加工的工件号，旋转编码器用于检测工作台的位置信息，0 点检测信号用于告知工作台是否到达 0 点位置，起动按钮用于起动工作台运行，Y000 ~ Y003 端子用于输出控制信号，通过控制变频器来控制工作台电动机的运行。

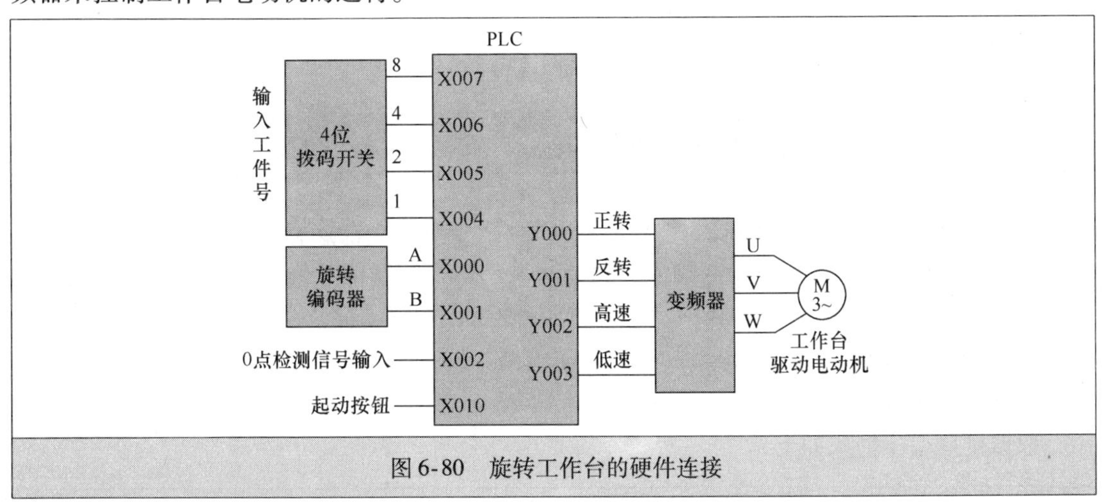

图 6-80 旋转工作台的硬件连接

2）编写程序。旋转工作台控制梯形图程序如图 6-81 所示。在编写程序时要注意，工件号和工作手臂设置与旋转编码器产生的脉冲个数有关，如编码器旋转一个工件间距产生 n 个脉冲，如 n =10，那么工件号 0 ~9 应设为 0 ~90，工作手臂号应设为 0，10。在本例中，旋转编码器转一周产生 360 个脉冲，工作台又分为 10 个区，每个工件间距应产生 36 个脉冲，因此 D201 中的 1 号工作手臂应设为 36，D202 中的工件号就设为“实际工件号 ×36”。

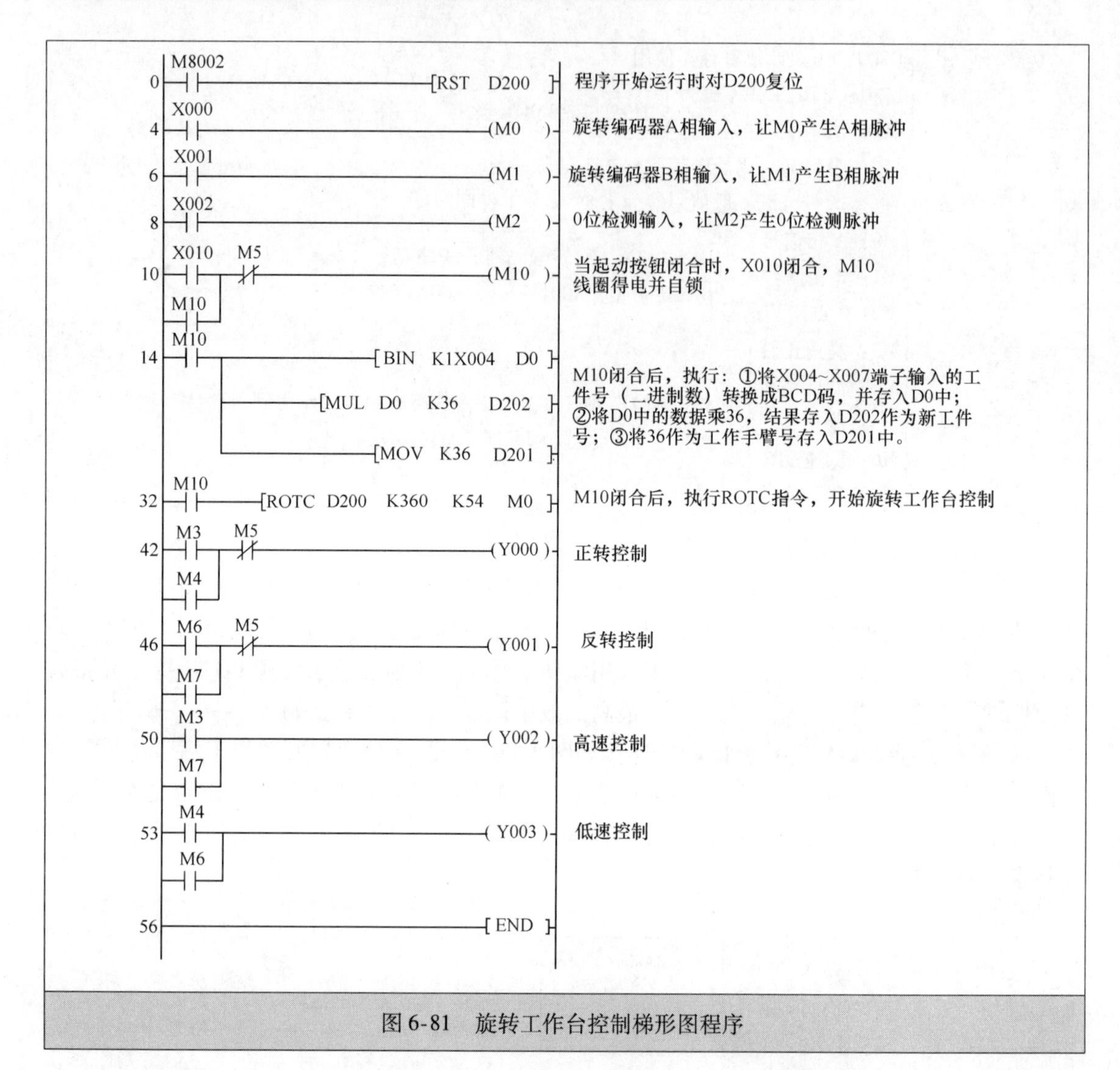

图 6-81 旋转工作台控制梯形图程序

PLC 在进行旋转工作台控制时，在执行 ROTC 指令时，会根据有关程序和输入信号（输入工作号、编码器输入、0 点检测输入和起动输入）产生控制信号（高速、低速、正转、反速），通过变频器来对旋转工作台电动机进行各种控制。

10. 数据排序指令

（1）指令格式

数据排序指令格式如下：

指令名称	助记符	功能号	操作数					程序步
			S	m1	m2	D	n	
数据排序指令	SORT	FNC69	D（连号元件）	K、H m1 = 2 ~ 32 m1 ≥ m2	K、H m2 = 1 ~ 6	D（连号元件）	D	SORT：9 步

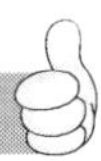

（2）使用说明

SORT 指令的使用如图 6-82 所示。SORT 指令的功能是将［S］D100 为首编号的［m1］5 行［m2］4 列共 20 个元件（即 D100 ~ D119）中的数据进行排序，排序以［n］D0 指定的列作为参考，排序按由小到大进行，排序后的数据存入［D］D200 为首编号的 5 × 4 = 20 个连号元件中。

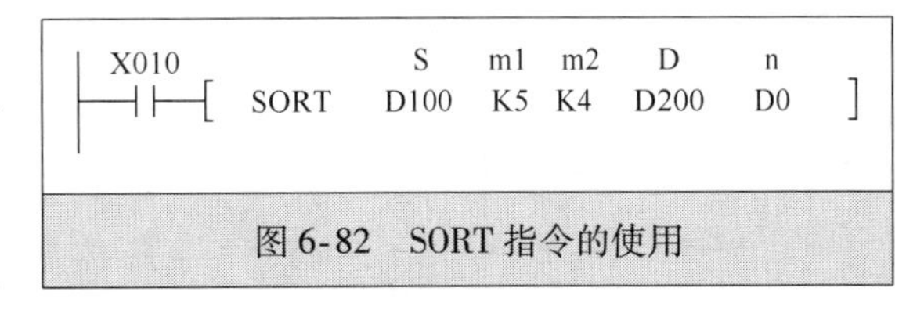

图 6-82　SORT 指令的使用

表 6-2 为排序前 D100 ~ D119 中的数据，若 D0 = 2，当常开触点 X010 闭合时，SORT 指令执行，将 D100 ~ D119 中的数据以第 2 列作参考进行由小到大排列，排列后的数据存放在 D200 ~ D219 中，D200 ~ D219 中数据排列见表 6-3。

表 6-2　排序前 D100 ~ D119 中的数据

列号 / 行号	1	2	3	4
	人员号码	身高	体重	年龄
1	D100 1	D105 150	D110 45	D115 20
2	D101 2	D106 180	D111 50	D116 40
3	D102 3	D107 160	D112 70	D117 30
4	D103 4	D108 100	D113 20	D118 8
5	D104 5	D109 150	D114 50	D119 45

表 6-3　排序后 D200 ~ D219 中的数据

列号 / 行号	1	2	3	4
	人员号码	身高	体重	年龄
1	D200 4	D205 100	D210 20	D215 8
2	D201 1	D206 150	D211 45	D216 20
3	D202 5	D207 150	D212 50	D217 45
4	D203 3	D208 160	D213 70	D218 30
5	D204 2	D209 180	D214 50	D219 40

6.2.8　外部 I/O 设备指令

外部 I/O 设备指令共有 10 条，功能号为 FNC70 ~ FNC79。

1. 十键输入指令

（1）指令格式

十键输入指令格式如下：

指令名称	助记符	功能号	操作数			程序步
			S	D1	D2	
十键输入指令	TKY	FNC70	X、Y、M、S （10个连号元件）	KnY、KnM、KnS、T、C、D、V、Z	X、Y、M、S （11个连号元件）	TKY：7步 DTKY：13步

（2）使用说明

TKY指令的使用如图6-83所示。在图a中，TKY指令的功能是将［S］为首编号的X000～X011十个端子输入的数据送入［D1］D0中，同时将［D2］为首地址的M10～M19中相应的位元件置位。

使用TKY指令时，可在PLC的X000～X011十个端子外接代表0～9的十个按键，如图6-83b所示，当常开触点X030闭合时，如果依次操作X002、X001、X003、X000，就往D0中输入数据2130，同时与按键对应的位元件M12、M11、M13、M10也依次被置ON，如图6-83c所示，当某一按键松开后，相应的位元件还会维持ON，直到下一个按键被按下才变为OFF。该指令还会自动用到M20，当依次操作按键时，M20会依次被置ON，ON的保持时间与按键的按下时间相同。

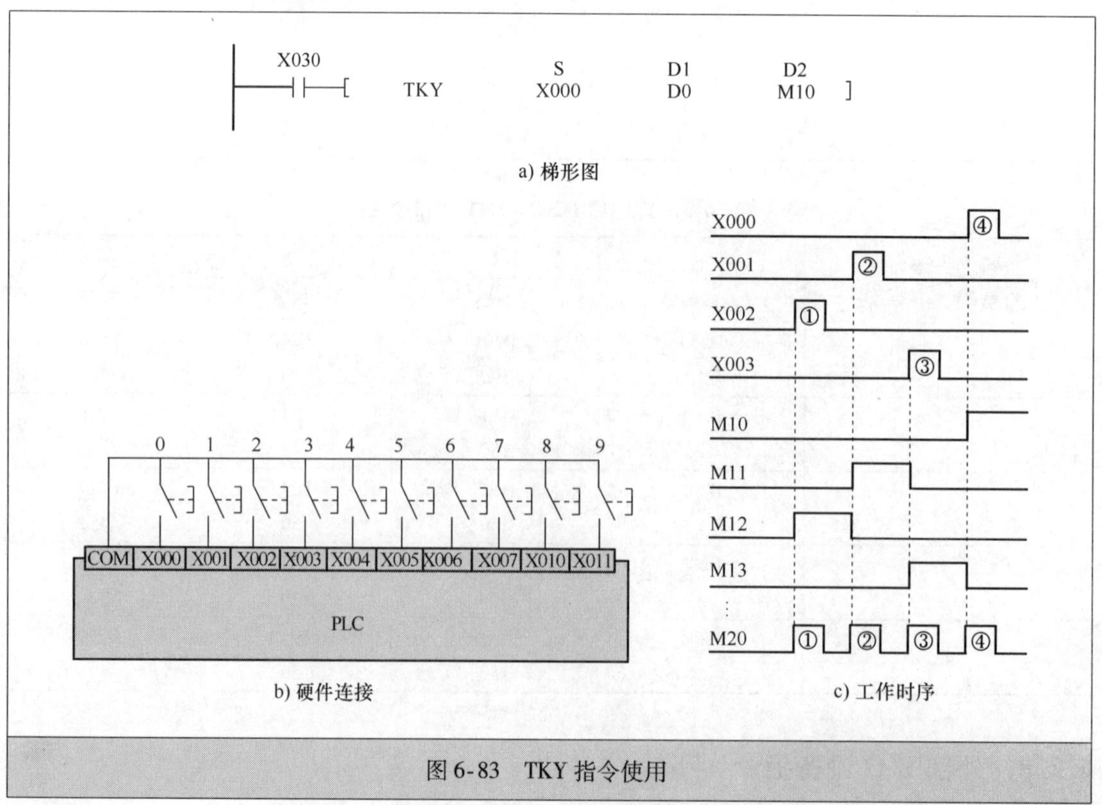

图6-83　TKY指令使用

十键输入指令的使用要点如下：

1）若多个按键都按下，先按下的键有效。

2）当常开触点 X030 断开时，M10～M20 都变为 OFF，但 D0 中的数据不变。

3）在做 16 位操作时，输入数据范围是 0～9999，当输入数据超过 4 位，最高位数（千位数）会溢出，低位补入；在做 32 位操作时，输入数据范围是 0～99999999。

2. 十六键输入指令

（1）指令格式

十六键输入指令格式如下：

指令名称	助记符	功能号	操作数				程序步
			S	D1	D2	D3	
十六键输入指令	HKY	FNC71	X （4 个连号元件）	Y	T、C、D、V、Z	Y、M、S （8 个连号元件）	HKY：9 步 DHKY：17 步

（2）使用说明

HKY 指令的使用如图 6-84 所示。在使用 HKY 指令时，一般要给 PLC 外围增加键盘输入电路，如图 6-84b 所示。HKY 指令的功能是将［S］为首编号的 X000～X003 四个端

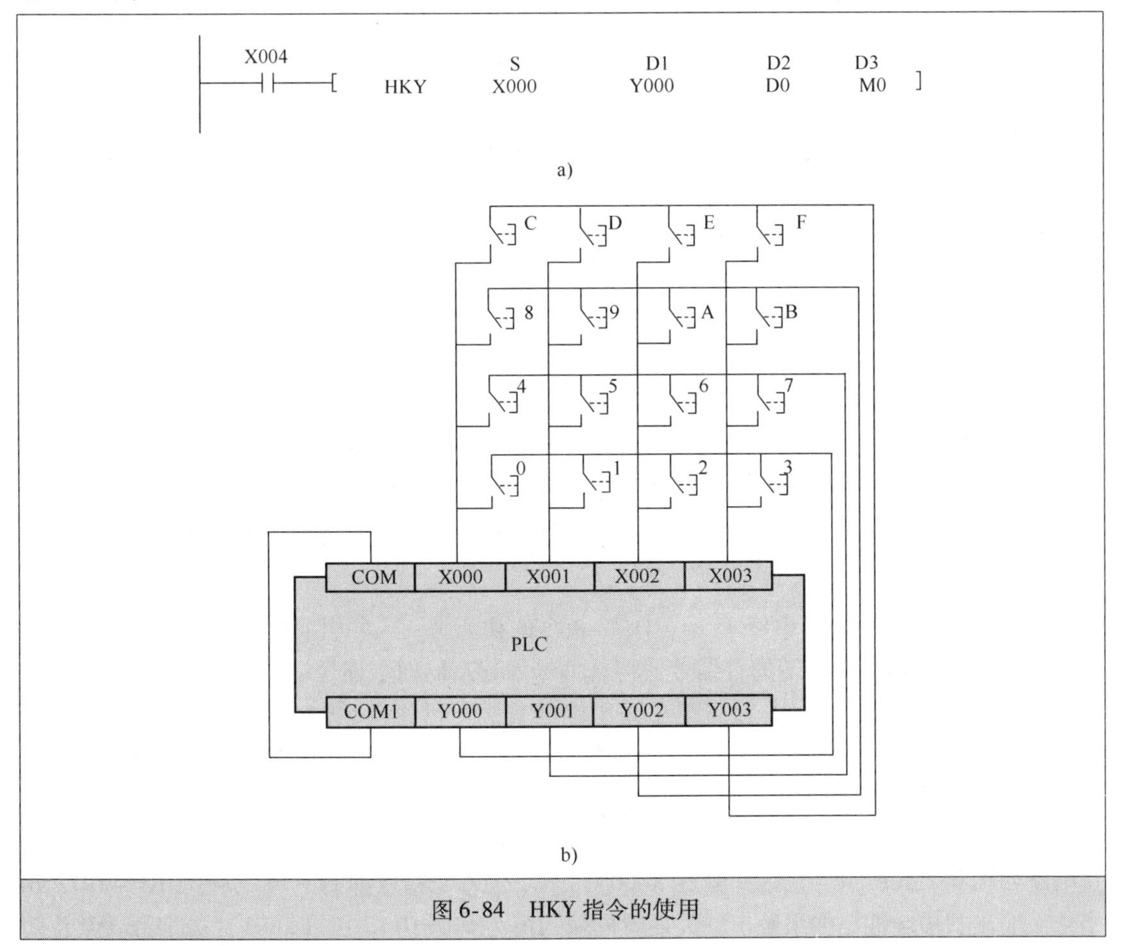

图 6-84　HKY 指令的使用

子作为键盘输入端，将［D1］为首编号的 Y000 ~ Y003 四个端子作为 PLC 扫描键盘输出端，［D2］指定的元件 D0 用来存储键盘输入信号，［D3］指定的以 M0 为首编号的 8 个元件 M0 ~ M7 用来响应功能键 A ~ F 输入信号。

十六键输入指令的使用要点如下：

1）利用 0 ~ 9 数字键可以输入 0 ~ 9999 数据，输入的数据以 BIN 码（二进制数）形式保存在［D2］D0 中，若输入数据大于 9999，则数据的高位溢出，若使用 32 位操作 DHKY 指令时，可输入 0 ~ 99999999，数据保存在 D1、D0 中。按下多个按键时，先按下的键有效。

2）Y000 ~ Y003 完成一次扫描工作后，完成标记继电器 M8029 会置位。

3）当操作功能键 A ~ F 时，M0 ~ M7 会有相应的动作，A ~ F 与 M0 ~ M5 的对应关系如下：

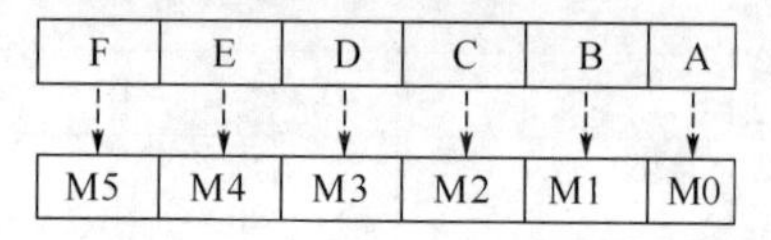

如按下 A 键时，M0 置 ON 并保持，当按下另一键时，如按下 D 键，M0 变为 OFF，同时 D 键对应的元件 M3 置 ON 并保持。

4）在按下 A ~ F 某键时，M6 置 ON（不保持），松开按键 M6 由 ON 转为 OFF；在按下 0 ~ 9 某键时，M7 置 ON（不保持）。当常开触点 X004 断开时，［D2］D0 中的数据仍保存，但 M0 ~ M7 全变为 OFF。

5）如果将 M8167 置 ON，那么可以通过键盘输入十六进制数并保存在［D2］D0 中。如操作键盘输入 123BF，那么该数据会以二进制形式保持在［D2］中。

6）键盘一个完整扫描过程需要 8 个 PLC 扫描周期，为防止键输入滤波延时造成存储错误，要求使用恒定扫描模式或定时中断处理。

3. 数字开关指令

（1）指令格式

数字开关指令格式如下：

指令名称	助记符	功能号	操作数				程序步
			S	D1	D2	n	
数字开关指令	DSW	FNC72	X （4 个连号元件）	Y	T、C、D、V、Z	K、H n = 1、2	DSW：9 步

（2）使用说明

DSW 指令的使用如图 6-85 所示。DSW 指令的功能是读入一组或两组 4 位数字开关的输入值。［S］指定键盘输入端的首编号，将首编号为起点的四个连号端子 X010 ~ X013 作为键盘输入端；［D1］指定 PLC 扫描键盘输出端的首编号，将首编号为起点的四个连号端子 Y010 ~ Y013 作为扫描输出端；［D2］指定数据存储元件；［n］指定数字开关的组数，n = 1 表示一组，n = 2 表示两组。

在使用 DSW 指令时，须给 PLC 外接相应的数字开关输入电路。PLC 与一组数字开关连接电路如图 6-85b 所示。在常开触点 X000 闭合时，DSW 指令执行，PLC 从 Y010 ~ Y013 端子依次输出扫描脉冲，如果数字开关设置的输入值为 1101 0110 1011 1001（数字开关某位闭

合时，表示该位输入 1），当 Y010 端子为 ON 时，数字开关的低 4 位往 X013 ~ X010 输入 1001，1001 被存入 D0 低 4 位，当 Y011 端子为 ON 时，数字开关的次低 4 位往 X013 ~ X010 输入 1011，该数被存入 D0 的次低 4 位，一个扫描周期完成后，1101 0110 1011 1001 全被存入 D0 中，同时完成标继电器 M8029 置 ON。

如果需要使用两组数字开关，可将第二组数字开关一端与 X014 ~ X017 连接，另一端则和第一组一样与 Y010 ~ Y013 连接，当将［n］设为 2 时，第二组数字开关输入值通过 X014 ~ X017 存入 D1 中。

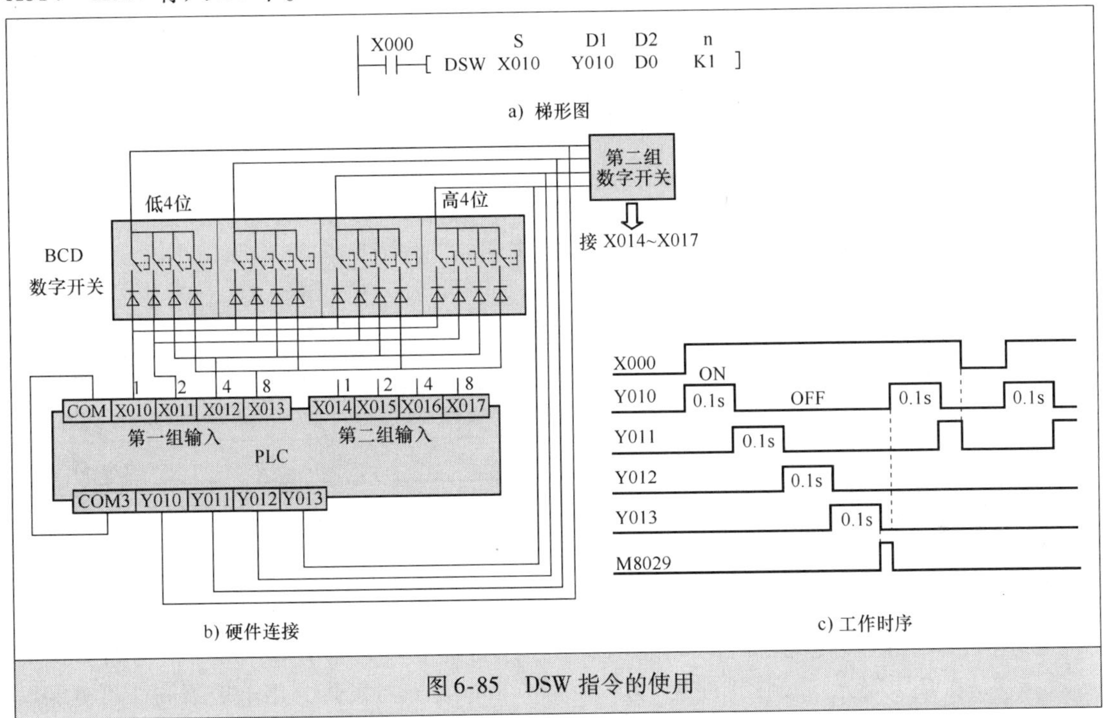

图 6-85　DSW 指令的使用

4. 七段译码指令

（1）指令格式

七段译码指令格式如下：

指令名称	助记符	功能号	操作数		程序步
			S	D	
七段译码指令	SEGD	FNC73	K、H、KnY、KnM、KnS、T、C、D、V、Z	KnY、KnM、KnS、T、C、D、V、Z	SEGD、SEDP：5 步

（2）使用说明

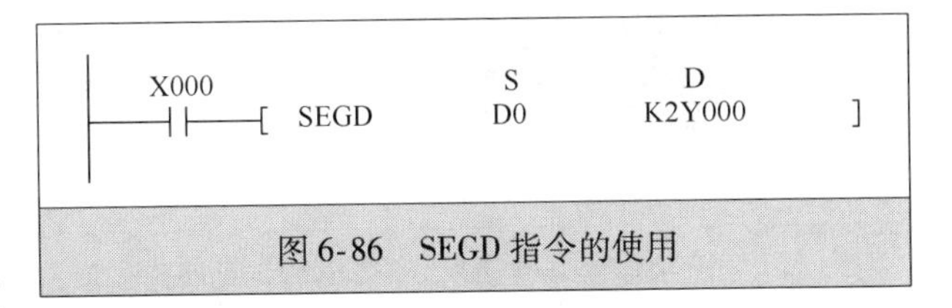

图 6-86　SEGD 指令的使用

SEGD 指令的使用如图 6-86 所示。SEGD 指令的功能是将源操作数［S］D0 中的低 4 位二进制数（代表十六进制数 0 ~ F）转换成七段显示格式的数据，再保存在目标操作数［D］Y000 ~ Y007 中，源操作数中的高位数不变。4 位二进制数与七段显示格式数对应关系见表6-4。

表6-4　4位二进制数与七段显示格式数对应关系

[S]		七段码构成	[D]								显示数据
十六进制	二进制		B7	B6	B5	B4	B3	B2	B1	B0	
0	0000	B0 B5 B6 B1 B4 B2 B3	0	0	1	1	1	1	1	1	0
1	0001		0	0	0	0	0	1	1	0	1
2	0010		0	1	0	1	1	0	1	1	2
3	0011		0	1	0	0	1	1	1	1	3
4	0100		0	1	1	0	0	1	1	0	4
5	0101		0	1	1	0	1	1	0	1	5
6	0110		0	1	1	1	1	1	0	1	6
7	0111		0	0	1	0	0	1	1	1	7
8	1000		0	1	1	1	1	1	1	1	8
9	1001		0	1	1	0	1	1	1	1	9
A	1010		0	1	1	1	0	1	1	1	A
B	1011		0	1	1	1	1	1	0	0	b
C	1100		0	0	1	1	1	0	0	1	C
D	1101		0	1	0	1	1	1	1	0	d
E	1110		0	1	1	1	1	0	0	1	E
F	1111		0	1	1	1	0	0	0	1	F

（3）用SEGD指令驱动七段码显示器

利用SEGD指令可以驱动七段码显示器显示字符，七段码显示器外形与结构如图6-87所示，它是由7个发光二极管排列成“8”字形，根据发光二极管共用电极不同，可分为共阳极和共阴极两种。PLC与七段码显示器连接如图6-88所示。在图6-86所示的梯形图中，设D0的低4位二进制数为1001，当常开触点X000闭合时，SEGD指令执行，1001被转换成七段显示格式数据01101111，该数据存入Y007～Y000，Y007～Y000端子输出01101111，七段码显示管B6、B5、B3、B2、B1、B0段亮（B4段不亮），显示十进制数“9”。

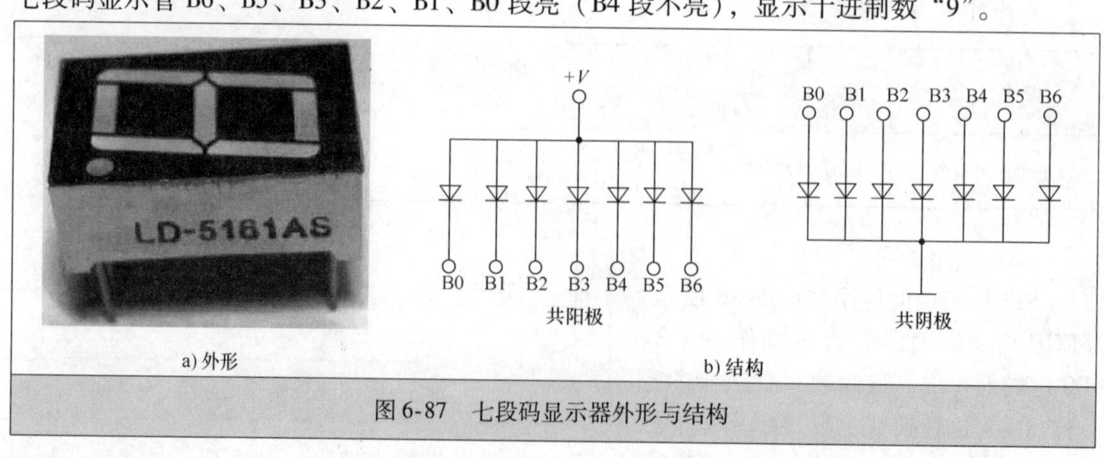

图6-87　七段码显示器外形与结构

5. 带锁存的七段码显示指令

（1）关于带锁存的七段码显示器

普通的七段码显示器显示一位数字需用到8个端子来驱动，若显示多位数字时则要用到大量引线，很不方便。**采用带锁存的七段码显示器可实现用少量几个端子来驱动显示多位数字。**带锁存的七段码显示器与PLC的连接如图6-89所示。下面以显示4位十进制数“1836”为例来说明电路工作原理。

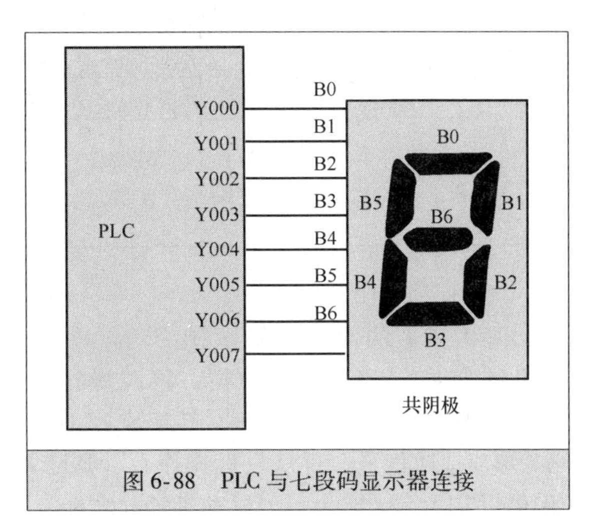

图6-88　PLC与七段码显示器连接

首先Y13、Y12、Y11、Y10端子输出“6”的BCD码“0110”到显示器，经显示器内部电路转换成“6”的七段码格式数据“01111101”，与此同时Y14端子输出选通脉冲，该选通脉冲使显示器的个位数显示有效（其他位不能显示），显示器个数显示“6”；然后Y13、Y12、Y11、Y10端子输出“3”的BCD码“0011”到显示器，给显示器内部电路转换成“3”的七段码格式数据“01001111”，同时Y15端子输出选通脉冲，该选通脉冲使显示器的十位数显示有效，显示器十位数显示“3”；在显示十位的数字时，个位数的七段码数据被锁存下来，故个位的数字仍显示，采用同样的方法依次让显示器百、千位分别显示8、1，结果就在显示器上显示出“1836”。

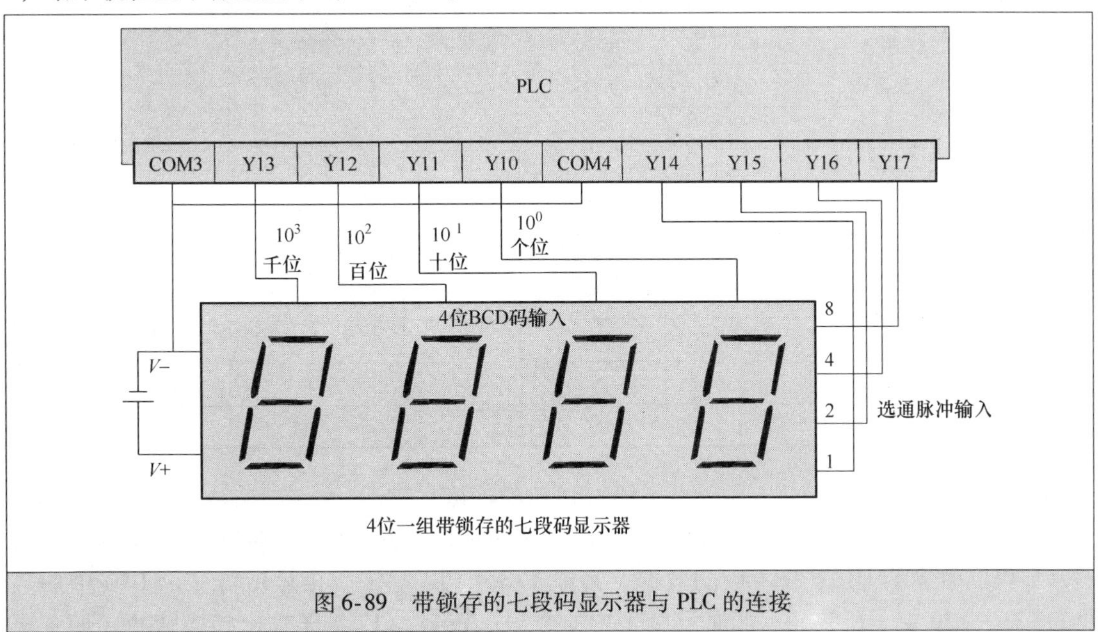

图6-89　带锁存的七段码显示器与PLC的连接

（2）带锁存的七段码显示指令格式

带锁存的七段码显示指令格式如下：

指令名称	助记符	功能号	操作数			程序步
			S	D	n	
带锁存的七段码显示指令	SEGL	FNC74	K、H、KnY、KnM、KnS、T、C、D、V、Z	Y	K、H（一组时 n=0~3，两组时 n=4~7）	SEGL：7步

（3）使用说明

SEGL 指令的使用如图 6-90 所示，当 X000 闭合时，SEGL 指令执行，将源操作数［S］D0 中数据（0~9999）转换成 BCD 码并形成选通信号，再从目标操作数［D］Y010~Y017 端子输出，去驱动带锁存功能的七段码显示器，使之以十进制形式直观显示 D0 中的数据。

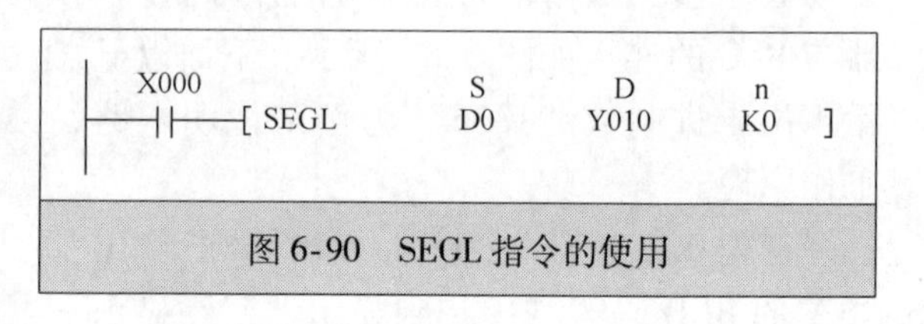

图 6-90 SEGL 指令的使用

指令中［n］的设置与 PLC 输出类型、BCD 码和选通信号有关，具体见表 6-5。例如 PLC 的输出类型=负逻辑（即输出端子内接 NPN 型晶体管）、显示器输入数据类型=负逻辑（如 6 的负逻辑 BCD 码为 1001，正逻辑为 0110）、显示器选通脉冲类型=正逻辑（即脉冲为高电平），若是接 4 位一组显示器，则 n=1，若是接 4 位两组显示器，n=5。

表 6-5 PLC 输出类型、BCD 码、选通信号与［n］的设置关系

PLC 输出类型		显示器数据输入类型		显示器选通脉冲类型		n 取值	
PNP	NPN	高电平有效	低电平有效	高电平有效	低电平有效	4 位一组	4 位两组
正逻辑	负逻辑	正逻辑	负逻辑	正逻辑	负逻辑		
	√	√		√		3	7
	√	√			√	2	6
	√		√	√		1	5
	√		√		√	0	4
√		√		√		0	4
√		√			√	1	5
√			√	√		2	6
√			√		√	3	7

（4）4 位两组带锁存的七段码显示器与 PLC 的连接

4 位两组带锁存的七段码显示器与 PLC 的连接如图 6-91 所示，在执行 SEGL 指令时，显示器可同时显示 D10、D11 中的数据，其中 Y13~Y10 端子所接显示器显示 D10 中的数据，Y23~Y20 端子所接显示器显示 D11 中的数据，Y14~Y17 端子输出扫描脉冲（即依次输出选通脉冲），Y14~Y17 完成一次扫描后，完成标志继电器 M8029 会置 ON。Y14~Y17 端子输出的选通脉冲是同时送到两组显示器的，如 Y14 端输出选通脉冲时，两显示器分别接收 Y13~Y10 和 Y23~Y20 端子送来的 BCD 码，并在内部转换成七段码格式数据，再驱动各自的个位显示数字。

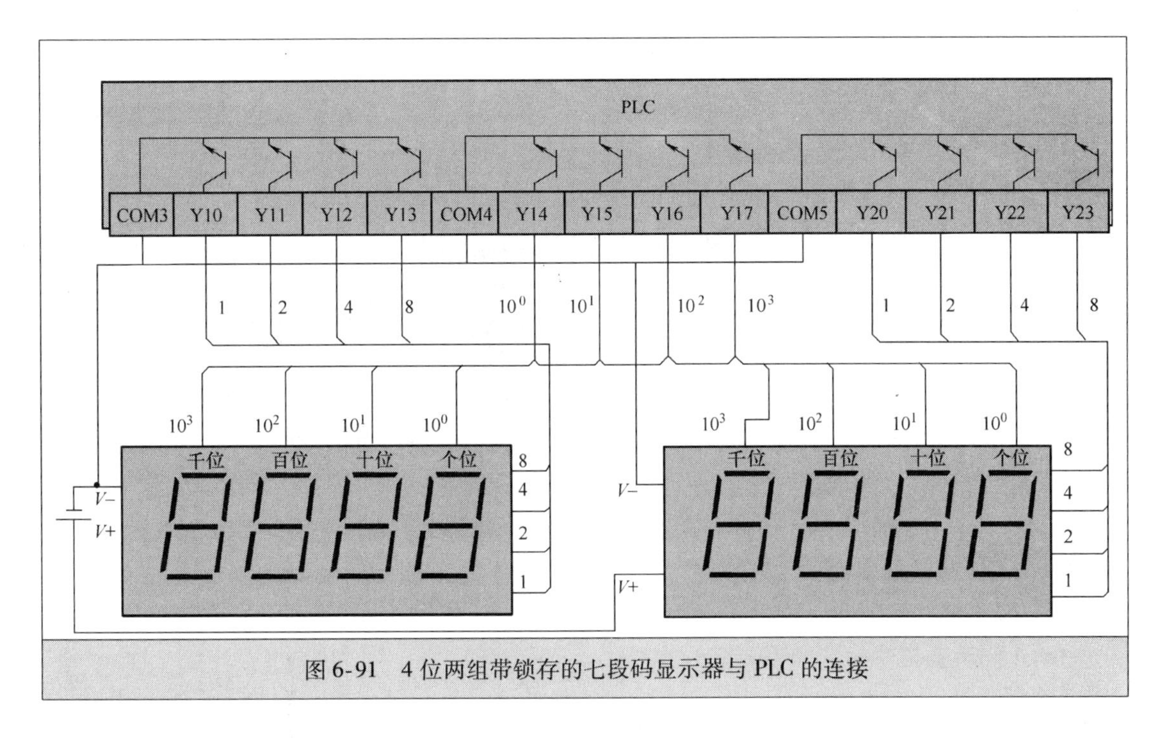

图 6-91 4 位两组带锁存的七段码显示器与 PLC 的连接

6. 方向开关指令

(1) 指令格式

方向开关指令格式如下：

指令名称	助记符	功能号	操作数				程序步
			S	D1	D2	n	
方向开关指令	ARWS	FNC75	X、Y、M、S	T、C、D、V、Z	Y	K、H (n=0~3)	ARWS：9 步

(2) 使用说明

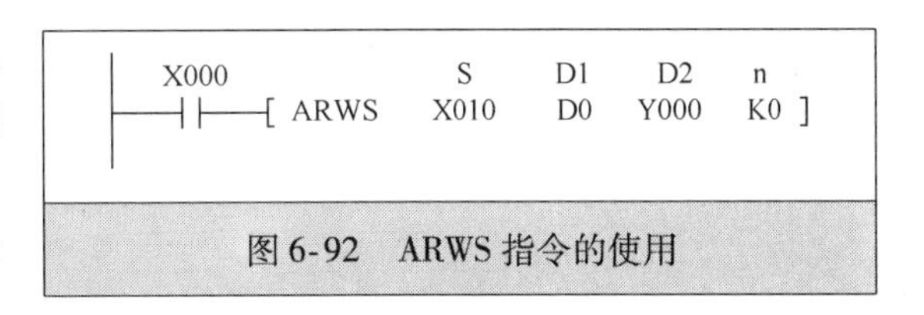

图 6-92 ARWS 指令的使用

ARWS 指令的使用如图 6-92 所示。ARWS 指令不但可以像 SEGL 指令一样，能将［D1］D0 中的数据通过［D2］Y000 ~ Y007 端子驱动带锁存的七段码显示器显示出来，还可以利用［S］指定的 X010 ~ X013 端子输入来修改［D］D0 中的数据。［n］的设置与 SEGL 指令相同，见表 6-5。

利用 ARWS 指令驱动并修改带锁存的七段码显示器的 PLC 连接电路如图 6-93 所示。当常开触点 X000 闭合时，ARWS 指令执行，将 D0 中的数据转换成 BCD 码并形成选通脉冲，从 Y0 ~ Y7 端子输出，驱动带锁存的七段码显示器显示 D0 中的数据。

如果要修改显示器显示的数字（也即修改 D0 中的数据），可操作 X10 ~ X13 端子外接的按键。显示器千位默认是可以修改的（即 Y7 端子默认处于 OFF），按压增加键 X11 或减小键 X10 可以将数字调大或调小，按压右移键 X12 或左移键 X13 可以改变修改位，连续按压右移键时，修改位变化为 $10^3 \rightarrow 10^2 \rightarrow 10^1 \rightarrow 10^0$，当某位所在的指示灯 OFF 时，该位可以修改。

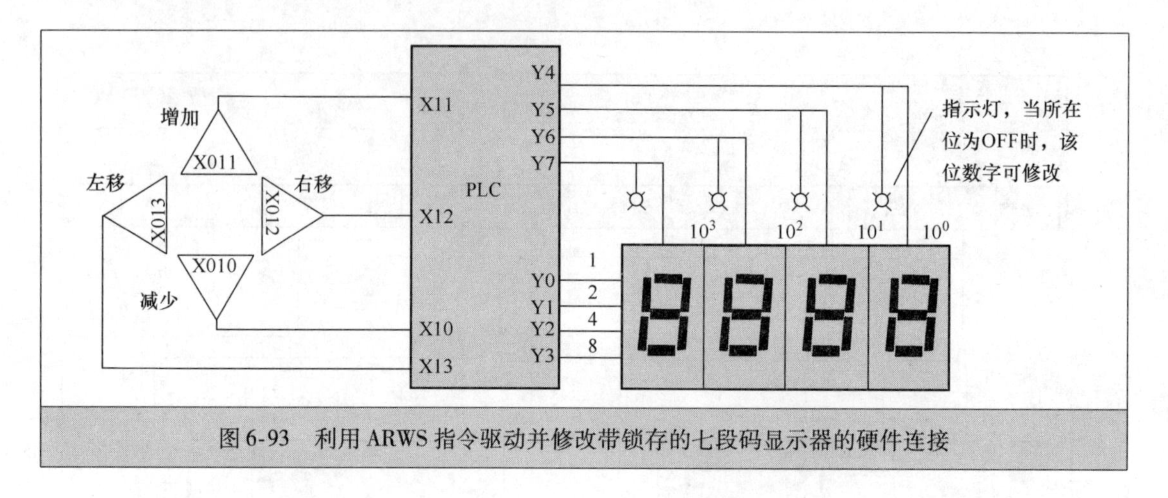

图 6-93　利用 ARWS 指令驱动并修改带锁存的七段码显示器的硬件连接

ARWS 指令在程序中只能使用一次，且要求 PLC 为晶体管输出型。

7. ASCII 码转换指令

（1）指令格式

ASCII 码转换指令格式如下：

指令名称	助记符	功能号	操作数		程序步
			S	D	
ASCII 码转换指令	ASC	FNC76	8 个以下的字母或数字	T、C、D	ASC：11 步

（2）使用说明

ASC 指令的使用如图 6-94 所示。当常开触点 X000 闭合时，ASC 指令执行，将 ABCDEFGH 这 8 个字母转换成 ASCII 码并存入 D300 ~ D303 中。如果将 M8161 置 ON 后再执行 ASC 指令，ASCII 码只存入［D］低 8 位（要占用 D300 ~ D307）。M8161 处于不同状态时 ASCII 码存储位置如图 6-95 所示。

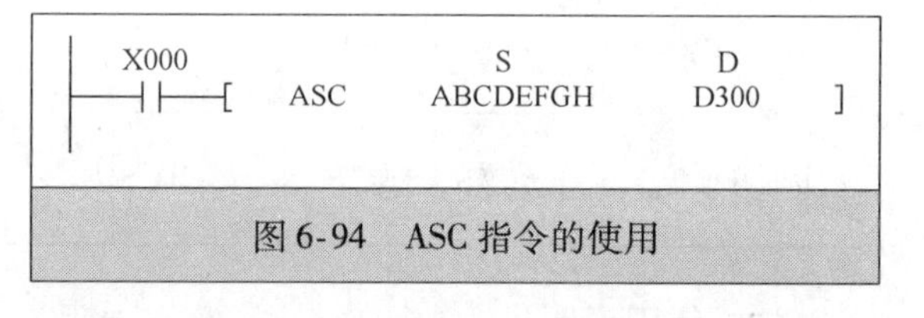

图 6-94　ASC 指令的使用

	高8位	低8位
D300	42 (B)	41 (A)
D301	44 (D)	43 (C)
D302	46 (F)	45 (E)
D303	48 (H)	47 (G)

a) M8161=OFF

	高8位	低8位	
D300	00	41	A
D301	00	42	B
D302	00	43	C
D303	00	44	D
D304	00	45	E
D305	00	46	F
D306	00	47	G
D307	00	48	H

b) M8161=ON

图 6-95　M8161 处于不同状态时 ASCII 码的存储位置

8. ASCII 码打印输出指令

（1）指令格式

ASCII 码打印输出指令格式如下：

指令名称	助记符	功能号	操作数		程序步
			S	D	
PRII 码打印输出指令	PR	FNC77	8 个以下的字母或数字	T、C、D	PR：11 步

（2）使用说明

PR 指令的使用如图 6-96 所示。当常开触点 X000 闭合时，PR 指令执行，将 D300 为首编号的几个连号元件中的 ASCII 码从 Y000 为首编号的几个端子输出。在输出 ASCII 码时，先从 Y000 ~ Y007 端输出 A 的 ASCII 码（由 8 位二进制数组成），然后输出 B、C、…、H，在输出 ASCII 码的同时，Y010 端会输出选通脉冲，Y011 端输出正在执行标志，如图 6-96b 所示，Y010、Y011 端输出信号去 ASCII 码接收电路，使之能正常接收 PLC 发出的 ASCII 码。

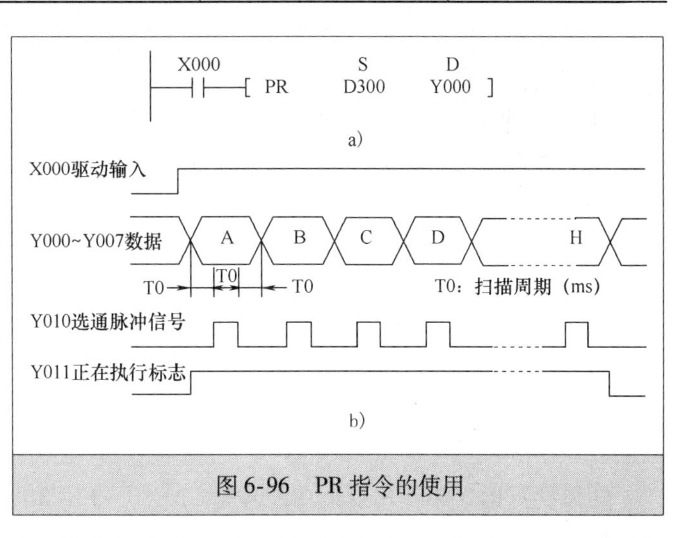

图 6-96　PR 指令的使用

9. 读特殊功能模块指令

（1）指令格式

读特殊功能模块指令格式如下：

指令名称	助记符	功能号	操作数				程序步
			m1	m2	D	n	
读特殊功能模块指令	FROM	FNC78	K、H m1 = 0 ~ 7	K、H m2 = 0 ~ 32767	KnY、KnM、KnS、T、C、D、V、Z	K、H n = 0 ~ 32767	FROM、FROMP：9 步 DFROM、DFROMP：17 步

（2）使用说明

FROM 指令的使用如图 6-97 所示。当常开触点 X000 闭合时，FROM 指令执行，将［m1］单元号为 1 的特殊功能模块中的［m2］29 号缓冲存储器（BFM）中的［n］16 位数据读入 K4M0（M0 ~ M16）。

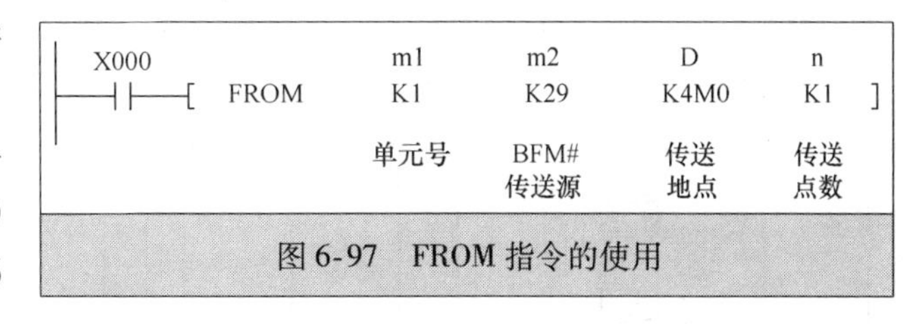

图 6-97　FROM 指令的使用

在 X000 = ON 时执行 FROM 指令，X000 = OFF 时，不传送数据，传送地点的数据不变。脉冲指令执行也一样。

10. 写特殊功能模块指令

（1）指令格式

写特殊功能模块指令格式如下：

指令名称	助记符	功能号	操作数				程序步
			m1	m2	D	n	
写特殊功能模块指令	TO	FNC79	K、H m1 =0 ~7	K、H m2 =0 ~32767	KnY、KnM、KnS、T、C、D、V、Z	K、H n =0 ~32767	TO、TOP：9 步 DTO、DTOP：17 步

（2）使用说明

TO 指令的使用如图 6-98 所示。当常开触点 X000 闭合时，TO 指令执行，将［D］D0 中的［n］16 位数据写入［m1］单元号为 1 的特殊功能模块中的［m2］12 号缓冲存储器（BFM）中。

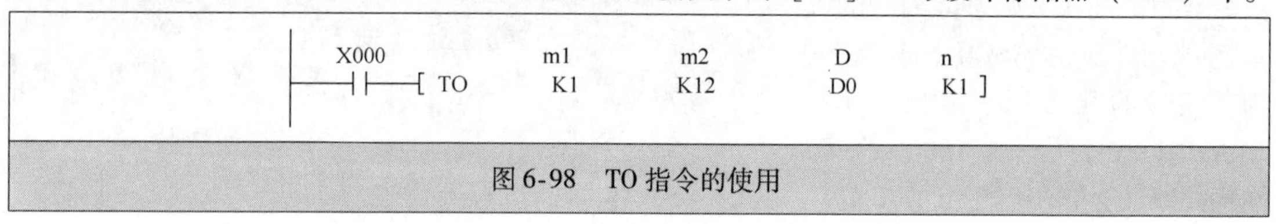

图 6-98　TO 指令的使用

6.2.9　外部设备（SER）指令

外部设备指令共有 8 条，功能号是 FNC80 ~ FNC86、FNC88。

1. 串行数据传送指令

（1）指令格式

串行数据传送指令格式如下：

指令名称	助记符	功能号	操作数				程序步
			S	m	D	n	
串行数据传送指令	RS	FNC80	D	K、H、D	D	K、H、D	RS：5 步

（2）使用说明

1）指令的使用形式。利用 RS 指令可以让两台 PLC 之间进行数据交换，首先使用 FX2N-485-BD 通信板将两台 PLC 连接好，如图 6-99 所示。RS 指令的使用形式如图 6-100 所示，当常开触点 X000 闭合时，RS 指令执行，将［S］D200 为首编号的［m］D0 个寄存器中的数据传送给［D］D500 为首编号的［n］D1 个寄存器中。

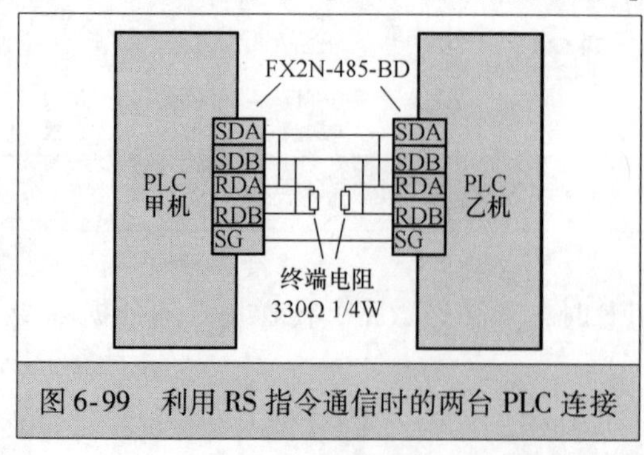

图 6-99　利用 RS 指令通信时的两台 PLC 连接

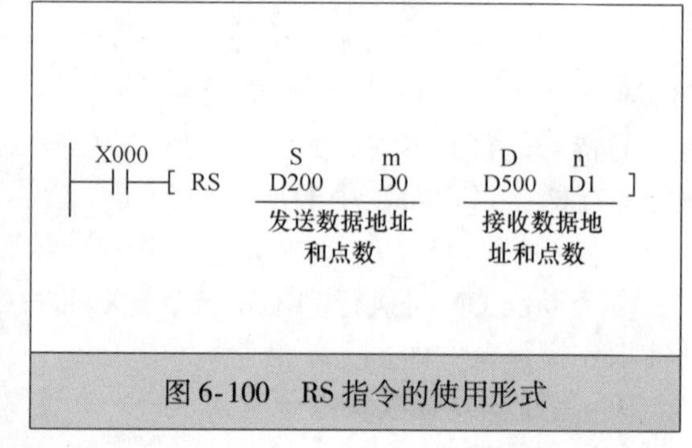

图 6-100　RS 指令的使用形式

2）定义发送数据的格式。在使用 RS 指令发送数据时，先要定义发送数据的格式，设置特殊数据寄存器 D8120 各位数可以定义发送数据格式。D8120 各位数与数据格式关系见表 6-6。例如，要求发送的数据格式为数据长 = 7 位、奇偶校验 = 奇校验、停止位 = 1 位、传输速度 = 19200、无起始和终止符。D8120 各位应作如下设置：

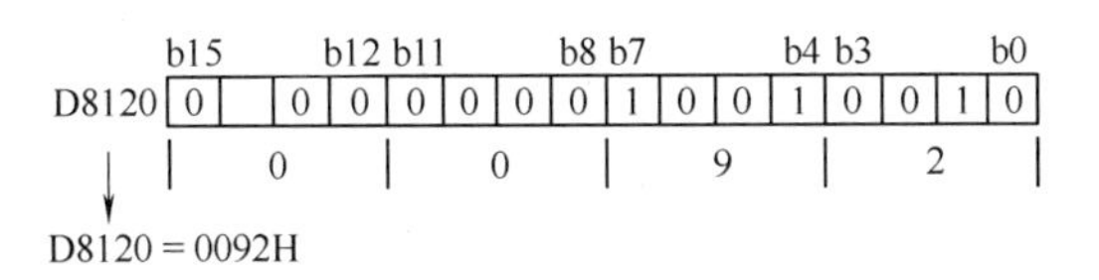

要将 D8120 设为 0092H，可采用图 6-101 所示的程序，当常开触点 X001 闭合时，MOV 指令执行，将十六进制数 0092 送入 D8120（指令会自动将十六进制数 0092 转换成二进制数，再送入 D8120）。

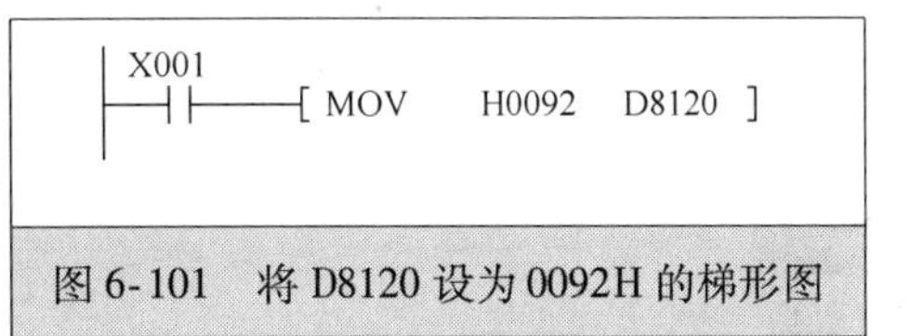

图 6-101 将 D8120 设为 0092H 的梯形图

表 6-6 D8120 各位数与数据格式的关系

<table>
<tr><th rowspan="2">位 号</th><th rowspan="2">名 称</th><th colspan="2">内 容</th></tr>
<tr><th>0</th><th>1</th></tr>
<tr><td>b0</td><td>数据长</td><td>7 位</td><td>8 位</td></tr>
<tr><td>b1
b2</td><td>奇偶校验</td><td colspan="2">b2，b1
{0，0}：无校验
{0，1}：奇校验
{1，1}：偶校验</td></tr>
<tr><td>b3</td><td>停止位</td><td>1 位</td><td>2 位</td></tr>
<tr><td>b4
b5
b6
b7</td><td>传输速度
/(bit/s)</td><td colspan="2">b7，b6，b5，b4
{0，0，1，1}：300 {0，0，1，1}：4800
{0，1，0，0}：600 {1，0，0，0}：9600
{0，1，0，1}：1200 {1，0，0，1}：19200
{0，1，1，0}：2400</td></tr>
<tr><td>b8</td><td>起始符</td><td>无</td><td>有（D8124）</td></tr>
<tr><td>b9</td><td>终止符</td><td>无</td><td>有（D8125）</td></tr>
<tr><td>b10
b11</td><td>控制线</td><td colspan="2">通常固定设为 00</td></tr>
<tr><td>b12</td><td colspan="3">不可使用（固定为 0）</td></tr>
<tr><td>b13</td><td>和校验</td><td colspan="2" rowspan="3">通常固定设为 000</td></tr>
<tr><td>b14</td><td>协议</td></tr>
<tr><td>b15</td><td>控制顺序</td></tr>
</table>

3）指令的使用说明。图 6-102 是一个典型的 RS 指令使用程序。

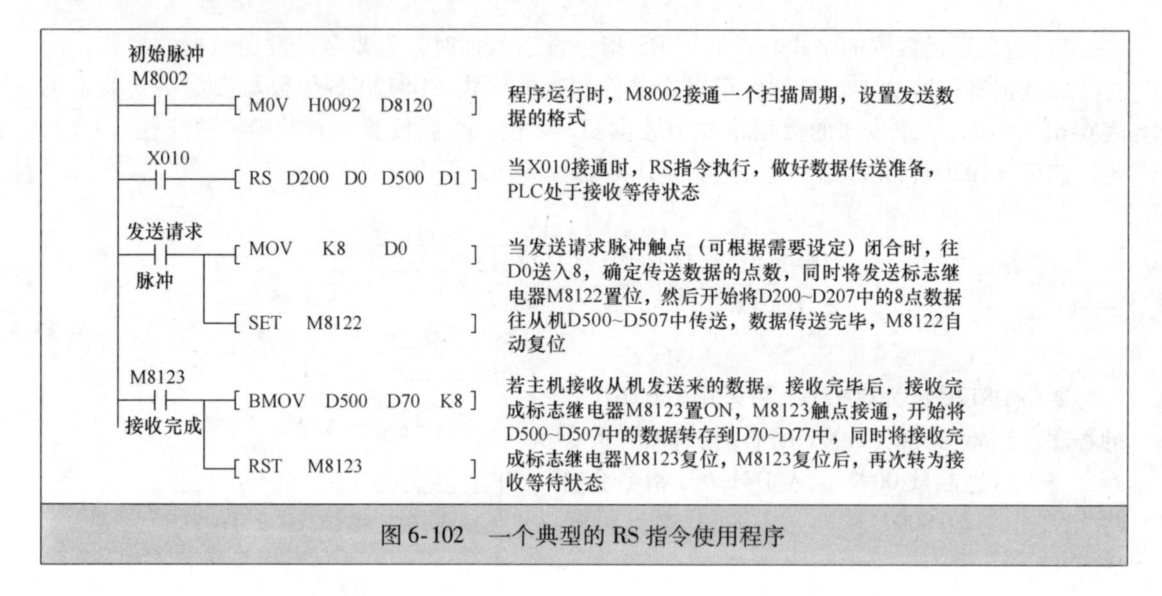

图 6-102　一个典型的 RS 指令使用程序

2. 八进制位传送指令

（1）指令格式

八进制位传送指令格式如下：

指令名称	助记符	功能号	操作数		程序步
			S	D	
八进制位传送指令	PRUN	FNC81	KnX、KnM（n＝1～8，元件最低位要为0）	KnX、KnM（n＝1～8，元件最低位要为0）	PRUN、PRUNP：5步 DPRUN、DPRUNP：9步

（2）使用说明

PRUN 指令的使用如图 6-103 所示，以图 a 为例，当常开触点 X030 闭合时，PRUN 指令执行，将［S］位元件 X000～X007、X010～X017 中的数据分别送入［D］位元件M0～M7、M10～M17 中，由于 X 采用八进制编号，而 M 采用十进制编号，尾数为 8、9 的继电器 M 自动略过。

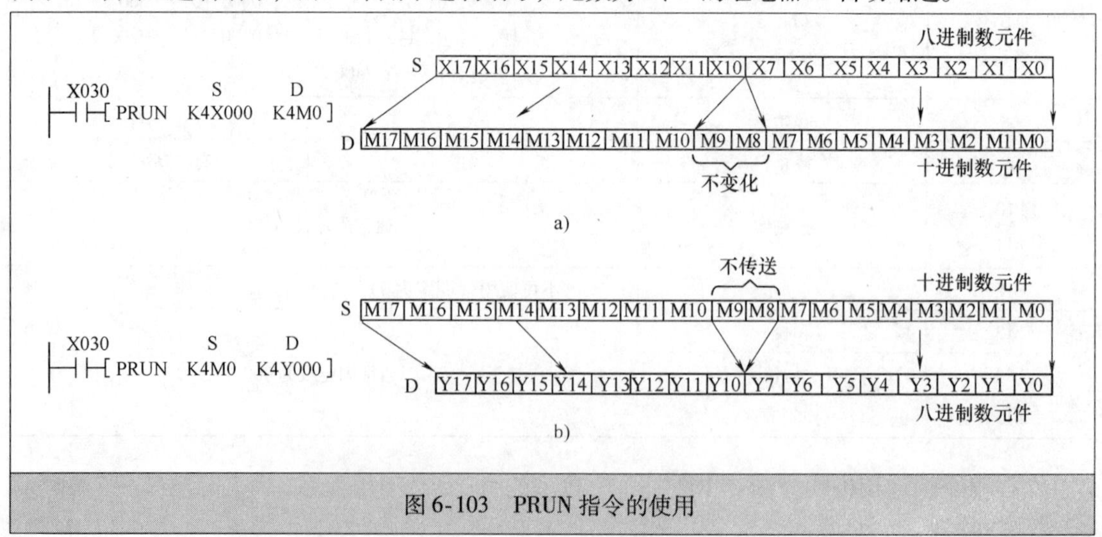

图 6-103　PRUN 指令的使用

3. 十六进制数转 ASCII 码指令

（1）关于 ASCII 码知识

ASCII 码又称美国标准信息交换码，它是一种使用 7 位或 8 位二进制数进行编码的方案，最多可以对 256 个字符（包括字母、数字、标点符号、控制字符及其他符号）进行编码。ASCII 编码表见表 6-7。计算机采用 ASCII 编码方式，当按下键盘上的 A 键时，键盘内的编码电路就将该键编码成 1000001，再送入计算机处理。

表 6-7　ASCII 编码表

$b_7b_6b_5$ / $b_4b_3b_2b_1$	000	001	010	011	100	101	110	111
0000	nul	dle	sp	0	@	P	、	p
0001	soh	dc1	!	1	A	Q	a	q
0010	stx	dc2	″	2	B	R	b	r
0011	etx	dc3	#	3	C	S	c	s
0100	eot	dc4	$	4	D	T	d	t
0101	enq	nak	%	5	E	U	e	u
0110	ack	svn	&	6	F	V	f	v
0111	bel	etb	’	7	G	W	g	w
1000	bs	can	(	8	H	X	h	x
1001	ht	em	)	9	I	Y	i	y
1010	lf	sub	*	:	J	Z	j	z
1011	vt	esc	+	;	K	[	k	{
1100	ff	fs	,	<	L	\	l	|
1101	cr	gs	–	=	M	]	m	}
1110	so	rs	.	>	N	^	n	~
1111	si	ns	/	?	O	_	o	del

（2）十六进制数转 ASCII 码指令格式

十六进制数转 ASCII 码指令格式如下：

指令名称	助记符	功能号	操作数			程序步
			S	D	n	
十六进制数转 ASCII 码指令	ASCI	FNC82	K、H、KnX、KnY、KnM、KnS、T、C、D	KnX、KnY、KnM、KnS、T、C、D	K、H n = 1 ~ 256	ASCI：7 步

（3）使用说明

ASCI 指令的使用如图 6-104 所示。在 PLC 运行时，M8000 常闭触点断开，M8161 失电，将数据存储设为 16 位模式。当常开触点 X010 闭合时，ASCI 指令执行，将［S］D100 存储的［n］4 个十六进制数转换成 ASCII 码，并保存在［D］D200 为首编号的几个连号元件中。

当8位模式处理辅助继电器M8161 = OFF时，数据存储形式是16位，此时［D］元件的高8位和低8位分别存放一个ASCII码，如图6-105所示，D100中存储十六进制数0ABC，执行ASCI指令后，0、A被分别转换成0、A的ASCII码30H、41H，并存入D200中；当M8161 = ON时，数据存储形式是8位，此时［D］元件仅用低8位存放一个ASCII码。

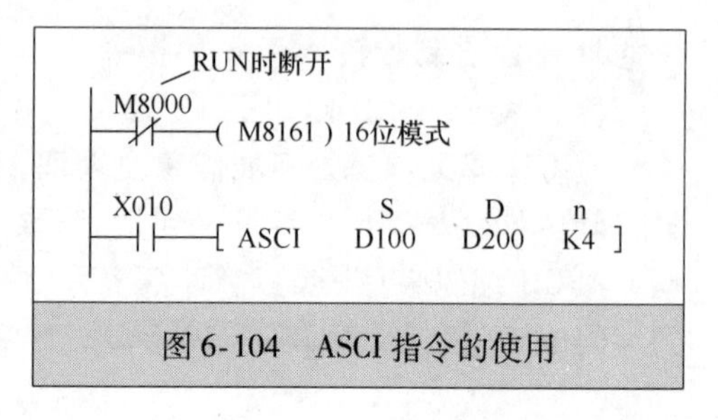

图6-104　ASCI指令的使用

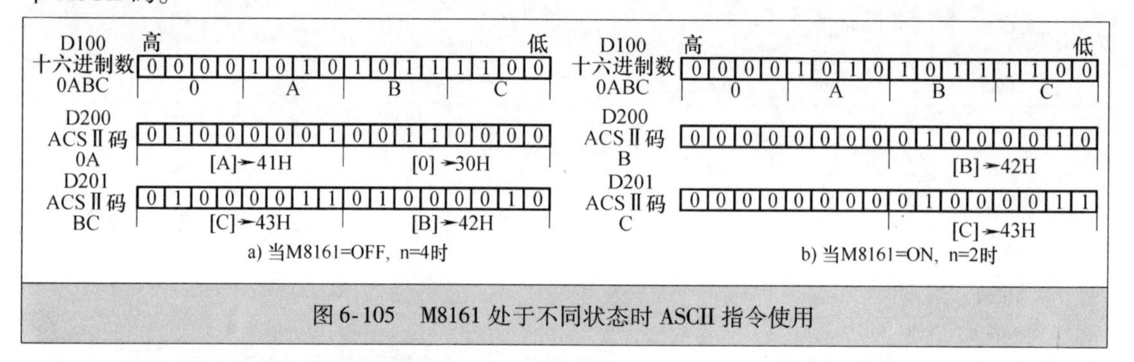

图6-105　M8161处于不同状态时ASCII指令使用

4. ASCII码转十六进制数指令

（1）指令格式

ASCII码转十六进制数指令格式如下：

指令名称	助记符	功能号	操作数			程序步
			S	D	n	
ASCII码转十六进制数指令	HEX	FNC83	K、H、KnX、KnY、KnM、KnS、T、C、D	KnX、KnY、KnM、KnS、T、C、D	K、H n = 1 ~ 256	HEX、HEXP：7步

（2）使用说明

HEX指令的使用如图6-106所示。在PLC运行时，M8000常闭触点断开，M8161失电，将数据存储设为16位模式。当常开触点X010闭合时，HEX指令执行，将［S］D200、D201存储的［n］4个ASCII码转换成十六进制数，并保存在［D］D100中。

RUN时断开
M8000
(M8161) 16位模式
X010
S D n
[HEX D200 D100 K4]

图6-106　HEX指令的使用

如图6-107所示，当M8161 = OFF时，数据存储形式是16位，［S］元件的高8位和低8位分别存放一个ASCII码；当M8161 = ON时，数据存储形式是8位，此时［S］元件仅低8位有效，即只用低8位存放一个ASCII码。

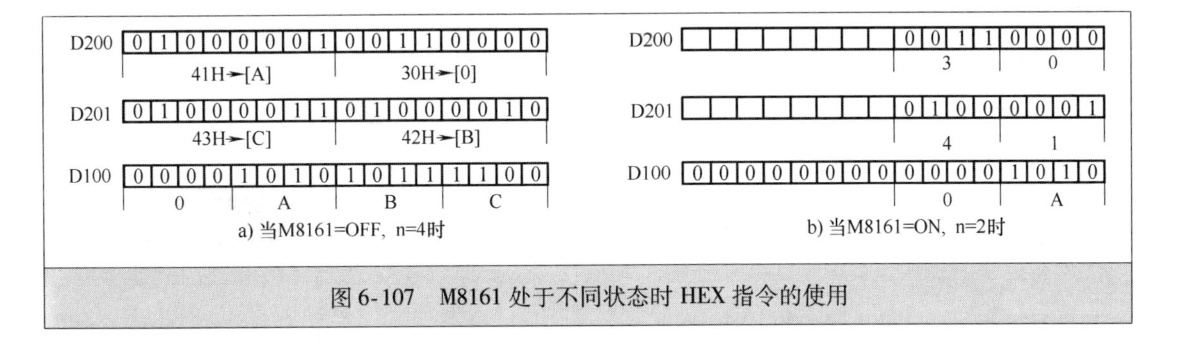

图 6-107 M8161 处于不同状态时 HEX 指令的使用

5. 校验码指令

（1）指令格式

校验码指令格式如下：

指令名称	助记符	功能号	操作数			程序步
			S	D	n	
校验码指令	CCD	FNC84	KnX、KnY、KnM、KnS、T、C、D	KnY、KnM、KnS、T、C、D	K、H n＝1～256	CCD、CCDP：7 步

（2）使用说明

CCD 指令的使用如图 6-108 所示。在 PLC 运行时，M8000 常闭触点断开，M8161 失电，将数据存储设为 16 位模式。当常开触点 X010 闭合时，CCD 指令执行，将［S］D100 为首编号元件的［n］10 点数据（8 位为 1 点）进行求总和，并生成校验码，再将数据总和及校验码分别保存在［D］、［D］+1 中（D0、D1）。

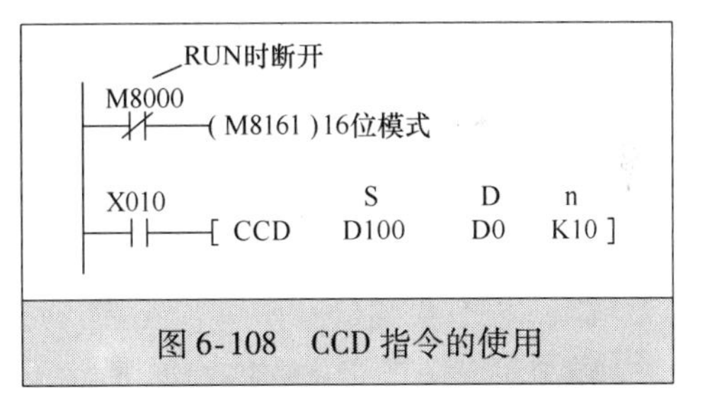

图 6-108 CCD 指令的使用

数据求总和及校验码生成如图 6-109 所示。在求总和时，将 D100～D104 中的 10 点数据相加，得到总和为 1091（二进制数为 10001000011）。生成校验码的方法是，逐位计算 10 点数据中每位 1 的总数，每位 1 的总数为奇数时，生成的校验码对应位为 1，总数为偶数时，生成的校验码对应位为 0，图 6-109 表中 D100～D104 中的 10 点数据的最低位 1 的总数为 3，是奇数，故生成校验码对应位为 1，10 点数据生成的校验码为 1000101。数据总和存入 D0 中，校验码存入 D1 中。

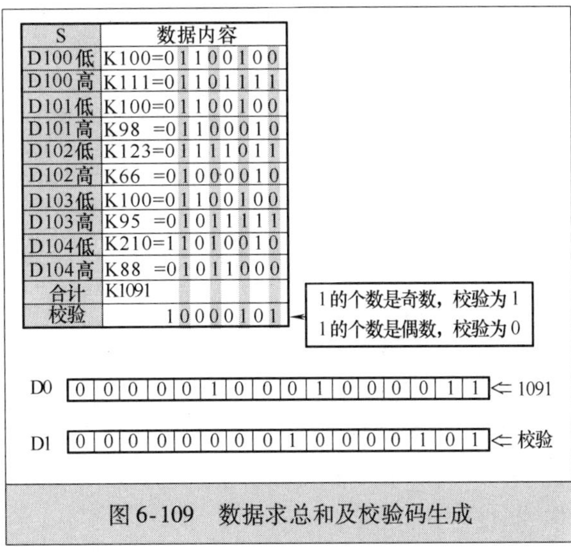

S	数据内容
D100低	K100=01100100
D100高	K111=01101111
D101低	K100=01100100
D101高	K98 =01100010
D102低	K123=01111011
D102高	K66 =01000010
D103低	K100=01100100
D103高	K95 =01011111
D104低	K210=11010010
D104高	K88 =01011000
合计	K1091
校验	10000101

图 6-109 数据求总和及校验码生成

校验码指令常用于检验通信中数据

是否发生错误。

6. 模拟量读出指令

（1）指令格式

模拟量读出指令格式如下：

指令名称	助记符	功能号	操作数		程序步
			S	D	
模拟量读出指令	VRRD	FNC85	K、H 变量号0~7	KnY、KnM、KnS、 T、C、D、V、Z	VRRD、VRRDP：7步

（2）使用说明

VRRD指令的功能是将模拟量调整器［S］号电位器的模拟值转换成二进制数0~255，并存入［D］元件中。模拟量调整器是一种功能扩展板，FX1N-8AV-BD和FX2N-8AV-BD是两种常见的调整器，安装在PLC的主单元上，调整器上有8个电位器，编号为0~7，当电位器阻值由0调到最大时，相应转换成的二进制数由0变到255。

VRRD指令的使用如图6-110所示。当常开触点X000闭合时，VRRD指令执行，将模拟量调整器的［S］0号电位器的模拟值转换成二进制数，再保存在［D］D0中，当常开触点X001闭合时，定时器T0开始以D0中的数作为计时值进行计时，这样就可以通过调节电位器来改变定时时间，如果定时时间大于255，可用乘法指令MUL将［D］与某常数相乘而得到更大的定时时间。

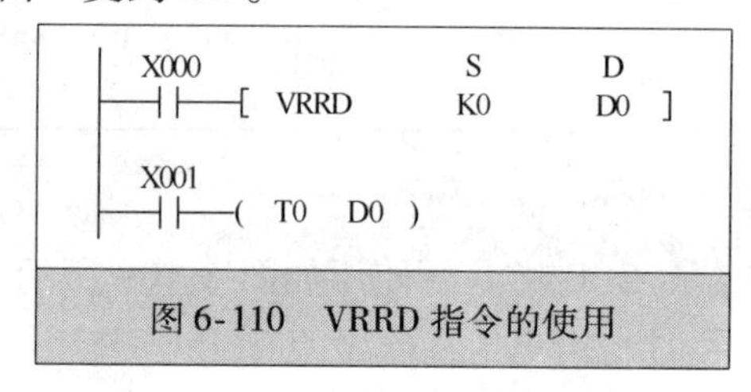

图6-110　VRRD指令的使用

7. 模拟量开关设定指令

（1）指令格式

模拟量开关设定指令格式如下：

指令名称	助记符	功能号	操作数		程序步
			S	D	
模拟量开关设定指令	VRSC	FNC86	K、H 变量号0~7	KnY、KnM、KnS、 T、C、D、V、Z	VRSC、VRSCP：7步

（2）使用说明

VRSC指令的功能与VRRD指令类似，但VRSC指令是将模拟量调整器［S］号电位器均分成0~10部分（相当于0~10档），并转换成二进制数0~10，再存入［D］元件中。电位器在旋转时是通过四舍五入化成整数值0~10。

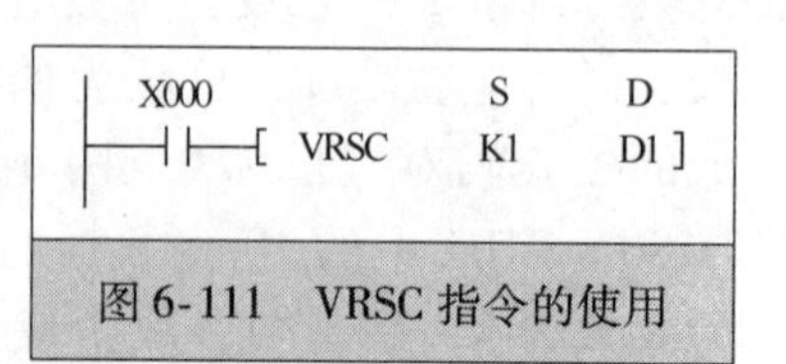

图6-111　VRSC指令的使用

VRSC指令的使用如图6-111所示。当常开触点X000闭合时，VRSC指令执行，将模拟量调整器的［S］1号电位器的模拟值转换成二进制数0~10，再保存在［D］D1中。

利用VRSC指令能将电位器分成0~10共11档，可实现一个电位器进行11种控制切

换，程序如图6-112所示。当常开触点X000闭合时，VRSC指令执行，将1号电位器的模拟量值转换成二进制数（0~10），并存入D1中；当常开触点X001闭合时，DECO（解码）指令执行，对D1的低4位数进行解码，4位数解码有16种结果，解码结果存入M0~M15中，设电位器处于1档，D1的低4位数则为0001，因 $(0001)_2=1$，解码结果使M1为1（M0~M15其他的位均为0），M1常开触点闭合，执行设定的程序。

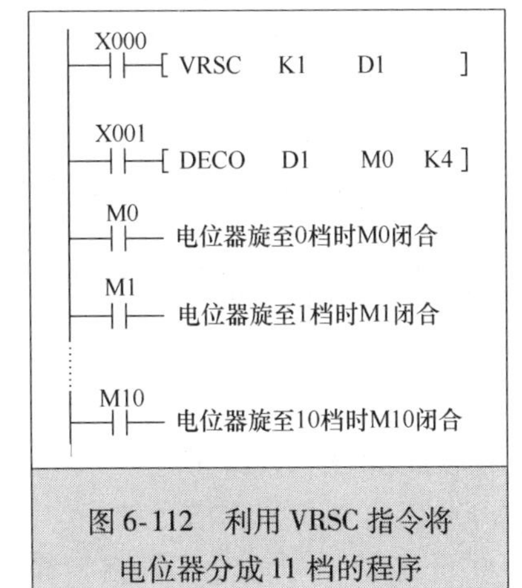

图6-112 利用VRSC指令将电位器分成11档的程序

8. PID运算指令

（1）关于PID控制

PID控制又称比例微积分控制，是一种闭环控制。下面以图6-113所示的恒压供水系统来说明PID控制原理。

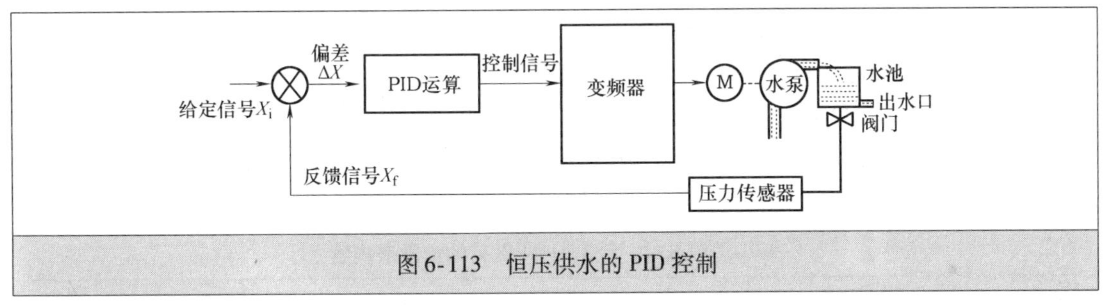

图6-113 恒压供水的PID控制

电动机驱动水泵将水抽入水池，水池中的水除了经出水口提供用水外，还经阀门送到压力传感器，传感器将水压大小转换成相应的电信号 X_f，X_f 反馈到比较器与给定信号 X_i 进行比较，得到偏差信号 ΔX（$\Delta X=X_i-X_f$）。

若 $\Delta X>0$，表明水压小于给定值，偏差信号经PID运算得到控制信号，控制变频器，使之输出频率上升，电动机转速加快，水泵抽水量增多，水压增大。

若 $\Delta X<0$，表明水压大于给定值，偏差信号经PID运算得到控制信号，控制变频器，使之输出频率下降，电动机转速变慢，水泵抽水量减少，水压下降。

若 $\Delta X=0$，表明水压等于给定值，偏差信号经PID运算得到控制信号，控制变频器，使之输出频率不变，电动机转速不变，水泵抽水量不变，水压不变。

由于控制回路的滞后性，会使水压值总与给定值有偏差。例如当用水量增多、水压下降时，电路需要对有关信号进行处理，再控制电动机转速变快，提高水泵抽水量，从压力传感器检测到水压下降到控制电动机转速加快，提高抽水量，恢复水压需要一定时间。通过提高电动机转速恢复水压后，系统又要将电动机转速调回正常值，这也要一定时间，在这段回调时间内水泵抽水量会偏多，导致水压又增大，又需进行反调。这样的结果是水池水压会在给定值上下波动（振荡），即水压不稳定。

采用了PID运算可以有效减小控制环路滞后和过调问题（无法彻底消除）。**PID运算包括P处理、I处理和D处理。P（比例）处理是将偏差信号 ΔX 按比例放大，提高控制的灵敏度；I（积分）处理是对偏差信号进行积分处理，缓解P处理比例放大量过大引起的超调**

和振荡；D（微分）处理是对偏差信号进行微分处理，以提高控制的迅速性。

（2）PID运算指令格式

PID运算指令格式如下：

指令名称	助记符	功能号	操作数				程序步
			S1	S2	S3	D	
PID运算指令	PID	FNC88	D	D	D	D	PID：9步

（3）使用说明

1）指令的使用形式。PID指令的使用形式如图6-114所示。当常开触点X000闭合时，PID指令执行，将［S1］D0设定值与［S2］D1测定值之差按［S3］D100～D124设定的参数表进行PID运算，运算结果存入［D］D150中。

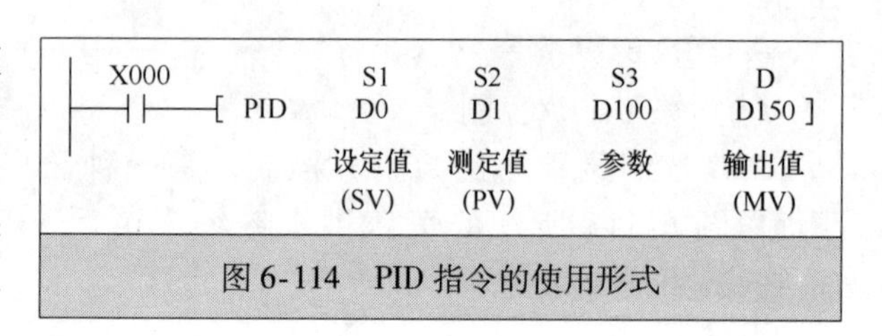

图6-114　PID指令的使用形式

2）PID参数设置。PID运算的依据是［S3］指定首地址的25个连号数据寄存器保存的参数表。参数表一部分内容必须在执行PID指令前由用户用指令写入（如用MOV指令），一部分留作内部运算使用，还有一部分用来存入运算结果。［S3］～［S3］+24保存的参数表内容见表6-8。

表6-8　［S3］～［S3］+24保存的参数表内容

元　件	功　能
［S3］	采样时间（Ts）　1～32767（ms）（但比运算周期短的时间数值无法执行）
［S3］+1	动作方向（ACT） bit0 0：正动作（如空调控制）　1：逆动作（如加热炉控制） bit1 0：输入变化量报警无效　1：输入变化量报警有效 bit2 0：输出变化量报警无效　1：输出变化量报警有效 bit3 不可使用 bit4 0：自动调谐不动作　1：执行自动调谐 bit5 0：输出值上下限设定无效　1：输出值上下限设定有效 bit6～bit15 不可使用 另外，请不要使bit5和bit2同时处于ON
［S3］+2	输入滤波常数（α）　0～99［%］　0时没有输入滤波
［S3］+3	比例增益（Kp）　1～32767［%］
［S3］+4	积分时间（TI）　0～32767（×100ms）　0时作为∞处理（无积分）
［S3］+5	微分增益（KD）　0～100［%］　0时无积分增益
［S3］+6	微分时间（TD）　0～32767（×100ms）　0时无微分处理
［S3］+7～［S3］+19	PID运算的内部处理占用
［S3］+20	输入变化量（增侧）报警设定值　0～32767（［S3］+1 <ACT>的bit1=1时有效）
［S3］+21	输入变化量（减侧）报警设定值　0～32767（［S3］+1 <ACT>的bit1=1时有效）

（续）

元　件	功　能
[S3]+22	输出变化量（增侧）报警设定值　0~32767（[S3]+1<ACT>的bit2=1，bit5=0时有效）另外，输出上限设定值　-32768~32767（[S3]+1<ACT>的bit2=0，bit5=1时有效）
[S3]+23	输出变化量（减侧）报警设定值　0~32767（[S3]+1<ACT>的bit2=0，bit5=0时有效）另外，输出下限设定值　-32768~32767（[S3]+1<ACT>的bit2=0，bit5=1时有效）
[S3]+24	报警输出{ bit0 输入变化量（增侧）溢出 bit1 输入变化量（减侧）溢出 bit2 输出变化量（增侧）溢出 bit3 输出变化量（减侧）溢出 }（[S3]+1<ACT>的bit1=1或bit2=1时有效）

3）PID控制应用举例。在恒压供水PID控制系统中，压力传感器将水压大小转换成电信号，该信号是模拟量，PLC无法直接接收，需要用电路将模拟量转换成数字量，再将数字量作为测定值送入PLC，将它与设定值之差进行PID运算，运算得到控制值，控制值是数字量，变频器无法直接接受，需要用电路将数字量控制值转换成模拟量信号，去控制变频器，使变频器根据控制信号来调制泵电动机的转速，以实现恒压供水。

三菱FX2N型PLC有专门配套的模拟量输入/输出功能模块FX0N-3A，在使用时将它用专用电缆与PLC连接好，如图6-115所示，再将模拟输入端接压力传感器，模拟量输出端接变频器。在工作时，压力传感器送来的反映压力大小的电信号进入FX0N-3A模块转换成数字量，再送入PLC进行PID运算，运算得到的控制值送入FX0N-3A转换成模拟量控制信号，该信号去调节变频器的频率，从而调节泵电动机的转速。

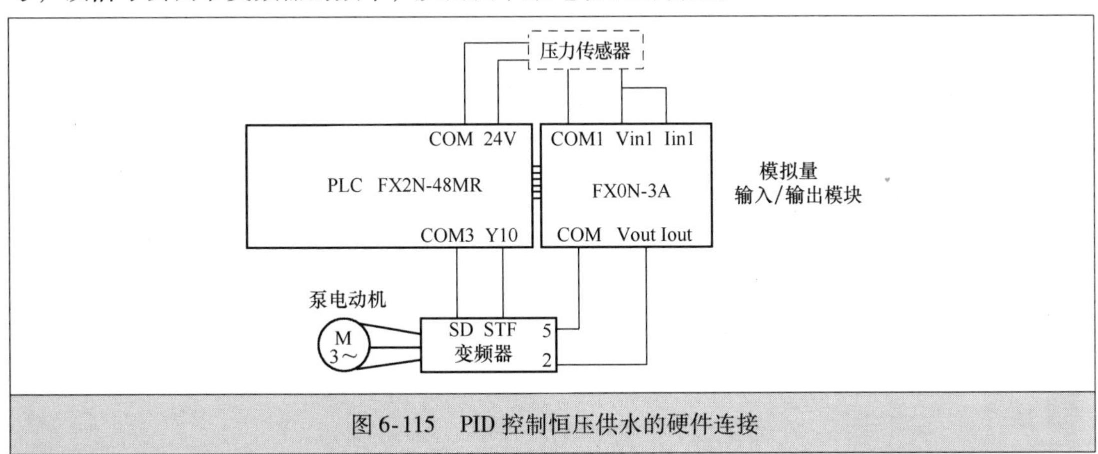

图6-115　PID控制恒压供水的硬件连接

6.2.10　浮点运算指令

浮点运算指令包括浮点数比较、变换、四则运算、开平方和三角函数等指令。这些指令的使用方法与二进制数运算指令类似，但浮点运算都是32位。对于大多数情况下，很少用到浮点运算指令。浮点运算指令见表6-9。

表6-9 浮点运算指令

种类	功能号	助记符	功能
浮点运算指令	110	ECMP	二进制浮点数比较
	111	EZCP	二进制浮点数区间比较
	118	EBCD	二进制浮点数→十进制浮点数转换
	119	EBIN	十进制浮点数→二进制浮点数转换
	120	EADD	二进制浮点数加法
	121	ESUB	二进制浮点数减法
	122	EMUL	二进制浮点数乘法
	123	EDIV	二进制浮点数除法
	127	ESOR	二进制浮点数开方
	129	INT	二进制浮点数→BIN 整数转换
	130	SIN	浮点数 sin 运算
	131	COS	浮点数 cos 运算
	132	TAN	浮点数 tan 运算

6.2.11 高低位变换指令

高低位变换指令只有一条，功能号为 FNC147，指令助记符为 SWAP。

1. 高低位变换指令格式

高低位变换指令格式如下：

指令名称	助记符	功能号	操作数	程序步
			S	
高低位变换指令格式	SWAP	FNC147	KnY、KnM、KnS、 T、C、D、V、Z	SWAP、SWAP：9 步 DSWAP、DSWAPP：9 步

2. 使用说明

高低位变换指令的使用如图 6-116 所示，图 a 中的 SWAPP 为 16 位指令，当常开触点 X000 闭合时，SWAPP 指令执行，D10 中的高 8 位和低 8 位数据互换；图 b 的 DSWAPP 为 32 位指令，当常开触点 X001 闭合时，DSWAPP 指令执行，D10 中的高 8 位和低 8 位数据互换，D11 中的高 8 位和低 8 位数据互换。

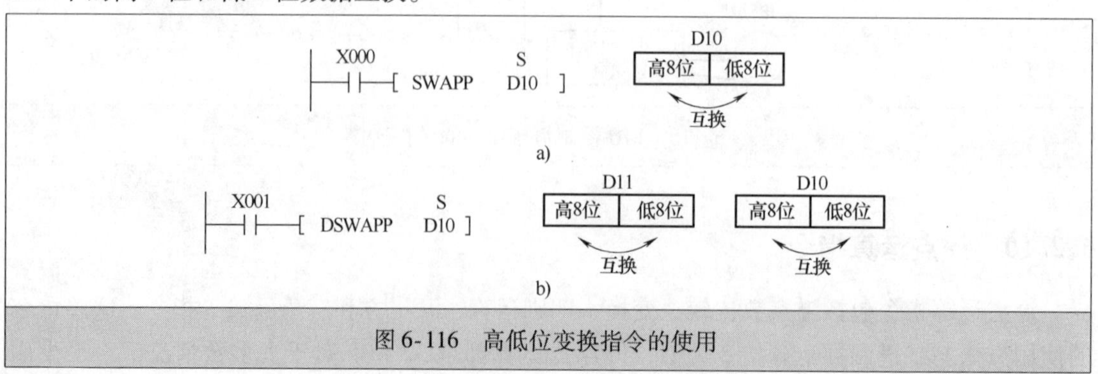

图 6-116 高低位变换指令的使用

6.2.12　时钟运算指令

时钟运算指令有7条，功能号为160～163、166、167、169，其中169号指令仅适用于FX1S、FX1N机型，不适用于FX2N、FX2NC机型。

1. 时钟数据比较指令

（1）指令格式

时钟数据比较指令格式如下：

指令名称	助记符	功能号	操作数					程序步
			S1	S2	S3	S	D	
时钟数据比较指令	TCMP	FNC160	K、H、KnX、KnY、KnM、KnS、T、C、D、V、Z			T、C、D（占3个连号元件）	Y、M、S（占3个连号元件）	TCMP、TCMPP：11步

（2）使用说明

TCMP指令的使用如图6-117所示。[S1]为指定基准时间的小时值（0～23），[S2]为指定基准时间的分钟值（0～59），[S3]为指定基准时间的秒钟值（0～59），[S]为指定待比较的时间值，其中[S]、[S]+1、[S]=2分别为待比较的小时、分、秒值，[D]为比较输出元件，其中[D]、[D]+1、[D]+2分别为>、=、<时的输出元件。

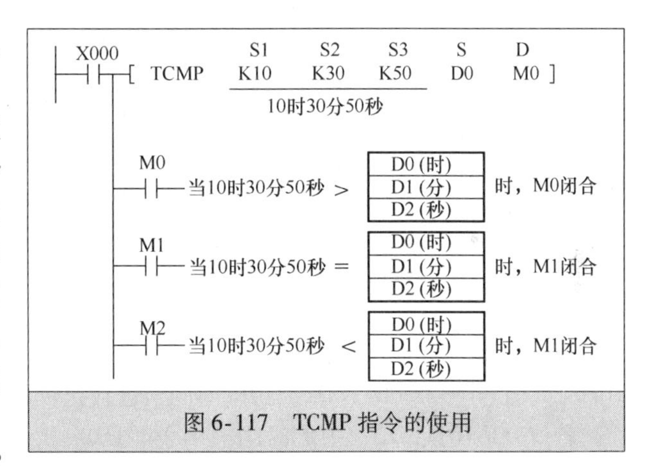

图6-117　TCMP指令的使用

当常开触点X000闭合时，TCMP指令执行，将时间值“10时30分50秒”与D0、D1、D2中存储的小时、分、秒值进行比较，根据比较结果驱动M0～M2，具体如下：

若“10时30分50秒”大于“D0、D1、D2存储的小时、分、秒值”，M0被驱动，M0常开触点闭合。

若“10时30分50秒”等于“D0、D1、D2存储的小时、分、秒值”，M1被驱动，M1常开触点闭合。

若“10时30分50秒”小于“D0、D1、D2存储的小时、分、秒值”，M2被驱动，M2常开触点闭合。

当常开触点X000=OFF时，TCMP指令停止执行，但M0～M2仍保持X000为OFF前时的状态。

2. 时钟数据区间比较指令

（1）指令格式

时钟数据区间比较指令格式如下：

指令名称	助记符	功能号	操作数				程序步
			S1	S2	S	D	
时钟数据区间比较指令	TZCP	FNC161	T、C、D ［S1］≤［S2］ （占3个连号元件）		T、C、D	Y、M、S （占3个连号元件）	TZCP、TZCPP：11步

（2）使用说明

TZCP指令的使用如图6-118所示。［S1］指定第一基准时间值（小时、分、秒值），［S2］指定第二基准时间值（小时、分、秒值），［S］指定待比较的时间值，［D］为比较输出元件，［S1］、［S2］、［S］、［D］都需占用3个连号元件。

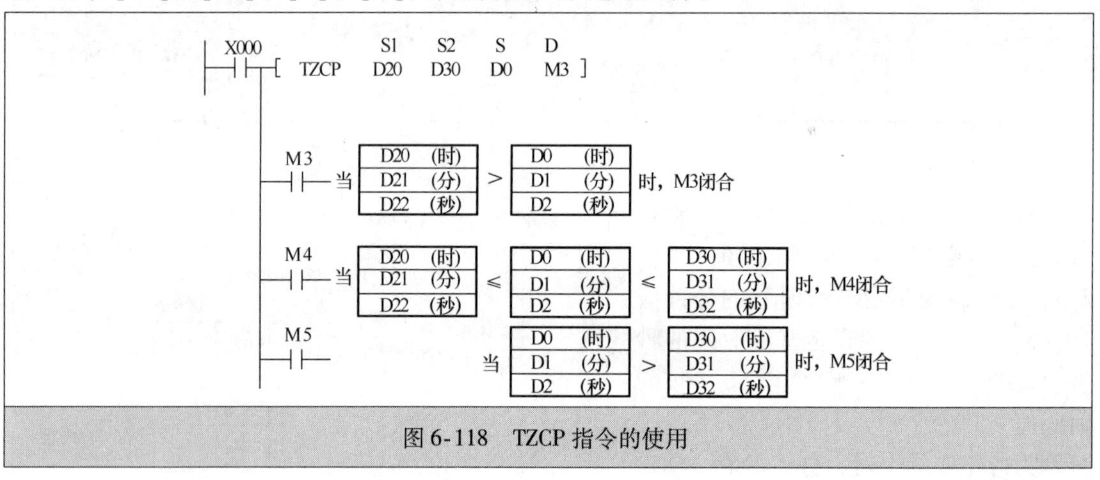

图6-118 TZCP指令的使用

当常开触点X000闭合时，TZCP指令执行，将“D20、D21、D22”、“D30、D31、D32”中的时间值与“D0、D1、D2”中的时间值进行比较，根据比较结果驱动M3～M5，具体如下：

若“D0、D1、D2”中的时间值小于“D20、D21、D22”中的时间值，M3被驱动，M3常开触点闭合。

若“D0、D1、D2”中的时间值处于“D20、D21、D22”和“D30、D31、D32”时间值之间，M4被驱动，M4常开触点闭合。

若“D0、D1、D2”中的时间值大于“D30、D31、D32”中的时间值，M5被驱动，M5常开触点闭合。

当常开触点X000=OFF时，TZCP指令停止执行，但M3～M5仍保持X000为OFF前时的状态。

3. 时钟数据加法指令

（1）指令格式

时钟数据加法指令格式如下：

指令名称	助记符	功能号	操作数			程序步
			S1	S2	D	
时钟数据加法指令	TADD	FNC162	T、C、D		T、C、D	TADD、TADDP：7步

（2）使用说明

TADD 指令的使用如图 6-119 所示。[S1] 指定第一时间值（小时、分、秒值），[S2] 指定第二时间值（小时、分、秒值），[D] 保存 [S1]+[S2] 的和值，[S1]、[S2]、[D] 都需占用 3 个连号元件。

当常开触点 X000 闭合时，TADD 指令执行，将“D10、D11、D12”中的时间值与“D20、D21、D22”中的时间值相加，结果保存在“D30、D31、D32”中。

如果运算结果超过 24 小时，进位标志会置 ON，将加法结果减去 24 小时再保存在 [D] 中，如图 6-119b 所示。如果运算结果为 0，零标志会置 ON。

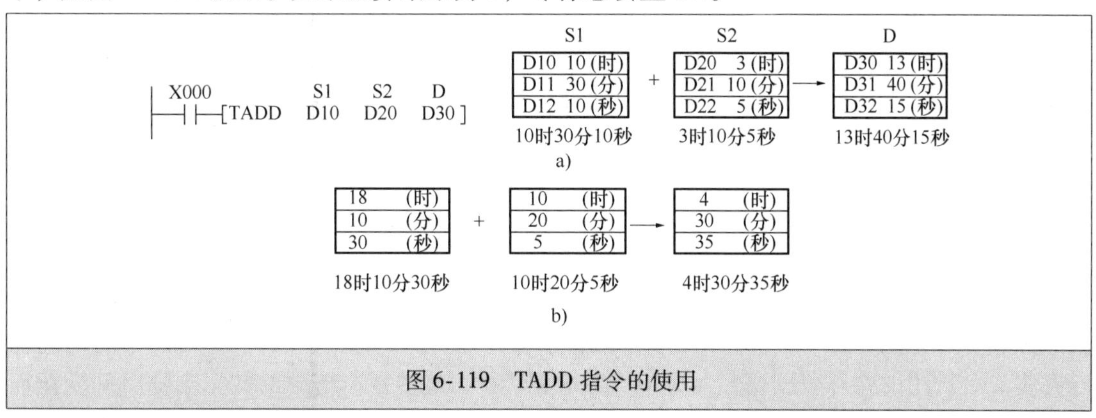

图 6-119　TADD 指令的使用

4. 时钟数据减法指令

（1）指令格式

时钟数据减法指令格式如下：

指令名称	助记符	功能号	操作数			程序步
			S1	S2	D	
时钟数据减法指令	TSUB	FNC163	T、C、D		T、C、D	TSUB、TSUBP：7 步

（2）使用说明

TSUB 指令的使用如图 6-120 所示。[S1] 指定第一时间值（小时、分、秒值），[S2]

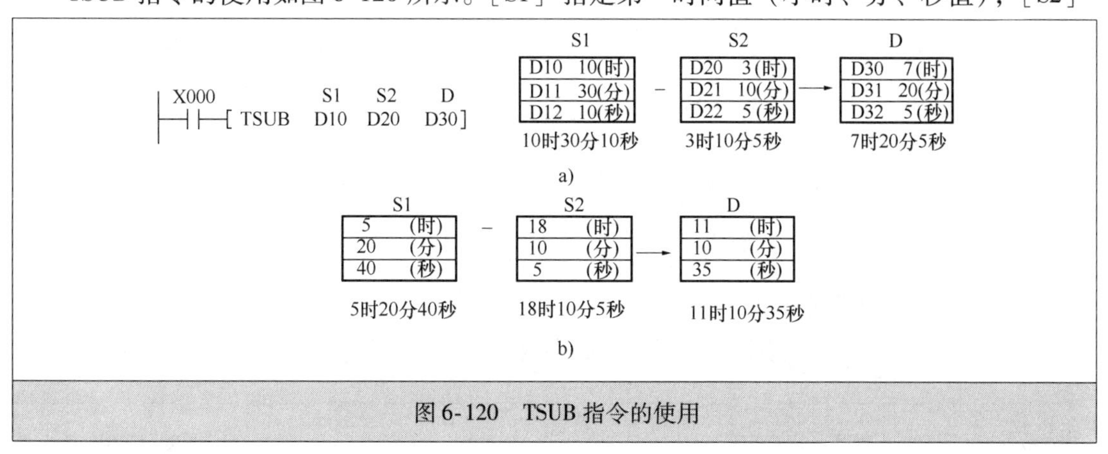

图 6-120　TSUB 指令的使用

指定第二时间值（小时、分、秒值），［D］保存［S1］-［S2］的差值，［S1］、［S2］、［D］都需占用3个连号元件。

当常开触点X000闭合时，TSUB指令执行，将“D10、D11、D12”中的时间值与“D20、D21、D22”中的时间值相减，结果保存在“D30、D31、D32”中。

如果运算结果小于0小时，借位标志会置ON，将减法结果加24小时再保存在［D］中，如图6-120b所示。

5. 时钟数据读出指令

（1）指令格式

时钟数据读出指令格式如下：

指令名称	助记符	功能号	操作数	程序步
			D	
时钟数据读出指令	TRD	FNC166	T、C、D （7个连号元件）	TRD、TRDP：5步

（2）使用说明

TRD指令的使用如图6-121所示。TRD指令的功能是将PLC当前时间（年、月、日、时、分、秒、星期）读入［D］D0为首编号的7个连号元件D0～D6中。PLC当前时间保存在实时时钟用的特殊数据寄存器D8013～D8019中，这些寄存器中的数据会随时间变化而变化。D0～D6和D8013～D8019的内容及对应关系如图6-121b所示。

当常开触点X000闭合时，TRD指令执行，将“D8018～D8013、D8019”中的时间值保存到（读入）D0～D6中，如将D8018中的数据作为年值存入D0中，将D8019中的数据作为星期值存入D6中。

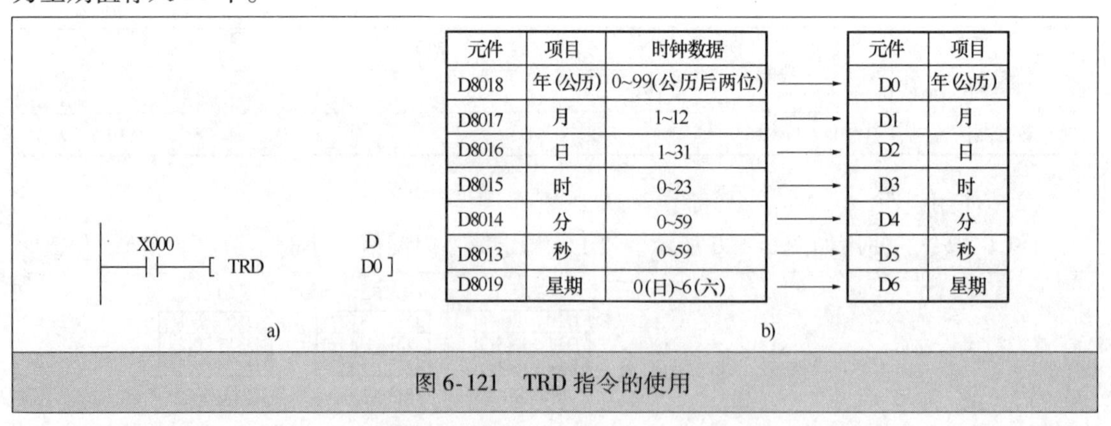

图6-121 TRD指令的使用

6. 时钟数据写入指令

（1）指令格式

时钟数据写入指令格式如下：

指令名称	助记符	功能号	操作数	程序步
			S	
时钟数据写入指令	TWR	FNC167	T、C、D （7个连号元件）	TWR、TWRP：5步

(2) 使用说明

TWR 指令的使用如图 6-122 所示。TWR 指令的功能是将［S］D10 为首编号的 7 个连号元件 D10～D16 中的时间值（年、月、日、时、分、秒、星期）写入特殊数据寄存器 D8013～D8019 中。D10～D16 和 D8013～D8019 的内容及对应关系如图 6-122b 所示。

当常开触点 X001 闭合时，TWR 指令执行，将“D10～D16”中的时间值写入 D8018～D8013、D8019 中，如将 D10 中的数据作为年值写入 D8018 中，将 D16 中的数据作为星期值写入 D8019 中。

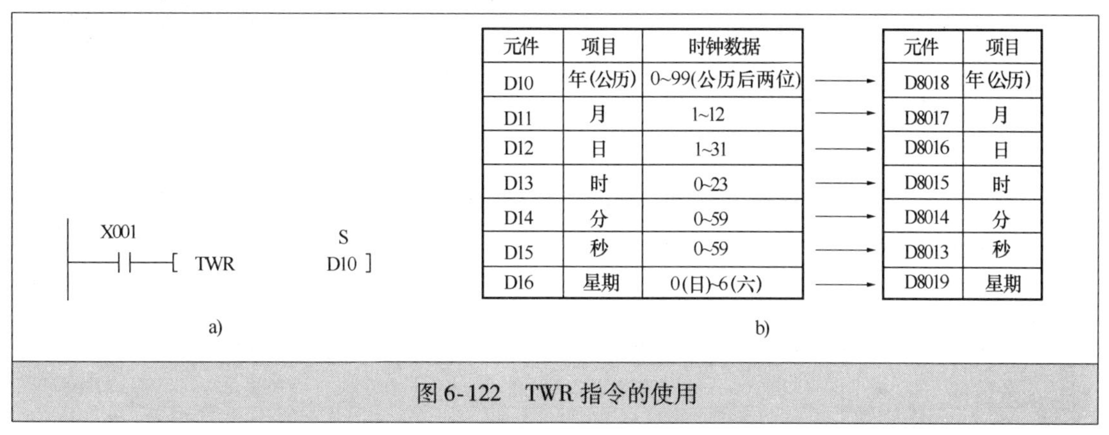

元件	项目	时钟数据	→	元件	项目
D10	年(公历)	0~99(公历后两位)	→	D8018	年(公历)
D11	月	1~12	→	D8017	月
D12	日	1~31	→	D8016	日
D13	时	0~23	→	D8015	时
D14	分	0~59	→	D8014	分
D15	秒	0~59	→	D8013	秒
D16	星期	0(日)~6(六)	→	D8019	星期

图 6-122　TWR 指令的使用

(3) 修改 PLC 的实时时钟

PLC 在出厂时已经设定了实时时钟，以后实时时钟会自动运行，如果实时时钟运行不准确，可以采用程序修改。图 6-123 为修改 PLC 实时时钟的梯形图程序，利用它可以将实时时钟设为 05 年 4 月 25 日 3 时 20 分 30 秒星期二。

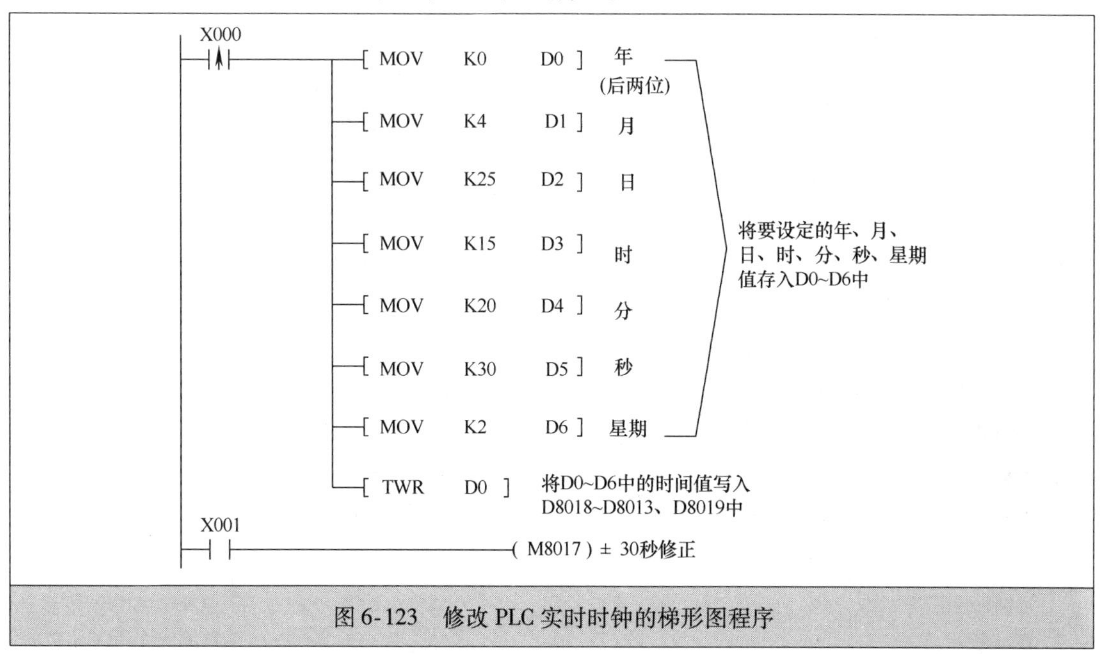

图 6-123　修改 PLC 实时时钟的梯形图程序

在编程时，先用 MOV 指令将要设定的年、月、日、时、分、秒、星期值分别传送给

D0～D6，然后用TWR指令将D0～D6中的时间值写入D8018～D8013、D8019。在进行时钟设置时，设置的时间应较实际时间晚几分钟，当实际时间到达设定时间后让X000触点闭合，程序就将设置的时间写入PLC的实时时钟数据寄存器中，闭合触点X001，M8017置ON，可对时钟进行±30秒修正。

PLC实时时钟的年值默认为两位（如05年），如果要改成4位（如2005年），可给图6-123程序追加图6-124所示的程序，在第二个扫描周期开始年值就为4位。

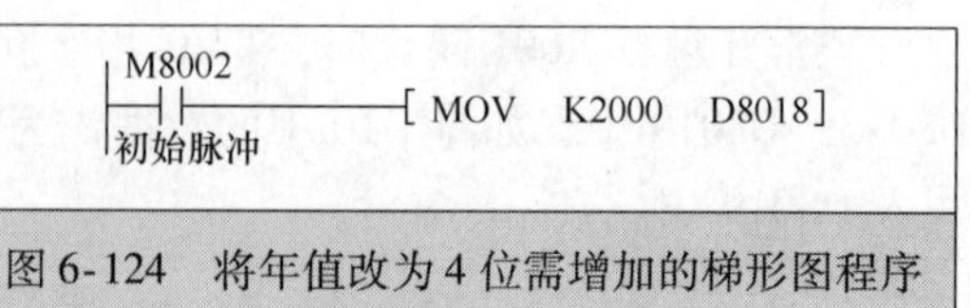

图6-124 将年值改为4位需增加的梯形图程序

6.2.13 格雷码变换指令

1. 有关格雷码的知识

两个相邻代码之间仅有一位数码不同的代码称为格雷码。十进制数、二进制与格雷码的对应关系如表6-10所示。

表6-10 十进制数、二进制数与格雷码的对应关系

十进制数	二进制数	格雷码	十进制数	二进制数	格雷码
0	0000	0000	8	1000	1100
1	0001	0001	9	1001	1101
2	0010	0011	10	1010	1111
3	0011	0010	11	1011	1110
4	0100	0110	12	1100	1010
5	0101	0111	13	1101	1011
6	0110	0101	14	1110	1001
7	0111	0100	15	1111	1000

从表可以看出，相邻的两个格雷码之间仅有一位数码不同，如5的格雷码是0111，它与4的格雷码0110仅最后一位不同，与6的格雷码0101仅倒数第二位不同。二进制数在递增或递减时，往往多位发生变化，3的二进制数0011与4的二进制数0100同时有三位发生变化，这样在数字电路处理中很容易出错，而格雷码在递增或递减时，仅有一位发生变化，这样不容易出错，所以格雷码常用于高分辨率的系统中。

2. 二进制码（BIN码）转格雷码指令

（1）指令格式

二进制码转格雷码指令格式如下：

指令名称	助记符	功能号	操作数		程序步
			S	D	
二进制码转格雷码指令	GRY	FNC170	K、H、KnX、KnY、KnM、KnS、T、C、D	KnY、KnM、KnS、T、C、D	GRY、GRYP：5步 DGRY、DGRYP：9步

(2) 使用说明

GRY 指令的使用如图 6-125 所示。GRY 指令的功能是将［S］指定的二进制码转换成格雷码，并存入［D］指定的元件中。当常开触点 X000 闭合时，GRY 指令执行，将“1234”的二进制码转换成格雷码，并存入 Y23 ~ Y20、Y17 ~ Y10 中。

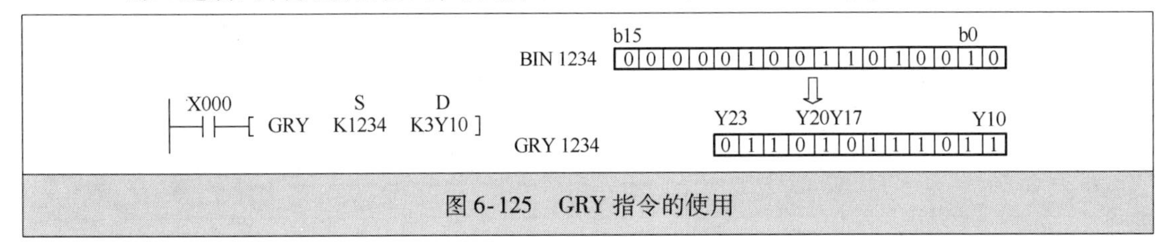

图 6-125　GRY 指令的使用

3. 格雷码转二进制码指令

(1) 指令格式

格雷码转二进制码指令格式如下：

指令名称	助记符	功能号	操作数		程序步
			S	D	
格雷码转二进制码指令	GBIN	FNC171	K、H、KnX、KnY、KnM、KnS、T、C、D	KnY、KnM、KnS、T、C、D	GBIN、GBINP：5 步 DGBIN、DGBINP：9 步

(2) 使用说明

GBIN 指令的使用如图 6-126 所示。GBIN 指令的功能是将［S］指定的格雷码转换成二进制码，并存入［D］指定的元件中。当常开触点 X020 闭合时，GBIN 指令执行，将 X13 ~ X10、X7 ~ X0 中的格雷码转换成二进制码，并存入 D10 中。

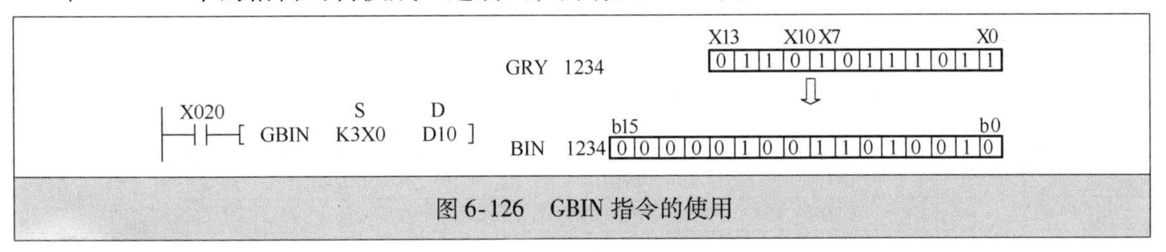

图 6-126　GBIN 指令的使用

6.2.14　触点比较指令

触点比较指令分为三类：LD * 指令、AND * 指令和 OR * 指令。

1. 触点比较 LD * 指令

触点比较 LD * 指令共有 6 条，具体见表 6-11。

表 6-11　触点比较 LD * 指令

功能号	16 位指令	32 位指令	导通条件	非导通条件
FNC224	LD =	LDD =	S1 = S2	S1 ≠ S2
FNC225	LD >	LDD >	S1 > S2	S1 ≤ S2
FNC226	LD <	LDD <	S1 < S2	S1 ≥ S2

（续）

功能号	16位指令	32位指令	导通条件	非导通条件
FNC228	LD < >	LDD < >	S1≠S2	S1 = S2
FNC229	LD≤	LDD≤	S1≤S2	S1 > S2
FNC230	LD≥	LDD≥	S1≥S2	S1 < S2

（1）指令格式

触点比较LD＊指令格式如下：

指令名称	助记符	操作数		程序步
		S1	S2	
触点比较LD＊指令	LD＝、LD＞、LD＜、LD＜＞、LD≤、LD≥	K、H、KnX、KnY、KnM、KnS、T、C、D、V、Z	K、H、KnX、KnY、KnM、KnS、T、C、D、V、Z	16位运算：5步 32位运算：9步

（2）使用说明

LD＊指令是连接左母线的触点比较指令，其功能是将［S1］、［S2］两个源操作数进行比较，若结果满足要求则执行驱动。LD＊指令的使用如图6-127所示。

当计数器C10的计数值等于200时，驱动Y010；当D200中的数据大于－30并且常开触点X001闭合时，将Y011置位；当计数器C200的计数值小于678493时，或者M3触点闭合时，驱动M50。

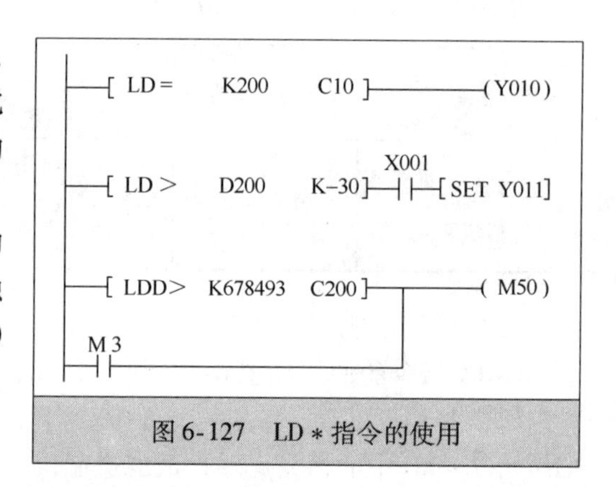

图6-127　LD＊指令的使用

2. 触点比较AND＊指令

触点比较AND＊指令共有6条，具体见表6-12。

表6-12　触点比较AND＊指令

功能号	16位指令	32位指令	导通条件	非导通条件
FNC232	AND =	ANDD =	S1 = S2	S1≠S2
FNC233	AND >	ANDD >	S1 > S2	S1≤S2
FNC234	AND <	ANDD <	S1 < S2	S1≥S2
FNC236	AND < >	ANDD < >	S1≠S2	S1 = S2
FNC237	AND≤	ANDD≤	S1≤S2	S1 > S2
FNC238	AND≥	ANDD≥	S1≥S2	S1 < S2

（1）指令格式

触点比较AND＊指令格式如下：

指令名称	助记符	操作数		程序步
		S1	S2	
触点比较AND＊指令	AND＝、AND＞、AND＜、AND＜＞、AND≤、AND≥	K、H、KnX、KnY、KnM、KnS、T、C、D、V、Z	K、H、KnX、KnY、KnM、KnS、T、C、D、V、Z	16位运算：5步 32位运算：9步

（2）使用说明

AND＊指令是串联型触点比较指令，其功能是将［S1］、［S2］两个源操作数进行比较，若结果满足要求则执行驱动。AND＊指令的使用如图6-128所示。

当常开触点X000闭合且计数器C10的计数值等于200时，驱动Y010；当常闭触点X001闭合且D0中的数据不等于-10时，将Y011置位；当常开触点X002闭合且D10、D11中的数据小于678493时，或者触点M3闭合时，驱动M50。

3. 触点比较OR＊指令

触点比较OR＊指令共有6条，具体见表6-13。

表6-13　触点比较OR＊指令

功　能　号	16位指令	32位指令	导通条件	非导通条件
FNC240	OR＝	ORD＝	S1＝S2	S1≠S2
FNC241	OR＞	ORD＞	S1＞S2	S1≤S2
FNC242	OR＜	ORD＜	S1＜S2	S1≥S2
FNC244	OR＜＞	ORD＜＞	S1≠S2	S1＝S2
FNC245	OR≤	ORD≤	S1≤S2	S1＞S2
FNC246	OR≥	ORD≥	S1≥S2	S1＜S2

（1）指令格式

触点比较OR＊指令格式如下：

指令名称	助记符	操作数		程序步
		S1	S2	
触点比较OR＊指令	OR＝、OR＞、OR＜、OR＜＞、OR≤、OR≥	K、H、KnX、KnY、KnM、KnS、T、C、D、V、Z	K、H、KnX、KnY、KnM、KnS、T、C、D、V、Z	16位运算：5步 32位运算：9步

（2）使用说明

OR＊指令是并联型触点比较指令，其功能是将［S1］、［S2］两个源操作数进行比较，若结果满足要求则执行驱动。OR＊指令的使用如图6-129所示。

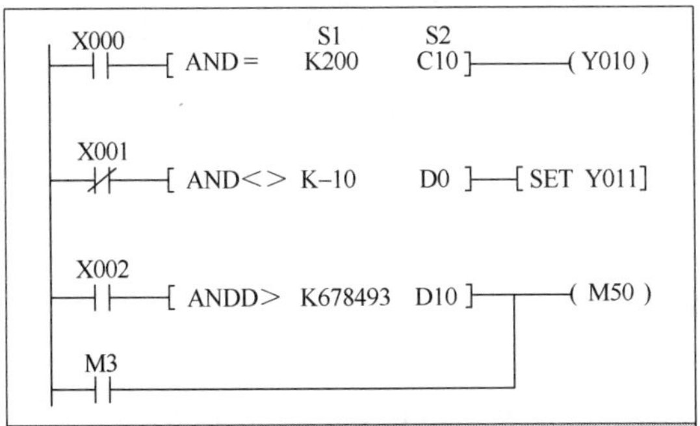

图6-128　AND＊指令的使用

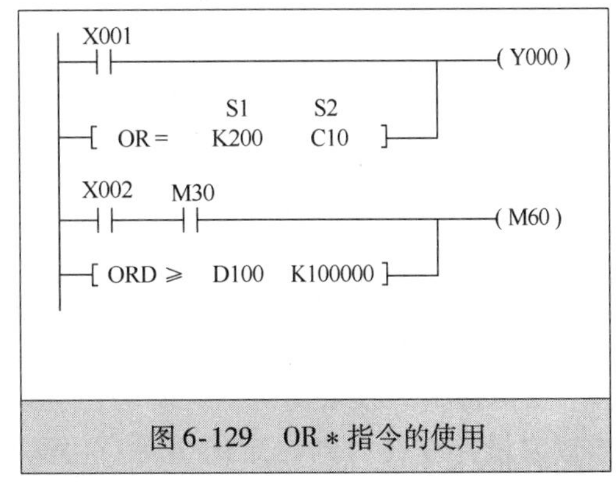

图6-129　OR＊指令的使用

当常开触点X001闭合时，或者计数器C10的计数值等于200时，驱动Y000；当常开触点X002、M30均闭合，或者D100中的数据大于或等于100000时，驱动M60。

第7章 模拟量模块的使用

三菱FX系列PLC基本单元（又称主单元）只能处理数字量，在遇到处理模拟量时就需要给基本单元连接模拟量处理模块。**模拟量是指连续变化的电压或电流**，例如压力传感器能将不断增大的压力转换成不断升高的电压，该电压就是模拟量。模拟量模块包括模拟量输入模块、模拟量输出模块和温控模块。

图7-1中的PLC基本单元（FX2N-48MR）通过扩展电缆连接了I/O扩展模块和模拟量处理模块，FX2N-4AD为模拟量输入模块，它属于特殊功能模块，并且最靠近PLC基本单元，其设备号为0，FX2N-4DA为模拟量输出模块，它也是特殊功能模块，其设备号为1（扩展模块不占用设备号），FX2N-4AD-PT为温度模拟量输入模块，它属于特殊功能模块，其设备号为2，FX2N-16EX为输入扩展模块，给PLC扩展了16个输入端子（X030～X047），FX2N-32ER为输入和输出扩展模块，给PLC扩展了16个输入端子（X050～X067）和16个输出端子（Y030～Y047）。

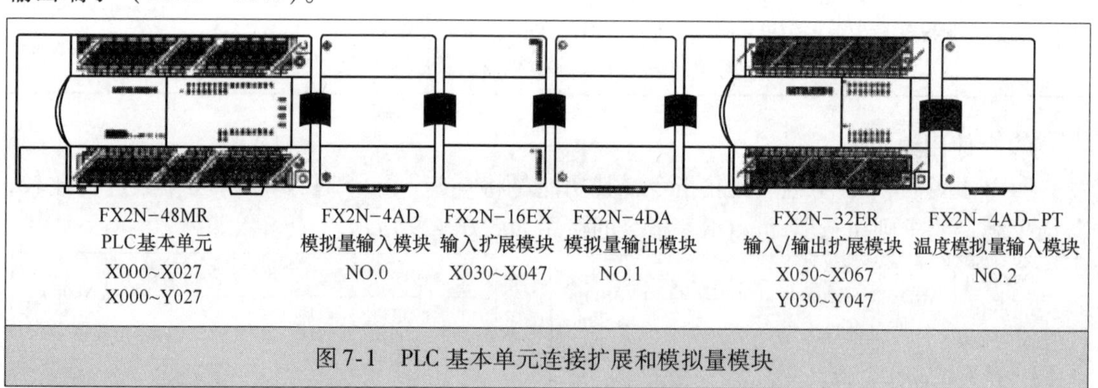

图7-1　PLC基本单元连接扩展和模拟量模块

7.1　模拟量输入模块FX2N-4AD

模拟量输入模块简称AD模块，其功能是将外界输入的模拟量（电压或电流）转换成数字量并存在内部特定的BFM（缓冲存储器）中，PLC可使用FROM指令从AD模块中读取这些BFM中的数字量。三菱FX系列AD模块型号很多，常用的有FX0N-3A、FX2N-2AD、FX2N-4AD和FX2N-8AD等，本节以FX2N-4AD模块为例来介绍模拟量输入模块。

7.1.1　外形

模拟量输入模块 FX2N-4AD 的外形如图 7-2 所示。

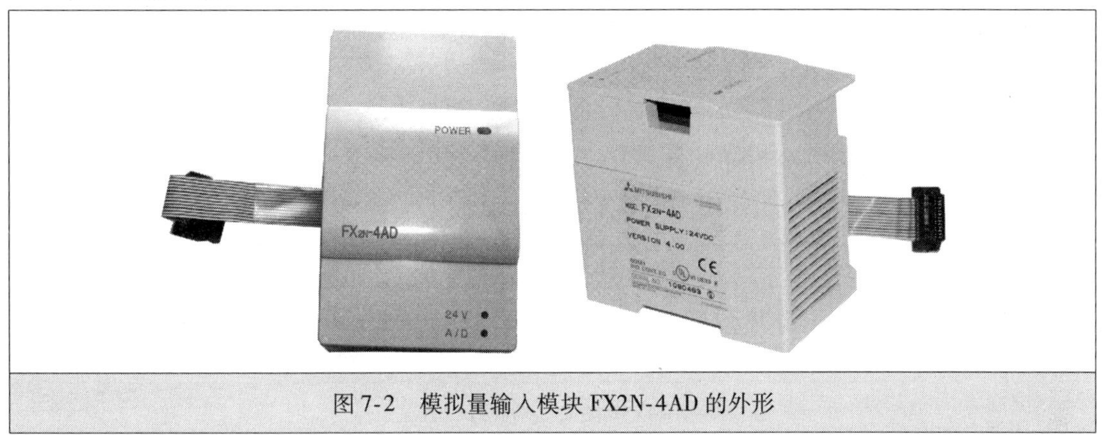

图 7-2　模拟量输入模块 FX2N-4AD 的外形

7.1.2　接线

FX2N-4AD 模块有 CH1 ~ CH4 四个模拟量输入通道，可以同时将 4 路模拟量信号转换成数字量，存入模块内部相应的缓冲存储器（BFM）中，PLC 可使用 FROM 指令读取这些存储器中的数字量。FX2N-4AD 模块有一条扩展电缆和 18 个接线端子（需要打开面板才能看见），扩展电缆用于连接 PLC 基本单元或上一个模块，FX2N-4AD 模块的接线方式如图 7-3 所示，每个通道内部电路均相同，且都占用 4 个接线端子。

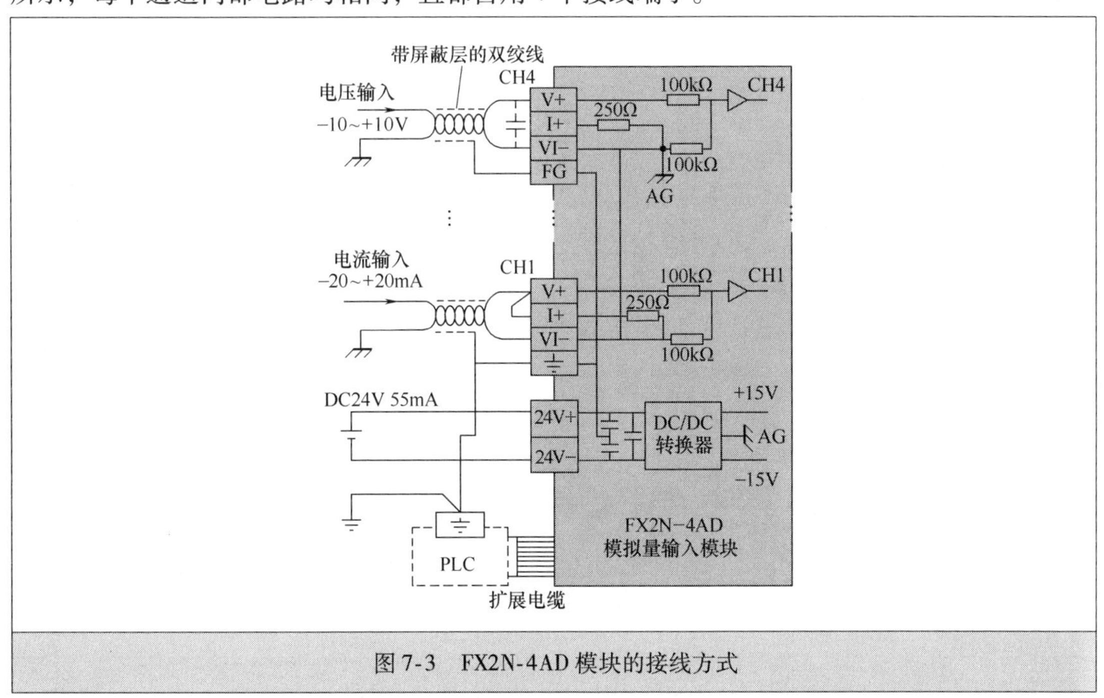

图 7-3　FX2N-4AD 模块的接线方式

FX2N-4AD 模块的每个通道均可设为电压型模拟量输入或电流型模拟量输入。当某通

道设为电压型模拟量输入时，电压输入线接该通道的V+、VI-端子，可接收的电压输入范围为-10~10V，为增强输入抗干扰性，可在V+、VI-端子间接一个0.1~0.47μF的电容；当某通道设为电流型模拟量输入时，电流输入线接该通道的I+、VI-端子，同时将I+、V+端子连接起来，可接收-20~20mA范围的电流输入。

7.1.3 性能指标

FX2N-4AD模块的性能指标见表7-1。

表7-1 FX2N-4AD模块的性能指标

项目	电压输入	电流输入
模拟输入范围	DC-10~10V（输入阻抗：200kΩ），如果输入电压超过±15V，单元会被损坏	DC-20~20mA（输入阻抗：250kΩ），如果输入电流超过±32mA，单元会被损坏
数字输出	12位的转换结果以16位二进制补码方式存储。 最大值：+2047，最小值：-2048	
分辨率	5mV（10V默认范围：1/2000）	20μA（20mA默认范围：1/1000）
总体精度	±1%（对于-10~10V的范围）	±1%（对于-20~20mA的范围）
转换速度	15ms/通道（常速），6ms/通道（高速）	
适用PLC	FX1N/FX2N/FX2NC	

7.1.4 输入输出曲线

FX2N-4AD模块可以将输入电压或输入电流转换成数字量，其转换关系如图7-4所示。当某通道设为电压输入时，如果输入-10~+10V范围内的电压，AD模块可将该电压转换成-2000~+2000范围的数字量（用12位二进制数表示），转换分辨率为5mV（10V/2000），例如10V电压会转换成数字量2000，9.995V转换成的数字量为1999；当某通道设为+4~+20mA电流输入时，如果输入+4~+20mA范围的电流，AD模块可将该电压转换成0~+1000范围的数字量；当某通道设为-20~+20mA电流输入时，如果输入-20~+20mA范围的电流，AD模块可将该电压转换成-1000~+1000范围的数字量。

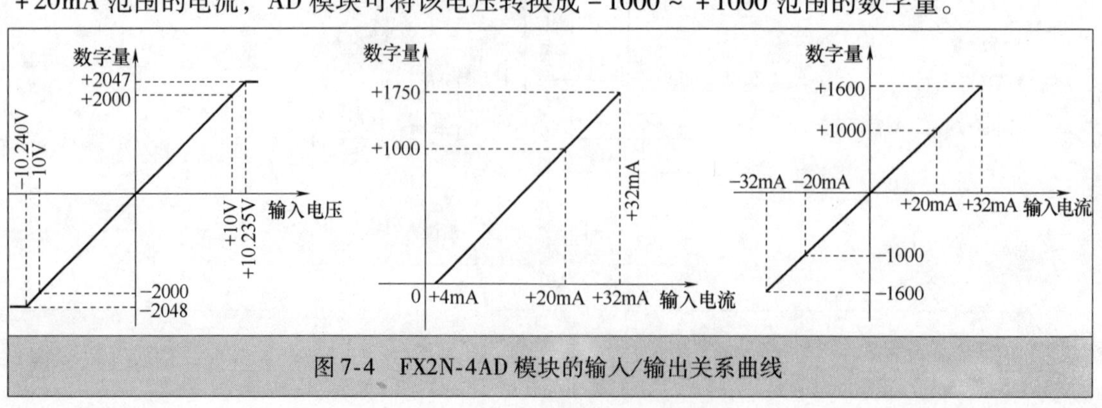

图7-4 FX2N-4AD模块的输入/输出关系曲线

7.1.5　增益和偏移说明

1. 增益

FX2N-4AD 模块可以将 -10 ~ +10V 范围内的输入电压转换成 -2000 ~ +2000 范围的数字量，若输入电压范围只有 -5 ~ +5V，转换得到的数字量为 -1000 ~ +1000，这样大量的数字量未被利用。如果希望提高转换分辨率，将 -5 ~ +5V 范围的电压也可以转换成 -2000 ~ +2000 范围的数字量，可通过设置 AD 模块的增益值来实现。

增益是指输出数字量为 1000 时对应的模拟量输入值。增益说明如图 7-5 所示，以图 a 为例，当 AD 模块某通道设为 -10 ~ +10V 电压输入时，其默认增益值为 5000（即 +5V），当输入 +5V 时会转换得到数字量 1000，输入 +10V 时会转换得到数字量 2000，增益为 5000 时的输入输出关系如图中 A 线所示，如果将增益值设为 2500，当输入 +2.5V 时会转换得到数字量 1000，输入 +5V 时会转换得到数字量 2000，增益为 2500 时的输入输出关系如图中 B 线所示。

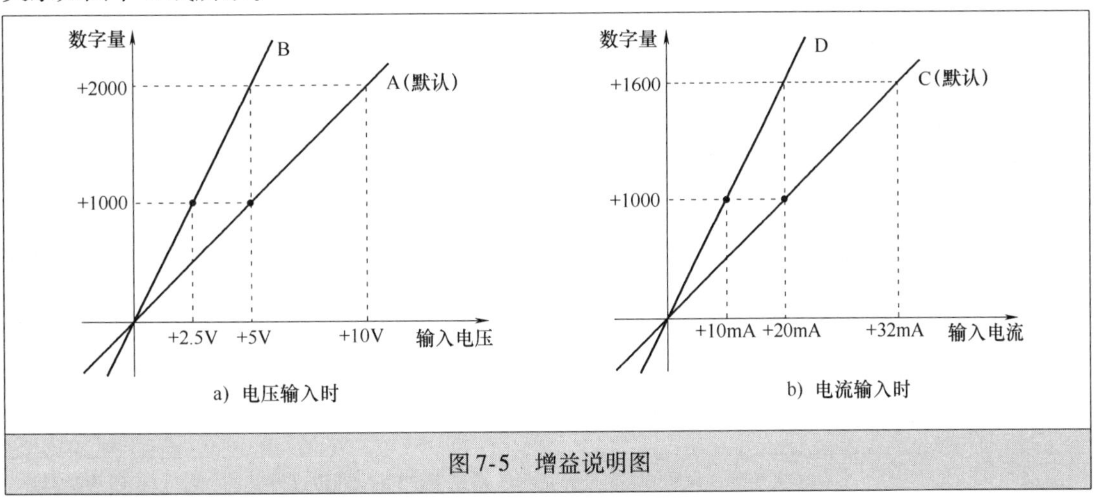

图 7-5　增益说明图

2. 偏移

FX2N-4AD 模块某通道设为 -10 ~ +10V 电压输入时，若输入 -5 ~ +5V 电压，转换可得到 -1000 ~ +1000 范围的数字量。如果希望将 -5 ~ +5V 范围内的电压转换成 0 ~ 2000 范围的数字量，可通过设置 AD 模块的偏移量来实现。

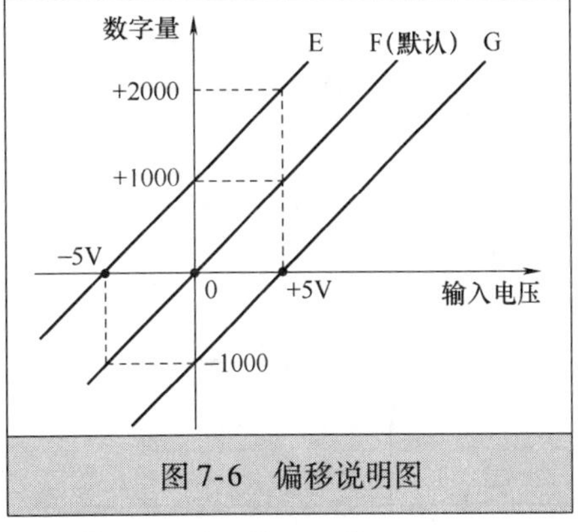

图 7-6　偏移说明图

偏移量是指输出数字量为 0 时对应的模拟量输入值。偏移说明如图 7-6 所示，当 AD 模块某通道设为 -10 ~ +10V 电压输入时，其默认偏移量为 0（即 0V），当输入 -5V 时会转换得到数字量 -1000，输入 +5V 时会转换得到数字量 +1000，偏移量为 0 时的输入输出关系如图中 F 线所示，如果将偏移量设为 -5000（即 -5V），当输入 -5V 时会转换得到数字量 0000，输入 0V 时会转换得到数字量 +1000，输入 +5V 时会转换得到数字量+2000，偏移量为-5V时的输入输出关系如图中E线所示。

7.1.6 缓冲存储器（BFM）功能说明

FX2N-4AD模块内部有32个16位BFM（缓冲存储器），这些BFM的编号为#0~#31，在这些BFM中，有的BFM用来存储由模拟量转换来的数字量，有的BFM用来设置通道的输入形式（电压或电流输入），还有的BFM具有其他功能。

FX2N-4AD模块的各个BFM功能见表7-2。

表7-2 FX2N-4AD模块的BFM功能表

<table>
<tr><th>BFM</th><th colspan="9">内　容</th></tr>
<tr><td>*#0</td><td colspan="9">通道初始化，默认值=H0000</td></tr>
<tr><td>*#1</td><td>通道1</td><td colspan="8" rowspan="4">平均采样次数1~4096
默认设置为8</td></tr>
<tr><td>*#2</td><td>通道2</td></tr>
<tr><td>*#3</td><td>通道3</td></tr>
<tr><td>*#4</td><td>通道4</td></tr>
<tr><td>#5</td><td>通道1</td><td colspan="8" rowspan="4">平均值</td></tr>
<tr><td>#6</td><td>通道2</td></tr>
<tr><td>#7</td><td>通道3</td></tr>
<tr><td>#8</td><td>通道4</td></tr>
<tr><td>#9</td><td>通道1</td><td colspan="8" rowspan="4">当前值</td></tr>
<tr><td>#10</td><td>通道2</td></tr>
<tr><td>#11</td><td>通道3</td></tr>
<tr><td>#12</td><td>通道4</td></tr>
<tr><td>#13~#14</td><td colspan="9">保留</td></tr>
<tr><td>#15</td><td colspan="9">选择A-D转换速度：设置0，则选择正常转换速度，15ms/通道（默认）；设置1，则选择高速，6ms/通道</td></tr>
<tr><td>#16~#19</td><td colspan="9">保留</td></tr>
<tr><td>*#20</td><td colspan="9">复位到默认值，默认设定=0</td></tr>
<tr><td>*#21</td><td colspan="9">禁止调整偏移值、增益值。默认=(0，1)，允许</td></tr>
<tr><td rowspan="2">*#22</td><td rowspan="2">偏移值、增益值调整</td><td>B7</td><td>B6</td><td>B5</td><td>B4</td><td>B3</td><td>B2</td><td>B1</td><td>B0</td></tr>
<tr><td>G4</td><td>O4</td><td>G3</td><td>O3</td><td>G2</td><td>O2</td><td>G1</td><td>O1</td></tr>
<tr><td>*#23</td><td colspan="9">偏移值，默认值=0</td></tr>
<tr><td>*#24</td><td colspan="9">增益值，默认值=5000</td></tr>
<tr><td>#25~#28</td><td colspan="9">保留</td></tr>
<tr><td>#29</td><td colspan="9">错误状态</td></tr>
<tr><td>#30</td><td colspan="9">识别码K2010</td></tr>
<tr><td>#31</td><td colspan="9">禁用</td></tr>
</table>

注：表中带*号的BFM中的值可以由PLC使用TO指令来写入，不带*号的BFM中的值可以由PLC使用FROM指令来读取。

下面对表7-2中的BFM功能作进一步的说明。

（1）#0 BFM

#0 BFM用来初始化AD模块四个通道，即用来设置四个通道的模拟量输入形式，该BFM中的16位二进制数据可用4位十六进制数H□□□□表示，每个□用来设置一个通道，最高位□设置CH4通道，最低位□设置CH1通道。

当□=0时，通道设为-10～+10V电压输入；当□=1时，通道设为+4～+20mA电流输入；当□=2时，通道设为-20～+20mA电流输入；当□=3时，通道关闭，输入无效。

例如#0 BFM中的值为H3310时，CH1通道设为-10～+10V电压输入，CH2通道设为+4～+20mA电流输入，CH3、CH4通道关闭。

（2）#1～#4 BFM

#1～#4 BFM分别用来设置CH1～CH4通道的平均采样次数，例如#1 BFM中的次数设为3时，CH1通道需要对输入的模拟量转换3次，再将得到的3个数字量取平均值，数字量平均值存入#5 BFM中。#1～#4 BFM中的平均采样次数越大，得到平均值的时间越长，如果输入的模拟量变化较快，平均采样次数值应设小一些。

（3）#5～#8 BFM

#5～#8 BFM分别用来存储CH1～CH4通道的数字量平均值。

（4）#9～#12 BFM

#9～#12 BFM分别用来存储CH1～CH4通道在当前扫描周期转换来的数字量。

（5）#15 BFM

#15 BFM用来设置所有通道的A-D转换速度，若#15 BFM=0，所有通道的A-D转换速度设为15ms（普速），若#15 BFM=1，所有通道的A-D转换速度设为6ms（高速）。

（6）#20 BFM

当往#20 BFM中写入1时，所有参数恢复到出厂设置值。

（7）#21 BFM

#21 BFM用来禁止/允许偏移值和增益的调整。当#21 BFM的b1位=1、b0位=0时，禁止调整偏移值和增益，当b1位=0、b0位=1时，允许调整。

（8）#22 BFM

#22 BFM使用低8位来指定增益和偏移调整的通道，低8位标记为G_4O_4 G_3O_3 G_2O_2 G_1O_1，当$G_□$位为1时，则CH□通道增益值可调整，当$O_□$位为1时，则CH□通道偏移量可调整，例如#22 BFM=H0003，则#22 BFM的低8位G_4O_4 G_3O_3 G_2O_2 G_1O_1=00000011，CH1通道的增益值和偏移量可调整，#24 BFM的值被设为CH1通道的增益值，#23 BFM的值被设为CH1通道的偏移量。

（9）#23 BFM

#23 BFM用来存放偏移量，该值可由PLC使用TO指令写入。

（10）#24 BFM

#24 BFM用来存放增益值，该值可由PLC使用TO指令写入。

（11）#29 BFM

#29 BFM以位的状态来反映模块的错误信息。#29 BFM各位错误定义见表7-3，例如#29 BFM的b1位为1（ON），表示存储器中的偏移值和增益数据不正常，为0表示数据正

常，PLC 使用 FROM 指令读取#29 BFM 中的值可以了解 AD 模块的操作状态。

表 7-3　#29 BFM 各位错误定义

BFM#29 的位	ON	OFF
b0：错误	b1 ~ b4 中任何一位为 ON。 如果 b1 ~ b4 中任何一个为 ON，所有通道的 A-D 转换停止	无错误
b1：偏移和增益错误	在 EEPROM 中的偏移和增益数据不正常或者调整错误	增益和偏移数据正常
b2：电源故障	DC 24V 电源故障	电源正常
b3：硬件错误	A-D 转换器或其他硬件故障	硬件正常
b10：数字范围错误	数字输出值小于 -2048 或大于 +2047	数字输出值正常
b11：平均采样错误	平均采样数不小于 4097 或不大于 0（使用默认值 8）	平均采样设置正常（在 1 ~ 4096 之间）
b12：偏移和增益调整禁止	禁止：BFM#21 的（b1，b0）设为（1，0）	允许 BFM#21 的（b1，b0）设置为（1，0）

注：b4 ~ b7、b9 和 b13 ~ b15 没有定义。

（12）#30 BFM

#30 BFM 用来存放 FX2N-4AD 模块的 ID 号（身份标识号码），FX2N-4AD 模块的 ID 号为 2010，PLC 通过读取#30 BFM 中的值来判别该模块是否为 FX2N-4AD 模块。

7.1.7　实例程序

在使用 FX2N-4AD 模块时，除了要对模块进行硬件连接外，还需给 PLC 编写有关的程序，用来设置模块的工作参数和读取模块转换得到的数字量及模块的操作状态。

1. 基本使用程序

图 7-7 是设置和读取 FX2N-4AD 模块的 PLC 程序。程序工作原理说明如下：

当 PLC 运行开始时，M8002 触点接通一个扫描周期，首先 FROM 指令执行，将 0 号模块#30 BFM 中的 ID 值读入 PLC 的数据存储器 D4，然后 CMP 指令（比较指令）执行，将 D4 中的数值与数值 2010 进行比较，若两者相等，表明当前模块为 FX2N-4AD 模块，则将辅助继电器 M1 置 1。M1 常开触点闭合，从上往下执行 TO、FROM 指令，第一个 TO 指令（TOP 为脉冲型 TO 指令）执行，让 PLC 往 0 号模块的#0 BFM 中写入 H3300，将 CH1、CH2 通道设为 -10 ~ +10V 电压输入，同时关闭 CH3、CH4 通道，然后第二个 TO 指令执行，让 PLC 往 0 号模块的#1、#2 BFM 中写入 4，将 CH1、CH2 通道的平均采样数设为 4，接着 FROM 指令执行，将 0 号模块的#29 BFM 中的操作状态值读入 PLC 的 M10 ~ M25，若模块工作无错误，并且转换得到的数字量范围正常，则 M10 继电器为 0，M10 常闭触点闭合，M20 继电器也为 0，M20 常闭触点闭合，FROM 指令执行，将#5、#6 BFM 中的 CH1、CH2 通道转换来的数字量平均值读入 PLC 的 D0、D1 中。

2. 增益和偏移量的调整程序

如果在使用 FX2N-4AD 模块时需要调整增益和偏移量，可以在图 7-7 程序之后增加图 7-8 所示的程序，当 PLC 的 X010 端子外接开关闭合时，可启动该程序的运行。程序工作原理说明如下：

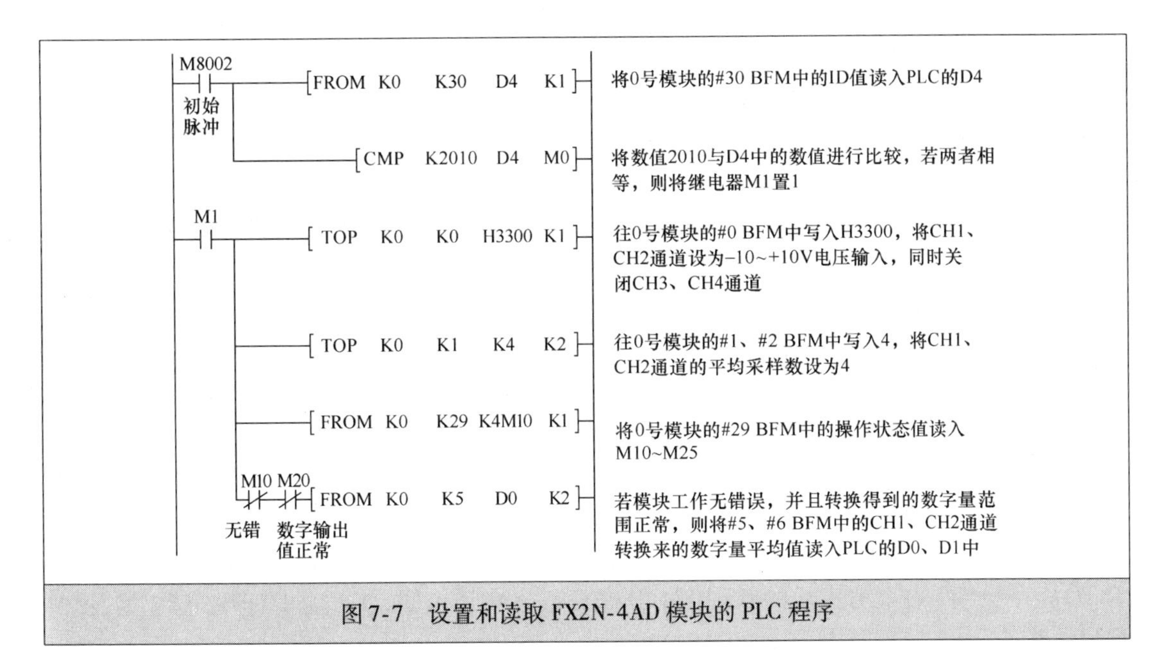

图 7-7 设置和读取 FX2N-4AD 模块的 PLC 程序

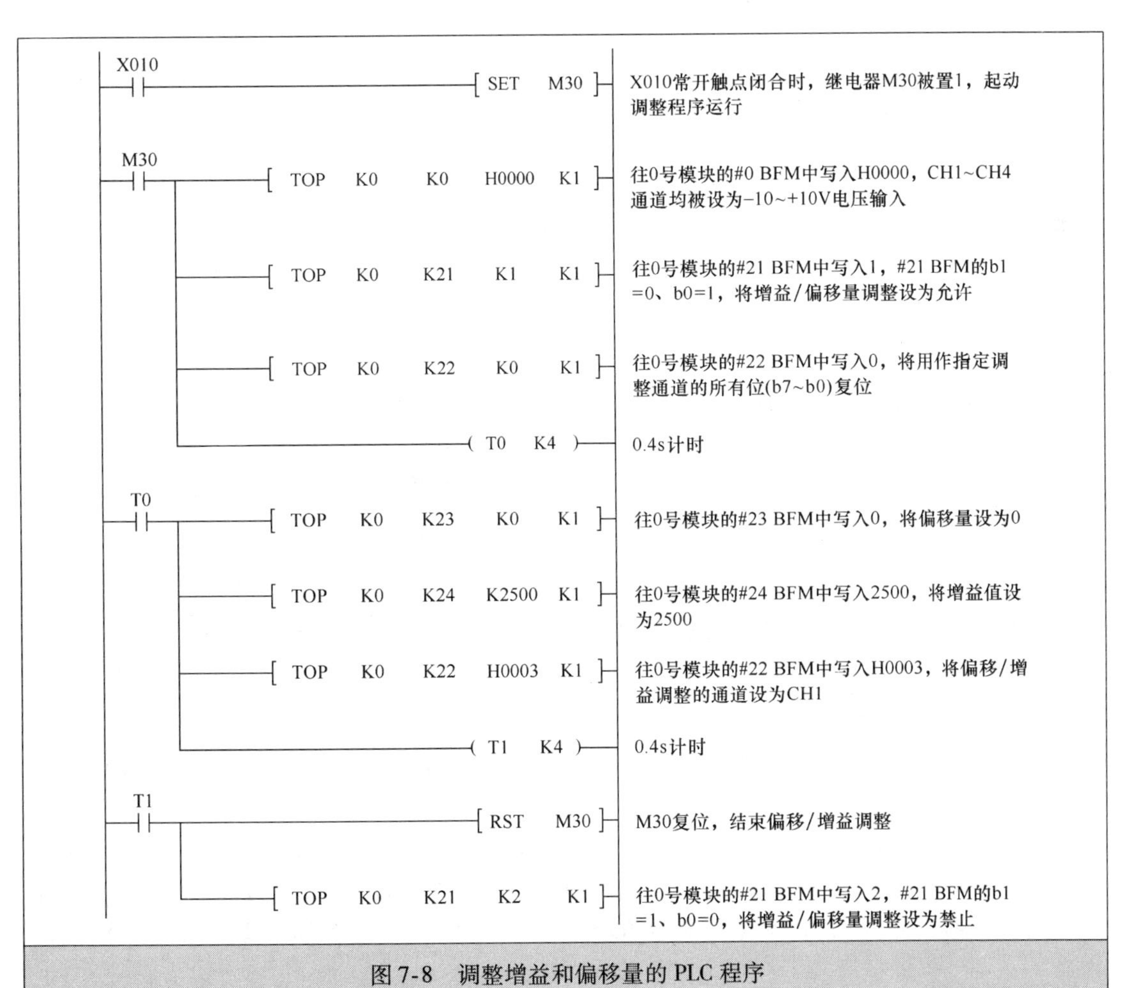

图 7-8 调整增益和偏移量的 PLC 程序

当按下 PLC X010 端子外接开关时，程序中的 X010 常开触点闭合，“SET M30”指令执行，继电器 M30 被置 1，M30 常开触点闭合，三个 TO 指令从上往下执行，第一个 TO 指令执行时，PLC 往 0 号模块的#0 BFM 中写入 H0000，CH1 ~ CH4 通道均被设为 -10 ~ +10V 电压输入，第二个 TO 指令执行时，PLC 往 0 号模块的#21 BFM 中写入 1，#21 BFM 的 b1 =0、b0 =1，允许增益/偏移量调整，第三个 TO 指令执行时，往 0 号模块的#22 BFM 中写入 0，将用作指定调整通道的所有位（b7 ~ b0）复位，然后定时器 T0 开始 0.4s 计时。

0.4s 后，T0 常开触点闭合，又有三个 TO 指令从上往下执行，第一个 TO 指令执行时，PLC 往 0 号模块的#23 BFM 中写入 0，将偏移量设为 0，第二个 TO 指令执行时，PLC 往 0 号模块的#24 BFM 中写入 2500，将增益值设为 2500，第三个 TO 指令执行时，PLC 往 0 号模块的#22 BFM 中写入 H0003，将偏移/增益调整的通道设为 CH1，然后定时器 T1 开始 0.4s 计时。

0.4s 后，T1 常开触点闭合，首先 RST 指令执行，M30 复位，结束偏移/增益调整，接着 TO 指令执行，往 0 号模块的#21 BFM 中写入 2，#21 BFM 的 b1 =1、b0 =0，禁止增益/偏移量调整。

7.2 模拟量输出模块 FX2N-4DA

模拟量输出模块简称 DA 模块，其功能是将模块内部特定 BFM（缓冲存储器）中的数字量转换成模拟量输出。三菱 FX 系列常用 DA 模块有 FX2N-2DA 和 FX2N-4DA，本节以 FX2N-4DA 模块为例来介绍模拟量输出模块。

7.2.1 外形

模拟量输出模块 FX2N-4DA 的实物外形如图 7-9 所示。

图 7-9 模拟量输出模块 FX2N-4DA 的实物外形

7.2.2 接线

FX2N-4DA 模块有 CH1 ~ CH4 四个模拟量输出通道，可以将模块内部特定的 BFM 中的数字量（由 PLC 使用 TO 指令写入）转换成模拟量输出。FX2N-4DA 模块的接线方式如图 7-10 所示，每个通道内部电路均相同。

FX2N-4DA 模块的每个通道均可设为电压型模拟量输出或电流型模拟量输出。当某通道设为电压型模拟量输出时，电压输出线接该通道的 V+、VI-端子，可输出 -10 ~ 10V 范围的电压；当某通道设为电流型模拟量输出时，电流输出线接该通道的 I+、VI-端子，可输出 -20 ~ 20mA 范围的电流。

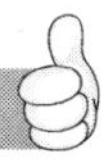

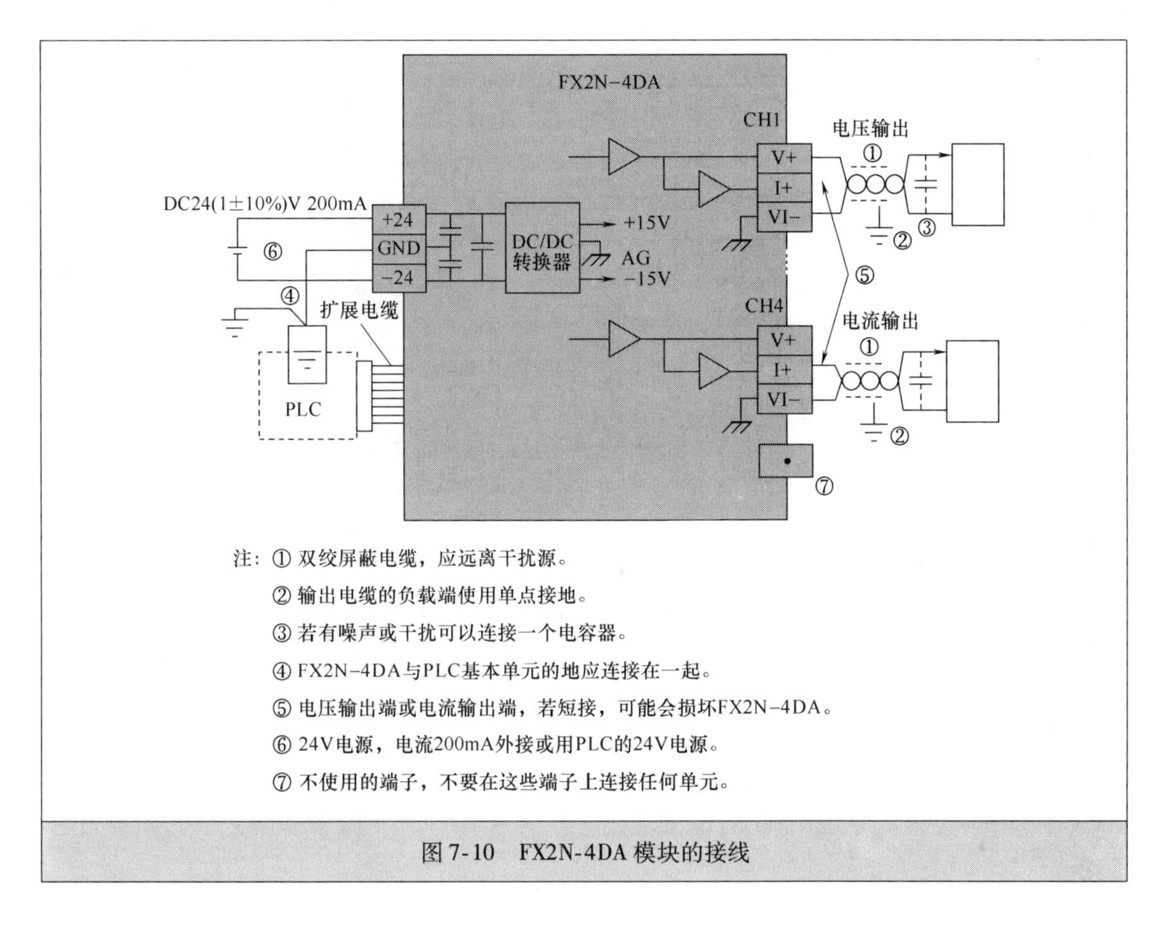

注：① 双绞屏蔽电缆，应远离干扰源。
② 输出电缆的负载端使用单点接地。
③ 若有噪声或干扰可以连接一个电容器。
④ FX2N-4DA与PLC基本单元的地应连接在一起。
⑤ 电压输出端或电流输出端，若短接，可能会损坏FX2N-4DA。
⑥ 24V电源，电流200mA外接或用PLC的24V电源。
⑦ 不使用的端子，不要在这些端子上连接任何单元。

图 7-10　FX2N-4DA 模块的接线

7.2.3　性能指标

FX2N-4DA 模块的性能指标见表 7-4。

表 7-4　FX2N-4DA 模块的性能指标

项　　目	输出电压	输出电流
模拟量输出范围	−10 ~ +10V（外部负载阻抗 2kΩ ~ 1MΩ）	0 ~ 20mA（外部负载阻抗 500Ω）
数字输出	12 位	
分辨率	5mV	20μA
总体精度	±1%（满量程 10V）	±1%（满量程 20mA）
转换速度	4 个通道：2.1ms	
隔离	模数电路之间采用光电隔离	
电源规格	主单元提供 5V/30mA 直流，外部提供 24V/200mA 直流	
适用 PLC	FX2N、FX1N、FX2NC	

7.2.4　输入输出曲线

FX2N-4DA 模块可以将内部 BFM 中的数字量转换成输出电压或输出电流，其转换关系如图 7-11 所示。当某通道设为电压输出时，DA 模块可以将 −2000 ~ +2000 范围的数字量

转换成 -10 ~ +10V 范围的电压输出。

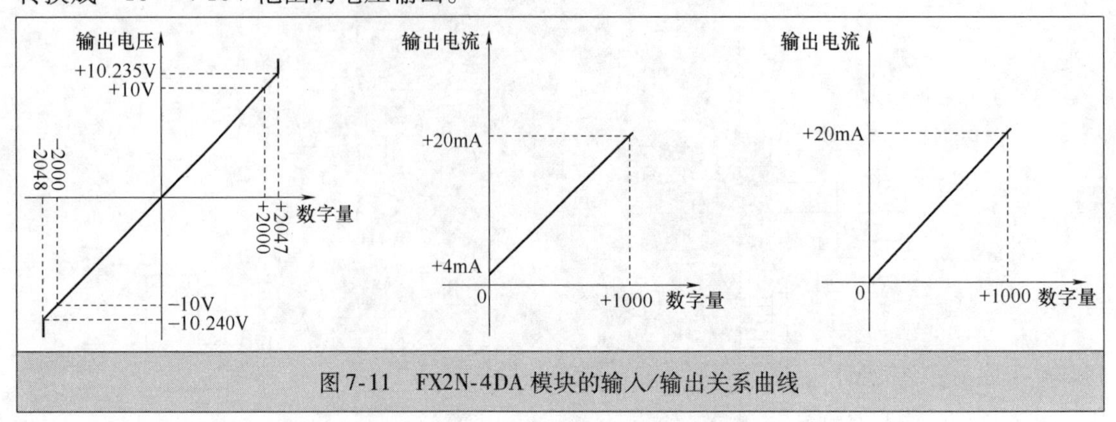

图 7-11　FX2N-4DA 模块的输入/输出关系曲线

7.2.5　增益和偏移说明

与 FX2N-4AD 模块一样，FX2N-4DA 模块也可以调整增益和偏移量。

1. 增益

增益指数字量为 1000 时对应的模拟量输出值。增益说明如图 7-12 所示，以图 a 为例，当 DA 模块某通道设为 -10 ~ +10V 电压输出时，其默认增益值为 5000（即 +5V），数字量 1000 对应的输出电压为 +5V，增益值为 5000 时的输入输出关系如图中 A 线所示，如果将增益值设为 2500，则数字量 1000 对应的输出电压为 +2.5V，其输入输出关系如图中 B 线所示。

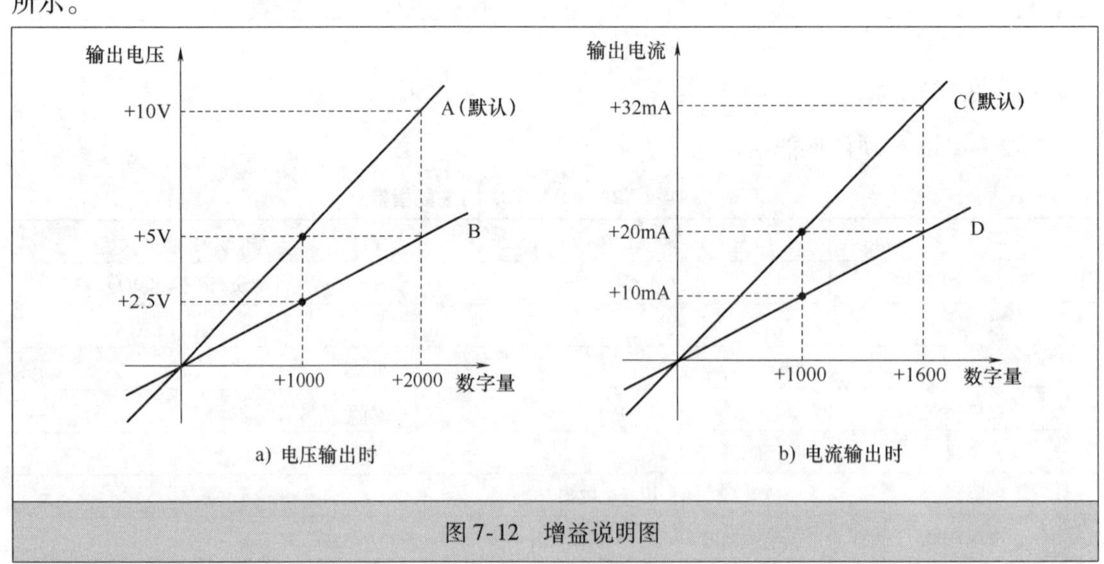

图 7-12　增益说明图

2. 偏移

偏移量指数字量为 0 时对应的模拟量输出值。偏移说明如图 7-13 所示，当 DA 模块某通道设为 -10 ~ +10V 电压输出时，其默认偏移量为 0（即 0V），它能将数字量 0000 转换成 0V 输出，偏移量为 0 时的输入输出关系如图中 F 线所示，如果将偏移量设为 -5000（即 -5V），它能将数字量 0000 转换成 -5V 电压输出，偏移量为 -5V 时的输入输出关系如图中

E 线所示。

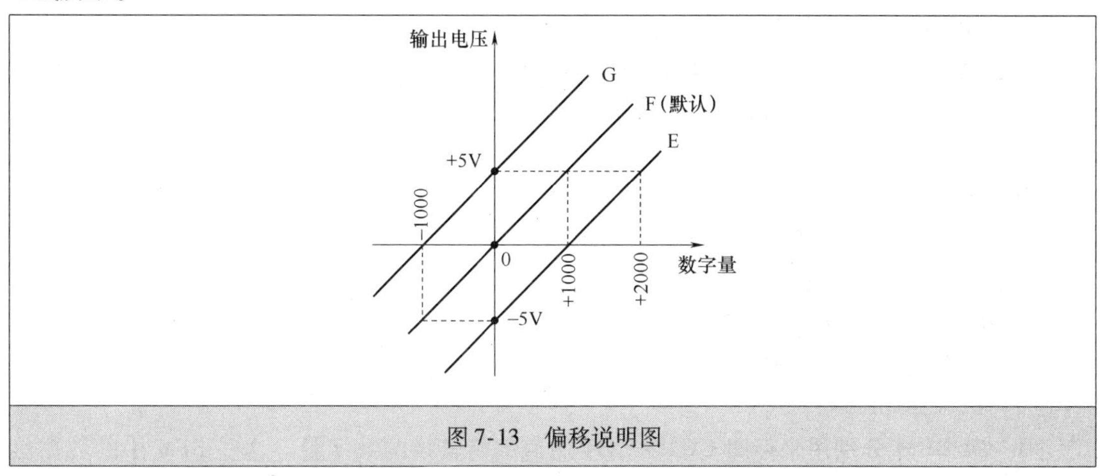

图 7-13　偏移说明图

7.2.6　缓冲存储器（BFM）功能说明

FX2N-4DA 模块内部也有 32 个 16 位 BFM（缓冲存储器），这些 BFM 的编号为#0 ~ #31，FX2N-4DA 模块的各个 BFM 功能见表 7-5。

表 7-5　FX2N-4DA 模块的 BFM 功能表

BFM	内　　容
#0	输出模式选择，出厂设置 H0000
#1	CH1、CH2、CH3、CH4 待转换的数字量
#2	
#3	
#4	
#5	数据保持模式，出厂设置 H0000
#6 ~ #7	保留
#8	CH1、CH2 偏移/增益设定命令，出厂设置 H0000
#9	CH3、CH4 偏移/增益设定命令，出厂设置 H0000
#10	，CH1 偏移数据
#11	: CH1 增益数据
#12	，CH2 偏移数据
#13	: CH2 增益数据
#14	，CH3 偏移数据
#15	: CH3 增益数据
#16	，CH4 偏移数据
#17	: CH4 增益数据
#18 ~ #19	保留
#20	初始化，初始值 =0
#21	禁止调整 I/O 特性（初始值 =1）
#22 ~ #28	保留
#29	错误状态
#30	K3020 识别码
#31	保留

下面对表7-5中BFM功能作进一步的说明。

（1）#0 BFM

#0 BFM用来设置CH1～CH4通道的模拟量输出形式，该BFM中的数据用H□□□□表示，每个□用来设置一个通道，最高位的□设置CH4通道，最低位的□设置CH1通道。

当□=0时，通道设为-10～+10V电压输出。

当□=1时，通道设为+4～+20mA电流输出。

当□=2时，通道设为0～+20mA电流输出。

当□=3时，通道关闭，无输出。

例如#0 BFM中的值为H3310时，CH1通道设为-10～+10V电压输出，CH2通道设为+4～+20mA电流输出，CH3、CH4通道关闭。

（2）#1～#4 BFM

#1～#4 BFM分别用来存储CH1～CH4通道的待转换的数字量。这些BFM中的数据由PLC用TO指令写入。

（3）#5 BFM

#5 BFM用来设置CH1～CH4通道在PLC由RUN→STOP时的输出数据保持模式。当某位为0时，RUN模式下对应通道最后输出值将被保持输出，当某位为1时，对应通道最后输出值为偏移值。

例如#5 BFM=H0011，CH1、CH2通道输出变为偏移值，CH3、CH4通道输出值保持为RUN模式下的最后输出值不变。

（4）#8、#9 BFM

#8 BFM用来允许/禁止调整CH1、CH2通道增益和偏移量。#8 BFM的数据格式为H G_2O_2 G_1O_1，当某位为0时，表示禁止调整，为1时允许调整，#10～#13 BFM中设定CH1、CH2通道的增益或偏移值才有效。

#9 BFM用来允许/禁止调整CH3、CH4通道增益和偏移量。#9 BFM的数据格式为H G_4O_4 G_3O_3，当某位为0时，表示禁止调整，为1时允许调整，#14～#17 BFM中设定CH3、CH4通道的增益或偏移值才有效。

（5）#10～#17 BFM

#10、#11 BFM用来保存CH1通道的偏移值和增益值，#12、#13 BFM用来保存CH2通道的偏移值和增益值，#14、#15 BFM用来保存CH3通道的偏移值和增益值，#16、#17 BFM用来保存CH4通道的偏移值和增益值。

（6）#20 BFM

#20 BFM用来初始化所有BFM。当#20 BFM=1时，所有BFM中的值都恢复到出厂设定值，当设置出现错误时，常将#20 BFM设为1来恢复到初始状态。

（7）#21 BFM

#21 BFM用来禁止/允许I/O特性（增益和偏移值）调整。当#21 BFM=1时，允许增益和偏移值调整，当#21 BFM=2时，禁止增益和偏移值调整。

（8）#29 BFM

#29 BFM以位的状态来反映模块的错误信息。#29 BFM各位错误定义见表7-6，例如#29 BFM的b2位为ON（即1）时，表示模块的DC24V电源出现故障。

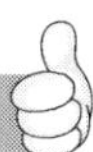

表 7-6 #29 BFM 各位错误定义

#29 BFM 的位	名 称	ON（1）	OFF（0）
b0	错误	b1～b4 任何一位为 ON	错误无错
b1	O/G 错误	EEPROM 中的偏移/增益数据不正常或者发生设置错误	偏移/增益数据正常
b2	电源错误	24V DC 电源故障	电源正常
b3	硬件错误	D-A 转换器故障或者其他硬件故障	没有硬件缺陷
b10	范围错误	数字输入或模拟输出值超出指定范围	输入或输出值在规定范围内
b12	G/O 调整禁止状态	BFM #21 没有设为“1”	可调整状态（BFM #21 =1）

注：位 b4～b9，b11，b13～b15 未定义。

（9）#30 BFM

#30 BFM 存放 FX2N-4DA 模块的 ID 号（身份标识号码），FX2N-4DA 模块的 ID 号为 3020，PLC 通过读取#30 BFM 中的值来判别该模块是否为 FX2N-4DA 模块。

7.2.7 实例程序

在使用 FX2N-4DA 模块时，除了要对模块进行硬件连接外，还需给 PLC 编写有关的程序，用来设置模块的工作参数和写入需转换的数字量及读取模块的操作状态。

1. 基本使用程序

图 7-14 所示程序用来设置 DA 模块的基本工作参数，并将 PLC 中的数据送入 DA 模块，让它转换成模拟量输出。

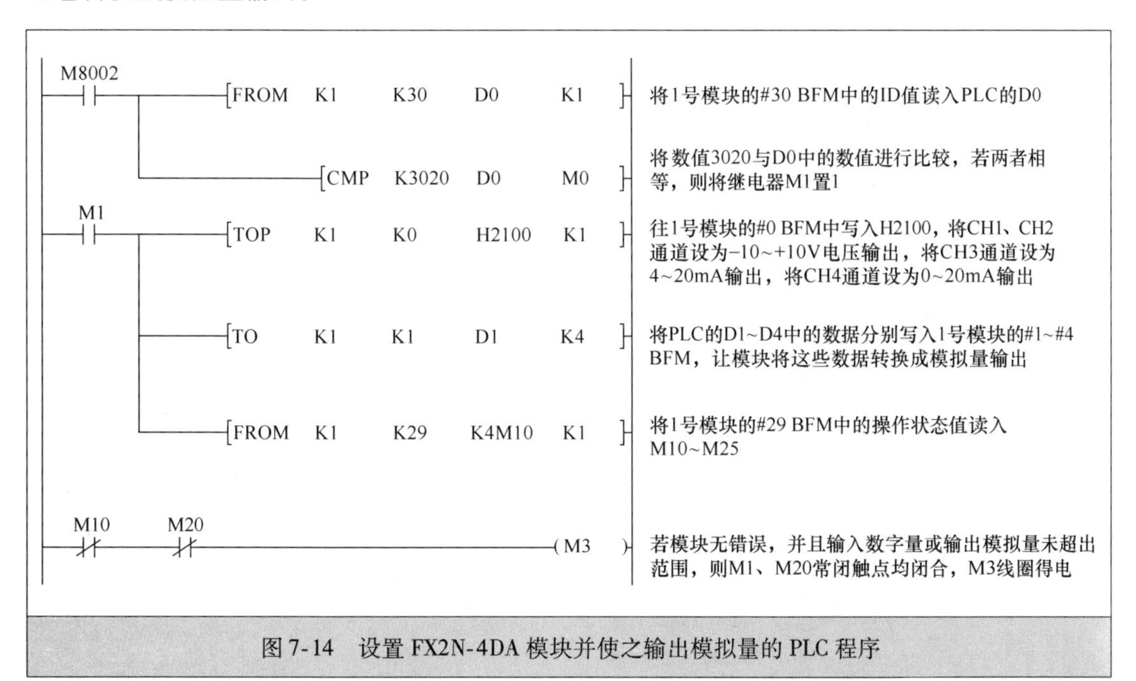

图 7-14 设置 FX2N-4DA 模块并使之输出模拟量的 PLC 程序

程序工作原理说明如下：

当PLC运行开始时，M8002触点接通一个扫描周期，首先FROM指令执行，将1号模块#30 BFM中的ID值读入PLC的数据存储器D0，然后CMP指令（比较指令）执行，将D0中的数值与数值3020进行比较，若两者相等，表明当前模块为FX2N-4DA模块，则将辅助继电器M1置1。M1常开触点闭合，从上往下执行TO、FROM指令，第一个TO指令（TOP为脉冲型TO指令）执行，让PLC往1号模块的#0 BFM中写入H2100，将CH1、CH2通道设为-10~+10V电压输出，将CH3通道设为4~20mA输出，将CH4通道设为0~20mA输出，然后第二个TO指令执行，将PLC的D1~D4中的数据分别写入1号模块的#1~#4 BFM中，让模块将这些数据转换成模拟量输出，接着FROM指令执行，将1号模块的#29 BFM中的操作状态值读入PLC的M10~M25，若模块工作无错误，并且输入数字量或输出模拟量范围正常，则M10继电器为0，M10常闭触点闭合，M20继电器也为0，M20常闭触点闭合，M3线圈得电为1。

2. 增益和偏移量的调整程序

如果在使用FX2N-4DA模块时需要调整增益和偏移量，可以在图7-14所示程序之后增加图7-15所示的程序，当PLC的X011端子外接开关闭合时，可启动该程序的运行。程序工作原理说明如下：

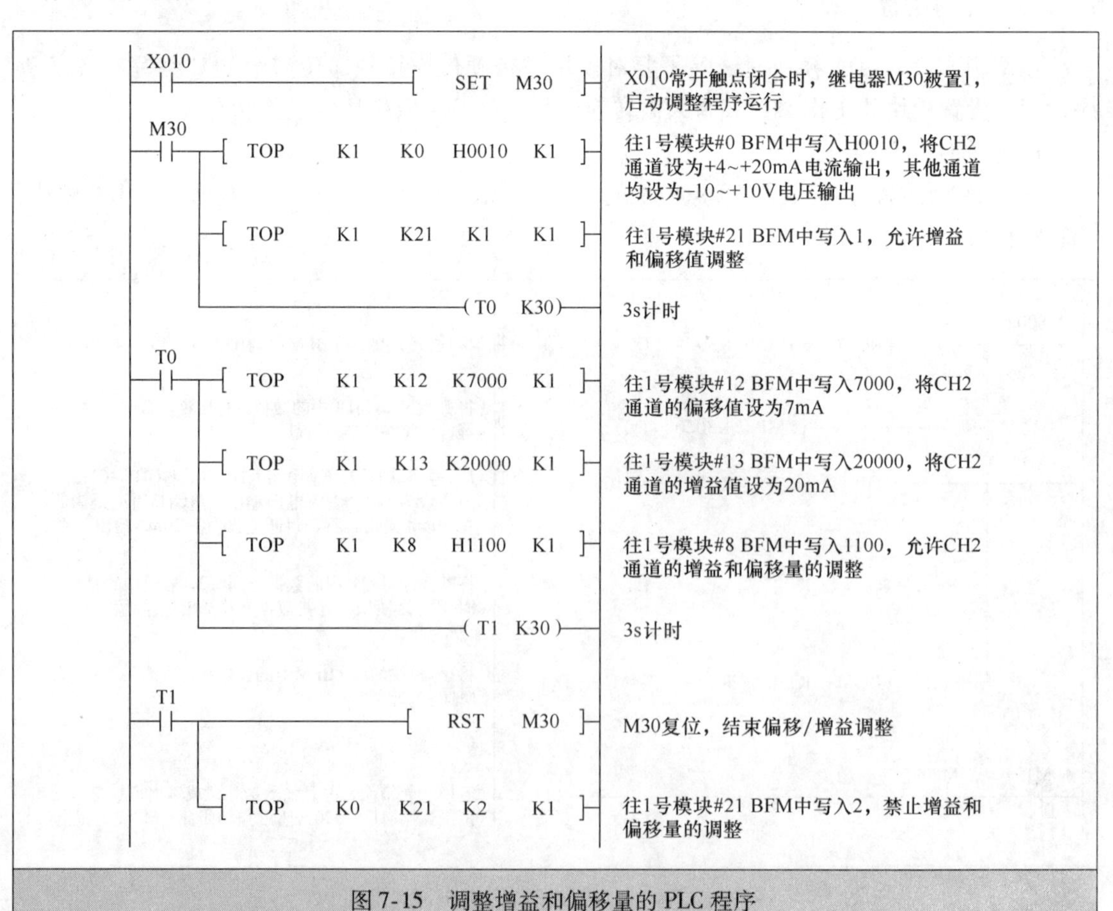

图7-15 调整增益和偏移量的PLC程序

当按下 PLC X010 端子外接开关时，程序中的 X010 常开触点闭合，“SET M30”指令执行，继电器 M30 被置 1，M30 常开触点闭合，两个 TO 指令从上往下执行，第一个 TO 指令执行时，PLC 往 1 号模块的#0 BFM 中写入 H0010，将 CH2 通道设为 +4 ~ +20mA 电流输出，其他均设为 -10 ~ +10V 电压输出，第二个 TO 指令执行时，PLC 往 1 号模块的#21 BFM 中写入 1，允许增益/偏移量调整，然后定时器 T0 开始 3s 计时。

3s 后，T0 常开触点闭合，三个 TO 指令从上往下执行，第一个 TO 指令执行时，PLC 往 1 号模块的#12 BFM 中写入 7000，将偏移量设为 7mA，第二个 TO 指令执行时，PLC 往 1 号模块的#13 BFM 中写入 20000，将增益值设为 20mA，第三个 TO 指令执行时，PLC 往 1 号模块的#8 BFM 中写入 H1100，允许 CH2 通道的偏移/增益调整，然后定时器 T1 开始 3s 计时。

3s 后，T1 常开触点闭合，首先 RST 指令执行，M30 复位，结束偏移/增益调整，接着 TO 指令执行，往 1 号模块的#21 BFM 中写入 2，禁止增益/偏移量调整。

7.3　温度模拟量输入模块 FX2N-4AD-PT

温度模拟量输入模块的功能是将温度传感器送来的反映温度高低的模拟量转换成数字量。三菱 FX 系列常用温度模拟量模块有 FX2N-4AD-PT 型和 FX2N-4AD-TC 型，两者最大区别在于前者连接 PT100 型温度传感器，而后者使用热电偶型温度传感器。本节以 FX2N-4AD-PT 型模块为例来介绍温度模拟量输入模块。

7.3.1　外形

FX2N-4AD-PT 型温度模拟量输入模块的实物外形如图 7-16 所示。

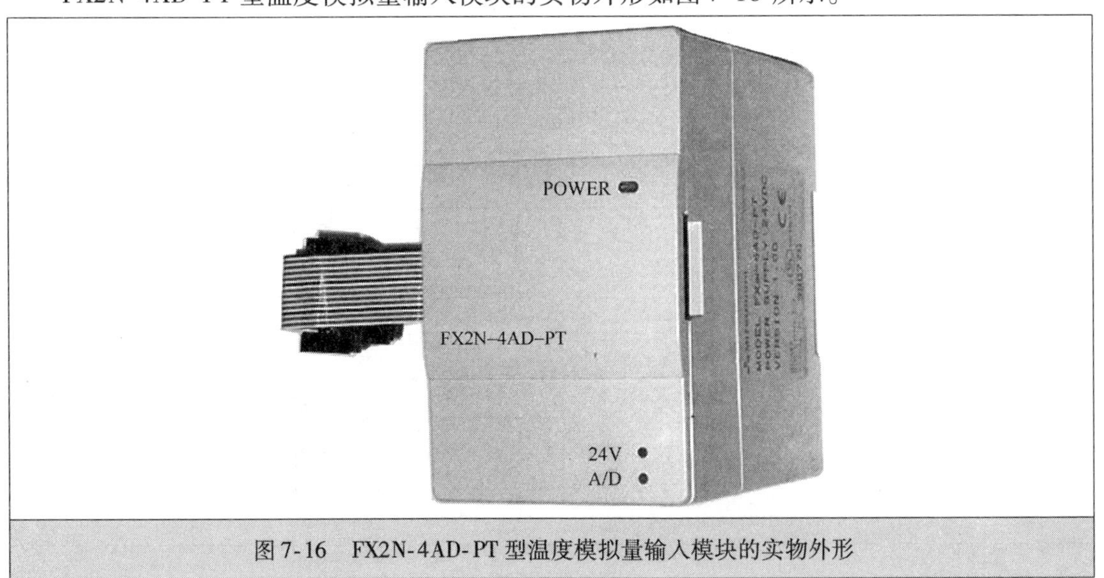

图 7-16　FX2N-4AD-PT 型温度模拟量输入模块的实物外形

7.3.2　PT100 型温度传感器与模块的接线

1. PT100 型温度传感器

PT100 型温度传感器的核心是铂热电阻，其电阻会随着温度的变化而改变。PT 后面的

“100”表示其阻值在0℃时为100Ω，当温度升高时其阻值线性增大，在100℃时阻值约为138.5Ω。PT100型温度传感器的外形和温度-电阻曲线如图7-17所示。

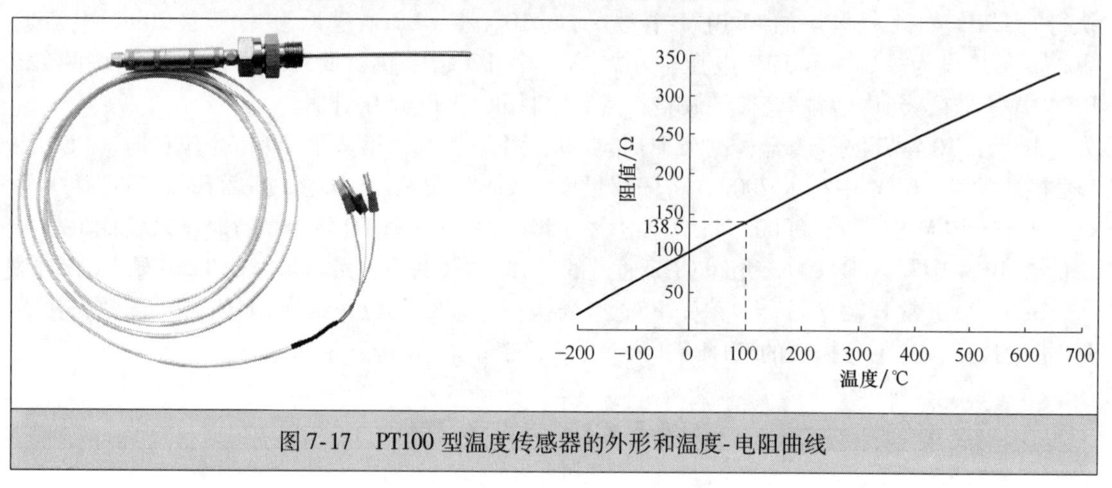

图7-17　PT100型温度传感器的外形和温度-电阻曲线

2. 模块的接线

FX2N-4AD-PT模块有CH1～CH4四个温度模拟量输入通道，可以同时将4路PT100型温度传感器送来的模拟量转换成数字量，存入模块内部相应的缓冲存储器（BFM）中，PLC可使用FROM指令读取这些存储器中的数字量。FX2N-4AD-PT模块接线方式如图7-18所示，每个通道内部电路均相同。

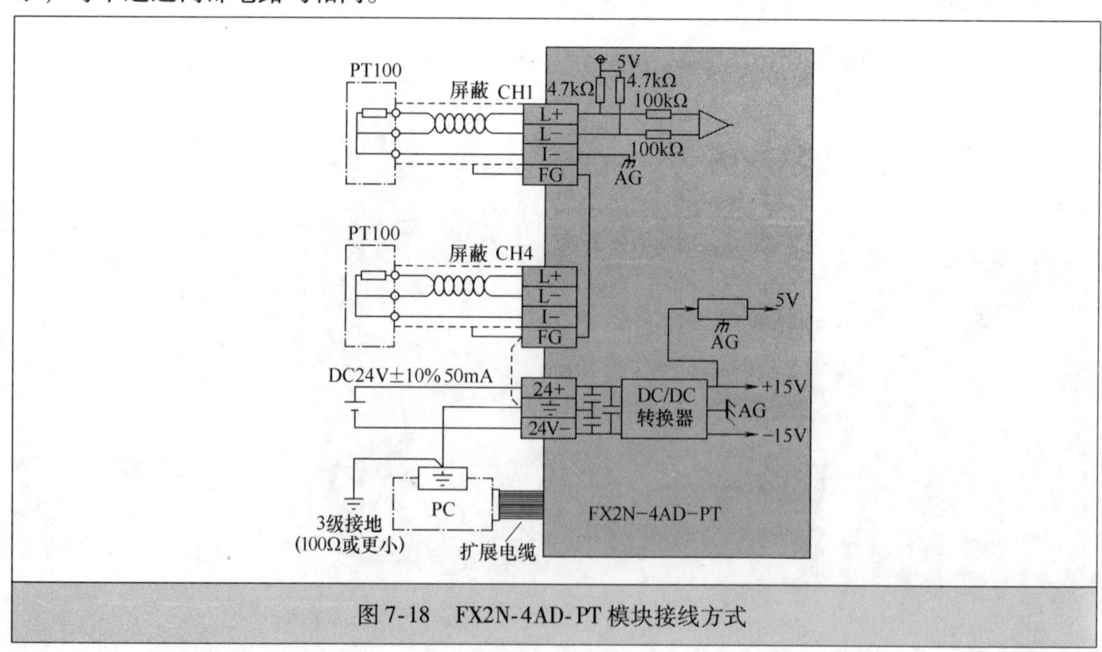

图7-18　FX2N-4AD-PT模块接线方式

7.3.3　性能指标

FX2N-4AD-PT模块的性能指标见表7-7。

表 7-7　FX2N-4AD-PT 模块的性能指标

项　　目	摄　氏　度	华　氏　度
	通过读取适当的缓冲区，可以得到℃和℉两种可读数据	
模拟输入信号	铂温度 PT100 传感器（100Ω），3 线，4 通道（CH1，CH2，CH3，CH4）	
传感器电流	1mA 传感器：100Ω PT100	
补偿范围	-100 ~ +600℃	-148 ~ +1112℉
数字输出	-1000 ~ 6000	-1480 ~ +11120
	12 位转换 11 数据位 +1 符号位	
最小可测温度	0.2 ~ 0.3℃	0.36 ~ 0.54℉
总精度	全范围的 ±1%（补偿范围）	
转换速度	4 通道 15ms	
适用的 PLC 型号	FX1N/FX2N/FX2NC	

7.3.4　输入输出曲线

FX2N-4AD-PT 模块可以将 PT100 型温度传感器送来的反映温度高低的模拟量转换成数字量，其温度/数字量转换关系如图 7-19 所示。

FX2N-4AD-PT 模块可接受摄氏温度（℃）和华氏温度（°F）。**对于摄氏温度，水的冰点时温度定为 0℃，沸点为 100℃，对于华氏温度，水的冰点温度定为 32°F，沸点为 212°F，**摄氏温度与华氏温度的换算关系式为

$$℃ = 5/9 \times (℉ - 32)$$

$$℉ = 9/5 \times ℃ + 32$$

图 7-19a 为摄氏温度与数字量转换关系，当温度为 +600℃ 时，转换成的数字量为 +6000；图 7-19b 为华氏温度与数字量转换关系，当温度为 +1112°F 时，转换成的数字量为 +11120。

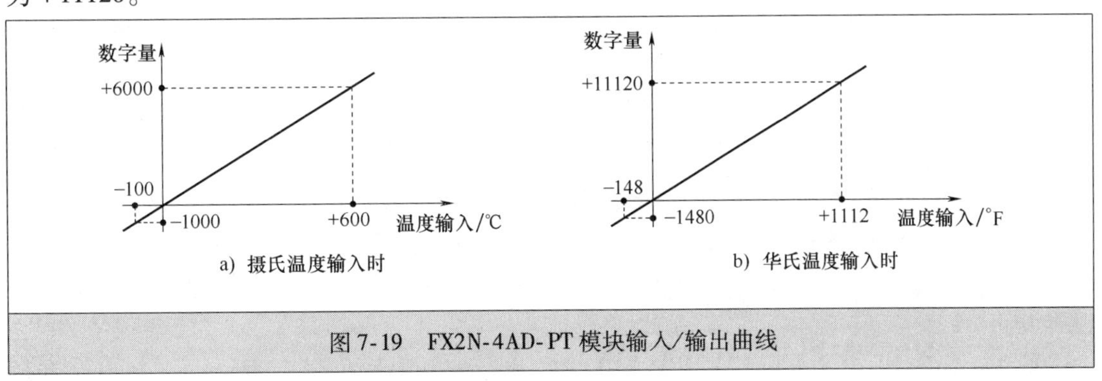

图 7-19　FX2N-4AD-PT 模块输入/输出曲线

7.3.5　缓冲存储器（BFM）功能说明

FX2N-4AD-PT 模块的各个 BFM 功能见表 7-8。

表 7-8　FX2N-4AD-PT 模块的 BFM 功能表

BFM 编号	内　容	BFM 编号	内　容
#1 ~ #4	CH1 ~ CH4 的平均采样次数（1 ~4096）默认值 =8	#21 ~ #27	保留
#5 ~ #8	CH1 ~ CH4 在 0.1℃单位下的平均温度	#28	数字范围错误锁存
#9 ~ #12	CH1 ~ CH4 在 0.1℃单位下的当前温度	#29	错误状态
#13 ~ #16	CH1 ~ CH4 在 0.1℉①单位下的平均温度	#30	识别码 K2040
#17 ~ #20	CH1 ~ CH4 在 0.1℉单位下的当前温度	#31	保留

① T ℉ =1.8t℃ +32。

下面对表 7-8 中 BFM 功能作进一步的说明。

（1）#1 ~ #4 BFM

#1 ~ #4 BFM 分别用来设置 CH1 ~ CH4 通道的平均采样次数，例如#1 BFM 中的次数设为 3 时，CH1 通道需要对输入的模拟量转换 3 次，再将得到的 3 个数字量取平均值，数字量平均值存入#5 BFM 中。#1 ~ #4 BFM 中的平均采样次数越大，得到平均值的时间越长，如果输入的模拟量变化较快，平均采样次数值应设小一些。

（2）#5 ~ #8 BFM

#5 ~ #8 BFM 分别用来存储 CH1 ~ CH4 通道的摄氏温度数字量平均值。

（3）#9 ~ #12 BFM

#9 ~ #12 BFM 分别用来存储 CH1 ~ CH4 通道在当前扫描周期转换来的摄氏温度数字量。

（4）#13 ~ #16 BFM

#13 ~ #16 BFM 分别用来存储 CH1 ~ CH4 通道的华氏温度数字量平均值。

（5）#17 ~ #20 BFM

#17 ~ #20 BFM 分别用来存储 CH1 ~ CH4 通道在当前扫描周期转换来的华氏温度数字量。

（6）#28 BFM

#28 BFM 以位状态来反映 CH1 ~ CH4 通道的数字量范围是否在允许范围内。#28 BFM 的位定义如下：

<table>
<tr><th>b15 ~ b8</th><th>b7</th><th>b6</th><th>b5</th><th>b4</th><th>b3</th><th>b2</th><th>b1</th><th>b0</th></tr>
<tr><td rowspan="2">未用</td><td>高</td><td>低</td><td>高</td><td>低</td><td>高</td><td>低</td><td>高</td><td>低</td></tr>
<tr><td colspan="2">CH4</td><td colspan="2">CH3</td><td colspan="2">CH2</td><td colspan="2">CH1</td></tr>
</table>

当某通道对应的高位为 1 时，表明温度数字量高于最高极限值或温度传感器开路，低位为 1 时则说明温度数字量低于最低极限值，为 0 表明数字量范围正常。例如#28 BFM 的 b7、b6 分别为 1、0，则表明 CH4 通道的数字量高于最高极限值，也可能是该通道外接的温度传感器开路。

FX2N-4AD-PT 模块采用#29 BFM b10 位的状态来反映数字量是否错误（超出允许范围），更具体的错误信息由#28 BFM 的位来反映。#28 BFM 的位指示出错后，即使数字量又恢复到正常范围，位状态也不会复位，需要用 TO 指令写入 0 或关闭电源进行错误复位。

（7）#29 BFM

#29 BFM 以位的状态来反映模块的错误信息。#29 BFM 各位错误定义见表 7-9。

表 7-9 #29 BFM 各位错误定义

#29 BFM 的位	ON（1）	OFF（0）
b0：错误	如果 b1 ~ b3 中任何一个为 ON，出错通道的 A-D 转换停止	无错误
b1：保留	保留	保留
b2：电源故障	24V DC 电源故障	电源正常
b3：硬件错误	A-D 转换器或其他硬件故障	硬件正常
b4 ~ b9：保留	保留	保留
b10：数字范围错误	数字输出/模拟输入值超出指定范围	数字输出值正常
b11：平均错误	所选平均结果的数值超出可用范围。参考 BFM #1 ~ #4	平均正常（在 1 ~ 4096 之间）
b12 ~ b15：保留	保留	保留

（8）#30 BFM

#30 BFM 存放 FX2N-4AD-PT 模块的 ID 号（身份标识号码），FX2N-4AD-PT 模块的 ID 号为 2040， PLC 通过读取#30 BFM 中的值来判别该模块是否为 FX2N-4AD-PT 模块。

7.3.6 实例程序

图 7-20 是设置和读取 FX2N-4AD-PT 模块的 PLC 程序。

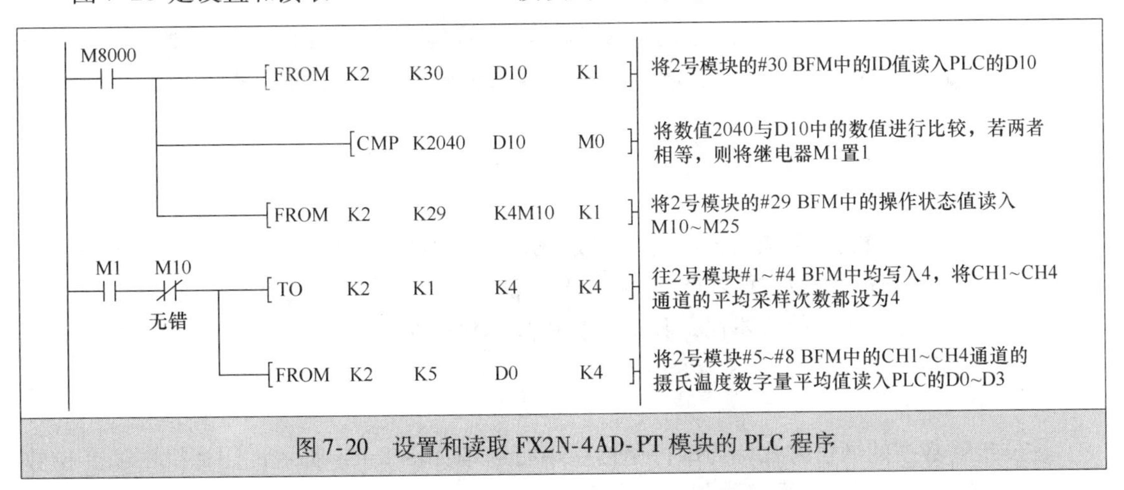

图 7-20 设置和读取 FX2N-4AD-PT 模块的 PLC 程序

程序工作原理说明如下：

当 PLC 运行开始时，M8000 触点始终闭合，首先 FROM 指令执行，将 2 号模块#30 BFM 中的 ID 值读入 PLC 的数据存储器 D10，然后执行 CMP（比较）指令，将 D10 中的数值与数值 2040 进行比较，若两者相等，表明当前模块为 FX2N-4AD-PT 模块，则将辅助继电器 M1 置 1，接着又执行 FROM 指令，将 2 号模块的#29 BFM 中的操作状态值读入 PLC 的 M10 ~ M25。

如果 2 号模块为 FX2N-4AD-PT 模块，并且模块工作无错误码，M1 常开触点闭合，M10 常闭触点闭合，TO、FROM 指令先后执行，在执行 TO 指令时，往 2 号模块#1 ~ #4 BFM 中均写入 4，将 CH1 ~ CH4 通道的平均采样次数都设为 4，在执行 FROM 指令时，将 2 号模块#5 ~ #8 BFM 中的 CH1 ~ CH4 通道的摄氏温度数字量平均值读入 PLC 的 D0 ~ D3。

第8章 PLC通信

8.1 通信基础知识

通信是指一地与另一地之间的信息传递。PLC 通信是指 PLC 与计算机、PLC 与 PLC、PLC 与人机界面（触摸屏）和 PLC 与其他智能设备之间的数据传递。

8.1.1 通信方式

1. 有线通信和无线通信

有线通信是指以导线、电缆、光缆、纳米材料等看得见的材料为传输媒质的通信。无线通信是指以看不见的材料（如电磁波）为传输媒质的通信，常见的无线通信有微波通信、短波通信、移动通信和卫星通信等。

2. 并行通信和串行通信

（1）并行通信

同时传输多位数据的通信方式称为并行通信。并行通信如图 8-1a 所示，计算机中的 8 位数据 10011101 通过 8 条数据线同时送到外部设备中。并行通信的特点是数据传输速度快，它由于需要的传输线多，故成本高，只适合近距离的数据通信。PLC 主机与扩展模块之间通常采用并行通信。

（2）串行通信

逐位传输数据的通信方式称为串行通信。串行通信如图 8-1b 所示，计算机中的 8 位数据 10011101 通过一条数据线逐位传送到外部设备中。串行通信的特点是数据传输速度慢，但由于只需要一条传输线，故成本低，适合远距离的数据通信。PLC 与计算机、PLC 与 PLC、PLC 与人机界面之间通常采用串行通信。

3. 异步通信和同步通信

串行通信又可分为异步通信和同步通信。PLC 与其他设备通信主要采用串行异步通信方式。

（1）异步通信

在异步通信中，数据是一帧一帧地传送的。异步通信如图 8-2 所示，这种通信是以帧为单位进行数据传输，一帧数据传送完成后，可以接着传送下一帧数据，也可以等待，等待期间为空闲位（高电平）。

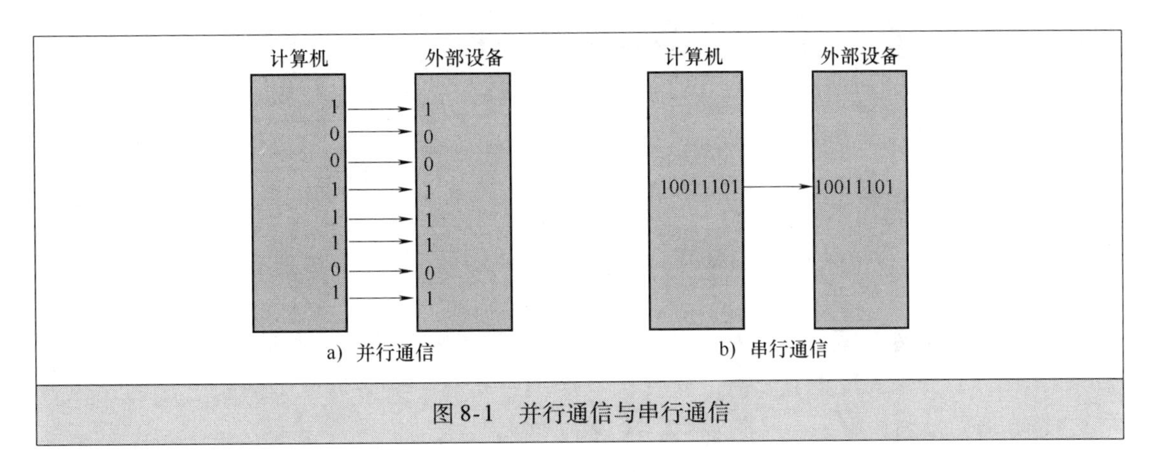

图 8-1 并行通信与串行通信

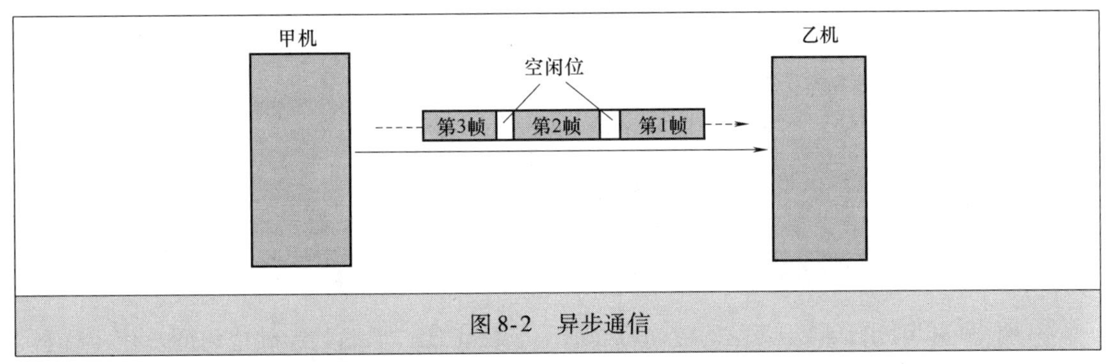

图 8-2 异步通信

串行通信时，数据是以帧为单位传送的，帧数据有一定的格式。帧数据格式如图 8-3 所示，从图中可以看出，**一帧数据由起始位、数据位、奇偶校验位和停止位组成。**

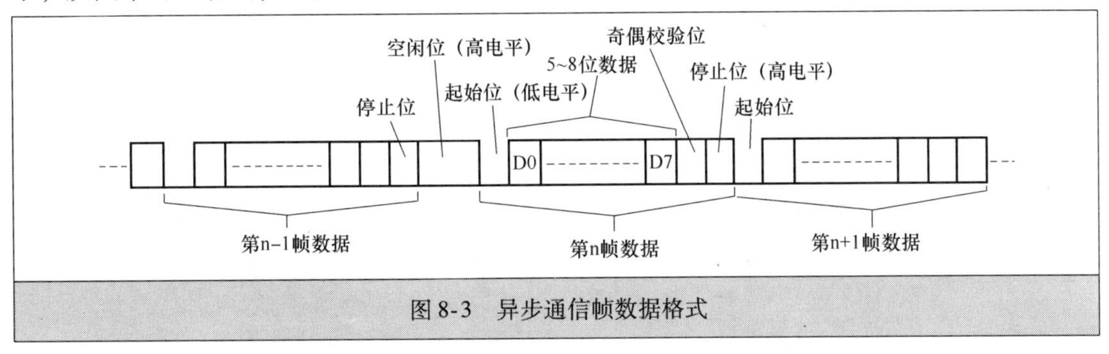

图 8-3 异步通信帧数据格式

起始位：表示一帧数据的开始，起始位一定为低电平。当甲机要发送数据时，先送一个低电平（起始位）到乙机，乙机接收到起始信号后，马上开始接收数据。

数据位：它是要传送的数据，紧跟在起始位后面。数据位的数据为 5 ~ 8 位，传送数据时是从低位到高位逐位进行的。

奇偶校验位：该位用于检验传送的数据有无错误。奇偶校验是检查数据传送过程中有无发生错误的一种校验方式，它分为奇校验和偶校验。奇校验是指数据和校验位中 1 的总个数为奇数，偶校验是指数据和校验位中 1 的总个数为偶数。

以奇校验为例，如果发送设备传送的数据中有偶数个 1，为保证数据和校验位中 1 的总个数为奇数，奇偶校验位应为1，如果在传送过程中数据产生错误，其中一个1变为0，那么传送到接收设备的数据和校验位中1的总个数为偶数，外部设备就知道传送过来的数据发生错误，会要求重新传送数据。

数据传送采用奇校验或偶校验均可，但要求发送端和接收端的校验方式一致。在帧数据中，奇偶校验位也可以不用。

停止位：它表示一帧数据的结束。停止位可以是1位、1.5位或2位，但一定为高电平。

一帧数据传送结束后，可以接着传送第二帧数据，也可以等待，等待期间数据线为高电平（空闲位）。如果要传送下一帧，只要让数据线由高电平变为低电平（下一帧起始位开始），接收器就开始接收下一帧数据。

（2）同步通信

在异步通信中，每一帧数据发送前要用起始位，在结束时要用停止位，这样会占用一定的时间，导致数据传输速度较慢。为了提高数据传输速度，在计算机与一些高速设备数据通信时，常采用同步通信。同步通信的数据格式如图8-4所示。

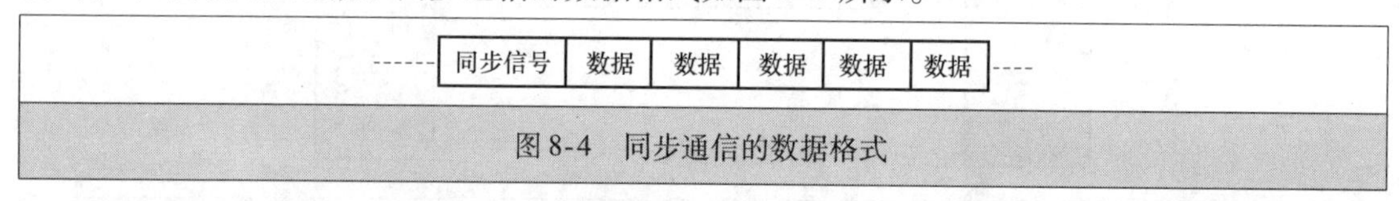

图8-4　同步通信的数据格式

从图中可以看出，同步通信的数据后面取消了停止位，前面的起始位用同步信号代替，在同步信号后面可以跟很多数据，所以同步通信传输速度快，但由于同步通信要求发送端和接收端严格保持同步，这需要用复杂的电路来保证，所以PLC不采用这种通信方式。

4. 单工通信和双工通信

在串行通信中，根据数据的传输方向不同，可分为三种通信方式：单工通信、半双工通信和全双工通信。这3种通信方式如图8-5所示。

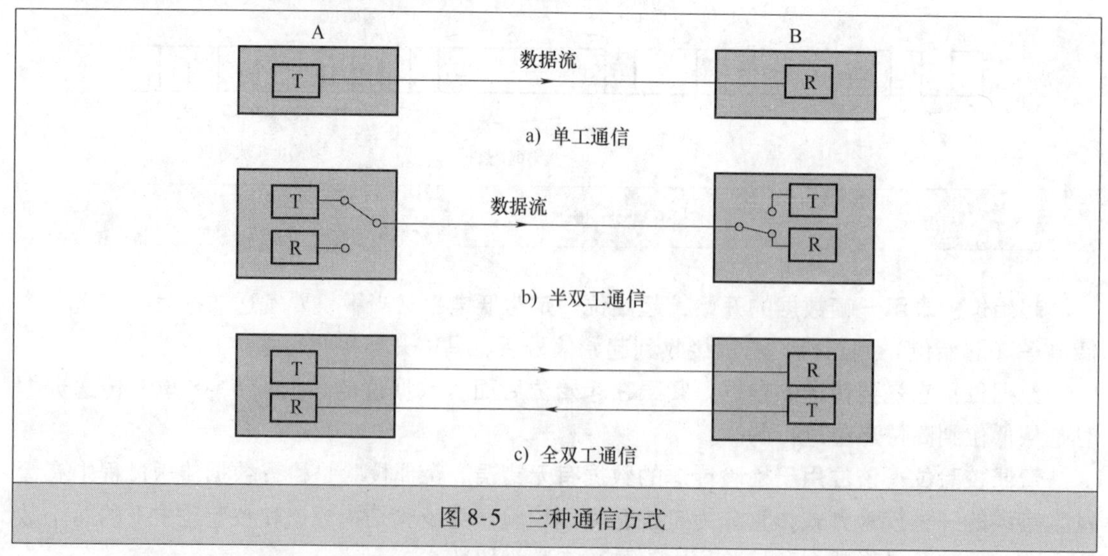

图8-5　三种通信方式

1）单工通信：在这种方式下，数据只能往一个方向传送。单工通信如图8-5a所示，数据只能由发送端（T）传输给接收端（R）。

2）半双工通信：在这种方式下，数据可以双向传送，但同一时间内，只能往一个方向传送，只有一个方向的数据传送完成后，才能往另一个方向传送数据。半双工通信如图8-5b所示，通信的双方都有发送器和接收器，一方发送时，另一方接收，由于只有一条数据线，所以双方不能在发送数据时同时进行接收数据。

3）全双工通信：在这种方式下，数据可以双向传送，通信的双方都有发送器和接收器，由于有两条数据线，所以双方在发送数据的同时可以接收数据。全双工通信如图8-5c所示。

8.1.2　通信传输介质

有线通信的传输介质主要有双绞线、同轴电缆和光缆。这三种通信传输介质如图8-6所示。

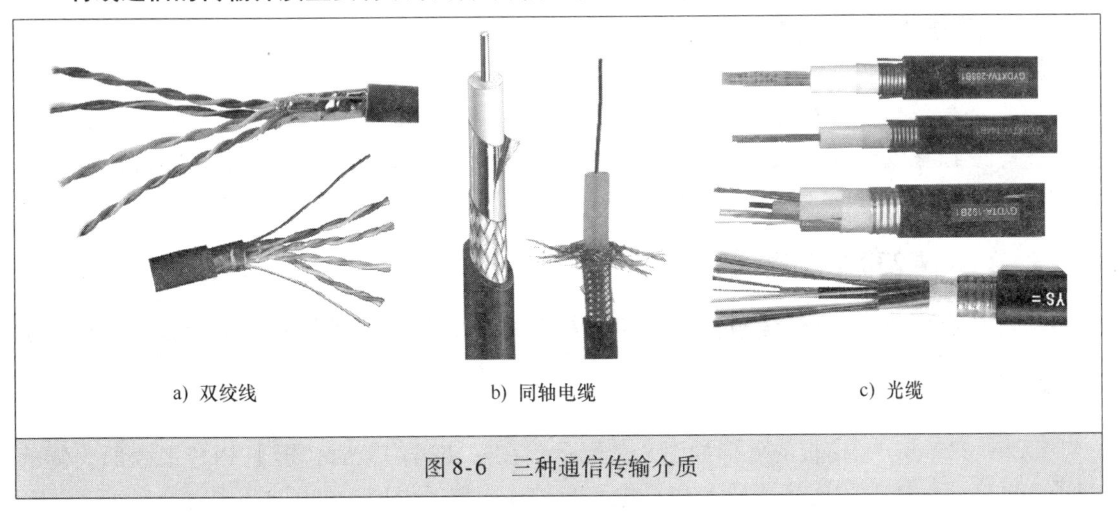

a）双绞线　b）同轴电缆　c）光缆

图8-6　三种通信传输介质

（1）双绞线

双绞线是将两根导线扭绞在一起，以减少电磁波的干扰，如果再加上屏蔽套层，则抗干扰能力更好。双绞线的成本低、安装简单，RS-232C、RS-422和RS-485等接口多用双绞线电缆进行通信连接。

（2）同轴电缆

同轴电缆的结构是从内到外依次为内导体（芯线）、绝缘线、屏蔽层及外保护层。由于从截面看这四层构成了4个同心圆，故称为同轴电缆。根据通频带不同，同轴电缆可分为基带（5052）和宽带（7552）两种，其中基带同轴电缆常用于Ethernet（以太网）中。同轴电缆的传送速率高、传输距离远，但价格较双绞线高。

（3）光缆

光缆是由石英玻璃经特殊工艺拉成细丝结构，这种细丝的直径比头发丝还要细，一般直径在8～95μm（单模光纤）及50/62.5μm（多模光纤，50μm为欧洲标准，62.5μm为美国标准），但它能传输的数据量却是巨大的。

光纤是以光的形式传输信号的，其优点是传输的为数字光脉冲信号，不会受电磁干扰，不怕雷击，不易被窃听，数据传输安全性好，传输距离长，且带宽宽、传输速度快。但由于通信双方发送和接收的都是电信号，因此通信双方都需要价格昂贵的光纤设备进行光电转换，另外光纤连接头的制作与光纤连接需要专门工具和专门的技术人员。

双绞线、同轴电缆和光缆参数特性见表8-1。

表8-1　双绞线、同轴电缆和光缆参数特性

特　性	双　绞　线	同轴电缆		光　缆
		基带（50Ω）	宽带（75Ω）	
传输速率	1～4Mbit/s	1～10Mbit/s	1～450Mbit/s	10～500Mbit/s
网络段最大长度	1.5km	1～3km	10km	50km
抗电磁干扰能力	弱	中	中	强

8.2　通信接口设备

PLC通信接口主要有三种标准：RS-232C、RS-422和RS-485。在PLC和其他设备通信时，应给PLC安装相应接口的通信板或通信模块。三菱FX系列常用的通信板型号有FX2N-232-BD、FX2N-485-BD和FX2N-422-BD。

8.2.1　FX2N-232-BD通信板

利用FX2N-232-BD通信板，PLC可与具有RS-232C接口的设备（如个人计算机、条码阅读器和打印机等）进行通信。

1. 外形与安装

FX2N-232-BD通信板的外形如图8-7所示，在安装通信板时，拆下PLC上表面一侧的盖子，再将通信板上的连接器插入PLC电路板的连接器插槽内，如图8-8所示。

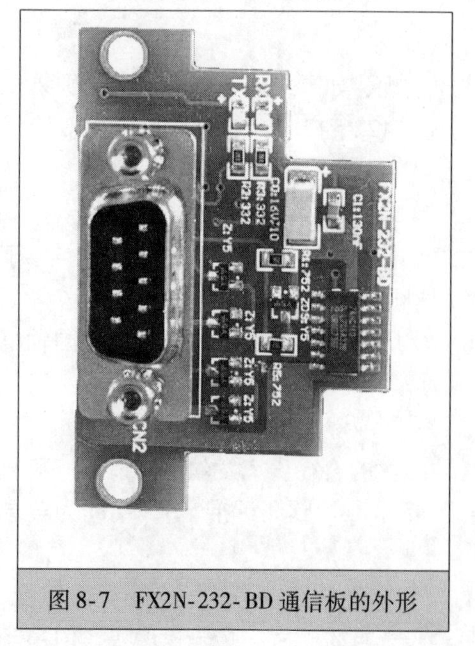

图8-7　FX2N-232-BD通信板的外形

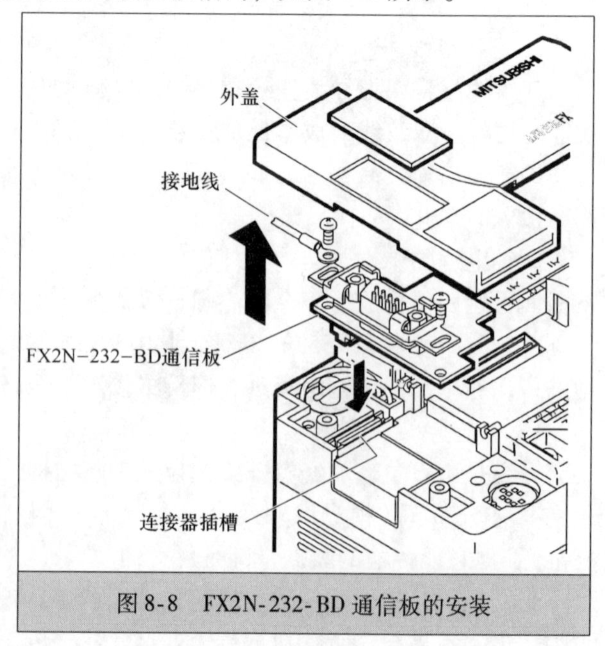

图8-8　FX2N-232-BD通信板的安装

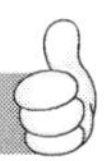

2. RS-232C 接口的电气特性

FX2N-232-BD 通信板上有一个 RS-232C 接口。**RS-232C 接口又称 COM 接口，**是美国 1969 年公布的串行通信接口，至今在计算机和 PLC 等工业控制中还广泛使用。**RS-232C 标准有以下特点：**

1）采用负逻辑，用 +5 ~ +15V 表示逻辑“0”，用 −5 ~ −15V 表示逻辑“1”。

2）只能进行一对一方式通信，最大通信距离为 15m，最高数据传输速率为 20kbit/s。

3）该标准有 9 针和 25 针两种类型的接口，9 针接口使用更广泛，PLC 采用 9 针接口。

4）该标准的接口采用单端发送、单端接收电路，如图 8-9 所示，这种电路的抗干扰性较差。

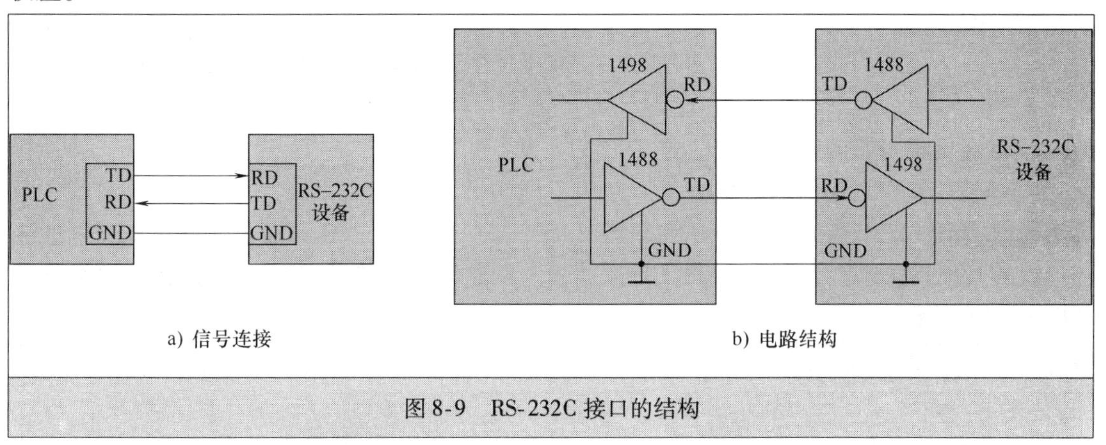

图 8-9　RS-232C 接口的结构

3. RS-232C 接口的针脚功能定义

RS-232C 接口有 9 针和 25 针两种类型，FX2N-232-BD 通信板上有一个 9 针的 RS-232C 接口，各针脚功能定义如图 8-10 所示。

针 脚 号	信号	意义	功能
1	CD(DCD)	载波检测	当检测到数据接收载波时，为ON
2	RD(RXD)	接收数据	接收数据（RS-232C设备到FX2N-232-BD）
3	SD(TXD)	发送数据	发送数据（FX2N-232-BD到RS-232C设备）
4	ER(DTR)	发送请求	数据发送到RS-232C设备的信号请求准备
5	SG(GND)	信号地	信号地
6	DR(DSR)	发送使能	表示RS-232C设备准备好接收
7,8,9	NC	不接	

图 8-10　RS-232C 接口的针脚功能定义

4. 通信接线

PLC 要通过 FX2N-232-BD 通信板与 RS-232C 设备通信，必须使用电缆将通信板的 RS-232C 接口与 RS-232C 设备的 RS-232C 接口连接起来，根据 RS-232C 设备特性不同，电缆接线主要有两种方式。

（1）通信板与普通特性的 RS-232C 设备的接线

FX2N-232-BD 通信板与普通特性 RS-232C 设备的接线方式如图 8-11 所示，这种连接方式不是将同名端连接，而是将一台设备的发送端与另一台设备的接收端连接。

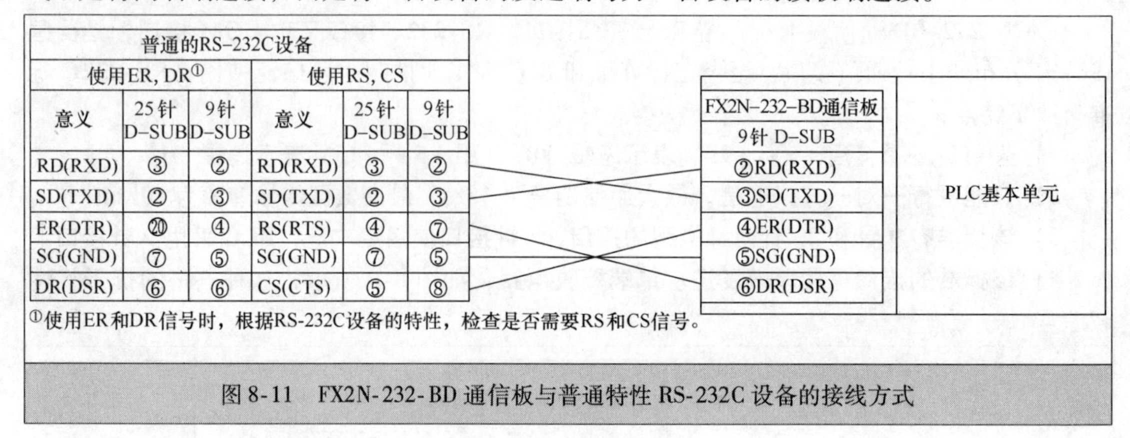

普通的RS-232C设备					
使用ER, DR①			使用RS, CS		
意义	25针 D-SUB	9针 D-SUB	意义	25针 D-SUB	9针 D-SUB
RD(RXD)	③	②	RD(RXD)	③	②
SD(TXD)	②	③	SD(TXD)	②	③
ER(DTR)	⑳	④	RS(RTS)	④	⑦
SG(GND)	⑦	⑤	SG(GND)	⑦	⑤
DR(DSR)	⑥	⑥	CS(CTS)	⑤	⑧

①使用ER和DR信号时，根据RS-232C设备的特性，检查是否需要RS和CS信号。

图 8-11　FX2N-232-BD 通信板与普通特性 RS-232C 设备的接线方式

（2）通信板与调制解调器特性的 RS-232C 设备的接线

RS-232C 接口之间的信号传输距离最大不能超过 15m， 如果需要进行远距离通信，可以给通信板 RS-232C 接口接上调制解调器（MODEM），这样 PLC 可通过 MODEM 和电话线与遥远的其他设备通信。FX2N-232-BD 通信板与调制解调器特性 RS-232C 设备的接线方式如图 8-12 所示。

调制解调器特性的RS-232C设备					
使用ER, DR①			使用RS, CS		
意义	25针 D-SUB	9针 D-SUB	意义	25针 D-SUB	9针 D-SUB
CD(DCD)	⑧	①	CD(DCD)	⑧	①
RD(RXD)	③	②	RD(RXD)	③	②
SD(TXD)	②	③	SD(TXD)	②	③
ER(DTR)	⑳	④	RS(RTS)	④	⑦
SG(GND)	⑦	⑤	SG(GND)	⑦	⑤
DR(DSR)	⑥	⑥	CS(CTS)	⑤	⑧

FX2N-232-BD通信板
9针 D-SUB
①CD(DCD)
②RD(RXD)
③SD(TXD)
④ER(DTR)
⑤SG(GND)
⑥DR(DSR)

PLC基本单元

①使用ER和DR信号时，根据RS-232C设备的特性，检查是否需要RS和CS信号。

图 8-12　FX2N-232-BD 通信板与调制解调器特性 RS-232C 设备的接线方式

8.2.2　FX2N-422-BD 通信板

利用 FX2N-422-BD 通信板，PLC 可与编程器（手持编程器或个人计算机）通信，也可以与 DU 单元（文本显示器）通信。 三菱 FX2N 系列 PLC 自身带有一个 RS-422 接口，如果再使用 FX2N-422-BD 通信板时，可同时连接两个 DU 单元或连接一个 DU 单元与一个编程工具。另外，PLC 上只能连接一个 FX2N-422-BD 通信板，并且 FX2N-422-BD 通信板不能同时与 FX2N-485-BD 或 FX2N-232-BD 通信板一起使用。

1. 外形与安装

FX2N-422-BD 通信板的正、反面外形如图 8-13 所示，在安装通信板时，拆下 PLC 上表面一侧的盖子，再将通信板上的连接器插入 PLC 电路板的连接器插槽内，其安装方法与

FX2N-232-BD 通信板相同。

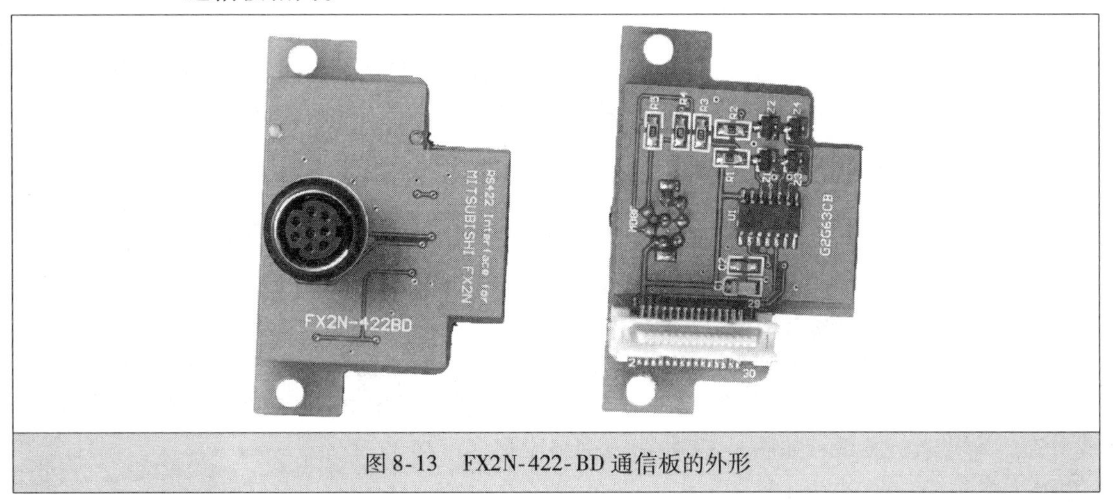

图 8-13　FX2N-422-BD 通信板的外形

2. RS-422 接口的电气特性

FX2N-422-BD 通信板上有一个 RS-422 接口。**RS-422 接口采用平衡驱动差分接收电路，**如图 8-14 所示，该电路采用极性相反的两根导线传送信号，这两根线都不接地，当 B 线电压较 A 线电压高时，规定传送的为“1”电平，当 A 线电压较 B 线电压高时，规定传送的为“0”电平，A、B 线的电压差可从零点几伏到近十伏。采用平衡驱动差分接收电路作接口电路，可使 RS-422 接口有较强的抗干扰性。

RS-422 接口采用发送和接收分开处理，数据传送采用 4 根导线，如图 8-15 所示，**由于发送和接收独立，两者可同时进行，故 RS-422 通信是全双工方式。**与 RS-232C 接口相比，RS-422 的通信速率和传输距离有了很大的提高，在最高通信速率为 10Mbit/s 时最大通信距离为 12m，在通信速率为 100kbit/s 时最大通信距离可达 1200m，一个发送端可接 12 个接收端。

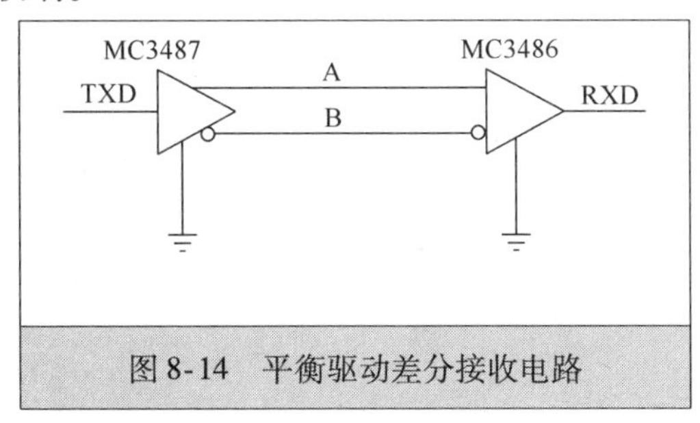

图 8-14　平衡驱动差分接收电路

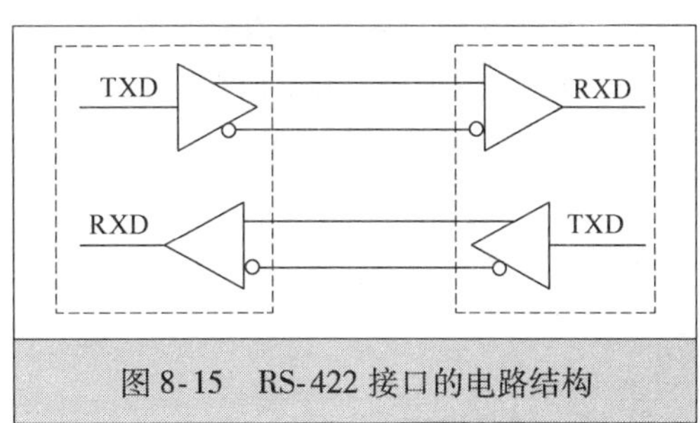

图 8-15　RS-422 接口的电路结构

3. RS-422 接口的针脚功能定义

RS-422 接口没有特定的形状，FX2N-422-BD 通信板上有一个 8 针的 RS-422 接口，各针脚功能定义如图 8-16 所示。

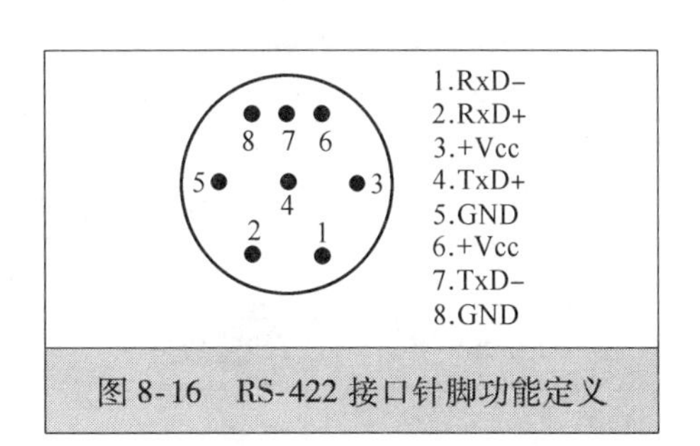

图 8-16　RS-422 接口针脚功能定义

8.2.3　FX2N-485-BD 通信板

利用 FX2N-485-BD 通信板，可进行两台 PLC 并行连接通信，也可以进行多台 PLC 的 N∶N 通信，如果使用 RS-485/RS-232C 转换器，PLC 还可以与具有 RS-232C 接口的设备（如个人计算机、条码阅读器和打印机等）进行通信。

1. 外形与安装

FX2N-485-BD 通信板的外形如图 8-17 所示，在使用时，将通信板上的连接器插入 PLC 电路板的连接器插槽内，其安装方法与 FX2N-232-BD 通信板相同。

2. RS-485 接口的电气特性

RS-485 是 RS-422A 的变形，RS-485 接口可使用一对平衡驱动差分信号线，如图 8-18 所示，**发送和接收不能同时进行，属于半双工通信方式。**使用 RS-485 接口与双绞线可以组成分布式串行通信网络，如图 8-19 所示，网络中最多可接 32 个站。

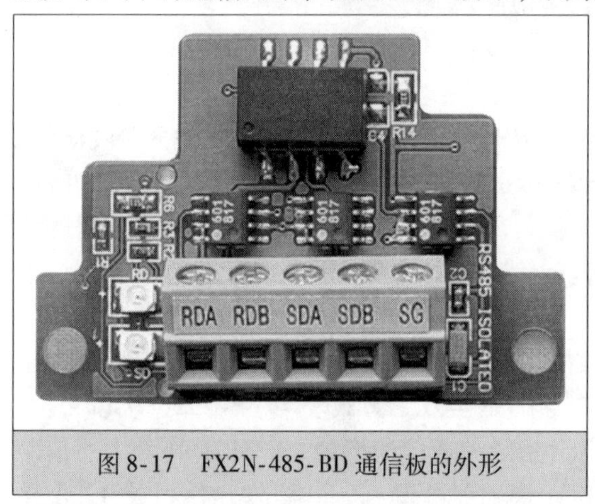

图 8-17　FX2N-485-BD 通信板的外形

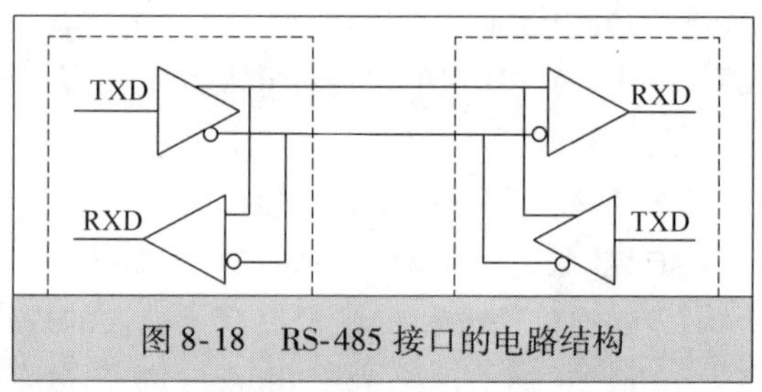

图 8-18　RS-485 接口的电路结构

3. RS-485 接口的针脚功能定义

RS-485 接口没有特定的形状，FX2N-485-BD 通信板上有一个 5 针的 RS-485 接口，各针脚功能定义如图 8-20 所示。

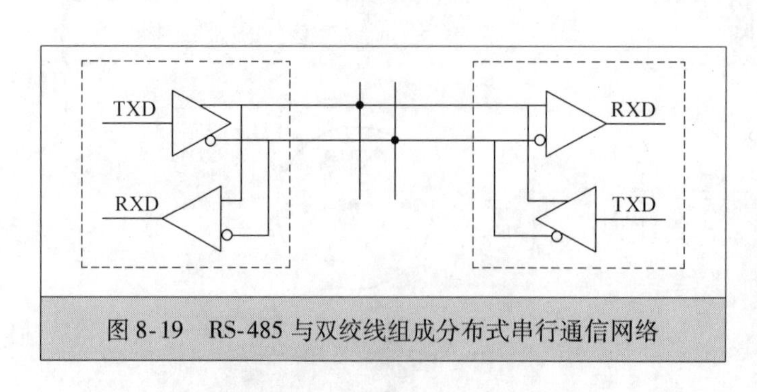

图 8-19　RS-485 与双绞线组成分布式串行通信网络

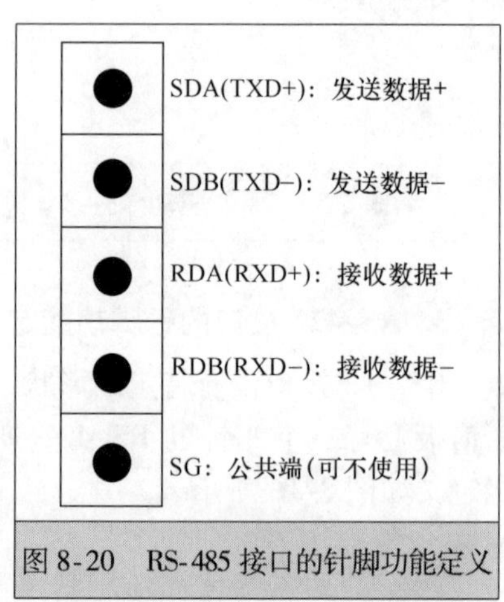

图 8-20　RS-485 接口的针脚功能定义

4. RS-485 通信接线

RS-485 设备之间的通信接线有 1 对和 2 对两种方式，当使用 1 对接线方式时，设备之间只能进行半双工通信。当使用 2 对接线方式时，设备之间可进行全双工通信。

（1）1 对接线方式

RS-485 设备的 1 对接线方式如图 8-21 所示。在使用 1 对接线方式时，需要将各设备的 RS-485 接口的发送端和接收端并接起来，设备之间使用 1 对线接各接口的同名端，另外要在始端和终端设备的 RDA、RDB 端上接上 110Ω 的终端电阻，提高数据传输质量，减小干扰。

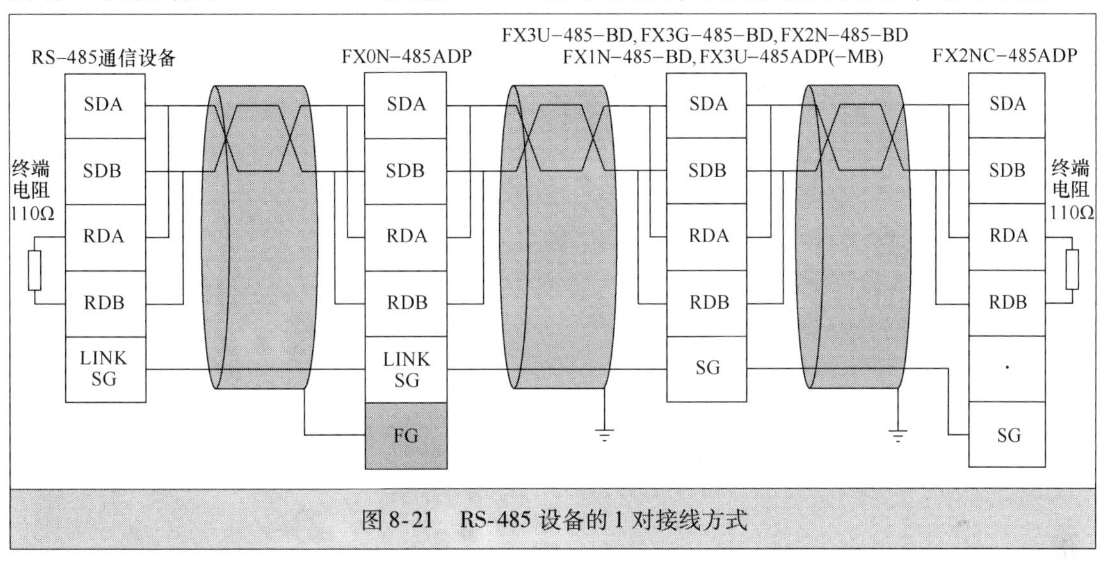

图 8-21　RS-485 设备的 1 对接线方式

（2）2 对接线方式

RS-485 设备的 2 对接线方式如图 8-22 所示。在使用 2 对接线方式时，需要用 2 对线将主设备接口的发送端、接收端分别与从设备的接收端、发送端连接，从设备之间用 2 对线将同名端连接起来，另外要在始端和终端设备的 RDA、RDB 端上接上 330Ω 的终端电阻，提高数据传输质量，减小干扰。

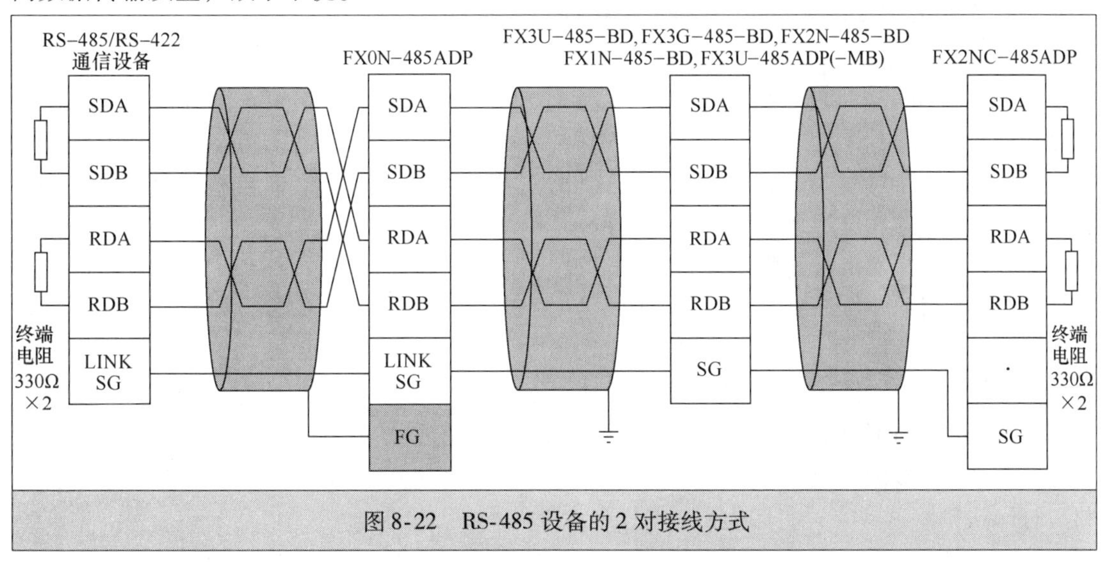

图 8-22　RS-485 设备的 2 对接线方式

8.3 PLC通信实例

8.3.1 PLC与打印机通信（无协议通信）

1. 通信要求

用一台三菱FX2N系列PLC与一台带有RS-232C接口的打印机通信，PLC往打印机发送字符“0ABCDE”，打印机将接收的字符打印出来。

2. 硬件接线

三菱FX2N系列PLC自身带有RS-422接口，而打印机的接口类型为RS-232C，由于接口类型不一致，故两者无法直接通信，给PLC安装FX2N-232-BD通信板则可解决这个问题。三菱FX2N系列PLC与打印机的通信连接如图8-23所示，其中RS-232通信电缆需要用户自己制作，电缆的接线方法见图8-11。

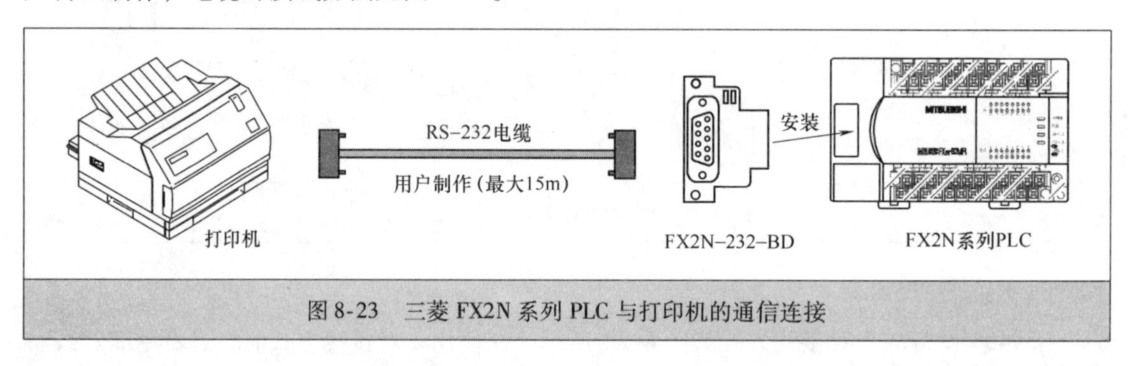

图8-23　三菱FX2N系列PLC与打印机的通信连接

3. 通信程序

PLC的无协议通信一般使用RS（串行数据传送）指令来编写，关于RS指令的使用方法见第6章6.2.9节。PLC与打印机的通信程序如图8-24所示。

程序工作原理说明如下：

PLC运行期间，M8000触点始终闭合，M8161继电器（数据传送模式继电器）为1，将数据传送设为8位模式。PLC运行时，M8002触点接通一个扫描周期，往D8120存储器（通信格式存储器）写入H67，将通信格式设为：数据长=8位，奇偶校验=偶校验，停止位=1位，通信速率=2400bit/s。当PLC的X000端子外接开关闭合时，程序中的X000常开触点闭合，RS指令执行，将D300～D307设为发送数据存储区，无接收数据存储区。当PLC的X001端子外接开关闭合时，程序中的X001常开触点由断开转为闭合，产生一个上升沿脉冲，M0线圈得电一个扫描周期（即M0继电器在一个扫描周期内为1），M0常开触点接通一个扫描周期，8个MOV指令从上往下依次执行，分别将字符0、A、B、C、D、E、回车、换行的ASCII码送入D300～D307，再执行SET指令，将M8122继电器（发送请求继电器）置1，PLC马上将D300～D307中的数据通过通信板上的RS-232C接口发送给打印机，打印机则将这些字符打印出来。

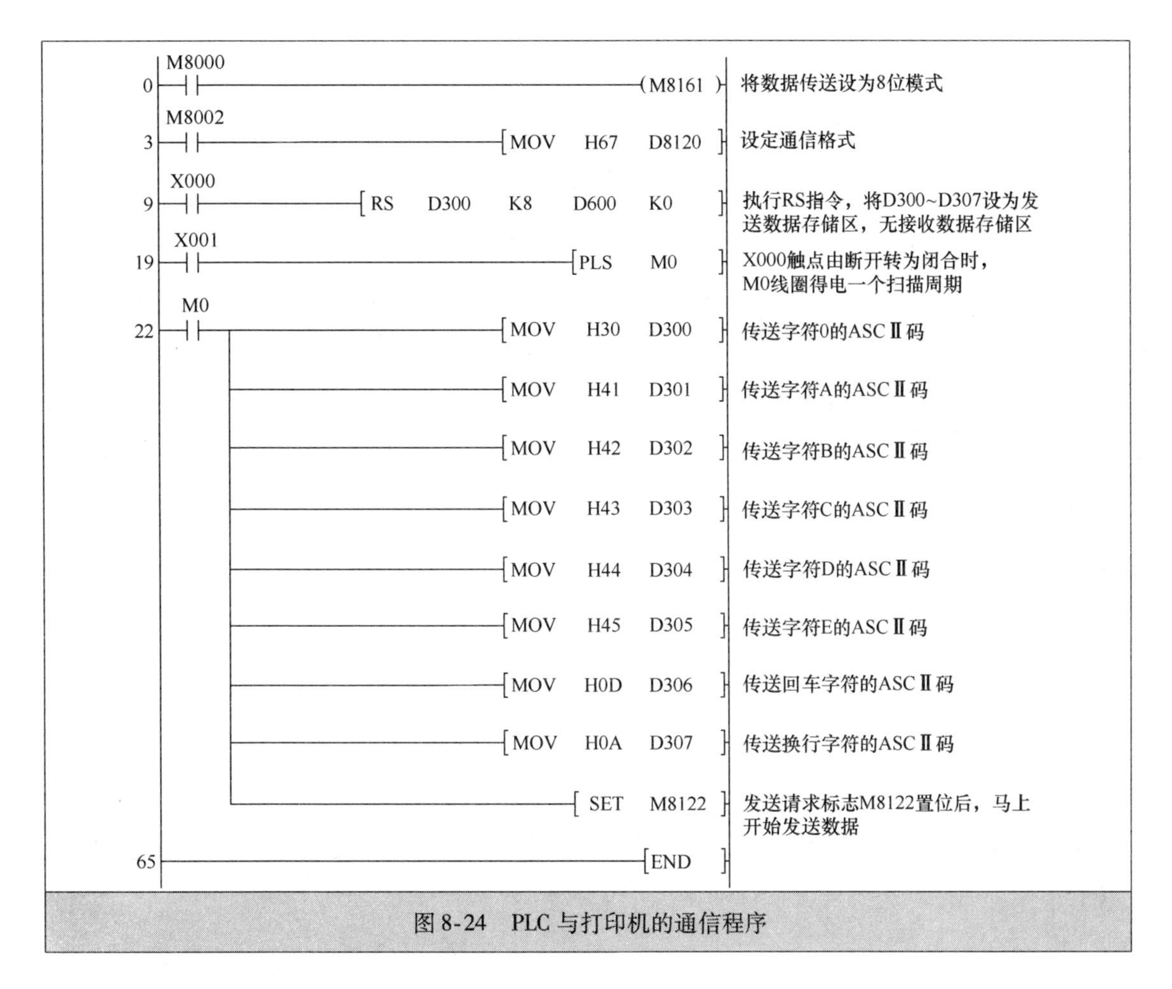

图 8-24 PLC 与打印机的通信程序

4. 与无协议通信有关的特殊功能继电器和数据寄存器

在图 8-24 程序中用到了特殊功能继电器 M8161、M8122 和特殊功能数据存储器 D8120，在使用 RS 指令进行无协议通信时，可以使用表 8-2 中的特殊功能继电器和表 8-3 中的特殊功能数据存储器。

表 8-2 与无协议通信有关的特殊功能继电器

特殊功能继电器	名 称	内 容	R/W
M8063	串行通信错误（通道 1）	发生通信错误时置 ON。当串行通信错误（M8063）为 ON 时，在 D8063 中保存错误代码	R
M8120	保持通信设定用	保持通信设定状态（FX0N 系列 PLC 用）	W
M8121	等待发送标志位	等待发送状态时置 ON	R
M8122	发送请求	设置发送请求后，开始发送	R/W
M8123	接收结束标志位	接收结束时置 ON。当接收结束标志位（M8123）为 ON 时，不能再接收数据	R/W
M8124	载波检测标志位	与 CD 信号同步置 ON	R

（续）

特殊功能继电器	名　　称	内　　容	R/W
M8129①	超时判定标志位	当接收数据中断，在超时时间设定（D8129）中设定的时间内，没有收到要接收的数据时置 ON	R/W
M8161	8 位处理模式	在 16 位数据和 8 位数据之间切换发送接收数据。 ON：8 位模式 OFF：16 位模式	W

① FX0N、FX2（FX）、FX2C、FX2N（Ver. 2.00 以下）尚未对应。

表 8-3　与无协议通信有关的特殊功能数据存储器

特殊功能存储器	名　　称	内　　容	R/W
D8063	显示错误代码	当串行通信错误（M8063）为 ON 时，在 D8063 中保存错误代码	R/W
D8120	通信格式设定	可以设定通信格式	R/W
D8122	发送数据的剩余点数	保存要发送的数据的剩余点数	R
D8123	接收点数的监控	保存已接收到的数据点数	R
D8124	报头	设定报头。初始值：STX（H02）	R/W
D8125	报尾	设定报尾。初始值：ETX（H03）	R/W
D8129①	超时时间设定	设定超时的时间	R/W
D8405②	显示通信参数	保存在 PLC 中设定的通信参数	R
D8419②	动作方式显示	保存正在执行的通信功能	R

① FX0N、FX2（FX）、FX2C、FX2N（Ver. 2.00 以下）尚未对应。

② 仅 FX3G、FX3U、FX3UC 系列 PLC 对应。

8.3.2　两台 PLC 通信（并联连接通信）

并联连接通信是指两台同系列 PLC 之间的通信。不同系列的 PLC 不能采用这种通信方式。两台 PLC 并联连接通信如图 8-25 所示。

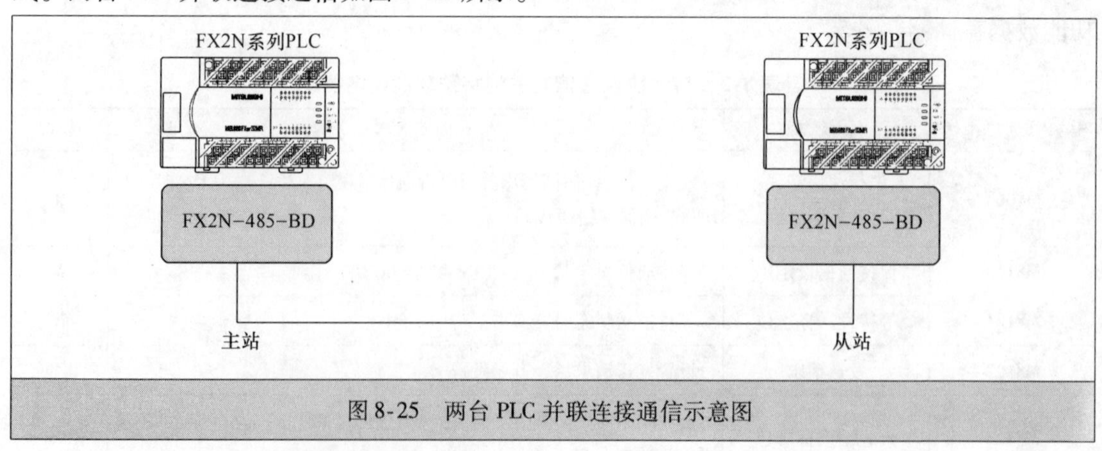

图 8-25　两台 PLC 并联连接通信示意图

1. 并联连接的两种通信模式及功能

当两台 PLC 进行并联通信时，可以将一方特定区域的数据传送入对方特定区域。并联

连接通信有普通连接和高速连接两种模式。

（1）普通并联连接通信模式

普通并联连接通信模式如图 8-26 所示。当某 PLC 中的 M8070 继电器为 ON 时，该 PLC 规定为主站，当某 PLC 中的 M8071 继电器为 ON 时，该 PLC 则被设为从站，在该模式下，只要主、从站已设定，并且两者之间已接好通信电缆，主站的 M800 ~ M899 继电器的状态会自动通过通信电缆传送给从站的 M800 ~ M899 继电器，主站的 D490 ~ D499 数据寄存器中的数据会自动送入从站的 D490 ~ D499，与此同时，从站的 M900 ~ M999 继电器状态会自动传送给主站的 M900 ~ M990 继电器，从站的 D500 ~ D509 数据寄存器中的数据会自动传入主站的 D500 ~ D509。

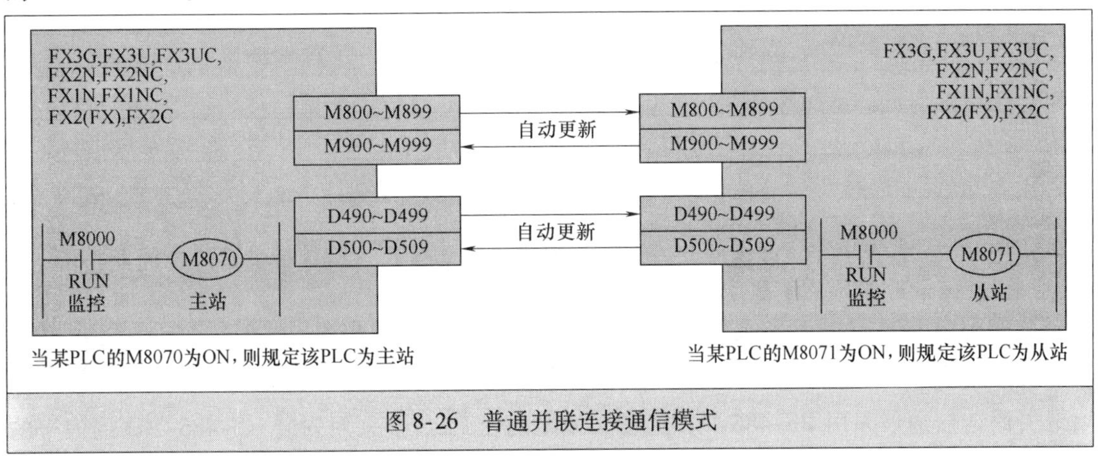

图 8-26　普通并联连接通信模式

（2）高速并联连接通信模式

高速并联连接通信模式如图 8-27 所示。PLC 中的 M8070、M8071 继电器的状态分别用来设定主、从站，M8162 继电器的状态用来设定通信模式为高速并联连接通信，在该模式下，主站的 D490、D491 中的数据自动高速送入从站的 D490、D491 中，而从站的 D500、D501 中的数据自动高速送入主站的 D500、D501 中。

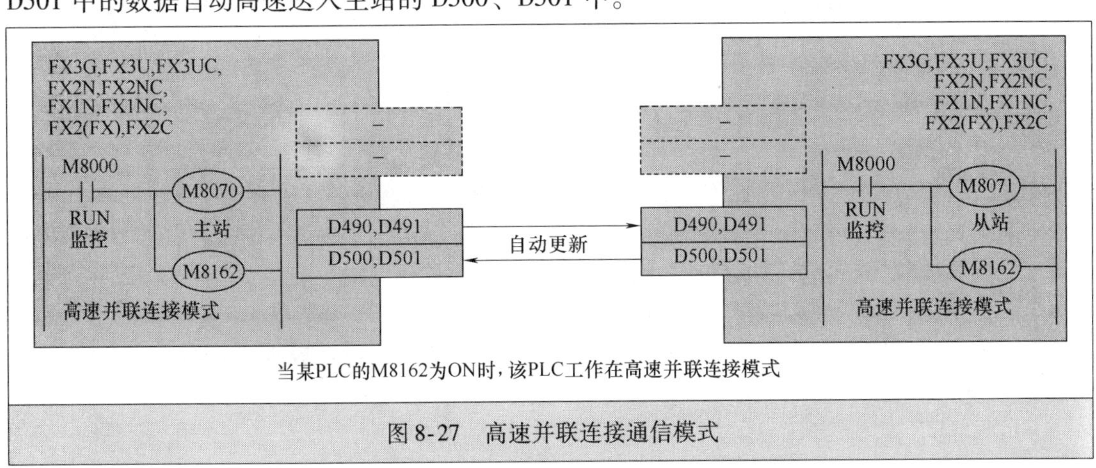

图 8-27　高速并联连接通信模式

2. 与并联连接通信有关的特殊功能继电器

在图 8-27 中用到了特殊功能继电器 M8070、M8071 和 M8162，与并联连接通信模式有

关的特殊继电器见表8-4。

表8-4　与并联连接通信模式有关的特殊继电器

特殊功能继电器		名　称	内　容
通信设定	M8070	设定为并联连接的主站	置ON时，作为主站连接
	M8071	设定为并联连接的从站	置ON时，作为从站连接
	M8162	高速并联连接模式	使用高速并联连接模式时置ON
	M8178	通道的设定	设定要使用的通信口的通道。 （使用FX3G，FX3U，FX3UC时） OFF：通道1　　ON：通道2
	D8070	判断为错误的时间（ms）	设定判断并列连接数据通信错误的时间［初始值：500］
通信错误判断	M8072	并联连接运行中	并联连接运行中置ON
	M8073	主站/从站的设定异常	主站或是从站的设定内容中有误时置ON
	M8063	连接错误	通信错误时置ON

对于FX2N系列PLC，高速并联连接通信模式的通信时间=20ms+主站运算周期（ms）+从站的运算周期（ms）；普通并联连接通信模式的通信时间=70ms+主站运算周期（ms）+从站的运算周期（ms）。

3. 通信接线

并联连接通信采用RS-485端口通信，如果两台PLC都采用安装RS-485-BD通信卡的方式进行通信连接，通信距离不能超过50m，如果两台PLC都采用安装485ADP通信模块进行通信连接，通信最大距离可达500m。并联连接通信的RS-485端口之间有1对接线和2对接线两种方式。

（1）1对接线方式

并联连接通信RS-485端口1对接线方式如图8-28所示，图a为两台PLC都安装FX2N-485-BD通信卡的接线方式，图b为两台PLC都安装FX0N-485ADP通信模块的接线方式。

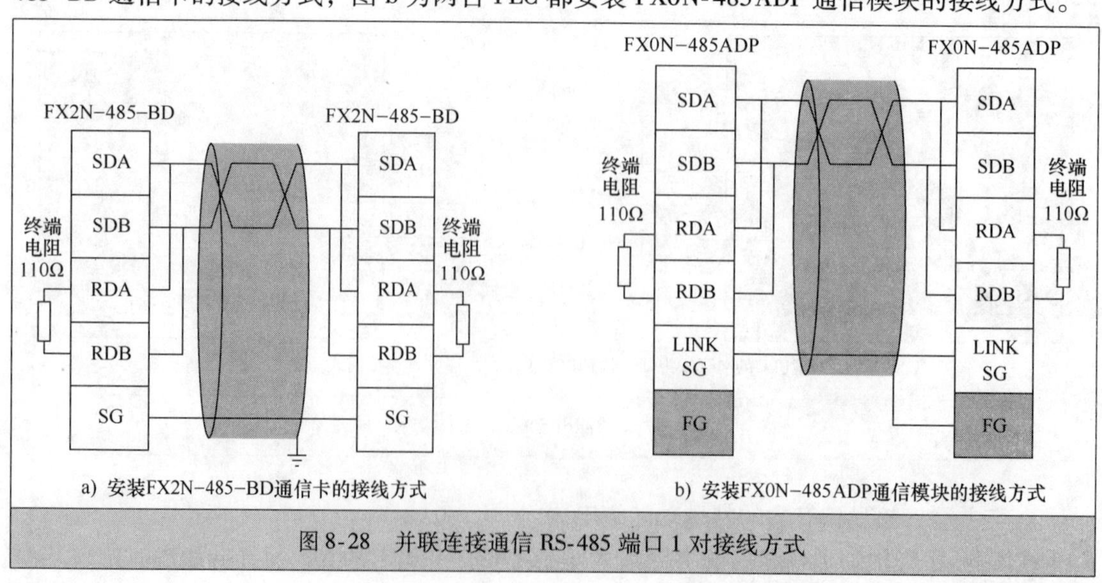

图8-28　并联连接通信RS-485端口1对接线方式

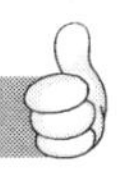

（2）2 对接线方式

并联连接通信 RS-485 端口 2 对接线方式如图 8-29 所示。

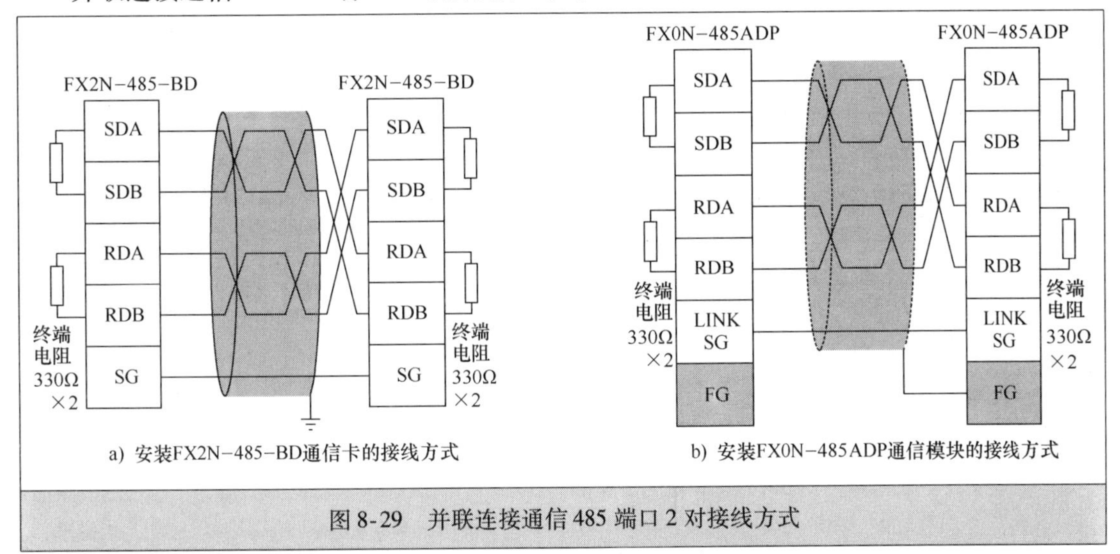

a) 安装FX2N-485-BD通信卡的接线方式

b) 安装FX0N-485ADP通信模块的接线方式

图 8-29 并联连接通信 485 端口 2 对接线方式

4. 两台 PLC 并联连接通信实例

（1）通信要求

两台 PLC 并联连接通信要求如下：

1）将主站 X000 ~ X007 端子的输入状态传送到从站的 Y000 ~ Y007 端子输出，例如主站的 X000 端子输入为 ON，通过通信使从站的 Y000 端子输出为 ON。

2）将主站的 D0、D2 中的数值进行加法运算，如果结果大于 100，则让从站的 Y010 端子输出 OFF。

3）将从站的 M0 ~ M7 继电器的状态传送到主站的 Y000 ~ Y007 端子输出。

4）当从站的 X010 端子输入为 ON 时，将从站 D10 中的数值送入主站，当主站的 X010 端子输入为 ON 时，主站以从站 D10 送来的数值作为计时值开始计时。

（2）通信程序

通信程序由主站程序和从站程序组成，主站程序写入作为主站的 PLC，从站程序写入作为从站的 PLC。两台 PLC 并联连接通信的主、从站程序如图 8-30 所示。

主站→从站方向的数据传送途径：

1）主站的 X000 ~ X007 端子→主站的 M800 ~ M807→从站的 M800 ~ M807→从站的 Y000 ~ Y007 端子。

2）在主站中进行 D0、D2 加运算，其和值→主站的 D490→从站的 D490，在从站中将 D490 中的值与数值 100 比较，如果 D490 值 >100，则让从站的 Y010 端子输出为 OFF。

从站→主站方向的数据传送途径：

1）从站的 M0 ~ M7→从站的 M900 ~ M907→主站的 M900 ~ M907→主站的 Y000 ~ Y007 端子。

2）从站的 D10 值→从站的 D500→主站的 D500，主站以 D500 值（即从站的 D10 值）作为定时器计时值计时。

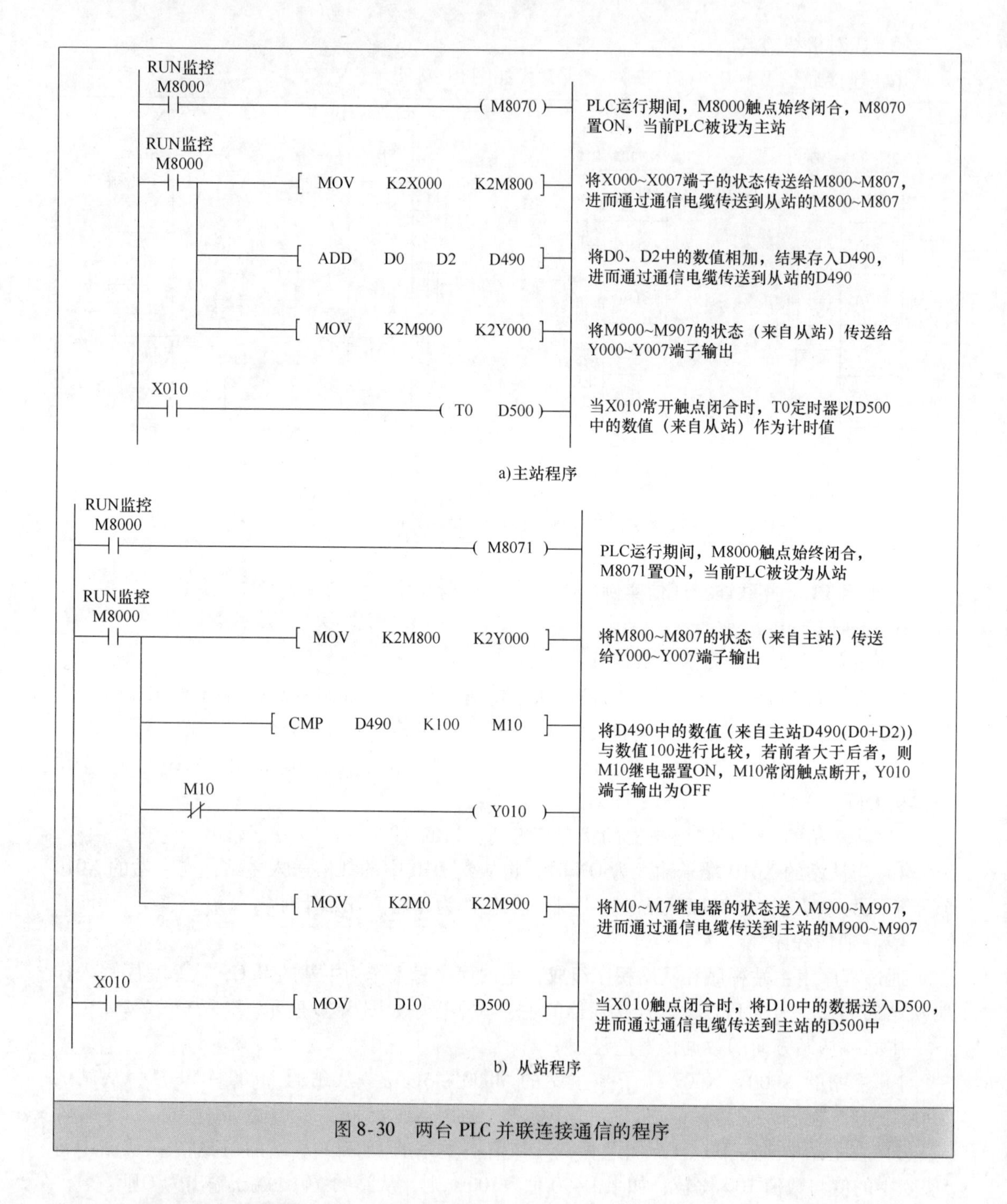

图 8-30　两台 PLC 并联连接通信的程序

8.3.3　多台 PLC 通信（N: N 网络通信）

N: N 网络通信是指最多 8 台 FX 系列 PLC 通过 RS-485 端口进行的通信。图 8-31 为 N: N 网络通信示意图，在通信时，如果有一方使用 RS-485 通信板，通信距离最大为 50m，如果通信各方都使用 485ADP 模块，通信距离则可达 500m。

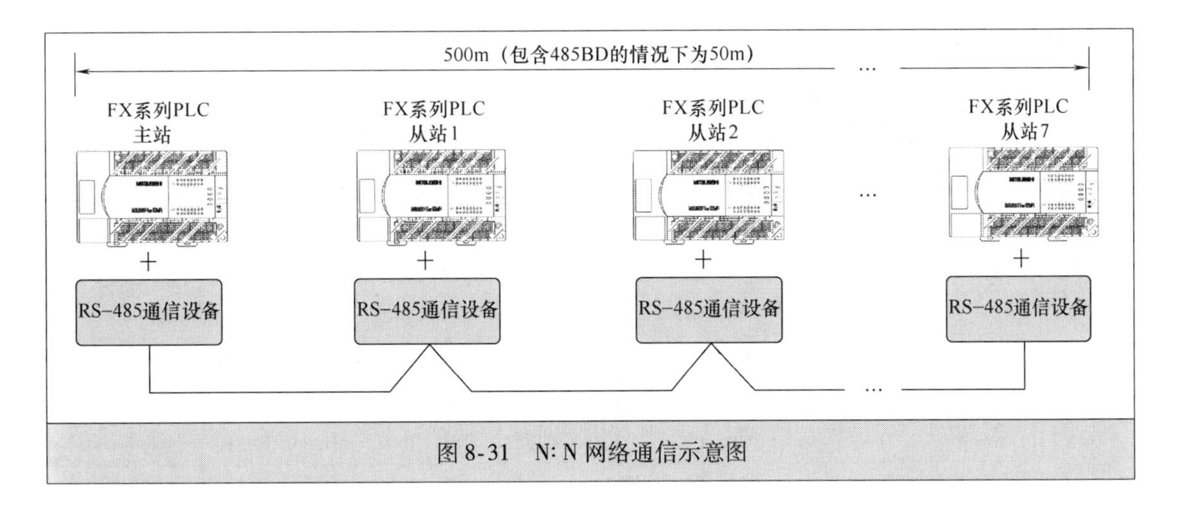

图8-31　N:N网络通信示意图

1. N:N网络通信的三种模式

N:N网络通信有三种模式，分别是模式0、模式1和模式2，这些模式的区别在于允许传送的点数不同。

（1）模式2说明

当N:N网络使用模式2进行通信时，其传送点数如图8-32所示，在该模式下，主站的M1000～M1063（64点）的状态值和D0～D7（8点）的数据传送目标为从站1～从站7的M1000～M1063和D0～D7，从站1的M1064～M1127（64点）的状态值和D10～D17（8点）的数据传送目标为主站、从站2～从站7的M1064～M1127和D10～D17，以此类推，从站7的M1448～M1511（64点）的状态值和D70～D77（8点）的数据传送目标为主站、从站1～从站6的M1448～M1511和D70～D77。

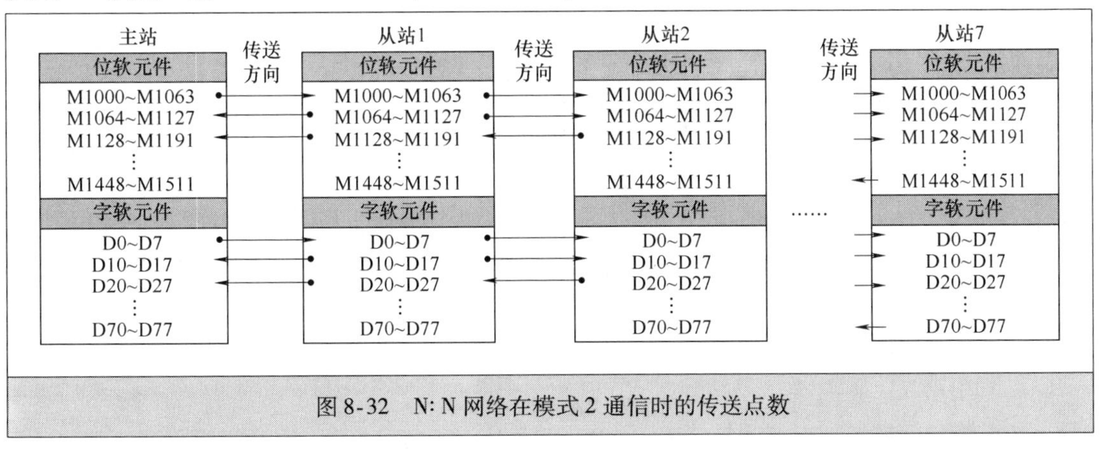

图8-32　N:N网络在模式2通信时的传送点数

（2）三种模式传送的点数

在N:N网络通信时，不同的站点可以往其他站点传送自身特定软元件中的数据。在N:N网络通信时，三种模式下各站点分配用作发送数据的软元件见表8-5，在不同的通信模式下，各个站点都分配不同的软元件来发送数据，例如在模式1时主站只能将自己的M1000～M1031（32点）和D0～D3（4点）的数据发送给其他站点相同编号的软元件中，主站的M1064～M1095、D10～D13等软元件只能接收其他站点传送来的数据。**在N:N网络中，如**

果将 FX1S、FX0N 系列 PLC 用作工作站，则通信不能使用模式 1 和模式 2。

表 8-5　N: N 网络通信三种模式下各站点分配用作发送数据的软元件

<table>
<tr><th colspan="2" rowspan="3">站　号</th><th colspan="2">模式 0</th><th colspan="2">模式 1</th><th colspan="2">模式 2</th></tr>
<tr><th>位软元件（M）</th><th>字软元件（D）</th><th>位软元件（M）</th><th>字软元件（D）</th><th>位软元件（M）</th><th>字软元件（D）</th></tr>
<tr><th>0 点</th><th>各站 4 点</th><th>各站 32 点</th><th>各站 4 点</th><th>各站 64 点</th><th>各站 8 点</th></tr>
<tr><td>主站</td><td>站号 0</td><td>—</td><td>D0 ~ D3</td><td>M1000 ~ M1031</td><td>D0 ~ D3</td><td>M1000 ~ M1063</td><td>D0 ~ D7</td></tr>
<tr><td rowspan="7">从站</td><td>站号 1</td><td>—</td><td>D10 ~ D13</td><td>M1064 ~ M1095</td><td>D10 ~ D13</td><td>M1064 ~ M1127</td><td>D10 ~ D17</td></tr>
<tr><td>站号 2</td><td>—</td><td>D20 ~ D23</td><td>M1128 ~ M1159</td><td>D20 ~ D23</td><td>M1128 ~ M1191</td><td>D20 ~ D27</td></tr>
<tr><td>站号 3</td><td>—</td><td>D30 ~ D33</td><td>M1192 ~ M1223</td><td>D30 ~ D33</td><td>M1192 ~ M1255</td><td>D30 ~ D37</td></tr>
<tr><td>站号 4</td><td>—</td><td>D40 ~ D43</td><td>M1256 ~ M1287</td><td>D40 ~ D43</td><td>M1256 ~ M1319</td><td>D40 ~ D47</td></tr>
<tr><td>站号 5</td><td>—</td><td>D50 ~ D53</td><td>M1320 ~ M1351</td><td>D50 ~ D53</td><td>M1320 ~ M1383</td><td>D50 ~ D57</td></tr>
<tr><td>站号 6</td><td>—</td><td>D60 ~ D63</td><td>M1384 ~ M1415</td><td>D60 ~ D63</td><td>M1384 ~ M1447</td><td>D60 ~ D67</td></tr>
<tr><td>站号 7</td><td>—</td><td>D70 ~ D73</td><td>M1448 ~ M1479</td><td>D70 ~ D73</td><td>M1448 ~ M1511</td><td>D70 ~ D77</td></tr>
</table>

2. 与 N: N 网络通信有关的特殊功能元件

在 N: N 网络通信时，需要使用一些特殊功能的元件来设置通信和反映通信状态信息，与 N: N 网络通信有关的特殊功能元件见表 8-6。

表 8-6　与 N: N 网络通信有关的特殊功能元件

<table>
<tr><th colspan="2">软 元 件</th><th>名　称</th><th>内　容</th><th>设定值</th></tr>
<tr><td rowspan="7">通信设定</td><td>M8038</td><td>设定参数</td><td>设定通信参数用的标志位。也可以作为确认有无 N: N 网络程序用的标志位。在顺序控制程序中请勿置 ON</td><td></td></tr>
<tr><td>M8179</td><td>通道的设定</td><td>设定所使用的通信口的通道（使用 FX3G，FX3U，FX3UC 时）请在顺序控制程序中设定。
无程序：通道 1，有 OUT M8179 的程序：通道 2</td><td></td></tr>
<tr><td>D8176</td><td>相应站号的设定</td><td>N: N 网络设定使用时的站号。主站设定为 0，从站设定为 1 ~ 7［初始值：0］</td><td>0 ~ 7</td></tr>
<tr><td>D8177</td><td>从站总数设定</td><td>设定从站的总站数。从站的 PLC 中无需设定［初始值：7］</td><td>1 ~ 7</td></tr>
<tr><td>D8178</td><td>刷新范围的设定</td><td>选择要相互进行通信的软元件点数的模式。从站的 PLC 中无需设定［初始值：0］。当混合有 FX0N、FX1S 系列时，仅可以设定模式 0</td><td>0 ~ 2</td></tr>
<tr><td>D8179</td><td>重试次数</td><td>即使重复指定次数的通信也没有响应的情况下，可以确认错误，以及其他站的错误。从站的 PLC 中无需设定［初始值：3］</td><td>0 ~ 10</td></tr>
<tr><td>D8180</td><td>监视时间</td><td>设定用于判断通信异常的时间（50 ~ 2550ms）。以 10ms 为单位进行设定。从站的 PLC 中无需设定［初始值：5］</td><td>5 ~ 255</td></tr>
<tr><td rowspan="3">反映通信错误</td><td>M8183</td><td>主站的数据传送序列错误</td><td>当主站中发生数据传送序列错误时置 ON</td><td rowspan="3"></td></tr>
<tr><td>M8184 ~ M8190</td><td>从站的数据传送序列错误</td><td>当各从站发生数据传送序列错误时置 ON</td></tr>
<tr><td>M8191</td><td>正在执行数据传送序列</td><td>执行 N: N 网络时置 ON</td></tr>
</table>

3. 通信接线

N:N 网络通信采用 RS-485 端口通信，通信采用 1 对接线方式。N:N 网络通信接线如图 8-33 所示。

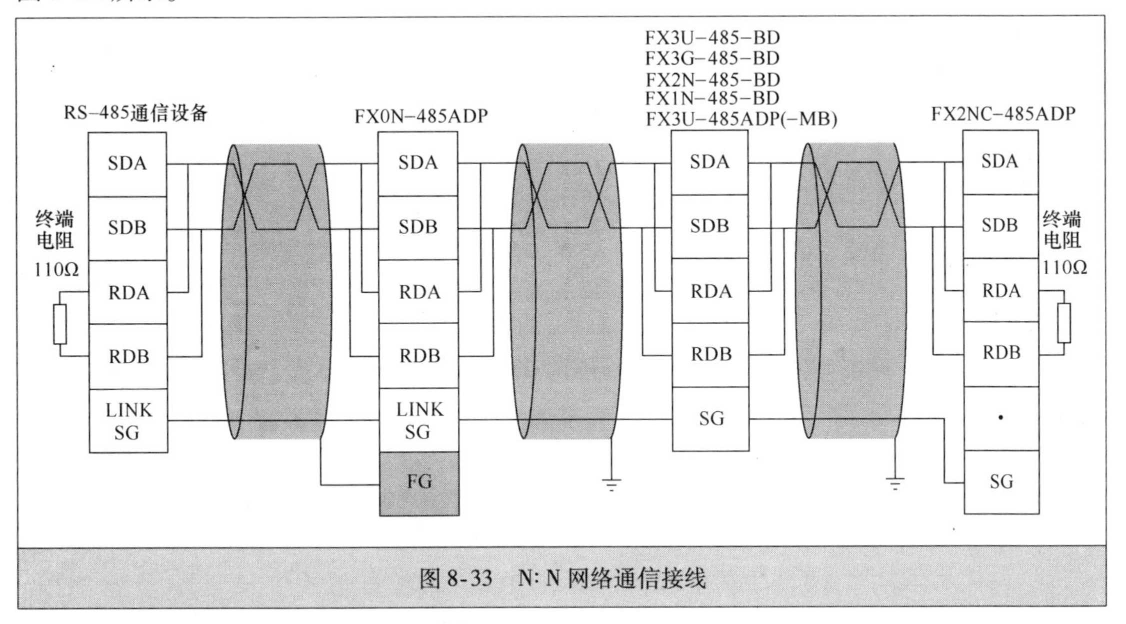

图 8-33 N:N 网络通信接线

4. 三台 PLC 的 N:N 网络通信实例

下面以三台 FX2N 系列 PLC 通信来说明 N:N 网络通信，三台 PLC 进行 N:N 网络通信的连接如图 8-34 所示。

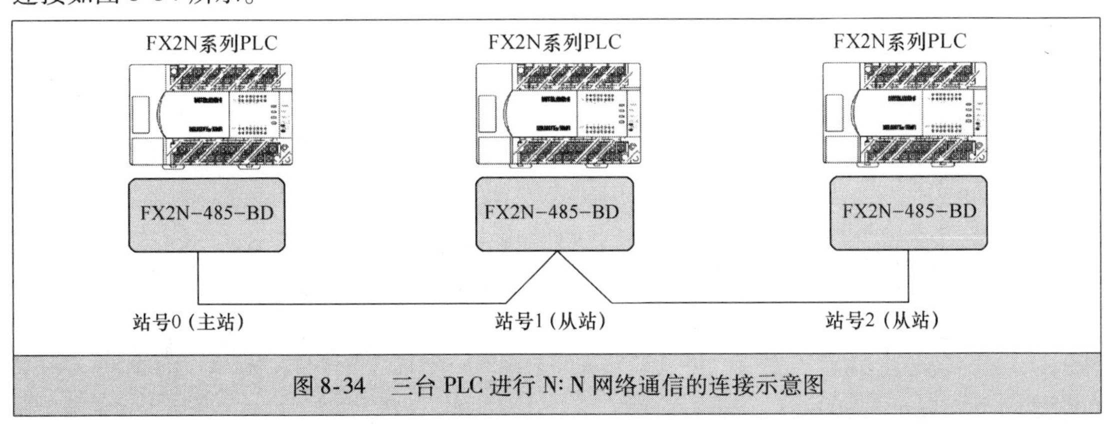

图 8-34 三台 PLC 进行 N:N 网络通信的连接示意图

（1）通信要求

三台 PLC 并联连接通信要求实现的功能如下：

1）将主站 X000 ~ X003 端子的输入状态分别传送到从站 1、从站 2 的 Y010 ~ Y013 端子输出，例如主站的 X000 端子输入为 ON，通过通信使从站 1、从站 2 的 Y010 端子输出均为 ON。

2）在主站将从站 1 的 X000 端子输入 ON 的检测次数设为 10，当从站 1 的 X000 端子输入 ON 的次数达到 10 次时，让主站、从站 1 和从站 2 的 Y005 端子输出均为 ON。

3）在主站将从站 2 的 X000 端子输入 ON 的检测次数也设为 10，当从站 2 的 X000 端子输入 ON 的次数达到10次时，让主站、从站1和从站2的Y006端子输出均为ON。

4）在主站将从站1的D10值与从站2的D20值相加，结果存入本站的D3。

5）将从站1的X000~X003端子的输入状态分别传送到主站、从站2的Y014~Y017端子输出。

6）在从站1将主站的D0值与从站2的D20值相加，结果存入本站的D11。

7）将从站2的X000~X003端子的输入状态分别传送到主站、从站1的Y020~Y023端子输出。

8）在从站2将主站的D0值与从站1的D10值相加，结果存入本站的D21。

（2）通信程序

三台PLC并联连接通信的程序由主站程序、从站1程序和从站2程序组成，主站程序写入作为主站的PLC，从站1程序写入作为从站1的PLC，从站2程序写入作为从站2的PLC。三台PLC通信的主站程序、从站1程序和从站2程序如图8-35所示。

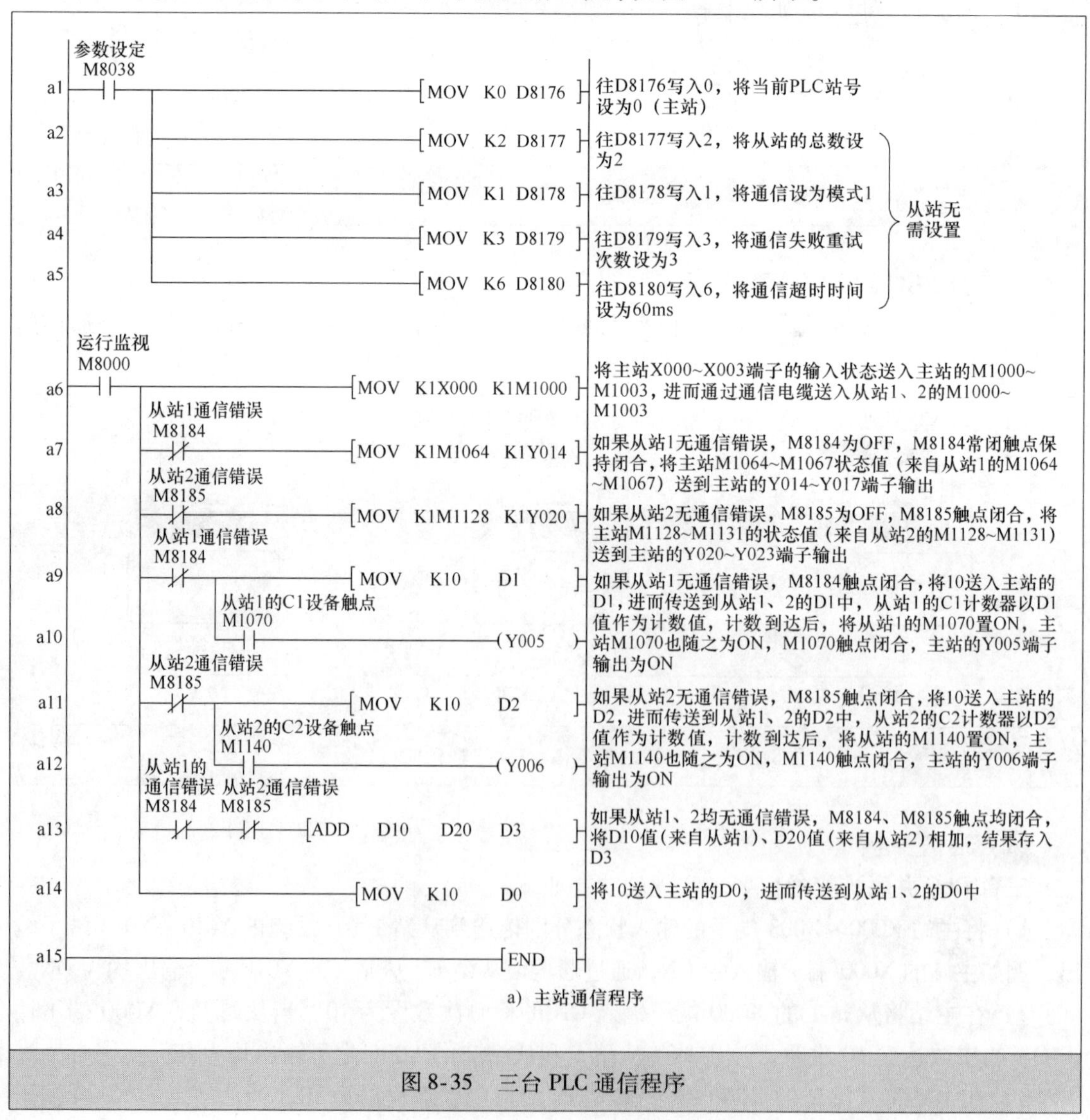

a）主站通信程序

图8-35 三台PLC通信程序

图8-35 三台PLC通信程序（续）

主站程序中的［a1］~［a5］程序用于设N:N网络通信，包括将当前站点设为主站，设置通信网络站点总数为3、通信模式为模式1、通信失败重试次数为3、通信超时时间为60ms。在N:N网络通信时，三个站点在模式1时分配用作发送数据的软元件见表8-7。

表8-7　三个站点在模式1时分配用作发送数据的软元件

站号 软元件	0号站（主站）	1号站（从站1）	2号站（从站2）
位软元件（各32点）	M1000~M1031	M1064~M1095	M1128~M1159
字软元件（各4点）	D0~D3	D10~D13	D20~D23

下面逐条来说明通信程序实现8个功能的过程。

1）在主站程序中，［a6］MOV指令将主站X000~X0003端子的输入状态送到本站的M1000~M1003，再通过电缆发送到从站1、从站2的M1000~M1003中。在从站1程序中，［b3］MOV指令将从站1的M1000~M1003状态值送到本站Y010~Y013端子输出。在从站2程序中，［c3］MOV指令将从站2的M1000~M1003状态值送到本站Y010~Y013端子输出。

2）在从站1程序中，［b4］MOV指令将从站1的X000~X003端子的输入状态送到本站的M1064~M1067，再通过电缆发送到主站、从站2的M1064~M1067中。在主站程序中，［a7］MOV指令将本站的M1064~M1067状态值送到本站Y014~Y017端子输出。在从站2程序中，［c4］MOV指令将从站2的M1064~M1067状态值送到本站Y014~Y017端子输出。

3）在从站2程序中，［c5］MOV指令将从站2的X000~X003端子的输入状态送到本站的M1128~M1131，再通过电缆发送到主站、从站1的M1128~M1131中。在主站程序中，［a8］MOV指令将本站的M1128~M1131状态值送到本站Y020~Y023端子输出。在从站1程序中，［b5］MOV指令将从站1的M1128~M1131状态值送到本站Y020~Y023端子输出。

4）在主站程序中，［a9］MOV指令将10送入D1，再通过电缆送入从站1、从站2的D1中。在从站1程序中，［b6］计数器C1以D1值（10）计数，当从站1的X000端子闭合达到10次时，C1计数器动作，［b7］C1常开触点闭合，本站的Y005端子输出为ON，同时本站的M1070为ON，M1070的ON状态值通过电缆传送给主站、从站2的M1070。在主站程序中，主站的M1070为ON，［a10］M1070常开触点闭合，主站的Y005端子输出为ON。在从站2程序中，从站2的M1070为ON，［c6］M1070常开触点闭合，从站2的Y005端子输出为ON。

5）在主站程序中，［a11］MOV指令将10送入D2，再通过电缆送入从站1、从站2的D2中。在从站2程序中，［c7］计数器C2以D2值（10）计数，当从站2的X000端子闭合达到10次时，C2计数器动作，［c8］C2常开触点闭合，本站的Y006端子输出为ON，同时本站的M1140为ON，M1140的ON状态值通过电缆传送给主站、从站1的M1140。在主站程序中，主站的M1140为ON，［a12］M1140常开触点闭合，主站的Y006端子输出为ON。在从站1程序中，从站1的M1140为ON，［b9］M1140常开触点闭合，从站1的Y006端子输出为ON。

6）在主站程序中，［a13］ADD指令将D10值（来自从站1的D10）与D20值（来自从站2的D20），结果存入本站的D3。

7）在从站1程序中，［b11］ADD指令将D0值（来自主站的D0，为10）与D20值（来自从站2的D20，为10），结果存入本站的D11。

8）在从站2程序中，［c11］ADD指令将D0值（来自主站的D0，为10）与D10值（来自从站1的D10，为10），结果存入本站的D21。

第9章 PLC与变频器的综合应用

在不外接控制器（如PLC）的情况下，直接操作变频器有三种方式：①操作面板上的按键；②操作接线端子连接的部件（如按钮和电位器）；③复合操作（如操作面板设置频率，操作接线端子连接的按钮进行起/停控制）。

为了操作方便和充分利用变频器，常常采用PLC来控制变频器。**PLC控制变频器有三种基本方式：①以开关量方式控制；②以模拟量方式控制；③以RS-485通信方式控制。**

9.1 PLC以开关量方式控制变频器的硬件连接与实例

9.1.1 PLC以开关量方式控制变频器的硬件连接

变频器有很多开关量端子，如正转、反转和多档转速控制端子等，不使用PLC时，只要给这些端子接上开关就能对变频器进行正转、反转和多档转速控制。当使用PLC控制变频器时，若PLC以开关量方式对变频器进行控制，需要将PLC的开关量输出端子与变频器的开关量输入端子连接起来，为了检测变频器某些状态，同时可以将变频器的开关量输出端子与PLC的开关量输入端子连接起来。

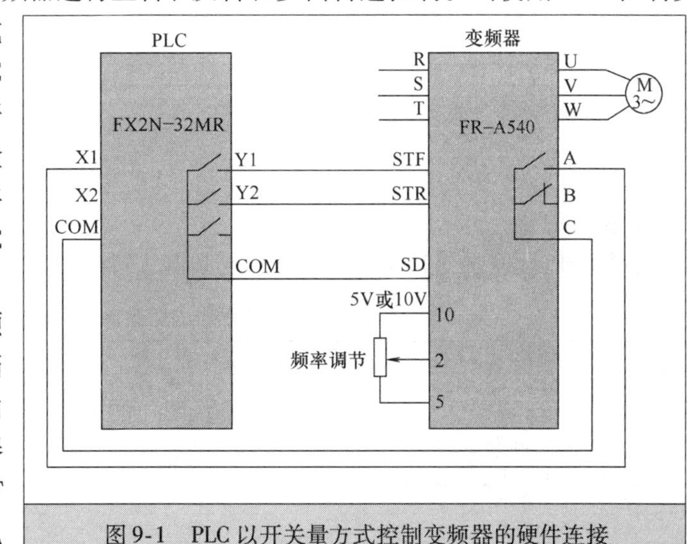

图9-1 PLC以开关量方式控制变频器的硬件连接

PLC以开关量方式控制变频器的硬件连接如图9-1所示。当PLC内部程序运行使Y1端子内部硬触点闭合时，相当于变频器的STF端子外部开关闭合，STF端子输入为ON，变频器起动电动机正转，调节10、2、5端子所接电位器可以改变端子2的输入电压，从而改变变频器输出电源的频率，进而改变电动机的转速。如果变频器内部出现异常时，A、C端子之间的内部触点闭合，相当于PLC的X1端子外部开关闭合，X1端子输入为ON。

9.1.2 PLC以开关量方式控制变频器实例一——电动机正反转控制

1. 控制电路图

PLC以开关量方式控制变频器驱动电动机正反转的电路图如图9-2所示。

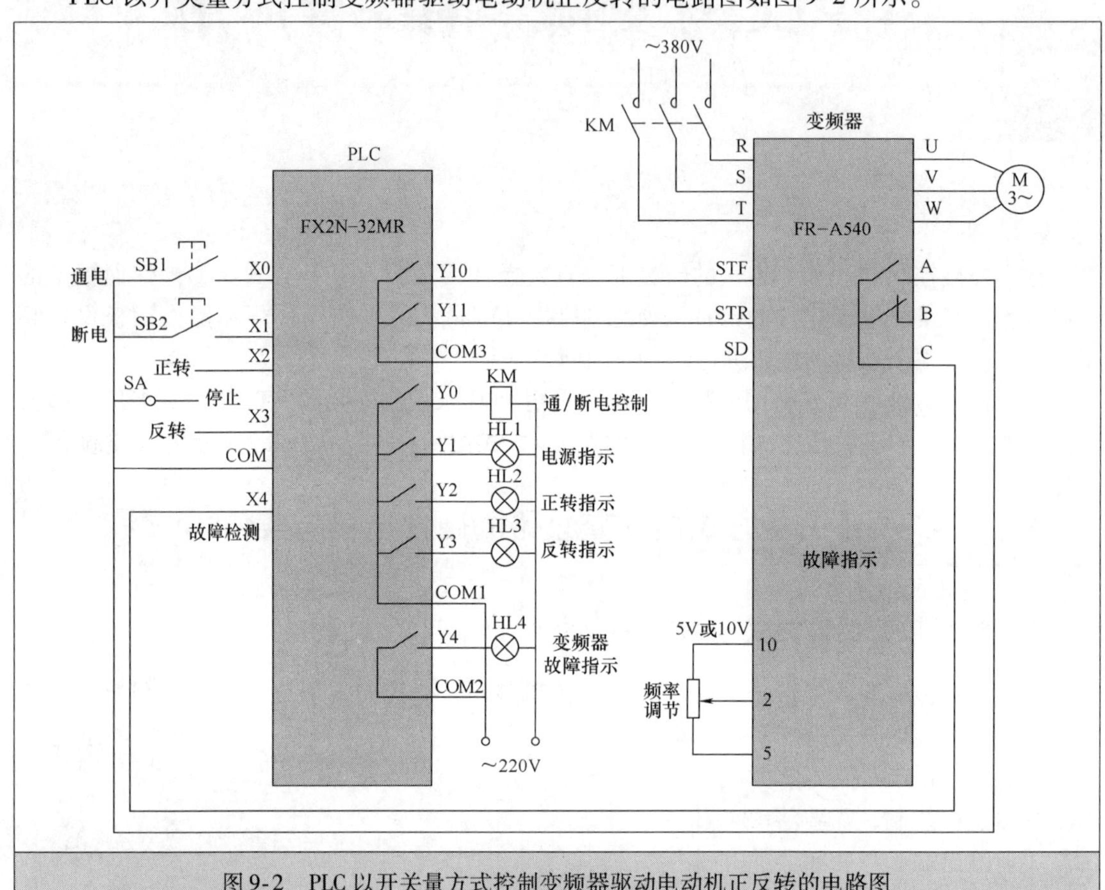

图9-2　PLC以开关量方式控制变频器驱动电动机正反转的电路图

2. 参数设置

在使用PLC控制变频器时，需要对变频器进行有关参数设置，具体见表9-1。

表9-1　变频器的有关参数及设置值

参数名称	参　数　号	设　置　值
加速时间	Pr. 7	5s
减速时间	Pr. 8	3s
加减速基准频率	Pr. 20	50Hz
基底频率	Pr. 3	50Hz
上限频率	Pr. 1	50Hz
下限频率	Pr. 2	0Hz
运行模式	Pr. 79	2

3. 编写程序

变频器有关参数设置好后，还要用编程软件编写相应的PLC控制程序并下载给PLC。PLC控制变频器驱动电动机正反转的PLC程序如图9-3所示。

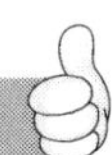

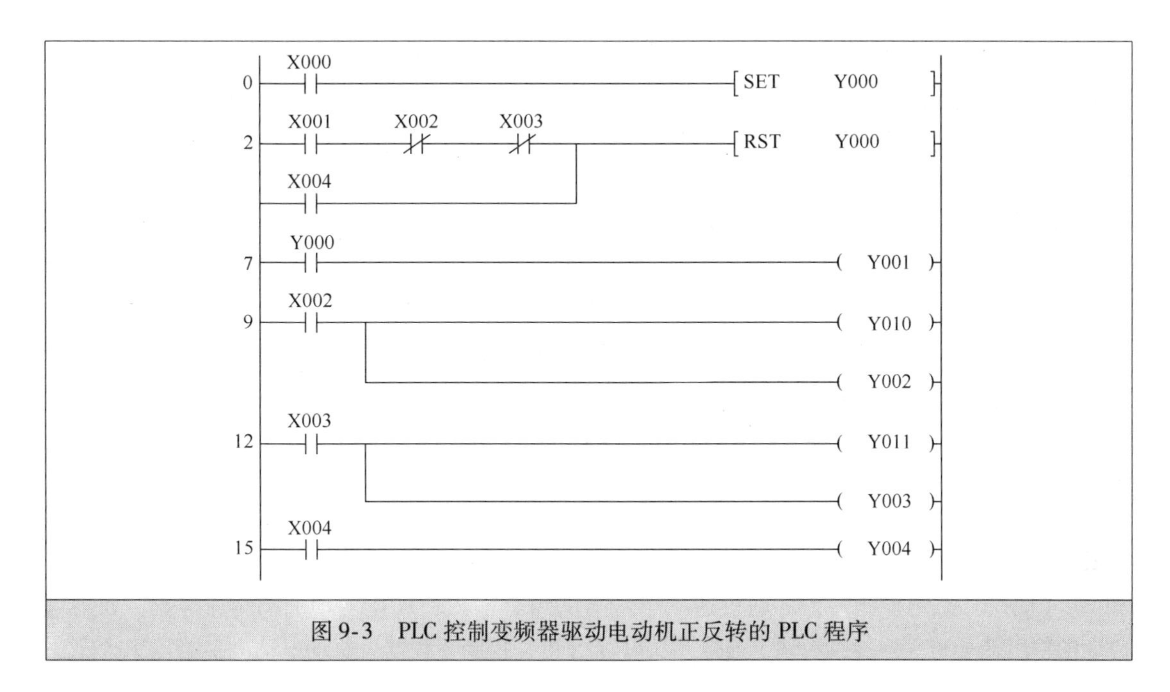

图 9-3 PLC 控制变频器驱动电动机正反转的 PLC 程序

下面对照图 9-2 所示电路图和图 9-3 所示程序来说明 PLC 以开关量方式控制变频器驱动电动机正反转的工作原理。

1）通电控制。当按下通电按钮 SB1 时，PLC 的 X0 端子输入为 ON，它使程序中的［0］X000 常开触点闭合，“SET Y000”指令执行，线圈 Y000 被置 1，Y0 端子内部的硬触点闭合，接触器 KM 线圈得电，KM 主触点闭合，将 380V 的三相电源送到变频器的 R、S、T 端，Y000 线圈置 1 还会使［7］Y000 常开触点闭合，Y001 线圈得电，Y1 端子内部的硬触点闭合，HL1 指示灯通电点亮，指示 PLC 作出通电控制。

2）正转控制。将三档开关 SA 置于“正转”位置时，PLC 的 X2 端子输入为 ON，它使程序中的［9］X002 常开触点闭合，Y010、Y002 线圈均得电，Y010 线圈得电使 Y10 端子内部硬触点闭合，将变频器的 STF、SD 端子接通，即 STF 端子输入为 ON，变频器输出电源使电动机正转，Y002 线圈得电后使 Y2 端子内部硬触点闭合，HL2 指示灯通电点亮，指示 PLC 作出正转控制。

3）反转控制。将三档开关 SA 置于“反转”位置时，PLC 的 X3 端子输入为 ON，它使程序中的［12］X003 常开触点闭合，Y011、Y003 线圈均得电，Y011 线圈得电使 Y11 端子内部硬触点闭合，将变频器的 STR、SD 端子接通，即 STR 端子输入为 ON，变频器输出电源使电动机反转，Y003 线圈得电后使 Y3 端子内部硬触点闭合，HL3 指示灯通电点亮，指示 PLC 作出反转控制。

4）停转控制。在电动机处于正转或反转时，若将 SA 开关置于“停止”位置，X2 或 X3 端子输入为 OFF，程序中的 X2 或 X3 常开触点断开，Y010、Y002 或 Y011、Y003 线圈失电，Y10、Y2 或 Y11、Y3 端子内部硬触点断开，变频器的 STF 或 STR 端子输入为 OFF，变频器停止输出电源，电动机停转，同时 HL2 或 HL3 指示灯熄灭。

5）断电控制。当 SA 置于“停止”位置使电动机停转时，若按下断电按钮 SB2，PLC 的 X1 端子输入为 ON，它使程序中的［2］X001 常开触点闭合，执行“RST Y000”指令，

Y000 线圈被复位失电，Y0 端子内部的硬触点断开，接触器 KM 线圈失电，KM 主触点断开，切断变频器的输入电源，Y000 线圈失电还会使［7］Y000 常开触点断开，Y001 线圈失电，Y1 端子内部的硬触点断开，HL1 指示灯熄灭。如果 SA 处于“正转”或“反转”位置时，［2］X002 或 X003 常闭触点断开，无法执行“RST Y000”指令，即电动机在正转或反转时，操作按钮 SB2 是不能断开变频器输入电源的。

6）故障保护。如果变频器内部保护功能动作，A、C 端子间的内部触点闭合，PLC 的 X4 端子输入为 ON，程序中的［2］X004 常开触点闭合，执行“RST Y000”指令，Y0 端子内部的硬触点断开，接触器 KM 线圈失电，KM 主触点断开，切断变频器的输入电源，保护变频器。另外，［15］X004 常开触点闭合，Y004 线圈得电，Y4 端子内部硬触点闭合，HL4 指示灯通电点亮，指示变频器有故障。

9.1.3 PLC 以开关量方式控制变频器实例二——电动机多档转速控制

变频器可以连续调速，也可以分档调速，FR-500 系列变频器有 RH（高速）、RM（中速）和 RL（低速）三个控制端子，通过这三个端子的组合输入，可以实现七档转速控制。如果将 PLC 的输出端子与变频器这些端子连接，就可以用 PLC 控制变频器来驱动电动机多档转速运行。

1. 控制电路图

PLC 以开关量方式控制变频器驱动电动机多档转速运行的电路图如图 9-4 所示。

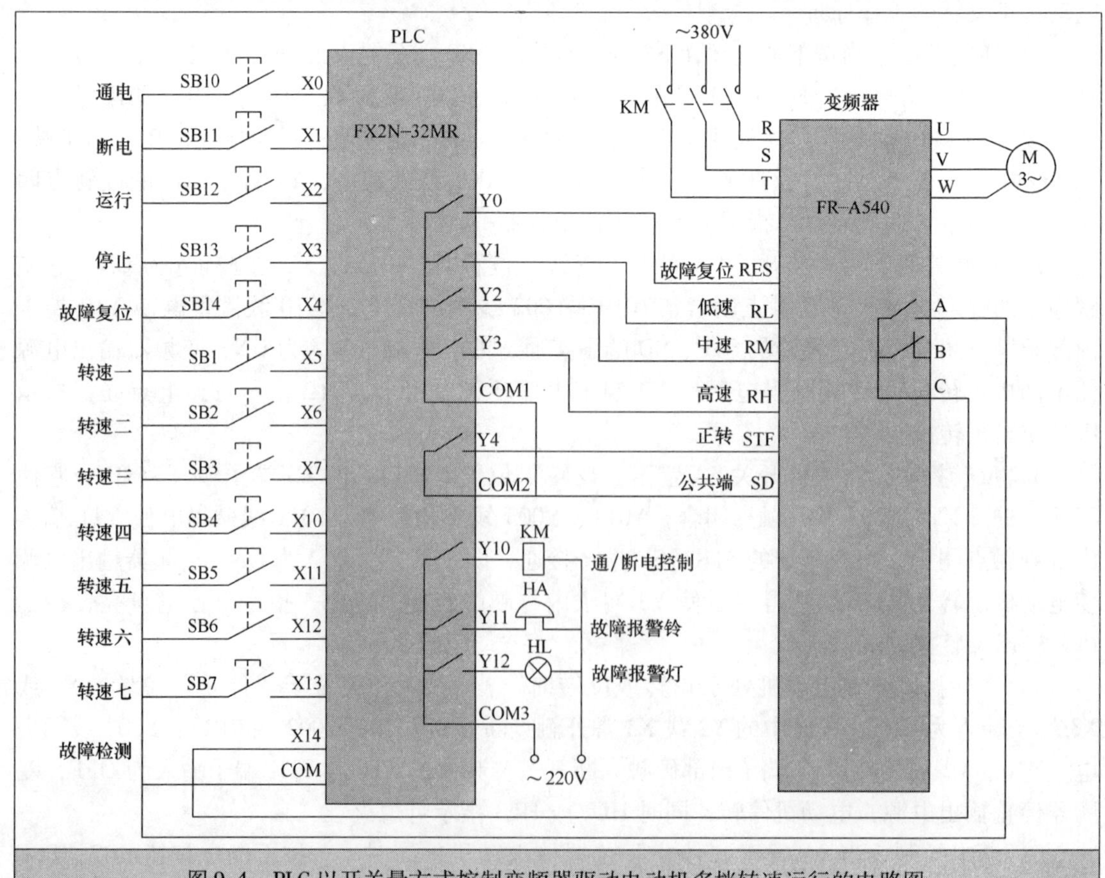

图 9-4 PLC 以开关量方式控制变频器驱动电动机多档转速运行的电路图

2. 参数设置

在用PLC对变频器进行多档转速控制时，需要对变频器进行有关参数设置，参数可分为基本运行参数和多档转速参数，具体见表9-2。

表9-2　变频器的有关参数及设置值

分　类	参数名称	参数号	设定值
基本运行参数	转矩提升	Pr. 0	5%
	上限频率	Pr. 1	50Hz
	下限频率	Pr. 2	5Hz
	基底频率	Pr. 3	50Hz
	加速时间	Pr. 7	5s
	减速时间	Pr. 8	4s
	加减速基准频率	Pr. 20	50Hz
	操作模式	Pr. 79	2
多档转速参数	转速一（RH为ON时）	Pr. 4	15Hz
	转速二（RM为ON时）	Pr. 5	20Hz
	转速三（RL为ON时）	Pr. 6	50Hz
	转速四（RM、RL均为ON时）	Pr. 24	40Hz
	转速五（RH、RL均为ON时）	Pr. 25	30Hz
	转速六（RH、RM均为ON时）	Pr. 26	25Hz
	转速七（RH、RM、RL均为ON时）	Pr. 27	10Hz

3. 编写程序

PLC以开关量方式控制变频器驱动电动机多档转速运行的PLC程序如图9-5所示。

下面对照图9-4线路图和图9-5程序来说明PLC以开关量方式控制变频器驱动电动机多档转速运行的工作原理。

1）通电控制。当按下通电按钮SB10时，PLC的X0端子输入为ON，它使程序中的［0］X000常开触点闭合，“SET Y010”指令执行，线圈Y010被置1，Y10端子内部的硬触点闭合，接触器KM线圈得电，KM主触点闭合，将380V的三相电源送到变频器的R、S、T端。

2）断电控制。当按下断电按钮SB11时，PLC的X1端子输入为ON，它使程序中的［3］X001常开触点闭合，“RST Y010”指令执行，线圈Y010被复位失电，Y10端子内部的硬触点断开，接触器KM线圈失电，KM主触点断开，切断变频器R、S、T端的输入电源。

3）启动变频器运行。当按下运行按钮SB12时，PLC的X2端子输入为ON，它使程序中的［7］X002常开触点闭合，由于Y010线圈已得电，它使Y010常开触点处于闭合状态，“SET Y004”指令执行，Y004线圈被置1而得电，Y4端子内部硬触点闭合，将变频器的STF、SD端子接通，即STF端子输入为ON，变频器输出电源起动电动机正向运转。

4）停止变频器运行。当按下停止按钮SB13时，PLC的X3端子输入为ON，它使程序中的［10］X003常开触点闭合，“RST Y004”指令执行，Y004线圈被复位而失电，Y4端

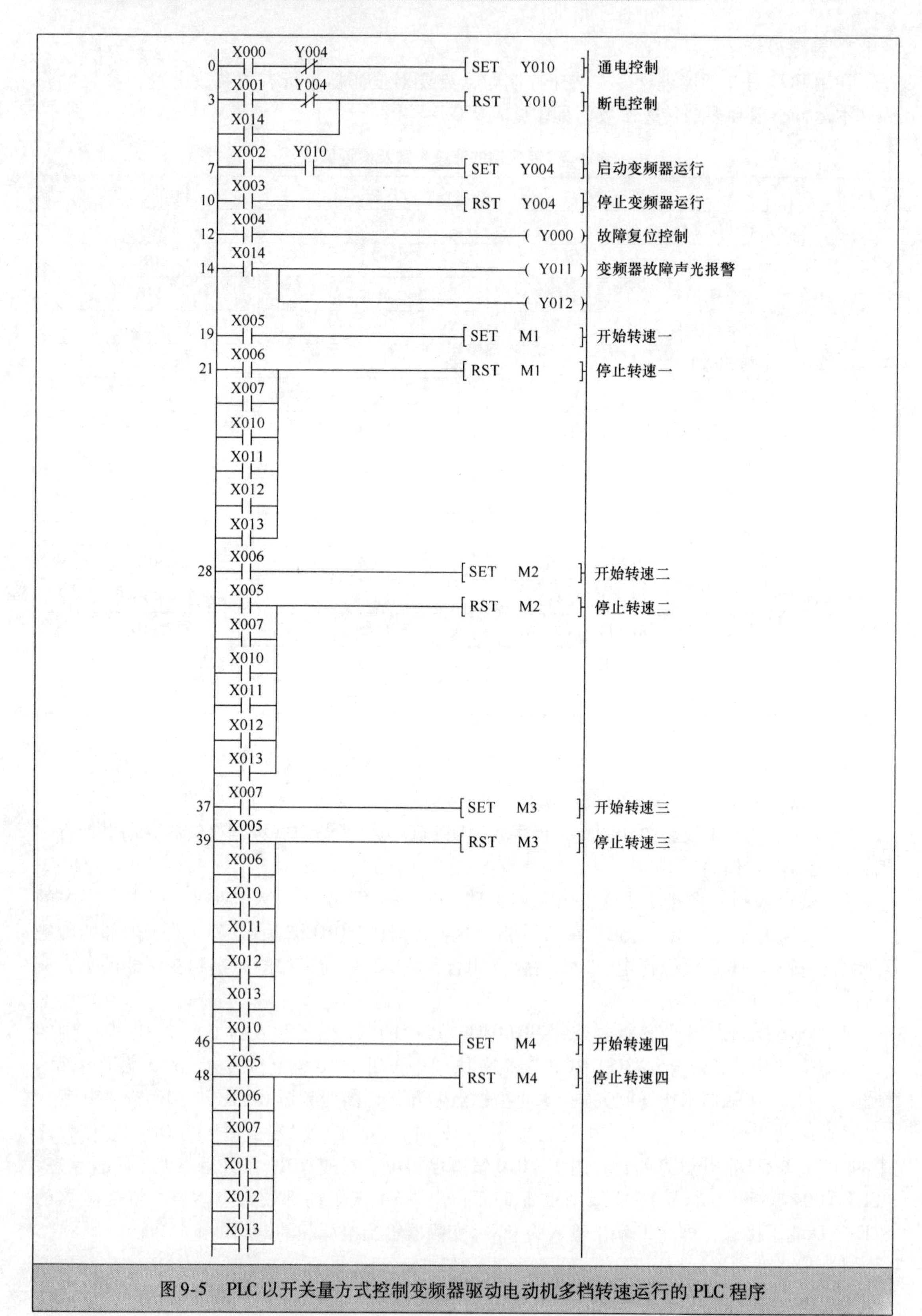

图9-5 PLC以开关量方式控制变频器驱动电动机多档转速运行的PLC程序

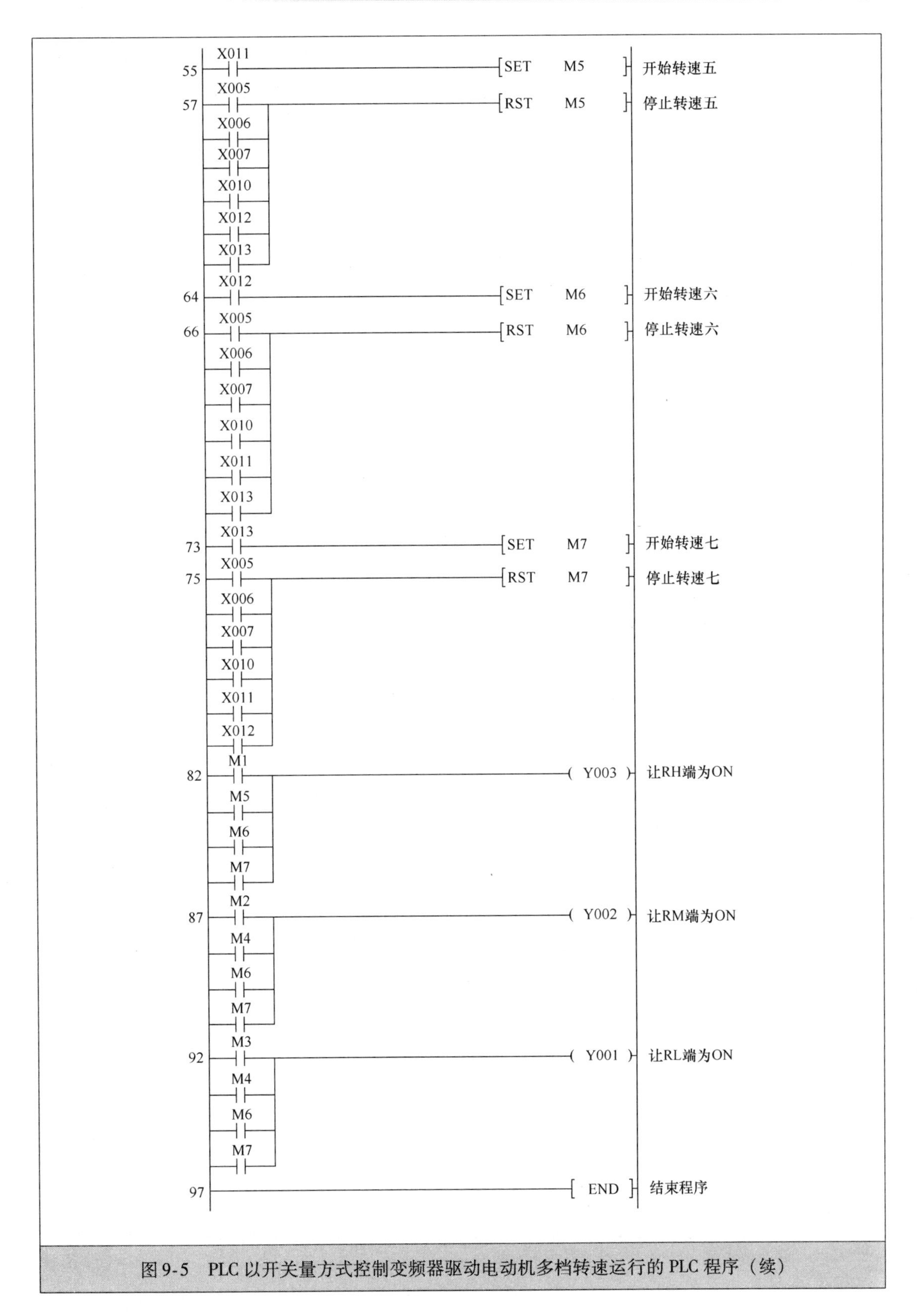

图9-5　PLC以开关量方式控制变频器驱动电动机多档转速运行的PLC程序（续）

子内部硬触点断开，将变频器的 STF、SD 端子断开，即 STF 端子输入为 OFF，变频器停止输出电源，电动机停转。

5）故障报警及复位。如果变频器内部出现异常而导致保护电路动作时，A、C 端子间的内部触点闭合，PLC 的 X14 端子输入为 ON，程序中的［14］X014 常开触点闭合，Y011、Y012 线圈得电，Y11、Y12 端子内部硬触点闭合，报警铃和报警灯均得电而发出声光报警，同时［3］X014 常开触点闭合，“RST Y010”指令执行，线圈 Y010 被复位失电，Y10 端子内部的硬触点断开，接触器 KM 线圈失电，KM 主触点断开，切断变频器 R、S、T 端的输入电源。变频器故障排除后，当按下故障按钮 SB14 时，PLC 的 X4 端子输入为 ON，它使程序中的［12］X004 常开触点闭合，Y000 线圈得电，变频器的 RES 端输入为 ON，解除保护电路的保护状态。

6）转速一控制。变频器启动运行后，按下按钮 SB1（转速一），PLC 的 X5 端子输入为 ON，它使程序中的［19］X005 常开触点闭合，“SET M1”指令执行，线圈 M1 被置 1，［82］M1 常开触点闭合，Y003 线圈得电，Y3 端子内部的硬触点闭合，变频器的 RH 端输入为 ON，让变频器输出转速一设定频率的电源驱动电动机运转。按下 SB2 ~ SB7 中的某个按钮，会使 X006 ~ X013 中的某个常开触点闭合，“RST M1”指令执行，线圈 M1 被复位失电，［82］M1 常开触点断开，Y003 线圈失电，Y3 端子内部的硬触点断开，变频器的 RH 端输入为 OFF，停止按转速一运行。

7）转速四控制。按下按钮 SB4（转速四），PLC 的 X10 端子输入为 ON，它使程序中的［46］X010 常开触点闭合，“SET M4”指令执行，线圈 M4 被置 1，［87］、［92］M4 常开触点均闭合，Y002、Y001 线圈均得电，Y2、Y1 端子内部的硬触点均闭合，变频器的 RM、RL 端输入均为 ON，让变频器输出转速四设定频率的电源驱动电动机运转。按下 SB1 ~ SB3 或 SB5 ~ SB7 中的某个按钮，会使 X005 ~ X007 或 X011 ~ X013 中的某个常开触点闭合，“RST M4”指令执行，线圈 M4 被复位失电，［87］、［92］M4 常开触点均断开，Y002、Y001 线圈均失电，Y2、Y1 端子内部的硬触点均断开，变频器的 RM、RL 端输入均为 OFF，停止按转速四运行。

其他转速控制与上述转速控制过程类似，这里不再叙述。RH、RM、RL 端输入状态与对应的速度关系如图 9-6 所示。

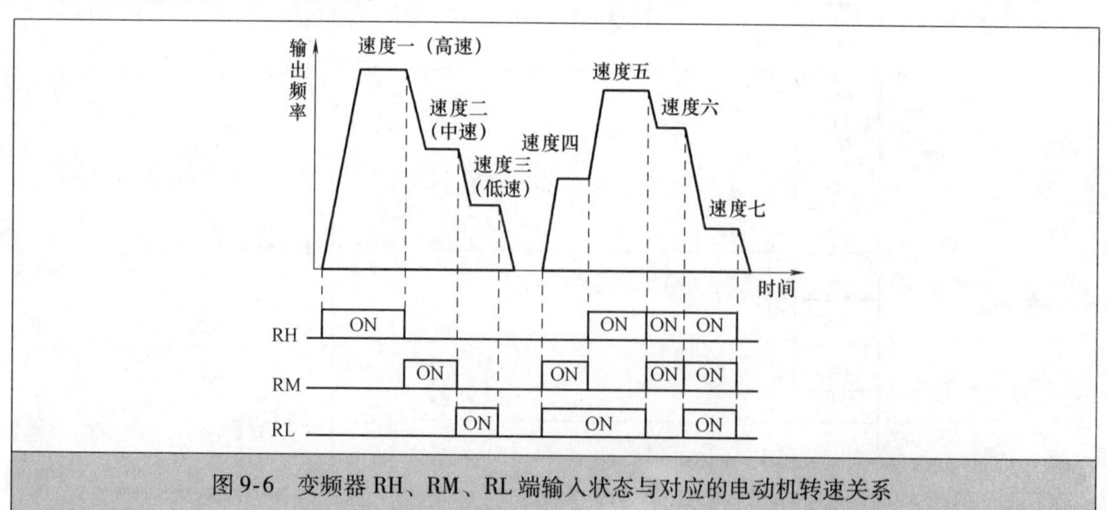

图 9-6　变频器 RH、RM、RL 端输入状态与对应的电动机转速关系

9.2 PLC 以模拟量方式控制变频器的硬件连接与实例

9.2.1 PLC 以模拟量方式控制变频器的硬件连接

变频器有一些电压和电流模拟量输入端子，改变这些端子的电压或电流输入值可以改变电动机的转速，如果将这些端子与 PLC 的模拟量输出端子连接，就可以利用 PLC 控制变频器来调节电动机的转速。模拟量是一种连续变化的量，利用模拟量控制功能可以使电动机的转速连续变化（无级变速）。

PLC 以模拟量方式控制变频器的硬件连接如图 9-7 所示，由于三菱 FX2N-32MR 型 PLC 无模拟量输出功能，需要给它连接模拟量输出模块（如 FX2N-4DA），再将模拟量输出模块的输出端子与变频器的模拟量输入端子连接。当变频器的 STF 端子外部开关闭合时，该端子输入为 ON，变频器启动电动机正转，PLC 内部程序运行时产生的数字量数据通过连接电缆送到模拟量输出模块（DA 模块），由其转换成 0～5V 或 0～10V 范围内的电压（模拟量）送到变频器 2、5 端子，控制变频器输出电源的频率，进而控制电动机的转速，如果 DA 模块输出到变频器 2、5 端子的电压发生变化，变频器输出电源频率也会变化，电动机转速就会变化。

PLC 在以模拟量方式控制变频器的模拟量输入端子时，也可同时用开关量方式控制变频器的开关量输入端子。

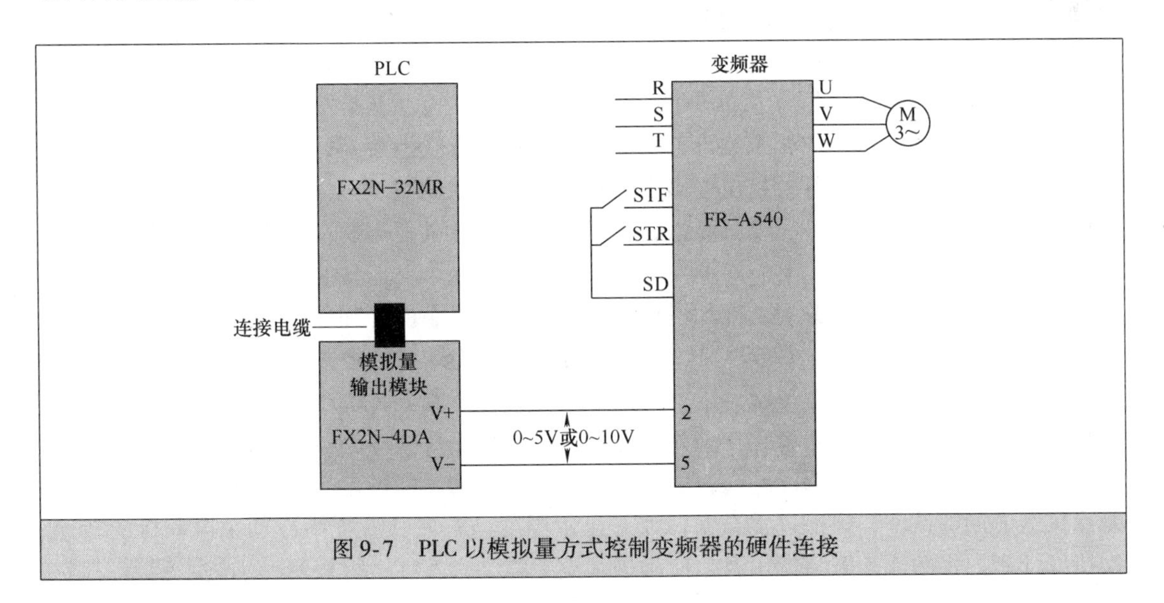

图 9-7 PLC 以模拟量方式控制变频器的硬件连接

9.2.2 PLC 以模拟量方式控制变频器的实例——中央空调冷却水流量控制

1. 中央空调系统的组成与工作原理

中央空调系统的组成如图 9-8 所示。

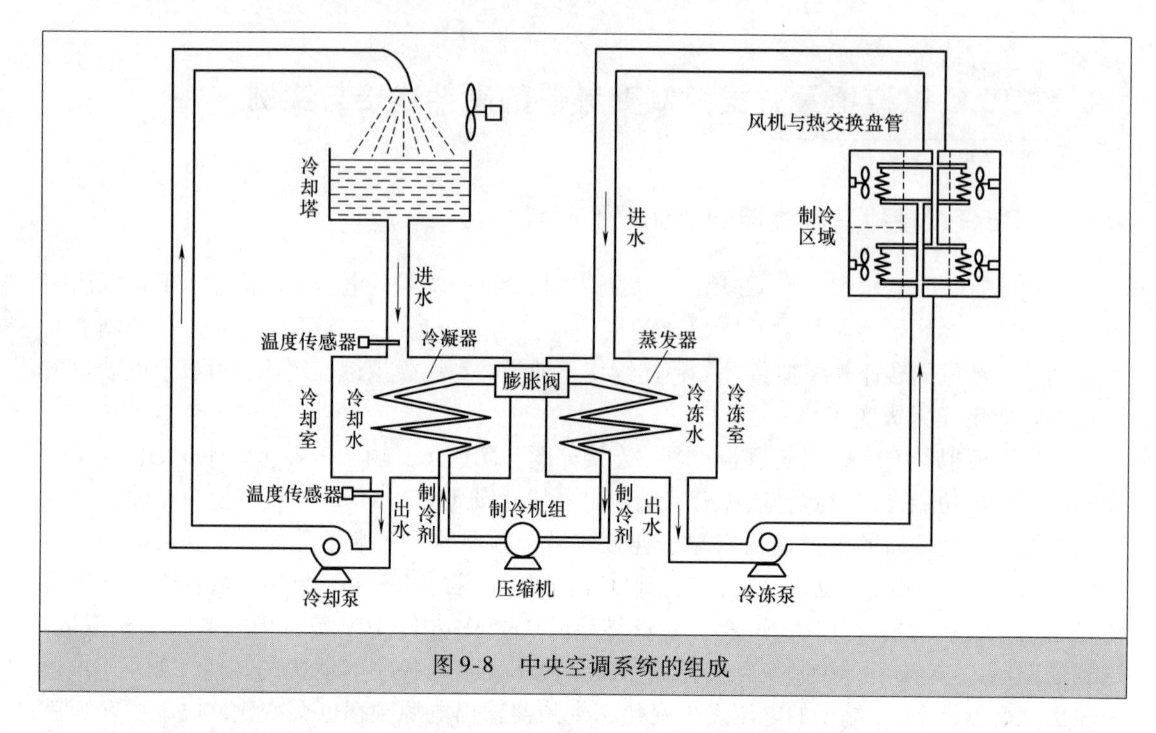

图9-8　中央空调系统的组成

中央空调系统由三个循环系统组成，分别是制冷剂循环系统、冷却水循环系统和冷冻水循环系统。

制冷剂循环系统工作原理：压缩机从进气口吸入制冷剂（如氟利昂），在内部压缩后排出高温高压的气态制冷剂进入冷凝器（由散热良好的金属管做成），冷凝器浸在冷却水中，冷凝器中的制冷剂被冷却后，得到低温高压的液态制冷剂，然后经膨胀阀（用于控制制冷剂的流量大小）进入蒸发器（由散热良好的金属管做成），由于蒸发器管道空间大，液态制冷剂压力减小，马上汽化成气态制冷剂，制冷剂在由液态变成气态时会吸收大量的热量，蒸发器管道因被吸热而温度降低，由于蒸发器浸在水中，水的温度也因此而下降，蒸发器出来的低温低压的气态制冷剂被压缩机吸入，压缩成高温高压的气态制冷剂又进入冷凝器，开始下一次循环过程。

冷却水循环系统工作原理：冷却塔内的水流入制冷机组的冷却室，高温冷凝器往冷却水散热，使冷却水温度上升（如37℃），升温的冷却水被冷却泵抽吸并排往冷却塔，水被冷却（如冷却到32℃）后流进冷却塔，然后又流入冷却室，开始下一次冷却水循环。冷却室的出水温度要高于进水温度，两者存在温差，出进水温差大小反映冷凝器产生的热量多少，冷凝器产生的热量越多，出水温度越高，出进水温差越大，为了能带走冷凝器更多的热量来提高制冷机组的制冷效率，当出进水温度较大（出水温度高）时，应提高冷却泵电动机的转速，加快冷却室内水的流速来降低水温，使出进水温差减小，实际运行表明，出进水温差控制在3～5℃范围内较为合适。

冷冻水循环系统工作原理：制冷区域的热交换盘管中的水进入制冷机组的冷冻室，经蒸发器冷却后水温降低（如7℃），低温水被冷冻泵抽吸并排往制冷区域的各个热交换盘管，在风机作用下，空气通过低温盘管（内有低温水通过）时温度下降，使制冷区域的室内空气温度下降，热交换盘管内的水温则会升高（如升高到12℃），从盘管中流出的升温水汇集

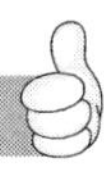

后又流进冷冻室，被低温蒸发器冷却后，再经冷冻泵抽吸并排往制冷区域的各个热交换盘管，开始下一次冷冻水循环。

2. 中央空调冷却水流量控制的 PLC 与变频器电路图

中央空调冷却水流量控制的 PLC 与变频器电路图如图 9-9 所示。

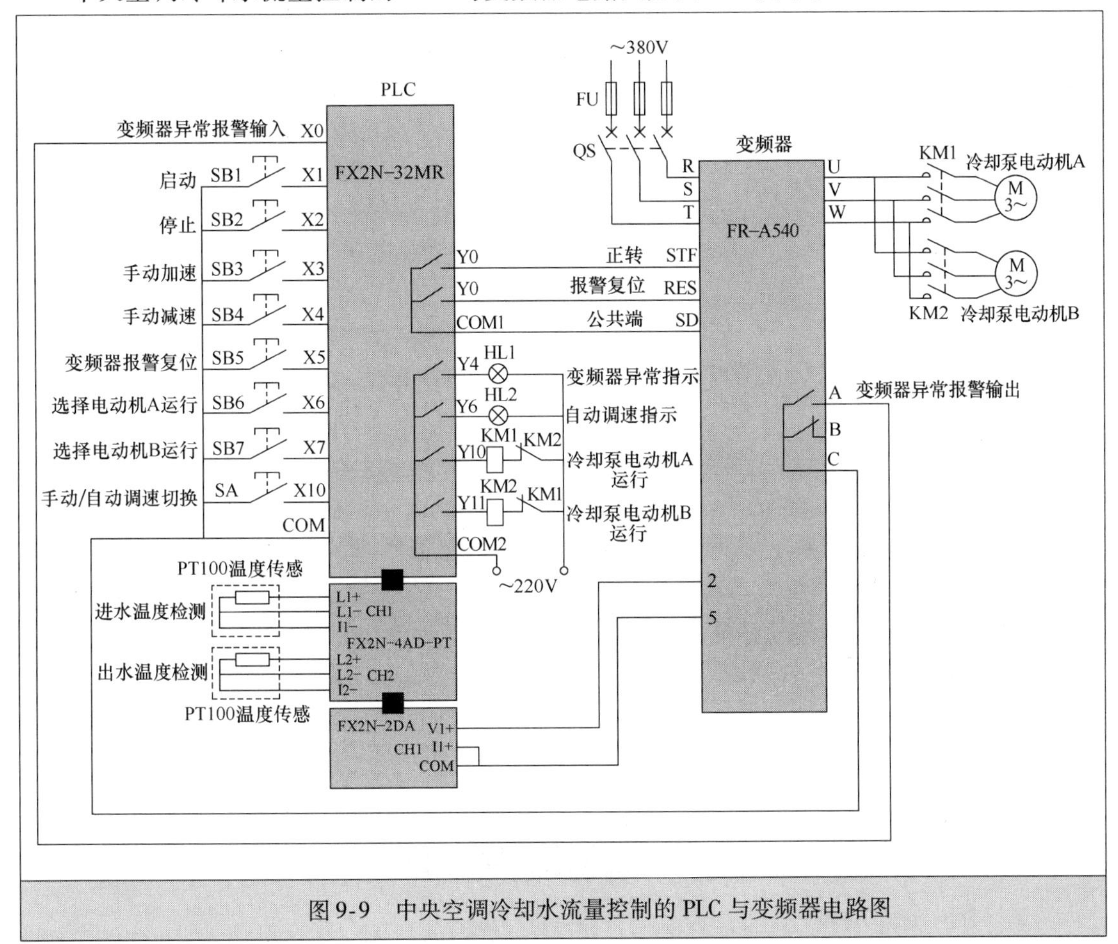

图 9-9　中央空调冷却水流量控制的 PLC 与变频器电路图

3. PLC 程序

中央空调冷却水流量控制的 PLC 程序由 D-A 转换程序、温差检测与自动调速程序、手动调速程序、变频器启/停/报警及电动机选择程序组成。

（1）D-A 转换程序

D-A 转换程序的功能是将 PLC 指定存储单元中的数字量转换成模拟量并输出到变频器的调速端子。本例是利用 FX2N-2DA 模块将 PLC 的 D100 单元中的数字量转换成 0~10V 电压输出到变频器的 2、5 端子。D-A 转换程序如图 9-10 所示。

（2）温差检测与自动调速程序

温差检测与自动调速程序如图 9-11 所示。温度检测模块（FX2N-4AD-PT）将出水和进水温度传感器检测到的温度值转换成数字量温度值，分别存入 D21 和 D20，两者相减后得到温差值存入 D25。在自动调速方式（X010 常开触点闭合）时，PLC 每隔 4s 检测一次温差，如果温差值 >5℃，自动将 D100 中的数字量提高 40，转换成模拟量去控制变频器，使之频

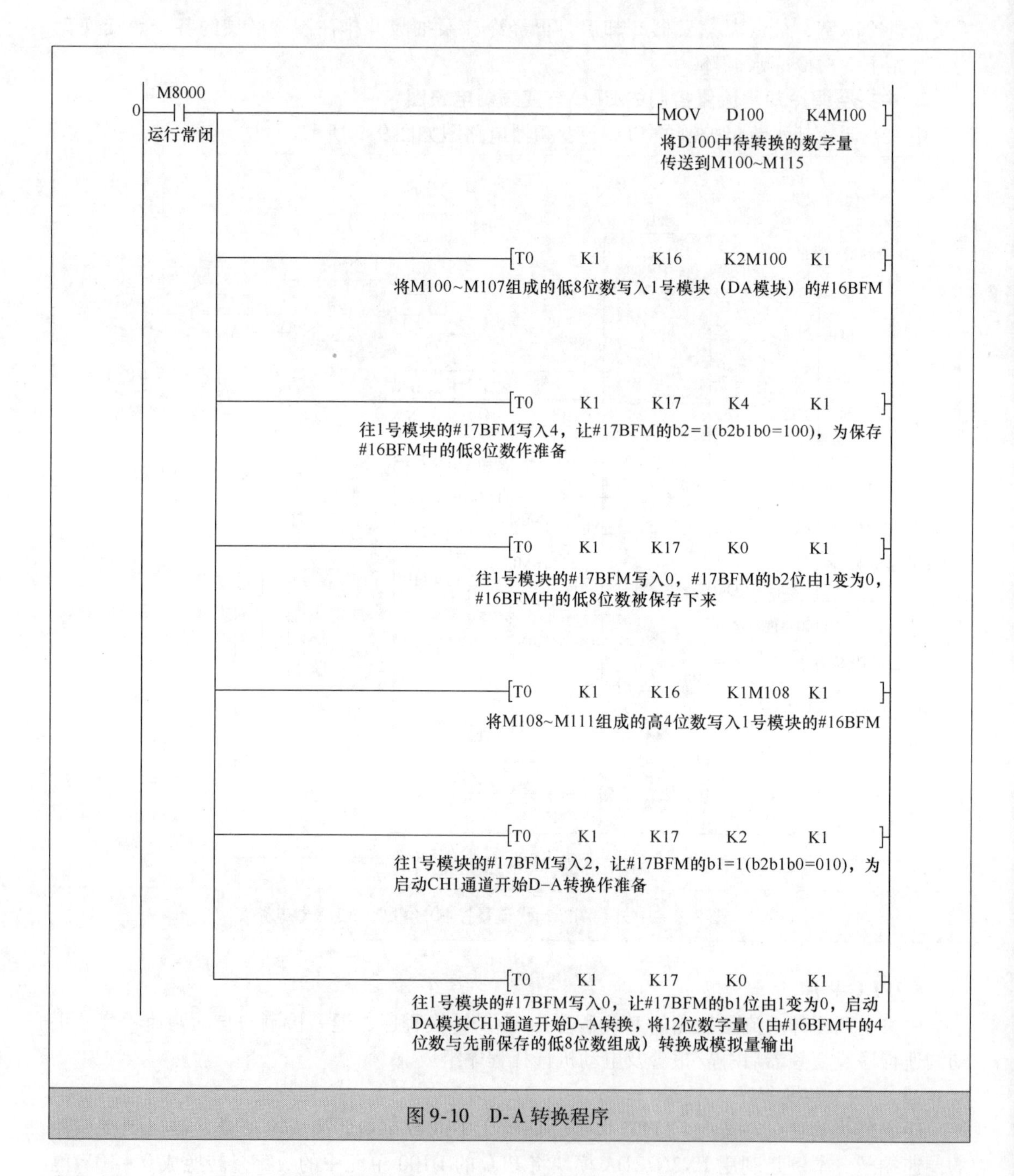

图9-10　D-A转换程序

率提升0.5Hz，冷却泵电动机转速随之加快，如果温差值<4.5℃，自动将D100中的数字量减小40，使变频器的频率降低0.5Hz，冷却泵电动机转速随之降低，如果4.5℃≤温差值≤5℃，D100中的数字量保持不变，变频器的频率不变，冷却泵电动机转速也不变。为了将变频器的频率限制在30~50Hz，程序将D100的数字量限制在2400~4000范围内。

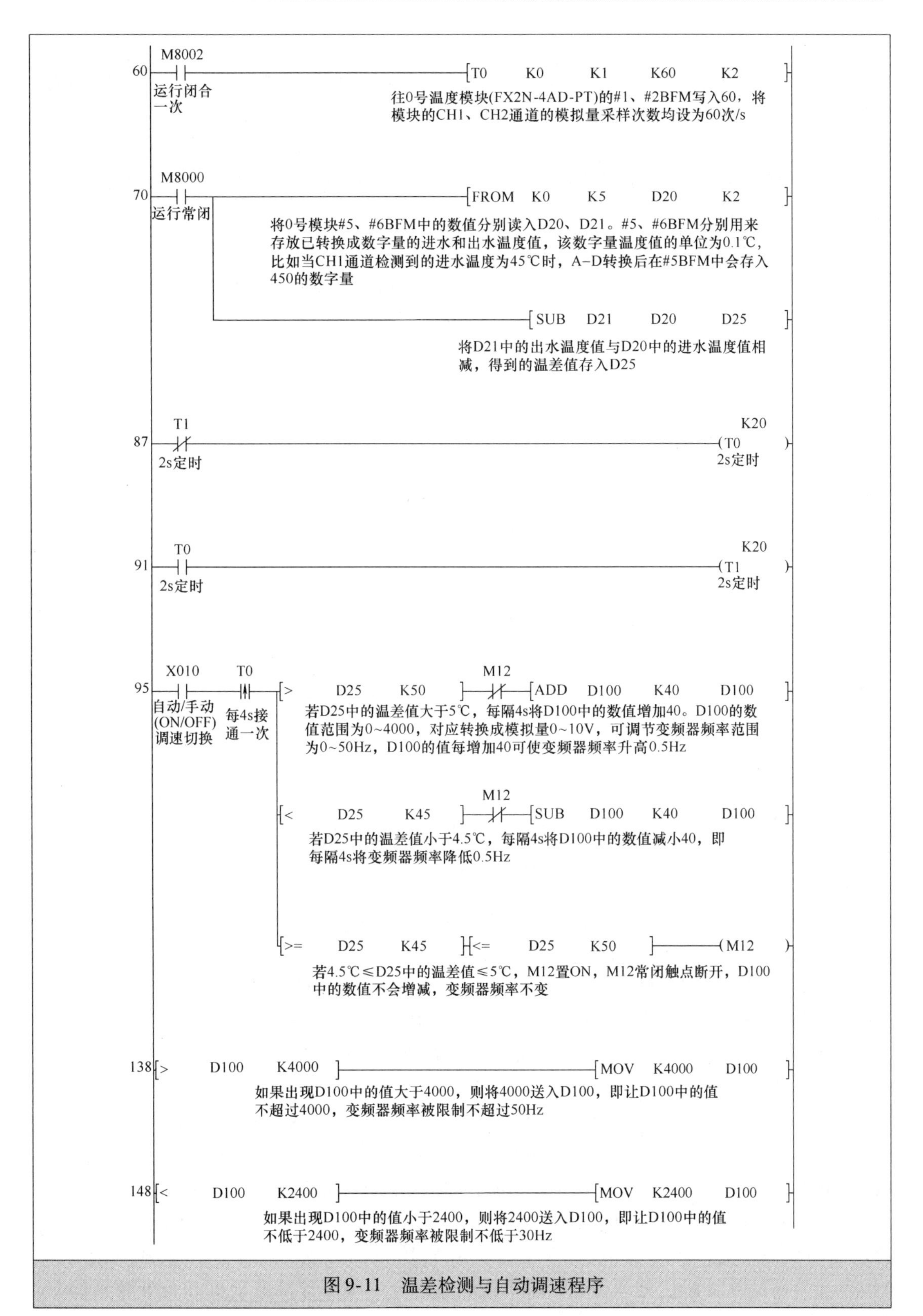

图9-11　温差检测与自动调速程序

(3) 手动调速程序

手动调速程序如图9-12所示。在手动调速方式(X010常闭触点闭合)时,X003触点每闭合一次,D100中的数字量就增加40,由DA模块转换成模拟量后使变频器频率提高0.5Hz,X004触点每闭合一次,D100中的数字量就减小40,由DA模块转换成模拟量后使变频器频率降低0.5Hz,为了将变频器的频率限制在30~50Hz,程序将D100的数字量限制在2400~4000范围内。

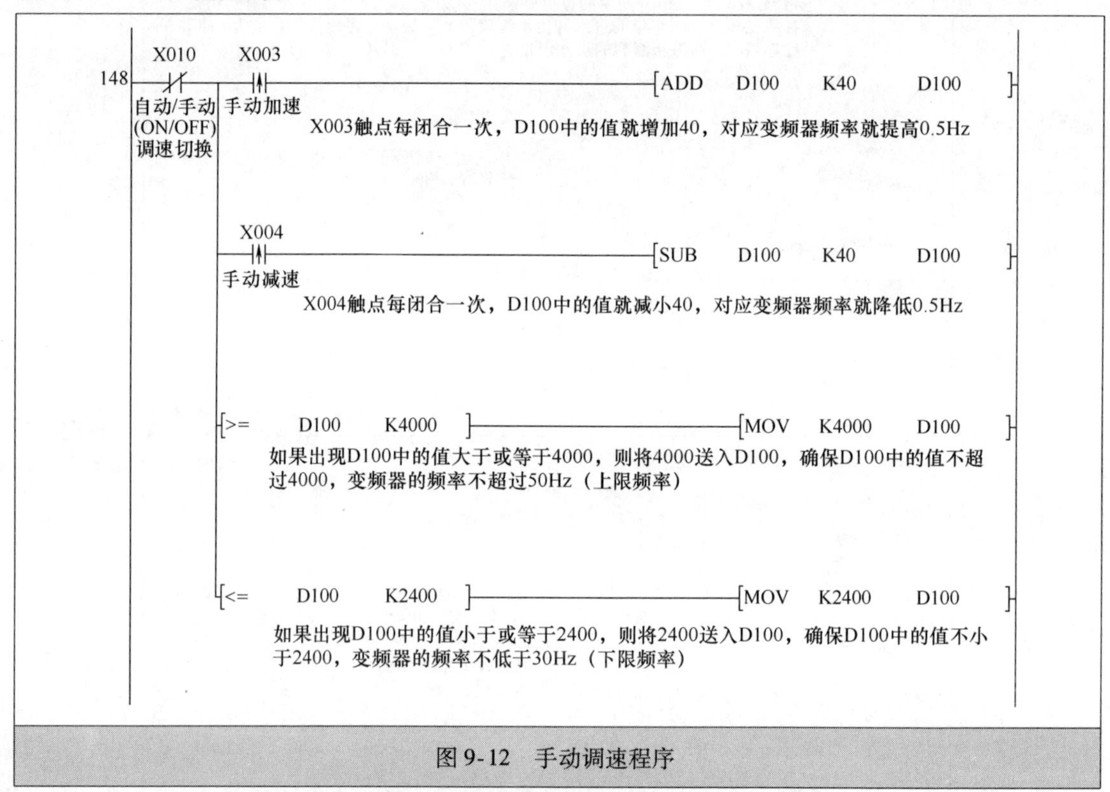

图9-12 手动调速程序

(4) 变频器启/停/报警及电动机选择程序

变频器启/停/报警及电动机选择程序如图9-13所示。下面对照图9-9所示电路图和图9-13来说明该程序工作原理。

1) 变频器启动控制。按下启动按钮SB1,PLC的X0端子输入为ON,程序中的[208]X001常开触点闭合,将Y000线圈置1,[191]Y000常开触点闭合,为选择电动机作准备,[214]Y001常闭触点断开,停止对D100(用于存放用作调速的数字量)复位,另外,PLC的Y0端子内部硬触点闭合,变频器STF端子输入为ON,启动变频器从U、V、W端子输出正转电源,正转电源频率由D100中的数字量决定,Y001常闭触点断开停止D100复位后,自动调速程序的[148]指令马上往D100写入2400,D100中的2400随之由D-A程序转换成6V电压,送到变频器的2、5端子,使变频器输出的正转电源频率为30Hz。

2) 冷却泵电动机选择。按下选择电动机A运行的按钮SB6,[191]X006常开触点闭合,Y010线圈得电,Y010自锁触点闭合,锁定Y010线圈得电,同时Y010硬触点也闭合,Y10端子外部接触器KM1线圈得电,KM1主触点闭合,将冷却泵电动机A与变频器的U、

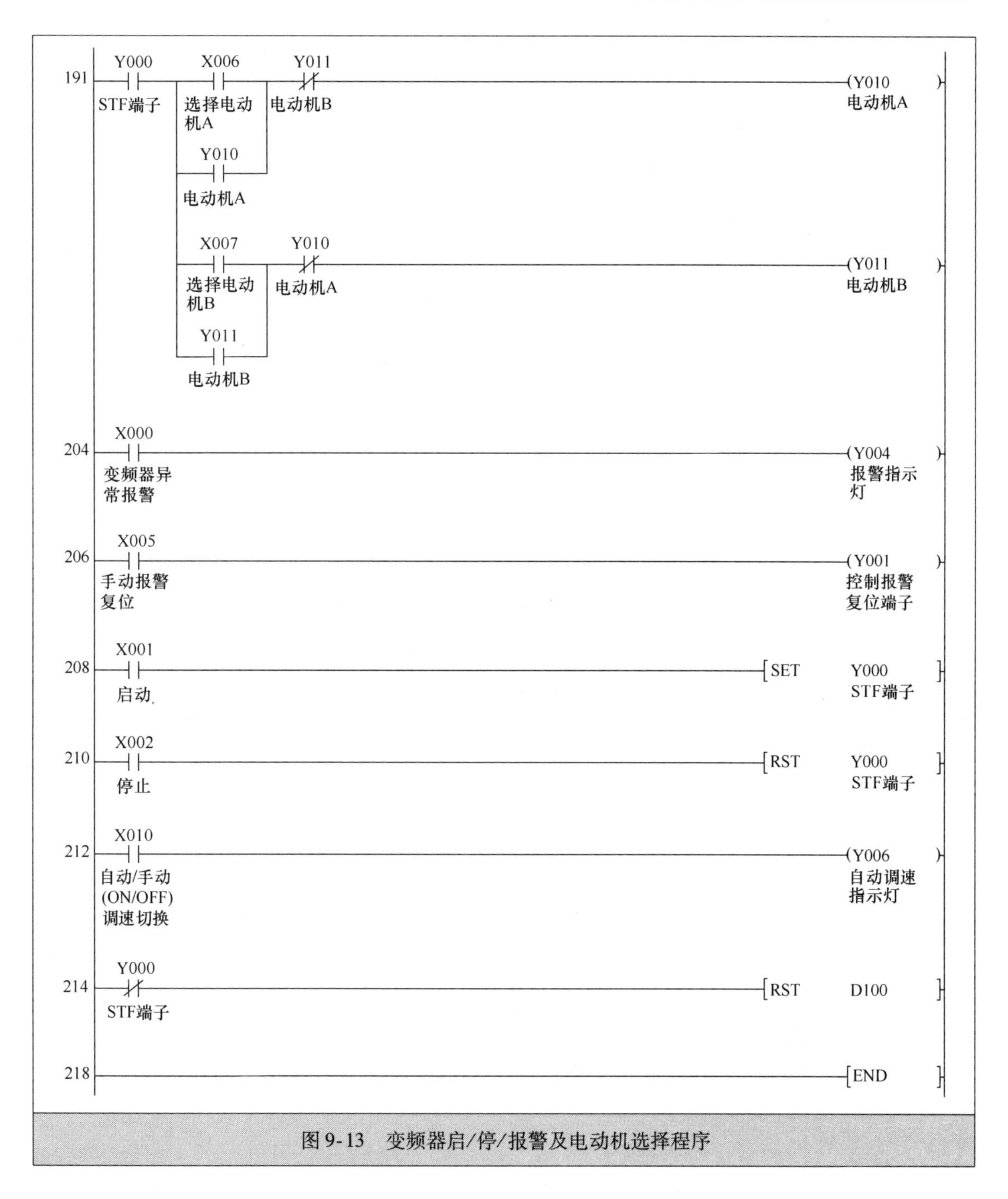

图 9-13　变频器启/停/报警及电动机选择程序

V、W 端子接通，变频器输出电源驱动冷却泵电动机 A 运行。按钮 SB7 用于选择电动机 B 运行，其工作过程与电动机 A 相同。

3）变频器停止控制。按下停止按钮 SB2，PLC 的 X2 端子输入为 ON，程序中的［210］X002 常开触点闭合，将 Y000 线圈复位，［191］Y000 常开触点断开，Y010、Y011 线圈均失电，KM1、KM2 线圈失电，KM1、KM2 主触点均断开，将变频器与两个电动机 A 断开；［214］Y001 常闭触点闭合，对 D100 复位；另外，PLC 的 Y0 端子内部硬触点断开，变频器 STF 端子输入为 OFF，变频器停止 U、V、W 端子输出电源。

4）自动调速控制。将自动/手动调速切换开关闭合，选择自动调速方式，［212］X010常开触点闭合，Y006线圈得电，Y006硬触点闭合，Y6端子外接指示灯HL2通电点亮，指示当前为自动调速方式；［95］X010常开触点闭合，自动调速程序工作，系统根据检测到的出进水温差来自动改变用作调速的数字量，该数字量经DA模块转换成相应的模拟量电压，去调节变频器的输出电源频率，进而自动调节冷却泵电动机的转速；［148］X010常闭触点断开，手动调速程序不工作。

5）手动调速控制。将自动/手动调速切换开关断开，选择手动调速方式，［212］X010常开触点断开，Y006线圈失电，Y006硬触点断开，Y6端子外接指示灯断电熄灭；［95］X010常开触点断开，自动调速程序不工作；［148］X010常闭触点闭合，手动调速程序工作，以手动加速控制为例，每按一次手动加速按钮SB3，X003上升沿触点就接通一个扫描周期，ADD指令就将D100中用作调速的数字量增加40，经DA模块转换成模拟量电压，去控制变频器频率提高0.5Hz。

6）变频器报警及复位控制。在运行时，如果变频器出现异常情况（如电动机出现短路导致变频器过电流），其A、C端子内部的触点闭合，PLC的X0端子输入为ON，程序［204］X000常开触点闭合，Y004线圈得电，Y4端子内部的硬触点闭合，变频器异常报警指示灯HL1通电点亮。排除异常情况后，按下变频器报警复位按钮SB5，PLC的X5端子输入为ON，程序［206］X005常开触点闭合，Y1端子内部的硬触点闭合，变频器的RES端子（报警复位）输入为ON，变频器内部报警复位，A、C端子内部的触点断开，PLC的X0端子输入变为OFF，最终使Y4端子外接报警指示灯HL1断电熄灭。

4. 变频器参数的设置

为了满足控制和运行要求，需要对变频器一些参数进行设置。本例中变频器需设置的参数及设置值见表9-3。

表9-3　变频器的有关参数及设置值

参数名称	参数号	设置值
加速时间	Pr. 7	3s
减速时间	Pr. 8	3s
基底频率	Pr. 3	50Hz
上限频率	Pr. 1	50Hz
下限频率	Pr. 2	30Hz
运行模式	Pr. 79	2（外部操作）
0~5V和0~10V调频电压选择	Pr. 73	0（0~10V）

9.3 PLC以RS-485通信方式控制变频器的硬件连接与实例

PLC以开关量方式控制变频器时，需要占用较多的输出端子去连接变频器相应功能的输入端子，才能对变频器进行正转、反转和停止等控制；PLC以模拟量方式控制变频器时，需要使用DA模块才能对变频器进行频率调速控制。如果PLC以RS-485通信方式控制变频器，只需一根 RS-485 通信电缆（内含 5 根芯线），直接将各种控制和调频命令送给变频器，变频器根据 PLC 通过 RS-485 通信电缆送来的指令就能执行相应的功能控制。

RS-485 通信是目前工业控制广泛采用的一种通信方式，具有较强的抗干扰能力，其通信距离可达几十米至上千米。采用 RS-485 通信不但可以将两台设备连接起来进行通信，还可以将多台设备（最多可并联 32 台设备）连接起来构成分布式系统，进行相互通信。

9.3.1　变频器和 PLC 的 RS-485 通信口

1. 变频器的 RS-485 通信口

三菱 FR500 系列变频器有一个用于连接操作面板的 PU 口，该接口可用作 RS-485 通信口，在使用 RS-485 方式与其他设备通信时，需要将操作面板插头（RJ45 插头）从 PU 口拔出，再将 RS-485 通信电缆的一端插入 PU 口，通信电缆另一端连接 PLC 或其他设备。三菱 FR500 系列变频器 PU 口外形及各引脚功能说明如图 9-14 所示。

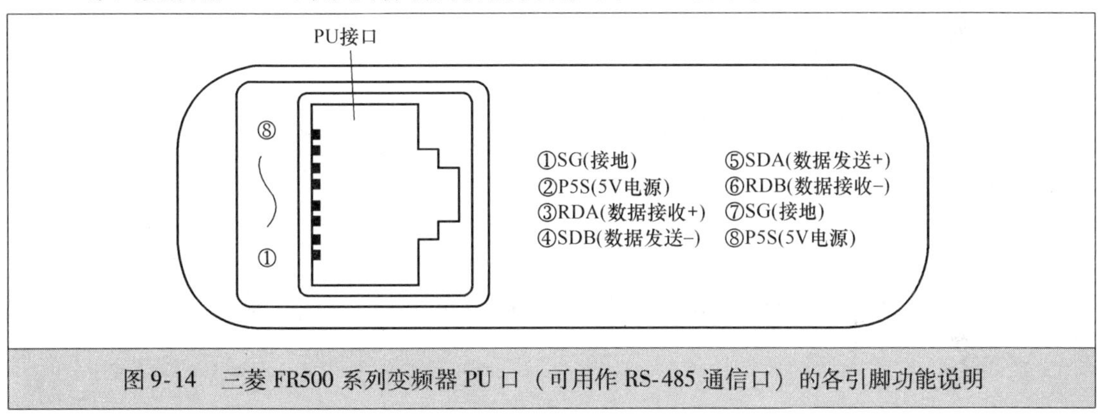

图 9-14　三菱 FR500 系列变频器 PU 口（可用作 RS-485 通信口）的各引脚功能说明

三菱 FR500 系列变频器只有一个 RS-485 通信口（PU 口），面板操作和 RS-485 通信不能同时进行，而三菱 FR700 系列变频器除了有一个 PU 接口外，还单独配备了一个 RS-485 通信口（接线排），专用于进行 RS-485 通信。三菱 FR700 系列变频器 RS-485 通信口外形及各脚功能说明如图 9-15 所示，通信口的每个功能端子都有 2 个，一个接上一台 RS-485 通信设备，另一个端子接下一台 RS-485 通信设备，若无下一台设备，应将终端电阻开关拨至“100Ω”侧。

2. PLC 的 RS-485 通信口

三菱 FX 系列 PLC 一般不带 RS-485 通信口，如果要与变频器进行 RS-485 通信，须给 PLC 安装 FX2N-485BD 通信板。FX2N-485BD 通信板的外形和端子如图 9-16a 所示，通信板的安装方法如图 9-16b 所示。

9.3.2　变频器与 PLC 的 RS-485 通信连接

1. 单台变频器与 PLC 的 RS-485 通信连接

单台变频器与 PLC 的 RS-485 通信连接如图 9-17 所示，两者在连接时，一台设备的发送端子（+\ -）应分别与另一台设备的接收端子（+\ -）连接，接收端子（+\ -）应分别与另一台设备的发送端子（+\ -）连接。

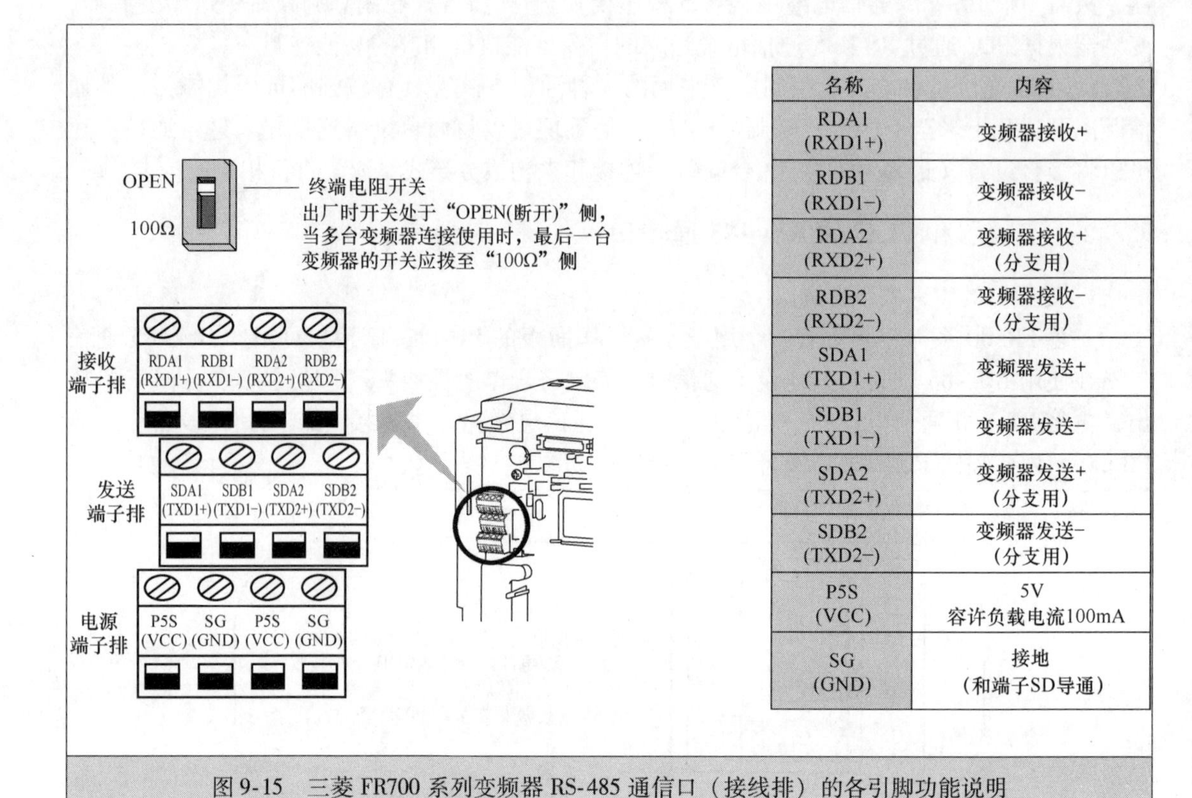

名称	内容
RDA1 (RXD1+)	变频器接收+
RDB1 (RXD1−)	变频器接收−
RDA2 (RXD2+)	变频器接收+ (分支用)
RDB2 (RXD2−)	变频器接收− (分支用)
SDA1 (TXD1+)	变频器发送+
SDB1 (TXD1−)	变频器发送−
SDA2 (TXD2+)	变频器发送+ (分支用)
SDB2 (TXD2−)	变频器发送− (分支用)
P5S (VCC)	5V 容许负载电流100mA
SG (GND)	接地 (和端子SD导通)

图 9-15　三菱 FR700 系列变频器 RS-485 通信口（接线排）的各引脚功能说明

a）外形

b）安装方法

图 9-16　FX2N-485BD 通信板的外形与安装

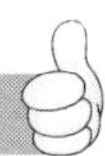

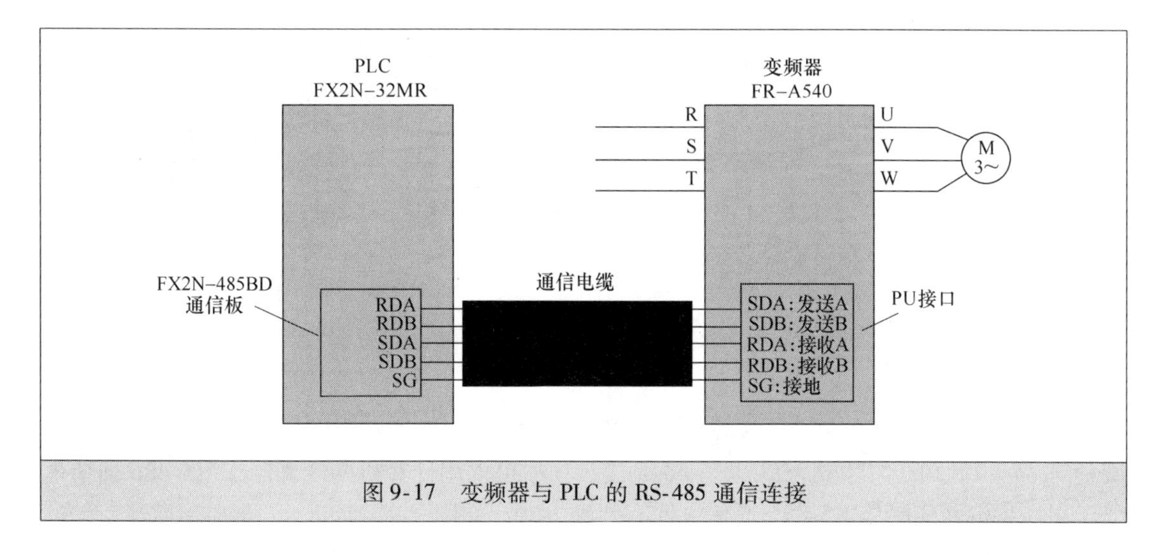

图 9-17　变频器与 PLC 的 RS-485 通信连接

2. 多台变频器与 PLC 的 RS-485 通信连接

多台变频器与 PLC 的 RS-485 通信连接如图 9-18 所示，它可以实现一台 PLC 控制多台变频器的运行。

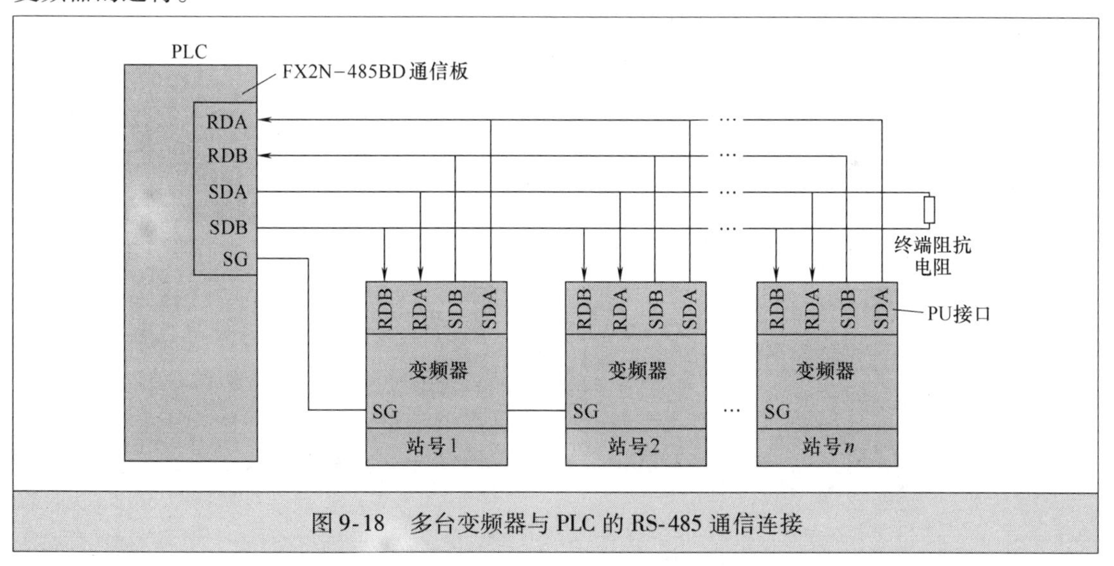

图 9-18　多台变频器与 PLC 的 RS-485 通信连接

9.3.3　RS-485 通信电缆的制作

当三菱 FX2N 系列 PLC 与三菱 FR-700 系列变频器的 RS-485 端子排连接进行 RS-485 通信时，需要在 PLC 的 FX2N-485BD 通信板与变频器的 RS-485 端子排之间连接 5 根导线，为了便于区分，5 根导线应采用不同的颜色。在实际操作时，一般使用计算机网线作 PLC 与变频器的 RS-485 通信电缆，计算机网线内部含有 8 根不同颜色的芯线，如图 9-19 所示，在用作 RS-485 通信电缆时，使用其中 5 根芯线（余下的 3 根留空不用）。

当三菱 FX2N 系列 PLC 与三菱 FR-700 或 FR-500 系列变频器的 PU 口进行 RS-485 通信时，由于 PU 口无法直接接线，故需要自己制作一个专门的 RS-485 通信电缆。变频器的 PU

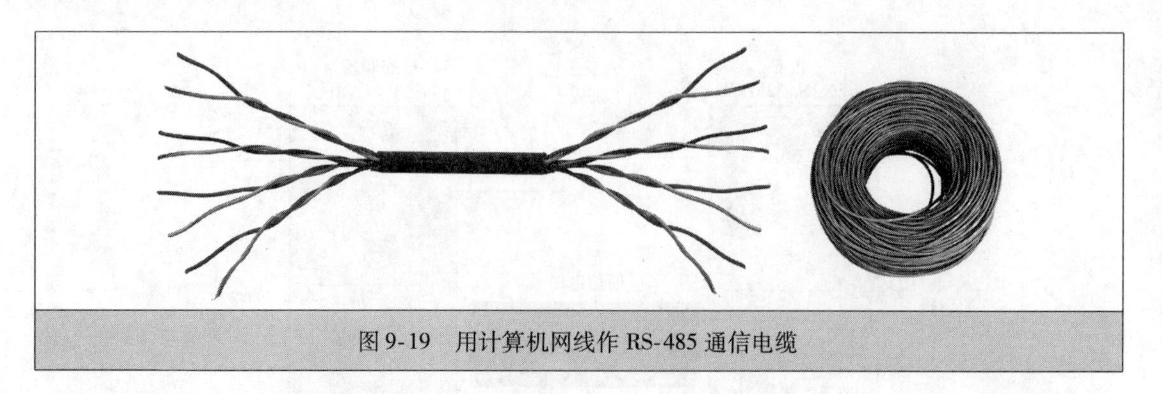

图 9-19　用计算机网线作 RS-485 通信电缆

口为 8 针接口，8 针排列顺序及功能说明如图 9-20 所示，该接口用于插入 RJ45 接头（又称 RJ45 水晶头），由于计算机网线也是 RJ45 接头，故可以用计算机网线来制作 RS-485 通信电缆。用计算机网线制作 RS-485 通信电缆有两种方法，如图 9-21 所示，一是使用网线钳给网线一端安装一个 RJ45 水晶头（可让网线销售人员帮忙制作），二是使用机制计算机网线制作，这种网线带有两个 RJ45 水晶头，剪掉其中一个 RJ45 水晶头即可。

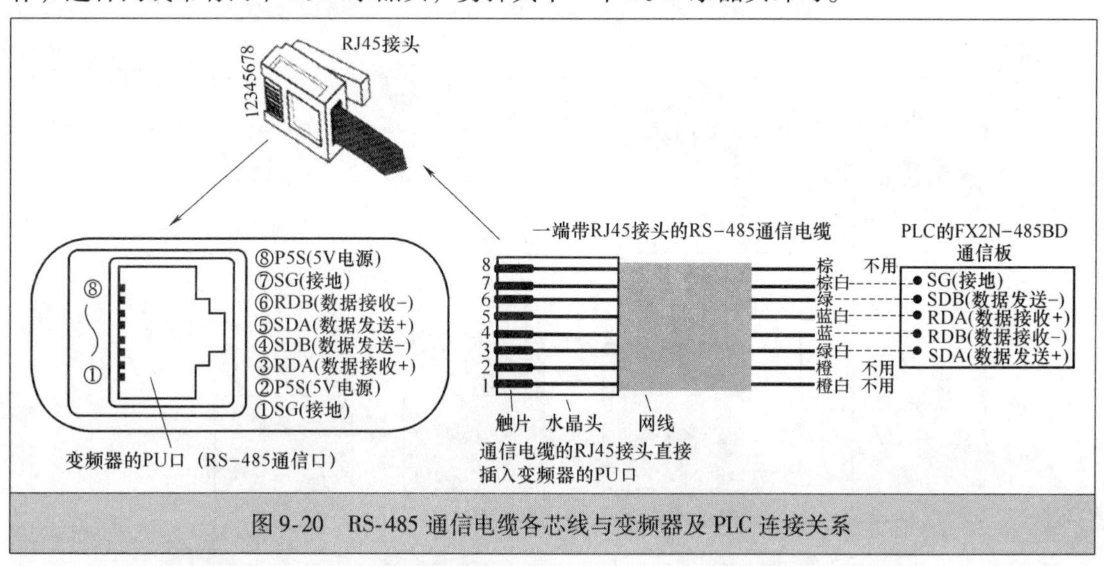

图 9-20　RS-485 通信电缆各芯线与变频器及 PLC 连接关系

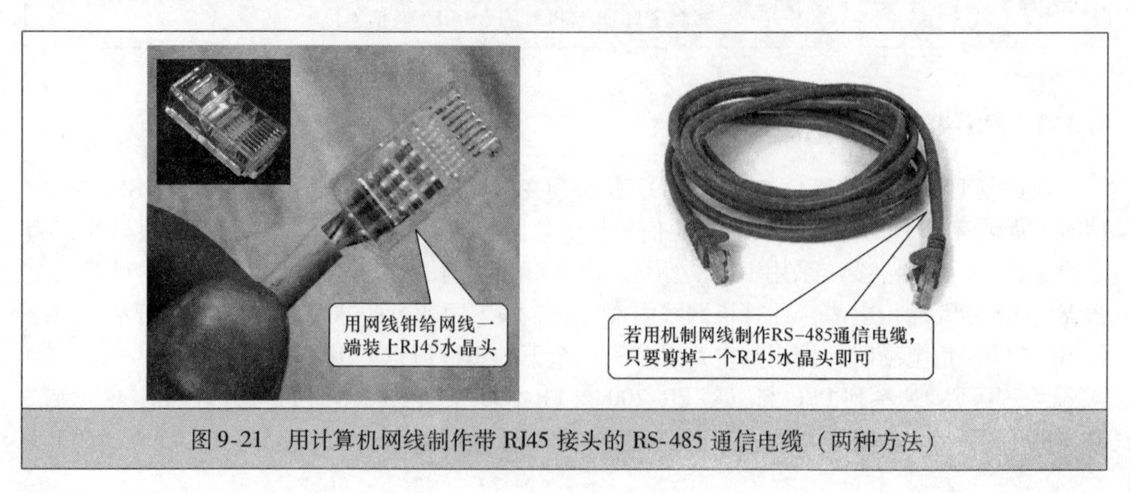

图 9-21　用计算机网线制作带 RJ45 接头的 RS-485 通信电缆（两种方法）

9.3.4　PLC（计算机）与变频器的RS-485通信基础知识

1. RS-485通信的数据格式

PLC与变频器进行RS-485通信时，PLC可以往变频器写入（发送）数据，也可以读出（接收）变频器的数据，具体有：①写入运行指令（如正转、反转和停止等）；②写入运行频率；③写入参数（设置变频器参数值）；④读出参数；⑤监视变频器的运行参数（如变频器的输出频率/转速、输出电压和输出电流等）；⑥将变频器复位等。

在PLC往变频器写入或读出数据时，数据传送都是一段一段的，每段数据须符合一定的数据格式，否则一方无法识别接收另一方传送过来的数据段。PLC与变频器的RS-485通信数据格式主要有A、A'、B、C、D、E、E'、F共8种格式。

（1）PLC往变频器传送数据时采用的数据格式

PLC往变频器传送数据时采用的数据格式有A、A'、B三种，如图9-22所示。例如，PLC往变频器写入运行频率时采用格式A来传送数据，写入正转控制命令时采用格式A'，查看（监视）变频器运行参数时采用格式B。

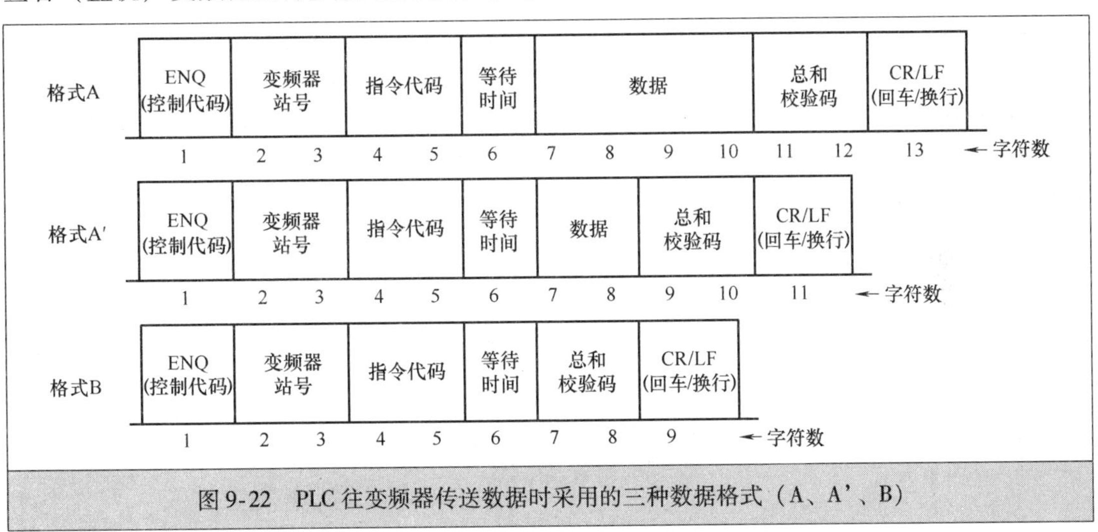

图9-22　PLC往变频器传送数据时采用的三种数据格式（A、A'、B）

在编写通信程序时，数据格式中各部分的内容都要用ASCII码来表示，有关ASCII码知识可查看第6章的表6-7。例如，PLC以数据格式A往13号变频器写入频率，在编程时将要发送的数据存放在D100～D112，其中D100存放控制代码ENQ的ASCII码H05，D101、D102分别存放变频器站号13的ASCII码H31（1）、H33（3），D103、D104分别存放写入频率指令代码HED的ASCII码H45（E）、H44（D）。

RS-485通信的数据格式各部分说明如下：

1）控制代码。每个数据段前面都要有控制代码，控制代码ENQ意为通信请求，其他控制代码见表9-4。

2）变频器站号。用于指定与PLC通信的变频器站号，可指定0～31，该站号应与变频器设定的站号一致。

3）指令代码。它是由PLC发送给变频器用来指明变频器进行何种操作的代码，例如读出变频器输出频率的指令代码为H6F，更多的指令代码见表9-6。

表 9-4　控制代码

信　　号	ASCII 码	说　　明
STX	H02	数据开始
ETX	H03	数据结束
ENQ	H05	通信请求
ACK	H06	无数据错误
LF	H0A	换行
CR	H0D	回车
NAK	H15	有数据错误

4）等待时间。用于指定 PLC 传送完数据后到变频器开始返回数据之间的时间间隔，等待时间单位为 10ms，可设范围为 0～15（0～150ms），如果变频器已用参数 Pr. 123 设定了等待时间，通信数据中不用指定等待时间，可减少一个字符，如果要在通信数据中使用等待时间，应将变频器的参数 Pr. 123 设为 9999。

5）数据。它是指 PLC 写入变频器的运行和设定数据，如频率和参数等，数据的定义和设定范围由指令代码来确定。

6）总和校验码。其功能是用来校验本段数据传送过程中是否发生错误。将控制代码与总和校验码之间各项 ASCII 码求和，取和数据（十六进制数）的低 2 位作为总和校验码。总和校验码的求取举例如图 9-23 所示。

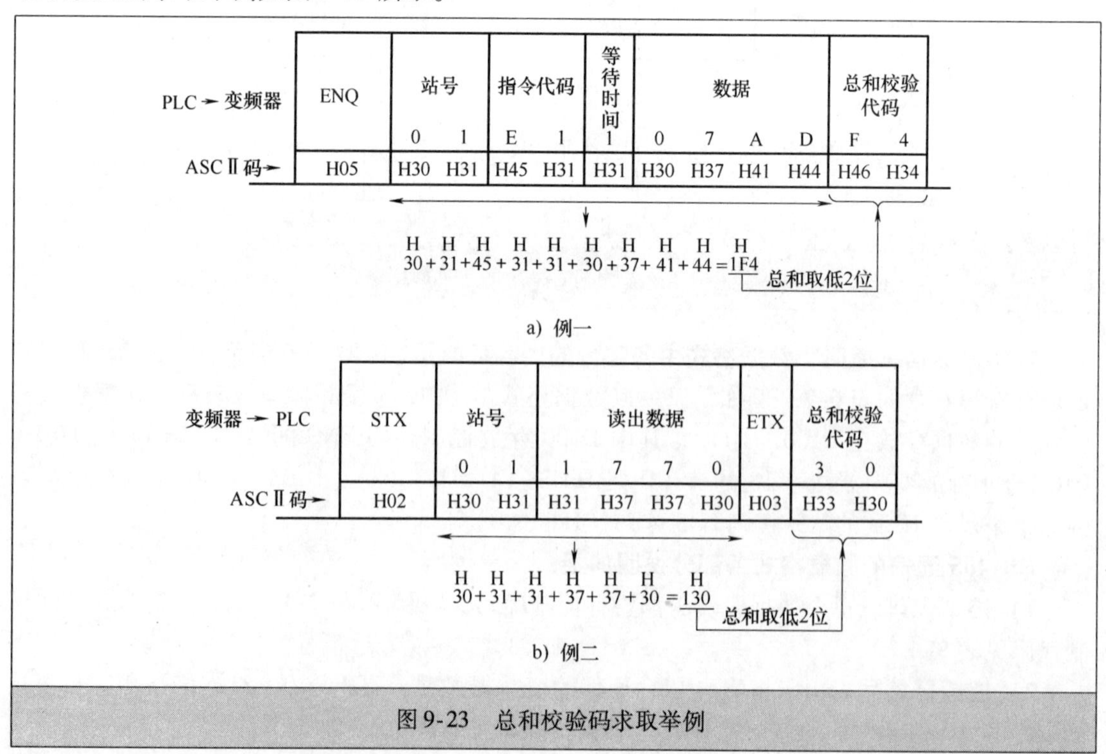

图 9-23　总和校验码求取举例

7）CR/LF（回车/换行）。当变频器的参数 Pr. 124 设为 0 时，不用 CR/LF，可节省一

个字符。

（2）变频器往 PLC 传送数据（返回数据）时采用的数据格式

当变频器接收到 PLC 传送过来的数据，一段时间（等待时间）后会返回数据给 PLC。变频器往 PLC 返回数据采用的数据格式主要有 C、D、E、E'，如图 9-24 所示。

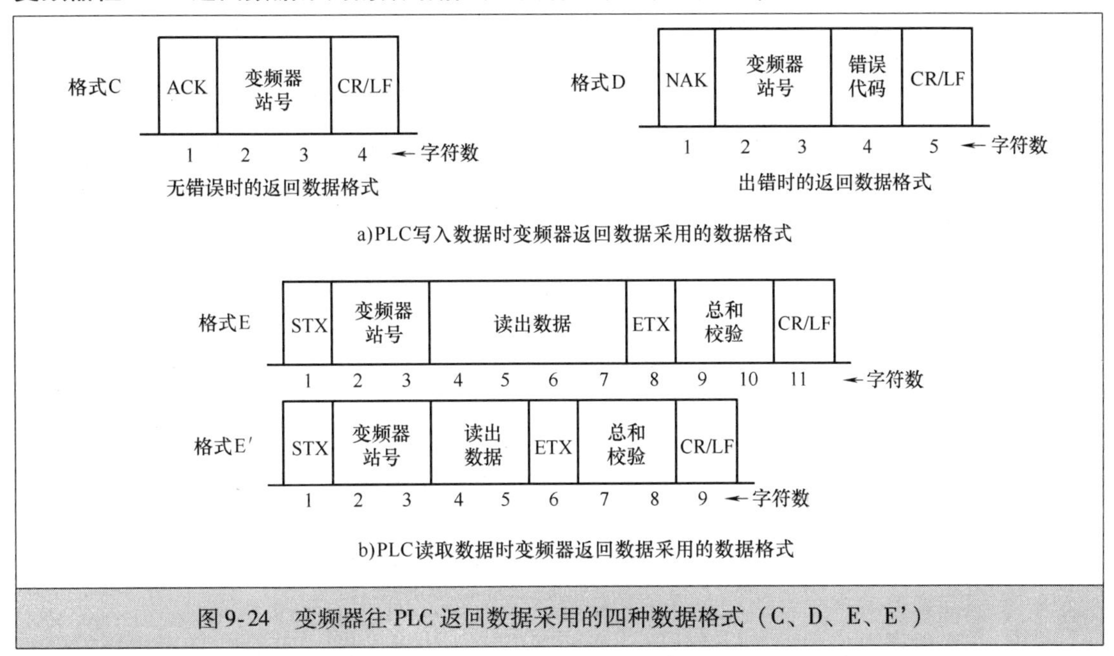

图 9-24 变频器往 PLC 返回数据采用的四种数据格式（C、D、E、E'）

如果 PLC 传送的指令是写入数据（如控制变频器正转、反转和写入运行频率），变频器以格式 C 或格式 D 返回数据给 PLC。若变频器发现 PLC 传送过来的数据无错误，会以格式 C 返回数据，若变频器发现传送过来的数据有错误，则以格式 D 返回数据，格式 D 数据中含有错误代码，用于告诉 PLC 出现何种错误，三菱 FR500/700 系列变频器的错误代码含义见表 9-5。

表 9-5 在通信时变频器返回的错误代码含义

错误代码	项　目	定　义	变频器动作
H0	计算机 NAK 错误	从计算机发送的通信请求数据被检测到的连续错误次数超过允许的再试次数	如果连续错误发生次数超过允许再试次数时将产生（E. PUE）报警并且停止
H1	奇偶校验错误	奇偶校验结果与规定的奇偶校验不相符	
H2	总和校验错误	计算机中的总和校验代码与变频器接收的数据不相符	
H3	协议错误	变频器以错误的协议接收数据，在提供的时间内数据接收没有完成或 CR 和 LF 在参数中没有用作设定	
H4	格式错误	停止位长不符合规定	
H5	溢出错误	变频器完成前面的数据接收之前，从计算机又发送了新的数据	
H7	字符错误	接收的字符无效（在 0～9，A～F 的控制代码以外）	不能接收数据但不会带来报警停止

（续）

错误代码	项　目	定　义	变频器动作
HA	模式错误	试图写入的参数在计算机通信操作模式以外或变频器在运行中	不能接收数据但不会带来报警停止
HB	指令代码错误	规定的指令不存在	
HC	数据范围错误	规定了无效的数据用于参数写入、频率设定等	

如果PLC传送的指令是读出数据（如读取变频器的输出频率、输出电压），变频器以格式E或E'返回数据给PLC，这两种数据格式中都含有PLC要从变频器读取的数据，一般情况下变频器采用格式E返回数据，只有PLC传送个别指令代码时变频器才以格式E'返回数据，如果PLC传送给变频器的数据有错误，变频器也会以格式D返回数据。

掌握变频器返回数据格式有利于了解变频器工作情况。例如，在编写PLC通信程序时，以D100～D112作为存放PLC发送数据的单元，以D200～D210作为存放变频器返回数据的单元，如果PLC要查看变频器的输出频率，它需要使用监视输出频率指令代码H6F，PLC传送含该指令代码的数据时要使用格式B（可查看表9-6），当PLC以格式B将D100～D108中的数据发送给变频器后，变频器会以格式E将频率数据返回给PLC（若传送数据出错则以格式D返回数据），返回数据存放到PLC的D200～D210，由格式E可知，频率数据存放在D203～D206单元，只要了解这些单元的数据就能知道变频器的输出频率。

2. 变频器通信的指令代码、数据位和使用的数据格式

PLC与变频器进行RS-485通信时，变频器进行何种操作是由PLC传送过来的变频器可识别的指令代码和有关数据来决定的，PLC可以给变频器发送指令代码和接收变频器的返回数据，变频器不能往PLC发送指令代码，只能接收PLC发送过来的指令代码并返回相应数据，同时执行指令代码指定的操作。

要以通信方式控制某个变频器，必须要知道该变频器的指令代码，要让变频器进行某种操作时，只要往变频器发送与该操作对应的指令代码。三菱FR500/700系列变频器在通信时可使用的指令代码、数据位和数据格式见表9-6，该表对指令代码后面的数据位使用也作了说明，对于无数据位（格式B）的指令代码，该表中的数据位是指变频器返回数据的数据位。例如，PLC要以RS-485通信控制变频器正转，它应以格式A'发送一段数据给变频器，该段数据的第4、5字符为运行指令代码HFA，第7、8字符为设定正转的数据H02，变频器接收数据后，若数据无错误，会以格式C返回数据给PLC，若数据有错误，则以格式D返回数据给PLC。以格式B传送数据时无数据位，表中的数据位是指返回数据的数据位。

表9-6　三菱FR500/700系列变频器在通信时可使用的指令代码、数据位和数据格式

编号	项目		指令代码	数据位说明	发送和返回数据格式
1	操作模式	读出	H7B	H0000：通信选项运行 H0001：外部操作 H0002：通信操作（PU接口）	B，E/D
		写入	HFB	H0000：通信选项运行 H0001：外部操作 H0002：通信操作（PU接口）	A，C/D

（续）

<table>
<tr><th>编号</th><th colspan="2">项目</th><th colspan="2">指令代码</th><th>数据位说明</th><th>发送和返回数据格式</th></tr>
<tr><td rowspan="7">2</td><td rowspan="7">监示</td><td>输出频率［速度］</td><td colspan="2">H6F</td><td>H0000～HFFFF：输出频率（十六进制）最小单位0.01Hz（当Pr.37＝1～9998或Pr.144＝2～10，102～110用转速（十六进制）表示最小单位1r/min）</td><td>B，E/D</td></tr>
<tr><td>输出电流</td><td colspan="2">H70</td><td>H0000～HFFFF：输出电流（十六进制）最小单位0.1A</td><td>B，E/D</td></tr>
<tr><td>输出电压</td><td colspan="2">H71</td><td>H0000～HFFFF：输出电压（十六进制）最小单位0.1V</td><td>B，E/D</td></tr>
<tr><td>特殊监示</td><td colspan="2">H72</td><td>H0000～HFFFF：用指令代码HF3选择监示数据</td><td>B，E/D</td></tr>
<tr><td rowspan="2">特殊监示选择号</td><td>读出</td><td>H73</td><td rowspan="2">H01～H0E　监示数据选择
<table>
<tr><th>数据</th><th>说明</th><th>最小单位</th><th>数据</th><th>说明</th><th>最小单位</th></tr>
<tr><td>H01</td><td>输出频率</td><td>0.01Hz</td><td>H09</td><td>再生制动</td><td>0.1%</td></tr>
<tr><td>H02</td><td>输出电流</td><td>0.01A</td><td>H0A</td><td>电子过电流保护负荷率</td><td>0.1%</td></tr>
<tr><td>H03</td><td>输出电压</td><td>0.1V</td><td>H0B</td><td>输出电流峰值</td><td>0.01A</td></tr>
<tr><td>H05</td><td>设定频率</td><td>0.01Hz</td><td>H0C</td><td>整流输出电压峰值</td><td>0.1V</td></tr>
<tr><td>H06</td><td>运行速度</td><td>1r/min</td><td>H0D</td><td>输入功率</td><td>0.01kW</td></tr>
<tr><td>H07</td><td>电机转矩</td><td>0.1%</td><td>H0E</td><td>输出电力</td><td>0.01kW</td></tr>
</table></td><td>B，E'/D</td></tr>
<tr><td>写入</td><td>HF3</td><td>A'，C/D</td></tr>
<tr><td>报警定义</td><td colspan="2">H74～H77</td><td>H0000～HFFFF：最近的两次报警记录
读出数据：［例如］H30A0
（前一次报警……THT）
（最近一次报警……OPT）
b15　b8b7　b0
0 0 1 1 0 0 0 0 1 0 1 0 0 0 0 0
前一次报警（H30）　最近一次报警（HAO）
报警代码
<table>
<tr><th>代码</th><th>说明</th><th>代码</th><th>说明</th><th>代码</th><th>说明</th></tr>
<tr><td>H00</td><td>没有报警</td><td>H51</td><td>UVT</td><td>HB1</td><td>PUE</td></tr>
<tr><td>H10</td><td>OC1</td><td>H60</td><td>OLT</td><td>HB2</td><td>RET</td></tr>
<tr><td>H11</td><td>OC2</td><td>H70</td><td>BE</td><td>HC1</td><td>CTE</td></tr>
<tr><td>H12</td><td>OC3</td><td>H80</td><td>GF</td><td>HC2</td><td>P24</td></tr>
<tr><td>H20</td><td>OV1</td><td>H81</td><td>LF</td><td>HD5</td><td>MB1</td></tr>
<tr><td>H21</td><td>OV2</td><td>H90</td><td>OHT</td><td>HD6</td><td>MB2</td></tr>
<tr><td>H22</td><td>OV3</td><td>HA0</td><td>OPT</td><td>HD7</td><td>MB3</td></tr>
<tr><td>H30</td><td>THT</td><td>HA1</td><td>OP1</td><td>HD8</td><td>MB4</td></tr>
<tr><td>H31</td><td>THM</td><td>HA2</td><td>OP2</td><td>HD9</td><td>MB5</td></tr>
<tr><td>H40</td><td>FIN</td><td>HA3</td><td>OP3</td><td>HDA</td><td>MB6</td></tr>
<tr><td>H50</td><td>IPF</td><td>HB0</td><td>PE</td><td>HDB</td><td>MB7</td></tr>
</table></td><td>B，E/D</td></tr>
</table>

（续）

<table>
<tr><th>编号</th><th>项目</th><th>指令代码</th><th>数据位说明</th><th>发送和返回数据格式</th></tr>
<tr><td>3</td><td>运行指令</td><td>HFA</td><td>b7 b0
0 1 0 0 1 1 0 0
（对于例 1）
[例 1] H02…正转
[例 2] H00…停止
b0：______
b1：正转（STF）
b2：反转（STR）
b3：______
b4：______
b5：______
b6：______
b7：______</td><td>A'，C/D</td></tr>
<tr><td>4</td><td>变频器状态监示</td><td>H7A</td><td>b7 b0
0 0 0 0 0 0 1 0
（对于例 1）
[例 1] H02…正转运行中
[例 2] H80…因报警停止
b0：变频器正在运行（RUN）*
b1：正转
b2：反转
b3：频率达到（SU）*
b4：过负荷（OL）*
b5：瞬时停电（IPF）*
b6：频率检测（FU）*
b7：发生报警*
* 输出数据视 Pr. 190 ~ Pr. 195 设定而设。</td><td>B，E/D</td></tr>
<tr><td rowspan="4">5</td><td>设定频率读出（EEPROM）</td><td>H6E</td><td rowspan="2">读出设定频率（RAM）或（EEPROM）。
H0000 ~ H2EE0：最小单位 0.01Hz（十六进制）</td><td rowspan="2">B，E/D</td></tr>
<tr><td>设定频率读出（RAM）</td><td>H6D</td></tr>
<tr><td>设定频率写入（EEPROM）</td><td>HEE</td><td rowspan="2">H0000 ~ H9C40：最小单位 0.01Hz（十六进制）
（0 至 400.00Hz）
频繁改变运行频率时，写入到变频器的 RAM（指令代码：HED）</td><td rowspan="2">A，C/D</td></tr>
<tr><td>设定频率写入（RAM）</td><td>HED</td></tr>
<tr><td>6</td><td>变频器复位</td><td>HFD</td><td>H9696：复位变频器。
当变频器在通信开始由计算机复位时，变频器不能发送回应答数据给计算机</td><td>A，C/D</td></tr>
<tr><td>7</td><td>报警内容全部清除</td><td>HF4</td><td>H9696：报警历史数据全部清除</td><td>A，C/D</td></tr>
<tr><td>8</td><td>参数全部清除</td><td>HFC</td><td>所有参数返回到出厂设定值。
根据设定的数据不同有四种清除操作方式：
<table>
<tr><th>Pr.
数据</th><th>通信 Pr.</th><th>校准</th><th>其他 Pr.</th><th>HEC
HF3
HFF</th></tr>
<tr><td>H9696</td><td>○</td><td>×</td><td>○</td><td>○</td></tr>
<tr><td>H9966</td><td>○</td><td>○</td><td>○</td><td>○</td></tr>
<tr><td>H5A5A</td><td>×</td><td>×</td><td>○</td><td>○</td></tr>
<tr><td>H55AA</td><td>×</td><td>○</td><td>○</td><td>○</td></tr>
</table>
当执行 H9696 或 H9966 时，所有参数被清除，与通信相关的参数设定值也返回到出厂设定值，当重新操作时，需要设定参数</td><td>A，C/D</td></tr>
</table>

（续）

<table>
<tr><th>编号</th><th colspan="2">项目</th><th>指令代码</th><th>数据位说明</th><th>发送和返回数据格式</th></tr>
<tr><td>9</td><td colspan="2">用户清除</td><td>HFC</td><td>H9669：进行用户清除。<table><tr><td>通信 Pr.</td><td>校验</td><td>其他 Pr.</td><td>HEC
HF3
HFF</td></tr><tr><td>○</td><td>×</td><td>○</td><td>○</td></tr></table></td><td>A，C/D</td></tr>
<tr><td>10</td><td colspan="2">参数写入</td><td>H80 ~ HE3</td><td rowspan="2">参考数据表写入和/或读出要求的参数。注意有些参数不能进入</td><td>A，C/D</td></tr>
<tr><td>11</td><td colspan="2">参数读出</td><td>H00 ~ H63</td><td>B，E/D</td></tr>
<tr><td rowspan="2">12</td><td rowspan="2">网络参数
其他设定</td><td>读出</td><td>H7F</td><td rowspan="2">H00 ~ H6C 和 H80 ~ HEC 参数值可以改变。
H00：Pr. 0 ~ Pr. 96 值可以进入
H01：Pr. 100 ~ Pr. 158，Pr. 200 ~ Pr. 231 和 Pr. 900 ~ Pr. 905 值可以进入
H02：Pr. 160 ~ Pr. 199 和 Pr. 232 ~ Pr. 287 值可以进入
H03：可读出，写入 Pr. 300 ~ Pr. 342 的内容
H09：Pr. 990 值可以进入</td><td>B，E'/D</td></tr>
<tr><td>写入</td><td>HFF</td><td>A'，C/D</td></tr>
<tr><td rowspan="2">13</td><td rowspan="2">第二参数更改
（代码 FF = 1）</td><td>读出</td><td>H6C</td><td rowspan="2">设定编程运行（数据代码 H3D ~ H5A，HBD ~ HDA）的参数的情况
H00：运行频率
H01：时间
H02：回转方向
→ 6 3 3 B
时间(分) 分(秒)

设定偏差・增益（数据代码 H5E ~ H6A，HDE ~ HED）的参数的情况
H00：补偿/增益
H01：模拟
H02：端子的模拟值</td><td>B，E'/D</td></tr>
<tr><td>写入</td><td>HEC</td><td>A'，C/D</td></tr>
</table>

9.3.5　PLC 以 RS-485 通信方式控制变频器正转、反转、加速、减速和停止的实例

1. 硬件电路图

PLC 以 RS-485 通信方式控制变频器正转、反转、加速、减速和停止的硬件电路如图 9-25 所示，当操作 PLC 输入端的正转、反转、手动加速、手动减速或停止按钮时，PLC 内部的相关程序段就会执行，通过 RS-485 通信方式将对应的指令代码和数据发送到变频器，控制变频器正转、反转、加速、减速或停止。

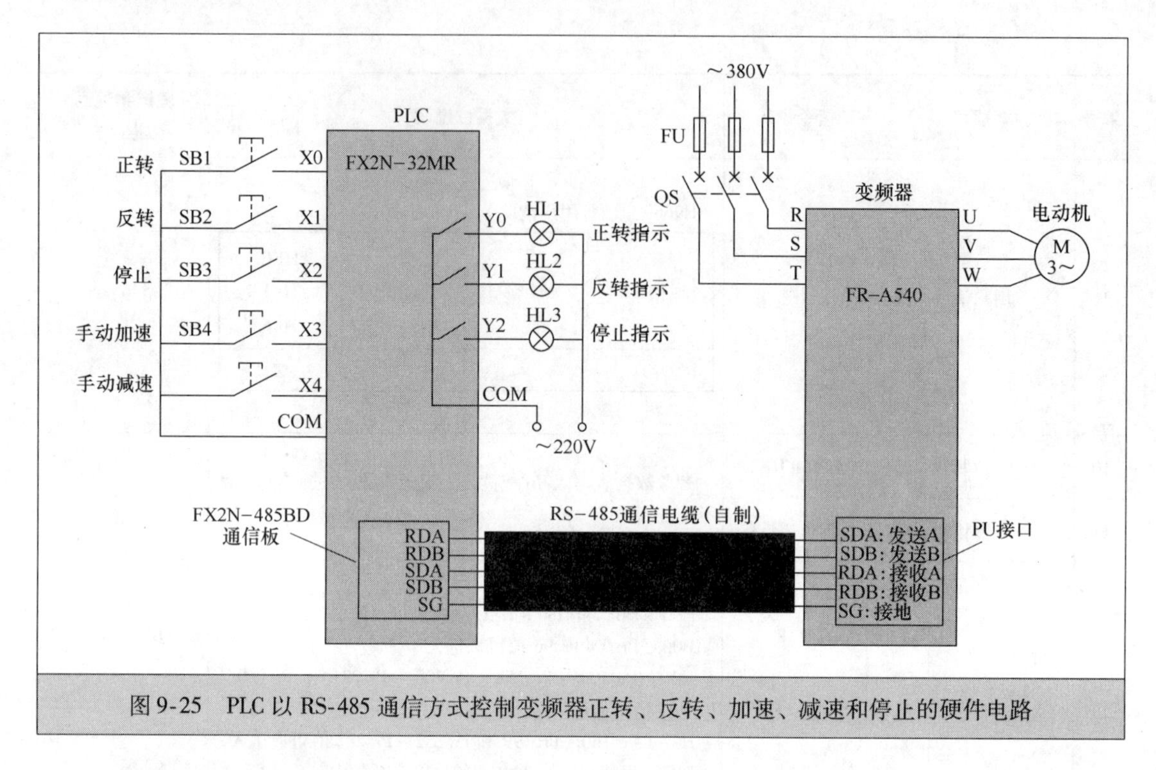

图 9-25　PLC 以 RS-485 通信方式控制变频器正转、反转、加速、减速和停止的硬件电路

2. 变频器通信设置

变频器与 PLC 通信时，需要设置与通信有关的参数值，有些参数值应与 PLC 保持一致。三菱 FR500/700 系列变频器与通信有关的参数及设置值见表 9-7。

表 9-7　三菱 FR500/700 系列变频器与通信有关的参数及设置值

参数号	名称	设定值		说明	本例设置值
Pr. 79	操作模式	0 ~ 8		0—电源接通时，为外部操作模式。PU 或外部操作可切换 1—PU 操作模式　2—外部操作模式 3—外部/PU 组合操作模式 1　4—外部/PU 组合操作模式 2 5—程序运行模式　6—切换模式 7—外部操作模式（PU 操作互锁） 8—切换到除外部操作模式以外的模式（运行时禁止）	1
Pr. 117	站号	0 ~ 31		确定从 PU 接口通信的站号。当两台以上变频器接到一台计算机上时，就需要设定变频器站号	0
Pr. 118	通信速率	48		4800Baud	192
		96		9600Baud	
		192		19200Baud	
Pr. 119	停止位长/字节长	8 位	0	停止位长 1 位	1
			1	停止位长 2 位	
		7 位	10	停止位长 1 位	
			11	停止位长 2 位	

（续）

参数号	名称	设定值	说明	本例设置值
Pr. 120	奇偶校验有/无	0	无	2
		1	奇校验	
		2	偶校验	
Pr. 121	通信再试次数	0～10	设定发生数据接收错误后允许的再试次数，如果错误连续发生次数超过允许值，变频器将报警停止	9999
		9999（65535）	如果通信错误发生，变频器没有报警停止，这时变频器可通过输入 MRS 或 RES 信号，变频器（电动机）滑行到停止。错误发生时，轻微故障信号（LF）送到集电极开路端子输出。用 Pr. 190～Pr. 195 中的任何一个分配给相应的端子（输出端子功能选择）	
Pr. 122	通信校验时间间隔	0	不通信	9999
		0. 1～999. 8	设定通信校验时间（s）间隔	
		9999	如果无通信状态持续时间超过允许时间，变频器进入报警停止状态	
Pr. 123	等待时间设定	0～150ms	设定数据传输到变频器和响应时间	20
		9999	用通信数据设定	
Pr. 124	CR/LF 有/无选择	0	无 CR/LF	0
		1	有 CR	
		2	有 CR/LF	

3. PLC 程序

PLC 以通信方式控制变频器时，需要给变频器发送指令代码才能控制变频器执行相应的操作，给变频器发送何种指令代码是由 PLC 程序决定的。

PLC 以 RS-485 通信方式控制变频器正转、反转、加速、减速和停止的梯形图程序如图 9-26 所示。M8161 是 RS、ASCI、HEX、CCD 指令的数据处理模式特殊继电器，当 M8161 = ON 时，这些指令只处理存储单元的低 8 位数据（高 8 位忽略），当 M8161 = OFF 时，这些指令将存储单元 16 位数据分高 8 位和低 8 位处理。D8120 为通信格式设置特殊存储器，其设置方法见第 6 章的表 6-6。RS 为串行数据传送指令，ASCI 为十六进制数转 ASCII 码指令，HEX 为 ASCII 码转十六进制数指令，CCD 为求总和校验码指令，这些指令的用法在本书的第 6 章都有详细说明。

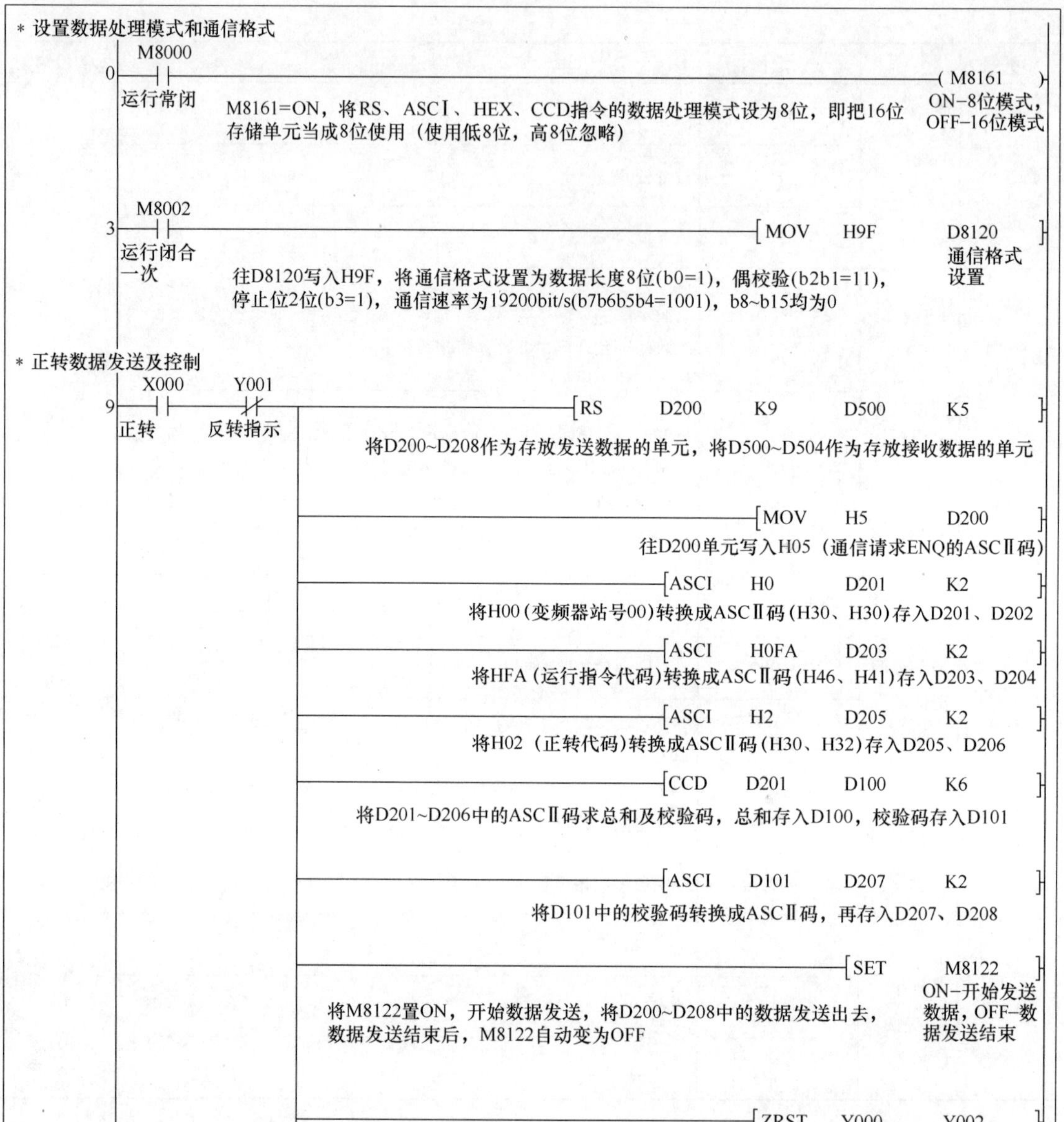

＊设置数据处理模式和通信格式

0 M8000（运行常闭） —— (M8161) ON-8位模式，OFF-16位模式

M8161=ON，将RS、ASCⅠ、HEX、CCD指令的数据处理模式设为8位，即把16位存储单元当成8位使用（使用低8位，高8位忽略）

3 M8002（运行闭合一次） —— [MOV H9F D8120] D8120：通信格式设置

往D8120写入H9F，将通信格式设置为数据长度8位(b0=1)，偶校验(b2b1=11)，停止位2位(b3=1)，通信速率为19200bit/s(b7b6b5b4=1001)，b8~b15均为0

＊正转数据发送及控制

9 X000（正转） Y001（反转指示，常闭） —— [RS D200 K9 D500 K5]

将D200~D208作为存放发送数据的单元，将D500~D504作为存放接收数据的单元

[MOV H5 D200]

往D200单元写入H05（通信请求ENQ的ASCⅡ码）

[ASCI H0 D201 K2]

将H00(变频器站号00)转换成ASCⅡ码(H30、H30)存入D201、D202

[ASCI H0FA D203 K2]

将HFA（运行指令代码）转换成ASCⅡ码(H46、H41)存入D203、D204

[ASCI H2 D205 K2]

将H02（正转代码）转换成ASCⅡ码(H30、H32)存入D205、D206

[CCD D201 D100 K6]

将D201~D206中的ASCⅡ码求总和及校验码，总和存入D100，校验码存入D101

[ASCI D101 D207 K2]

将D101中的校验码转换成ASCⅡ码，再存入D207、D208

[SET M8122] M8122：ON-开始发送数据，OFF-数据发送结束

将M8122置ON，开始数据发送，将D200~D208中的数据发送出去，数据发送结束后，M8122自动变为OFF

[ZRST Y000 Y002] Y000：正转指示；Y002：停止指示

将Y001~Y002线圈复位，让Y000~Y002端子内部触点断开，停止输出

[SET Y000] Y000：正转指示

将Y000线圈置位，Y000端子内部触点闭合，外接指示灯点亮，作出正转指示

[MOV K3000 D1000]

将3000作为正转频率数据写入D1000，频率数据单位为0.01Hz，即让正转初始频率为30Hz

图9-26 PLC以RS-485通信方式控制变频器正转、反转、加速、减速或停止的梯形图程序

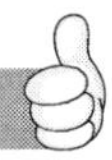

```
* 反转数据发送及控制
     X001      Y000
73 ──┤├────────┤/├──┬──────────────────[RS    D200   K9    D500   K5 ]
     反转      正转指示 │ 将D200~D208作为存放发送数据的单元，将D500~D504作为存放接收数据的单元
                    ├──────────────────[MOV   H5     D200]
                    │ 往D200单元写入H05（通信请求ENQ的ASCⅡ码）
                    ├──────────────────[ASCI  H0     D201   K2]
                    │ 将H00（变频器站号00）转换成ASCⅡ码（H30、H30）存入D201、D202
                    ├──────────────────[ASCI  H0FA   D203   K2]
                    │ 将HFA（运行指令代码）转换成ASCⅡ码（H46、H41）存入D203、D204
                    ├──────────────────[ASCI  H4     D205   K2]
                    │ 将H04（反转代码）转换成ASCⅡ码（H30、H34）存入D205、D206
                    ├──────────────────[CCD   D201   D100   K6]
                    │ 将D201~D206中的ASCⅡ码求总和及校验码，总和存入D100，校验码存入D101
                    ├──────────────────[ASCI  D101   D207   K2]
                    │ 将D101中的校验码转换成ASCⅡ码，再存入D207、D208
                    ├──────────────────[SET   M8122]
                    │ 将M8122置ON，开始数据发送，将D200~D208中的数据发送出去，    ON-开始发送
                    │ 数据发送结束后，M8122自动变为OFF                            数据，OFF-数
                    │                                                             据发送结束
                    ├──────────────────[ZRST  Y000      Y002]
                    │                         正转指示  停止指示
                    │ 将Y000~Y002线圈复位，让Y000~Y002端子内部触点断开，停止输出
                    ├──────────────────[SET   Y001]
                    │                         反转指示
                    │ 将Y001线圈置位，Y001端子内部触点闭合，外接指示灯点亮，作出反转指示
                    └──────────────────[MOV   K2500  D1000]
                      将2500作为反转频率数据写入D1000，频率数据单位为0.01Hz，
                      即让反转初始频率为25Hz
* 停转数据发送及控制
      X002
137 ──┤├──┬────────────────────────────[RS    D200   K9    D500   K5 ]
      停止  │ 将D200~D208作为存放发送数据的单元，将D500~D504作为存放接收数据的单元
          ├────────────────────────────[MOV   H5     D200]
          │ 往D200单元写入H05（通信请求ENQ的ASCⅡ码）
          ├────────────────────────────[ASCI  H0     D201   K2]
          │ 将H00（变频器站号00）转换成ASCⅡ码（H30、H30）存入D201、D202
          ├────────────────────────────[ASCI  H0FA   D203   K2]
          │ 将HFA（运行指令代码）转换成ASCⅡ码（H46、H41）存入D203、D204
          ├────────────────────────────[ASCI  H0     D205   K2]
          │ 将H00（停转代码）转换成ASCⅡ码（H30、H30）存入D205、D206
          ├────────────────────────────[CCD   D201   D100   K6]
          │ 将D201~D206中的ASCⅡ码求总和及校验码，总和存入D100，校验码存入D101
          ├────────────────────────────[ASCI  D101   D207   K2]
          │ 将D101中的校验码转换成ASCⅡ码，再存入D207、D208
          ├────────────────────────────[SET   M8122]
          │ 将M8122置ON，开始数据发送，将D200~D208中的数据发送出去，    ON-开始发送
          │ 数据发送结束后，M8122自动变为OFF                            数据，OFF-数
          │                                                             据发送结束
          ├────────────────────────────[ZRST  Y000      Y002]
          │                                   正转指示  停止指示
          │ 将Y000~Y002线圈复位，让Y000~Y002端子内部触点断开，停止输出
          └────────────────────────────[SET   Y002]
                                              停止指示
            将Y002线圈复位，Y002端子内部触点闭合，外接指示灯点亮，作出停转指示
```

图9-26　PLC以RS-485通信方式控制变频器正转、反转、加速、减速或停止的梯形图程序（续）

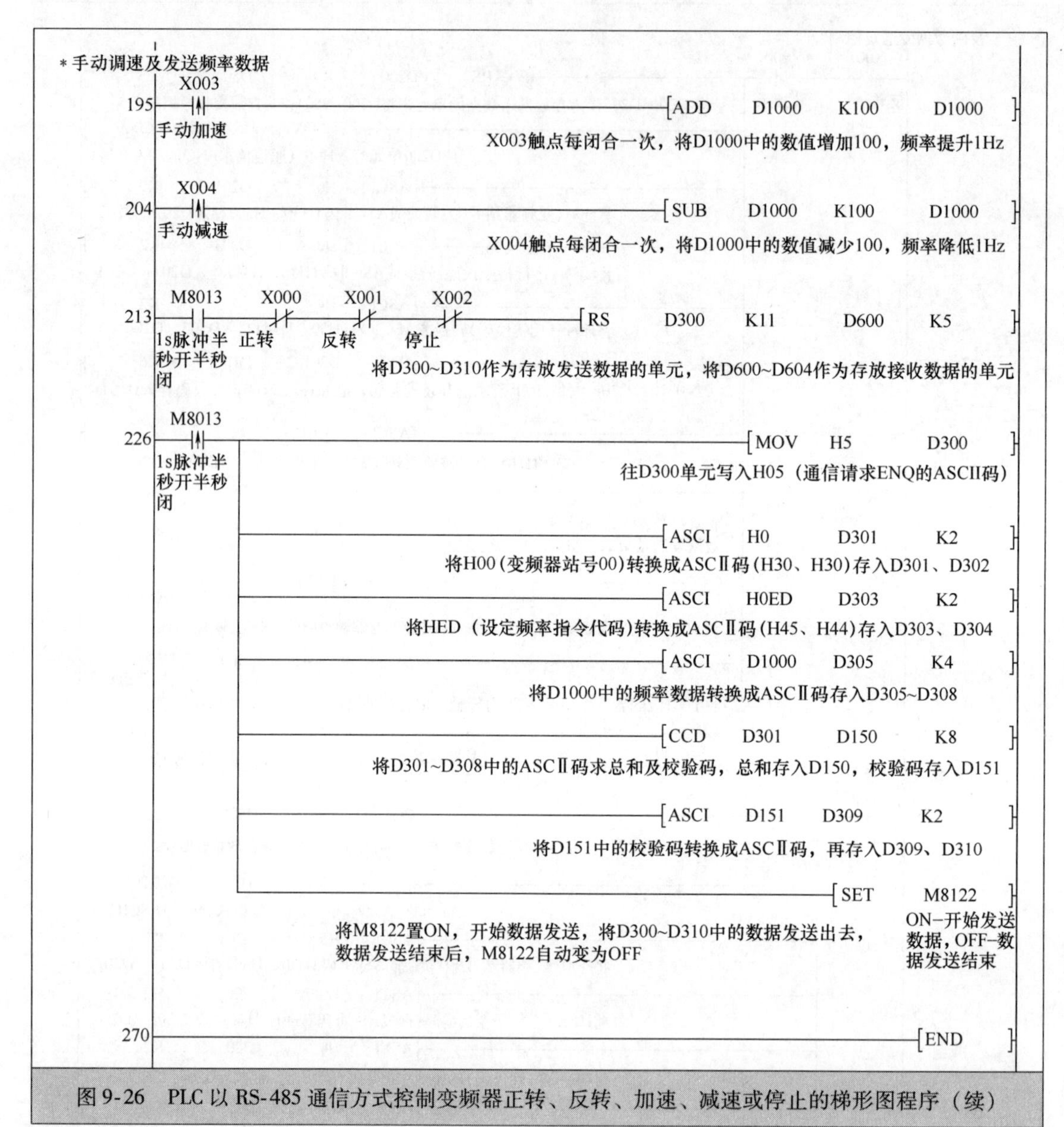

图9-26 PLC以RS-485通信方式控制变频器正转、反转、加速、减速或停止的梯形图程序（续）

附　录

附录A　三菱FX系列PLC的特殊软元件（辅助继电器M、数据寄存器D）

PLC状态见表A-1。

表A-1　PLC状态

元　件	说　明	适用机型			
		FX1S	FX1N	FX2N	FX2NC
[M] 8000 运行监控 a接点	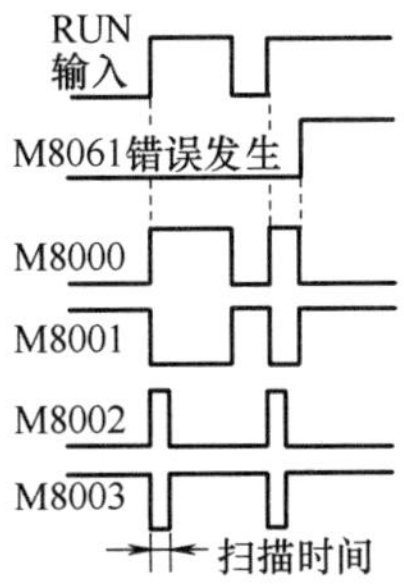 RUN输入 M8061错误发生 M8000 M8001 M8002 M8003 扫描时间	○	○	○	○
[M] 8001 运行监控 b接点		○	○	○	○
[M] 8002 初始脉冲 a接点		○	○	○	○
[M] 8003 初始脉冲 b接点		○	○	○	○
[M] 8004 错误发生	当M8060～M8067中任意一个处于ON时动作（M8062除外）	○	○	○	○
[M] 8005 电池电压过低	当电池电压异常过低时动作	—	—	○	○
[M] 8006 电池电压过低锁存	当电池电压异常过低后锁存状态	—	—	○	○
[M] 8007 瞬停检测	即使M8007动作，若在D8008时间范围内则PC继续运行	—	—	○	○
[M] 8008 停电检测中	当M8008ON→OFF时，M8000变为OFF	—	—	○	○
[M] 8009 DC24V失电	当扩展单元，扩展模块出现DC24V失电时动作	—	—	○	○

（续）

元　　件	说　　明	适用机型			
		FX1S	FX1N	FX2N	FX2NC
［D］8000 监视定时器	初始值如右列所述（1ms 为单位，当电源 ON 时，由系统 ROM 传送） 利用程序进行更改必须在 END、WDT 指令执行后方才有效	200ms	200ms	200ms	200ms
［D］8001 PC 类型和系统版本号	2 4 1 0 0 BCD转换值 见右述　版本号V1.00	22	26	24	24
［D］8002 寄存器容量	2…2K 步 4…4K 步 8…8K 步	○ 16K 步时在 D8102 中输入存储器容量［16］			
［D］8003 寄存器类型	保存不同 RAM/EEPROM/内置 EPROM/存储盒和存储器保护开关的 ON/OFF 状态	○	○	○	○
［D］8004 错误 M 地址号	8 0 6 0 BCD转换值 8060~8068(M8004 ON时)	○	○	○	○
［D］8005 电池电压	3 6 BCD转换值 (0.1V单位) 电池电压的当前值(如3.6V)	—	—	○	○
［D］8006 电池电压过低检测电平	初始值 3.0V（0.1V 为单位）（当电源 ON 时，由系统 ROM 传送）	—	—	○	○
［D］8007 瞬停检测	保存 M8007 的动作次数，当电源切断时该数值将被清除	—	—	○	○
［D］8008 停电检测时间	AC 电源型：初始值 10ms	—	—	○	○
［D］8009 DC24V 失电单元地址号	DC24V 失电的基本单元、扩展单元中最小输入元件地址号	—	—	○	○

注：表中“—”表示当前机型不支持该指令，“○”表示当前机型支持该指令，后同。

PLC 时钟见表 A-2。

表 A-2　PLC 时钟

元　　件	说　　明	适用机型			
		FX1S	FX1N	FX2N	FX2NC
［M］8010					
［M］8011 10ms 时钟	以 10ms 的频率周期振荡	○	○	○	○
［M］8012 100ms 时钟	以 100ms 的频率周期振荡	○	○	○	○
［M］8013 1s 时钟	以 1s 的频率周期振荡	○	○	○	○

（续）

元 件	说 明	适用机型			
		FX1S	FX1N	FX2N	FX2NC
[M] 8014 1min 时钟	以 1min 的频率周期振荡	○	○	○	○
[M] 8015	时钟停止和预置 实时时钟用	○	○	○	○
[M] 8016	时间读取显示停止 实时时钟用	○	○	○	○
[M] 8017	±30s 修正 实时时钟用	○	○	○	○
[M] 8018	安装检测 实时时钟用	○（常时 ON）			
[M] 8019	实时时钟（RTC）出错 实时时钟用	○	○	○	○
[D] 8010 当前扫描值	由第 0 步开始的累计执行时间（0.1ms 为单位）	○ 显示值中包括当 M8039 驱动时恒定扫描运行的等待时间			
[D] 8011 最小扫描时间	扫描时间的最小值（0.1ms 为单位）				
[D] 8012 最大扫描时间	扫描时间的最大值（0.1ms 为单位）				
[D] 8013 秒	0～59s （实时时钟用）	○	○	○	○
[D] 8014 分	0～59min （实时时钟用）	○	○	○	○
[D] 8015 时	0～23h （实时时钟用）	○	○	○	○
[D] 8016 日	1～31 日 （实时时钟用）	○	○	○	○
[D] 8017 月	1～12 月 （实时时钟用）	○	○	○	○
[D] 8018 年	公历两位（0～99） （实时时钟用）	○	○	○	○
[D] 8019 星期	0（日）～6（六） （实时时钟用）	○	○	○	○

PLC 标志见表 A-3。

表 A-3 PLC 标志

元 件	说 明	适用机型			
		FX1S	FX1N	FX2N	FX2NC
[M] 8020 零	加减运算结果为 0 时	○	○	○	○
[M] 8021 错位	减法运算结果小于负的最大值时	○	○	○	○

（续）

元　　件	说　　明	适用机型			
		FX1S	FX1N	FX2N	FX2NC
[M] 8022 进位	加法运算结果发生进位时，换位结果溢出发生时	○	○	○	○
[M] 8023					
[M] 8024	BMOV 方向指定 （FNC 15）	—	—	○	○
[M] 8025	HSC 模式 （FNC 53～55）	—	—	○	○
[M] 8026	RAMP 模式 （FNC 67）	—	—	○	○
[M] 8027	PR 模式 （FNC 77）	—	—	○	○
[M] 8028 [FX1S]	100ms/10ms 定时器切换	○	—	—	—
[M] 8028 [FX2N，FX2NC]	在执行 FROM/TO（FNC 78，79）指令过程中中断允许	—	—	○	○
[M] 8029 指令执行完成	当 DSW（FNC 72）等操作完成时动作	○	○	○	○
[D] 8020 输入滤波调整	X000～X017 的输入滤波数值 0～60（初始值为 10ms）	○	○	○	○
[D] 8021					
[D] 8022					
[D] 8023					
[D] 8024					
[D] 8025					
[D] 8026					
[D] 8027					
[D] 8028	Z0（Z）寄存器的内容	○	○	○	○
[D] 8029	V0（V）寄存器的内容	○	○	○	○

PLC 方式见表 A-4。

表 A-4　PLC 方式

元　　件	说　　明	适用机型			
		FX1S	FX1N	FX2N	FX2NC
M8030 电池 LED 熄灯指令	驱动 M8030 后，即使电池电压过低，PLC 面板指示灯也不会亮灯	—	—	○	○
M8031 非保持存储器 全部清除	驱动此 M 时，可以将 Y，M，S，T，C 的 ON/OFF 映像存储器和 T，C，D 的当前值全部清零 特殊寄存器和文件寄存器不清除	○	○	○	○
M8032 保持存储器 全部清除		○	○	○	○

（续）

元　件	说　明	适用机型			
		FX1S	FX1N	FX2N	FX2NC
M8033 存储器保持停止	当 PLC RUN→STOP 时，将映像存储器和数据存储器中的内容保留下来	○	○	○	○
M8034 所有输出禁止	将 PLC 的外部输出接点全部置于 OFF 状态	○	○	○	○
M8035 强制运行模式		○	○	○	○
M8036 强制运行指令		○	○	○	○
M8037 ※5 强制停止指令		○	○	○	○
M8038 参数设定	通信参数设定标志 （简易 PLC 间连接设定用）	○	○	○	○
M8039 恒定扫描模式	当 M8039 变为 ON 时，PLC 直至 D8039 指定的扫描时间到达后才执行循环运算	○	○	○	○
[D] 8030					
[D] 8031					
[D] 8032					
[D] 8033					
[D] 8034					
[D] 8035					
[D] 8036					
[D] 8037					
[D] 8038					
[D] 8039 恒定扫描时间	初始值 0ms（以 1ms 为单位）（当电源 ON 时，由系统 ROM 传送）能够通过程序进行更改	○	○	○	○

步进顺序控制见表 A-5。

表 A-5　步进顺序控制

元　件	说　明	适用机型			
		FX1S	FX1N	FX2N	FX2NC
M8040 转移禁止	M8040 驱动时禁止状态之间的转移	○	○	○	○
M8041 转移开始	自动运行时能够进行初始状态开始的转移	○	○	○	○
M8042 启动脉冲	对应启动输入的脉冲输出	○	○	○	○
M8043 回归完成	在原点回归模式的结束状态时动作	○	○	○	○

（续）

元　件	说　明	适用机型			
		FX1S	FX1N	FX2N	FX2NC
M8044 原点条件	检测出机械原点时动作	○	○	○	○
M8045 所有输出复位禁止	在模式切换时，所有输出复位禁止	○	○	○	○
[M] 8046 STL 状态动作	M8047 动作中时，当 S0 ~ S899 中有任何元件变为 ON 时动作	○	○	○	○
[M] 8047 STL 监控有效	驱动此 M 时，D8040 ~ D8047 有效	○	○	○	○
[M] 8048 信号报警器动作	M8049 动作中时，当 S900 ~ S999 中有任何元件变为 ON 时动作	—	—	○	○
[M] 8049 信号报警器有效	驱动此 M 时，D8049 的动作有效	—	—	○	○
[D] 8040 ON 状态地址号 1	将状态 S0 ~ S899 的动作中的状态最小地址号保存入 D8040 中，将紧随其后的 ON 状态地址号保存入 D8041 中，以下依此顺序保存 8 点元件，将其中最大元件保存入 D8047 中	○	○	○	○
[D] 8041 ON 状态地址号 2		○	○	○	○
[D] 8042 ON 状态地址号 3		○	○	○	○
[D] 8043 ON 状态地址号 4		○	○	○	○
[D] 8044 ON 状态地址号 5		○	○	○	○
[D] 8045 ON 状态地址号 6		○	○	○	○
[D] 8046 ON 状态地址号 7		○	○	○	○
[D] 8047 ON 状态地址号 8		○	○	○	○
[D] 8048					
[D] 8049 ON 状态最小地址号	保存处于 ON 状态中报警继电器 S900 ~ S999 的最小地址号	—	—	○	○

出错检查见表 A-6。

表 A-6　出错检查

元　件	说　明	PROG · E LED	PLC 状态	适用机型			
				FX1S	FX1N	FX2N	FX2NC
[M] 8060	I/O 构成错误	OFF	RUN			○	○
[M] 8061	PLC 硬件错误	闪烁	STOP	○	○	○	○
[M] 8062	PLC/PP 通信错误	OFF	RUN	○	○	○	○

（续）

元　件	说　明	PROG · E LED	PLC 状态	适用机型			
				FX1S	FX1N	FX2N	FX2NC
[M] 8063	并联连接出错	OFF	RUN	○	○	○	○
	RS-232C 通信错误			○	○	○	○
[M] 8064	参数错误	闪烁	STOP	○	○	○	○
[M] 8065	语法错误	闪烁	STOP	○	○	○	○
[M] 8066	回路错误	闪烁	STOP	○	○	○	○
[M] 8067	运算错误	OFF	RUN	○	○	○	○
M8068	运算错误锁存	OFF	RUN	○	○	○	○
M8069	I/O 总线检测	—	—	—	—	○	○
[M] 8109	输出刷新错误	OFF	RUN	—	—	○	○
[D] 8060	I/O 构成错误的未安装 I/O 起始地址号			—	—	○	○
[D] 8061	PLC 硬件错误的错误代码序号			○	○	○	○
[D] 8062	PLC/PP 通信错误的错误代码序号			—	—	○	○
[D] 8063	并联连接通信错误的错误代码序号			○	○	○	○
	RS-232C 通信错误的错误代码序号			○	○	○	○
[D] 8064	参数错误的错误代码序号			○	○	○	○
[D] 8065	语法错误的错误代码序号			○	○	○	○
[D] 8066	回路错误的错误代码序号			○	○	○	○
[D] 8067	运算错误的错误代码序号			○	○	○	○
[D] 8068	锁存发生运算错误的步序号			○	○	○	○
[D] 8069	M8065 ~ M8067 的错误发生的步序号			○	○	○	○
[D] 8109	发生输出刷新错误的 Y 地址号			—	—	○	○

附录 B　三菱 FX 系列 PLC 指令系统

三菱 FX 系列 PLC 指令系统见表 B-1。

表 B-1　三菱 FX 系列 PLC 指令系统

分类	FNC No.	指令符号	功　能	支持 PLC							
				FX1S	FX1N	FX2N	FX3G	FX3U	FX1NC	FX2NC	FX3UC
程序流程	0	CJ	条件跳转	○	○	○	○	○	○	○	○
	1	CALL	调用子程序	○	○	○	○	○	○	○	○
	2	SRET	子程序返回	○	○	○	○	○	○	○	○
	3	IRET	中断返回	○	○	○	○	○	○	○	○
	4	EI	允许中断	○	○	○	○	○	○	○	○
	5	DI	禁止中断	○	○	○	○	○	○	○	○
	6	FEND	主程序结束	○	○	○	○	○	○	○	○
	7	WDT	看门狗计时器	○	○	○	○	○	○	○	○
	8	FOR	循环范围开始	○	○	○	○	○	○	○	○
	9	NEXT	循环范围结束	○	○	○	○	○	○	○	○

（续）

分类	FNC No.	指令符号	功能	支持 PLC							
				FX1S	FX1N	FX2N	FX3G	FX3U	FX1NC	FX2NC	FX3UC
传送，比较	10	CMP	比较	○	○	○	○	○	○	○	○
	11	ZCP	区间比较	○	○	○	○	○	○	○	○
	12	MOV	传送	○	○	○	○	○	○	○	○
	13	SMOV	位传送	—	—	○	○	○	—	○	○
	14	CML	反转传送	—	—	○	○	○	—	○	○
	15	BMOV	批量传送	○	○	○	○	○	○	○	○
	16	FMOV	多点传送	—	—	○	○	○	—	○	○
	17	XCH	交换	—	—	○	—	○	—	○	○
	18	BCD	BCD 转换	○	○	○	○	○	○	○	○
	19	BIN	BIN 转换	○	○	○	○	○	○	○	○
四则运算，逻辑运算	20	ADD	BIN 加法	○	○	○	○	○	○	○	○
	21	SUB	BIN 减法	○	○	○	○	○	○	○	○
	22	MUL	BIN 乘法	○	○	○	○	○	○	○	○
	23	DIV	BIN 除法	○	○	○	○	○	○	○	○
	24	INC	BIN 加 1	○	○	○	○	○	○	○	○
	25	DEC	BIN 减 1	○	○	○	○	○	○	○	○
	26	WAND	逻辑与	○	○	○	○	○	○	○	○
	27	WOR	逻辑或	○	○	○	○	○	○	○	○
	28	WXOR	逻辑异或	○	○	○	○	○	○	○	○
	29	NEG	补码	—	—	○	—	○	—	○	○
循环与移位	30	ROR	循环右移	—	—	○	○	○	—	○	○
	31	ROL	循环左移	—	—	○	○	○	—	○	○
	32	RCR	带进位循环右移	—	—	○	—	○	—	○	○
	33	RCL	带进位循环左移	—	—	○	—	○	—	○	○
	34	SFTR	位右移	○	○	○	○	○	○	○	○
	35	SFTL	位左移	○	○	○	○	○	○	○	○
	36	WSFR	字右移	—	—	○	○	○	—	○	○
	37	WSFL	字左移	—	—	○	○	○	—	○	○
	38	SFWR	偏移写入 (先入先出/先入后出控制用)	○	○	○	○	○	○	○	○
	39	SFRD	偏移读取 (先入先出控制用)	○	○	○	○	○	○	○	○
数据处理	40	ZRST	批量复位	○	○	○	○	○	○	○	○
	41	DECO	译码	○	○	○	○	○	○	○	○
	42	ENCO	编码	○	○	○	○	○	○	○	○
	43	SUM	ON 位数	—	—	○	○	○	—	○	○
	44	BON	ON 位判定	—	—	○	○	○	—	○	○
	45	MEAN	平均值	—	—	○	○	○	—	○	○
	46	ANS	信号器置位	—	—	○	○	○	—	○	○
	47	ANR	信号器复位	—	—	○	○	○	—	○	○
	48	SQR	BIN 开平方	—	—	○	—	○	—	○	○
	49	FLT	BIN 整数→二进制浮点数转换	—	—	○	—	○	—	○	○

（续）

分类	FNC No.	指令符号	功　　能	支持 PLC							
				FX1S	FX1N	FX2N	FX3G	FX3U	FX1NC	FX2NC	FX3UC
高速处理	50	REF	输入输出刷新	○	○	○	○	○	○	○	○
	51	REFF	输入刷新（带滤波器设定）	—	—	○	—	○	—	○	○
	52	MTR	矩阵输入	○	○	○	○	○	○	○	○
	53	HSCS	比较置位（高速计数器用）	○	○	○	○	○	○	○	○
	54	HSCR	比较复位（高速计数器用）	○	○	○	○	○	○	○	○
	55	HSZ	区间比较（高速计数器用）	—	—	○	○	○	—	○	○
	56	SPD	脉冲密度	○	○	○	○	○	○	○	○
	57	PLSY	脉冲输出	○	○	○	○	○	○	○	○
	58	PWM	脉冲宽度调制	○	○	○	○	○	○	○	○
	59	PLSR	带加减速脉冲输出	○	○	○	○	○	○	○	○
方便指令	60	IST	初始化状态	○	○	○	○	○	○	○	○
	61	SER	数据搜索	—	—	○	○	○	—	○	○
	62	ABSD	凸轮控制绝对方式	○	○	○	○	○	○	○	○
	63	INCD	凸轮控制相对方式	○	○	○	○	○	○	○	○
	64	TTMR	示教定时器	—	—	○	—	○	—	○	○
	65	STMR	特殊定时器	—	—	○	—	○	—	○	○
	66	ALT	交替输出	○	○	○	○	○	○	○	○
	67	RAMP	斜坡信号	○	○	○	○	○	○	○	○
	68	ROTC	旋转工作台控制	—	—	○	—	○	—	○	○
	69	SORT	数据排序	—	—	○	—	○	—	○	○
外部设备I/O	70	TKY	数字键输入	—	—	○	—	○	—	○	○
	71	HKY	十六进制键输入	—	—	○	—	○	—	○	○
	72	DSW	数字开关	○	○	○	○	○	○	○	○
	73	SEGD	7SEG 译码	—	—	○	—	○	—	○	○
	74	SEGL	7SEG 分时显示	○	○	○	○	○	○	○	○
	75	ARWS	箭头开关	—	—	○	—	○	—	○	○
	76	ASC	ASCII 数据输入	—	—	○	—	○	—	○	○
	77	PR	ASCII 打印	—	—	○	—	○	—	○	○
	78	FROM	BFM 读取	—	○	○	○	○	○	○	○
	79	TO	BFM 写入	—	○	○	○	○	○	○	○
外部设备SER	80	RS	串行数据传送	○	○	○	○	○	○	○	○
	81	PRUN	八进制位传送	○	○	○	○	○	○	○	○
	82	ASCI	HEX→ASCII 转换	○	○	○	○	○	○	○	○
	83	HEX	ASCII→HEX 转换	○	○	○	○	○	○	○	○
	84	CCD	校验码	○	○	○	○	○	○	○	○
	85	VRRD	电位器读取	○	○	○	即将于近期提供支持	—	—	—	—

（续）

分类	FNC No.	指令符号	功能	支持 PLC							
				FX1S	FX1N	FX2N	FX3G	FX3U	FX1NC	FX2NC	FX3UC
外部设备SER	86	VRSC	电位器刻度	○	○	○	即将于近期提供支持	—	—	—	—
	87	RS2	串行数据传送 2	—	—	—	○	○	—	—	○
	88	PID	PID 运算	○	○	○	○	○	○	○	○
	89										
数据传送2	102	ZPUSH	变址寄存器的批量备份	—	—	—	—	○	—	—	□
	103	ZPOP	变址寄存器的恢复	—	—	—	—	○	—	—	□
浮点数	110	ECMP	二进制浮点数比较	—	—	○	—	○	—	○	○
	111	EZCP	二进制浮点数区间比较	—	—	○	—	○	—	○	○
	112	EMOV	二进制浮点数数据传送	—	—	—	—	○	—	—	○
	116	ESTR	二进制浮点数→字符串转换	—	—	—	—	○	—	—	○
	117	EVAL	字符串→二进制浮点数转换	—	—	—	—	○	—	—	○
	118	EBCD	二进制浮点数→十进制浮点数转换	—	—	○	—	○	—	○	○
	119	EBIN	十进制浮点数→二进制浮点数转换	—	—	○	—	○	—	○	○
	120	EADD	二进制浮点数加法	—	—	○	—	○	—	○	○
	121	ESUB	二进制浮点数减法	—	—	○	—	○	—	○	○
	122	EMUL	二进制浮点数乘法	—	—	○	—	○	—	○	○
	123	EDIV	二进制浮点数除法	—	—	○	—	○	—	○	○
	124	EXP	二进制浮点数指数运算	—	—	—	—	○	—	—	○
	125	LOGE	二进制浮点数自然对数运算	—	—	—	—	○	—	—	○
	126	LOG10	二进制浮点数常用对数运算	—	—	—	—	○	—	—	○
	127	ESQR	二进制浮点数开平方	—	—	○	—	○	—	○	○
	128	ENEG	二进制浮点数符号反转	—	—	—	—	○	—	—	○
	129	INT	二进制浮点数→BIN 整数转换	—	—	○	—	○	—	○	○
	130	SIN	二进制浮点数 sin 运算	—	—	○	—	○	—	○	○
	131	COS	二进制浮点数 cos 运算	—	—	○	—	○	—	○	○
	132	TAN	二进制浮点数 tan 运算	—	—	○	—	○	—	○	○
	133	ASIN	二进制浮点数 arcsin 运算	—	—	—	—	○	—	—	○
	134	ACOS	二进制浮点数 arccos 运算	—	—	—	—	○	—	—	○
	135	ATAN	二进制浮点数 arctan 运算	—	—	—	—	○	—	—	○
	136	RAD	二进制浮点数 角度→弧度转换	—	—	—	—	○	—	—	○
	137	DEG	二进制浮点数 弧度→角度转换	—	—	—	—	○	—	—	○

（续）

分类	FNC No.	指令符号	功　能	支持 PLC							
				FX1S	FX1N	FX2N	FX3G	FX3U	FX1NC	FX2NC	FX3UC
数据处理2	140	WSUM	数据合计值计算	—	—	—	—	○	—	—	□
	141	WTOB	字节（B）单位数据分离	—	—	—	—	○	—	—	□
	142	BTOW	字节（B）单位数据结合	—	—	—	—	○	—	—	□
	143	UNI	16 位数据的 4 位结合	—	—	—	—	○	—	—	□
	144	DIS	16 位数据的 4 位分离	—	—	—	—	○	—	—	□
	147	SWAP	高低字节转换	—	—	○	—	○	—	○	○
	149	SORT2	数据排序 2	—	—	—	—	○	—	—	□
定位	150	DSZR	带 DOG 搜索原点回归	—	—	—	○	○	—	—	○
	151	DVIT	中断定位	—	—	—	—	○	—	—	○
	152	TBL	通过表格设定方式进行定位	—	—	—	○	□	—	—	□
	155	ABS	读取 ABS 当前值	○	○	◎	○	○	○	◎	○
	156	ZRN	原点回归	○	○	—	○	○	○	—	○
	157	PLSV	可变速脉冲输出	○	○	—	○	○	○	—	○
	158	DRVI	相对定位	○	○	—	○	○	○	—	○
	159	DRVA	绝对定位	○	○	—	○	○	○	—	○
时钟运算	160	TCMP	时钟数据比较	○	○	○	○	○	○	○	○
	161	TZCP	时钟数据区间比较	○	○	○	○	○	○	○	○
	162	TADD	时钟数据加法	○	○	○	○	○	○	○	○
	163	TSUB	时钟数据减法	○	○	○	○	○	○	○	○
	164	HTOS	时、分、秒数据转换为秒	—	—	—	—	○	—	—	○
	165	STOH	秒数据转换为“时、分、秒”	—	—	—	—	○	—	—	○
	166	TRD	读取时钟数据	○	○	○	○	○	○	○	○
	167	TWR	写入时钟数据	○	○	○	○	○	○	○	○
	169	HOUR	计时表	○	○	◎	○	○	○	◎	○
外部设备	170	GRY	格雷码转换	—	—	○	○	○	—	○	○
	171	GBIN	格雷码逆转换	—	—	○	○	○	—	○	○
	176	RD3A	读取模拟量模块	—	○	◎	—	○	○	◎	○
	177	WR3A	写入模拟量模块	—	○	◎	—	○	○	◎	○
扩展功能	180	EXTR	扩展 ROM 功能	—	—	◎	—	—	—	◎	—
其他指令	182	COMRD	读取软元件的注释数据	—	—	—	—	○	—	—	□
	184	RND	生成随机数	—	—	—	—	○	—	—	○
	186	DUTY	生成定时脉冲	—	—	—	—	○	—	—	□
	188	CRC	CRC 运算	—	—	—	—	○	—	—	○
	189	HCMOV	高速计数器传送	—	—	—	—	○	—	—	○

（续）

分类	FNC No.	指令符号	功能	支持PLC							
				FX1S	FX1N	FX2N	FX3G	FX3U	FX1NC	FX2NC	FX3UC
模块数据处理	192	BK +	数据块加法	—	—	—	—	○	—	—	□
	193	BK −	数据块减法	—	—	—	—	○	—	—	□
	194	BKCMP =	数据块比较(S1) = (S2)	—	—	—	—	○	—	—	□
	195	BKCMP >	数据块比较(S1) > (S2)	—	—	—	—	○	—	—	□
	196	BKCMP <	数据块比较(S1) < (S2)	—	—	—	—	○	—	—	□
	197	BKCMP < >	数据块比较(S1) ≠ (S2)	—	—	—	—	○	—	—	□
	198	BKCMP < =	数据块比较(S1) ≤ (S2)	—	—	—	—	○	—	—	□
	199	BKCMP > =	数据块比较(S1) ≥ (S2)	—	—	—	—	○	—	—	□
字符串控制	200	STR	BIN→字符串转换	—	—	—	—	○	—	—	□
	201	VAL	字符串→BIN 转换	—	—	—	—	○	—	—	□
	202	$ +	字符串的结合	—	—	—	—	○	—	—	○
	203	LEN	检测字符串的长度	—	—	—	—	○	—	—	○
	204	RIGHT	从字符串的右侧取出	—	—	—	—	○	—	—	○
	205	LEFT	从字符串的左侧取出	—	—	—	—	○	—	—	○
	206	MIDR	从字符串中随意取出	—	—	—	—	○	—	—	○
	207	MIDW	在字符串中随意替换	—	—	—	—	○	—	—	○
	208	INSTR	字符串检索	—	—	—	—	○	—	—	□
	209	$ MOV	字符串传送	—	—	—	—	○	—	—	○
数据处理3	210	FDEL	在数据表中删除数据	—	—	—	—	○	—	—	□
	211	FINS	向数据表中插入数据	—	—	—	—	○	—	—	□
	212	POP	后入数据读取 (先入后出控制用)	—	—	—	—	○	—	—	○
	213	SFR	16 位数据 n 位右移 (带进位)	—	—	—	—	○	—	—	○
	214	SFL	16 位数据 n 位左移 (带进位)	—	—	—	—	○	—	—	○
接点对比	224	LD =	触点型比较 LD(S1) = (S2)	○	○	○	○	○	○	○	○
	225	LD >	触点型比较 LD(S1) > (S2)	○	○	○	○	○	○	○	○
	226	LD <	触点型比较 LD(S1) < (S2)	○	○	○	○	○	○	○	○
	228	LD < >	触点型比较 LD(S1) ≠ (S2)	○	○	○	○	○	○	○	○
	229	LD < =	触点型比较 LD(S1) ≤ (S2)	○	○	○	○	○	○	○	○
	230	LD > =	触点型比较 LD(S1) ≥ (S2)	○	○	○	○	○	○	○	○
	232	AND =	触点型比较 AND(S1) = (S2)	○	○	○	○	○	○	○	○
	233	AND >	触点型比较 AND(S1) > (S2)	○	○	○	○	○	○	○	○
	234	AND <	触点型比较 AND(S1) < (S2)	○	○	○	○	○	○	○	○
	236	AND < >	触点型比较 AND(S1) ≠ (S2)	○	○	○	○	○	○	○	○
	237	AND < =	触点型比较 AND(S1) ≤ (S2)	○	○	○	○	○	○	○	○
	238	AND > =	触点型比较 AND(S1) ≥ (S2)	○	○	○	○	○	○	○	○
	240	OR =	触点型比较 OR(S1) > (S2)	○	○	○	○	○	○	○	○
	241	OR >	触点型比较 OR(S1) > (S2)	○	○	○	○	○	○	○	○
	242	OR <	触点型比较 OR(S1) < (S2)	○	○	○	○	○	○	○	○
	244	OR < >	触点型比较 OR(S1) ≠ (S2)	○	○	○	○	○	○	○	○
	245	OR < =	触点型比较 OR(S1) ≤ (S2)	○	○	○	○	○	○	○	○
	246	OR > =	触点型比较 OR(S1) ≥ (S2)	○	○	○	○	○	○	○	○

（续）

分类	FNC No.	指令符号	功　能	支持 PLC							
				FX1S	FX1N	FX2N	FX3G	FX3U	FX1NC	FX2NC	FX3UC
数据表处理	256	LIMIT	上下限限位控制	—	—	—	—	○	—	—	○
	257	BAND	死区控制	—	—	—	—	○	—	—	○
	258	ZONE	区域控制	—	—	—	—	○	—	—	○
	259	SCL	定坐标（不同点坐标数据）	—	—	—	—	○	—	—	○
	260	DABIN	十进制 ASCII→BIN 转换	—	—	—	—	○	—	—	□
	261	BINDA	BIN→十进制 ASCII 转换	—	—	—	—	○	—	—	□
	269	SCL2	定坐标 2（X/Y 坐标数据）	—	—	—	—	○	—	—	◇
变频器通信	270	IVCK	变频器运行监视	—	—	—	即将于近期提供支持	○	—	—	○
	271	IVDR	变频器运行控制	—	—	—	即将于近期提供支持	○	—	—	○
	272	IVRD	变频器参数读取	—	—	—	即将于近期提供支持	○	—	—	○
	273	IVWR	变频器参数写入	—	—	—	即将于近期提供支持	○	—	—	○
	274	IVBWR	变频器参数批量写入	—	—	—	—	○	—	—	○
数据传送3	278	RBFM	BFM 分割读取	—	—	—	—	○	—	—	□
	279	WBFM	BFM 分割写入	—	—	—	—	○	—	—	□
高速处理2	280	HSCT	高速计数器表格比较	—	—	—	—	○	—	—	○
扩展文件寄存器	290	LOADR	扩展文件寄存器读取	—	—	—	○	○	—	—	○
	291	SAVER	扩展文件寄存器批量写入	—	—	—	—	○	—	—	○
	292	INITR	扩展寄存器初始化	—	—	—	—	○	—	—	○
	293	LOGR	登录到扩展寄存器	—	—	—	—	○	—	—	○
	294	RWER	扩展文件寄存器删除、写入	—	—	—	○	○	—	—	◇
	295	INITER	扩展文件寄存器初始化	—	—	—	—	○	—	—	◇

注：◎：3.00 以上版本支持；◇：FX3UC-32MT-LT 自 Ver1.30 起支持，其他机型从最初版本开始支持；□：FX3UC-32MT-LT 自 Ver2.20 起支持，其他机型从最初版本开始支持。